Berufsfachschule

Grüne Seiten zur Wiederholung

Zum guten Schluss Trainingsseiten

(gelb unterlegt) zur eigenen Überprüfung. Lösungen finden Sie ab Seite 321

Dezimalbrüche – Prozentzahlen

1 Schreiben Sie als Dezimalbruch.

Beispiel: $\frac{3}{10} = 0{,}3$ oder $\frac{17}{100} = 0{,}17$

a) $\frac{7}{10}$ b) $\frac{11}{10}$ c) $\frac{57}{100}$ d) $\frac{18}{100}$ e) $\frac{6}{100}$ f) $\frac{120}{1000}$ g) $\frac{8}{1000}$

2 Erweitern Sie oder kürzen Sie auf Zehntel, Hundertstel oder Tausendstel und schreiben Sie als Dezimalbruch.

Beispiel: $\frac{7}{20} = \frac{35}{100} = 0{,}35$ oder $\frac{28}{400} = \frac{7}{100} = 0{,}07$

a) $\frac{3}{50}$ c) $\frac{9}{40}$ e) $\frac{18}{200}$ g) $\frac{21}{30}$ i) $\frac{3}{15}$
b) $\frac{3}{25}$ d) $\frac{4}{5}$ f) $\frac{3}{4}$ h) $\frac{5}{8}$ j) $\frac{64}{800}$

3 Schreiben Sie als Bruch.

Beispiel: $0{,}4 = \frac{4}{10}$ oder $3{,}012 = 3\frac{12}{1000}$

a) 0,8 c) 0,03 e) 0,106 g) 2,034
b) 0,15 d) 1,75 f) 0,005 h) 3,23

4 Ordnen Sie der Größe nach.
a) 0,7; 0,77; 0,701; 0,771; 0,007; 0,071
b) 1,4; 1,004; 1,44; 1,404; 1,441; 1,0404

5 Bilden Sie aus den drei Zahlzeichen *fünf*, *null* und *eins* 10 mögliche Dezimalbrüche. Ordnen Sie diese der Größe nach.

6 Schreiben Sie als Dezimalbruch.

Beispiel: 3 m 27 cm = 3,27 m

a) 2 m 88 cm c) 13 m 16 cm e) 5 m 7 cm
b) 0 m 50 cm d) 15 m 1 cm f) 1 m 2 cm

7 Bilden Sie einen Dezimalbruch.

Beispiel: 2 Euro 25 Cent = 2,25 Euro (€)

a) 3 Euro 15 Cent c) 7 Euro 8 Cent
b) 9 Euro 9 Cent d) 1 Euro 1 Cent

10 Schreiben Sie als Dezimalbruch.

Beispiel: $\frac{3}{5}$ € $= \frac{60}{100}$ € = 0,60 €

a) $\frac{4}{5}$ € c) $\frac{3}{100}$ € e) $2\frac{1}{4}$ €
b) $\frac{11}{20}$ € d) $1\frac{5}{100}$ € f) $\frac{17}{25}$ €

11 Schreiben Sie die Längen als Dezimalbruch.

a) $\frac{1}{2}$ m b) $\frac{7}{100}$ m c) $\frac{7}{8}$ km d) $\frac{7}{125}$ km

12 Wandeln Sie die Brüche in Prozentzahlen um.

Beispiel: $\frac{3}{5} = \frac{60}{100} = 60\,\%$

a) $\frac{4}{10}$ b) $\frac{19}{100}$ c) $\frac{3}{4}$ d) $\frac{4}{5}$ e) $\frac{17}{50}$ f) $\frac{9}{20}$ g) $\frac{13}{25}$

13 Wandeln Sie die Brüche in Prozentzahlen um. Runden Sie auf ganze Zahlen.

Beispiel: $\frac{5}{6} = 5 : 6 = 0{,}8333\ldots \approx 83\,\%$

a) $\frac{2}{3}$ b) $\frac{1}{6}$ c) $\frac{5}{9}$ d) $\frac{7}{12}$ e) $\frac{4}{15}$ f) $\frac{7}{8}$ g) $\frac{1}{7}$ h) $\frac{7}{11}$

14 In dieser Tabelle sind einige Zahlen vertauscht. Die Zahlen jeder Aufgabe sollen den gleichen Wert haben. Finden Sie die Fehler. Legen Sie eine neue Tabelle an.

a)	$\frac{3}{5}$	0,7	$\frac{6}{10}$	60 %	$\frac{25}{100}$
b)	$\frac{7}{10}$	70 %	$\frac{4}{5}$	0,70	$\frac{80}{100}$
c)	**0,25**	$\frac{30}{50}$	$\frac{14}{20}$	0,6	25 %
d)	**0,8**	80 %	0,250	$\frac{16}{20}$	$\frac{8}{32}$

15 Ergänzen Sie die Tabelle im Heft.

Bruch	Division	Dezimalbruch	Hundertstelbruch	Prozentzahl
$\frac{3}{4}$	3 : 4	0,75	$\frac{75}{100}$	75 %

Trainingsseite Quadratische Funktionen

1 Der Bremsweg y eines Autos mit guten Bremsen kann nach der Faustformel $y = a \cdot x^2$ berechnet werden. Der Bremsweg ist hier eine Strecke in Metern. Der Faktor a hängt vom Straßenzustand ab. Die Geschwindigkeit x, bei der das Auto gebremst wird, ist hier die Geschwindigkeit in $\frac{\text{km}}{\text{h}}$.

a) Im Diagramm ist der zugehörige Graph für eine schneebedeckte Straße dargestellt.
Bestimmen Sie anhand geeigneter Punkte des Graphen den Faktor a und berechnen Sie die Länge des Bremswegs, wenn das Auto mit 90 $\frac{\text{km}}{\text{h}}$ gefahren ist.
b) Bei trockenen Straßen wird der Faktor mit $a = 0{,}005$ angegeben. Stellen Sie eine Wertetabelle auf und zeichnen sie den Graphen in Ihr Heft.
c) Bestimmen Sie mit den Angaben und Ergebnissen der Aufgaben a) und b) das Verhältnis der entsprechenden Bremswege von schneebedeckter zu trockener Straße. Füllen Sie dazu zunächst die nebenstehende Tabelle in Ihrem Heft aus.
d) Erkundigen Sie sich nach dem Unterschied von Bremsweg und Anhalteweg.

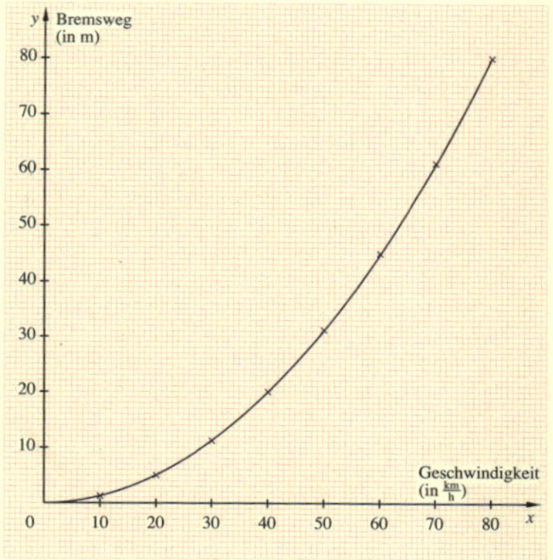

	x	20 $\frac{\text{km}}{\text{h}}$	40 $\frac{\text{km}}{\text{h}}$	60 $\frac{\text{km}}{\text{h}}$	80 $\frac{\text{km}}{\text{h}}$
schneebedeckt	$y = ■ \cdot x^2$	■ m	■ m	■ m	■ m
trocken	$y = 0{,}005 \cdot x^2$	■ m	■ m	■ m	■ m

2 Eine Parabel, deren Achse die y-Achse ist, geht durch die Punkte $(1\,|\,-1)$ und $(2\,|\,5)$.
a) Wie heißt die Gleichung der Parabel?
b) Zeichnen Sie die Parabel nach einer Wertetabelle.

3 Ein Satz Winterreifen kostet komplett mit Reifenwechsel, Auswuchten und Montage im Angebot 199,90 €.
a) Der Wertverlust wird nach einem Winter bei einer Kilometerleistung von 15 000 km mit 40 % kalkuliert. Welchen Preis kann man für den Reifensatz nach dem Winter bei Verkauf vielleicht noch erzielen?
b) Herr Meier verkaufte die Winterreifen mit einem Wertverlust von 36 %. Welchen Preis erzielte er?

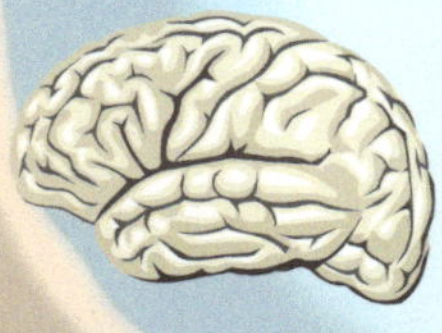

6.
Unser Gehirn kann so viele Informationen speichern, wie z. B. in 20 000 Lexika enthalten sind. Ein Inder erreichte eine erstaunliche Leistung beim Kopfrechnen. Er multiplizierte innerhalb 28 Sekunden zwei zufällig gewählte 13-stellige Zahlen:
7 686 369 774 870 · 2 465 099 745 779

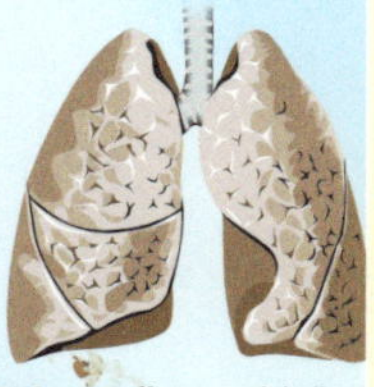

7.
Für den Sauerstoffaustausch in der 1
schweren Lunge sorgen rund 500 Mi
Lungenbläschen. Würde man sie aus
dann bedeckten sie die Wohnfläche
Einfamilienhauses, nämlich 200 Qua
Wir atmen ungefähr 21 000-mal am T

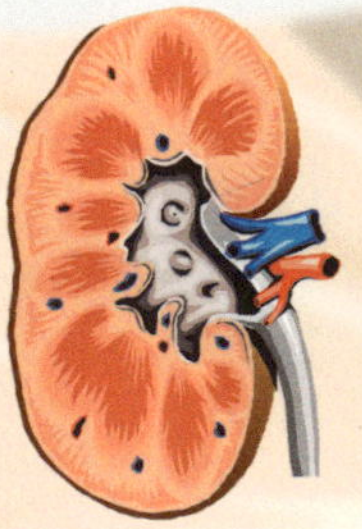

8.
Unsere Nieren reinigen in jeder Minu
rund einen Liter Blut.

9.
Schmerz wird innerhalb von 0,9 Sek
gemeldet, Tast-Informationen benöti
Sekunden Reaktionszeit, und 0,16 Se
brauchen wir, um Wärme zu fühlen.

10.
Die Haut ist mit der Gesamtfläche von 1,5 bis 2 Quadratmeter unser größtes Organ. Sie erneuert sich alle 120 Tage. Schätzen Sie:
a) Besitzen wir rund 2 Millionen Schweißdrüsen oder 120 000 Schweißdrüsen?
b) In jedem Quadratzentimeter unserer Handflächen befinden sich wie viele Schweißdrüsen? 370 oder 10?
c) Die Haut verfügt auch über viele Sensoren
– um Hitze zu fühlen: 30 000 oder 2000?
– um Kälte zu spüren: 250 000 oder 24 000?
– für Tast-Empfindungen: 500 000 oder 25 000?
– um Stiche wahrzunehmen: 3 500 000 oder 55 000?

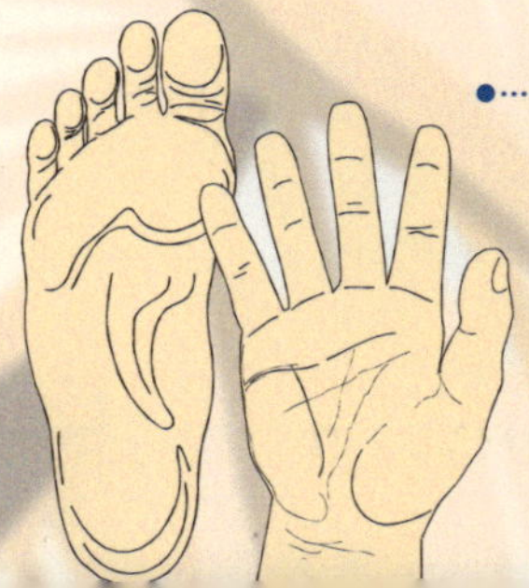

Die Lösungen finden Sie auf Seite 324

Offene Aufgaben

- Probleme sehen
- Probleme darstellen
- Probleme lösen

Berufsfachschule

kaufmännische,
hauswirtschaftlich-sozialpädagogische,
landwirtschaftliche Richtung

Mathematik

Herausgegeben von
Prof. Dr. Manfred Leppig

unter Mitarbeit von
Bernd Kupferschmid
Dr. Kornelia Neuhaus
Dr. Helmut Richter
Horst Rümmele

und der Verlagsredaktion

Berater:
Wolfgang Bill
Rainer Gestigkeit
Dr. Hellmut Scheuermann

Cornelsen

MATHEMATIK BERUFSFACHSCHULE
kaufmännische, hauswirtschaftliche-sozialpädagogische, landwirtschaftliche Richtung

Erarbeitet von
Kurt Kalvelage
Bernd Kupferschmid
Manfred Leppig
Kornelia Neuhaus
Helmut Richter
Horst Rümmele
Helmut Spiering
Herbert Vergoßen
Alfred Warthorst

Grafiken: Wolfgang Mattern, Bochum;
Umschlaggestaltung: Wolfgang Lorenz, Berlin
Satz: Stürtz GmbH, Würzburg

www.cornelsen.de

1. Auflage, 3. Druck 2005

Druck: CS-Druck CornelsenStürtz, Berlin

ISBN-13: 978-3-464-41103-2

ISBN-10: 3-464-41103-6

Inhalt gedruckt auf säurefreiem Papier,
umweltschonend hergestellt aus chlorfrei gebleichten Faserstoffen.

INHALT

Kredite, Kalkulationen, Renten

Mischungsrechnen

Geometrie

Flächeninhalt und Umfang

Kreis, Umfang und Flächeninhalt

Winkel und Dreiecke

Dreieckskonstruktionen

Abbildungen

Ähnlichkeit

Schrägbilder und Projektionen

Volumen (Rauminhalt)

Lineare Gleichungen und Ungleichungen

Lineare Gleichungen

Umstellen von Formeln. Binomische Formeln

Ungleichungen

Lineare Funktionen

Grundbegriffe

Lineare Funktionen und Geraden

Lineare Gleichungssysteme

Quadratische Funktionen und quadratische Gleichungen

Quadratische Funktionen und ihr Bild

Wurzeln

Quadratische Gleichungen

Stochastik

Statistik

Wiederholung

Bruchteile und Brüche

Bruchteile

1 Welcher Bruchteil ist (stärker) markiert?

a)
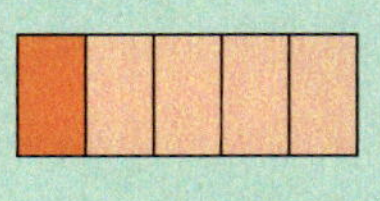

d)
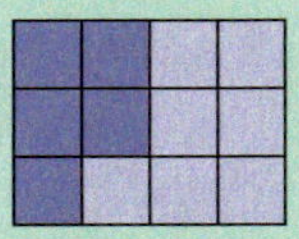

b)
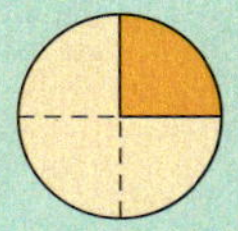

e)
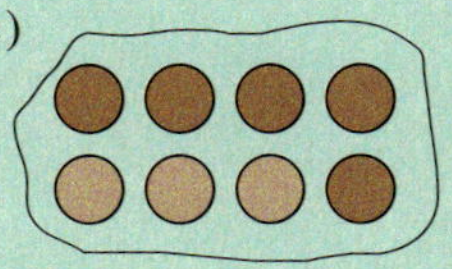

c)
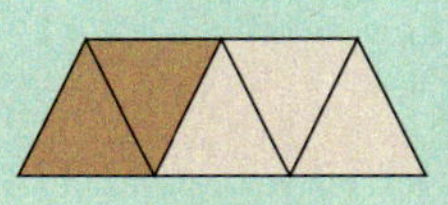

f)
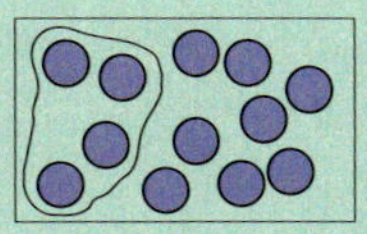

2 Zeichnen Sie Rechtecke mit der Länge 6 Kästchen und der Breite 4 Kästchen und stellen Sie die Bruchteile durch Einfärben dar.

a) $\frac{1}{4}$ b) $\frac{1}{6}$ c) $\frac{1}{8}$ d) $\frac{3}{4}$ e) $\frac{5}{8}$ f) $\frac{7}{12}$ g) $\frac{11}{24}$

3 Welche der folgenden Darstellungen zeigen den Bruchteil $\frac{1}{5}$? Begründen Sie.

a)
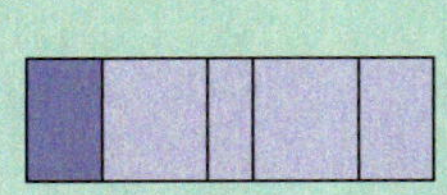

c)

b)
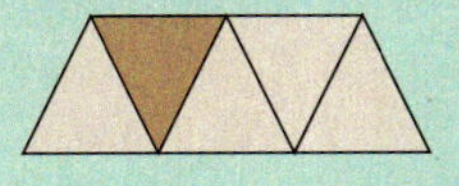

d)
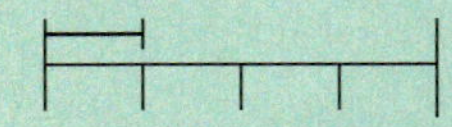

4 Rechnen Sie wie im Beispiel.

$\frac{1}{2}$ m = $\frac{1}{2}$ von 100 cm = 100 cm : 2 = 50 cm

a) $\frac{1}{10}$ m b) $\frac{1}{5}$ m c) $\frac{1}{4}$ m d) $\frac{1}{20}$ m e) $\frac{1}{25}$ m

5 Rechnen Sie wie im Beispiel. (1 kg = 1000 g)

$\frac{3}{5}$ kg = $\frac{3}{5}$ von 1000 g = $\frac{3 \cdot 1000}{5}$ g = 600 g

a) $\frac{1}{4}$ kg c) $\frac{5}{8}$ kg e) $\frac{1}{50}$ kg g) $\frac{37}{100}$ kg
b) $\frac{3}{4}$ kg d) $\frac{1}{10}$ kg f) $\frac{17}{50}$ kg h) $\frac{1}{20}$ kg

6 Rechnen Sie in Meter um.

Beispiel: $\frac{1}{4}$ von 2 km = $\frac{1}{4}$ von 2000 m = 500 m

a) $\frac{2}{5}$ von 5 km c) $\frac{13}{20}$ von 60 km
b) $\frac{3}{4}$ von 12 km d) $\frac{4}{5}$ von 3 km

7 Rechnen Sie wie in den Beispielen.

Beispiele: $\frac{2}{5}$ h = $\frac{2}{5}$ von 60 min = 24 min;
$\frac{4}{5}$ von 12 h = $\frac{4}{5}$ von 720 min = 576 min

a) $\frac{3}{4}$ h c) $\frac{11}{12}$ h e) $\frac{3}{4}$ von 16 h g) $\frac{3}{5}$ von 15 h
b) $\frac{5}{6}$ h d) $\frac{2}{5}$ h f) $\frac{7}{10}$ von 20 h h) $\frac{5}{6}$ von 12 h

8 Welcher Bruch ist dargestellt? Schreiben Sie ihn zuerst als *unechten* Bruch, dann als *gemischte* Zahl.

a)
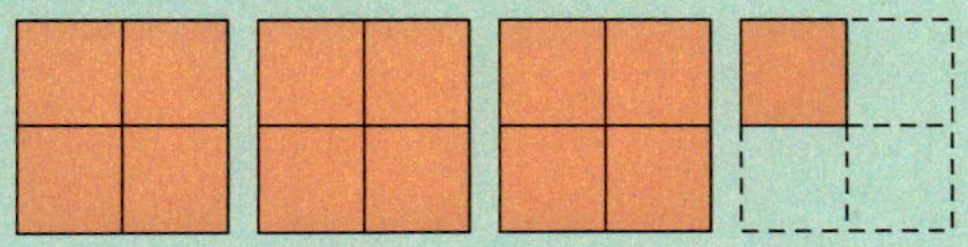

b)
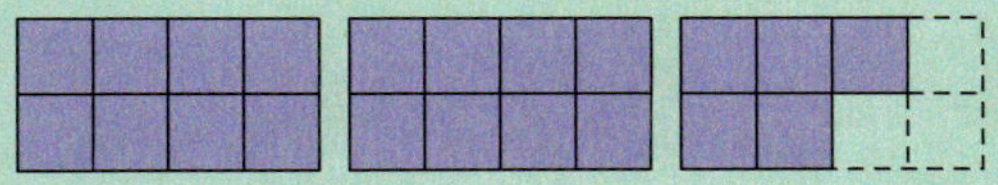

9 Zeichnen Sie folgende Brüche und schreiben Sie diese als gemischte Zahl.

a) $\frac{3}{2}$ b) $\frac{7}{2}$ c) $\frac{11}{8}$ d) $\frac{9}{4}$ e) $\frac{17}{12}$ f) $\frac{23}{6}$ g) $\frac{19}{5}$

10 Wandeln Sie in unechte Brüche um.

Beispiel: $3\frac{2}{5} = 3 + \frac{2}{5} = \frac{15}{5} + \frac{2}{5} = \frac{17}{5}$

a) $2\frac{3}{4}$ c) $7\frac{3}{5}$ e) $21\frac{5}{6}$
b) $4\frac{7}{10}$ d) $9\frac{5}{8}$ f) $12\frac{5}{9}$

11 Wandeln Sie in gemischte Zahlen um.

Beispiel: $\frac{17}{4} = 17 : 4 = 4 + \frac{1}{4} = 4\frac{1}{4}$

a) $\frac{17}{2}$ c) $\frac{57}{10}$ e) $\frac{30}{5}$ g) $\frac{56}{3}$ i) $\frac{27}{16}$
b) $\frac{19}{3}$ d) $\frac{49}{12}$ f) $\frac{17}{5}$ h) $\frac{75}{20}$ j) $\frac{41}{18}$

Erweitern und Kürzen

1 Welche Bruchteile sind hier eingefärbt? Was fällt auf?

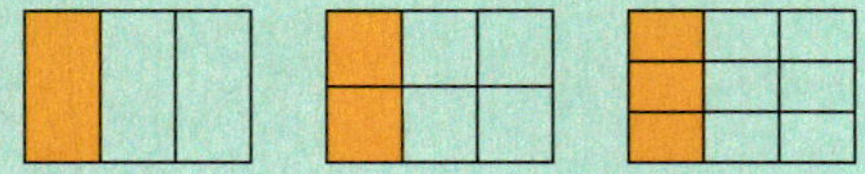

2 Nennen Sie Brüche, die den gleichen Wert wie $\frac{2}{3}$ haben?

Beispiel:

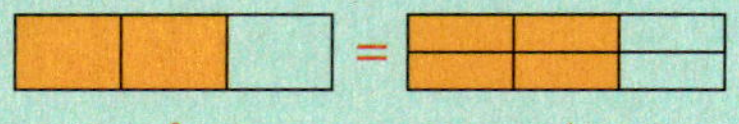

$\frac{2}{3} = \frac{4}{6}$

3 Welche der Brüche haben den Wert $\frac{1}{5}$?

a) $\frac{3}{5}$ b) $\frac{3}{15}$ c) $\frac{1}{15}$ d) $\frac{5}{25}$ e) $\frac{7}{35}$ f) $\frac{10}{500}$ g) $\frac{2}{10}$

4 Schreiben Sie zu jedem Bruch drei weitere Brüche mit demselben Wert.

Beispiel: $\frac{2}{3} = \frac{4}{6} = \frac{20}{30} = \frac{28}{42}$

a) $\frac{1}{8}$ c) $\frac{3}{10}$ e) $\frac{3}{4}$ g) $\frac{2}{15}$ i) $\frac{3}{5}$

b) $\frac{1}{5}$ d) $\frac{5}{12}$ f) $\frac{2}{7}$ h) $\frac{5}{6}$ j) $\frac{7}{8}$

5 Überprüfen Sie, ob richtig erweitert worden ist und ergänzen Sie wie im Beispiel.

	Richtig (r) falsch (f)	Es wurde erweitert mit:
$\frac{3}{5} = \frac{24}{40}$	r	8
$\frac{5}{6} = \frac{25}{36}$		
$\frac{7}{10} = \frac{35}{10}$		
$\frac{4}{9} = \frac{16}{36}$		
$\frac{13}{15} = \frac{52}{60}$		
$\frac{7}{20} = \frac{56}{180}$		
$\frac{3}{4} = \frac{75}{100}$		
$\frac{7}{9} = \frac{81}{56}$		
$\frac{2}{3} = \frac{82}{123}$		

6 Welcher Bruch wurde hier gekürzt? Durch welche Zahl wurde gekürzt? Wie lautet das Ergebnis?

a)

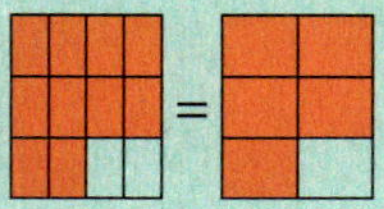

b)

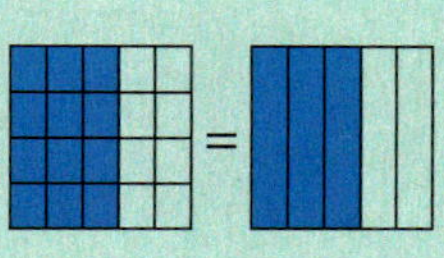

7 Kürzen Sie jeden Bruch durch 2 (3; 6).

a) $\frac{18}{24}$ b) $\frac{24}{42}$ c) $\frac{12}{30}$ d) $\frac{48}{60}$ e) $\frac{36}{72}$ f) $\frac{66}{78}$ g) $\frac{72}{108}$

8 Suchen Sie immer drei Brüche, die den gleichen Wert haben.

$\frac{1}{4}$ $\frac{25}{30}$ $\frac{12}{16}$ $\frac{3}{4}$ $\frac{8}{20}$ $\frac{4}{7}$ $\frac{5}{15}$ $\frac{15}{18}$ $\frac{6}{15}$

$\frac{1}{3}$ $\frac{6}{24}$ $\frac{2}{5}$ $\frac{20}{35}$ $\frac{8}{14}$ $\frac{3}{9}$ $\frac{5}{6}$ $\frac{15}{20}$ $\frac{3}{12}$

9 Schreiben Sie die Tabelle ins Heft und ergänzen Sie wie im Beispiel.

	erweitert mit:	gekürzt durch:
$\frac{5}{8} = \frac{25}{40}$	5	–
$\frac{3}{10} = \frac{30}{\square}$		
$\frac{24}{36} = \frac{\square}{3}$		
$\frac{45}{60} = \frac{3}{\square}$		
$\frac{5}{9} = \frac{55}{\square}$		
$\frac{42}{56} = \frac{\square}{8}$		
$\frac{7}{\square} = \frac{35}{45}$		

10 Kürzen Sie oder erweitern Sie die Brüche so, dass sie den Nenner 100 erhalten.

Beispiel: $\frac{12}{16} = \frac{3}{4} = \frac{75}{100}$

a) $\frac{1}{20}$ c) $\frac{8}{400}$ e) $\frac{3}{5}$ g) $\frac{24}{40}$ i) $\frac{3}{2}$

b) $\frac{12}{200}$ d) $\frac{9}{10}$ f) $\frac{12}{30}$ h) $\frac{3}{4}$ j) $\frac{21}{28}$

11 Schreiben Sie als Bruchteil von 1 m. Kürzen Sie.

Beispiel: 40 cm = $\frac{40}{100}$ m = $\frac{4}{10}$ m = $\frac{2}{5}$ m

a) 30 cm d) 20 cm g) 16 cm j) 56 cm

b) 50 cm e) 25 cm h) 66 cm k) 43 cm

c) 75 cm f) 80 cm i) 72 cm l) 88 cm

12 Schreiben Sie als Bruchteil von 1 h. Kürzen Sie.

Beispiel: 36 min = $\frac{36}{60}$ h = $\frac{6}{10}$ h = $\frac{3}{5}$ h

a) 10 min c) 12 min e) 33 min

b) 20 min d) 45 min f) 56 min

Dezimalbrüche – Prozentzahlen

1 Schreiben Sie als Dezimalbruch.

Beispiel: $\frac{3}{10} = 0{,}3$ oder $\frac{17}{100} = 0{,}17$

a) $\frac{7}{10}$ b) $\frac{11}{10}$ c) $\frac{57}{100}$ d) $\frac{18}{100}$ e) $\frac{6}{100}$ f) $\frac{120}{1000}$ g) $\frac{8}{1000}$

2 Erweitern Sie oder kürzen Sie auf Zehntel, Hundertstel oder Tausendstel und schreiben Sie als Dezimalbruch.

Beispiel: $\frac{7}{20} = \frac{35}{100} = 0{,}35$ oder $\frac{28}{400} = \frac{7}{100} = 0{,}07$

a) $\frac{3}{50}$ c) $\frac{9}{40}$ e) $\frac{18}{200}$ g) $\frac{21}{30}$ i) $\frac{3}{15}$
b) $\frac{3}{25}$ d) $\frac{4}{5}$ f) $\frac{3}{4}$ h) $\frac{5}{8}$ j) $\frac{64}{800}$

3 Schreiben Sie als Bruch.

Beispiel: $0{,}4 = \frac{4}{10}$ oder $3{,}012 = 3\frac{12}{1000}$

a) 0,8 c) 0,03 e) 0,106 g) 2,034
b) 0,15 d) 1,75 f) 0,005 h) 3,23

4 Ordnen Sie der Größe nach.

a) 0,7; 0,77; 0,701; 0,771; 0,007; 0,071
b) 1,4; 1,004; 1,44; 1,404; 1,441; 1,0404

5 Bilden Sie aus den drei Zahlzeichen *fünf*, *null* und *eins* 10 mögliche Dezimalbrüche. Ordnen Sie diese der Größe nach.

6 Schreiben Sie als Dezimalbruch.

Beispiel: 3 m 27 cm = 3,27 m

a) 2 m 88 cm c) 13 m 16 cm e) 5 m 7 cm
b) 0 m 50 cm d) 15 m 1 cm f) 1 m 2 cm

7 Bilden Sie einen Dezimalbruch.

Beispiel: 2 Euro 25 Cent = 2,25 Euro (€)

a) 3 Euro 15 Cent c) 7 Euro 8 Cent
b) 9 Euro 9 Cent d) 1 Euro 1 Cent

8 Wandeln Sie in einen Dezimalbruch um.

Beispiel: 1 kg 44 g = 1,044 kg

a) 3 kg 375 g c) 15 kg 27 g e) 6 kg 5 g
b) 4 kg 277 g d) 0 kg 99 g f) 10 kg 1 g

9 Schreiben Sie in Minuten.

Beispiel: 0,1 h = $\frac{1}{10}$ von 60 Minuten = 6 min

a) 0,5 h c) 0,4 h e) 0,05 h g) 0,35 h
b) 0,2 h d) 0,8 h f) 0,15 h h) 0,55 h

10 Schreiben Sie als Dezimalbruch.

Beispiel: $\frac{3}{5}$ € = $\frac{60}{100}$ € = 0,60 €

a) $\frac{4}{5}$ € c) $\frac{3}{100}$ € e) $2\frac{1}{4}$ €
b) $\frac{11}{20}$ € d) $1\frac{5}{100}$ € f) $\frac{17}{25}$ €

11 Schreiben Sie die Längen als Dezimalbruch.

a) $\frac{1}{2}$ m b) $\frac{7}{100}$ m c) $\frac{7}{8}$ km d) $\frac{7}{125}$ km

12 Wandeln Sie die Brüche in Prozentzahlen um.

Beispiel: $\frac{3}{5} = \frac{60}{100} = 60\,\%$

a) $\frac{4}{10}$ b) $\frac{19}{100}$ c) $\frac{3}{4}$ d) $\frac{4}{5}$ e) $\frac{17}{50}$ f) $\frac{9}{20}$ g) $\frac{13}{25}$

13 Wandeln Sie die Brüche in Prozentzahlen um. Runden Sie auf ganze Zahlen.

Beispiel: $\frac{5}{6} = 5 : 6 = 0{,}8333\ldots \approx 83\,\%$

a) $\frac{2}{3}$ b) $\frac{1}{6}$ c) $\frac{5}{9}$ d) $\frac{7}{12}$ e) $\frac{4}{15}$ f) $\frac{7}{8}$ g) $\frac{1}{7}$ h) $\frac{7}{11}$

14 In dieser Tabelle sind einige Zahlen vertauscht. Die Zahlen jeder Aufgabe sollen den gleichen Wert haben. Finden Sie die Fehler. Legen Sie eine neue Tabelle an.

a)	**$\frac{3}{5}$**	0,7	$\frac{6}{10}$	60 %	$\frac{25}{100}$
b)	**$\frac{7}{10}$**	70 %	$\frac{4}{5}$	0,70	$\frac{80}{100}$
c)	**0,25**	$\frac{30}{50}$	$\frac{14}{20}$	0,6	25 %
d)	**0,8**	80 %	0,250	$\frac{16}{20}$	$\frac{8}{32}$

15 Ergänzen Sie die Tabelle im Heft.

Bruch	Division	Dezimalbruch	Hundertstelbruch	Prozentzahl
$\frac{3}{4}$	3 : 4	0,75	$\frac{75}{100}$	75 %
$\frac{2}{5}$				
$\frac{9}{10}$				
$\frac{1}{2}$				
$\frac{11}{20}$				
$\frac{13}{25}$				
$\frac{5}{6}$				
$\frac{5}{8}$				

Die Grundrechenarten (Brüche)

Addition und Subtraktion von Brüchen

1 Addieren Sie. Kürzen Sie, wenn möglich.

a) $\frac{1}{4}+\frac{1}{4}$ b) $\frac{1}{8}+\frac{3}{8}$ c) $\frac{2}{7}+\frac{4}{7}$ d) $\frac{7}{15}+\frac{4}{15}$ e) $\frac{1}{5}+\frac{4}{5}$

2 Ergänzen Sie den Bruch zu einem Ganzen.

Beispiel: $\frac{5}{12}$ Rechne: $\frac{5}{12}+\frac{7}{12}=\frac{12}{12}=1$

a) $\frac{3}{4}$ c) $\frac{3}{10}$ e) $\frac{4}{15}$ g) $\frac{19}{50}$ i) $\frac{19}{45}$

b) $\frac{2}{7}$ d) $\frac{5}{8}$ f) $\frac{9}{20}$ h) $\frac{23}{100}$ j) $\frac{49}{60}$

3 Schreiben Sie das Ergebnis als gemischte Zahl. Kürzen Sie, wenn möglich.

a) $\frac{4}{5}+\frac{3}{5}$ d) $\frac{3}{8}+\frac{7}{8}$ g) $\frac{4}{9}+\frac{3}{9}+\frac{5}{9}$

b) $\frac{9}{10}+\frac{3}{10}$ e) $\frac{1}{6}+\frac{5}{6}+\frac{1}{6}$ h) $\frac{7}{11}+\frac{19}{11}+\frac{13}{11}$

c) $\frac{11}{12}+\frac{5}{12}$ f) $\frac{2}{4}+\frac{3}{4}+\frac{7}{4}$ i) $\frac{27}{100}+\frac{41}{100}+\frac{31}{100}$

4 Subtrahieren Sie. Kürzen Sie, wenn möglich.

a) $\frac{2}{3}-\frac{1}{3}$ d) $\frac{11}{12}-\frac{7}{12}$ g) $\frac{7}{8}-\frac{5}{8}$

b) $\frac{4}{5}-\frac{2}{5}$ e) $\frac{3}{7}-\frac{3}{7}$ h) $\frac{9}{10}-\frac{2}{10}-\frac{3}{10}$

c) $\frac{11}{9}-\frac{4}{9}$ f) $\frac{17}{20}-\frac{3}{20}-\frac{1}{20}$ i) $\frac{99}{100}-\frac{13}{100}-\frac{51}{100}$

5 Wandeln Sie *vor* dem Subtrahieren die gemischten Zahlen in unechte Brüche um.

Beispiel: $2\frac{2}{5}-\frac{4}{5}=\frac{12}{5}-\frac{4}{5}=\frac{8}{5}=1\frac{3}{5}$

a) $1\frac{1}{3}-\frac{2}{3}$ c) $2\frac{5}{12}-\frac{11}{12}$ e) $3\frac{3}{8}-2\frac{5}{8}$

b) $1\frac{7}{10}-\frac{9}{10}$ d) $6\frac{1}{7}-5\frac{6}{7}$ f) $4\frac{1}{6}-1\frac{5}{6}$

6 Entscheiden Sie bei den folgenden Aufgaben, ob man *vor* dem Subtrahieren in einen unechten Bruch umwandeln muss.

a) $5\frac{4}{7}-\frac{6}{7}$ d) $2\frac{1}{4}-1\frac{3}{4}$ g) $3\frac{1}{6}-2\frac{5}{6}$

b) $3\frac{5}{8}-\frac{3}{8}$ e) $5\frac{1}{3}-2\frac{2}{3}$ h) $4\frac{11}{12}-3\frac{7}{12}$

c) $2\frac{3}{4}-1\frac{3}{4}$ f) $6\frac{3}{10}-4\frac{7}{10}$ i) $4\frac{7}{15}-4\frac{7}{15}$

7 Bilden Sie aus den Brüchen Additions- und Subtraktionsaufgaben mit gleichen Nennern.

Beispiel: $\frac{7}{8}+\frac{15}{8}=\frac{22}{8}=2\frac{6}{8}=2\frac{3}{4}$

$\frac{7}{8}$ $\frac{5}{6}$ $\frac{3}{4}$ $2\frac{5}{8}$ $1\frac{1}{6}$ $4\frac{1}{4}$ $\frac{11}{6}$ $\frac{15}{8}$ $\frac{25}{4}$

8 Zum Backen eines Kuchens werden für den Teig $\frac{1}{8}$ l Milch, für die Füllung $\frac{5}{8}$ l Milch benötigt. Wie viel Milch wird benötigt?

9 Lösen Sie zeichnerisch.

Beispiel: $\frac{2}{5}+\frac{1}{2}$

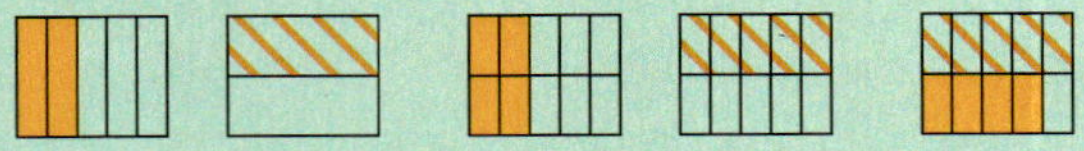

$\frac{2}{5}+\frac{1}{2}=\frac{4}{10}+\frac{5}{10}=\frac{9}{10}$

a) $\frac{1}{2}+\frac{1}{3}$ b) $\frac{2}{3}+\frac{1}{6}$ c) $\frac{1}{4}+\frac{2}{3}$

10 Erweitern Sie die Nenner auf 24 und addieren Sie.

a) $\frac{2}{3}+\frac{1}{8}$ b) $\frac{5}{8}+\frac{1}{6}$ c) $\frac{5}{12}+\frac{5}{6}$ d) $\frac{1}{3}+\frac{1}{4}+\frac{1}{8}$

11 Berechnen Sie.

Beispiel: $\frac{3}{5}+\frac{7}{10}=\frac{6}{10}+\frac{7}{10}=\frac{13}{10}=1\frac{3}{10}$

a) $\frac{1}{2}+\frac{3}{4}$ c) $\frac{1}{4}+\frac{5}{8}$ e) $\frac{1}{2}+\frac{7}{8}$ g) $\frac{1}{3}+\frac{5}{6}$ i) $\frac{3}{4}+\frac{5}{6}$

b) $\frac{3}{4}-\frac{1}{2}$ d) $\frac{7}{8}-\frac{3}{4}$ f) $\frac{5}{5}-\frac{1}{2}$ h) $\frac{5}{6}-\frac{2}{3}$ j) $\frac{11}{12}-\frac{3}{4}$

12 Bilden Sie aus den Brüchen Additions- und Subtraktionsaufgaben. Verwenden Sie alle Zahlen.
Machen Sie zu jeder Aufgabe die Probe.

$\frac{1}{2}$ $\frac{1}{3}$ $\frac{1}{4}$ $\frac{1}{12}$ $\frac{1}{6}$ $\frac{1}{8}$ $\frac{2}{3}$ $\frac{3}{4}$ $\frac{5}{6}$ $\frac{3}{8}$ $\frac{7}{12}$

13 Berechnen Sie.

Beispiel: $2\frac{3}{4}+1\frac{2}{3}=2\frac{9}{12}+1\frac{8}{12}=3\frac{17}{12}=4\frac{5}{12}$

(mit 3 erweitern!) (mit 4 erweitern!)

a) $1\frac{1}{2}+1\frac{1}{4}$ c) $5\frac{3}{4}+3\frac{5}{6}$ e) $3\frac{3}{4}-1\frac{1}{2}$ g) $2\frac{5}{6}-1\frac{2}{3}$

b) $2\frac{3}{8}+1\frac{1}{2}$ d) $3\frac{2}{5}+4\frac{2}{3}$ f) $5\frac{7}{8}-3\frac{3}{4}$ h) $7\frac{5}{6}-2\frac{3}{5}$

14 Addieren Sie jede Zahl im Kreis zu jeder *Randzahl* des Sterns.

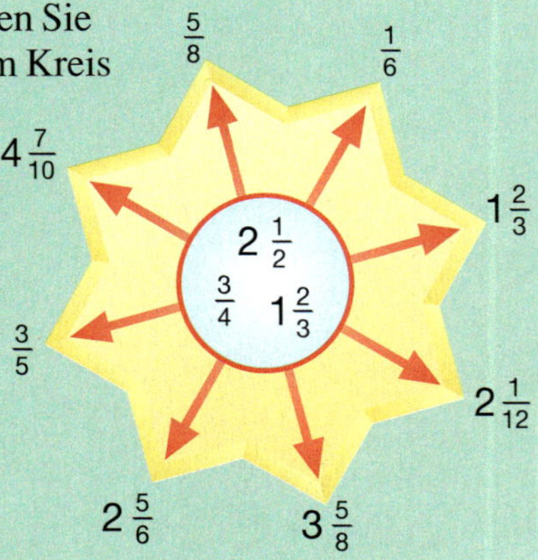

Multiplikation von Brüchen

1 Man berechne als Additions- und als Multiplikationsaufgabe.

Beispiel: $3 \cdot \frac{7}{10} = \frac{7}{10} + \frac{7}{10} + \frac{7}{10} = \frac{21}{10} = 2\frac{1}{10}$

$3 \cdot \frac{7}{10} = \frac{3 \cdot 7}{10} = \frac{21}{10} = 2\frac{1}{10}$

a) $2 \cdot \frac{1}{4}$ c) $4 \cdot \frac{2}{5}$ e) $\frac{3}{4} \cdot 5$ g) $7 \cdot \frac{5}{6}$ i) $\frac{5}{12} \cdot 5$

b) $6 \cdot \frac{1}{5}$ d) $5 \cdot \frac{3}{8}$ f) $\frac{2}{3} \cdot 7$ h) $10 \cdot \frac{5}{9}$ j) $\frac{4}{11} \cdot 9$

2 Multiplizieren Sie. Kürzen Sie, wenn möglich.

a) $5 \cdot \frac{3}{10}$ d) $3 \cdot \frac{5}{6}$ g) $\frac{7}{9} \cdot 8$

b) $2 \cdot \frac{2}{3}$ e) $\frac{7}{12} \cdot 6$ h) $\frac{11}{12} \cdot 11$

c) $7 \cdot \frac{3}{4}$ f) $\frac{11}{15} \cdot 10$ i) $4 \cdot \frac{9}{10}$

3 Diese Aufgaben kann man auf zwei Arten berechnen.

Gemischte Zahl in unechten Bruch umwandeln!

Beispiel: $3\frac{1}{4} \cdot 5 = \frac{13}{4} \cdot 5 = \frac{13 \cdot 5}{4} = \frac{65}{4} = 16\frac{1}{4}$

oder: $3\frac{1}{4} \cdot 5 = 3 \cdot 5 + \frac{1}{4} \cdot 5 = 15 + \frac{5}{4} = 16\frac{1}{4}$

Gemischte Zahl in Ganze und Bruch zerlegen!

a) $2 \cdot 1\frac{1}{2}$ c) $3 \cdot 2\frac{1}{4}$ e) $2\frac{3}{8} \cdot 2$ g) $3\frac{5}{6} \cdot 4$

b) $4 \cdot 2\frac{1}{3}$ d) $2 \cdot 2\frac{3}{5}$ f) $4\frac{1}{10} \cdot 5$ h) $6\frac{5}{9} \cdot 6$

4 Berechnen Sie die fehlenden Werte.

$\cdot$	$\frac{5}{6}$	$\frac{7}{12}$	$3\frac{3}{4}$	$5\frac{3}{8}$
3				
6				
8				
12				

5 Eine Flasche Mineralwasser enthält $\frac{7}{10}$ l. Wie viel Liter enthalten 12; 24; 60 Flaschen?

6 Für einen Kuchen braucht man $\frac{3}{8}$ kg Mehl. Wie viel Mehl braucht man für 4 Kuchen?

7 In einem Karton sind 3 Eisenkugeln. Jede dieser Kugeln wiegt $6\frac{3}{8}$ kg. In einem anderen Karton sind 28 Holzkugeln. Jede Holzkugel wiegt $\frac{3}{4}$ kg. Vergleichen Sie das Gewicht beider Kartons.

Division von Brüchen

1 Dividieren Sie. Kürzen Sie, wenn möglich.

Beispiel: $\frac{3}{4} : 5 = \frac{3}{4} \cdot \frac{1}{5} = \frac{3}{4 \cdot 5} = \frac{3}{20}$

kürzer: $\frac{3}{4} : 5 = \frac{3}{4 \cdot 5} = \frac{3}{20}$

Nenner mit der natürlichen Zahl multiplizieren!

a) $\frac{7}{10} : 2$ c) $\frac{2}{3} : 4$ e) $\frac{3}{10} : 5$ g) $\frac{1}{12} : 7$

b) $\frac{1}{2} : 5$ d) $\frac{3}{5} : 2$ f) $\frac{3}{8} : 4$ h) $\frac{5}{6} : 6$

2 Dividieren Sie.

Beispiel: $\frac{12}{13} : 6 = \frac{12 : 6}{13} = \frac{2}{13}$

a) $\frac{3}{4} : 3$ c) $\frac{8}{9} : 4$ e) $\frac{24}{25} : 6$ g) $\frac{18}{19} : 6$

b) $\frac{5}{6} : 5$ d) $\frac{10}{11} : 5$ f) $\frac{15}{16} : 3$ h) $\frac{100}{169} : 25$

3 Dividieren Sie und entscheiden Sie sich für das günstigste Verfahren.

a) $\frac{1}{4} : 2$ c) $\frac{2}{5} : 4$ e) $\frac{3}{5} : 6$ g) $\frac{12}{17} : 4$

b) $\frac{3}{4} : 3$ d) $\frac{5}{7} : 5$ f) $\frac{3}{8} : 12$ h) $\frac{7}{10} : 8$

4 Wandeln Sie vor dem Dividieren die gemischten Zahlen in unechte Brüche um.

Beispiel: $7\frac{1}{2} : 6 = \frac{15}{2} : 6 = \frac{15}{2 \cdot 6} = \frac{5}{2 \cdot 2} = \frac{5}{4} = 1\frac{1}{4}$

a) $3\frac{1}{2} : 7$ c) $1\frac{3}{5} : 5$ e) $7\frac{1}{2} : 5$ g) $1\frac{7}{8} : 5$

b) $5\frac{1}{3} : 4$ d) $1\frac{4}{5} : 12$ f) $4\frac{2}{3} : 4$ h) $2\frac{5}{6} : 2$

5 Berechnen Sie

a) die Hälfte von $\frac{3}{5}$ m c) die Hälfte von $\frac{5}{6}$ l

b) ein Drittel von $\frac{4}{5}$ kg d) ein Viertel von $\frac{3}{4}$ h

6 Berechnen Sie die fehlenden Werte in ihrem Heft.

:	2	3	5	6	8	9	12	15
$\frac{3}{4}$								
$\frac{5}{7}$								
$1\frac{3}{5}$								
$2\frac{1}{7}$								

7 Ein Krug mit einem Fassungsvermögen von $3\frac{3}{4}$ l soll bis zum Rand gefüllt werden. Dafür wird ein Messbecher fünfmal gefüllt und in den Krug entleert. Welchen Inhalt hat der Messbecher?

Zuordnungen

Darstellung von Zuordnungen

Zuordnungen kommen in vielen Sachbereichen vor. Zwei Möglichkeiten werden hier genannt.

1. Zuordnung *Masse* → *Preis*

Bei einem festgelegten Grundpreis von 16 € pro kg wird jeder anderen Masse sein Preis zugeordnet.

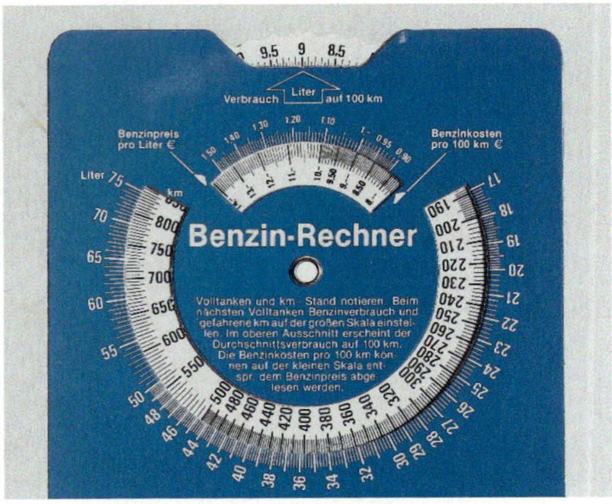

2. Zuordnung *Strecke* → *Benzinverbrauch*

Bei einem gleichbleibenden Verbrauch von 9 l auf 100 km wird jeder gefahrenen Strecke der Benzinverbrauch zugeordnet.

Zuordnungen lassen sich auf verschiedene Arten darstellen. Die einfachste Form ist die **Zuordnungstabelle**, die senkrecht oder waagerecht angeordnet werden kann.

Eine andere Form ist das **Pfeilbild**. Dabei werden die einander zugeordneten Größen durch Pfeile miteinander verbunden.

Beispiel

Notieren Sie für die oben abgebildete Zuordnung *Strecke* → *Benzinverbrauch* eine Zuordnungstabelle und zeichnen Sie dazu ein Pfeilbild.

Zuordnungstabelle

Strecke	Benzinverbrauch
100 km	9 l
200 km	18 l
250 km	22,5 l
300 km	27 l
350 km	31,5 l
400 km	36 l
420 km	37,8 l
500 km	45 l
680 km	61,2 l

Pfeilbild

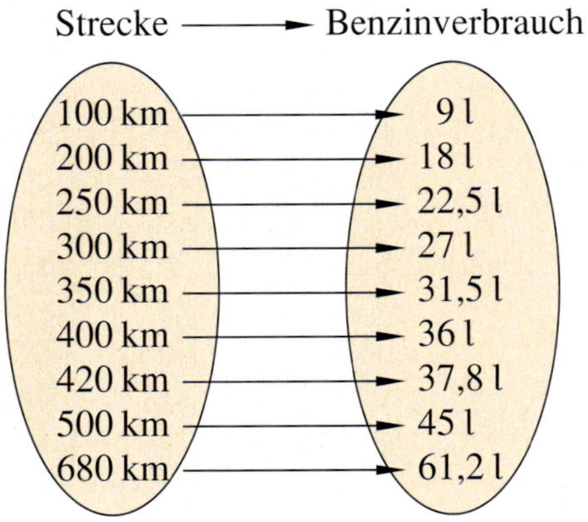

Beispiel 2

Frau Stickel kauft auf dem Markt 1,5 kg Paprikaschoten für 4,50 €. Frau Hofer nimmt 2,5 kg mit. Wie viel Euro muss Frau Hofer zahlen?

Vorüberlegung:
Die doppelte Menge kostet das Doppelte, die dreifache Menge das Dreifache, …
Eine solche Zuordnung heißt proportional.

Hauptüberlegung

Zeichnerische Lösung: 2,5 kg ↦ ? €
Wir kennen diese Wertepaare:

Masse in kg	Kosten in €
0	0
1,5	4,50

Wir tragen die Wertepaare als Punkte in ein Koordinatensystem ein. Wir können dann stets eine **Gerade** zeichnen, auf der alle Wertepaare liegen.

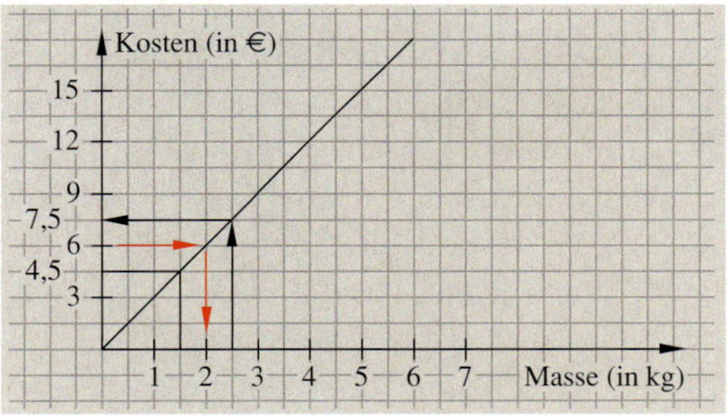

Dann können wir die Lösung ablesen: Frau Hofer zahlt für 2,5 kg Paprikaschoten 7,50 €.
Wir lesen weitere Werte ab: 3 kg kosten 9 €, 6,5 kg kosten 19,50 €, für 6 € erhält man 2 kg.

Übungen

1 Betrachten Sie die Abbildung.

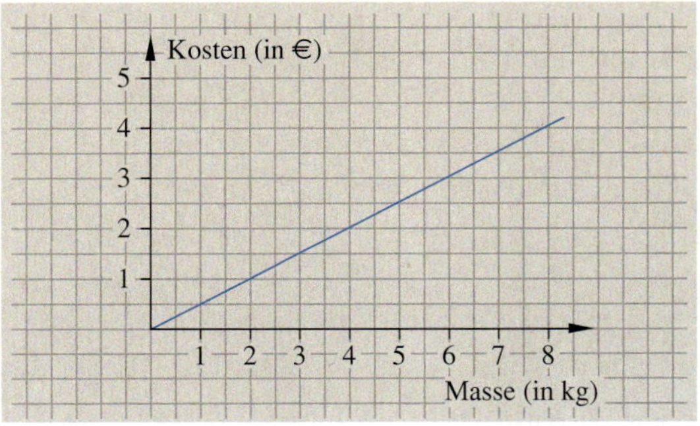

a) Lesen Sie ab, wie teuer ein und zwei Kilogramm Kartoffeln sind!
b) Stellen Sie eine Zuordnungstabelle mit fünf Wertepaaren auf.

2 Welche Zuordnungen sind proportional? Begründen Sie die Antwort (siehe Beispiel 2).

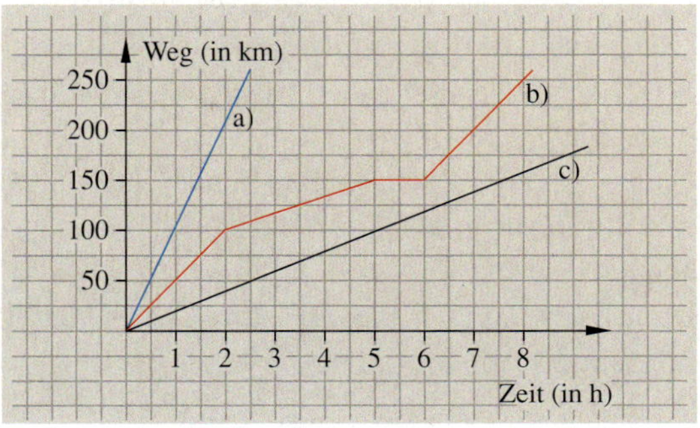

3 Ein Testfahrzeug fährt eine Strecke von 400 km mit einer gleich bleibenden Geschwindigkeit von 80 $\frac{km}{h}$. Stellen Sie die Zuordnung *Weg* → *Zeit* zeichnerisch dar.

4 Ulrich und Heinz haben eine 50 km lange Fahrradtour von Bielefeld nach Bad Iburg gemacht. Um genau über den Ablauf ihrer Tour berichten zu können, haben sie bei jedem Halt die Uhrzeit und die zurückgelegte Strecke notiert. Sie vergaßen auch den Zeitpunkt jeder Abfahrt nicht. Nach dem Muster eines „Bildfahrplans“ ist später diese Darstellung entstanden.

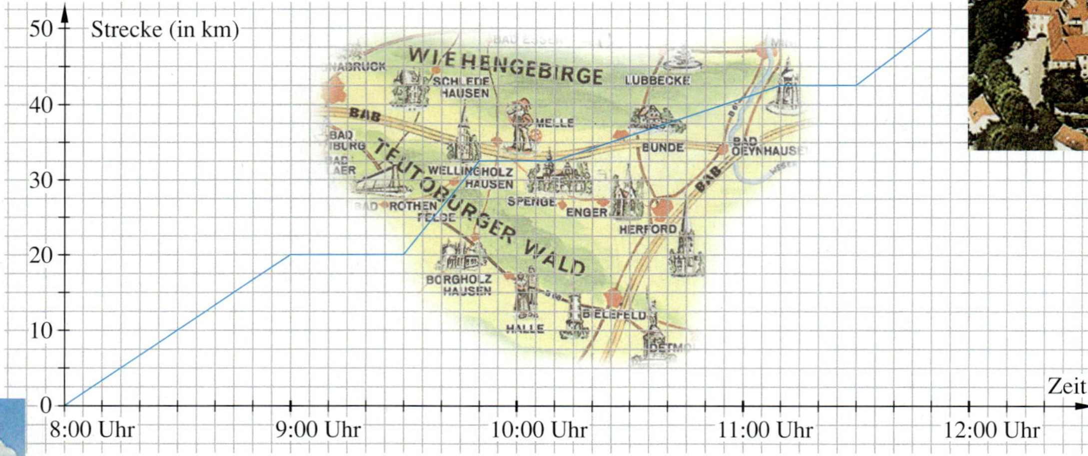

a) Was wurde auf der senkrechten, was auf der waagerechten Achse des Koordinatensystems eingezeichnet?

b) Welche Zeitspanne liegt zwischen 2 Teilstrichen auf der waagerechten Achse?

c) Welche Entfernung liegt zwischen 2 Teilstrichen auf der senkrechten Achse?

d) Ulrich und Heinz berichteten von einer halbstündigen Pause in einer Gaststätte. Um wie viel Uhr betraten sie die Gaststätte? Wie weit war das von Bielefeld bzw. von Bad Iburg entfernt?

e) Heinz hatte nach 32,5 km einen platten Vorderreifen. Wie lange dauerte das Flicken des Reifens?

f) Im Schatten eines Waldstücks schöpften Ulrich und Heinz noch einmal 20 Minuten Kraft. Wie viel Kilometer waren sie bis dahin gefahren?

g) Im ersten Abschnitt wollten die Freunde mit durchschnittlich 20 $\frac{\text{km}}{\text{h}}$ fahren. Ist das geschafft worden?

h) In welchem Zeitabschnitt sind die Radler am schnellsten gefahren?

i) Auf einer langen Steigung kamen sie am langsamsten voran. Wie viel Kilometer nach ihrem Start begann diese Steigung?

j) Schreiben Sie für die grafische Zuordnung *Zeit → gefahrene Strecke* einen „Zeitplan“ in Tabellenform (vgl. Aufgabe 5).

5 Der Zeitplan einer Urlaubsreise ist in der Tabelle festgehalten.

	Uhrzeit	Kilometerstand
Abfahrt	8:15 Uhr	0
Autobahnauffahrt	8:45 Uhr	28
Rastbeginn	10:30 Uhr	217
Weiterfahrt	10:45 Uhr	217
Tanken (Beginn)	12:00 Uhr	352
Weiterfahrt	12:15 Uhr	352
Mittagessen (Beginn)	13:00 Uhr	413
Weiterfahrt	14:15 Uhr	413
Autobahnabfahrt	15:45 Uhr	585
Ankunft	16:30 Uhr	636

a) Zeichnen Sie auf ein DIN-A4-Blatt ein Koordinatensystem. Die Einteilung der Achsen soll dabei so vorgenommen werden:

100 km entsprechen 2 cm,

1 h entspricht 2 cm.

Veranschaulichen Sie dadurch die Tabelle.

b) Auf welcher Strecke wurde am schnellsten gefahren? Auf welcher Strecke wurde am langsamsten gefahren? Wie erkennt man das im Koordinatensystem?

c) Auf welchem Streckenabschnitt könnte eine Autobahn-Baustelle mit Geschwindigkeitsbeschränkung gewesen sein?

Proportionale Zuordnungen

Bei Preisangaben fehlen oft die Angaben pro Kilogramm.

So ist zum Beispiel der Preis 3,20 € für 500 g Tomaten angegeben worden. Wir stellen eine Preistabelle auf, aus der neben dem Preis für 1 kg Tomaten auch andere Zahlenpaare der Zuordnung *Masse → Preis* entnommen werden können.

Masse in kg	0,5	1	1,5	2	3
Preis in €	3,20	6,40	9,60	12,80	19,20

Wir sehen: 1 kg ist doppelt so schwer wie 500 g aber auch doppelt so teuer. 3 kg sind das Dreifache von 1 kg und auch dreimal so teuer.

Eine solche Zuordnung heißt **proportionale Zuordnung**.

Eine Zuordnung heißt **proportional**, wenn gilt:
zum Doppelten der einen Größe gehört das Doppelte der anderen Größe,
zum Dreifachen der einen Größe gehört das Dreifache der anderen Größe *usw.*,
zur Hälfte der einen Größe gehört die Hälfte der anderen Größe,
zum Viertel der einen Größe gehört ein Viertel der anderen Größe *usw.*

Beispiel

1. Zwei Schulklassen fahren gemeinsam ins Schullandheim. Pro Tag werden je Person 19 € berechnet. Die Klasse U 1 bleibt 5 Tage, die Klasse U 2 nur 4 Tage. Welche Kosten entstehen für die Teilnehmer? Zeichnen Sie eine Zuordnungstabelle, aus der man auch Aufenthaltskosten bis zu einer Woche ablesen kann.

Anzahl der Tage	1	4	5	6	7
Kosten in €	19	76	95	114	133

Man sieht: In der Klasse U 2 entstehen pro Person 76 € Aufenthaltskosten. In der Klasse U 1 betragen diese Kosten 95 €.

2. Nach den Preisangaben der abgebildeten Preisliste kosten 5 Kilogramm Boskop-Äpfel 4 €. Für 1 kg verlangt der Händler 1 €.
Handelt es sich hierbei um eine proportionale Zuordnung?
Zeichnen Sie eine Zuordnungstabelle.

Masse in kg	5	1	2,5	3	4
Preis in €	4,00	1,00	2,50	3,00	4,00

Das ist keine proportionale Zuordnung, weil der fünfte Teil von 5 kg nicht den fünften Teil des Preises ausmacht. Die Zuordnung ist nur für weniger als 5 kg proportional.

Übungen

1

Masse in kg	Preis in €
0,2	0,70
0,5	
0,8	
1	3,50
1,5	
2	7,00
2,5	
3	

a) Vervollständigen Sie die proportionale Zuordnungstabelle im Heft.
b) Zeigen Sie an der ausgefüllten Tabelle: Zur doppelten Masse gehört der doppelte Preis, zur 2,5fachen Masse gehört der 2,5fache Preis.
c) Zeigen Sie an der ausgefüllten Tabelle: Zu einem Fünftel der Masse gehört der fünfte Teil des Preises, zur Hälfte der Masse gehört der halbe Preis.

2 Die Mineralquelle eines Kurortes schüttet täglich etwa 124 800 Liter Heilwasser aus. Wie viel Liter Heilwasser spendet die Quelle in 1 Stunde, in 4 Stunden, in 8 Stunden und in einer Woche?

3 Herr Vollmer kauft Frühkartoffeln.
a) Lesen Sie aus der Darstellung im Diagramm ab, wie viel Euro für 1 kg, 2 kg, 3 kg, 4 kg, 5 kg zu zahlen sind.

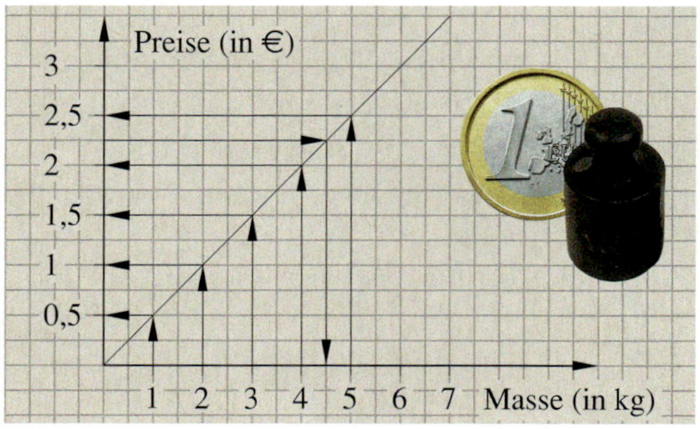

b) Frau Bräuer will für 2,25 € Kartoffeln kaufen. Wie viel Kilogramm Kartoffeln erhält sie? Beschreiben Sie, wie man die Lösung im Koordinatensystem findet.

4 Stellen Sie eine Zuordnungstabelle mit je fünf Wertepaaren auf.
a) 5 kg Hundefutter kosten 5,45 €
b) 100 g Schinken kosten 1,94 €
c) 0,25 l Leinöl kosten 2,20 €
d) 3 Schachteln Kekse wiegen 720 g
e) 5 l Farbe reichen für 30 m^2 Fläche

5 In einem Kino beträgt der Eintrittspreis 5 €. Ein Film läuft dort in 6 Vorstellungen. Die Einnahmen betrugen 235 €, 180 €, 275 €, 315 €, 195 € und 240 €. Wie viele Personen sahen jeweils in diesem Kino den Film?

6 Prüfen Sie, ob folgende Zuordnungen proportional sein können. Begründen Sie jeweils.
a) Ein Ei kostet 17 Cent. Zehn Eier werden für 1,65 € verkauft.
b) Ein Autofahrer fährt in einer Stunde 84 km. In einer halben Stunde ist er 42 km gefahren.
c) Aus 8 kg Beeren kann man 6 l Saft gewinnen. Aus 2 kg Beeren gewinnt man 1,5 l Saft.
d) Für eine Fahrt mit der Bergbahn bezahlt man 1,25 €, für 5 Fahrten 6,25 € und für 10 Fahrten 10 €.

7 Bei einem Gewitter sieht man den Blitz, kurz darauf donnert es.

Der Schall legt pro Sekunde 333 m zurück. Wie weit ist ein Gewitter entfernt, wenn man das Donnern 4 (2, 6, 9, 14) Sekunden nach dem Aufleuchten des Blitzes hört?

8 Das Licht, das man beim Blitz sieht, verbreitet sich mit einer wesentlich höheren Geschwindigkeit. Es legt dabei in einer Sekunde ungefähr 300 000 km zurück. Wie viel km legt das Licht in 4 (2, 6, 9, 14) Sekunden zurück? Vergleichen Sie mit dem Schall.

Das Rechnen mit dem Dreisatz bei Proportionalität

Aufgaben mit proportionalen Zuordnungen können wir übersichtlich als Dreisatz schreiben und damit lösen.
Ein Mähdrescher erntet ein 2 Hektar großes Getreidefeld in 3 Stunden ab.
Wie viele Stunden werden benötigt, wenn ein 5 Hektar großes Feld abgeerntet werden soll?

Die Zuordnung

Fläche in ha → Zeit in h

ist proportional, denn für die doppelte Fläche braucht der Mähdrescher die doppelte Zeit …

So gehen wir vor:

1. Ansatz:

2 Hektar in 3 Stunden
5 Hektar in ? Stunden

2. Dreisatz:

Für 2 ha braucht man 3 Stunden
Für 1 ha braucht man 3 h : 2 = 1,5 h
Für 5 ha braucht man 1,5 h · 5 = 7,5 h

3. Antwort:

Für 5 Hektar braucht der Mähdrescher $7\frac{1}{2}$ Stunden.

Kurztabelle:

ha	h
2	3
5	?

	ha	h	
: 2	2	3	: 2
· 5	1	$\frac{3}{2} = 1,5$	· 5
	5	$\frac{3 \cdot 5}{2} = 7,5$	

Beispiel

Ölwechsel in der Werkstatt. 3 Liter Öl kosten 18 €. Wie viel kosten 4,5 Liter?

1. Ansatz:

3 l kosten 18 €
4,5 l kosten ? €

2. Dreisatz:

3 l kosten 18 €
1 l kostet 18 € : 3 = 6 €
4,5 l kosten 6 € · 4,5 = 27 €

3. Antwort:

4,5 l Öl kosten 27 €.

Kurztabelle:

l	€
3	18
4,5	?

	l	€	
: 3	3	18	: 3
· 4,5	1	$\frac{18}{3} = 6$	· 4,5
	4,5	$\frac{\overset{6}{\cancel{18}} \cdot 4,5}{\underset{1}{\cancel{3}}} = 27$	

Übungen

1 Übertragen Sie die Tabellen ins Heft und vervollständigen Sie diese. Die Zuordnungen sind proportional.

a)

Masse in kg	Preis in €
1	3,50
3	

b)

Anzahl	Preis in €
28	6,44
1	

c)

Länge in m	Preis in €
3	24
1	
5	

d)

Fahrstrecke in km	Verbrauch in l
100	8
1	
750	

e)

Anzahl	Masse in kg
8	120
1	
5	

2 a) Ein Heft kostet 0,56 €.
Wie viel kosten 8 Hefte?
b) Drei Tuben Klebstoff kosten 4,59 €.
Wie viel kostet eine Tube?
c) Zwei Packungen Tintenpatronen kosten 1,20 €.
Wie viel kosten vier Packungen?
d) Fünf Packungen Bleistifte kosten 12,65 €.
Wie viel kosten zwei Packungen?

3 Übertragen Sie den Ansatz der Kurztabelle in das Heft. Rechnen Sie mit dem Dreisatz.

a)

Stück	€
7	3,50
9	?
7	

b)

km	l
450	36
100	?
450	

c)

h	l
3	180
5	?
3	

d)

€	km
5	4
13	?
5	

Schreiben Sie zu jeder Aufgabe einen kurzen Text mit einer Fragestellung.

4 a) Drei Topfpflanzen kosten 1,35 €.
Wie viel kosten 13 Pflanzen?
b) Sieben Ballons kosten 14,70 €.
Wie viel kosten fünf Ballons?

5 25 Brötchen kosten 5 €.
a) Wie viele Brötchen bekommt man für 7 €?
b) Wie viel kosten 18 Brötchen?

6 Ein Gartenweg soll gepflastert werden. Zum Belegen einer Wegfläche von 4 m² benötigt ein Gärtner 20 Platten. Wie viele Platten benötigt er für 25 m²?

7 Simone hat während der Ferien in einem Supermarkt als Aushilfe gearbeitet. In drei Wochen verdiente sie 450 €. Ihre Freundin Anna arbeitete nur zwei Wochen.

8 Für 20 m³ Wasser verlangt die Stadtverwaltung von Münster ohne Nebenkosten 26,20 €.
a) Herr Meier verbraucht 22 m³ Wasser.
b) Herr Huy zahlt 41,92 €.

9 In einer Maßstabszeichnung ist eine Strecke 64 mm lang. In Wirklichkeit beträgt die Strecke 320 m. Eine andere Strecke ist in der Zeichnung 175 mm lang. Wie viel Meter misst sie in Wirklichkeit?

10 $3\frac{1}{2}$ m Gardinenstoff kosten 157,50 €. Herr Müller kauft 4,5 m von diesem Stoff. Wie viel Euro muss er zahlen? Wählen Sie weitere Längen und stellen Sie eine Tabelle auf.

11 Für 800 g geräucherten Schinken hat Ilona 12 € bezahlt. Nach drei Tagen soll sie 500 g geräucherten Schinken kaufen.

12 Messing besteht aus Kupfer und Zink. Zur Herstellung von 100 kg Messing braucht man 60 kg Kupfer. Wie viel Kupfer und wie viel Zink braucht man für die Herstellung von 66,5 kg Messing?

Antiproportionale Zuordnungen

Für einen Druckauftrag benötigen 3 Maschinen 8 Stunden. Es sollen aber 4 Maschinen eingesetzt werden. Wie lange brauchen diese?

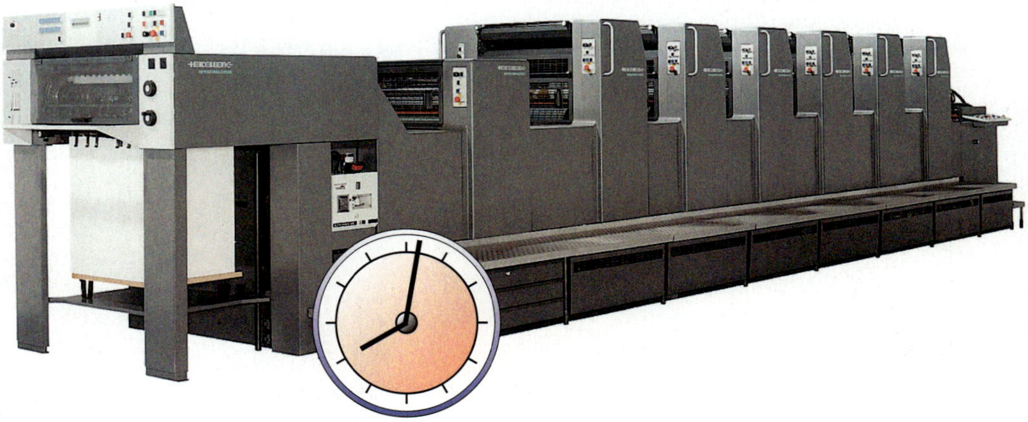

Je *mehr* Maschinen in Betrieb sind, desto *kürzer* ist die Arbeitszeit. Je *weniger* Maschinen eingesetzt werden, desto *länger* ist die Arbeitszeit. Das ist *keine* Proportionalität.

Zum Doppelten der einen Größe gehört die Hälfte der anderen Größe. Eine solche Zuordnung heißt **antiproportionale Zuordnung**.

Eine Zuordnung heißt **antiproportional**, wenn gilt:

zum Doppelten der einen Größe	gehört die Hälfte der anderen Größe,
zum Dreifachen der einen Größe	gehört ein Drittel der anderen Größe *usw.*,
zur Hälfte der einen Größe	gehört das Doppelte der anderen Größe,
zum Drittel der einen Größe	gehört das Dreifache der anderen Größe *usw.*

Zuordnungstabelle

$:3$ (von 3 zu 1), $\cdot 4$ (von 1 zu 4)

Anzahl der Maschinen	3	1	4	8	2	6
Zeit (in h)	8	24	6	3	12	4

$\cdot 3$ (von 8 zu 24), $:4$ (von 24 zu 6)

4 Maschinen benötigen für den Druckauftrag 6 Stunden.

Wir zeichnen die Anzahl der Maschinen und die Arbeitsdauer in einem Schaubild.

Jedes Wertepaar der Zuordnung hat dasselbe Produkt:

(3 | 8) $3 \cdot 8 = 24$
(4 | 6) $4 \cdot 6 = 24$
(1 | 24) $1 \cdot 24 = 24$
(2 | 12) $2 \cdot 12 = 24$

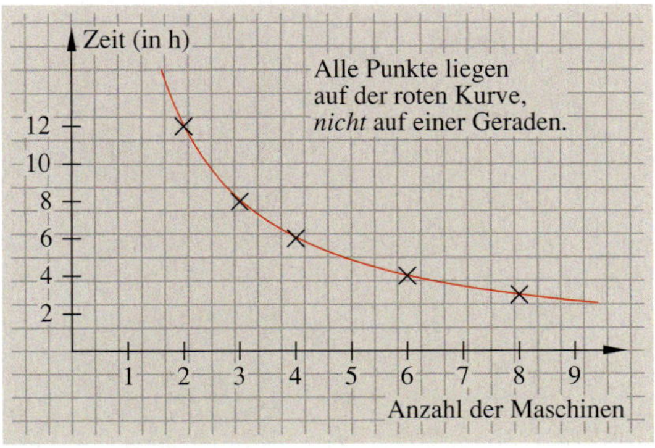

Wir erkennen **antiproportionale Zuordnungen** daran, dass einander zugeordnete Größen immer dasselbe Produkt ergeben.
Wir sagen: Zusammengehörige Größen sind **produktgleich**. In der grafischen Darstellung entsteht bei einer antiproportionalen Zuordnung eine **Kurve**.

Beispiel

Im Jahre 1492 segelte Christoph Kolumbus in 72 Tagen von Spanien nach Amerika. Pro Tag legte er dabei durchschnittlich 100 km zurück. Heute können Schiffe 600 km an einem Tag zurücklegen.

Wenn ein Schiff jeden Tag eine doppelt so lange Strecke wie ein anderes zurücklegt, dann benötigt es insgesamt nur die halbe Fahrzeit. Die Zuordnung *Tagesstrecke* → *Fahrzeit* ist antiproportional.

Probe:
Wir bilden aus zusammengehörigen Größen das Produkt, zum Beispiel:

$100 \cdot 72 = 7200$ $\quad 200 \cdot 36 = 7200$
$150 \cdot 48 = 7200$ $\quad 225 \cdot 32 = 7200$

Die Gesamtstrecke beträgt 7200 km.

	zurückgelegte Tagesstrecke		Fahrzeit bis Amerika	
	100 km		72 Tage	
	150 km	· 2 : 2	48 Tage	
	200 km		36 Tage	
· 6	225 km		32 Tage	: 6
	300 km		24 Tage	
	400 km		18 Tage	
	450 km		16 Tage	
	600 km		12 Tage	

Übungen

1 Für ein Buffet arbeiten 6 Köche 18 Stunden. Wie ändert sich die Fertigstellungszeit mit der Anzahl der Köche? Übertragen Sie die Tabelle ins Heft.

Zahl der Köche	3	6	2	1	7	10
Fertigstellungszeit in h		18				

2 Um einen Erdaushub abzutransportieren, brauchen 6 Lkw 18 Stunden. Übertragen Sie die Tabelle ins Heft und ergänzen Sie diese.

Zahl der Lkw	6	12		9		4
Dauer des Auftrags in h	18		6		36	

3 Schreiben Sie im Heft.
a) 4 Maschinen sind für einen Auftrag 6 Stunden in Betrieb, 2 Maschinen brauchen dazu ___, 6 Maschinen brauchen ___.
b) Für einen Erdtransport setzt eine Firma 8 Lkw ein, die insgesamt 12 Stunden unterwegs sind. 4 Lkw wären ___ Stunden, 12 Lkw wären ___ Stunden unterwegs.

4 Aus einer Teigmenge kann man 240 Kleinbrote zu 200 g formen.
Wie viel Kleinbrote zu 150 g? Wie viel zu 250 g? Wie viel zu 75 g?

Das Rechnen mit dem Dreisatz bei Antiproportionalität

Auch Sachaufgaben mit antiproportionalen Zuordnungen können wir übersichtlich als Dreisatz schreiben und damit lösen.

Prüfen Sie bei Sachaufgaben immer zuerst, ob eine antiproportionale Zuordnung vorliegt. Wenden Sie dann den Dreisatz an.

Der Keller eines Wohnblocks steht unter Wasser. 2 Fahrzeuge der Feuerwehr benötigen für das Leerpumpen 12 Stunden. Wie viel Stunden benötigen 3 Fahrzeuge dafür?
Prüfen Sie auf Antiproportionalität!

So gehen wir vor. Wir überlegen:
Je mehr Pumpfahrzeuge eingesetzt werden, desto kürzer ist die Arbeitszeit je Fahrzeug. Doppelt so viele Pumpen, halbe Arbeitsdauer, die Zuordnung ist **antiproportional** (umgekehrt proportional).

Kurztabelle:

	Anzahl	h	
	2	12	
	3	?	

	Anzahl	h	
	2	12	
: 2	1	24	· 2
· 3	3	8	: 3

1. Ansatz:

2 Fahrzeuge benötigen 12 Stunden.
3 Fahrzeuge benötigen ? Stunden.

2. Dreisatz:

2 Fahrzeuge benötigen 12 Stunden.
1 Fahrzeug benötigt 2 · 12 h = 24 h.
3 Fahrzeuge benötigen 24 h : 3 = 8 h.

3. Antwort:

3 Pumpfahrzeuge benötigen für das Leerpumpen 8 Stunden.

Mehr Fahrzeuge brauchen weniger Zeit zum Leerpumpen.

Beispiel

Ein Futtervorrat reicht für 3 Pferde 80 Tage. Wie viele Tage reicht dieser Vorrat für 8 Pferde?
Lösung mit der Kurztabelle:

	Anzahl der Pferde	Futtervorrat in Tagen	
	3	80	
	8	?	

	Anzahl der Pferde	Futtervorrat in Tagen	
	3	80	
: 3	1	240	· 3
· 8	8	30	: 8

Übungen

1 Vervollständigen Sie die Tabelle. In einer Großküche wird gekocht und aufgeräumt. 5 Angestellte brauchen dafür 18 Stunden.
Wie lange arbeiten die Angestellten, wenn ihre Anzahl geändert wird:

Angestellte (Anz.)	5	10	6	1	9
Koch- und Aufräumzeit (Std.)	18				

Die Arbeit soll in 9 Stunden erledigt sein. Wie viele Angestellte sind dazu nötig?
Wie viele, wenn die Arbeit in 4,5 Stunden geschafft sein soll?

2 Vervollständigen Sie die Tabelle. Rechnen Sie mit dem Dreisatz weiter.
a) Gleich starke Pumpen sollen ein Wasserbecken füllen.

Anzahl der Pumpen	Füllzeit in h
1	12
4	?

b) Berechnen Sie, wie lange der Ölvorrat reicht.

Verbrauch pro Tag in l	Vorrat in Tagen
10	200
20	?

c) Berechnen Sie die Arbeitszeit.

Anzahl der Arbeiter	Arbeitszeit in Tagen
15	12
5	?

d) Zwei Rechtecke haben denselben Flächeninhalt. Berechnen Sie die fehlende Seitenlänge *b*.

Seite *a*	Seite *b*
12	18
9	?

Seite *a*	Seite *b*
15	20
12	?

e) Wie viele Stühle müssen in jede Reihe, damit die Gesamtzahl der Stühle erhalten bleibt.

Anzahl der Reihen	Stühle pro Reihe
21	8
24	?

3 Rechnen Sie mit dem Dreisatz. 3 Arbeiter erledigen einen Auftrag in 4 Stunden.
a) Wie lange braucht 1 Arbeiter?
b) Wie lange brauchen 4 Arbeiter?
c) Der Auftrag soll in 2 Stunden ausgeführt sein. Wie viele Arbeiter müssen eingesetzt werden?

4 Zum Fliesen einer Terrasse sind 88 Platten von der Größe 0,16 m^2 nötig.
Wie viele Platten der Größe 0,20 m^2 sind mindestens nötig?

5 Eine Busfahrt kostet bei 28 teilnehmenden Schülern für jeden 14,00 €. Drei Schüler werden krank und können nicht mitfahren.
Wie viel muss jetzt jeder zahlen?

6 Für eine Gasleitung braucht man 800 Rohre von jeweils 6 m Länge.
Wie viele Rohre von 9,60 m (7,50 m, 6,40 m) Länge würde man für die Leitung benötigen?

7 Für den Aushub bei einem U-Bahn-Bau müssen 45 Lkws täglich 16 Fahrten durchführen.
a) Wie oft müssten 40 Lkws täglich fahren?
b) Wie viele Lkws sind nötig, wenn täglich 20 Fahrten durchgeführt werden?

8 Kevin macht eine 4-tägige Radtour.
Er hat für jeden Tag 12 € Taschengeld dabei.
a) Wie viel könnte er jeden Tag ausgeben, wenn die Tour nur 3 Tage dauern würde?
b) Welchen Betrag hat er pro Tag zur Verfügung, wenn die Fahrt 5 Tage dauert?

9 Eine Baumaßnahme wird von 4 Baggern in 9 Tagen erledigt.
a) Wie lange brauchen 3 Bagger?
b) Die Arbeit soll schon in 6 Tagen fertig sein. Wie viele Bagger sind nötig?

10 Ein Radfahrer braucht 2 h für eine Strecke, wenn er durchschnittlich 18 $\frac{km}{h}$ fährt.
a) Wie lange braucht er, wenn er durchschnittlich 12 $\frac{km}{h}$ fährt?
b) Er will die Strecke in 1,5 h schaffen. Wie schnell muss er durchschnittlich fahren?

Vermischte Aufgaben

1 Uwe kauft 40 Briefmarken zu je 0,60 €. Wie viele Briefmarken zu je 0,80 € kann er zum selben Gesamtpreis erhalten?

2 Eine Spielgemeinschaft von vier Personen hat im Lotto 8460 € gewonnen.
a) Wie viel bekommt jeder?
b) Wie hoch wäre der Gewinn pro Person, wenn die Gemeinschaft aus 3, 5, 6, 8 Personen bestehen würde?

3 In der Tabelle sind die Längen und Breiten verschiedener Rechtecke angegeben.

Breite (in cm)	30	20	15	10
Länge (in cm)	40	60	80	120

a) Prüfen Sie auf Produktgleichheit. Ist die Zuordnung *Breite* → *Länge* antiproportional?
b) Bilden Sie fünf weitere produktgleiche Wertepaare. Stellen Sie die Zuordnung in einem Koordinatensystem dar.
c) Welche Eigenschaft haben diese Rechtecke gemeinsam?

4 Welche Zuordnung ist *nicht* antiproportional? Überprüfen Sie auf Produktgleichheit.

a) 50 → 4
100 → 2

b) 18 → 3
12 → 2

c) 4 → 5
36 → 2

d) 12 → 42
18 → 28

5 Welche Wertepaare sind produktgleich? Prüfen Sie nach und geben Sie drei weitere produktgleiche Wertepaare an.

(3 | 6) (12 | 1,5) (36 | 1) ($\frac{3}{4}$ | 24)
(4 | 4,5) ($\frac{1}{2}$ | 36) (2 | 9) (12 | 3)

6 Ein Winzer liefert 240 Liter Wein, die er zu gleichen Teilen an seine 40 Stammkunden verkauft. Wie viel Liter bekommt jeder? Wie viel Liter bekommt jeder, wenn der Wein auf 20 (60, 80) Kunden aufgeteilt wird?

7 In einer Schulaula werden für eine Theatervorstellung 180 Stühle aufgestellt.
Der Hausmeister überlegt, wie viele Reihen er stellen soll.
Er entscheidet sich für 15 Reihen.
a) Wie viele Stühle muss er dann pro Reihe aufstellen?
b) Wie ändert sich die Zahl der Reihen, wenn in einer Reihe 15, 10, 18, 9 Stühle stehen?
c) Ist es sinnvoll auch nur 3 Stühle pro Reihe aufzustellen? Begründen Sie.

8 Zeichnen Sie 24 cm^2 große Rechtecke
a) mit der Breite 6 cm,
b) mit der Breite 4 cm,
c) mit der Breite 3 cm.
Wie lang werden die Rechtecke?
Begründen Sie, dass die Zuordnung *Breite* → *Länge* bei Rechtecken mit gleichem Flächeninhalt antiproportional ist.

9 Stellen Sie die Zuordnung *Breite* → *Länge* bei Rechtecken mit 24 cm^2 Flächeninhalt in einer Tabelle dar.

Breite (in cm)	1	2	3	4	6	8	12	24
Länge (in cm)								

10 Hier wurden die Werte aus der Zuordnungstabelle (Aufgabe 9) in ein Koordinatensystem eingetragen.

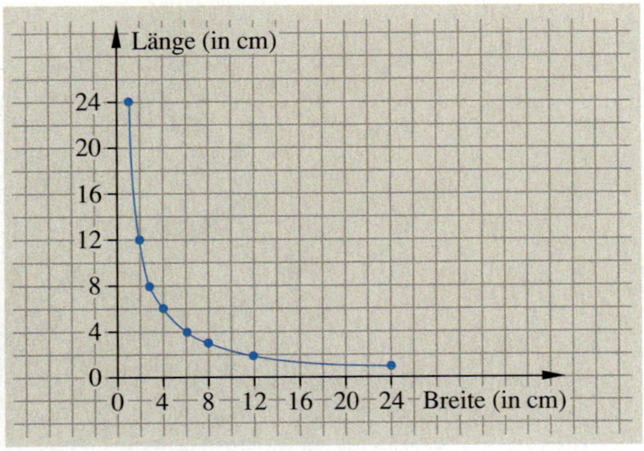

Fertigen Sie für die Zuordnung *Breite* → *Länge* von Rechtecken mit 18 cm^2 Flächeninhalt eine Tabelle an und stellen Sie die Zuordnung in einem Koordinatensystem dar.

Rechnen mit dem Taschenrechner

Der Taschenrechner

Der Taschenrechner gehört heute zur Grundausstattung, wenn man mit umfangreichen Rechnungen zu tun hat. Man sollte ihn aber erst verwenden, wenn man die einfachen Grundrechenarten auch *ohne* seine Hilfe beherrscht.
Taschenrechner werden im Wesentlichen in zwei Arten angeboten. Es gibt *„einfache"* Taschenrechner und *„wissenschaftliche"* Taschenrechner. Wir werden einen wissenschaftlichen Taschenrechner verwenden.

Die wissenschaftlichen Rechner erkennen Sie u. a. daran, dass sie die Tasten [sin], [cos], [tan] enthalten. Sie enthalten dann auch alle anderen wichtigen Funktionen. Die „Sinustaste" wird später z. B. für Rechnungen in der Geometrie gebraucht. Grundsätzlich genügt der kleinste Rechner, der die Tasten [sin], [e^x], [ln x] enthält. Außerdem sollten Sie darauf achten, dass der Rechner eine „Bruchrechentaste" [$a^b/_c$] enthält. Günstig, aber nicht notwendig, ist ein Rechner mit „doppeltem Display", bei dem im Sichtfenster über dem Ergebnis der Rechnung auch noch die Aufgabe abzulesen ist.

Da bei verschiedenen Rechnern manche Funktionstasten verschieden zu bedienen sind, müssen Sie die zum Rechner gehörende Arbeitsanleitung lesen.

Zu empfehlen sind Solartaschenrechner. Zu ihrem Betrieb reicht schon einfaches Tageslicht aus.

Das Wort Taschenrechner kürzen wir ab mit TR. Aufgaben mit dem Symbol [ON/CE] sind für den TR-Einsatz gedacht.

Die Grundfunktionen am Taschenrechner

Wir rechnen zunächst mit den vier Grundrechenarten und mit Klammern. Der wissenschaftliche TR beachtet automatisch die Regel „Punkt- vor Strichrechnung".

Wir können den TR **testen**, wenn wir eine Aufgabe zunächst *mit* und danach *ohne* TR lösen und das Ergebnis vergleichen. Sind die Ergebnisse gleich, dann wurde die **Tastenfolge** mit großer Gewissheit richtig eingegeben.

Vor Beginn jeder neuen Rechnung löschen wir alle Zahlen im Rechner durch [Clear] (oder [AC] oder [AC/ON]).

Beispiele

Wir testen:

a) $5 \cdot (8-6)$ Kopfrechnen: $5 \cdot (8-6) = 10$

Tastenfolge: [5] [×] [(] [8] [−] [6] [)] [=] Anzeige: 10

b) $(20{,}5 + 40{,}7) : 7{,}2$ Kopfrechnen und schriftlich: $(20{,}5 + 40{,}7) : 7{,}2 = 8{,}5$

Tastenfolge: [(] [2] [0] [·] [5] [+] [4] [0] [·] [7] [)] [÷] [7] [·] [2] [=] Anzeige: 8.5

c) $7{,}8 \cdot (2{,}4 + 5{,}9) + 5{,}4 \cdot (8{,}2 - 1{,}9) = 98{,}76$

2.4 [+] 5.9 [=] [×] 7.8 [=] [M+] 8.2 [−] 1.9 [=] [×] 5.4 [=] [M+] [MR] Anzeige: 98.76

Übungen

1 Testen Sie den Rechner mit diesen Aufgaben.

a) $3 + 10$
b) $20 - 13$
c) $8 + 4 + 6$
d) $2 \cdot 4 + 2$
e) $2 + 3 \cdot 4$
f) $(2 + 3) \cdot 4$

2 Rechnen Sie mit dem Taschenrechner. Löschen Sie vor jeder neuen Aufgabe alle Daten.

a) 24 732 + 6421
b) 14 615 – 7923
c) 6,427 + 12,130
d) 41,6 – 39,725

3 Rechnen Sie mit dem TR.

a) $29 \cdot 312$
b) $38 \cdot 1579$
c) 439 992 : 582
d) 439 992 000 : 582 000

Das Dezimalkomma wird beim Rechner durch [·] wiedergegeben und die Multiplikation durch [×].

4
a) $7{,}38 \cdot 1{,}4$
b) $0{,}26 \cdot 3{,}5$
c) $2{,}46 \cdot 12{,}1$
d) $15{,}44 : 4$
e) $6{,}33 : 3$
f) $1{,}052 : 5{,}2$
g) $0{,}37 \cdot 0{,}37$
h) $0{,}037 \cdot 3{,}7$
i) $2{,}9584 : 1{,}72$
j) $0{,}29584 : 0{,}172$
k) $0{,}08736 : 0{,}156$
l) $87{,}36 : 156$

5
a) $(6{,}2 + 5{,}8) \cdot 17$
b) $21{,}58 : (4{,}1 + 4{,}2)$
c) $(3{,}4 - 2{,}1) : 13$
d) $(14{,}52 - 8{,}71) \cdot 4{,}6$
e) $(31{,}4 + 17{,}6) : (10{,}3 - 3{,}3)$

6 Runden Sie das Ergebnis auf 2 Stellen hinter dem Komma.

a) $5{,}71 \cdot 18{,}05$
b) $0{,}63 : 2{,}8$
c) $3{,}24 \cdot 0{,}17$
d) $0{,}035 \cdot 0{,}071$

7 Überschlagen Sie zuerst im Kopf, dann rechnen Sie mit dem Taschenrechner.

Beispiel: $283 \cdot 4{,}2$
Überschlag: $300 \cdot 4 = 1200$
Taschenrechner: $283 \cdot 4{,}2 = 1188{,}6$

a) $174 \cdot 3{,}67$
b) $174 \cdot 36{,}7$
c) $174 \cdot 0{,}367$
d) $1{,}74 \cdot 3{,}67$
e) $17{,}4 \cdot 0{,}367$
f) $0{,}174 \cdot 3{,}67$
g) $0{,}0174 \cdot 36{,}7$
h) $1{,}74 \cdot 0{,}0367$
i) $17{,}4 \cdot 0{,}00367$
j) $0{,}0174 \cdot 0{,}0367$

8 Überschlagen Sie im Kopf, rechnen Sie dann und runden Sie das Ergebnis auf 2 Stellen hinter dem Komma.

a) $129{,}79 + 284{,}36$
b) $0{,}7593 + 4{,}8256$
c) $12{,}245 + 8{,}6$
d) $3{,}04732 - 0{,}3876$
e) $211{,}76 - 178{,}84$
f) $21{,}4780 \cdot 13{,}2$
g) $0{,}72 \cdot 14{,}85$
h) $0{,}72 \cdot 148{,}5$
i) $789{,}75 : 0{,}75$

9 Bestimmen Sie die Flächeninhalte. Runden Sie auf eine Stelle hinter dem Komma. Verwenden Sie die Formeln aus der Formelsammlung.

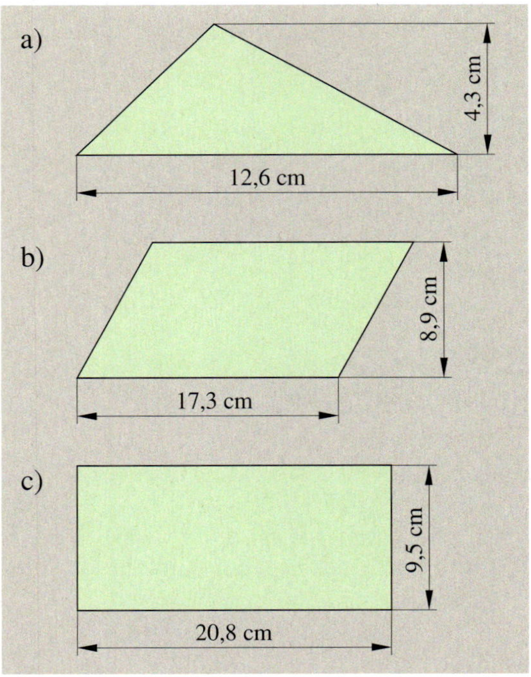

10 Überprüfen Sie, ob der Taschenrechner für die Aufgabe $7 \cdot 3 - 6 \cdot 2$ das richtige Ergebnis anzeigt, wenn man keine Klammern eingibt, also nicht $(7 \cdot 3) - (6 \cdot 2)$.

11 Berechnen Sie.

a) $18 \cdot 6 + 13 \cdot 2$
b) $12{,}7 \cdot 4 + 2{,}6 \cdot 3$
c) $10{,}5 \cdot 9{,}1 - 24{,}5 \cdot 0{,}2$
d) $3{,}14 \cdot 2{,}1 - 5{,}12 \cdot 0{,}73$
e) $3{,}6 \cdot 4{,}5 + 2{,}1 \cdot 5{,}6$
f) $11{,}4 \cdot 1{,}21 - 2{,}7 \cdot 1{,}67$

12 Was hat Aufgabe 11 e) mit diesem Bild zu tun?

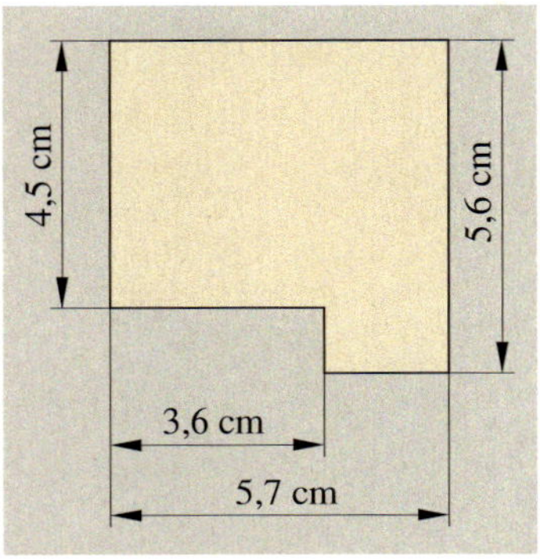

13 Berechnen Sie den Flächeninhalt in der folgenden Skizze.

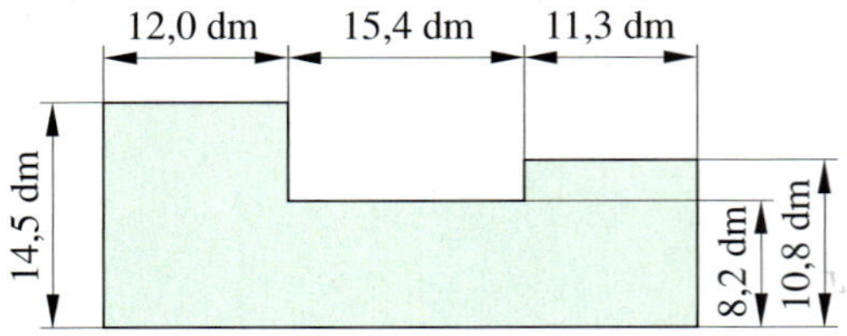

14 Wir rechnen Brüche mit der [a b/c]-Taste am Taschenrechner. [ON/CE]

Beispiel: $2\frac{1}{2} + \frac{1}{3} - \frac{1}{4}$

Tastenfolge:

[2] [a b/c] [1] [a b/c] [2] [+] [1] [a b/c] [3] [−]
[1] [a b/c] [4] [=] 2⌟7⌟12 $= 2\frac{7}{12}$

a) $\frac{1}{7} + \frac{1}{5}$
b) $\frac{3}{8} - \frac{1}{5}$
c) $\frac{2}{7} \cdot \frac{21}{4}$
d) $2\frac{1}{3} - 1\frac{1}{2}$
e) $3\frac{4}{5} \cdot \frac{6}{7}$
f) $1\frac{1}{2} : 1\frac{1}{4}$

Rechnen Sie zur Probe schriftlich.

Rechengesetze

Bei der Arbeit mit dem Taschenrechner verwenden wir diese Rechengesetze:

1. Das Vertauschungsgesetz (Kommutativgesetz)	$15 + 3 = 3 + 15$ $15 \cdot 3 = 3 \cdot 15$
2. Das Verbindungsgesetz (Assoziativgesetz)	$(15 + 3) + 4 = 15 + (3 + 4)$ $(15 \cdot 3) \cdot 4 = 15 \cdot (3 \cdot 4)$
3. Punkt- vor Strichrechnung	$7 + 3 \cdot 5 = 7 + 15 = 22$
4. Klammern vor Punktrechnung	$(7 + 3) \cdot 5 = 10 \cdot 5 = 50$

Übungen

1 Rechnen Sie zur Kontrolle zweimal, beim 2. Mal mit dem Kommutativgesetz.

a) $17{,}4 + 3{,}7$ f) $6{,}9 \cdot 14$
b) $1{,}08 + 2{,}53$ g) $0{,}2 \cdot 38$
c) $217 + 328$ h) $0{,}5 \cdot 50$
d) $1762 + 4698$ i) $14{,}6 \cdot 3{,}4$
e) $2{,}08 + 0{,}064$ j) $512{,}7 \cdot 2{,}8$

2 Welche Aufgaben werden mit dieser Tastenfolge berechnet?

a) [1] [2] [4] [+] [(] [1] [3] [+] [1] [6] [)] [=]
b) [(] [1] [2] [4] [+] [1] [3] [)] [+] [1] [6] [=]

Kann man hier die Klammern weglassen?

3 Schreiben Sie die Rechenaufgabe für diese Tastenfolge:

a) [1] [5] [–] [(] [2] [·] [6] [+] [8] [·] [4] [)] [=]
b) [5] [·] [2] [–] [(] [3] [·] [4] [–] [1] [·] [2] [)] [=]

Kann man hier die Klammern weglassen?

4 Berechnen Sie.

a) $17{,}6 \cdot 4{,}5 + 7{,}1$
b) $17{,}6 \cdot (4{,}5 + 7{,}1)$
c) $(17{,}6 \cdot 4{,}5) + 7{,}1$

In einer Aufgabe ist etwas überflüssig. Wo? Begründen Sie!

5 Vergleichen Sie

a) $72 \cdot 13 + 72 \cdot 29$ und $72 \cdot (13 + 29)$
b) $84{,}5 \cdot (4{,}8 - 3{,}2)$ und $84{,}5 \cdot 4{,}8 - 84{,}5 \cdot 3{,}2$
c) $7{,}5 \cdot 9 + 6{,}3 \cdot 9$ und $(7{,}5 + 6{,}3) \cdot 9$
d) $259 \cdot 16 - 138 \cdot 16$ und $(259 - 138) \cdot 16$

6 Schreiben Sie die oben stehenden Rechengesetze mit allgemeinen Zahlensymbolen a, b, c, …

7 Vergleichen Sie. Wie heißen die Rechenaufgaben?

a) [(] [2] [·] [1] [+] [3] [·] [4] [)] [×] [6] [·] [2] [=]
b) [2] [·] [1] [+] [3] [·] [4] [×] [6] [·] [2] [=]
c) [2] [·] [1] [×] [6] [·] [2] [+] [3] [·] [4] [×] [6] [·] [2] [=]

8 Wie heißt die Rechenaufgabe für diese Tastenfolge?

a) [(] [4] [a b/c] [2] [a b/c] [3] [–] [3] [a b/c] [1] [a b/c] [2] [)] [×] [2] [a b/c] [1] [a b/c] [4] [=]
[2⌟5⌟8] $= 2\frac{5}{8}$

b) [2] [1] [a b/c] [2] [a b/c] [3] [×] [(] [3] [+] [1] [a b/c] [1] [a b/c] [5] [)] [=] 91

Zahlbereiche. Die rationalen Zahlen

Die rationalen Zahlen

Verschiedene Zahlbereiche

In der Mathematik arbeitet man mit verschiedenen Zahlbereichen. Mit **natürlichen** Zahlen, mit **ganzen** Zahlen, mit **rationalen** Zahlen und auch noch mit den **reellen** Zahlen. Für wissenschaftliche und schwierige technisch-physikalische Zwecke verwendet man darüber hinaus noch **komplexe** Zahlen.

Die natürlichen Zahlen

Die Menge der **natürlichen Zahlen** sind die Zahlen, mit denen man zählt und die Null; 0, 1, 2, 3, 4, 5, … . Z. B. können in einem Raum 5 Personen anwesend sein oder 1 Person oder keine (also 0). Man kann mit natürlichen Zahlen auch Anordnungen beschreiben: der Erste, der Zweite, der Dritte … . Für die Menge der natürlichen Zahlen schreibt man

$\mathbb{N} = \{0, 1, 2, 3, \ldots\}$.

Mit natürlichen Zahlen kann man stets **addieren** und **multiplizieren**. Es kommt immer wieder eine natürliche Zahl heraus: $2 + 7 = 9$, $4 \cdot 18 = 72$.
Dagegen kann man innerhalb der natürlichen Zahlen *nicht immer subtrahieren und dividieren*. $5 - 7$ ist keine natürliche Zahl und $3 : 4 = \frac{3}{4}$ ist auch keine.
Natürliche Zahlen kann man als Punkte auf dem **Zahlenstrahl** darstellen:

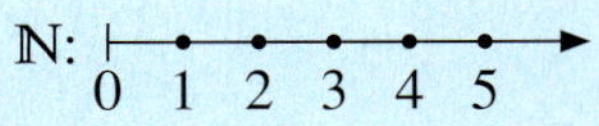

Die ganzen Zahlen

Die Menge der **ganzen Zahlen** enthält neben den natürlichen Zahlen auch noch die **negativen** ganzen Zahlen. Wir schreiben für die ganzen Zahlen

$\mathbb{Z} = \{\ldots -3, -2, -1, 0, 1, 2, 3, 4, \ldots\}$.

In der Menge $\mathbb{Z}$ der ganzen Zahlen kann man addieren, multiplizieren und auch subtrahieren, stets ist das Ergebnis wieder eine ganze Zahl: $4 - 7 = -3$. Dividieren kann man *nicht* immer. $5 : 4 = 1{,}25$, das ist keine **ganze** Zahl.
Die zeichnerische Darstellung gelingt auf der **Zahlengeraden** durch Punkte:

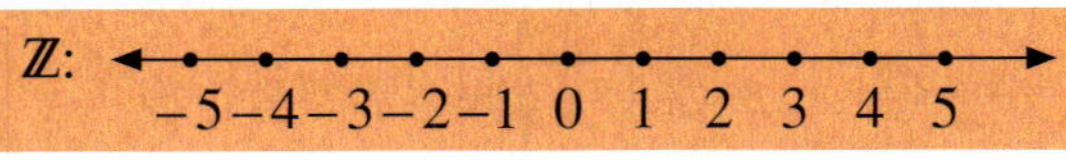

Gerechnet wird mit ihnen bezüglich der Vorzeichen wie mit rationalen Zahlen, die wir im Anschluss betrachten. Ganze Zahlen braucht man zum Beispiel zur Beschreibung von positiven und negativen Temperaturen und auf Landkarten für Höhen und Tiefen.

Einführung der rationalen Zahlen

Mit den ganzen Zahlen allein kommt man beim Rechnen nicht immer aus. Aus diesem Grund wurden Zahlen eingeführt, die *zwischen* den ganzen Zahlen liegen, die **Bruchzahlen**.
Schon im 6. Schuljahr rechneten wir mit positiven Bruchzahlen. Vom 7. Schuljahr an lernten wir die **negativen Bruchzahlen** kennen.

Die positiven und die negativen Bruchzahlen bilden zusammen mit den ganzen Zahlen die **rationalen Zahlen ℚ**. Die ganzen Zahlen sind ein Teil der rationalen Zahlen.

Jede rationale Zahl hat auf der Zahlengerade eine **Gegenzahl**.
Auf der Zahlengeraden liegt jede Zahl spiegelbildlich zu ihrer Gegenzahl. Die Gegenzahl von 2,7 ist −2,7, die Gegenzahl von $-11\frac{1}{2}$ ist $11\frac{1}{2}$.

Zu jeder rationalen Zahl kann die **Gegenzahl** angegeben werden, sie unterscheidet sich nur durch das Vorzeichen von der Ausgangszahl.

Die Zahl 0 ist ihre eigene Gegenzahl, da sie auf der Symmetrieachse liegt.

Beispiel

Wir tragen die Zahlen $\frac{1}{2}$; −1,2; $2\frac{3}{4}$; $3\frac{2}{5}$ und −4,25 auf der Zahlengeraden ein. Durch Spiegeln der Punkte am Nullpunkt erhalten wir die Bildpunkte für die Gegenzahlen $-\frac{1}{2}$; 1,2; $-2\frac{3}{4}$; $-3\frac{2}{5}$ und 4,25.

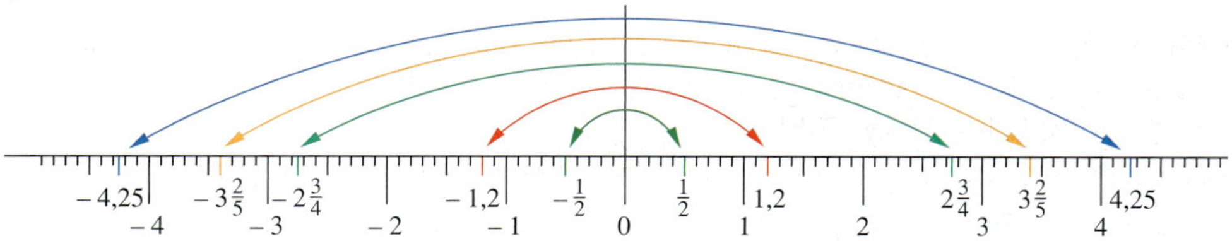

An der Zahlengeraden kann man auch erkennen, welche von zwei Zahlen die größere ist.

Von zwei rationalen Zahlen ist diejenige die *größere*, die auf der Zahlengeraden weiter *rechts* liegt.

Übungen

1 Schreiben Sie zu jeder Zahl die Gegenzahl.
a) 0,8; −3,2; −1,5; 4,2; 6,9; −2,4
b) $\frac{1}{2}$; $3\frac{1}{4}$; $-2\frac{5}{8}$; $-1\frac{1}{5}$; $-\frac{1}{25}$; $6\frac{1}{12}$
c) 1,25; $-3\frac{2}{3}$; −2,59; $1\frac{1}{10}$; $\frac{25}{3}$; −8

2 Welche Zahlen sind rot markiert?

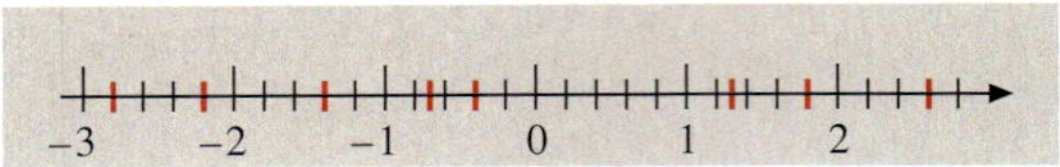

3 Zeichnen Sie einen Abschnitt der Zahlengeraden. Wählen Sie als Einheit 1 cm. Tragen Sie diese Zahlen ein:
−2,5; −1,5; $-3\frac{1}{3}$; 4; 4,5; $6\frac{1}{4}$; $6\frac{1}{2}$; $-6\frac{1}{4}$; −7,2; −5,4; $-5\frac{2}{5}$.

4 Ordnen Sie. Beginnen Sie mit der kleinsten Zahl.
a) −0,8; 0,1; −2,5; 1,1; −2,25; 1,01
b) $\frac{1}{2}$; $-\frac{1}{2}$; $\frac{1}{4}$; $\frac{3}{4}$; $\frac{1}{8}$; $-\frac{3}{4}$; $-\frac{1}{5}$
c) $-\frac{3}{4}$; 0; $-\frac{5}{2}$; $1\frac{1}{4}$; $\frac{3}{10}$; $-\frac{7}{10}$

5 Ergänzen Sie die Folge nach links und nach rechts um je 4 Zahlen.
a) …; −2; $-1\frac{1}{2}$; −1; $-\frac{1}{2}$; 0; $\frac{1}{2}$; 1; $1\frac{1}{2}$; 2; …
b) …; $-1\frac{1}{3}$; −1; $-\frac{2}{3}$; $-\frac{1}{3}$; 0; $\frac{1}{3}$; $\frac{2}{3}$; 1; $1\frac{1}{3}$; …

6 Übertragen Sie ins Heft und setzen Sie das Zeichen < oder > ein.

a) 0,25 ■ 0,5 d) −1,8 ■ −1,75
b) −0,4 ■ 1,6 e) 0,8 ■ 0,6
c) −1,75 ■ −2,25 f) −0,3 ■ −0,34

7

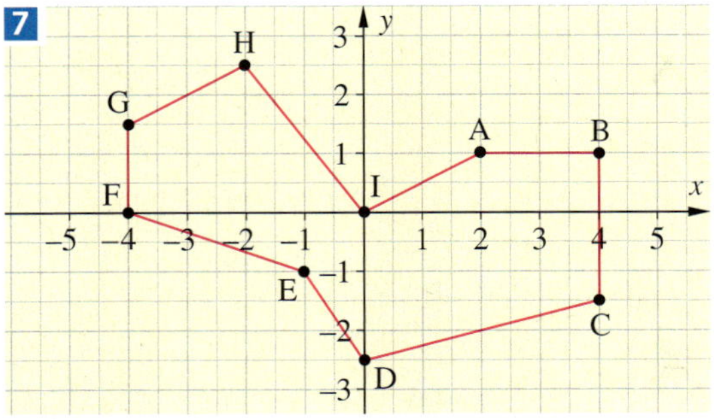

Bestimmen Sie die Koordinaten der Punkte.

8 Zeichnen Sie die Vierecke.
a) $A\,(2\mid 2), B\,(2\mid -2), C\,(-2\mid -2), D\,(-2\mid 2)$
b) $A\,(0\mid 2), B\,(2\mid 0), C\,(0\mid -4), D\,(-2\mid 0)$
c) $A\,(-1{,}5\mid 1{,}5), B\,(2\mid 3), C\,(2\mid -2), D\,(-1{,}5\mid -2)$
d) $A\,(2{,}5\mid -1{,}5), B\,(-1{,}5\mid -1{,}5), C\,(-1{,}5\mid 2), D\,(2\mid 2)$

9 Welche Zahl liegt auf der Zahlengeraden in der Mitte zwischen folgenden zwei Zahlen?

a) −2; 4 c) $-\frac{1}{2}$; $1\frac{1}{2}$
b) −1,5; 4,5 d) $\frac{1}{2}$; 3,5

11

Deutscher Wetterdienst: Vorhersage für den 14. 11.

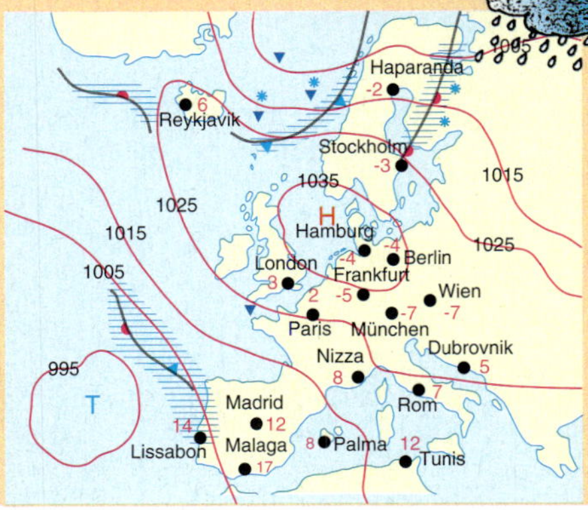

Lufttemperaturen in Grad Celsius vom 13.11.

Haparanda	−3	Frankfurt	−1	Nizza	10,5
Helsinki	−7,5	Warschau	−7	Wien	−2
Reykjavik	5	Moskau	−13	Dubrovnik	6,5
Stockholm	−2,2	Paris	3	Bozen	6
London	7	Trier	−1	Madrid	10,8
Kopenhagen	0	Stuttgart	−2	Mallorca	12
Westerland	2	Freiburg	1	Rom	11,6
Hamburg	−1	München	−1	Lissabon	13
Berlin	−2	Oberstdorf	−5	Athen	11
Hannover	−3	Zugspitze	−9	Istanbul	8,5

a) Ordnen Sie die Städte nach ihrer Temperatur am 13. 11. Beginnen Sie mit der kältesten Stadt (Moskau). Fassen Sie Städte mit gleicher Temperatur in einer Klammer zusammen: Moskau, …, {Berlin, Stuttgart, Wien}, …
b) Um wie viel Grad ändert sich die Temperatur für die Städte vom 13. 11. auf den 14. 11.?

Addition und Subtraktion rationaler Zahlen

Rationale Zahlen werden addiert und subtrahiert wie ganze Zahlen.

Am Zahlenstrahl heißt addieren, nach *rechts* gehen. Subtrahieren heißt, nach *links* gehen.

a) $1 + 4{,}5 = 5{,}5$

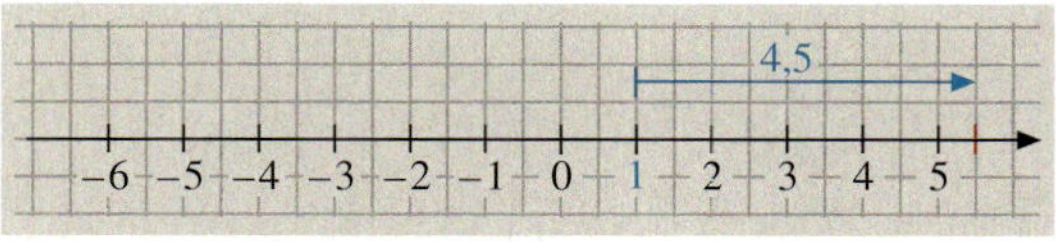

b) $-5{,}7 + 3{,}1 = -2{,}6$

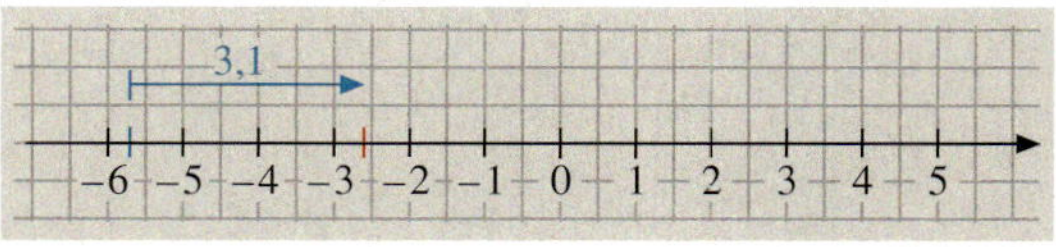

c) $4{,}3 - 6{,}3 = -2$

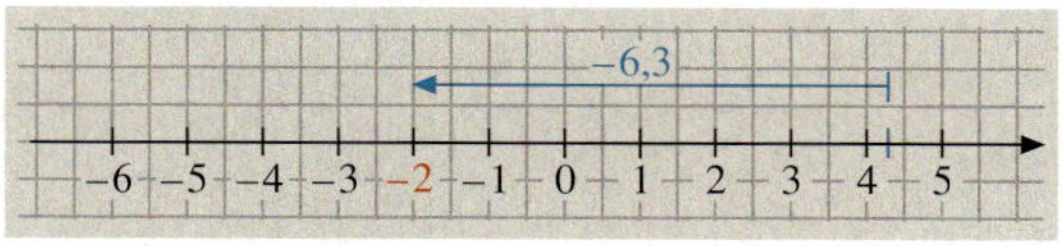

d) $-3{,}2 - 2 = -5{,}2$

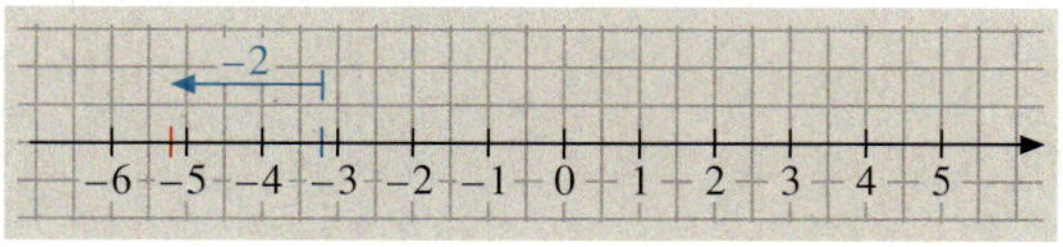

Etwas unübersichtlich wird es, wenn hinter dem Plus- oder Minuszeichen eine negative Zahl steht. Z. B. $6 - (-3)$ oder $-2 + (-6)$. Dann müssen wir mit der **Gegenzahl** rechnen. Die Gegenzahl von 3 ist -3.
Wir sehen an der Zahlengeraden: $6 - (-3) = 6 + 3 = 9$ oder $-2 + (-6) = -2 - 6 = -8$

Für die Addition und für die Subtraktion negativer Zahlen gilt diese Regel (**Gegenzahlregel**).

Eine negative Zahl wird **addiert**, indem man ihre Gegenzahl *subtrahiert*

Eine negative Zahl wird **subtrahiert**, indem man ihre Gegenzahl *addiert*.

Beispiele

1. $3 + (-6)$ | Gegenzahl ist 6
   $= 3 - 6$
   $= -3$

2. $-4{,}3 + (-1{,}5)$ | Gegenzahl ist 1,5
   $= -4{,}3 - (1{,}5)$
   $= -5{,}8$

3. $3 - (-6)$ | Gegenzahl ist 6
   $= 3 + 6$
   $= 9$

4. $-1{,}6 - (-4)$ | Gegenzahl ist 4
   $= -1{,}6 + 4 = -2{,}4.$

Übungen

1 Bestimmen Sie die Gegenzahlen.

a) 3,72
b) −0,56
c) $-\frac{3}{4}$
d) $6\frac{1}{2}$
e) −13,01
f) 15,2
g) −21,5
h) 0

2 Hier finden Sie alle Kombinationen.

a) $8 + 9 = \square$
b) $8 + (-9) = \square$
c) $-8 + 9 = \square$
d) $-8 + (-9) = \square$
e) $9 + 8 = \square$
f) $9 + (-8) = \square$
g) $-9 + 8 = \square$
h) $-9 + (-8) = \square$

Üben Sie mit den Ziffern 5 und 8 (7 und 4).

3 Berechnen Sie.

a) $4+(-3)+(-2)$
b) $11+(-9)+5$
c) $-6+3+(-4)$
d) $-3+(-6)+(-2)$
e) $-7+(-8)+10$
f) $10+(-8)+5$
g) $12+5+(-3)$
h) $12+(-5)+(-3)$
i) $12+(-5)+3$
j) $(-12)+5+(-3)$

4 a) $6{,}7+(-3{,}8)$
b) $6{,}3+(-8{,}6)$
c) $4{,}9+(-6{,}1)$
d) $2{,}7+(-6{,}3)$
e) $1{,}3+(-2{,}4)$
f) $-8{,}6+0{,}5$
g) $-0{,}3+0{,}8$
h) $-1{,}2+3{,}9$
i) $-9{,}05+10{,}09$
j) $-67{,}4+67{,}4$

5 a) $3{,}04+(-2{,}31)$
b) $9{,}75+(-8{,}25)$
c) $-0{,}6+(-0{,}75)$
d) $-0{,}75+(-1{,}2)$
e) $-12{,}7+(-38{,}9)$
f) $-391{,}4+(-127{,}2)$
g) $-4{,}85+(-0{,}5)$
h) $-5{,}25+(-0{,}75)$

6 Addieren Sie nacheinander in der angegebenen Richtung die äußeren Zahlen zu $2\frac{1}{2}$ hinzu.

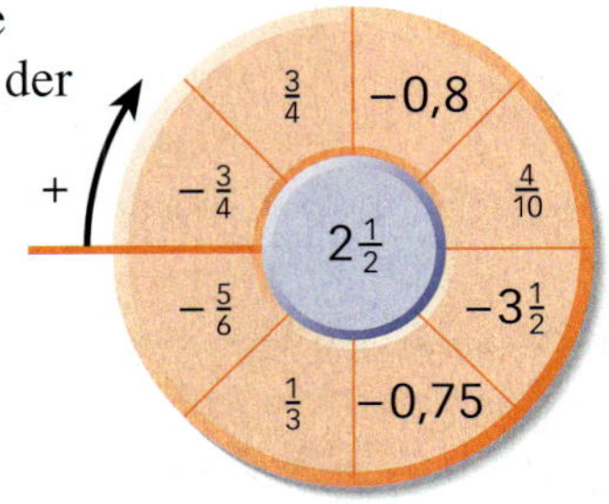

7 Übertragen Sie das Rechennetz und füllen Sie es aus.

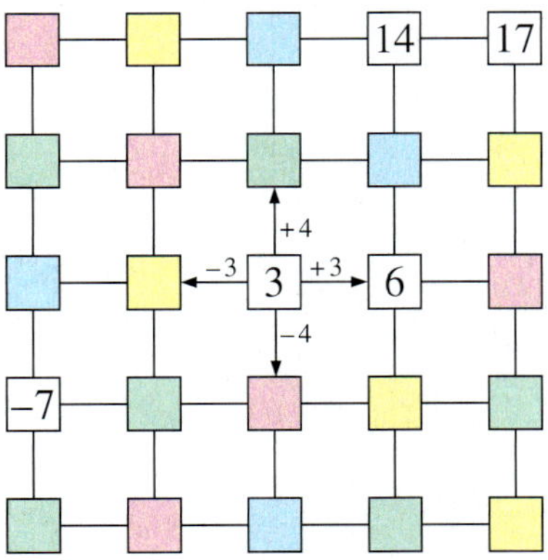

a) Geben Sie, von 3 ausgehend, drei weitere Rechenwege an, um 13 zu erreichen.

Beispiel: $3+3-4+3+4+4=13$

b) Geben Sie, von 3 ausgehend, drei Rechenwege an, um -8 zu erreichen.

c) Wie kommt man von der 6 in vier Schritten zur -2?

- Mit dem Taschenrechner erhält man die Gegenzahl, indem man nach Eingabe der Zahl die Taste [+/−] oder [⟲] oder [(−)] drückt (Gegenzahltaste):

 a) [3] [+/−] ([=]) → −3 oder
 [(−)] [3] [=] → −3

 b) [2] [·] [4] [+/−] ([=]) → −2.4 oder
 [(−)] [2] [·] [4] [=] → −2.4

 Welche Tastenfolge gilt für Ihren TR?

8 Rechnen Sie mit dem TR wie im Beispiel: ON/CE

$8{,}6+(-2{,}3)=$

[8] [·] [6] [+] [2] [·] [3] [+/−] [=] → 6.3 oder

[8] [·] [6] [+] [(−)] [2] [·] [3] [=] → 6.3

a) $2{,}86+(-3{,}48)$
b) $-3{,}77+(-3{,}65)$
c) $11{,}21+18{,}66$
d) $-23{,}53+16{,}37$
e) $-17{,}38+(-19{,}53)$
f) $63{,}35+(-36{,}36)$
g) $-121{,}33+(-133{,}2)$
h) $0{,}03+(-0{,}003)$

9 Überschlagen Sie vorher das Ergebnis. ON/CE

a) $14{,}3+(-8{,}5)+(-6{,}7)+9{,}5$
b) $0{,}5+1{,}75+(-2{,}05)+(-0{,}8)$
c) $3{,}1+4{,}9+(-1{,}2)+1{,}1$
d) $15{,}23+(-17{,}4)+(-28{,}99)$
e) $-38{,}2+17{,}44+(-18{,}94)+2{,}3$

10 Welche Aufgabe wurde gerechnet?

a) [2] [1] [3] [−] [6] [4] [=] → 149
b) [1] [2] [3] [−] [(−)] [7] [5] [=] → 198
c) [3] [1] [2] [+/−] [−] [4] [2] [=] → −354
d) [(−)] [3] [2] [1] [−] [(−)] [3] [9] [=] → −282
e) [1] [3] [2] [+/−] [−] [2] [1] [−] [5] [8] [=] → −211

11 Wie heißt die zugehörige Rechenaufgabe?

[(−)] [2] [a b/c] [1] [a b/c] [3] [+] [3] [a b/c] [1] [a b/c] [4] [=] → 1⌟1⌟12

12 Berechnen Sie. ON/CE

a) $1{,}34+(-3{,}25)-(-6{,}77)+3{,}58$
b) $2{,}94-(-1{,}35)-3{,}12+(-2{,}77)$
c) $11{,}921-13{,}853+(-14{,}271)$
d) $23{,}35+16{,}49-(-3{,}44)-43{,}28$
e) $45{,}75-3{,}8749-(-37{,}39)+(-54{,}261)$
f) $-176{,}3-(-266{,}978)+(-86{,}95)-25{,}7$

Multiplikation rationaler Zahlen

Was ändert sich bei der Multiplikation mit 3, wenn der erste Faktor immer um 1 kleiner gewählt wird?

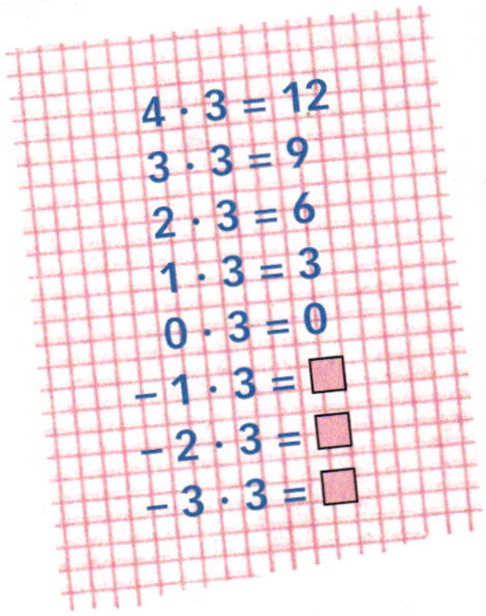

Wenn der linke Faktor um 1 kleiner wird, dann wird das Ergebnis immer um 3 kleiner.

Wenn man so weiter rechnet, gilt:

$-1 \cdot 3 = -3$

$-2 \cdot 3 = -6$

$-3 \cdot 3 = -9$

> Für die Multiplikation gilt:
> Ist ein Faktor positiv und der andere Faktor negativ, dann ist das Produkt negativ.

Beispiele

a) $-5{,}6 \cdot 4{,}2 = -23{,}52$

b) $-\frac{1}{2} \cdot \frac{3}{4} = -\frac{3}{8}$

c) $3{,}9 \cdot (-4{,}1) = -15{,}99$

d) $2\frac{1}{3} \cdot (-\frac{3}{10}) = \frac{7}{3} \cdot (-\frac{3}{10}) = -\frac{7}{10}$

Übungen

1 Führen Sie die Multiplikationen um weitere fünf Schritte fort.

a) $3 \cdot 5 = 15$; $2 \cdot 5 = 10$; $1 \cdot 5 = 5$; $0 \cdot 5 = 0$; $-1 \cdot 5 = ☐$; $-2 \cdot 5 = ☐$

b) $6 \cdot 2 = 12$; $6 \cdot 1 = 6$; $6 \cdot 0 = 0$; $6 \cdot (-1) = ☐$; $6 \cdot (-2) = ☐$; $6 \cdot (-3) = ☐$

c) $9 \cdot 2 = 18$; $9 \cdot 1 = 9$; $9 \cdot 0 = 0$; $9 \cdot (-1) = ☐$; $9 \cdot (-2) = ☐$; $9 \cdot (-3) = ☐$

2 Multiplizieren Sie.

a) $-3 \cdot 7$; $-6 \cdot 7$; $-12 \cdot 7$; $-9 \cdot 7$

b) $8 \cdot (-1)$; $8 \cdot (-9)$; $8 \cdot (-11)$; $8 \cdot (-2)$

c) $-2 \cdot 2$; $-12 \cdot 2$; $-24 \cdot 2$; $-48 \cdot 2$

3 Multiplizieren Sie.

a) $-8 \cdot 9$ f) $9 \cdot (-15)$ k) $-3 \cdot 39$

b) $12 \cdot (-7)$ g) $15 \cdot (-9)$ l) $17 \cdot (-2)$

c) $-3 \cdot 5$ h) $11 \cdot (-11)$ m) $38 \cdot (-1)$

d) $-17 \cdot 4$ i) $-8 \cdot 22$ n) $-1 \cdot 88$

e) $10 \cdot (-5)$ j) $6 \cdot (-6)$ o) $21 \cdot (-3)$

4 Verwandeln Sie vor dem Rechnen die gemischten Zahlen in Brüche.

Beispiel: $-2\frac{1}{3} \cdot 3\frac{1}{4} = -\frac{7}{3} \cdot \frac{13}{4} = -\frac{91}{12} = -7\frac{7}{12}$

a) $-\frac{2}{3} \cdot \frac{3}{4}$ d) $\frac{1}{9} \cdot (-\frac{2}{3})$ g) $9\frac{1}{8} \cdot (-4\frac{3}{4})$

b) $-\frac{1}{2} \cdot \frac{1}{4}$ e) $\frac{2}{7} \cdot (-\frac{1}{3})$ h) $-9\frac{6}{8} \cdot 3\frac{1}{16}$

c) $-\frac{1}{3} \cdot \frac{1}{3}$ f) $\frac{3}{2} \cdot (-\frac{2}{3})$ i) $-2\frac{1}{2} \cdot (-2\frac{1}{2})$

5 Machen Sie zuerst einen Überschlag. Rechnen Sie dann mit dem Taschenrechner.

a) $2{,}63 \cdot (-17{,}8)$ f) $-7{,}6 \cdot 3$

b) $0{,}26 \cdot (-8{,}15)$ g) $1{,}5 \cdot (-4)$

c) $-3{,}14 \cdot 6{,}25$ h) $-7{,}1 \cdot 3{,}9$

d) $-13{,}5 \cdot 10{,}4$ i) $6{,}7 \cdot (-11{,}2)$

e) $-2{,}4 \cdot 7$ j) $3{,}2 \cdot (-9{,}1)$

6 Füllen Sie die Tabelle im Heft aus.

·	0,5	0,8	3,4	1,9	2,2	1,32
−0,5						
−0,8						
−3,4						

Was ändert sich bei der Multiplikation mit -3, wenn der erste Faktor immer um 1 kleiner gewählt wird?

Multiplikation mit gleichen Vorzeichen

$4 \cdot (-3) = -12$
$3 \cdot (-3) = -9$
$2 \cdot (-3) = -6$
$1 \cdot (-3) = -3$
$0 \cdot (-3) = 0$
$-1 \cdot (-3) = \square$
$-2 \cdot (-3) = \square$
$-3 \cdot (-3) = \square$

Wenn der linke Faktor um 1 kleiner wird, dann wird das Ergebnis immer um 3 größer.

Wenn man so weiterrechnet, gilt:
$-1 \cdot (-3) = 3$
$-2 \cdot (-3) = 6$
$-3 \cdot (-3) = 9$

Für die Multiplikation gilt:
Sind beide Faktoren positiv oder beide Faktoren negativ, dann ist das Produkt positiv.

$3 \cdot 5 = 15$
und $-3 \cdot (-5) = 15$

$-3 \cdot 5 = -15$
und $3 \cdot (-5) = -15$

Beispiele

a) $-5{,}6 \cdot (-4{,}2) = 23{,}52$
b) $-\frac{1}{2} \cdot (-\frac{3}{4}) = \frac{3}{8}$
c) $-3{,}9 \cdot 4{,}1 = -15{,}99$
d) $2\frac{1}{3} \cdot (-\frac{3}{10}) = \frac{7}{3} \cdot (-\frac{3}{10}) = -\frac{7}{10}$

Übungen

1 Multiplizieren Sie.

a) $4 \cdot 11$
b) $-4 \cdot (-11)$
c) $-9 \cdot (-7)$
d) $9 \cdot 7$
e) $0{,}2 \cdot 0{,}2$
f) $-0{,}2 \cdot (-0{,}2)$
g) $3{,}2 \cdot 0{,}5$
h) $-3{,}2 \cdot (-0{,}5)$
i) $-\frac{1}{2} \cdot (-\frac{2}{3})$
j) $\frac{1}{2} \cdot \frac{2}{3}$
k) $\frac{3}{8} \cdot \frac{3}{4}$
l) $-\frac{3}{8} \cdot (-\frac{3}{4})$

2 Berechnen Sie.

a) $9{,}6 \cdot 7{,}9$
b) $13{,}9 \cdot 16{,}2$
c) $-13{,}8 \cdot (-15{,}2)$
d) $-12{,}9 \cdot (-3{,}2)$
e) $-5{,}3 \cdot (-0{,}4)$
f) $-0{,}9 \cdot (-0{,}2)$
g) $4{,}1 \cdot 0{,}3$
h) $-2{,}8 \cdot (-2{,}1)$

CN/CE

3 Machen Sie zuerst einen Überschlag. Rechnen Sie mit dem Taschenrechner.

a) $-14{,}25 \cdot (-26{,}13)$
b) $-2{,}04 \cdot (-0{,}13)$
c) $4\frac{1}{8} \cdot 2\frac{1}{2}$
d) $-4\frac{1}{8} \cdot (-2\frac{1}{2})$
e) $4\frac{1}{8} \cdot (-2\frac{1}{2})$
f) $-\frac{3}{4} \cdot (-\frac{5}{7})$
g) $-3{,}8 \cdot (-2{,}6) \cdot 5{,}7$
h) $-3{,}8 \cdot (-2{,}6) \cdot (-5{,}7)$

4 Wählen Sie aus den Zahlenfeldern geeignete Zahlen so aus, dass ihr Produkt
a) 32 b) 0,24 c) 1,6 d) 0,36 ergibt.

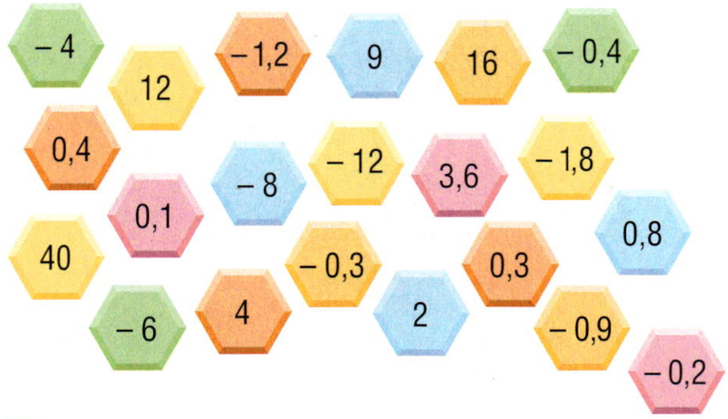

5 Tragen Sie die Zahlen -2, -3 und -6 als Faktoren der Multiplikationstabelle richtig ein und vervollständigen Sie die fehlenden Zahlen im Heft.

·	−4		−7
−5	20		35
	8		
	24	18	

Division rationaler Zahlen

Die Division ist die Umkehrung der Multiplikation.

Aus der Zeichnung lässt sich für das Beispiel ablesen:

Weil $1{,}5 \cdot 5 = 7{,}5$ ist,
gilt $7{,}5 : 5 = 1{,}5$.

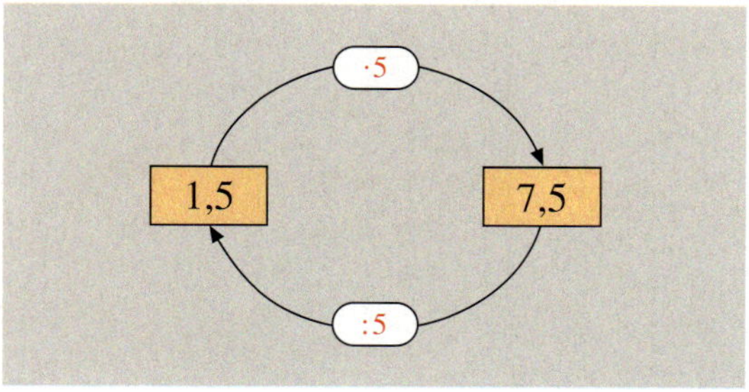

Das übertragen wir auf die Division mit negativen rationalen Zahlen:

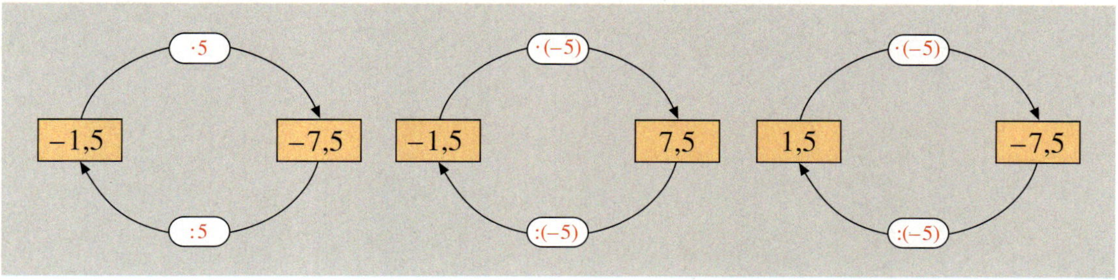

Weil $(-1{,}5) \cdot 5 = -7{,}5$ ist,
gilt $-7{,}5 : 5 = -1{,}5$.
Vorzeichen verschieden

Weil $-1{,}5 \cdot (-5) = 7{,}5$ ist,
gilt $7{,}5 : (-5) = -1{,}5$.
Vorzeichen verschieden

Quotient negativ

Weil $1{,}5 \cdot (-5) = -7{,}5$ ist,
gilt $-7{,}5 : (-5) = 1{,}5$.
Vorzeichen gleich

Quotient positiv

Für die Division gilt:
Sind beide Zahlen positiv oder beide negativ, dann sind die Quotienten positiv.
Ist eine Zahl positiv und die andere negativ, dann ist der Quotient negativ.

Beispiele

a) $4{,}2 : 2{,}1 = 2$

b) $-4{,}9 : (-7) = 0{,}7$

c) $-\frac{3}{5} : \frac{1}{2} = -\frac{3}{5} \cdot \frac{2}{1} = -\frac{6}{5} = -1\frac{1}{5}$

d) $\frac{3}{8} : (-\frac{3}{2}) = \frac{3}{8} \cdot (-\frac{2}{3}) = -\frac{1}{4}$

Division mit dem Taschenrechner:

zu b) [(–)] 4.9 [÷] [(–)] 7 [=] 0.7

zu c) [(–)] 3 [a b/c] 5 [÷] 1 [a b/c] 2 [=] –1⌟1⌟5

zu d) 3 [a b/c] 8 [÷] [(–)] 3 [a b/c] 2 [=] –1⌟4

Übungen

1 Berechnen Sie.

a) 24 : 8
b) 32 : 4
c) 96 : 12
d) – 48 : 12
e) – 72 : 8
f) – 117 : 13
g) 121 : (– 11)
h) 143 : (– 13)
i) 156 : (– 12)
j) – 42 : (– 2)
k) – 12 : (– 3)
l) – 15 : (– 5)
m) – 56 : (– 14)
n) – 176 : (– 22)
o) – 208 : (– 26)
p) 248 : (– 62)
q) – 121 : 11
r) 196 : (– 14)

2 Berechnen Sie.

Beispiel:

$-\frac{2}{3} : \frac{4}{9} = -\frac{2}{3} \cdot \frac{9}{4} = -\frac{{}^{1}\not{2} \cdot \not{9}^{3}}{{}_{1}\not{3} \cdot \not{4}_{2}} = -\frac{3}{2} = -1\frac{1}{2}$

a) $\frac{3}{4} : \frac{2}{7}$
b) $\frac{5}{9} : \frac{8}{3}$
c) $\frac{1}{4} : \frac{1}{2}$
d) $-\frac{1}{4} : \frac{1}{8}$
e) $-\frac{3}{8} : \frac{1}{4}$
f) $-\frac{4}{6} : \frac{1}{3}$
g) $\frac{2}{3} : (-\frac{8}{11})$
h) $\frac{1}{2} : (-\frac{2}{3})$
i) $\frac{5}{8} : (-\frac{25}{16})$
j) $-\frac{9}{5} : (-\frac{8}{11})$
k) $-\frac{2}{9} : (-\frac{3}{8})$
l) $-\frac{1}{8} : (-\frac{1}{6})$
m) $-\frac{13}{15} : (-\frac{2}{5})$
n) $\frac{25}{16} : (-\frac{5}{8})$
o) $-\frac{11}{13} : (-\frac{16}{31})$

3 Wählen Sie aus den Zahlenfeldern geeignete Zahlen so aus, dass ihr Quotient
a) 1,2 b) – 0,5 c) – 6,2 ergibt.

4 Berechnen Sie.

a) 4,2 : 2,1
b) 1,5 : 0,5
c) 7,5 : 2,5
d) 3,75 : 0,25
e) 96,9 : (– 19)
f) 127,5 : (– 25,5)
g) – 13,4 : (– 10,72)
h) – 17,1 : (– 3,8)
i) – 12,1 : (– 1,1)
j) – 0,05 : (– 0,2)
k) – 98,4 : 12,3
l) – 97,28 : (– 12,8)

ON/CE

5 Rechnen Sie mit dem Taschenrechner.

a) – 1,584 : 3,52
b) – 240,5 : 13
c) – 50,46 : 5,8
d) 15,174 : (– 1,08)
e) 2,372 : (– 0,04)
f) 0,8888 : (– 5)
g) – 1,1475 : (– 0,45)
h) – 80,916 : (– 1,32)
i) – 0,2445 : (– 0,05)
j) 15,5031 : (– 3,1)

6 Vervollständigen Sie die Tabelle im Heft.

:	0,8	– 2,5	– 4	1,5	0,5	– 1,2
– 3,2						
– 4,8						
– 10,8						

7 Rechnen Sie die „Startaufgabe" aus. Suchen Sie das Ergebnis in den inneren Feldern, rechnen Sie die nächste Aufgabe außen usw. Welche Folge der Ergebnisse entsteht?

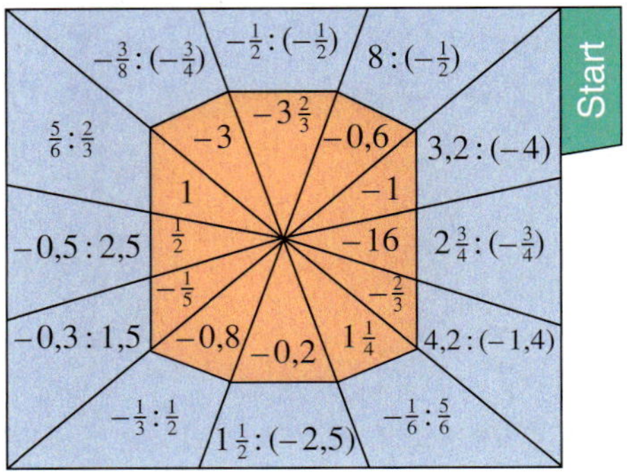

8 Vervollständigen Sie die Tabelle im Heft. Suchen Sie zuerst die fehlenden Zahlen in der obersten Zeile.

:	5		– 9		2,5	
– 60		– 20				
270		90		– 135		18
– 135						– 9

9 Notieren Sie die zugehörigen Divisionsaufgabe und rechnen Sie diese aus.

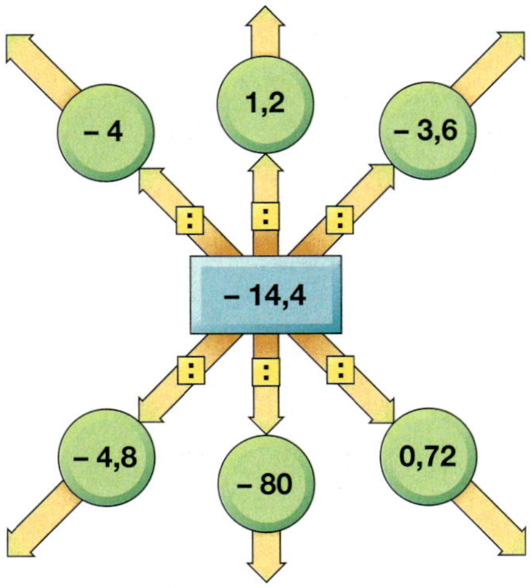

Verbundene Rechenoperationen

Mit rationalen Zahlen können wir addieren, subtrahieren, multiplizieren und dividieren. Nur durch Null darf nicht dividiert werden. Bei Aufgaben mit Klammern und verschiedenen Rechenarten müssen wir nebenstehende Regeln beachten:

- Was in Klammern steht, wird zuerst ausgerechnet.
- Punktrechnen (· und :) geht vor Strichrechnen (+ und –).

Beispiele

a) $(0{,}9-4{,}2)\cdot(-1{,}8)$

Überschlag: $(1-4)\cdot(-2)=-3\cdot(-2)=6$

$(0{,}9-4{,}2)\cdot(-1{,}8)=-3{,}3\cdot(-1{,}8)$
$=5{,}94$

b) $4{,}9:(-0{,}7)-(3{,}5+2{,}1)=-7-5{,}6$
$=-12{,}6$

Übungen

Rechnen Sie aus. Beachten Sie dabei die Regeln.

1 a) $-34+(42-17)$
b) $86-(12-45)+72$
c) $-24+(-91-34)$
d) $(62+73)+(-61+27)$
e) $67-(-18-33)-110$

2 a) $6{,}5-(4{,}8-5{,}2)$
b) $-8{,}1+(11{,}3+4{,}9)-8{,}1$
c) $(3{,}6+4{,}2)-(-7{,}3-11{,}5)$
d) $-9{,}9-10{,}2+(3{,}8-4{,}1)$
e) $(-4{,}8-3{,}2)-9{,}8$

3 Ingrid wählt für zwei Zahlen 10 und –9 aus und berechnet das Produkt. Sie verkleinert nacheinander jeweils den ersten Faktor um 1 und vergrößert den zweiten Faktor um 1 und berechnet dann das Produkt.

10	⊙	–9	⊜	
9	⊙	–8	⊜	
8	⊙	–7	⊜	
	⊙		⊜	

Setzen Sie die Rechnung um weitere 10 Schritte fort. Wie ändert sich der Wert des Produkts?

4 Multiplizieren Sie von links nach rechts.

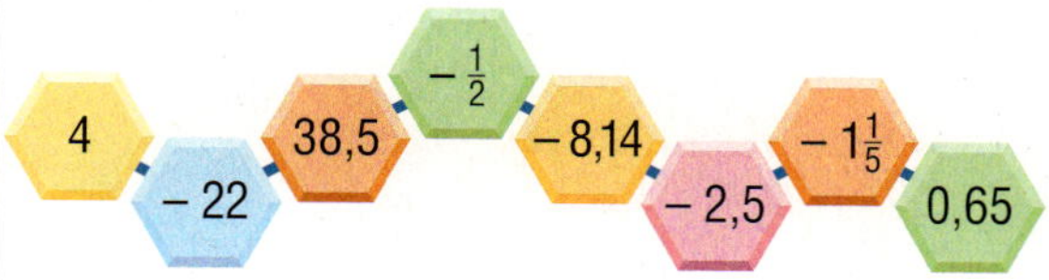

Das Ergebnis enthält viermal die Ziffer 8. Die erste und die letzte Ziffer sind gleich.

5 Ein magisches Dreieck:

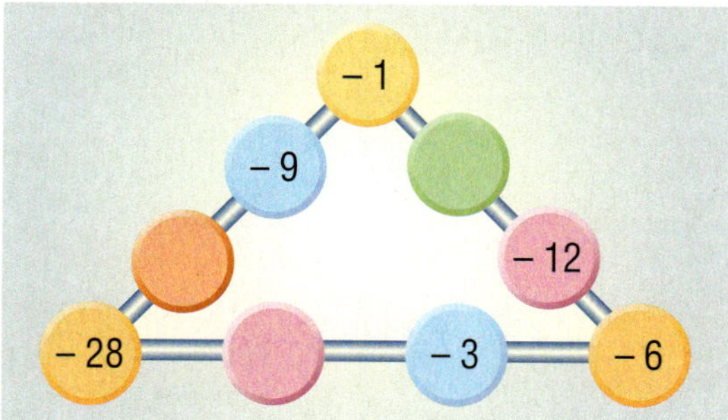

Übertragen Sie die Figur und setzen Sie die negativen Zahlen –2, –4 und –14 so in die freien Felder ein, dass das Produkt der Zahlen auf jeder Seite des Dreiecks 1008 beträgt.

6 Bilden Sie alle möglichen Produkte zweier Zahlen aus dem Zahlenfeld.

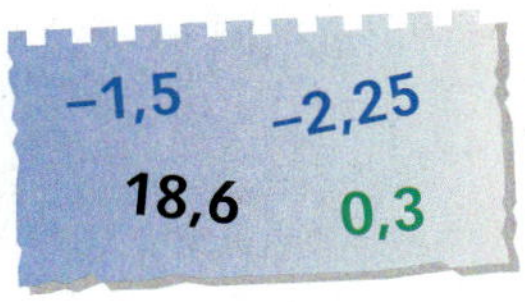

Vermischte Aufgaben

1 Geben Sie jeweils drei verschiedene
a) Summen c) Produkte
b) Differenzen d) Quotienten
an, die diese Ergebnisse haben:
-12; 25; $-1{,}6$

2 Berechnen Sie.
a) $-3{,}5+(-2{,}6)$ und $3{,}5+(-2{,}6)$
b) $-3{,}5-(-2{,}6)$ und $3{,}5-(-2{,}6)$
c) $-3{,}5\cdot(-2{,}6)$ und $3{,}5\cdot(-2{,}6)$
d) $-3{,}5:(-2{,}6)$ und $3{,}5:(-2{,}6)$

3 Verwenden Sie die [+/-]-Taste bzw. die [(–)]-Taste.
a) $(-8{,}1+16{,}4)\cdot(-13{,}2)$
b) $(-225)\cdot(138-64)$
c) $(234-461)\cdot 6{,}5$
d) $18{,}4-(-13{,}5)-11{,}3$
e) $18{,}4+(-13{,}5)+11{,}3$

4 Geben Sie die Tastenfolge an.
a) $2{,}7\cdot(-7{,}5)$
b) $(6{,}1-4{,}8)\cdot(-1{,}6)$
c) $-3{,}2\cdot(2{,}2+0{,}9)$

5 Antonios Vater lässt Kontoauszüge ausdrucken. Dort sind die Buchungen wiedergegeben. „H“ heißt Haben (Einzahlung), „S“ heißt Soll (Auszahlung).

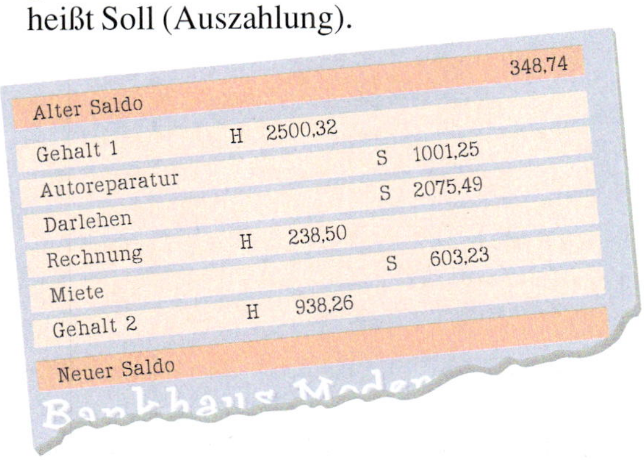

Alter Saldo				348,74
Gehalt 1	H	2500,32		
Autoreparatur			S	1001,25
Darlehen			S	2075,49
Rechnung	H	238,50		
Miete			S	603,23
Gehalt 2	H	938,26		
Neuer Saldo				

Bankhaus Moder

a) Übertragen Sie dieses als Tabelle in ein Heft und füllen Sie die Tabelle aus. Geben Sie den neuen Saldo an.
b) Welches war der niedrigste Kontostand?
c) Welche Buchung würde das Konto auf 3000 € bringen?

6 Senken unterhalb des Meeresspiegels

Totes Meer	–394 m	Israel/Jordanien
Kattarasenke	–134 m	Ägypten
Death Valley	–85 m	USA (Kalifornien)

Die höchsten Erhebungen:

Zugspitze	2963 m	Deutschland
Montblanc	4807 m	Europa (Frankr.)
Mount Everest	8848 m	Welt (Nepal)

Berechnen Sie jeweils den Höhenunterschied zwischen den Senken und den Erhebungen.

7 Eine Handelskette kauft einen Modeposten von 10 000 Paaren Plateauschuhe zum Preis von 41,20 € ein. 4220 Paare können zu einem Preis von 85 € pro Paar abgesetzt werden. Nachdem der Artikel völlig aus der Mode gekommen ist, wird der Rest zu 10 € pro Paar ausverkauft. Machte die Firma Verlust?

8 In einer Zeitung steht: „Vor 10 Jahren hatte unsere Gemeinde beim Jahresabschluss 600 000 € Schulden, also einen Kontostand von –600 000 €. Heute sind wir $3\frac{1}{2}$-mal so hoch verschuldet.“
Welchen Kontostand hat die Gemeinde?

9 In der Nordsee wird nach Öl gebohrt. Das Öl wird in 2240 m Tiefe unter der Meeresoberfläche gefunden, also bei –2240 m. In der Maracaibo-Bay von Venezuela hat man Öl gefunden, das $1\frac{3}{4}$-mal tiefer liegt. Aus welcher Tiefe wird das Öl in der Maracaibo-Bay gefördert?

Der Potenzbegriff

Wie viel Euro bekommt jemand an seinem 20. Geburtstag, wenn er am Tag der Geburt 1 Cent erhält und der Betrag an jedem folgenden Geburtstag verdoppelt wird?

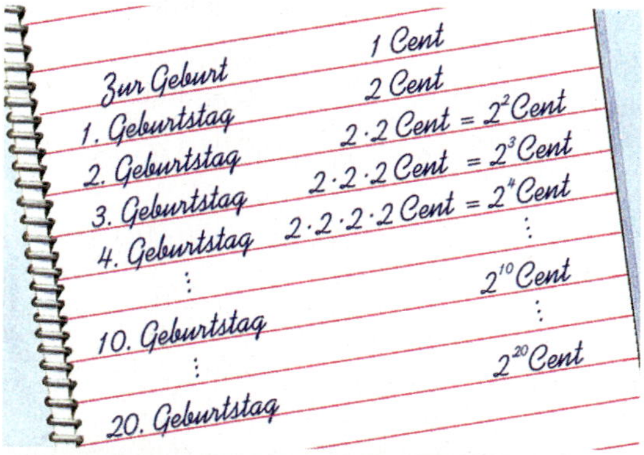

An der Liste sieht man, wie man Produkte mit mehreren gleichen Faktoren als Potenzen schreiben kann: $2^2, 2^3, 2^4, \ldots$
Für 2 schreibt man auch 2^1.

Potenzen sind Produkte mit demselben Faktor.

Produkte, in denen ein Faktor *mehrmals* auftritt, schreibt man kürzer als **Potenz**.
Die Zahl, die mehrmals als Faktor auftritt, heißt **Basis** (*Grundzahl*). Die Anzahl der Faktoren heißt **Exponent** (*Hochzahl*).

$$a^n = \underbrace{a \cdot a \cdot a \cdot \ldots \cdot a}_{n \text{ Faktoren}} \qquad a^1 = a$$

(a: Basis, n: Exponent)

Mit dem Taschenrechner erhält man für die Potenzen 2^{10} und 2^{20}:

[2] [x^y] [1] [0] [=] ⟶ 1024

[2] [x^y] [2] [0] [=] ⟶ 1048576

Am 10. Geburtstag erhält man 1024 Cent, das sind 10,24 €.

Zum 20. Geburtstag erhält man 1 048 576 Cent, das sind 10 485,76 €.

Beispiele

1. $3^4 = 3 \cdot 3 \cdot 3 \cdot 3 = 81$

2. $0{,}5^3 = 0{,}5 \cdot 0{,}5 \cdot 0{,}5 = 0{,}125$

3. $2{,}5^7$ ergibt mit dem Taschenrechner:

[2] [.] [5] [x^y] [7] [=] ⟶ 610.3515625

Übungen

1 Schreiben Sie die Produkte als Potenzen und berechnen Sie diese.

a) $5 \cdot 5 \cdot 5$
b) $\frac{1}{3} \cdot \frac{1}{3} \cdot \frac{1}{3} \cdot \frac{1}{3}$
c) $2 \cdot 2 \cdot 2 \cdot 2 \cdot 2 \cdot 2 \cdot 2$
d) $10 \cdot 10 \cdot 10 \cdot 10 \cdot 10$

2 Schreiben Sie die Potenzen als Produkte und rechnen Sie aus.

a) 3^5 c) 5^3 e) 7^2 g) 9^3 i) $0{,}1^4$
b) 6^2 d) 4^4 f) 2^5 h) 1^5 j) $(\frac{1}{2})^3$

3 Berechnen Sie.

a) 10^4 c) $0{,}2^3$ e) 5^4 g) $(\frac{2}{3})^2$
b) 10^2 d) $1{,}2^3$ f) $0{,}5^4$ h) $(\frac{1}{4})^4$

4 Beim Potenzieren darf man Basis und Exponent im Allgemeinen **nicht** miteinander vertauschen.
Berechnen Sie die Potenzen und entscheiden Sie, ob „=“ oder „≠“ einzusetzen ist.

a) $3^4 \;\square\; 4^3$ c) $1^5 \;\square\; 5^1$ e) $5^3 \;\square\; 3^5$
b) $8^2 \;\square\; 2^8$ d) $2^4 \;\square\; 4^2$ f) $4^5 \;\square\; 5^4$

5 Setzen Sie das Zeichen (<; >; =) richtig ein.

a) $5^2 \square 25$ e) $6^2 \square 38$

b) $6^2 \square 36$ f) $9^2 \square 72$

c) $8^2 \square 80$ g) $11^2 \square 121$

d) $7^2 \square 56$ h) $13^2 \square 169$

6 Notieren Sie zunächst die Aufgabe. Berechnen Sie dann mit dem Taschenrechner.

a) [1] [2] [.] [4] [5] [x^y] [3] [=]

b) [9] [3] [.] [1] [3] [x^y] [4] [=]

c) [6] [.] [5] [2] [x^y] [1] [1] [=]

d) [0] [.] [0] [2] [x^y] [5] [=]

7 Notieren Sie zu jeder Aufgabe die Tastenfolge für den Taschenrechner.

a) $2{,}25^4$ d) $7{,}55^3$ g) $4{,}2^{10}$

b) $1{,}05^5$ e) $12{,}06^5$ h) 5,310

c) $2{,}75^3$ f) $0{,}95^4$ i) $2{,}9^{11}$

8 Berechnen Sie mit dem Taschenrechner. Runden Sie das Ergebnis auf vier Stellen nach dem Komma.

Beispiel: $\left(\frac{2}{3}\right)^3$

[(] [2] [÷] [3] [)] [x^y] [3] [=] ⟶ 0.2962963

$\left(\frac{2}{3}\right)^3 \approx 0{,}2963$

a) $\left(\frac{1}{4}\right)^2$ d) $\left(\frac{2}{8}\right)^3$ g) $\left(\frac{3}{4}\right)^2$

b) $\left(\frac{3}{2}\right)^4$ e) $\left(\frac{1}{2}\right)^6$ h) $\left(\frac{7}{5}\right)^3$

c) $\left(\frac{2}{5}\right)^5$ f) $\left(\frac{1}{6}\right)^4$ i) $\left(\frac{2}{6}\right)^4$

9 Treten in einer Rechnung Potenzen auf, so müssen diese immer zuerst berechnet werden. Es gilt die Regel

Potenzrechnung geht vor Punktrechnung.

Beispiel: $3 \cdot 2^3 = 3 \cdot 8 = 24$

a) $15 \cdot 5^4$ d) $6 \cdot 9^2 \cdot 7$

b) $18 \cdot 6^3$ e) $6 \cdot 5^3 \cdot 2$

c) $5^2 \cdot 4$ f) $3 \cdot 7^2 \cdot 3^2$

Potenzgesetze

gleiche Basis	$a^m \cdot a^n = a^{m+n}$
	$a^m : a^n = \frac{a^m}{a^n} = a^{m-n}$
gleicher Exponent	$a^n \cdot b^n = (a \cdot b)^n$
	$a^n : b^n = \frac{a^n}{b^n} = \left(\frac{a}{b}\right)^n$
Potenzieren	$(a^m)^n = a^{m \cdot n}$

10 Zeigen Sie die Potenzgesetze anhand von Beispielen.

11 Berechnen Sie. ($a^1 = a$)

a) $10^2 \cdot 10^3$ d) $a^5 \cdot a$ g) $\left(\frac{1}{2}\right)^4 \cdot 2^4$

b) $(10^2)^3$ e) $a^7 : a^5$ h) $\left(\frac{3}{2}\right)^3 \cdot \left(\frac{2}{3}\right)^3$

c) $10^3 \cdot 10^2$ f) $a^8 : a^7$ i) $(2^3)^2$

12 Welches Zeichen (<; >; =) ist richtig?

a) $7^2 - 4^2 \square (7-4)^2$ d) $10^3 : 5^3 \square (10:5)^3$

b) $(5+2)^3 \square 5^3 + 2^3$ e) $9^3 - 8^3 \square (9-8)^3$

c) $7^2 \cdot 7^2 \square (7 \cdot 7)^2$ f) $11^2 - 12^2 \square (11-12)^2$

13 Schätzen Sie vor dem Rechnen!

a) $1{,}02^2$ c) $1{,}04^4$

b) $1{,}02^3$ d) $1{,}07^6$

14 Diskutieren Sie den Unterschied der folgenden Aufgaben zu den Aufgaben in 13.

a) $\left(1+\frac{5}{100}\right)^2$ d) $\left(1+\frac{28}{100}\right)^{10}$

b) $\left(1+\frac{7}{100}\right)^3$ e) $\left(1+\frac{75}{100}\right)^3$

c) $\left(1+\frac{4}{100}\right)^6$ f) $\left(1+\frac{13}{100}\right)^7$

15 Testen sie Ihren Taschenrechner mit der Aufgabe $2 \cdot 3^4 = 162$ und berechnen Sie

a) $7 \cdot 1{,}02^6$ c) $13 \cdot (1+0{,}3)^2$

b) $6 \cdot 1{,}02^7$ d) $2{,}7 \cdot (1+0{,}6)^3$

16 In einem alten orientalischen Märchen wird von einem „Wunderbaum" berichtet: Der Baum hat acht Äste. Jeder dieser Äste hat acht Zweige. An jedem Zweig sind acht Blüten und jede Blüte besteht aus acht Blütenblättern. Wie viele Blütenblätter hat der Wunderbaum?

Zehnerpotenzen

Große Zahlen sind nicht immer leicht und schnell zu lesen, zum Beispiel die Zahlen:

Entfernung Erde–Mond:	384 000 km	Volumen der Erde:	1 080 000 000 000 km^3
Entfernung Erde–Sonne:	149 500 000 km	Durchmesser der Sonne:	1 390 000 km
Oberfläche der Erde:	509 950 000 km^2	Volumen des Monds:	22 000 000 km^3

Aus diesem Grund stellt man große Zahlen oft mithilfe von **Zehnerpotenzen** dar.
Zehnerpotenzen sind:

$10 = \mathbf{10^1}$	$1\,000\,000 = \mathbf{10^6}$	= 1 Million
$100 = \mathbf{10^2}$	$10\,000\,000 = \mathbf{10^7}$	= 10 Millionen
$1\,000 = \mathbf{10^3}$	$100\,000\,000 = \mathbf{10^8}$	= 100 Millionen
$10\,000 = \mathbf{10^4}$	$1\,000\,000\,000 = \mathbf{10^9}$	= 1 Milliarde
$100\,000 = \mathbf{10^5}$	$1\,000\,000\,000\,000 = \mathbf{10^{12}}$	= 1 Billion

Wenn man eine große Zahl z übersichtlich darstellen will, zerlegt man sie in ein Produkt, bei dem der erste Faktor f eine Zahl zwischen 1 und 10 und der zweite Faktor eine Zehnerpotenz ist.

$1 \leq f < 10 \qquad z = f \cdot 10^n \qquad n \in \mathbb{N}$

Beispiele

1. $600\,000 = 6 \cdot 100\,000 = 6 \cdot 10^5$
2. $63\,500 = 6{,}35 \cdot 10\,000 = 6{,}35 \cdot 10^4$
3. $8\,500\,000 = 8{,}5 \cdot 1\,000\,000 = 8{,}5 \cdot 10^6$
4. $730\,000\,000 = 7{,}3 \cdot 100\,000\,000 = 7{,}3 \cdot 10^8$

Übungen

1 Stellen Sie die oben im blauen Kasten angegebenen Größen mit Zehnerpotenzen dar.

2 Stellen Sie mit Zehnerpotenzen dar.

a) 428 000	e) 111 Millionen
b) 813 000	f) 2,7 Milliarden
c) 17,3 Millionen	g) 4 Milliarden
d) 18 Millionen	h) 12 Billionen

3 Drücken Sie die Längen in cm aus. Benutzen Sie dazu Zehnerpotenzen.

a) 135 m	e) 200 km
b) 547 km	f) 1500 m
c) 548,5 m	g) 113,2 km
d) 67,84 dm	h) 67,5 km

4 Schreiben Sie mit Zehnerpotenzen.

a) Lichtgeschwindigkeit: 300 000 km/s
b) Länge der Erdbahn: 939 000 000 km
c) Fläche des Erdteils Amerika: 41 930 000 km^2
d) Oberfläche der Sonne: 6 087 000 000 000 km^2

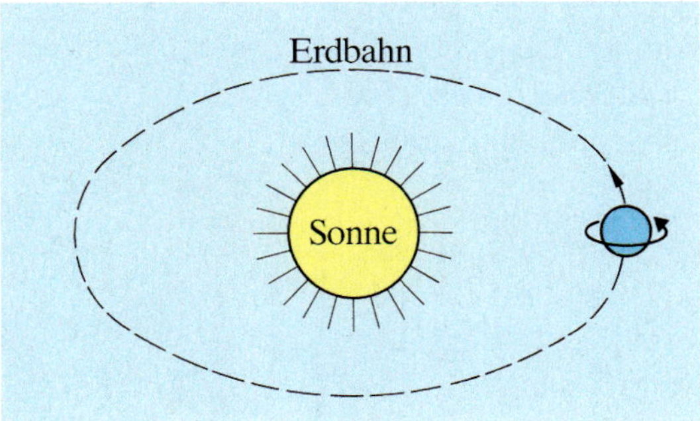

5 Schreiben Sie als natürliche Zahlen ohne Zehnerpotenzen.

Beispiel: $4{,}23 \cdot 10^4 = 42\,300$

a) $7{,}408 \cdot 10^6$
b) $0{,}58 \cdot 10^9$
c) $29{,}4 \cdot 10^4$
d) $0{,}05 \cdot 10^7$
e) $9 \cdot 10^9$
f) $13{,}78 \cdot 10^4$
g) $175{,}3 \cdot 10^8$
h) $0{,}003 \cdot 10^6$

6 Europa hat eine Fläche von $1{,}05 \cdot 10^7\ km^2$; der Pazifik hat eine Fläche von $1{,}796 \cdot 10^8\ km^2$. Geben Sie die Flächen ohne Zehnerpotenzen an.

7 Schreiben sie ausführlich (ohne Zehnerpotenzen).

Fläche Afrikas	$3{,}01 \cdot 10^7\ km^2$
Masse der Erde	$5{,}974 \cdot 10^{24}$ kg
Geschwindigkeit der Erde auf ihrer Bahn um die Sonne	$3 \cdot 10^4$ m/s
Geschwindigkeit der Raumsonde Voyager 2	$5{,}4 \cdot 10^6$ m/h
Lichtgeschwindigkeit	$3 \cdot 10^8$ m/s
ein Lichtjahr (Strecke, die das Licht in einem Jahr zurücklegt)	$9{,}46 \cdot 10^{12}$ km
eine Astronomische Einheit (1 AE = die mittlere Entfernung Erde–Sonne)	$1{,}496 \cdot 10^8$ km

8 Der zweitäußerste Planet unseres Sonnensystems – der Neptun – ist etwa 30 Astronomische Einheiten von der Sonne entfernt. Berechnen Sie mit der Angabe in Aufgabe 7 seine Entfernung von der Sonne in Kilometern.

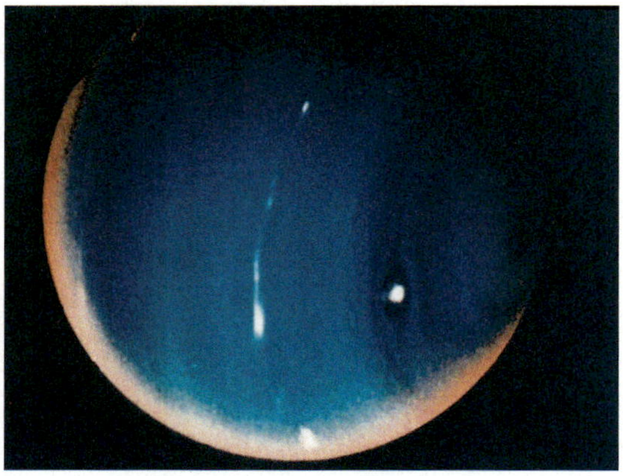

9 a) Der Fixstern, der unserem Planetensystem im Weltall am nächsten ist, heißt Alpha Centauri. Er ist 4,3 Lichtjahre von der Erde entfernt. Berechnen Sie mit der Angabe in Aufgabe 7 seine Entfernung von der Erde in Kilometern.
b) Die Andromeda-Galaxie ist ein Sternsystem wie unsere Milchstraße. Die Entfernung zur Erde beträgt rund 17,97 Mio. Lichtjahre. Wie viele Kilometer sind das?

10 Eine Bakterienkultur besteht aus 100 000 000 Bakterien. Ihre Anzahl vervierfacht sich stündlich. Wie viele Bakterien enthält die Bakterienkultur nach drei Stunden? Geben Sie das Ergebnis mit Zehnerpotenzen an (Stunde für Stunde berechnen!).

Zehnerpotenzen mit negativen Exponenten

Wenn man von einer Zehnerpotenz zur *nächstkleineren* Zehnerpotenz übergeht, d. h. den Exponenten um 1 vermindert, so ist das eine Division durch 10:

$$\ldots\ 10^6 \xrightarrow{:10} 10^5 \xrightarrow{:10} 10^4 \xrightarrow{:10} 10^3 \xrightarrow{:10} 10^2 \xrightarrow{:10} 10^1 \xrightarrow{:10}\ ?$$

Setzt man diese Potenzschreibweise fort, so erhält man:

$$10^1 \xrightarrow{:10} 10^0 \xrightarrow{:10} 10^{-1} \xrightarrow{:10} 10^{-2} \xrightarrow{:10} 10^{-3} \xrightarrow{:10} 10^{-4}\ \ldots$$

Also:

$$\mathbf{10^0} = 1 \qquad\qquad \mathbf{10^{-3}} = \frac{1}{1000} = 0{,}001$$

$$\mathbf{10^{-1}} = \frac{1}{10} = 0{,}1 \qquad\qquad \mathbf{10^{-4}} = \frac{1}{10\,000} = 0{,}0001$$

$$\mathbf{10^{-2}} = \frac{1}{1000} = 0{,}01 \qquad\qquad \mathbf{10^{-5}} = \frac{1}{100\,000} = 0{,}00001 \quad \text{usw.}$$

Der negative Exponent einer Zehnerpotenz gibt an, an der wievielten Stelle hinter dem Komma die Ziffer 1 steht.

Beispiele

1. $10^{-3} = 0{,}001$

   3. Stelle hinter dem Komma

2. $10^{-8} = 0{,}00000001$

   8. Stelle hinter dem Komma

Damit kann man auch sehr kleine Zahlen übersichtlich schreiben, indem man sie in ein Produkt aus einer Zahl zwischen 1 und 10 und einer Zehnerpotenz mit negativem Exponenten zerlegt.

Beispiele

1. $0{,}0004 = 4 \cdot 0{,}0001$
   also: $0{,}0004 = 4 \cdot 10^{-4}$

2. $0{,}000003 = 3 \cdot 0{,}000001$
   also: $0{,}000003 = 3 \cdot 10^{-6}$

3. $0{,}063 = 6{,}3 \cdot 0{,}01$
   also: $0{,}063 = 6{,}3 \cdot 10^{-2}$

4. $0{,}000017 = 1{,}7 \cdot 0{,}00001$
   also: $0{,}000017 = 1{,}7 \cdot 10^{-5}$

5. $0{,}00245 = 2{,}45 \cdot 0{,}001$
   also: $0{,}00245 = 2{,}45 \cdot 10^{-3}$

6. $0{,}00000049 = 4{,}9 \cdot 0{,}0000001$
   also: $0{,}00000049 = 4{,}9 \cdot 10^{-7}$

Übungen

1 Schreiben Sie als Zehnerpotenz.

a) 0,1
b) 0,0001
c) 0,01
d) 0,00001
e) 1
f) 0,000000001
g) 0,0000000001
h) 0,000001

2 Wie schreibt man als Zehnerpotenz

a) $\frac{1}{10}$
b $\frac{1}{1000}$
c) $\frac{1}{100\,000}$
d) $\frac{1}{1\,000\,000}$
e) $\frac{1}{100}$
f) $\frac{1}{100\,000\,000}$?

3 Schreiben Sie als Dezimalbruch.

Beispiel: $10^{-4} = 0{,}0001$

a) 10^{-6}
b) 10^{-3}
c) 10^{-7}
d) 10^{0}
e) 10^{-9}
f) 10^{-10}
g) 10^{-4}
h) 10^{-1}
i) 10^{-12}

4 Wie schreibt man folgende Zahlen mit Zehnerpotenzen?

Beispiel: $0{,}0005 = 5 \cdot 0{,}0001 = 5 \cdot 10^{-4}$

a) 0,003
b) 0,0038
c) 0,000026
d) 0,0000036
e) 0,0004
f) 0,0000000048

5 Schreiben Sie folgende Zahlen mit Zehnerpotenzen.

Beispiel: $\frac{5}{1000} = 5 \cdot \frac{1}{1000} = 5 \cdot 0{,}001 = 5 \cdot 10^{-3}$

a) $\frac{2}{1000}$
b) $\frac{7}{100\,000}$
c) $\frac{9}{1\,000\,000}$
d) $\frac{42}{10\,000\,000}$
e) $\frac{26}{10\,000}$
f) $\frac{18}{1\,000\,000\,000}$

6 Rechnen Sie wie im Beispiel.

Beispiel: $\frac{1}{20} = \frac{5}{100} = 5 \cdot \frac{1}{100} = 5 \cdot 0{,}01 = 5 \cdot 10^{-2}$

a) $\frac{1}{50}$
b) $\frac{4}{25}$
c) $\frac{7}{10}$
d) $\frac{8}{125}$
e) $\frac{6}{500}$
f) $\frac{5}{8}$
g) $\frac{4}{25\,000}$
h) $\frac{6}{30\,000}$
i) $\frac{3}{400}$

7 Wie schreibt man die Längen in m mit Zehnerpotenzen

a) 1 mm
b) 0,002 mm
c) 36 mm
d) 0,054 dm
e) 0,0058 m
f) 0,0748 cm
g) 10,4 km
h) 1200 km?

8 Wandeln Sie in cm um.

a) $9 \cdot 10^{-3}$ m
b) $15 \cdot 10^{-2}$ m
c) $34 \cdot 10^{-4}$ m²
d) $82 \cdot 10^{-6}$ m³

9 Wie gibt man folgende in der Physik gebräuchliche Längeneinheiten als Zehnerpotenzen mit der Benennung Meter an?

a) 1 Mikrometer, abgekürzt: 1 μm
$1\ \mu m = \frac{1}{1000}$ mm
b) 1 Nanometer, abgekürzt: 1 nm
$1\ nm = \frac{1}{1\,000\,000}$ mm
c) 1 Picometer, abgekürzt: 1 pm
$1\ pm = \frac{1}{1\,000\,000\,000}$ mm

10 Schreiben Sie als Dezimalbruch.

a) Durchmesser der roten Blutkörperchen $0{,}7 \cdot 10^{-3}$ cm
b) Länge der kleinsten Bakterien $\approx 10^{-4}$ cm
c) Durchmesser des Wasserstoffatoms $\approx 10^{-8}$ cm
d) Durchmesser des Atomkerns von Wasserstoff $\approx 10^{-12}$ cm

11 Eine Brücke ist 450 m lang. Jedes Teilstück von 1 m Länge dehnt sich bei einer Temperaturerhöhung von 1 Grad um $1{,}2 \cdot 10^{-5}$ m aus. Um wie viel cm ist die Brücke im Sommer bei 50° C länger als im Winter bei –20° C?

12 Die Wellenlänge des sichtbaren Lichts liegt zwischen 0,00000039 m und 0,00000075 m, die Wellenlänge der Röntgenstrahlen zwischen 0,000000000006 m und 0,00000001 m.
Schreiben Sie diese Wellenlängen als Zehnerpotenz und drücken Sie diese in Nanometer und Picometer aus. (Vgl. Aufgabe 9)

Rechnen mit allgemeinen Rechentermen

Variable und Terme

Der Schreiner benötigt zum Berechnen der Tischfläche die *Formeln* für den Umfang (u) und den Flächeninhalt (A).

$u = 2 \cdot a + 2 \cdot b$ $\quad$ $A = a \cdot b$

In beiden Formeln sind *Rechenausdrücke (Terme)* wie $\mathbf{2 \cdot a + 2 \cdot b}$ oder $\mathbf{a \cdot b}$ enthalten. Die Buchstaben a und b sind *Platzhalter (Variable)*, für die Zahlen eingesetzt werden können.

Der Schreiner setzt die gemessenen Längen $a = 1{,}25$ m und $b = 0{,}65$ m in die Formeln ein.

$u = 2 \cdot a + 2 \cdot b$
$u = 2 \cdot 1{,}25\text{ m} + 2 \cdot 0{,}65\text{ m}$
$u = 2{,}50\text{ m} + 1{,}30\text{ m} = 3{,}80\text{ m}$

Der Tisch hat einen Umfang von 3,80 m.

$A = a \cdot b$
$A = 1{,}25 \cdot 0{,}65\text{ m}^2 = 0{,}8125\text{ m}^2$

Der Tisch hat einen Flächeninhalt von rund 0,81 m².

In **Rechenausdrücken (Termen)** wie $a - b$ oder $4 \cdot x$ oder □ : 3 treten **Platzhalter** für Zahlen auf. Die Platzhalter nennen wir auch **Variable**. Für Variable kann man Zahlen einsetzen.

Beispiel Man setze in den *Term* $5 \cdot x + 7$ für die *Variable* x den Wert 9 ein. Man erhält $5 \cdot \mathbf{9} + 7$. Der **Wert des Termes** beträgt 52, denn $5 \cdot 9 + 7 = 52$.

Übungen

1 Setzen Sie in den Term die angegebenen Werte ein. Berechnen Sie den Wert des Terms.

Variable	Term	Wert des Terms
a	$12 \cdot a + 17$	–
3	$12 \cdot \mathbf{3} + 17$	53
5		
15		

3 Setzen Sie in die Formel zur Berechnung des Flächeninhaltes eines Dreiecks für die Variablen g und h die angegebenen Zahlen ein.

Variablen		Formel	Flächeninhalt
g	h	$\frac{g \cdot h}{2}$	–
3 cm	6 cm	$\frac{3 \cdot 6}{2}\text{ cm}^2$	9 cm²
11 cm	12 cm		
4,8 cm	5,7 cm		
8,9 cm	6,2 cm		

ON/CE **2** Setzen Sie die für x angegebene Zahl ein und rechnen Sie den Term im Kopf aus. Kontrollieren Sie das Ergebnis mit dem TR.

x	x^2	$-x^2$	$1-x^2$	x^2-1	$3x^2$	$-2x^2$	$-2x^3+1$	$-x^2-x^3$
−2								
−1								
0								
3								

Vereinfachen von Termen

Kantenmodelle für Quader sollen aus Drahtstücken hergestellt werden. Wir bestimmen die gesamte Drahtlänge, die für verschiedene Quader nötig ist.

Der einfachste Weg ist, die Kantenstücke nacheinander **aufzulisten** und zu **addieren**.

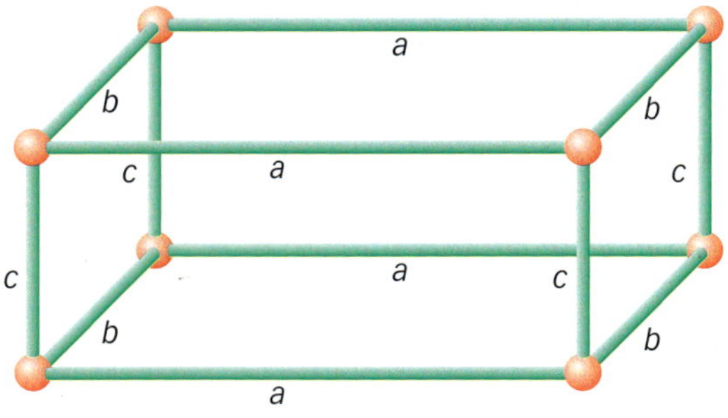

Der Term könnte heißen:	$a+c+a+c+b+c+b+a+b+a+b+c$
Besser ist es aber, die Kantenstücke zu **ordnen**. Der Term heißt dann:	$\underbrace{a+a+a+a}+\underbrace{b+b+b+b}+\underbrace{c+c+c+c}$
Werden gleiche Kantenstücke **zusammengefasst**, so heißt der *vereinfachte* Term:	$4\cdot a \quad + \quad 4\cdot b \quad + \quad 4\cdot c$
Bei den Vielfachen von Variablen kann man den **Malpunkt weglassen**. Der Term heißt dann so:	$4a \quad + \quad 4b \quad + \quad 4c$

Mit dem einfachen Term $4a + 4b + 4c$ kann man schnell den Materialverbrauch für Kantenmodelle von Quadern berechnen. Man setzt für die Variablen die Maße von Länge, Breite und Höhe des Quaders ein.

Man beachte beim Vereinfachen von Termen:

- Treten verschiedene Variablen auf, werden sie günstig **alphabetisch geordnet**.
- Vielfache gleicher Variablen werden **zusammengefasst**.
- Bei den Vielfachen der Variablen kann man den **Malpunkt weglassen**. $4\cdot a=4a$

Beispiele

a) $15x+17x+23x=55x$

b) $5x+2y+3x-y$
$=5x+3x+2y-y$
$=8x \quad + \quad y$

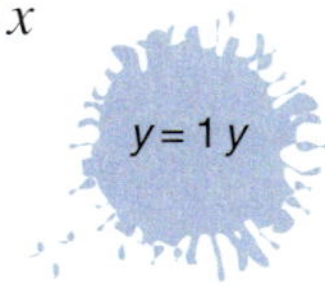

c) $14x+7y+4-9x-5y+11$
$=\underbrace{14x-9x}+\underbrace{7y-5y}+\underbrace{4+11}$
$=\quad 5x \quad + \quad 2y \quad + \quad 15$

Übungen

1 a) Schreiben Sie einen Term für den Umfang jeder Fläche.
b) Berechnen Sie die Umfänge. Setzen Sie für x den Wert 5 cm ein und für y den Wert 3 cm.
c) Berechnen Sie die Umfänge. Setzen Sie für x den Wert 3,8 cm ein und für y den Wert 9,7 cm.

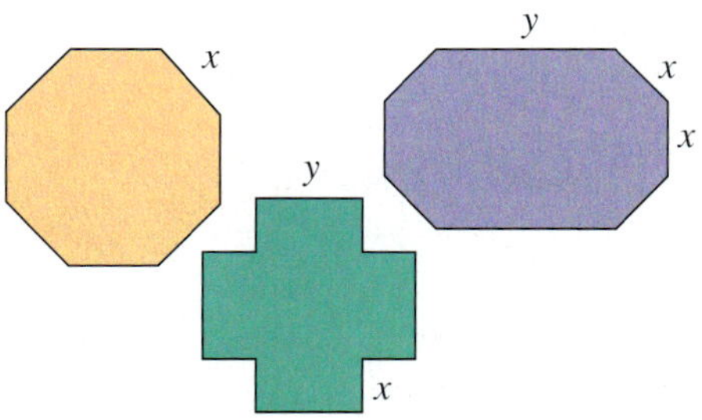

2 Berechnen Sie den Umfang mit dem Term.

a) $u = 4a$

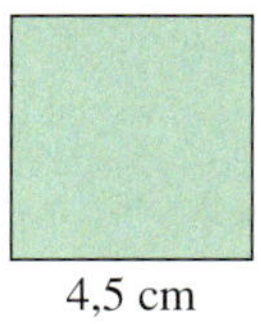

c) $u = 2a + c$

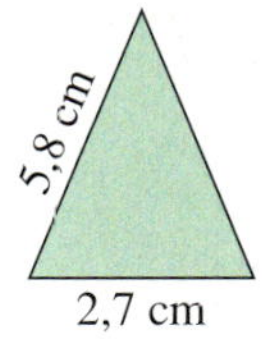

b) $u = 2a + 2b$

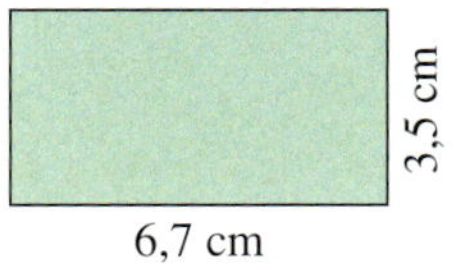

d) $u = 6a$

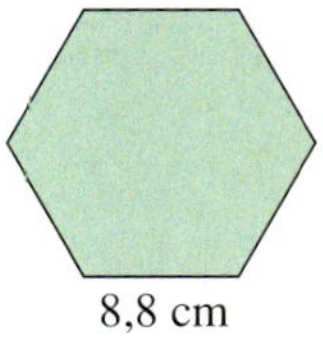

3 Schreiben Sie für jeden Körper einen Term, mit dem die gesamte Kantenlänge berechnet werden kann.

a)

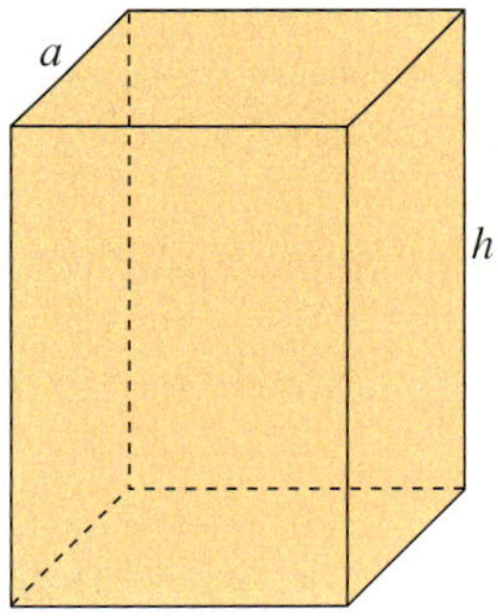

b)

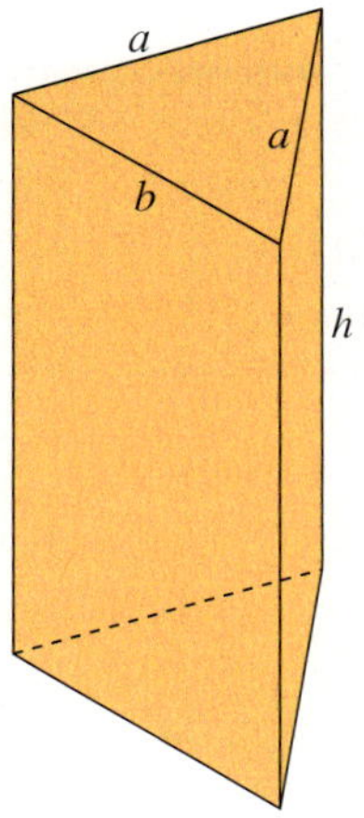

4 Fassen Sie zusammen.

a) $8x - 7x + 3x + 12x + x$
b) $13y + 16y - 20y$
c) $9a + 7a + 28a - 30a$
d) $43m - 32m - 11m$
e) $c + 2c + 3c + 4c - 5c$
f) $7{,}2a - 4{,}8a + 3{,}9a - 1{,}6a$
g) $\frac{1}{2}g - \frac{1}{4}g + \frac{3}{4}g - \frac{1}{2}g$
h) $\frac{1}{5}y + \frac{2}{3}y + \frac{1}{15}y - \frac{7}{15}y - \frac{2}{5}y$

5 Ordnen Sie und fassen Sie zusammen.

a) $7a + 3b - b + 12a + 12b - 8b$
b) $16m + 12 + 16m - m + 18$
c) $36 + 6h - 12 - 5h + 13h$
d) $31n + 13a - 7n - 5a + 3n$
e) $86p + 15r - 13p - 20p + 17r$
f) $3{,}05b + 1{,}07c - 1{,}28b - 0{,}98c$
g) $8{,}25s + 2{,}15t - 1{,}95t + 0{,}75s$
h) $11{,}25y + 0{,}89x - 9{,}43y + 2{,}71x$

6 Welche Terme sind gleichwertig?

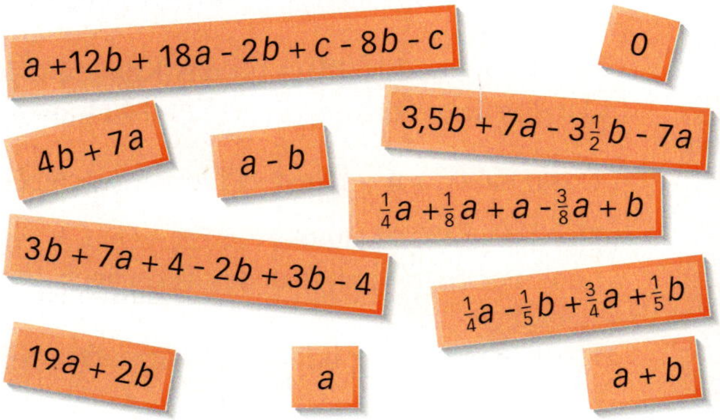

7 Vereinfachen Sie jeden Term.

a) $3x + 2y + 7z - y - 5z + 3x$
b) $13a + 12b - 7a + 5c - 8b + 3c$
c) $24z + 26a - 21x - 20a + 32x - 24z$
d) $17y + 13x - 14y + 5b - 12x + 12b$
e) $0{,}5e + 3{,}6f - 0{,}25e + 2{,}7g - 1{,}9f$
f) $1{,}7x - 3{,}4y + 7{,}2z - 0{,}9x - 2{,}7z + 5y$
g) $8{,}1r + 3{,}9t - 2{,}4s + 1{,}2t + 3{,}3s - 5{,}7r$
h) $0{,}05v + 0{,}1u - 2w + 3{,}05v - 0{,}04u + 4{,}1w$
i) $\frac{1}{2}x + \frac{2}{3}y - \frac{1}{4}x + \frac{3}{5}z - \frac{1}{6}y - \frac{1}{2}z$
j) $\frac{3}{4}f - \frac{1}{8}a - \frac{1}{3}f + \frac{5}{6}c + \frac{1}{2}a + \frac{1}{3}c$
k) $\frac{1}{7}m + \frac{4}{9}o - \frac{1}{5}n - \frac{1}{6}o + \frac{3}{4}m + \frac{4}{7}n$

8 Ein Garten mit Beeten wurde geometrisch angelegt. Als Blickfang stehen zwei Palmen.

a) Gehen Sie vom Standort zur linken Palme. Schreiben Sie 5 verschiedene Wege auf. Beschreiben Sie die Länge jedes Weges mithilfe von e und f und fassen Sie dann jeden Rechenausdruck zusammen.

b) Welcher Rechenausdruck entspricht dem kürzesten Weg?

Terme mit Klammern

Wir haben gesehen, dass für das Kantenmodell eines Quaders 4 Drahtstücke von der Länge a, 4 Drahtstücke von der Länge b und 4 Drahtstücke von der Länge c nötig sind.

Dafür haben wir folgenden Term geschrieben: $4a + 4b + 4c$

Da man je 4 Drahtstücke der Längen a, b und c benötigt, kann man den Term auch so schreiben: $4 \cdot (a + b + c)$

Der gemeinsame Faktor 4 wird **ausgeklammert**.

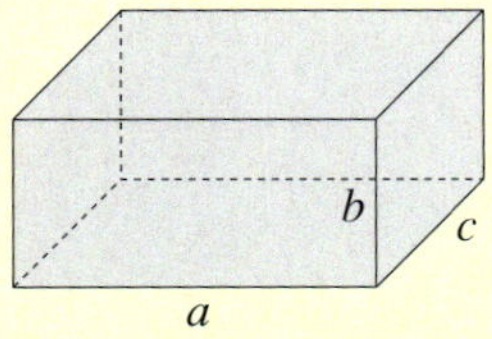

Es gilt also: $\underline{4}a + \underline{4}b + \underline{4}c = \underline{4} \cdot (a + b + c)$

Vertauscht man beide Seiten, so erhalten wir: $\underline{4} \cdot (a + b + c) = \underline{4}a + \underline{4}b + \underline{4}c$

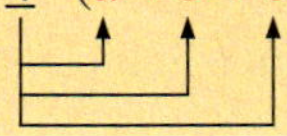

Hier wurde umgekehrt die Klammer **ausmultipliziert.**

Beim **Ausklammern** werden *gemeinsame* Faktoren **vor** die Klammer geschrieben.
Die *verbleibenden* Glieder werden **in** die Klammer gesetzt. $8a - 2b = 2 \cdot (4a - b)$
Beim **Ausmultiplizieren** wird **jedes** Glied in der Klammer mit dem Faktor vor (oder hinter) der Klammer multipliziert. $\underline{5} \cdot (2x - 4y) = \underline{5} \cdot 2x - \underline{5} \cdot 4y = 10x - 20y$

Beispiele

6 ist der größtmögliche gemeinsame Faktor.

a) Klammern Sie gemeinsame Faktoren aus.

$4a + 4c = 4 \cdot (a + c)$

$10x + 10y - 10z = 10 \cdot (x + y - z)$

$12s - 6t + 18u = 6 \cdot (2s - t + 3u)$

$15a - 12b + 6c = 3 \cdot (5a - 4b + 2c)$

b) Lösen Sie die Klammern auf.

$2 \cdot (a + b) = 2a + 2b$

$(7a - 5) \cdot 9 = 63a - 45$

$7 \cdot (2u + v - 3w) = 14u + 7v - 21w$

$(m - 2n + 6) \cdot \frac{2}{3} = \frac{2}{3}m - 1\frac{1}{3}n + 4$

Übungen

1 Klammern Sie den vorgegebenen Faktor aus. Machen Sie die Probe, indem Sie die Klammer wieder ausmultiplizieren.

	Term	Faktor	Klammer
	$8x - 16y$	8	$8 \cdot (x - 2y)$
a)	$12a - 18b$	6	
b)	$15x - 6y + 12z$	3	
c)	$21u + 14v - 28w$	7	
d)	$10n + 20o - 5p$	5	

2 Suchen Sie den größtmöglichen gemeinsamen Faktor und klammern Sie ihn aus.

a) $16x + 24y - 32z$

b) $10a + 5b + 20c$

c) $14r - 21s + 49t$

d) $36a - 12b + 20c - 24d$

e) $64u + 16v - 48w - 80x + 96y$

f) $26k + 65l + 91m - 117n$

g) $\frac{1}{2}x - \frac{3}{2}y + \frac{7}{2}z$

h) $\frac{3}{8}a + \frac{1}{4}b - \frac{1}{8}c - \frac{7}{8}d$

i) $\frac{5}{7}r - \frac{1}{7}s + \frac{6}{14}t + \frac{6}{21}u$

3 Schreiben Sie für die Gesamtlänge aller Kanten des Körpers einen vereinfachten Term, wenn möglich mit Klammern.

a)

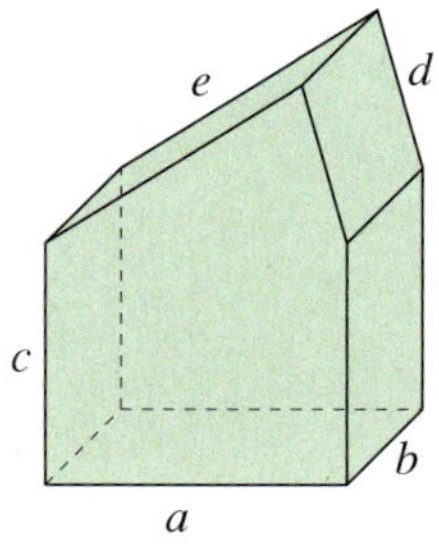

c)

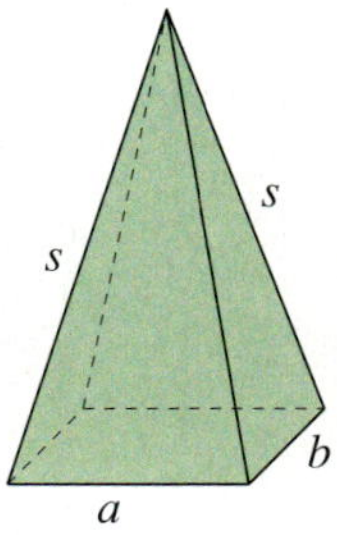

b)

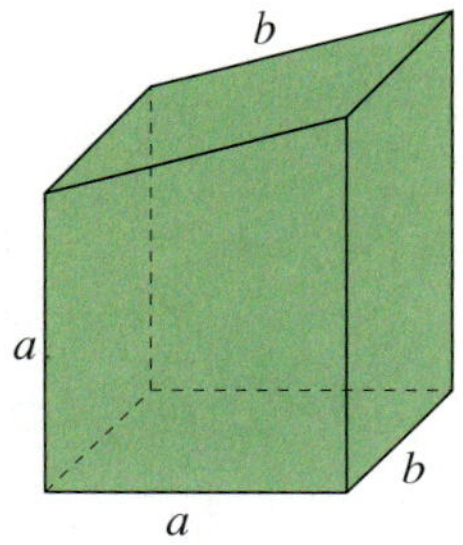

d)

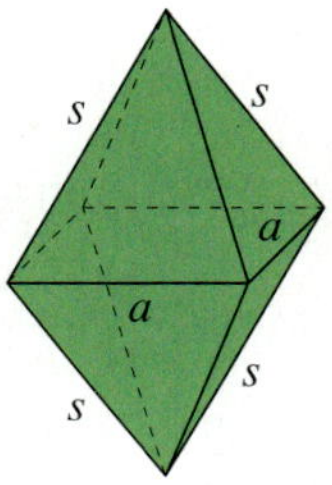

4 Lösen Sie die Klammern auf.

a) $3 \cdot (a + b + c)$
b) $3 \cdot (a - b - c)$
c) $7 \cdot (x + 2y)$
d) $8 \cdot (4a - 9)$
e) $4 \cdot (3x + 5y)$
f) $(3s - 4t) \cdot 7$
g) $(3a - 4b + 5c) \cdot 9$
h) $(8u + v - \frac{1}{3}w) \cdot 6$

5 Ergänzen Sie die fehlenden Zahlen.

a) $4a + 8b = ■ \cdot (a + 2b)$
b) $3 \cdot (5x + 8y) = ■\, x + ■\, y$
c) $12s + 15t - 9u = ■ \cdot (4s + 5t - 3u)$
d) $7 \cdot (2u + 3v + 4w) = ■\, u + ■\, v + ■\, w$
e) $■ \cdot (8x - 2 + 3y) = 56x - 14 + 21y$
f) $9 \cdot (4a + 3b - 7) = ■\, a + ■\, b - ■$
g) $■ \cdot (2{,}5k - 1{,}4l - 0{,}5m) = 10k - ■\, l - ■\, m$
h) $■ \cdot (1{,}2x + 0{,}4y - 1{,}4z) = ■\, x + ■\, y - 7z$

6 Beim Umformen wurden Fehler gemacht. Schreiben Sie die Umformungen ohne Fehler.

a) $8 \cdot (2a + b) = 16a + b$
b) $(3x + y) \cdot 4 = 3x + 4y$
c) $24s + 20t = 4 \cdot (6s + 7t)$
d) $14x + 21y = 7 \cdot (2x + 4y)$
e) $44a - 24b + 20c = 4 \cdot (11a + 4b + 5c)$
f) $5 \cdot (3k - 4l + 5m) = 15k - 20l + 30m$
g) $7 \cdot (2{,}1x + 0{,}5y - 1{,}3z) = 14{,}1x - 3{,}5y - 9{,}1z$
h) $2u - 13v - 32{,}5w = 5 \cdot (0{,}5u + 2{,}6v - 6{,}4w)$

7 Jede Schatzkiste enthält verschiedene Münzen. Wählen Sie aus jeder Kiste eine Münze. Addieren Sie die Terme auf den 3 Münzen. Klammern Sie gemeinsame Faktoren aus.

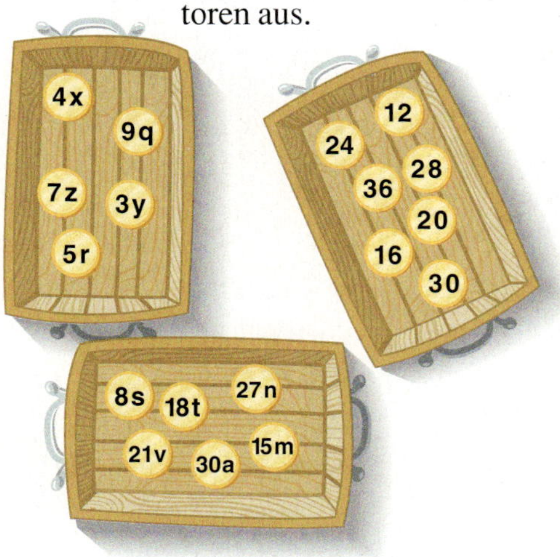

8 Stefanie und Michael kaufen für eine kleine Party von jeder Sorte 6 Artikel: Apfelsaft zu je 0,78 €, Chips zu je 1,45 €, Fruchtgummi zu je 0,65 € und „Hamburger" zu je 1,25 €.

a) Schreiben Sie zur Berechnung des Gesamtpreises einen Term mit Klammern.
b) Wie viel müssen Stefanie und Michael insgesamt bezahlen?

9 In der Klasse U1 sind 12 Mädchen und 14 Jungen. Bevor die Klasse ihre Tagesfahrt nach Bonn in die Bundeskunsthalle antritt, sammelt die Klassenlehrerin das Geld ein.
Für die Busfahrt werden 18,50 € pro Person gerechnet.
Ein Getränk im Museum kostet 2,40 €.
Für das Mittagessen wird je 5,50 € eingesammelt. Schreiben Sie einen Term mit Klammern, berechnen Sie ihn.

Aus der Geschichte des Geldes

1. Tausch

Lange Zeit lebten die Menschen vom Tauschhandel. Zur unmittelbaren Bedarfdeckung wurden Waren und Güter getauscht. Je nach Angebot und Nachfrage entwickelten die Tauschgüter einen unterschiedlichen Wert.

Aus dem Sudan sind von früher folgende Tauschgleichungen überliefert:

1 Sklave	=	1 Doppelflinte und 2 Fläschchen Pulver
	=	5 Ochsen
	=	100 Stück Zeug
1 Schnur Glasperlen	=	1 Kürbisflasche voll Wasser
	=	1 Maß Milch
	=	1 Arm voll Heu

2. Prägung

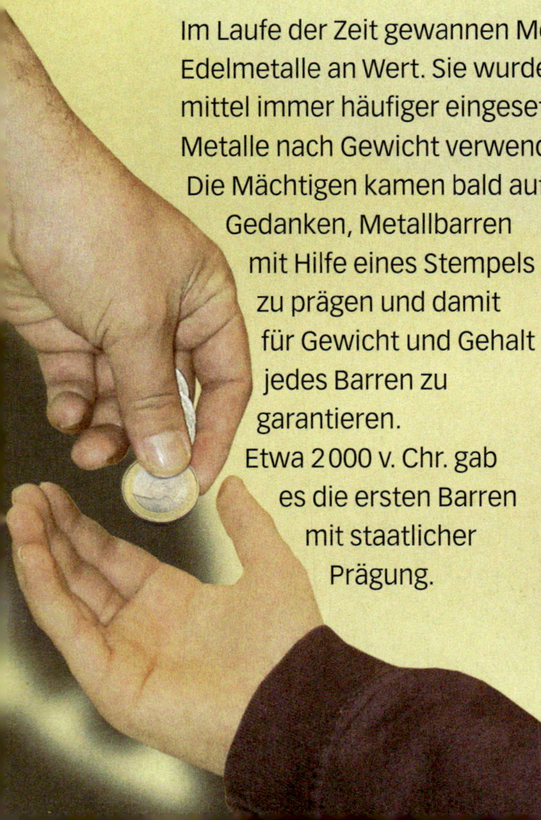

Im Laufe der Zeit gewannen Metalle und Edelmetalle an Wert. Sie wurden als Tauschmittel immer häufiger eingesetzt, wobei die Metalle nach Gewicht verwendet wurden. Die Mächtigen kamen bald auf den Gedanken, Metallbarren mit Hilfe eines Stempels zu prägen und damit für Gewicht und Gehalt jedes Barren zu garantieren.
Etwa 2000 v. Chr. gab es die ersten Barren mit staatlicher Prägung.

3. Der Taler

Eine der bekanntesten Münzen ist der Taler. Seinen Namen hat er von dem böhmischen Ort St. Joachimstal, wo die „Joachimstaler" geprägt wurden. Vorläufer des Talers tauchten 1486 in Tirol auf, um den Gegenwert zum Goldgulden in Silber darzustellen. Im Laufe der Zeit entwickelten sich sogenannte Guldenländer (Süddeutschland, Österreich) und Talerländer (Mitteldeutschland und Teile von Nord- und Westdeutschland).
Ab 1566 galt der Reichstaler in allen deutschen Gebieten und bürgerte sich als leitende Handelsmünze ein.
Die letzten Taler wurden 1871 geprägt und 1908 endgültig außer Kurs gesetzt.

4. Die Mark

Die Mark ist als Gewichtswert in Deutschland seit dem 11. Jahrhundert bezeugt. Der Marktwert schwankte zwischen 180 g und 280 g. Die Mark entwickelte sich schnell zu einer Geldmünze (Münzmark).
1871 wurde die Mark durch das Reichsgesetz als Kompromiss zwischen Taler und Gulden eingeführt und in 100 Pfennige geteilt. Diese Reichsmark hatte den Gegenwert von einem Drittel eines preußischen Talers.
Nach dem Zweiten Weltkrieg verlor die Reichsmark an Wert. 1948 wurde eine Währungsreform durchgeführt und die Deutsche Mark (DM) eingeführt, die ebenso in 100 Pfennige geteilt war.

5. Bargeld auf dem Rückzug

Die Zahlungsweisen wandelten sich in den letzten Jahrzehnten. Nach den Banküberweisungen kam der Scheck zur Geltung, der jedoch immer mehr durch die Kreditkarte verdrängt wurde. Inzwischen kann man in vielen Geschäften mit einer Geldkarte zahlen.

6. Der Euro

Seit 1.1.1999 gilt der Euro, zunächst noch parallel zur DM. Er ist eine gemeinsame Währung für derzeit 11 Länder Europas. Ab dem Jahre 2002 hat der Euro die Deutsche Mark auch im Bargeldverkehr ersetzt.

Am 1.8.2000 wurde der Euro so in US-Dollar umgerechnet: 1€ = 1,0479 $, 1$ = 0,9543 €
Stand am 14. Januar 05: 1 € = 1.3232 $

Prozent-, Zins-, Mischungsrechnen

Prozentrechnung

Anteile und Prozente

Von der Unterstufe 1 mit 32 Schülern gehen 8 Schüler in die AG Mathematik. In der Unterstufe 2 sind es 6 Schüler von 30 Schülern. Für die Zahlen 32 und 8 einerseits und 30 und 6 andererseits gibt es den „absoluten" und den „relativen" Vergleich.

Wenn man die *Differenz* berechnet, so ergibt sich $8 - 6 = 2$. In der U1 gehen 2 Schüler mehr in die AG. **Absoluter Vergleich.**

Errechnet man die *Verhältnisse* in den Klassen, so ergibt sich für die U2: $\frac{8}{32} = \frac{1}{4}$ und für die Klasse 8 b: $\frac{6}{30} = \frac{1}{5}$. **Relativer Vergleich.**

Beim absoluten Vergleich wird die Differenz bestimmt.
Beim relativen Vergleich werden Quotienten verglichen.

Die Quotienten beim relativen Vergleich lassen sich als Brüche schreiben. Bringt man die Brüche auf den **gemeinsamen Nenner Hundert**, so spricht man von **„Prozent"** und schreibt:

$\frac{1}{100} = 1\,\%$ (1 Prozent), $\frac{5}{100} = 5\,\%$, und umgekehrt $3\,\% = \frac{3}{100}$

von U1 gehen 8 von 32 Schülern, also $\frac{8}{32}$ in die AG

U1: $\frac{8}{32} = \frac{1}{4} = \frac{25}{100} = 25\,\%$ — 25 % der Schüler sind in der AG.

U2: $\frac{6}{30} = \frac{1}{5} = \frac{20}{100} = 20\,\%$ — 20 % der Schüler sind in der AG.

Prozente sind Anteile bzw. Brüche mit dem Nenner 100.
Für den Bruch $\frac{5}{100}$ sagt man „5 Prozent". Den Prozentsatz bezeichnen wir mit p ($p = 5\,\%$)

Beispiel 1

Wie viel Prozent der Betriebe sind das?

Nach einer Befragung stellten von 28 Betrieben 21 Betriebe Praktikanten ein.

Vergleichsbruch		kürzen		Hundertstelbruch		Dezimalbruch		Prozent
$\frac{21}{28}$	=	$\frac{3}{4}$	=	$\frac{75}{100}$	=	0,75	=	75 %

75 % der befragten Betriebe nahmen Praktikanten.

Beispiel 2

Wie viel Prozent der Sportlerinnen sind das?

Beim Landessportfest fielen 4 von 14 Sportlerinnen aus.
$\frac{4}{14}$ lässt sich **nicht** auf Hundertstel erweitern, hier ist es **günstig zu dividieren**.

Division		Dezimalbruch		Runden		Prozent
4 : 14	=	0,285714…	≈	0,286	=	28,6 %

Beim Landessportfest fielen 28,6 % der Sportlerinnen aus.

Übungen

1 Geben Sie die Anteile in Prozent an.

a) $\frac{7}{100}$, $\frac{100}{100}$, $\frac{79}{100}$, $\frac{8,4}{100}$, $\frac{0,4}{100}$, $\frac{105}{100}$

b) **Beispiel:** $\frac{6}{30} = \frac{1}{5} = \frac{20}{100} = 20\,\%$

$\frac{3}{4}$, $\frac{9}{25}$, $\frac{12}{60}$, $\frac{7}{50}$, $\frac{12}{40}$, $\frac{12}{15}$, $\frac{18}{30}$, $\frac{7}{35}$, $\frac{9}{15}$

c) **Beispiel:** $\frac{5}{7} = 5 : 7 \approx 0{,}714 \approx 71\,\%$

$\frac{3}{8}$, $\frac{5}{9}$, $\frac{6}{7}$, $\frac{8}{9}$, $\frac{5}{6}$, $\frac{4}{7}$, $\frac{13}{60}$, $\frac{6}{11}$

2 Welcher Bruchteil ist rot dargestellt? Geben Sie diesen in Prozent an.

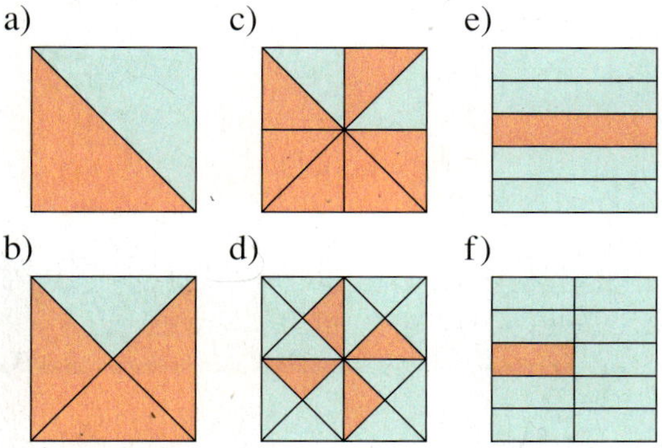

3 Schreiben Sie als Prozent.

a) $\frac{1}{4}$, $\frac{1}{2}$, $\frac{3}{20}$, $\frac{19}{20}$

b) $\frac{7}{50}$, $\frac{3}{25}$, $\frac{16}{20}$, $\frac{23}{25}$

c) $\frac{32}{200}$, $\frac{60}{500}$, $\frac{85}{500}$

d) $\frac{17}{20}$, $\frac{17}{25}$, $\frac{17}{50}$

4 Geben Sie in Prozent an, welcher Anteil der gesamten Fläche lila, rot und beige eingefärbt ist.

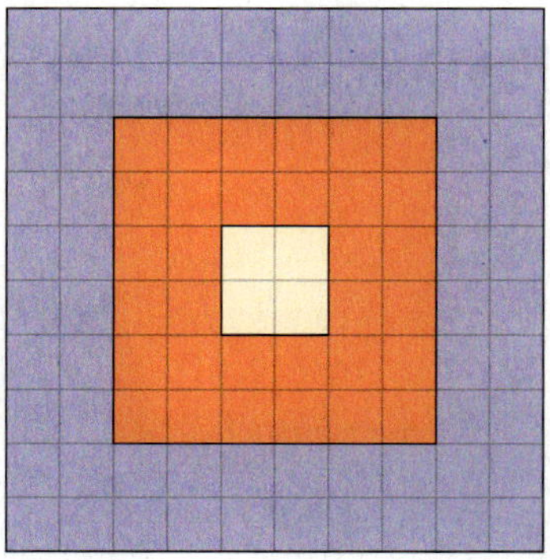

5 Geben Sie den Anteil in Prozent an.

Beispiel: 3 von 5 3 : 5 = 0,6 = 60 %

a) 5 von 20
b) 24 von 60
c) 22 von 44
d) 7 von 35
e) 29 € von 50 €
f) 66 € von 100 €
g) 90 kg von 125 kg
h) 165 t von 300 t

6 Die folgenden Dezimalbrüche beschreiben Anteile.
Schreiben Sie in Prozent.

Beispiele: $0{,}79 = \frac{79}{100} = 79\,\%$

$0{,}795 = \frac{79{,}5}{100} = 79{,}5\,\%$

a) 0,43
b) 0,5
c) 0,1
d) 0,04
e) 1,08
f) 0,01
g) 0,17
h) 0,852
i) 0,004
j) 0,099
k) 0,99
l) 0,9

7 Schreiben Sie die Prozentangabe als gekürzten Bruch und als Dezimalbruch.

Beispiel: $40\,\% = \frac{40}{100} = \frac{2}{5} = 0{,}4$

a) 60 %
b) 50 %
c) 10 %
d) 15 %
e) 38 %
f) 4 %
g) 55 %
h) 28 %
i) 32 %
j) 65 %
k) 78 %
l) 14 %

8 Zeichnen Sie ein Quadrat, 10 Kästchen hoch, 10 Kästchen breit und färben Sie den Prozentsatz bunt.

a) 10 %
b) 25 %
c) 40 %
d) 50 %
e) 65 %
f) 90 %

9 Vervollständigen Sie die Tabellen im Heft.

	a)	b)	c)
Vergleichsbruch		$\frac{12}{40}$	
Quotient	6 : 24		
Hundertstelbruch			
Dezimalbruch			
Prozentsatz			15 %

Beispiel	a)	b)	c)	d)	e)
1 : 2				3 : 20	
$\frac{1}{2}$	$\frac{3}{4}$				$\frac{3}{8}$
0,5		0,45			
$\frac{50}{100}$			$\frac{68}{100}$		
50 %					

10 Schreiben Sie als Dezimalbruch.

Beispiel: $54{,}3\,\% = \frac{54{,}3}{100} = 0{,}543$

a) 78 %, 37 %, 97 %, 4 %, 40 %, 56 %, 5 %, 16 %
b) 43,7 %, 39,6 %, 88,3 %, 61,7 %, 8,1 %, 5,7 %
c) 0,5 %, 0,8 %, 1,4 %, 0,2 %, 1,3 %, 0,9 %, 0,4 %
d) 103 %, 105,4 %, 270,6 %, 293,4 %, 310,9 %

Die drei Grundbegriffe der Prozentrechnung

In der Oberstufe haben 15 von 25 Schülerinnen und Schülern einen Praktikumsplatz.

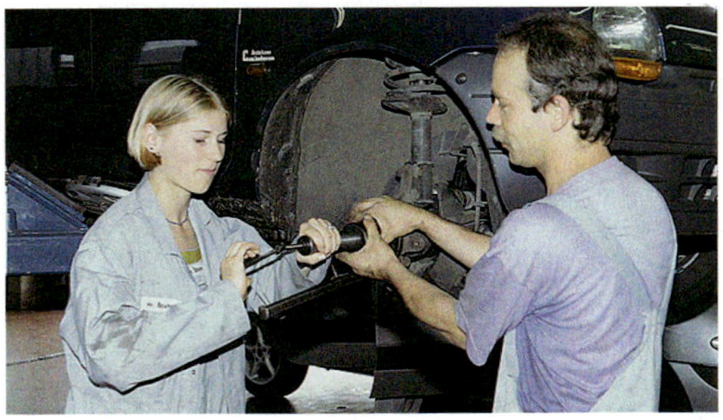

Wir können dieses Verhältnis schreiben als

Vergleichsbruch	$\frac{15}{25}$,
Hundertstelbruch	$\frac{60}{100}$,
Quotient	15 : 25,
Dezimalbruch	0,60,
Prozentsatz	60 %.

In der Prozentrechnung kommen die drei Grundbegriffe vor:

Prozentwert		Grundwert		Prozentsatz
15 Schüler	von	25 Schülern	sind	60 %.

60 % haben schon eine Praktikumsstelle für das 9. Schuljahr.

In der Prozentrechnung unterscheidet man zwischen **Grundwert (*G*), Prozentwert (*P*) und Prozentsatz (*p*)**. Grundwert und Prozentwert haben immer die gleiche Benennung.

- Ungleiche Maßeinheiten müssen vor dem Rechnen in gleiche Einheiten umgewandelt werden.
- Hinter dem Wörtchen „von“ steht der Grundwert.
- Prozentsatz und Prozentwert werden in Aufgaben mit dem Wörtchen „sind“ verbunden.

Übungen

1 In welchen Lebensbereichen kennen Sie den Gebrauch von Prozenten? Stellen Sie eine Liste auf.

2 Klären Sie in den folgenden Aufgaben die Grundbegriffe.

a) Anna bekommt eine 5 %ige Erhöhung ihres Taschengeldes, das sind 2 €.

b) Frank erhält 5 € mehr Taschengeld. Bisher erhielt er 20 €.

c) Rebecca bekommt 35 € Taschengeld. Sie soll 4 % mehr bekommen.

d) Achmed erhält 100 € Geburtstagsgeld. Im letzten Jahr bekam er 125 €.

e) Ludmilla erhielt 180 € Urlaubsgeld. Nun bekommt sie nur noch 95 %.

3 Was ist der Grundwert, der Prozentsatz und was der Prozentwert in der Abbildung? Erläutern Sie.

Der Prozentsatz

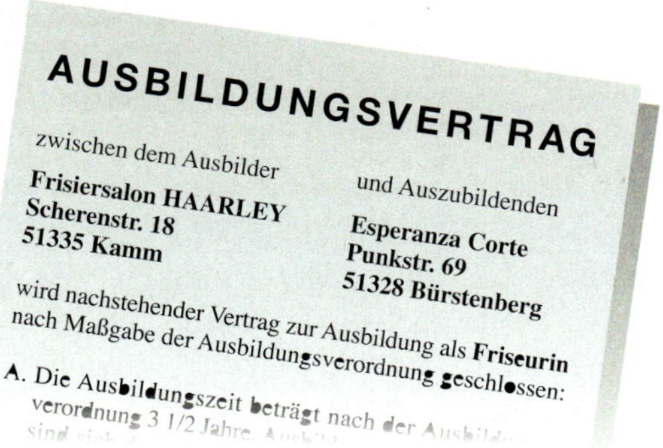
AUSBILDUNGSVERTRAG

zwischen dem Ausbilder und Auszubildenden

Frisiersalon HAARLEY
Scherenstr. 18
51335 Kamm

Esperanza Corte
Punkstr. 69
51328 Bürstenberg

wird nachstehender Vertrag zur Ausbildung als **Friseurin** nach Maßgabe der Ausbildungsverordnung geschlossen:

A. Die Ausbildungszeit beträgt nach der Ausbild...
verordnung 3 1/2 Jahre. ...

Von 160 Schülerinnen und Schülern haben 36 eine Zusage für einen Ausbildungsplatz bekommen. Wie viel Prozent sind das?

Gegeben: G = 160 Schüler; P = 36 Schüler

Gesucht: Prozentsatz p

Dreisatz:

160 Schüler sind 100 %

1 Schüler ist $\frac{100}{160}$ %

36 Schüler sind $\frac{100 \cdot 36}{160}$ %

$\frac{100 \cdot 36}{160}\,\% = \frac{45}{2}\,\% = 22{,}5\,\%$

Kurztabelle:

Schüler	Prozent
160	100
: 160 ↓ 1	$\frac{100}{160}$ ↓ : 160
· 36 ↓ 36	$\frac{100 \cdot 36}{160}$ ↓ · 36
	$\frac{100 \cdot 36}{160} = \frac{45}{2} = 22{,}5$

Antwort: 22,5 % der Schülerinnen und Schüler haben eine Zusage erhalten.

Den Prozentsatz $\frac{100 \cdot 36}{160}$ % rechnen wir jetzt nicht aus. Wir ersetzen die Zahlenwerte durch die zugehörigen Buchstaben: $p = \frac{P}{G}$

Formel für den Prozentsatz: $p = \frac{P}{G}$

Beispiel

Ramona wurde zur Klassensprecherin gewählt. Sie erhielt 16 von 24 abgegebenen Stimmen. Wie viel Prozent der Schüler stimmten für Ramona?

Gegeben: G = 24 Stimmen, P = 16 Stimmen

Formel: $p = \frac{P}{G}$

Gesucht: Prozentsatz p

Lösung: $p = \frac{16}{24} = 0{,}667 = 66{,}7\,\%$

Antwort: Ramona wurde mit 66,7 % aller Stimmen gewählt.

Übungen

1 Berechnen Sie den Prozentsatz.

a) 27 € von 36 €
b) 131,25 t von 875 t
c) 402,5 l von 1750 l
d) 4,8 m von 80 m
e) 2,5 l von 125 l
f) 12 cm^2 von 160 cm^2

2 Berechnen Sie den Prozentsatz.
Runden Sie auf eine Stelle nach dem Komma.

a) 212 g von 1048 g
b) 69,9 t von 80 t
c) 0,85 m von 2,4 m
d) 41,6 t von 640 t
e) 104 kg von 108 kg
f) 0,4 m von 0,75 m
g) 2,5 l von 3,5 l
h) 50,4 m von 112 m

3 a) $23\frac{3}{5}$ kg von 59 kg
b) 61,20 € von 1360 €
c) 409,5 m von 1170 m
d) $8\frac{2}{3}$ m von $43\frac{1}{3}$ m
e) 30,24 l von 112 l
f) 43,5 t von 348 t

4 Heike bekommt im Monat ein Taschengeld von 40 €, davon braucht sie für ihre Musik-CDs 15 €. Ihre Freundin gibt 24 € ihres Taschengeldes (60 €) für CDs aus.
Berechnen Sie die Ausgaben in Prozent.

5 Letztes Jahr hatte Familie Speckkamp eine Stromrechnung über 258,50 €. Nach Umrüstung aller Lichtquellen mit Energiesparlampen war im folgenden Jahr die Rechnung um 70,25 € niedriger.
a) Wie groß war die prozentuale Einsparung?
b) Kann die niedrige Rechnung nur durch die Sparlampen entstanden sein?

6 Eine Spielgemeinschaft von drei Spielern hat einen Lottogewinn von 730 € aufgeteilt.
Bestimmen Sie die Prozentsätze.

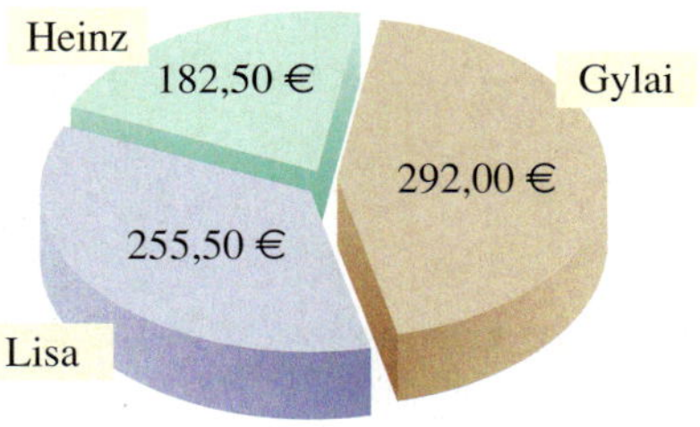

7 In Deutschland haben alle Vereine zusammen ca. 80 Millionen Mitglieder. Davon entfallen 24 Mio. auf Sportvereine, 14 Mio. auf Automobilclubs, 12 Mio. auf Seniorenvereinigungen, 8,5 Mio. auf Jugendgruppen, 1,4 Mio. auf Musikvereine und 1,2 Mio. auf die freiwillige Feuerwehr.
Berechnen Sie die prozentualen Anteile.

8 In einem Bildungsgang wurde von den Lehrern eine Analyse über das Arbeitsverhalten der Schülerinnen und Schüler zusammengestellt. Untersucht wurde der Bereich „Hausaufgaben" und „Material dabei haben". Das Ergebnis eines Tages war:

Jahrgang	Schülerzahl	Schüler ohne Hausaufgaben	Prozentsatz
U 1	88	15	
U 2	105	17	
U 3	60	10	
U 4	158	15	
U 5	123	13	
U 6	69	14	
U 7	74	11	

a) Übertragen Sie die Tabelle ins Heft.
Werten Sie sie aus. Wer ist „Spitzenreiter"?
b) Wie sieht es in Ihrer Klasse aus, schneiden Sie prozentual besser ab?
c) Herbert addiert die Prozentsätze und kommt zu der Aussage: „105,1 % der Schüler haben keine Hausaufgaben."

9 Die Hitliste der Lehrberufe
Bei der Berufswahl in Deutschland ist noch immer ein großer Unterschied zwischen Frauen und Männern festzustellen. Hier sind die Ergebnisse einer Befragung von Ausbildungsanfängern.

Junge Männer insgesamt	362 946
Kfz-Mechaniker	23 613
Maler/Lackierer	17 425
Tischler	15 134
Elektroinstallateur	14 529
Einzelhandelskaufmann	12 949

Junge Frauen insgesamt	272 613
Bürokauffrau	23 000
Einzelhandelskauffrau	20 660
Friseurin	17 268
Arzthelferin	16 311
Industriekauffrau	13 377

Berechnen Sie die Prozentsätze.

Der Prozentwert

Von 50 Schülerinnen und Schülern waren 8% mit dem Betriebspraktikum unzufrieden. Wie viele Schüler sind das? Wir suchen den *Prozentwert P*.

Gegeben: $G = 50$ Schülerinnen und Schüler, $p = 8\,\%$

Gesucht: Prozentwert P

Dreisatz:

100 % sind 50 Schüler

1 % sind $\frac{50}{100}$ Schüler

8 % sind $\frac{50 \cdot 8}{100}$ Schüler

$\frac{{}^{1}\cancel{50} \cdot \cancel{8}^{4}}{\cancel{100}_{1}} = 4$

Kurztabelle:

	Prozent	Schüler	
	100	50	
: 100	1	$\frac{50}{100}$	: 100
· 8	8	$\frac{50 \cdot 8}{100}$	· 8
		$\frac{{}^{1}\cancel{50} \cdot \cancel{8}^{4}}{\cancel{100}_{1}} = 4$	

Antwort: Von 50 Schülerinnen und Schülern waren 4 mit dem Praktikum unzufrieden.

Den Prozentwert $50 \cdot \frac{8}{100}$ rechnen wir jetzt nicht aus. Wir ersetzen die Zahlenwerte durch die zugehörigen Buchstaben: $P = G \cdot p$

Formel für den Prozentwert: $P = G \cdot p$

Beispiel Von 30 Schülerinnen haben 20 % einen typischen „Männerberuf" als Praktikumsstelle ausgesucht. Wie viele Schülerinnen sind das?

Gegeben: $G = 30$ Schülerinnen, $p\,\% = 20\,\%$

Gesucht: Prozentwert P

Formel: $P = G \cdot p$

Lösung: $P = 30 \cdot 0{,}2 \qquad P = 6$

Antwort: 6 Schülerinnen haben einen Praktikumsplatz in einem „Männerberuf".

Übungen

1 Berechnen Sie.

a) 1 % von 60; 600; 800; 1200
b) 2 % von 70; 900; 2000; 2200
c) 3 % von 90; 840; 3600; 7920
d) 5 % von 80; 340; 250; 7930
e) 8 % von 90; 220; 1300; 9840

2 Berechnen Sie den Prozentwert.

a) 10 % von 200 €
b) 30 % von 450 €
c) 20 % von 60 t
d) 7 % von 1245 €
e) 4,8 % von 1254 m
f) 9,1 % von 480 ml
g) 5 % von 380 m^2
h) 50 % von 840 hl
i) 15 % von 156 kg
j) 98 % von 98 €
k) 15,7 % von 1,75 t
l) 20,4 % von 360,6 m^3
m) 16 % von 2136,20 €
n) 45 % von 37 ha

3
a) 20 % von 120 m^3
b) 25 % von 160 km
c) 21 % von 148 kg
d) 19 % von 93,5 hl
e) 13,5 % von 962,4 l
f) 15,6 % von 22 000 t
g) 23 % von 4096 m
h) 6,7 % von 126,3 m^2
i) 30 % von 512 t
j) $16\frac{1}{2}$ % von 80 m
k) 17,5 % von 236 kg
l) 49,9 % von 245 ha
m) 15 % von 17,7 kg
n) 7 % von 594 €
o) 0,4 % von 3 t
p) $6\frac{3}{5}$ % von 6,25 m

4 Im Jahr 2002 wurden von den 590 232 Ausbildungsstellenangeboten 96,9 % besetzt. In 2001 blieben von den 638 771 Stellenangeboten 3,5 % unbesetzt.
Berechnen Sie, wie viele Jugendliche in 2001 und in 2002 Ausbildungsverträge abgeschlossen haben.

5 Das Ergebnis von 25 Klassenarbeiten:

Note	1	2	3	4	5	6
%	12	20	36	28	4	0

Wie viele Arbeiten entfallen auf jede Note?

6 In einer Schule wurden 360 Fahrräder kontrolliert. Nur 30 % der Fahrräder waren ohne Mängel, 45 % hatten fehlerhafte Bremsen, bei 35 % funktionierten die Lichter nicht.
a) Berechnen Sie die einzelnen Prozentwerte.
b) Addieren Sie die einzelnen Prozentsätze.
Was stellen Sie fest? Begründen Sie.

7 Erwerbstätige Frauen in verschiedenen Berufsgruppen:

Berufsgruppe	Beschäftigte in 1000	davon Frauen in %
Elektroberufe	857	5,4 %
Textilverarbeitung	172	89,1 %
Köche/Köchinnen	454	64,1 %
Verkaufspersonal	1599	82,5 %
Groß- und Einzelhandelskaufleute	1050	45,5 %
Büroberufe, Bürofachkräfte	4553	73,1 %

Berechnen Sie die Anzahl der Frauen und Männer in den Berufsgruppen.

8 Füllen Sie die Tabelle im Heft aus.

	G Grundwert	*p* % Prozentsatz	*P* Prozentwert
a)	56 €	3 %	
b)	48 m	6 %	
c)	75 kg	0,8 %	

9 Auswertung einer Umfrage bei 650 jugendlichen Hauptschulabsolventen
„PC und Internet zu Hause?"

Machen Sie eine aktuelle Umfrage an Ihrer Schule.

10 Aufpassen! Was ist gegeben?
Was ist gesucht?
Berechnen Sie.
a) 5 Schülerinnen von 25 Mädchen
b) 5 % von 25 €
c) Von 75 Praktikanten sind 12 krank.
d) Von 85 Schülern der Oberstufe gehen 34 in den G-Kurs Mathematik. In der Unterstufe mit 92 Schülern sind es 25 %.

11

	G	*p*	*P*
a)	16 m^2		6 m^2
b)	20 €	17 %	
c)	95 kg		19 kg
d)	470 m	3,5 %	
e)	1474 l		583 l
f)	653 m^2	4,7 %	
g)	0,75 t	18,5 %	
h)	12 h		2 h
i)	8 h		45 min

Der Grundwert

12 Schülerinnen und Schüler einer Schulklasse wollen ein Handwerk lernen, das sind 40 %. Wie viele Schülerinnen und Schüler sind in der Klasse? Wir suchen den *Grundwert G*.

Gegeben: $P = 12$ Schüler; $p = 40\,\%$

Gesucht: Grundwert G

Dreisatz:

40 % sind	12 Schüler
1 % ist	$\frac{12}{40}$ Schüler
100 % sind	$\frac{\overset{3}{\cancel{12}} \cdot 10\cancel{0}}{\underset{1}{\cancel{40}}}$ Schüler = 30 Schüler

Kurztabelle:

	Prozent	Schüler	
	40	12	
: 40	1	$\frac{12}{40}$	: 40
· 100	100	$\frac{\overset{3}{\cancel{12}} \cdot 10\cancel{0}}{\underset{1}{\cancel{40}}} = 30$	· 100

Antwort: In der Klasse sind 30 Schülerinnen und Schüler.

Den Grundwert $12 \cdot \frac{100}{40}$ rechnen wir jetzt nicht aus. Wir ersetzen die Zahlenwerte durch die zugehörigen Buchstaben: $G = P \cdot \frac{1}{p} = \frac{P}{p}$

Formel für den Grundwert: $G = \frac{P}{p}$

Beispiel

Ein Sportfachgeschäft verkauft seinem Ortsverein Trikots 30 % billiger. Der Verein spart dadurch 450 €. Welchen Preis hätte der Verein **ohne** den Preisnachlass bezahlen müssen?

Gegeben: $P = 450$ €, $p = 30\,\%$

Formel: $G = \frac{P}{p}$

Gesucht: Grundwert G

Lösung: $G = \frac{450}{0{,}30} = 1500$

Antwort: Ohne Vergünstigung hätte der Verein für die Trikots 1500 € bezahlen müssen.

Übungen

1 Berechnen Sie den Grundwert (G) im Kopf.

a) 1 % sind 15 €
b) 10 % sind 13 €
c) 20 % sind 2 m^3
d) 50 % sind 48 m^2
e) 100 % sind 4,50 t
f) 200 % sind 60 m^3

2 Berechnen Sie den Grundwert G.

a) 16 % sind 124 l
b) 23 % sind 74,75 €
c) 5 % sind 1313 €
d) 11 % sind 4510 kg
e) 0,4 % sind 15 g
f) 0,6 % sind 3 a
g) 4 % sind 15 €
h) 12,5 % sind 7 €
i) 16 % sind 0,32 €
j) 3 % sind 18 g

3 Berechnen Sie jeweils den Grundwert aus dem Prozentsatz und dem Prozentwert.

a) 20 €	e) 12 km	i) 4 €
b) 30 g	f) 125 kg	j) 80 mm
c) 150 m	g) 5 cm	k) 430 cm^2
d) 2 mm	h) 22 l	l) 8,5 m^3

4 Berechnen Sie den Grundwert mit Dreisatz und Formel.

a) 2 % sind 12 €	f) 20 % sind 24,40 €
b) 5 % sind 8 t	g) 25 % sind 18,50 m
c) 3 % sind 48 kg	h) 50 % sind 42,80 €
d) 12 % sind 72,60 g	i) 8 % sind 129,96 t
e) 68 % sind 85 min	j) 95 % sind 304 cm^2

5 Auf dem Schulfest will eine Berufsschulklasse eine Tombola veranstalten. Insgesamt wurden 75 Geschenke für die Gewinne abgegeben, das sind 20 % der Lose.

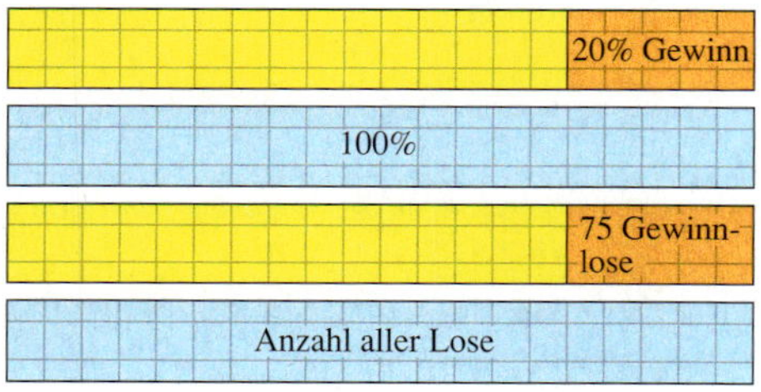

a) Wie viele Lose müssen für die Tombola vorbereitet werden?
b) Wie viele Nieten werden benötigt?

6 Bestimmen Sie den Grundwert.

a) $\square \xrightarrow{7\,\%}$ 63 m	d) $\square \xrightarrow{8\,\%}$ 232 h
b) $\square \xrightarrow{30\,\%}$ 120 g	e) $\square \xrightarrow{12\,\%}$ 360 km
c) $\square \xrightarrow{15\,\%}$ 135 t	f) $\square \xrightarrow{75\,\%}$ 675 km

7 Von einem Grundstück sind 40 % bebaut. Das sind 304 m^2.
a) Wie groß ist das Grundstück?
b) Wie groß ist der Prozentsatz der nicht bebauten Fläche?

8 An einem Mathematiktest nahmen 322 Schülerinnen und Schüler einer Schule teil, das waren 92 %.
Wie viele Schülerinnen und Schüler besuchen diese Schule?

9 Gegenüber dem Vorjahr wurden beim Schulfest 161 € mehr eingenommen. Das ist eine Steigerung um 23 %.
a) Wie hoch war der Vorjahresumsatz?
b) Wie hoch ist der diesjährige Umsatz?

10 Das günstige Wochenend-Ticket kostet 148,50 €. Das sind 45 % des Normalpreises. Berechnen Sie den Normalpreis.

11 Berechnen Sie den fehlenden Wert.

	Prozentwert	Prozentsatz	Grundwert
a)	114,56	16 %	
b)	50,40	12 %	
c)	45	9 %	
d)	128	25 %	
e)	127,68	42 %	
f)	723,20	64 %	
g)	574,56	76 %	

12 Berechnen Sie den Grundwert.
Runden Sie das Ergebnis sinnvoll.

a) 3 % sind 47,23 €	h) 255 % sind 180 €
b) 9,4 % sind 17 435 t	i) 24,30 € sind 5 %
c) 23,7 % sind 59,84 l	j) 173,5 t sind 93 %
d) 78,3 % sind 63 479 $	k) 203,7 m^2 sind 64,3 %
e) 0,04 % sind 943 hl	l) 1479,8 km sind 0,8 %
f) 107 % sind 350 €	m) 33,44 $ sind 0,74 %
g) 116 % sind 732 €	n) 0,93 € sind 0,5 %

13 Unsere Energiereserven sind begrenzt. Deshalb ist es sinnvoll, möglichst wenig Heizenergie zu verbrauchen. Durch eine bessere Wärmeisolierung wurden in einem Mehrfamilienhaus im letzten Jahr 8 % Heizöl eingespart; das waren 1080 l Heizöl.
Wie viel Liter Heizöl wurden im Jahr zuvor verbraucht?

Vermehrter und verminderter Grundwert

Für eine Wohnung sind monatlich 430 € an Miete zu zahlen. Die Miete wird um 2,5 % erhöht. Wie hoch ist die neue Miete?

Bei prozentualen Veränderungen ist immer der alte Preis, die alte Miete usw., der Grundwert (100 %).

Die neue Miete ist 100 % + 2,5 % = 102,5 % der alten Miete.

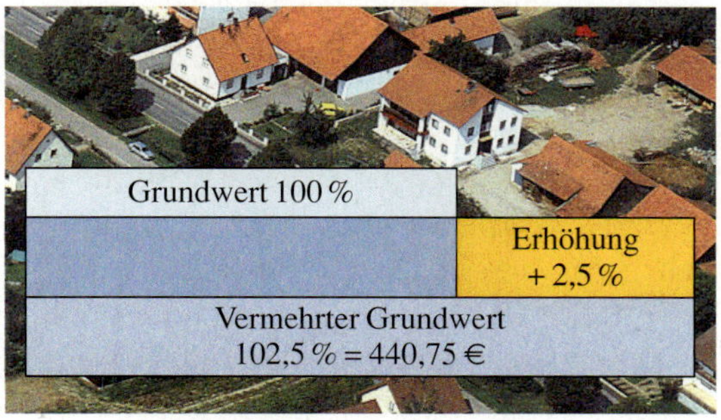

Dreisatz:

100 % sind 430 €

1 % sind $\frac{430}{100}$ €

102,5 % sind $\frac{430 \cdot 102{,}5}{100}$ € = 440,75 €

Formel:

Gegeben: $G = 430$ €; $p = 102{,}5\,\% = 1{,}025$
Gesucht: P
Formel: $P = G \cdot p$
Lösung: $P = 430 \cdot 1{,}025 = 440{,}75$

Antwort: Die neue Miete beträgt 440,75 €. Die neue Miete ist hier der **vermehrte Grundwert**.

Beispiel

Es gibt auch den **verminderten Grundwert**.

Ein Notebook zu 1750 € soll wegen Geschäftsaufgabe 32 % billiger verkauft werden.

Die prozentuale Preisvergünstigung bedeutet, dass der Preis nicht mehr 100 % ist, sondern 100 % – 32 % = 68 % des alten Preises beträgt.

68 % von 1750 €
= 0,68 · 1750 € = 1190 €

Der neue Preis beträgt 1190 €. Der neue Preis ist hier der **verminderte Grundwert**.

Übungen

1 Geben Sie den vermehrten oder den verminderten Grundwert in Prozent an.

Beispiel: Zunahme um 9 %
100 % + 9 % = 109 % vermehrter Grundwert

a) Zunahme um: 12 %; 1,6 %; 16,7 %; 9,3 %
b) Abnahme um: 16 %; 0,7 %; 3,4 %; 18,1 %

2 Herr Wagner erhielt eine Lohnerhöhung von 3,8 %. Er hatte bisher einen Bruttolohn von 1370 €.
Berechnen Sie den neuen Bruttolohn.

3 Übertragen Sie die Tabelle und füllen Sie sie aus.

	Grundwert	Zunahme/ Abnahme	Prozentsatz	Prozentwert
a)	780 €	– 15 %		
b)	1095 €	+ 13 %		
c)	2135 €		105 %	
d)	346 €	– 7,5 %		
e)	1290 €		74,2 %	
f)	895 €	+ 5,6 %		
g)	760 €	+ 3,9 %		

4 In einem Mietshaus wird die monatliche Miete um 3,7 % erhöht.
a) Die bisherige Miete betrug 325 €.
b) Die bisherige Miete betrug 425 €.

5 In einem Haushalt wurden im letzten Jahr 3450 l Heizöl verbraucht. Durch eine verbesserte Wärmeisolierung sollen in diesem Jahr 8,5 % und in den nächsten beiden Jahren jeweils 5,5 % des Heizölverbrauchs eingespart werden. Welcher Ölverbrauch wird in jedem Jahr erwartet?

6 Familie Berger hatte im Jahr 2000 für Heizöl und elektrische Energie umgerechnet 150 € pro Monat zu zahlen. Die Kosten stiegen jedes Jahr um durchschnittlich 6 %. Wie viel Euro musste Familie Berger 2002 pro Monat bei gleichem Verbrauch zahlen?

! **Rabatt und Skonto** sind Preisnachlässe. Beim Kauf von großen Mengen erhält man häufig Mengenrabatt.
Zahlt man eine Rechnung innerhalb von 8 Tagen, so wird oft 2 % oder 3 % Skonto gewährt.

7 Berechnen Sie für den Räumungsverkauf den Rabatt in € und die neuen Preise.

8 Ein Praktikant soll alle Preise in einer Abteilung unter 200 € um 15 % senken und alle Preise über 200 € um 22 %.
Überprüfen Sie seine Liste.

alter Preis in €	530,00	177,80	285,50	89,70	199,00
neuer Preis in €	413,40	115,13	242,68	69,97	169,15

- Oft muss man vom vermehrten oder verminderten Grundwert auf den ursprünglichen Grundwert schließen.

Nach einer Preiserhöhung von 3,5 % kostet ein Gefrierschrank 807,30 €.

Der neue Preis ist 103,5 %!

Wie hoch war der alte Preis?

103,5 % sind 807,30

1 % sind $\frac{807{,}30}{103{,}5}$

100 % sind $\frac{807{,}30 \cdot 100}{103{,}5} = 780$

Der Gefrierschrank kostete vorher 780 €.

9 Peter verkauft einen restaurierten Schrank mit 8,5 % Gewinn für 130,20 €. Was hat er selbst für den Schrank bezahlt?

10 Nach einer Preissenkung von 12 % kostet ein Laptop 1276 €. Wie teuer war er vorher?

11 Nach einer Preiserhöhung von 4,5 % kostet ein Drucker 158,84 €.
Wie viel kostete der Drucker vorher?

12 Im Schlussverkauf werden viele Preise herabgesetzt. Berechnen Sie den alten Preis.

	a)	b)	c)	d)
neuer Preis in €	150,50	323	542	627
Rabatt in %	30	15	20	12

13 Berechnen Sie die fehlenden Werte.

	Grundwert 100 %	Zunahme/ Abnahme	vermehrter/ verminderter Grundwert
	82	+ 14 %	93,48
	62,50	– 24 %	47,50
a)		+ 5 %	2241,75
b)		– 25,8 %	927,5
c)	780		663
d)	895		945,12
e)	895	– 5,6 %	
f)	103		11,33
g)		+ 9,3 %	87,44

Diagramme

Bilder und grafische Darstellungen sind oft leichter zu erfassen als eine Tabelle. Die grafische Darstellung von Prozentsätzen erleichtert uns den Überblick.

A Säulendiagramm

Die Ergebnisse einer Klassenarbeit wurden in eine **Tabelle** geschrieben und die Prozentsätze ausgerechnet. Anschließend konnte ein **Säulendiagramm** gezeichnet werden.

Noten	Anzahl	Anteil
sehr gut (1)	2	8 %
gut (2)	4	16 %
befriedigend (3)	8	32 %
ausreichend (4)	7	28 %
mangelhaft (5)	3	12 %
ungenügend (6)	1	4 %
Kontrollsumme	25	100 %

Tabelle

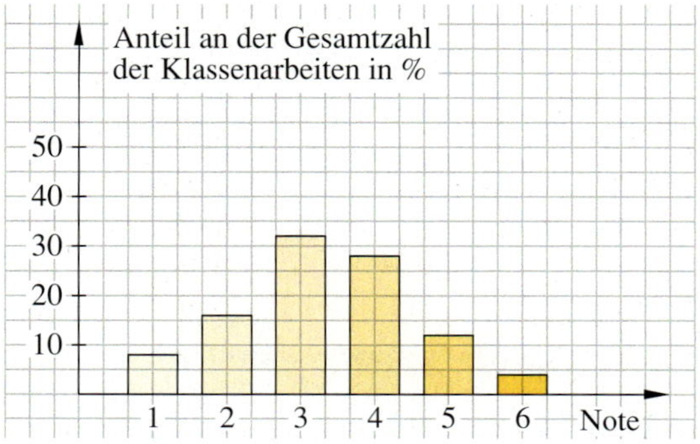

Säulendiagramm

B Blockdiagramm

Für die Darstellung in **Blockdiagrammen** kann man unterschiedlich lange Ausgangsblöcke nehmen.
Wir betrachten wieder das Beispiel Klassenarbeiten. Dazu nehmen wir einen Block von 10 cm Länge. Das sind 100%.
Mit dem Dreisatz können wir die Längen für die einzelnen Noten berechnen.

Die Anteile der einzelnen Noten an der Gesamtzahl werden durch die entsprechenden Bruchteile der gesamten Blocklänge von 10 cm dargestellt.

Dreisatz:	100 %	10 cm
	1 %	$\frac{10}{100}$ cm = 0,1 cm
Note (1)	8 %	0,1 cm · 8 = 0,8 cm
Note (2)	16 %	0,1 cm · 16 = 1,6 cm
Note (3)	32 %	3,2 cm
Note (4)	28 %	2,8 cm
Note (5)	12 %	1,2 cm
Note (6)	4 %	0,4 cm

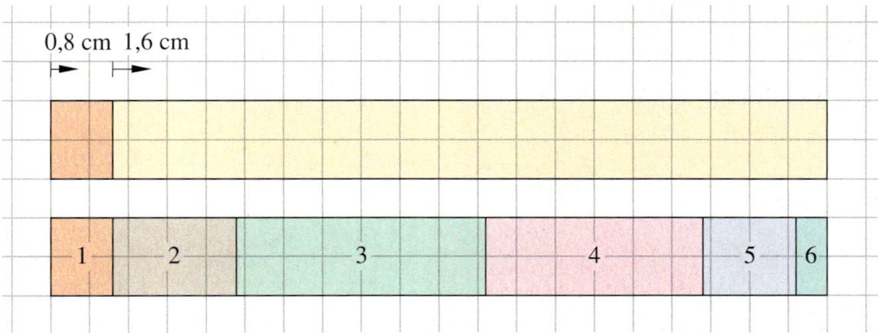

Blockdiagramm

C Kreisdiagramm

Prozentuale Anteile können auch in einem **Kreisdiagramm** veranschaulicht werden. Den Radius des Kreises kann man beliebig wählen.

Wir betrachten wieder das Beispiel Klassenarbeit. Der ganze Kreis ist ein Vollwinkel mit 360°. 100 % entsprechen 360°.

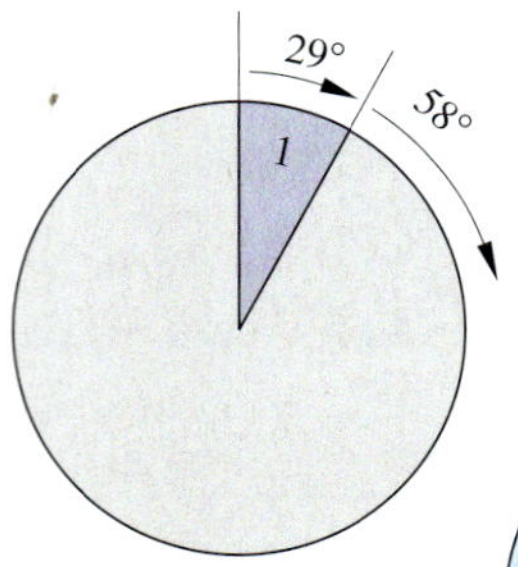

Zu jedem Prozentsatz gehört ein Winkel.

Dreisatz:

	100 %	360°
	1 %	$\frac{360°}{100} = 3{,}6°$
Note (1)	8 %	$3{,}6° \cdot 8 = 28{,}8° \approx 29°$
Note (2)	16 %	$3{,}6° \cdot 16 = 57{,}6° \approx 58°$

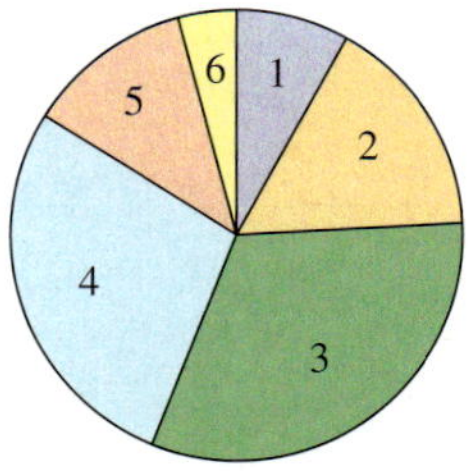

Bei der Darstellung im Kreisdiagramm gilt: 1 % entspricht 3,6°.

Übungen

1 Stellen Sie die Anteile der Noten im Säulen-, Block- und Kreisdiagramm dar. Berechnen Sie zuerst die Gesamtzahl der Arbeiten.

Noten	1	2	3	4	5	6
Anzahl	3	4	7	6	4	1
Anteil in %						

2 a) Vervollständigen Sie die Tabelle im Heft.

Miete/Heizung	32 %	800 €
Ernährung	30 %	
Kleidung/Hausrat	14 %	
Auto	7 %	
Sparen	9 %	
Sonstiges	8 %	

b) Berechnen Sie nach den Angaben in der Tabelle, wie viel Euro Familie Kanes monatlich zur Verfügung stehen.
c) Stellen Sie die Prozentsätze im Block- und im Kreisdiagramm dar.

3 Stellen Sie die Prozentangaben im Block- und im Kreisdiagramm dar. Wählen Sie für die Blockdiagramme eine Länge von 10 cm.

a) 75 % c) 45 % e) 5 % g) 85 %
b) 20 % d) 50 % f) 25 % h) 100 %

4 Übertragen Sie die Blockdiagramme in Ihr Heft. Messen Sie dazu die Längen aus. Geben Sie den Anteil der blauen, roten, gelben und grünen Flächen in Prozent an.

Beispiel:

Der gesamte Block ist 60 mm lang. Der blaue Teil ist 15 mm lang, das sind ($\frac{15}{60} = 0{,}25 =$) 25 % der gesamten Blocklänge.

a) Berechnen Sie für das Beispiel die noch fehlenden Anteile in Prozent.

b) 

c) 

5 Als diese Umfrage durchgeführt wurde, hatten von 17,3 Millionen berufstätigen Frauen 11,7 Millionen ihre Berufstätigkeit unterbrochen bzw. aufgegeben.

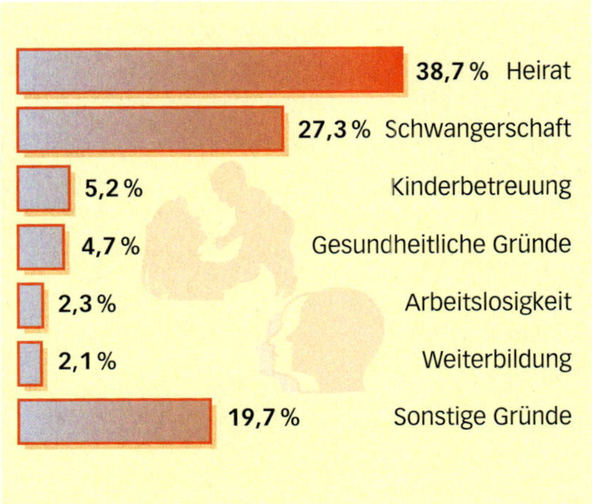

a) Berechnen Sie nach den Prozentangaben der Übersicht oben, wie viele Frauen aus den angegebenen Gründen ihren Beruf aufgegeben haben.
b) Stellen Sie das Ergebnis der Umfrage in einem Kreisdiagramm dar (1 % entspricht 3,6°).
c) Führen Sie in Ihrem Bekanntenkreis eine ähnliche Umfrage durch.

6 Das Kreisdiagramm beschäftigt sich mit den Schülerunfällen in einem Jahr. Es stellt die Anteile der Veranstaltungen in der Schule dar, bei denen die Unfälle passierten.

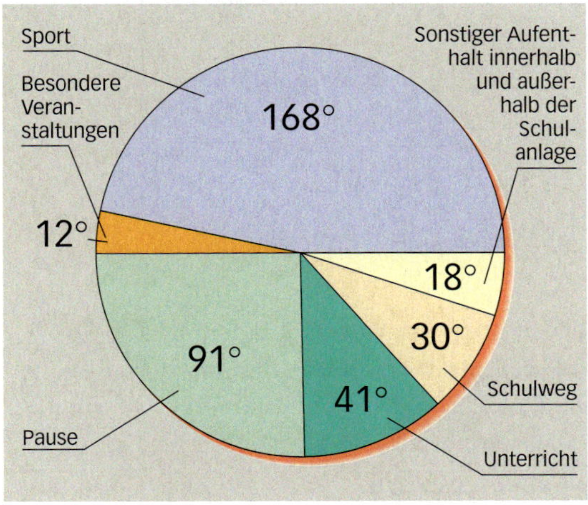

a) Berechnen Sie die Prozente der Anteile über die Winkelangaben.
b) Im Jahr wurden insgesamt 1,47 Millionen Schülerunfälle gemeldet. Wie viele Unfälle entfielen auf die einzelnen Bereiche?
c) Stellen Sie die Anteile der Unfälle in einem Blockdiagramm dar. Wählen Sie die Länge so, dass das Ausrechnen möglichst einfach ist.

7 Frankreich, Großbritannien, Deutschland und Italien sind die größten Stromerzeuger in der EU. Sie produzierten in der Vergangenheit pro Jahr ungefähr 1538 Milliarden kWh Strom. Davon entfielen auf Deutschland 32,4 %, Frankreich 30,7 %, Großbritannien 21,3 %, Italien 15,6 %.

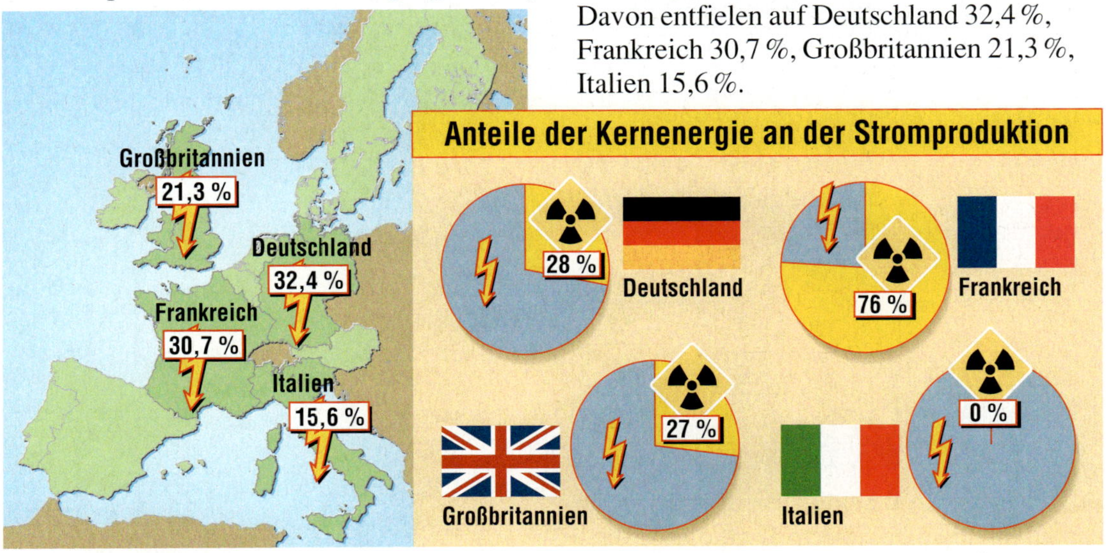

Zeichnen Sie ein Kreisdiagramm
a) für den Anteil der einzelnen Länder an der Stromerzeugung,
b) für den Anteil der Kernenergie an der Stromerzeugung insgesamt.

Sachaufgaben

1 Niederschlagsmessung im Schulgarten

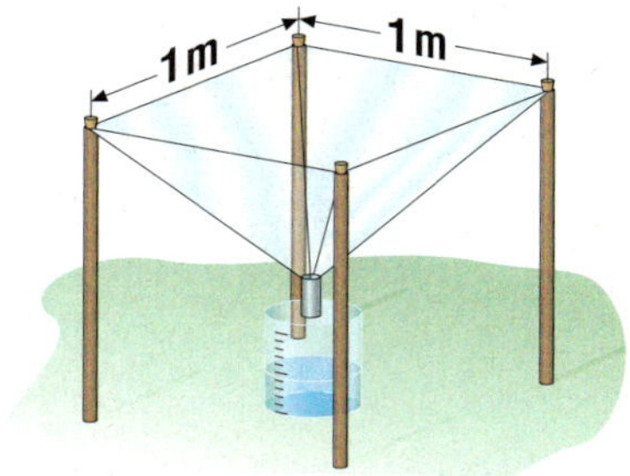

Die Klasse der Berufsfachschule Kinderpflege hat eine Woche lang den Niederschlag gemessen.
Niederschlag in dieser Woche: 15,7 l/m^2

Mo	Di	Mi	Do	Fr	Sa	So
4,4 l	0,3 l	2,3 l	0,5 l	5,7 l	1,6 l	0,9 l

a) Fertigen Sie ein Säulen- und Blockdiagramm an. Tragen Sie die dazu berechneten Größen in die Tabelle im Heft ein.
b) Zeichnen Sie ein Kreisdiagramm und tragen Sie die berechneten Winkelgrößen in die Tabelle ein.
c) Stellen Sie eigene Messungen an und halten Sie die Werte in Tabellen fest.

2 An einer Berufsfachschule wurde eine Umfrage zum Thema „Hausaufgaben" durchgeführt. Dabei ergaben sich folgende Prozentsätze in den einzelnen Jahrgangsstufen:

Jahrgang	Schüler	Schüler ohne Hausaufgaben	Prozentsatz
U1	67		17,9 %
U2	72		23,6 %
U3	76		10,5 %
O1	84		11,9 %
O2	82		25,6 %
O3	42		47,6 %

a) Füllen Sie die Tabelle aus und ergänzen Sie die noch fehlenden Spalten für die Blocklängen und die Größe der Winkel.
b) Stellen Sie die Situation für jeden Jahrgang grafisch dar (als Kreis- und Blockdiagramm).

3 Im Politikunterricht der Berufsfachschulklassen wurden zum Thema politische Parteien und Wahlen vier Parteien zusammengestellt, um ein Schülerparlament mit 15 Sitzen zu bilden. Die 386 Schülerinnen und Schüler durften Abgeordnete für das Parlament wählen.

Wahlergebnis für die Parteien

„Schule macht Spaß":	135 Stimmen
„Sonnenblumen":	113 Stimmen
„Mehr Sport":	98 Stimmen
„Ohne-Lehrer-Lernen":	32 Stimmen

a) Listen Sie die Daten in einer Tabelle auf. Beachten Sie auch die Nichtwähler.
b) Stellen Sie das Wahlergebnis in einem Block- und Kreisdiagramm dar. Runden Sie.
c) Wie sieht die Sitzverteilung für die vier Parteien aus?
d) Zeichnen Sie die Sitzverteilung in einem Halbkreis.

4 Bei einer Befragung von 664 Schülerinnen und Schülern einer Düsseldorfer Berufsschule zum Thema Freizeitgestaltung ergaben sich die folgenden Daten.

A Hauptsächliche Freizeitgestaltung
41 % Treffen mit Freunden/Quatschen
19 % Diskobesuch
25 % Fernsehen
12 % Computer
? % Keine Nennung

B Diese Verbesserungen wünschen sich die Schülerinnen und Schüler
- 285 Nennungen: mehr Jugendtreffs mit attraktivem Programm
- 199: Nachmittagsaktivitäten in der Schule
- 105: jugendgerechtes Mittagessen
- 75: keine Meinung

a) Werten Sie die Daten der Umfrage rechnerisch und grafisch aus.
b) Machen Sie eine Umfrage an Ihrer Schule.

5 „Unter der Lupe“: Was besagen diese Aussagen in Prozent?

a) Jeder 5. Befragte hat ein Haustier.
b) Jede 4. Ehe ist geschieden.
c) Jede 2. Schülerin hat einen Führerschein.
d) Jeder 6. Dortmunder musste seinen Beruf wechseln.
e) 3 von 4 Kölnern lieben ihren Dom.
f) 9 von 10 Düsseldorfern sind stolz auf die Landeshauptstadt von NRW.
g) Jeder Bewohner in Münster hat mindestens ein Fahrrad.
h) In NRW lebt jeder 5. Bewohner im Regierungsbezirk Arnsberg und jeder 9. im Regierungsbezirk Detmold.

6 Wie viel Gramm dieser Inhaltsstoffe enthalten 1500 g Weizen?

7 Christian Richter gilt in seiner Fußballmannschaft als bester Elfmeterschütze. In einer Saison erhielt sein Team 15 Strafstöße; davon verwandelte Christian 12 in Tore.
Wie viel Prozent waren das?

8 Herr Wölk kauft einen neuen Wagen zum Listenpreis von 14 500 €. Gleichzeitig gibt er seinen alten Wagen in Zahlung. Er braucht dann nur noch 65 % des Listenpreises zu bezahlen. Wie viel € sind das?

9 Anne Roth bekommt 30 € Taschengeld im Monat. Ihr jüngerer Bruder Tim erhält 20 €.
a) Wie viel Prozent Taschengeld bekommt Tim weniger als Anne?
b) Anne gibt 18,30 € für Bücher und Zeitschriften aus. Tim kauft Zeitschriften für 12,00 €. Wer gibt prozentual mehr für Bücher und Zeitschriften aus?

10 Ein Liter Milch wiegt durchschnittlich 1030 g und enthält

Geben Sie die Prozentsätze der Bestandteile an.

11 Sofort lösliches Kakaopulver enthält 19,7 % Kakao, 78,8 % Zucker, 1,1 % Lecithin, 0,4 % Aromastoffe. In einer Packung sind 250 g Kakaopulver. Berechnen Sie das Gewicht der Bestandteile.

12 Vereinsmitglieder erhalten 8 % Ermäßigung auf alle Preise.

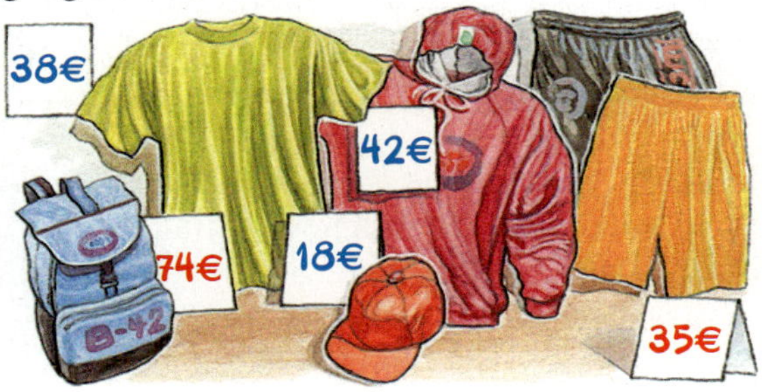

13 Das Kreisdiagramm zeigt, wie viel Kilometer jeder Deutsche pro Jahr im Durchschnitt in den fünf Gruppen zurücklegte.

a) Berechnen Sie die Prozentsätze für die fünf Gruppen.
b) Halten Sie alle Werte in einer Tabelle fest.

14 Berechnen Sie die Prozentsätze.

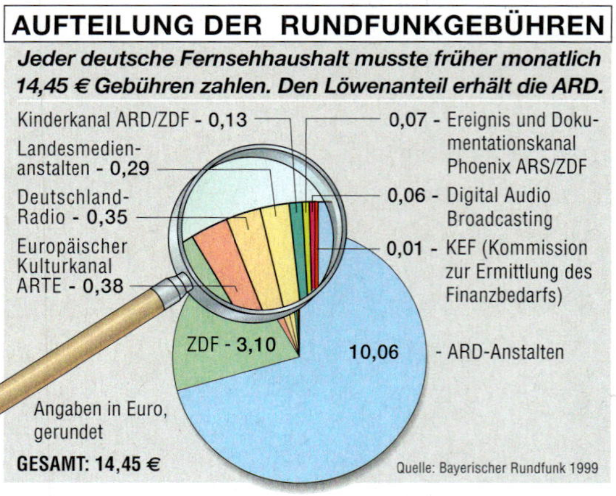

15 Ein Pkw fährt auf der Autobahn zu schnell. 100 $\frac{km}{h}$ sind höchstens erlaubt, der Tacho des Fahrzeugs zeigt aber 120 $\frac{km}{h}$ an. Das Fahrzeug wird geblitzt und die Geschwindigkeit 114 $\frac{km}{h}$ ermittelt. Um wie viel Prozent weicht die geblitzte Geschwindigkeit von der Tachoanzeige ab?

16 In einer Schule haben sich beim Sport während eines Schuljahres 28 Unfälle ereignet. Das sind 40 % aller Sportunfälle in den vergangenen 5 Jahren.
a) Wie viele Sportunfälle haben sich in den 5 Jahren insgesamt ereignet?
b) 58 % aller Sportunfälle passierten bei Ballsportarten. Wie viele solcher Unfälle ereigneten sich in den 5 Jahren?

17 Die Waldschädigungen nehmen auch in Deutschland zu. Die Anteile des Schädigungsgrades der letzten Jahre kann man dem Kreisdiagramm entnehmen.

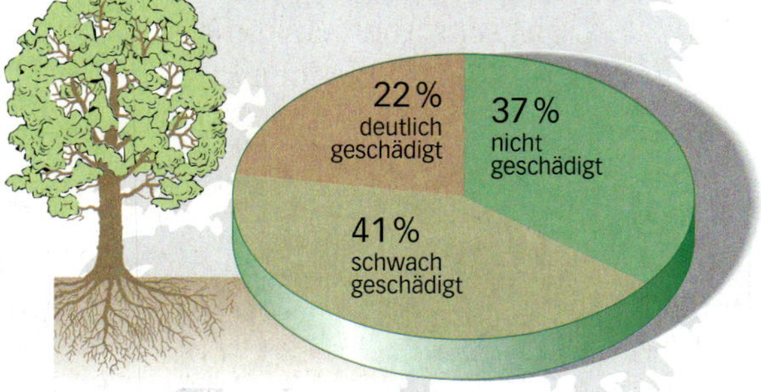

Die Waldfläche von Deutschland beträgt etwa 10,8 Mio. ha. Berechnen Sie die Fläche der jeweiligen Schädigungsstufen.

18 Von 14 636 Beschäftigten auf dem Düsseldorfer Flughafen wurde die Zusammensetzung nach ihren Nationalitäten bekannt gegeben.

Deutschland	12 209	Mittel- und Südamerika	56
Europa-EU	782	Afrika	136
Europa-Nicht-EU	1140	Asien	212
Nordamerika	84	Australien, Ozeanien, Staatenlose	17

a) Berechnen Sie den prozentualen Anteil dieser Beschäftigten nach den Nationalitäten.
b) Die Angabe 14 636 entspricht 94,7 % aller Angehörigen des Flughafens Düsseldorf. Wie groß ist deren Gesamtanzahl?

19 Der Darstellung ist die Entwicklung der Weltbevölkerung ab 1950 und in Vorausschau bis zum Jahr 2050 zu entnehmen.

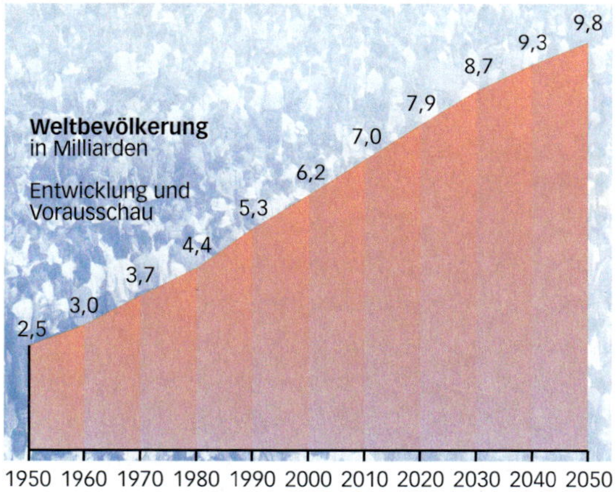

a) Um wie viel Prozent ist die Weltbevölkerung von 1950 bis 2000 gestiegen?
b) Welcher prozentuale Anstieg der Weltbevölkerung wird von der Jahrtausendwende bis 2040 vorausgesagt?
c) 2002 lebten auf der Erde etwa 6,2 Mrd. Menschen. Schätzen Sie ab, in welchem Jahr 50 % dieser Anzahl auf der Erde lebten.
d) Wann wird sich die Weltbevölkerung gegenüber 2002 voraussichtlich verdoppelt haben?

Einkommen, Steuern und Sozialversicherung

Frau Ullrich bekommt ein monatliches **Bruttogehalt** von 1861,90 €. Ausgezahlt davon erhält sie 1180,23 €. Das ist ihr **Nettogehalt**.

Bruttogehalt 1861,90 €	
Nettogehalt 1180,23 €	Abzüge 681,67 €

Vom Bruttogehalt muss der Arbeitgeber Lohnsteuer, Kirchensteuer, Solidaritätszuschlag und Sozialversicherung (Kranken-, Arbeitslosen-, Renten- und Pflegeversicherung) abziehen.

So werden die Abzüge ermittelt:

Lohnsteuer:	Die Lohnsteuer wird einer Steuertabelle entnommen. Sie richtet sich nach dem Bruttoeinkommen und nach dem Familienstand. Frau Ullrich muss zahlen	252,24 €
Kirchensteuer:	Die Kirchensteuer beträgt 9 % der Lohnsteuer. 9 % von 252,24 € = 0,09 · 252,24 €	= 22,70 €
Solidaritätszuschlag:	Der Zuschlag beträgt 5,5 % von der Lohnsteuer	= 13,87 €
Sozialversicherung:	Die Beiträge zur Krankenversicherung, Rentenversicherung, Arbeitslosen- und Pflegeversicherung werden als Prozentsatz des Bruttoeinkommens angegeben. Wir rechnen mit insgesamt 21,1 %. 21,1 % von 1861,90 € = 0,211 · 1861,90 €	= 392,86 €
Abzüge insgesamt:	252,24 € + 22,70 € + 13,87 € + 392,86 €	= 681,67 €

Übungen

1 Ein Vater verdient monatlich 2700 € brutto. Er zahlt 231,02 € Lohnsteuer. Wie hoch ist sein Nettoeinkommen? Berechnen Sie dazu Kirchensteuer, Sozialversicherung und Solidaritätszuschlag wie im Beispiel.

2 Herr Merkl liest seine Lohnabrechnung.

Steuerpflichtig Brutto	2 482,83 €
Lohnsteuer	442,78 €
Kirchensteuer	39,85 €
Soli.-Zuschlag	24,35 €
Krankenversicherung	148,97 €
Rentenversicherung	239,59 €
Arbeitslosenvers.	80,69 €
Pflegeversicherung	21,10 €

a) Berechnen Sie Herrn Merkls Nettogehalt.
b) Vergleichen Sie die Prozentsätze.

3 Frau Schön verdient brutto 2520,35 €. Sie sagt: „Von meinem Gehalt gehen 7,3 % Lohnsteuer und weitere 23,5 % für die übrigen Abgaben ab." Wie hoch ist ihr Nettogehalt?

4 Osman bekommt 2489,78 € an Lohn ausbezahlt. Seine Abzüge betragen 34,7 %.
a) Wie hoch ist sein Bruttoeinkommen?
b) Wie ändert sich sein Nettoeinkommen bei einer Gehaltserhöhung von 150 €?

5 Berechnen Sie im Heft.

	Meier	Schmitz	Klein	Trimbora
Bruttolohn in €	1054,–	1987,–		2156,–
Abzüge in €	203,45			
Abzüge in %		22,5 %	30,4 %	
Nettolohn in €			3480,65	1745,87

Berechnet werden: Lohnsteuer, Krankenversicherung (KV), Arbeitslosenversicherung (AV), Rentenversicherung (RV) und Pflegeversicherung (PV) in Prozent vom *Bruttogehalt*. Solidaritätszuschlag und Kirchensteuer in Prozent von den *Lohnsteuern*.

6 Herr Moosbach verdient 1684 Euro. Er zahlt 10,7 % Lohnsteuer, 8 % Kirchensteuer, 5,5 % Solidaritätszuschlag, 7,25 % Krankenversicherung, 0,85 % Pflegeversicherung, 9,55 % Rentenversicherung, 3,25 % Arbeitslosenversicherung.

a) Wie hoch ist die Lohnsteuer?

b) Berechnen Sie die Kirchensteuer und den Solidaritätszuschlag.

c) Wie viel Kranken-, Pflege-, Renten- und Arbeitslosenversicherung muss er zahlen?

d) Berechnen Sie das Nettogehalt.

7 Die Fleischfachverkäuferin Kirsten verdient brutto 1270 Euro. Sie zahlt 88,90 € Krankenversicherung, 10,70 € Pflegeversicherung, 120,14 € Rentenversicherung, 30,20 € Arbeitslosenversicherung und 301 € Lohnsteuer (Steuerklasse V).

a) Wie hoch ist der Solidaritätszuschlag (5,5 %) und die Kirchensteuer (9 %)?

b) Welches Nettogehalt bezieht Kirsten?

c) Wie hoch sind die prozentualen Anteile der Versicherungen, der Lohnsteuer und des Nettogehalts am Bruttolohn?

d) Stellen Sie die prozentualen Anteile aus c) in einem Kreisdiagramm dar.

e) In Steuerklasse I und IV würden die Lohnsteuer 81,75 € betragen, in Steuerklasse II 35,66 €, in Steuerklasse III 0 €, in Steuerklasse VI 330,83 €. Berechnen Sie die prozentualen Anteile dieser Lohnsteuern am Bruttogehalt.

f) Nach welchen Kriterien werden die Steuerklassen den Arbeitnehmern zugeordnet?

8 Rukiye erhält eine Ausbildungsvergütung von 520 Euro. Sie bezahlt keine Steuern, aber Sozialversicherungsbeiträge in Höhe von 20,8 %.
Wie hoch ist der Nettolohn?

9 Arbeitnehmer und Arbeitgeber tragen je die Hälfte der Beiträge zur Sozialversicherung. Berechnen Sie die Arbeitnehmeranteile zur Sozialversicherung bei folgenden Beitragssätzen (Arbeitnehmeranteil + Arbeitgeberanteil).

Bruttolohn	KV in %	PV in %	RV in %	AV in %
1752 €	13,5	1,7	19,1	6,5
2460 €	12,8	1,7	19,1	6,5
3780 €	14,5	1,7	19,1	6,5
1042 €	13,2	1,7	19,1	6,5

10 Ein Arbeiter erhält einen Stundenlohn von 7,80 € in einer Schneiderei. Er arbeitet durchschnittlich jeden Monat 180 Stunden. Darin sind 10 Überstunden enthalten, die mit 20 % Zuschlag vergütet werden. Er zahlt 7,9 % Lohnsteuer, 9 % Kirchensteuer, 5,5 % Solidaritätszuschlag, 7 % Krankenversicherung, 0,85 % Pflegeversicherung, 9,55 % Rentenversicherung, 3,25 % Arbeitslosenversicherung.

a) Welchen Bruttolohn verdient er?

b) Berechnen Sie seine Abzüge und sein Nettogehalt.

11 Im Dezember steigt das Bruttoeinkommen des Arbeiters um 17 % (Aufgabe 10). Außerdem schließt er einen Bausparvertrag ab und erhält daher vom Arbeitgeber 12 € vermögenswirksame Leistungen.

a) Wie hoch ist nun sein Nettolohn bei gleichbleibenden prozentualen Abzügen?

b) Wie viel Euro werden ihm ausgezahlt, wenn er 5 % seines Nettolohns vermögenswirksam auf seinen Bausparvertrag einzahlt?

Promille

Wenn ein Anteil **sehr** gering ist, zum Beispiel 0,5 %, gibt man ihn oft in **Promille** (‰) an.
Promille sind Anteile in **Tausendstel**. Es gilt $\frac{5}{1000}$ = 5 ‰ (gelesen 5 Promille).
Bei einer Gepäckversicherung über 6000 €
wird eine Versicherungsprämie von 5 Promille pro Jahr erhoben.

Ansatz: 1000 ‰ sind 6000 €
5 ‰ sind ? €

Dreisatz: 1000 ‰ sind 6000 €

: 1000 ↓ ↓ : 1000

$1\ ‰ \text{ ist } \frac{6000}{1000} €$

· 5 ↓ ↓ · 5

$5\ ‰ \text{ sind } \frac{6000 \cdot 5}{1000} € = 30\ €$

Antwort: Die Versicherungsprämie beträgt jährlich 30 €.

> Promille sind Anteile bzw. Brüche mit dem Nenner 1000.
> Für den Anteil $\frac{3}{1000}$ sagt man „3 Promille“.
>
> $1 \text{ Promille} = \frac{1}{1000} = 1\ ‰ \qquad 1\ ‰ = 0{,}1\ \% \qquad 10\ ‰ = 1\ \%$
>
> Die Rechenverfahren sind die gleichen wie in der Prozentrechnung.

Beispiel

Auf Schmuckstücken kann man an der dreistelligen Ziffernprägung den Gold- oder Silberanteil ablesen. Er ist in Promille angegeben.
Wie viel Gramm reines Gold enthält eine 54 g schwere Brosche mit dem Stempel 333 (d. h. mit 333 ‰ Goldgehalt)?

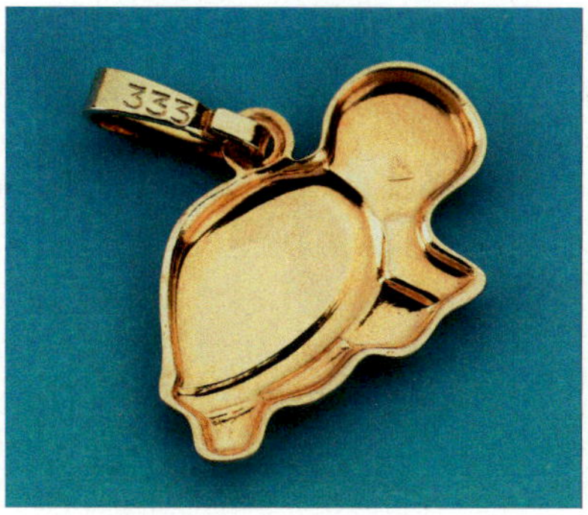

Ansatz: 1000 ‰ sind 54 g
333 ‰ sind ? g

Dreisatz: 1000 ‰ sind 54 g

$1\ ‰ \text{ ist } \frac{54}{1000}\ g$

$333\ ‰ \text{ sind } \frac{54 \cdot 333}{1000}\ g = 17{,}98\ g$

Antwort: Die Brosche enthält etwa 17,98 g (nahezu 18 g) reines Gold.

Übungen

1 Übertragen Sie die Tabelle ins Heft und füllen Sie sie aus wie in der ersten Zeile.

	$\frac{3}{1000}$	3 ‰	0,003
a)	$\frac{17}{1000}$		
b)		16 ‰	
c)			0,02

2 Berechnen Sie.
a) 6 ‰ von 25 000 €
b) 4 ‰ von 450 000 €
c) 12 ‰ von 40 000 €

3 Vergleichen Sie. Was stellen Sie fest?
a) 5 % von 120 und 5 ‰ von 120
b) 0,7 % von 200 und 0,7 ‰ von 200
c) 10 % von 272 und 10 ‰ von 272

4 Schreiben Sie in Promille.
a) 4 % c) 5,6 % e) $\frac{1}{2}$ % g) 125,5 %
b) 2,7 % d) 0,03 % f) $1\frac{3}{4}$ % h) $16\frac{3}{8}$ %

5 Schreiben Sie in Prozent.
a) 5 ‰ c) $5\frac{1}{2}$ ‰ e) 333 ‰
b) 2,4 ‰ d) 7,6 ‰ f) 1675 ‰

6 Berechnen Sie den Promillesatz.
a) 21 € von 3000 €
b) 13,50 € von 4500 €
c) 3,84 € von 1280 €

7 Berechnen Sie den Grundwert.
a) 4 ‰ sind 8,80 g
b) 7 ‰ sind 84 €
c) 5,5 ‰ sind 825 €
d) 3 ‰ sind 6,3 g

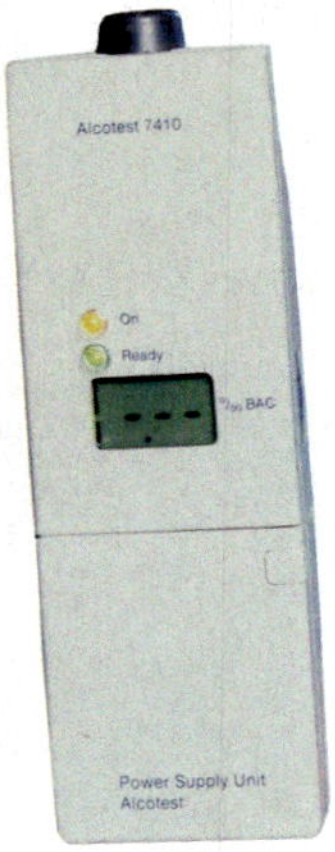

8 In den Adern des Menschen fließen etwa 5 Liter Blut, das sind 5000 cm^3. Bei einer Verkehrskontrolle musste ein Kraftfahrer in den Alkomat blasen. Das Gerät zeigte 0,7 ‰ Alkoholgehalt im Blut an. Wie viel cm^3 reinen Alkohols entspricht dieser Anteil, wenn man von 5 Litern Blut ausgeht?

9 Ein Fluss hat in einem 20 km langen Abschnitt 1,7 ‰ Gefälle. Wie viel Meter Höhenunterschied sind das?

10 Ein silberner Ring wiegt 10 g. Der Silberanteil beträgt 9,25 g. Welcher Stempel muss dem Ring eingeprägt sein?
(vgl. Beispiel S. 71)

11 Ein Schmuckstück hat 625 ‰ Goldanteil, das sind 28,125 g. Wie viel Gramm wiegt das Schmuckstück?

12 Ein Fußballspieler will seine Beine mit 300 000 € gegen Verletzungen versichern. Die Versicherungsgesellschaft berechnet 0,75 ‰ der Versicherungssumme als jährliche Prämie.
Wie viel € muss der Fußballspieler jährlich zahlen?

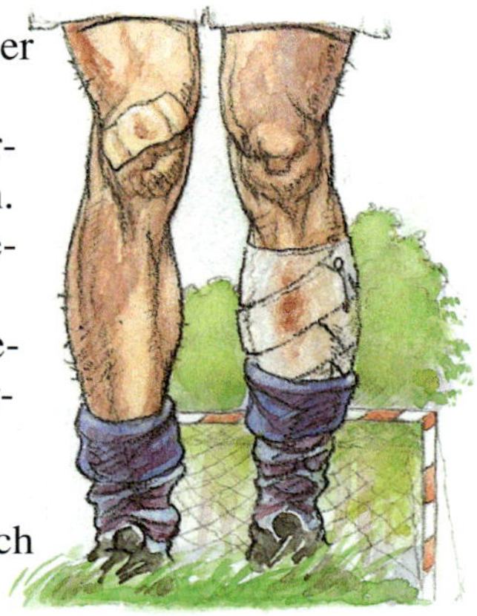

13 Für eine Ausbildungsversicherung über 6000 € mit einer Laufzeit von 20 Jahren beträgt die monatliche Prämie 25 €.
Wie viel Promille sind das?

14 Frau Beyer hat einen Nachbarn für den Abschluss eines Bausparvertrags über 60 000 € gewonnen. Dafür erhält sie 75 € Provision. Wie viel Promille sind das?

15 Ein Juwelier lässt seinen Warenbestand gegen Diebstahl versichern. Die Versicherungssumme beträgt 2 500 000 €. Die jährliche Prämie beträgt 2,5 ‰ der Versicherungssumme. Wie viel hat der Juwelier in einem Zeitraum von 15 Jahren als Prämie an die Versicherung gezahlt? ON/CE

16 Eine Haftpflichtversicherung mit einer Deckungssumme von 100 000 € kostet jährlich 57 €. Eine andere Versicherung bietet dieselben Leistungen für jährlich 0,5 ‰ der Deckungssumme. ON/CE

Zinsrechnung

Grundbegriffe

Die Zinsrechnung ist eine Anwendung der Prozentrechnung auf den Geldverkehr. Die drei Grundbegriffe ändern in diesem Bereich ihren Namen.
Der Grundwert (***G***) wird in der Zinsrechnung Kapital (***K***) genannt. Der Prozentwert (***P***) heißt Zinsen (***Z***) und der Prozentsatz (***p***) heißt Zinssatz (***p***).
Der Zinssatz bezieht sich immer auf **ein Jahr**.

Wenn Sie sparen, dann stellen Sie der Bank für eine bestimmte Zeit Geld zur Verfügung. Die Bank zahlt Ihnen dafür eine Leihgebühr. Das sind die Guthaben-Zinsen oder **Haben-Zinsen**.

Wer sich für eine bestimmte Zeit bei der Bank Geld leiht, muss eine Leihgebühr zahlen. Das sind die Kredit-Zinsen oder **Soll-Zinsen**.

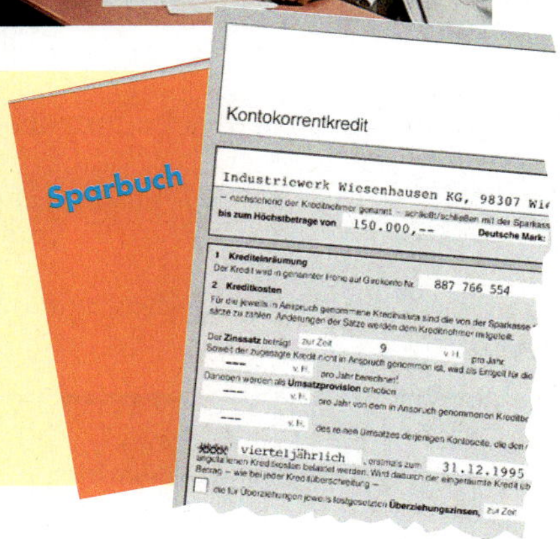

Die Sparkassen und Banken leben davon, dass sie mehr Zinsen einnehmen als sie ihren Kunden zahlen. Daher sind Soll-Zinsen immer höher als Haben-Zinsen.

Prozentrechnung:		**Zinsrechnung:**
Grundwert G	$\longrightarrow$	**Kapital K**
Prozentwert P	$\longrightarrow$	**Zinsen Z**
Prozentsatz p	$\longrightarrow$	**Zinssatz p**

Zinssätze beziehen sich, wenn nichts anderes angegeben ist, auf 1 Jahr.
Der Zinssatz p wird in Prozent angegeben, z. B. $p = 4\,\% = 0{,}04$.

Übungen

1 Welche Begriffe der Zinsrechnung entsprechen dem Prozentwert (P), dem Grundwert (G) und dem Prozentsatz (p)?

2 Erkundigen Sie sich nach den derzeitig gültigen Zinssätzen für Spareinlagen und Kredite. Sammeln Sie auch Informationen über verschiedene Sparmöglichkeiten.

3 Warum sind die Zinssätze für Sparguthaben niedriger als die für Darlehen?

4 Der Begriff Kapital wird in bestimmten Situationen auch anders genannt, bleibt aber der Grundwert, an dem sich alles ausrichtet.
In der Wirtschaft gibt es sehr viele Fachbegriffe dafür.
Listen Sie einige auf und versuchen Sie diese zu erklären.

Zinsen

Ayse eröffnet am Jahresanfang bei der Sparkasse ein Sparkonto mit 150 €.
Die Sparkasse rechnet mit einem Zinssatz von 2,3 %.
Berechnen Sie die Jahreszinsen.

Gegeben: $K = 150$ €, $p = 2{,}3\,\%$,

Gesucht: Z

Dreisatz: 100 % sind 150 €

1 % ist $\frac{150}{100}$ €

2,3 % sind $\frac{\overset{3}{\cancel{150}} \cdot 2{,}3}{\underset{2}{\cancel{100}}}$ € $= 3{,}45$ €

Kurztabelle:

	Prozent	€	
: 100	100	150	: 100
· 2,3	1	$\frac{150}{100}$	· 2,3
	2,3	$\frac{\overset{3}{\cancel{150}} \cdot 2{,}3}{\underset{2}{\cancel{100}}} = 3{,}45$	

Antwort: Ayse bekommt am Ende eines Jahres 3,45 € Zinsen.

Die Jahreszinsen $Z = 150 \cdot \frac{2{,}3}{100} = 150 \cdot 0{,}023$ rechnen wir jetzt nicht aus. Wir ersetzen die Zahlenwerte durch die zugehörigen Buchstaben: $Z = K \cdot p$

Formel für die Jahreszinsen: $Z = K \cdot p$

Beispiel

Norbert erhält auf seinem Festgeldkonto für 5200 Euro 3,1 % Zinsen.

Gegeben: $K = 5200$ €, $p = 3{,}1\,\%$

Gesucht: Z

Formel: $Z = K \cdot p$

Lösung: $Z = 5200 \cdot 0{,}031 = 161{,}2$

Antwort: Norbert erhält am Jahresende 161,20 € Zinsen.

Diese Zinsen werden manchmal auf dem Konto belassen und verzinsen sich dann im folgenden Jahr zusammen mit dem alten Kapital.

Übungen

1 Berechnen Sie die Jahreszinsen Z.

Kapital	450 €	830 €	1200 €	96 €
Zinssatz	2,5 %	7 %	3,5 %	8,5 %

2 Stefanie hat 960 € (1920 €, 3840 €, 7680 €) auf ihrem Sparkonto. Dafür erhält sie 3,5 % Zinsen. Berechnen Sie die Jahreszinsen.

3 Übertragen Sie die Tabelle ins Heft und berechnen Sie die Zinsen für 1 Jahr.

	Kapital	Zinssatz	Jahreszinsen
a)	890 €	4,5 %	
b)	485 €	5 %	
c)	4 530 €	4,5 %	
d)	2 500 €	2,5 %	
e)	8 420 €	3,5 %	

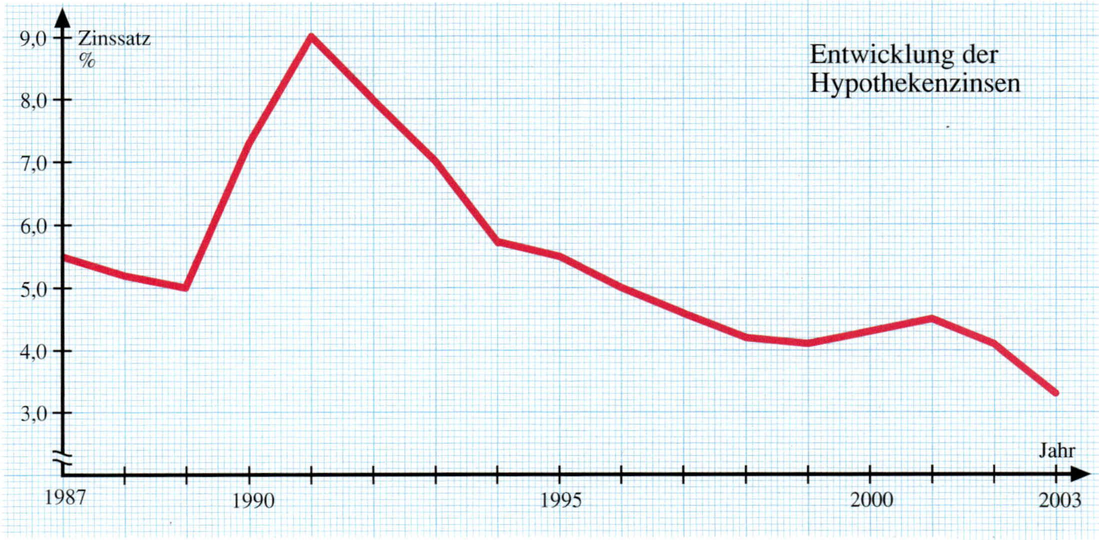

Hypotheken sind Kredite für den Hausbau. Dafür müssen Zinsen gezahlt werden.

4 Ermitteln Sie aus dem Diagramm die Zinssätze im Jahr 1987, 1988, …, 2003.
b) In welchen Jahren gab es die niedrigsten bzw. höchsten Zinssätze?
c) Berechnen Sie, was man spart, wenn man eine 25 000-Euro-Hypothek nicht in der Hochzinsphase sondern in der Tiefzinsphase aufnehmen konnte.

5 Wie viel Zinsen sind jährlich für das geliehene Geld zu zahlen?

Darlehen	Zinssatz
4 000 €	8,25 %
12 600 €	10,5 %
18 500 €	9,8 %
20 800 €	7,75 %

ON/CE

6 Berechnen Sie die Jahreszinsen. Überschlagen Sie vorher das Ergebnis. Runden Sie.

a)

Kapital	Zinssatz
284 €	2,5 %
1 260 €	3,2 %
736 €	4,5 %
16 760 €	2,75 %

b)

Kapital	Zinssatz
1 042 €	5,6 %
15 690 €	7,2 %
12 318 €	7,75 %
1 094 €	6,5 %

7 Mario spart für ein Mofa. Er hat 720 € auf dem Konto.
a) Wie viel Zinsen erhält er nach einem Jahr bei einem Zinssatz von 2,5 %?
b) Berechnen Sie die Jahreszinsen bei einem doppelt so hohen Zinssatz.

8 Eine Auszubildende hat ein Sparguthaben von 3840 Euro. Bei gesetzlicher Kündigungsfrist wird ihr Geld mit 1,5 % verzinst.
a) Berechnen Sie die Jahreszinsen.
b) Legt sie das Geld für ein Jahr fest, dann wird es mit 2,3 % verzinst.
Wie viel Euro erhält sie mehr, wenn sie sich für ein solches Festgeldkonto entschließt?

9 Ein Bäckermeister möchte seine Backstube erneuern und einen Kredit von 18 000 € für ein Jahr aufnehmen. Er hat Angebote von drei Banken.

Angebot A: 15 000 € zu 4,75 %
3000 € zu 6,35 %
Angebot B: 12 000 € zu 4,5 %,
6000 € zu 6,5 %
Angebot C: 8500 € zu 4,9 %
9500 € zu 5,1 %

a) Berechnen Sie die Zinsen für die drei Angebote.
b) Welches Angebot wird der Bäckermeister nehmen?

Zinssatz

Frau Schröder leiht sich 5000 € bei der Bank. Nach einem Jahr zahlt sie dafür 375 € Zinsen. Berechnen Sie den Zinssatz.

Gegeben: $K = 5000$ €, $Z = 375$ €,

Gesucht: Zinssatz p

Dreisatz:
5000 € sind 100 %
1 € ist $\frac{100}{5000}$ %
375 € sind $\frac{100 \cdot 375}{5000}$ % = 7,5 %

Kurztabelle:

€	Prozent
5000	100
1	$\frac{100}{5000}$
375	$\frac{100 \cdot 375}{5000} = 7{,}5$

(: 5000, · 375)

Antwort: Der Zinssatz für Frau Schröders Darlehen beträgt 7,5 %.

Den Zinssatz $p = \frac{100 \cdot 375}{5000} \cdot \frac{1}{100} = \frac{375}{5000}$ rechnen wir jetzt nicht aus. Wir ersetzen die Zahlenwerte durch die zugehörigen Buchstaben: $p = \frac{Z}{K}$. Der TR zeigt dann 0,075 an.

Formel für den Zinssatz: $p = \frac{Z}{K}$

Beispiel

Franco bekommt am Jahresende für seine Spareinlage von 3700 Euro 70,30 Euro Zinsen gutgeschrieben. Wie hoch ist der Zinssatz?

Gegeben: $K = 3700$ €, $Z = 70{,}30$ €

Gesucht: Zinssatz p

Formel: $p = \frac{Z}{K}$

Lösung: $p = \frac{70{,}30}{3700} = 0{,}019 = 1{,}9\,\%$

Antwort: Der Zinssatz beträgt 1,9 %.

Übungen

1 Berechnen Sie den Zinssatz.

Kapital	Zinsen
200 €	10 €
600 €	24 €
825 €	41,25 €
1250 €	43,75 €
2340 €	105,30 €
3450 €	258,75 €
2800 €	42 €

2 Auf ein Sparguthaben von 3268 € werden nach einem Jahr 147,06 € Zinsen gutgeschrieben. Berechnen Sie den Zinssatz.

3 Wie hoch ist der Zinssatz?

a)

Kapital	Jahreszinsen
750 €	18 €
2430 €	81 €
720 €	24 €

b)

Kapital	Jahreszinsen
224 €	8,96 €
112 €	2,80 €
5460 €	145,60 €

5 Berechnen Sie den Zinssatz.

Kapital in €	224	2730	108
Jahreszinsen in €	8,96	72,80	2,88

6 15 600 € wurden angelegt. Nach einem Jahr sind mit den Zinsen 16 575 € auf dem Konto. Wie hoch ist der Zinssatz?

7 Berechnen Sie den Zinssatz.

Kapital	Kapital + Jahreszinsen
760 €	792,30 €
845 €	880,49 €
1024 €	1080,32 €
542 €	574,52 €
4380 €	4620,90 €

8 Anna kauft sich einen Kühlschrank. Bei Barzahlung kostet er 425 Euro. Wenn sie das Gerät erst in einem Jahr bezahlt, kostet es 468 Euro.
Welchen Zinssatz berechnet der Händler?

9 Bäckermeister Hansen hat ein Guthaben von 14 300 Euro, das ihm nach einem Jahr 614,90 Euro Zinsen bringen würde. Die Hälfte seines Vermögens legt er auf ein Festgeldkonto, für das er nach einem Jahr 380,33 Euro Zinsen erhält. Für die andere Hälfte kauft er Wertpapiere, die nach einem Jahr 425,09 Euro Zinsen erbringen.
a) Berechnen Sie die Zinsen und das Vermögen nach einem Jahr bei der neuen Anlage.
b) Wie hoch ist der Jahreszinssatz für die Wertpapiere?

10 Eine Fleischfachverkäuferin kauft sich einen PC. Zwei Drittel des Kaufpreises in Höhe von 1989 € hat sie bereits gespart. Den Rest möchte sie für ein Jahr leihen.
Ihr Freund schlägt vor: „Du kannst mir vierteljährlich 180 € zurückzahlen."
Ihr Chef meint: „Es reicht, wenn Sie mir das Geld plus 55 € am Jahresende zurückgeben.
a) Welches Angebot wird sie annehmen?
b) Welche Zinssätze verlangen die beiden Männer?

11 Levent möchte für 6500 Euro Bundesschatzbriefe kaufen, bei denen die Zinsen *jährlich* ausgezahlt werden. Der Zinssatz steigt von Jahr zu Jahr. In einer älteren Broschüre liest Levent:

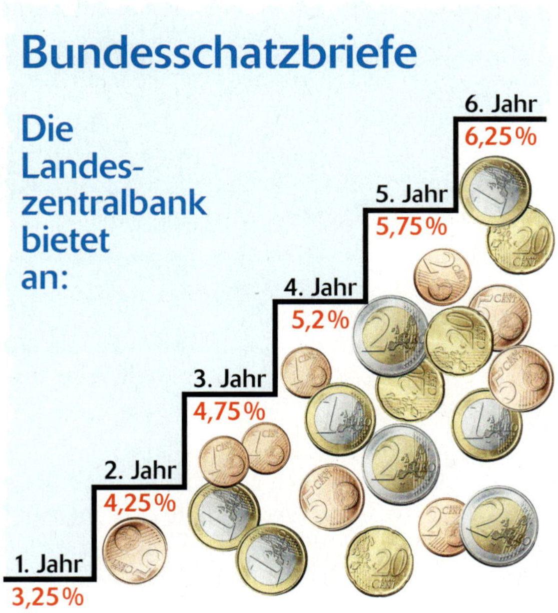

a) Berechnen Sie für jedes Jahr die Zinsen. Wie viel Zinsen sind es insgesamt?
b) Levent informiert sich Anfang 2003 bei einem Anlageberater seiner Bank: „Wir zahlen Ihnen im 1. Jahr 178,75 €, im 2. Jahr 211,25 €, im 3. Jahr 243,75 €, im 4. Jahr 276,25 €, im 5. Jahr 292,50 €, im 6. Jahr 308,75 € aus."
Wie hoch sind die Zinssätze ab 2003 im 1,, 2., 3., 4., 5., 6. Jahr?
c) Wie viel Euro hätte Levent damals mehr bekommen?

Kapital

Herr Sommersberg überweist seiner Tochter Rebecca jährlich die Zinsen, die aus einem festgelegten Kapital kommen, nämlich 1620 €. Das Kapital wird zu 5,4 % verzinst. Wie groß ist das Kapital?

Gegeben: $Z = 1620$ €, $p = 5{,}4\,\%$

Gesucht: K

Dreisatz: 5,4 % sind 1620 €

1 % ist $\frac{1620}{5{,}4}$ €

100 % sind $\frac{1620 \cdot 100}{5{,}4}$ € = 30 000 €

Kurztabelle:

Prozent	€
5,4	1620
1	$\frac{1620}{5{,}4}$
100	$\frac{1620 \cdot 100}{5{,}4} = 30\,000$

(: 5,4 und · 100 auf beiden Seiten)

Antwort: Herr Sommersberg hat ein Kapital von 30 000 € bei der Bank angelegt.

Hinweis: Die Zinsen, die er jährlich abhebt, verringern sein Kapital von 30 000 € nicht.

Das Kapital $K = 1620 \cdot \frac{100}{5{,}4} = 1620 : \frac{5{,}4}{100} = \frac{1620}{0{,}054}$ rechnen wir jetzt nicht aus. Wir ersetzen die Zahlenwerte durch die zugehörigen Buchstaben: $K = \frac{Z}{p}$

Formel für das Kapital: $K = \frac{Z}{p}$

Beispiel

Frau Peters zahlt für den staatlich geförderten Modernisierungskredit 3,2 % Zinsen. Das sind 854,40 Euro. Berechnen Sie die Darlehenshöhe.

Gegeben: $Z = 854{,}40$ €, $p = 3{,}2\,\%$

Gesucht: K

Formel: $K = \frac{Z}{p}$

Lösung: $K = \frac{854{,}40}{0{,}032} = 26\,700$

Antwort: Die Darlehenshöhe beträgt 26 700 €.

Übungen

1 Vervollständigen Sie die Tabelle im Heft.

Kapital	Zinssatz	Jahreszinsen
	3,5 %	24,92 €
	4,5 %	56,70 €
	8,25 %	90,75 €

2 Berechnen Sie das Kapital.

Jahreszinsen	53,38 €	25,29 €	2040 €
Zinssatz p	4,25 %	4 %	8,5 %

3 Fernando erhält auf sein Sparguthaben 7,20 € Jahreszinsen gutgeschrieben. Sein Sparguthaben wurde mit 2,5 % verzinst. Berechnen Sie das Guthaben.

4 Welches Kapital bringt bei einem Zinssatz von 5 % in einem Jahr 160,70 € Zinsen?

5 Füllen Sie die Tabelle in Ihrem Heft aus.

Jahreszinsen	Zinssatz	Kapital
997,50 €	9,5 %	
126 €	4,5 %	
48,75 €	1,5 %	
23,05 €	2,5 %	
202,50 €	5 %	
68,25 €	3 %	

6 Berechnen Sie das Kapital.

a)

Jahreszinsen	Zinssatz
75,60 €	4 %
147,42 €	6 %
12,50 €	5 %

b)

Jahreszinsen	Zinssatz
240 €	2,5 %
75 €	3,75 %
288 €	4,5 %

7 Berechnen Sie das Kapital. Runden Sie sinnvoll.

a)

Z	p
733,49 €	6,2 %
3,01 €	1,9 %
47 658 €	8,3 %

b)

Z	p
1,11 €	2,1 %
54,03 €	7,4 %
97 631 €	9,62 %

8 Frau Thör hat im Lotto gewonnen. Sie legt das Geld zu 3,4 % an. Ihrer Nachbarin erzählt sie, dass sie mit ihrem Gehalt und den Jahreszinsen in Höhe von 2550 Euro gut leben kann. Wie hoch war der Lottogewinn?

9 Ein Malermeisterin bezieht eine Jahresrente von 17 880 Euro. Wie viel Euro hätte sie ansparen müssen, um bei einem Zinssatz von 4 % den gleichen Betrag als Jahreszinsen zu bekommen?

10 Herr und Frau Hülsdonk erhalten jedes Jahr vom Finanzamt eine Steuerrückzahlung in Höhe von 4600 Euro. Reicht dieser Betrag aus, um bei einem Zinssatz von 5,36 % die Jahreszinsen für ein Darlehen von 85 000 Euro zu zahlen? (Über die Rückzahlung von Darlehen wird später genauer gesprochen.)

11 Janika hat 1998 Bundesschatzbriefe gekauft (Aufgabe 11, Seite 77). In 2002 erhielt sie 132,30 €. Für wie viel DM hat sie 1998 Bundesschatzbriefe gekauft?
Runden Sie auf ganze DM-Beträge. Beachten Sie: 1 Euro = 1,95583 DM.

12 Noah hat ebenfalls 1998 Bundesschatzbriefe gekauft (Aufgabe 11, Seite 77). Er erhielt in 2003 insgesamt 37 Euro mehr Zinsen als in 2002.
Für welchen Eurobetrag hat er die Bundesschatzbriefe gekauft?

13 In 2003 bieten die Banken günstigere Kredite an, die vom Staat gefördert werden.
Eine Zeitung informiert.

!!Günstige Kredite!!

Darlehen für Ihr Gebäude.
Im ersten Jahr KEINE Tilgung.
Bei

1. Hochwasser .... 1,9 %
2. Sanierungsvorhaben .... 2,1 %
3. Modernisierungsvorhaben .... 2,6 %

Familie Pfeifer möchte die Hochwasserschäden in ihrem Einfamilienhaus (EFH) beseitigen und die erste Etage sanieren und modernisieren. Für das 1. Darlehen (Hochwasser) zahlen sie 353,40 € Jahreszinsen, für das 2. Darlehen zahlen sie 205,80 €. Der Moderinisierungskredit würde sie im Jahr 462,80 € kosten.

a) Wie hoch sind die Darlehen für Hochwasserschäden und Sanierungen?

b) Wie viel Euro möchte die Familie für Modernisierungszwecke aufnehmen?

Die Höhe der Kreditsumme für Sanierungen und Modernisierungen richten sich nach der Größe der Wohnfläche. Es werden Darlehen von maximal 250 Euro pro Qudratmeter gewährt. Das EFH der Pfeifers ist 98 m^2 groß.

c) Wie hoch ist der staatlich geförderte Modernisierungskredit? Berechnen Sie die Jahreszinsen.

d) Berechnen Sie die Gesamtzinsbelastung, wenn die Restsumme zu 4,8 % verzinst wird.

Monatszinsen und Tageszinsen

Frau Schmidt-Renzel zahlt bei der Raiffeisenbank 8700 € zu einem Zinssatz von 5,6 % ein. Wie viel Zinsen bringt das Kapital nach 7 Monaten?

Wir berechnen zunächst die Zinsen für ein Jahr und dann für 7 Monate.

1. Jahreszinsen

Prozent	€
100	8700
1	$\frac{8700}{100}$
5,6	$\frac{8700 \cdot 5{,}6}{100} = 487{,}20$

Die Zinsen für ein Jahr betragen 487,20 €.

1 Jahr = 12 Monate

2. Monatszinsen

Monate	€
12	487,20
1	$\frac{487{,}20}{12}$
7	$\frac{487{,}20 \cdot 7}{12} = 284{,}20$

Die Zinsen für 7 Monate betragen 284,20 €.

TR: 8700 [×] 0,056 [÷] 12 [×] 7 [=] 284,2

Häufig wird auch mit *Tageszinsen* gerechnet.

1 Jahr sind **360 Zinstage.**
1 Monat sind **30 Zinstage.**

Beispiel Für das Überziehen eines Girokontos (Dispositionskredit) verlangt die Bank 12,5 %. Berechnen Sie die Zinsen für 28 Tage bei einem Kredit von 1040 €.

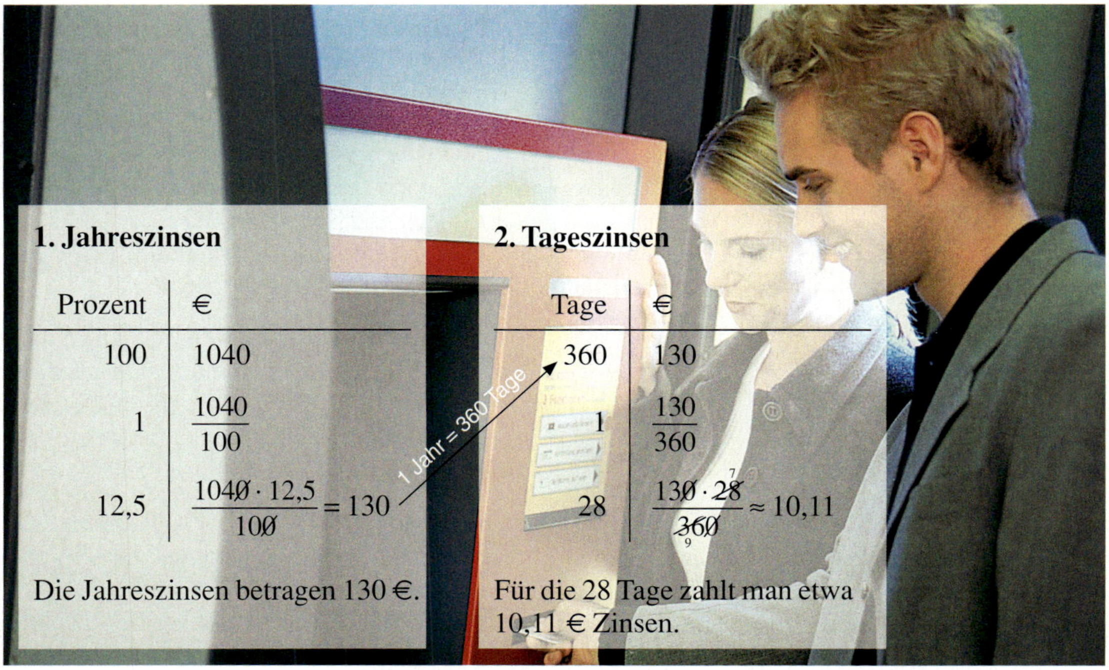

1. Jahreszinsen

Prozent	€
100	1040
1	$\frac{1040}{100}$
12,5	$\frac{1040 \cdot 12{,}5}{100} = 130$

Die Jahreszinsen betragen 130 €.

1 Jahr = 360 Tage

2. Tageszinsen

Tage	€
360	130
1	$\frac{130}{360}$
28	$\frac{130 \cdot 28}{360} \approx 10{,}11$

Für die 28 Tage zahlt man etwa 10,11 € Zinsen.

Übungen

1 Wie viel Zinsen erhält man für 2400 € bei einem Zinssatz von 6 % in

a) 1 Jahr	g) 1 Mon.	m) 230 Tagen
b) 1 Tag	h) 4 Mon.	n) 75 Tagen
c) 15 Tagen	i) 11 Mon.	o) 180 Tagen
d) $\frac{3}{4}$ Jahr	j) 28 Tagen	p) 90 Tagen
e) $5\frac{1}{2}$ Mon.	k) 17 Tagen	q) $\frac{1}{2}$ Jahr
f) 7 Mon.	l) 100 Tagen	r) $6\frac{1}{2}$ Mon.?

2 Berechnen Sie die Zinsen im Heft.

Kapital	Zinssatz	Zeit	Zinsen
928 €	6,5 %	90 Tage	15,08 €
680 €	4 %	48 Tage	
756 €	5 %	9 Mon.	
1340 €	5,25 %	8 Mon.	
650 €	3 %	$8\frac{1}{2}$ Mon.	
7180 €	2,8 %	4 Mon.	
2361 €	4,75 %	7 Mon.	
6840 €	3,9 %	116 Tage	
9553 €	6,7 %	$5\frac{1}{2}$ Mon.	

3 Ein Kunde leiht sich bei der Bank 4800 € für fünf Monate. Der Zinssatz beträgt 11,5 %.
Wie viel Zinsen muss er dafür zahlen?

4 Ein Schuldner leiht sich bei einem Geldinstitut 16 400 € für 70 Tage bei einem Zinssatz von 10,8 %.

5 Ein Kapital von 7200 € wird mit einem Zinssatz von 3,5 % verzinst. Wie viel Zinsen erhält man nach 2 Monaten und 20 Tagen? Berechnen Sie zuerst die Zinstage.

6 Uta braucht im 1. Lehrjahr einen Motorroller, um zu den verschiedenen Arbeitsstellen zu kommen. Sie hat sich von Sam 560 € zu einem Zinssatz von 14 % geliehen.
Nach 173 Tagen kann sie alles zurückzahlen.
a) Wie hoch sind die Zinsen?
b) Wie viel zahlt sie insgesamt zurück?
c) Metin wollte 30 € Zinsen für den gleichen Zeitraum. Vergleichen Sie die Zinssätze.

7 Sveta Walanda hat 846 € auf ihrem Sparkonto. Der Zinssatz beträgt 2,5 %. Nach acht Monaten braucht Sveta das Geld.
Wie viel erhält sie ausgezahlt?

8 Herr Dedenbach hat ein Gehaltskonto bei der Sparkasse. Er darf sein Konto „überziehen", d. h. er darf auch etwas mehr Geld abheben, als er auf dem Konto hat. Die Sparkasse gibt ihm dieses Geld als Kredit und berechnet dafür Zinsen (Überziehungszinsen).

Wie viel Zinsen muss Herr Dedenbach zahlen, wenn er sein Konto für 15 Tage um 3500 € überzogen hat und die Sparkasse 13,5 % Überziehungszinsen im Jahr berechnet?

9 Berechnen Sie die Überziehungszinsen, wenn der Zinssatz 15,5 % beträgt.
a) 900 € für 20 Tage
b) 2000 € für 17 Tage
c) 2400 € für 14 Tage
d) 5000 € für 21 Tage
e) 1700 € für 13 Tage
f) 1650 € für 243 Tage

10 Berechnen Sie die Zinsen und den Betrag, der jeweils zurückzuzahlen ist.

	Kredit	Zinssatz	Zeit
a)	10 000 €	9 %	10 Mon.
b)	7 600 €	9,5 %	130 Tage
c)	780 €	10,25 %	25 Tage
d)	10 090 €	7,5 %	11 Mon.
e)	450 €	12,5 %	20 Tage
f)	6 400 €	10,5 %	3 Mon.
g)	870 €	2,3 %	256 Tage

Die Zinsformeln für Tages- und Monatszinsen

Ein Darlehen (K) in Höhe von 12 000 € wird bei einem Zinssatz (p) von 11 % für 47 Tage (i) aufgenommen. Wie viel Zinsen (Z) sind für diesen Zeitraum zu zahlen?

Dreisatz:

Prozent	€
100	12 000
1	$\frac{12\,000}{100}$
11	$\frac{12\,000 \cdot 11}{100}$

Unausgerechnete Jahreszinsen (für 360 Tage)

Tage	€
360	$\frac{12\,000 \cdot 11}{100}$
1	$\frac{12\,000 \cdot 11}{100 \cdot 360}$
47	$\frac{12\,000 \cdot 11 \cdot 47}{100 \cdot 360}$

Zinsen für 47 Tage: 172,33 €

ON/CE 12 000 [×] 0,11 [÷] 360 [×] 47 [=] 172,33

Den letzten Term rechnen wir nicht aus, sondern ersetzen die Zahlenwerte durch die dazugehörigen Buchstaben:

$$12\,000 \cdot \frac{11}{100} \cdot \frac{47}{360}, \quad \text{also} \quad Z = \frac{K \cdot p \cdot i}{360}$$

Damit wir uns die Formel besser merken können, stellen wir sie um.

$$Z = \frac{K \cdot i \cdot p}{360}$$

Kip-Formel

Dieser Term ist gleich den Zinsen (Z). Ist die Zeit (i) in Monaten angegeben, steht im Nenner 12 statt 360.

Formel der Zinsrechnung („Kip-Formel")

$Z = \frac{K \cdot i \cdot p}{360}$ **Tageszinsen**

$Z = \frac{K \cdot i \cdot p}{12}$ **Monatszinsen**

Mit diesen Formeln lassen sich alle Größen der Zinsrechnung bestimmen.

Beispiel 1

Gegeben: Kapital $K = 5400$ €; Zinssatz $p = 9\,\%$; Zeit $i = 144$ Tage

Gesucht: Zinsen Z

Formel: $Z = \frac{K \cdot i \cdot p}{360}$

Lösung: $Z = \frac{5400 \cdot 144 \cdot 0{,}09}{360}$

$Z = 194{,}40$

Antwort: Die Zinsen für 144 Tage betragen 194,40 €.

Beispiel 2

Gegeben: Zinsen $Z = 5{,}60$ €; Zinssatz $p = 5\,\%$; Zeit $i = 2$ Monate

Gesucht: Kapital K

Formel: $Z = \frac{K \cdot i \cdot p}{12}$

Lösung: $5{,}60 = \frac{K \cdot 2 \cdot 0{,}05}{12} \quad | \cdot 12$

$5{,}60 \cdot 12 = K \cdot 2 \cdot 0{,}05 \quad |:2 \quad |:0{,}05$

$\frac{5{,}60 \cdot 12}{2 \cdot 0{,}05} = K$

$K = 672{,}00$

Antwort: Das Kapital beläuft sich auf 672,00 €.

Übungen

1 Übertragen Sie in Ihr Heft und berechnen Sie die fehlenden Angaben.

	Kapital	Zinssatz	Zeit	Zinsen
a)	720 €	3,5 %	10 Mon.	
b)	650 €		84 Tage	9,10 €
c)		4,5 %	8 Mon.	28,80 €
d)	540 €	4 %		4,95 €
e)	5680 €	2,5 %	5 Mon.	
f)		3,5 %	24 Tage	2,66 €
g)	4 380 €	4 %		21,90 €
h)	21 000 €		42 Tage	196 €
i)	5 000 €	4,2 %	7 Mon.	
j)		5,75 %	60 Tage	29,90 €
k)	42 000 €		42 Tage	196 €
l)	2 400 €	6 %		36 €
m)	7 236 €	$7\frac{1}{2}$ %		150,75 €
n)	5 780 €	3,5 %	112 Tage	
o)		5 %	210 Tage	52,50 €

2 Wie viel € Zinsen sind für ein Darlehen in Höhe von 25 000 € bei einem Zinssatz von 11,2 % für 36 Zinstage zu zahlen?

3 Herr Stern nimmt ein Darlehen auf. Dafür zahlt er bei einem Zinssatz von 8 % halbjährlich 1600 € Zinsen. Wie hoch ist das Darlehen?

4 Ein Guthaben von 4125 € wird mit 6 % verzinst. Als das Geld von der Bank abgehoben wird, werden 55 € Zinsen gezahlt. Berechnen Sie die Zinstage.

5 Wie viele Tage lang wurden 8940 € verzinst, wenn die Sparkasse 41,72 € Zinsen zahlte und der Zinssatz 3 % betrug?

6 Frau Alt benötigt dringend 10 000 €. Sie will nach 6 Monaten 11 000 € zurückzahlen.
a) Berechnen Sie die Zinsen.
b) Bestimmen Sie den Zinssatz.
c) Erkundigen Sie sich nach Zinssätzen bei Bank und Sparkasse.

7 Wie viel Prozent werden in den Kleinanzeigen als Zinsen geboten?

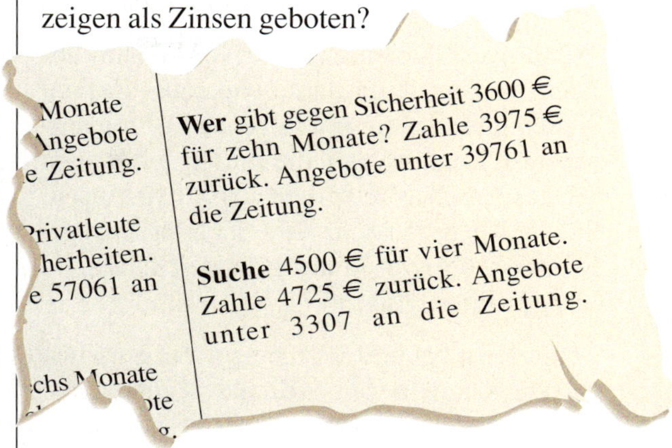
Monate
ngebote
e Zeitung.

rivatleute
herheiten.
e 57061 an

chs Monate

Wer gibt gegen Sicherheit 3600 € für zehn Monate? Zahle 3975 € zurück. Angebote unter 39761 an die Zeitung.

Suche 4500 € für vier Monate. Zahle 4725 € zurück. Angebote unter 3307 an die Zeitung.

8 Herr Tuk hat sein Konto um 2400 € überzogen. Dafür werden ihm für 15 Tage 12,50 € Überziehungszinsen berechnet.
Wie hoch ist der Zinssatz?

9 Tim träumt von einem so großen Lottogewinn, dass er täglich 70 € an Zinsen ausgezahlt bekommt. Die Sparkasse zahlt ihm 2,3 % Zinsen.
a) Wie groß muss der Lottogewinn sein?
b) Warum gibt die Sparkasse bei einem solchen Geschäft nur einen niedrigen Zinssatz?

10 Eine Geldanlage wird mit 4,25 % verzinst. Monatlich bringt dies 4250 € Zinsen.
a) Wie hoch sind die Jahreszinsen?
b) Berechnen Sie das Kapital.

11 Ein Kapital von 2500 € bringt in einem Vierteljahr 15 € Zinsen.
Wie groß ist der Zinssatz?

12 Saibe will sich 50 € für 5 Monate leihen. Sie hat drei Angebote von „guten Freunden“:
Freund A: Rückzahlung von 60 €
Freund B: Zinsen 8 €
Freund C: Zinssatz 15 %
Vergleichen Sie alle drei Möglichkeiten.

13 Ruth ist erst 9 Monate und hat ein Sparbuch mit 540 € von der 83-jährigen Oma bekommen. Wie groß ist der Zinssatz, wenn nach 2 Monaten zum Jahreswechsel 2,25 € Zinsen gutgeschrieben werden?

Zinseszinsen

Wenn man Sparzinsen nicht vom Konto abhebt, werden sie am Jahresende zum Kapital addiert und somit in den folgenden Jahren mitverzinst. Dann bringen die Zinsen selbst auch wieder Zinsen. Man spricht von **Zinseszinsen**. Geldanlagen wie zum Beispiel Sparverträge, Sparkassenbriefe und Bundesschatzbriefe bringen Zinseszinsen.

Sonja Kern hat 650 € zu einem Zinssatz von 6 % für 5 Jahre bei einer Bank fest angelegt.
Über wie viel Euro kann sie nach 5 Jahren mit Zinseszinsen verfügen?

Wir rechnen:

650,00 €	$\xrightarrow{\cdot 1{,}06}$	689,00 €	$\xrightarrow{\cdot 1{,}06}$	730,34 €	$\xrightarrow{\cdot 1{,}06}$	774,16 €	$\xrightarrow{\cdot 1{,}06}$	820,61 €	$\xrightarrow{\cdot 1{,}06}$	869,85 €
Anfangskapital		K nach 1 Jahr		nach 2 Jahren		nach 3 Jahren		nach 4 Jahren		Endkapital nach 5 Jahren

Das Kapital (100 %) wird am Ende des Jahres um 6 % Zinsen vermehrt. Es beträgt also am Anfang des neuen Jahres 106 % des alten Kapitals. Anders ausgedrückt: Das Anfangskapital ist um den Faktor 1,06 größer geworden ($106\,\% = \frac{106}{100} = 1{,}06$). 1,06 nennt man den **Zinsfaktor**.

Der Zinsfaktor 1,06 kommt 5-mal als Faktor vor, daher können wir kürzer schreiben:
Endkapital = $650\,€ \cdot 1{,}06^5 = 869{,}85\,€$
Endkapital K_n (nach n Jahren): $K_n = K_0 \cdot (1 + p)^n$ (K_0 Anfangskapital)

Sonja kann nach 5 Jahren über 869,85 € verfügen.
Der Zinsgewinn beträgt (869,85 € – 650 €) = 219,85 €.

Übungen

1 Geben Sie die Zinsfaktoren bei folgenden Zinssätzen an.

Beispiel: 2,7 % Zinsfaktor 1,027

a) 2 % d) 9 % g) 5,25 % j) 1,2 %
b) 3 % e) 7,5 % h) 15 % k) 0,5 %
c) 5 % f) 9,25 % i) 6,75 % l) 0,75 %

2 Auf welches Endkapital wachsen 100 € mit Zinseszinsen an:
a) zu 4 % in 7 Jahren
b) zu 5 % in 8 Jahren
c) zu 3,5 % in 4 Jahren
d) zu 5 % in 9 Jahren
e) zu 4,5 % in 7 Jahren
f) zu 4,5 % in 10 Jahren

3 Berechnen Sie das Endkapital im Heft.

	Anfangskapital	Zinssatz	Zeit	Endkapital
a)	8 000 €	4 %	3 Jahre	
b)	6 000 €	3,5 %	9 Jahre	
c)	390 €	3 %	4 Jahre	
d)	1 460 €	5 %	5 Jahre	
e)	15 000 €	4,5 %	8 Jahre	

4 Auf welches Endkapital wachsen 10 000 € in fünf Jahren bei folgenden Zinssätzen an?
a) 3 % b) 3,5 % c) 4 % d) 4,25 % e) 5 %

5 Nach wie viel Jahren hat sich bei einem Zinssatz von 4 % (4,5 %; 5 %) ein Kapital verdoppelt?

Will man die Entwicklung von Sonjas Geld über 10 Jahre sehen, dann muss man die einzelnen Positionen berechnen und am besten in einer Tabelle festhalten.

Jahr	Kapital	Zinsen 6 %	Kapital am Ende des Jahres
1	650,00 €	39,00 €	689,00 €
2	689,00 €	41,34 €	730,34 €
3	730,34 €	43,82 €	774,16 €
4	774,16 €	46,45 €	820,61 €
5	820,61 €		
6			
10			

Wenn man eine Zeile ausführlich gerechnet hat, weiß man die Tastenfolge auf dem TR für die folgenden Zeilen.

6 a) Berechnen Sie das Beispiel oben im Heft weiter. Wie hoch ist das Kapital nach 10 Jahren?
b) Stellen Sie die Kapitalentwicklung graphisch dar. Zeichnen Sie dazu ein Koordinatenkreuz (wie rechts angegeben) in ihr Heft und tragen Sie die Werte des angewachsenen Kapitals ein.

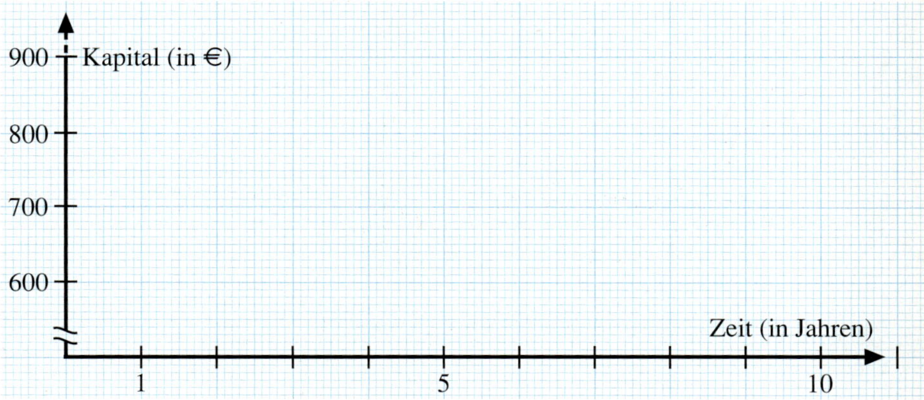

7 Herr Sahr legt einen Betrag von 6500 € für 10 Jahre zu einem Zinssatz von 3,7 % an.
a) Wie hoch ist das Endkapital?
b) Wie viel Zinsen fallen in den 10 Jahren an?

8 Frau Meier und ihre Nachbarin Frau Bilgun legen jeweils 1500 € zu einem Zinssatz von 4,1 % für 7 Jahre an.
a) Frau Meier lässt sich jährlich die Zinsen auszahlen. Wie viel Euro sind das in 7 Jahren?
b) Frau Bilgun hebt die Zinsen nicht ab. Rechnen Sie in einer Tabelle. Wie hoch ist ihr Kapital nach 7 Jahren?
c) Vergleichen Sie die Zinseinnahmen.

9 Wer hat nach 7 Jahren das größte Endkapital? Schätzen Sie zuerst und rechnen Sie.

Fritz	$K = 2000$ €	$p = 7{,}2\,\%$
Marion	$K = 2500$ €	$p = 3{,}6\,\%$
Stefan	$K = 3000$ €	$p = 1{,}8\,\%$

10 Vergleichen Sie den Kapital- und Zinsverlauf über 5 Jahre.

Kapital A	$K = 4000$ €	$p = 8\,\%$
Kapital B	$K = 8000$ €	$p = 4\,\%$

11 Wie hoch ist ein Guthaben von 9000 € bei einem Zinssatz von 4 % mit Zinseszinsen nach:
a) 3 Jahren c) 10 Jahren e) 6 Jahren
b) 8 Jahren d) 5 Jahren f) 12 Jahren

12 Christian legt 1200 € bei einer Bank an. Das Guthaben wird mit 4,5 % verzinst. Berechnen Sie das Kapital, das Christian nach vier Jahren zur Verfügung steht. Geben Sie den Zuwachs für jedes Jahr an.

13 Nach 3 Jahren ist ein Kapital auf 3326,15 € gewachsen. Der Zinssatz betrug 3,5 %. Bestimmen Sie das Anfangskapital.

Kapitalwachstum

Daniela legt 2000 € bei einer Sparkasse für fünf Jahre bei einem Zinssatz von 7 % fest. Die Zinsen werden jeweils am Jahresende zum Guthaben hinzugerechnet. Nach einem Jahr beträgt das Kapital 107 % des Anfangskapitals. Man sagt, es ist auf das 1,07fache gewachsen (Wachstumsfaktor). Damit kann man das Kapital schrittweise berechnen:

2000 € —·1,07→ 2140 € —·1,07→ 2289,80 € —·1,07→ 2450,09 € —·1,07→ 2621,59 € —·1,07→ 2805,10 €

	K_1 (nach 1 Jahr)	K_2 (nach 2 Jahren)	K_3 (nach 3 Jahren)	K_4 (nach 4 Jahren)	K_5 (nach 5 Jahren)
2000 €	2140 €	2289,80 €	2450,09 €	2621,59 €	2805,10 €

Das Kapital nach fünf Jahren kann man in einem Schritt so berechnen:

$K_5 = K_0 \cdot \left(1 + \frac{7}{100}\right)^5 = K_0 \cdot 1{,}07^5 = 2805{,}10\,€$ Sie erhält nach 5 Jahren 2805,10 €

Allgemein berechnet man das Kapital nach n Jahren mit Zinseszins so:

$$\boldsymbol{K_n = K_0 \cdot (1 + p)^n}$$

K_0 Anfangskapital p Zinssatz
K_n Endkapital n Zeit in Jahren

Beispiel

Frau Manz legt bei einer Bank 5000 € zu einem Zinssatz von 8 % fest an. Nach wie vielen Jahren hat sich ihr Kapital durch Verzinsung verdoppelt?

Gegeben: Anfangskapital $K_0 = 5000\,€$; Endkapital $K_n = 10\,000\,€$; Zinssatz $p = 8\,\%$

Gesucht: Anzahl n der Jahre

Rechnung: Man setzt in die Formel die gegebenen Größen ein.

$K_n = K_0 \cdot (1 + p)^n$
$10\,000 = 5000 \cdot (1 + \frac{8}{100})^n \quad |:5000$
Also: $(1{,}08)^n = 2$

Die Anzahl n der Jahre berechnet man mit dem Taschenrechner und trägt sie in die Tabelle ein (mit $n = 1{,}08$ als konstantem Faktor: 1,08 [×] [×] [=] [1.1664] [=] usw.):

Zahl der Jahre	$n = 1$	$n = 2$	$n = 3$	…	$n = 8$	$n = 9$
Faktor	$(1 + \frac{8}{100})$	$(1 + \frac{8}{100})^2$	$(1 + \frac{8}{100})^3$	…	$(1 + \frac{8}{100})^8$	$(1 + \frac{8}{100})^9$
	1,08	1,1664	1,2597	…	1,8509	$1{,}999 \approx 2$

Nach etwa 9 Jahren hat sich das Kapital von Frau Manz verdoppelt.

Probe: $K_9 = 5000 \cdot (1 + \frac{8}{100})^9$
$= 9995{,}02\,€$

Da die Berechnung von Verdoppelungszeiten aufwendig und kompliziert ist, rechnet man meist mit dieser **Faustregel**.

> Faustregel Verdoppelungszeit:
> $n \approx \frac{70}{100p}$ p Zinssatz
> n Zahl der Jahre

Beispiel

1. Ein Kapital wird mit 8 % verzinst. Nach wie vielen Jahren hat es sich verdoppelt?

$p = 8\,\%$. $\quad n = \frac{70}{8}$

$n \approx 8{,}75$ Das Kapital hat sich nach etwa 9 Jahren verdoppelt.

2. Ein Kapital wird mit 6 % verzinst. Nach wie vielen Jahren hat es sich verdoppelt?

Faustregel: $100p \cdot n \approx 70.$

$6 \cdot n \approx 70. \qquad n = \frac{70}{6} = 11{,}67$

Das Kapital hat sich nach etwa 12 Jahren verdoppelt.

Weisen Sie das Ergebnis auf dem TR mit 1,06 als konstantem Faktor nach.

Übungen

1 a) Wie hoch ist das Endkapital?

Anfangs-kapital	Zinssatz	Zinszeit	End-kapital
150 €	7 %	21 Jahre	621,08 €
3400 €	8 %	10 Jahre	
3600 €	6 %	9 Jahre	
4600 €	9 %	15 Jahre	
12 500 €	8,5 %	21 Jahre	
484,50 €	$4\frac{1}{2}$ %	7 Jahre	
1480 €	12,5 %	25 Jahre	

b) Bestimmen Sie mit der Faustregel jeweils die Verdoppelungszeiten. Kontrollieren Sie mit dem Taschenrechner nach der Formel.

2 Herr Sommer hat bei der Geburt seiner Tochter 5000 € zu einem Zinssatz von 6,5 % angelegt. Das Geld wird nach Vollendung des 18. Lebensjahrs mit Zinseszinsen ausgezahlt.

a) Welcher Betrag wird dann ausgezahlt? Wie hoch sind die Zinseszinsen?

b) Nach welcher Zeit hat sich das Kapital verdoppelt? Rechnen Sie mit der Faustregel.

3 Viele Sparer kaufen bei der Landesbank Pfandbriefe. Dafür wurde bei einer Laufzeit von zehn Jahren ein Zinssatz von 8 Prozent festgelegt. Berechnen Sie auf wie viel Euro Pfandbriefe mit dem Anfangswert von 1000 € in jedem Jahr anwachsen. Welchen Betrag erhält man nach 10 Jahren?

€ 1000   8 %   Serie A

PFANDBRIEF

über

€ 1000 €

Die Landesbank/Girozentrale schuldet dem Inhaber dieses Pfandbriefes

EINTAUSEND EURO.

Diese Schuld wird jährlich mit 8 % nach den auf der Rückseite angegebenen Bedingungen verzinst. Der Pfandbrief ist nach den Bestimmungen des Gesetzes über die Pfandbriefe und verwandten Schuldverschreibungen öffentlich-rechtlicher Kreditanstalten in der Fassung vom 8. Mai 2002 (BGB 1. 8. 318) gedeckt.

Burgstadt, den 1. März 2003

LANDESBANK GIROZENTRALE

Wachstumsprozesse

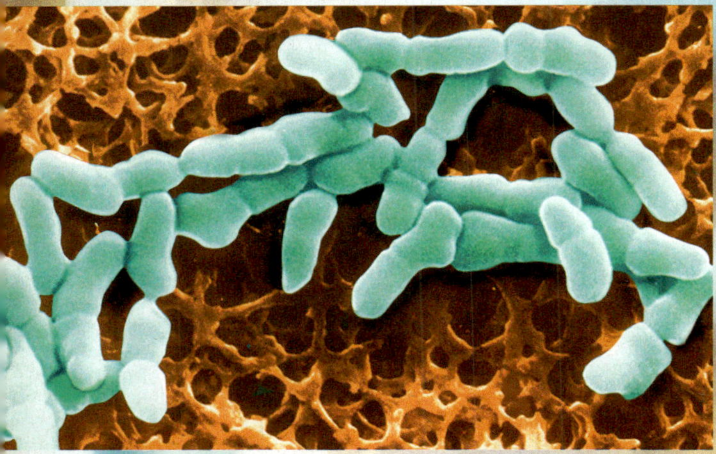

Manche Bakterien sind Erreger von Infektionskrankheiten (Typhus, Diphterie, Tuberkulose). Doch andere erfüllen nützliche Aufgaben.
Z. B. sind Milchsäurebakterien bei der Käse- und Jogurtherstellung nötig.
Bei anderen Bakterien dienen Stoffwechselleistungen dazu,organische Substanzen abzubauen, z. B. bei Humusbildung.

Aus einem Bakterium kann in kurzer Zeit eine ganze Kolonie entstehen. Wie die Anzahl wächst kann man modellhaft erfassen.

Lineares Wachstum heißt:
In gleichen Zeitspannen nehmen die Werte um den gleichen Summanden zu. Man erhält als Schaubild eine **Gerade**.

1. In den Höhlen der Kalkgebirge bilden sich aus den Kalkablagerungen des Tropfwassers Steinsäulen (Stalaktiten und Stalagmiten). Man geht von einem Wachstum von 1 mm in 10 Jahren aus. An der gleichbleibenden Steigung des nebenstehenden Schaubildes erkennt man, dass dieses Wachstum linear ist.

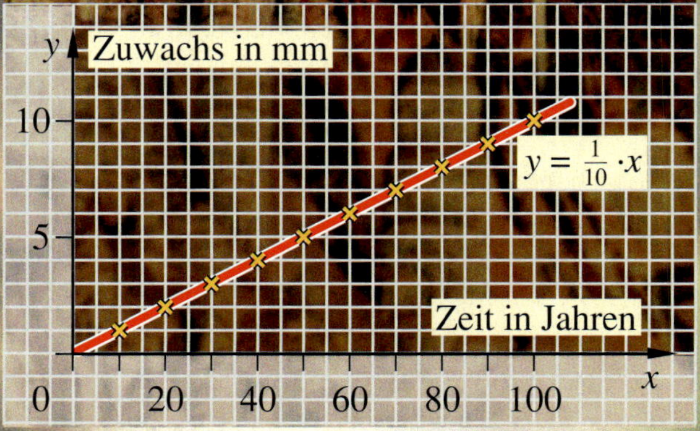

Exponentielles Wachstum heißt:
In gleichen Zeitspannen werden die Werte mit dem gleichen Faktor *q* multipliziert.
Der Faktor *q* heißt **Wachstumsfaktor**.

2. Ein Natursee, der auch zur Trinkwasserversorgung genutzt wird, macht dem zuständigen Wasserwirtschaftsamt große Sorgen: Eine Algenart vermehrt sich zu schnell. Als man auf die Algen aufmerksam geworden war, hatten sie eine Fläche von 10 m² bedeckt. Man beobachtet, dass die Algen sich pro Woche um 40 % vermehren. Die Fläche wächst also in dieser Zeitspanne auf 140 % an. Man kann auch sagen, dass sie pro Woche um das 1,4fache wächst.

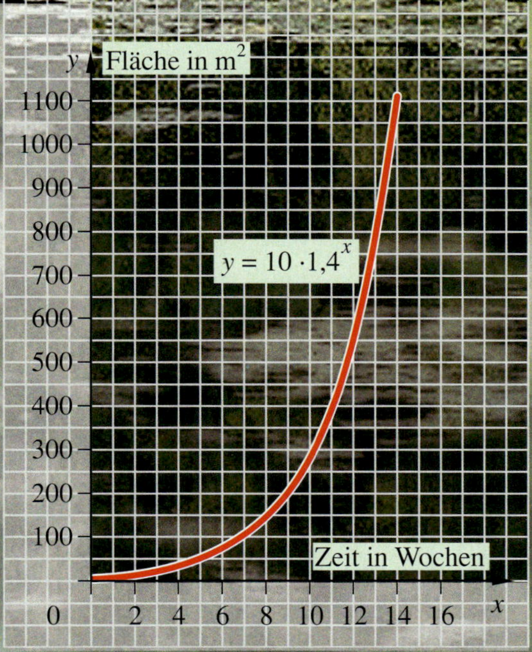

3. In der Regel hängen Wachstumsprozesse von vielen Faktoren ab. Sie lassen sich vielfach nicht in ein bestimmtes mathematisches Modell einordnen. Die Grafik rechts zeigt verschiedene Diagramme, die unterschiedliche Entwicklungen aufzeigen.
Solche Kurven kann man schnell mit der Tabellenkalkulation aufstellen.

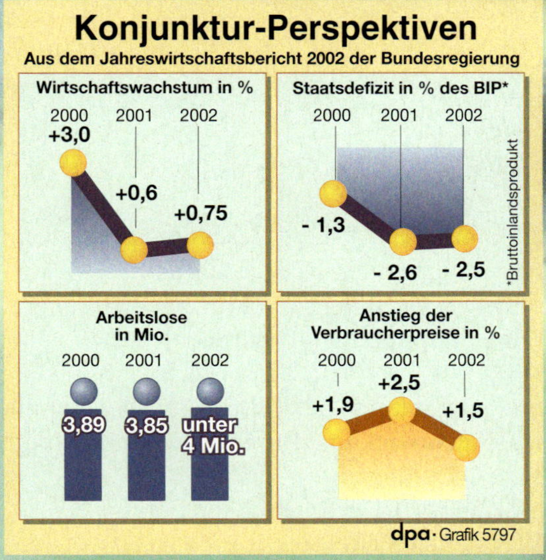

Tabellenkalkulation mit dem PC

Aufbau von Tabellen

Wir haben bei der Berechnung von Zinseszinsen gesehen, dass das Aufstellen von Zinseszins-Tabellen langwierig sein kann.
Schneller geht es mit einem Programm zur **Tabellenkalkulation**, z. B. mit MS-Excel.
Bei der Tabellenkalkulation wird mit **„Zellen"** gerechnet. Für die Tabellenkalkulation gibt es Programme von verschiedenen Software-Firmen. Sie haben alle prinzipiell den gleichen Aufbau.

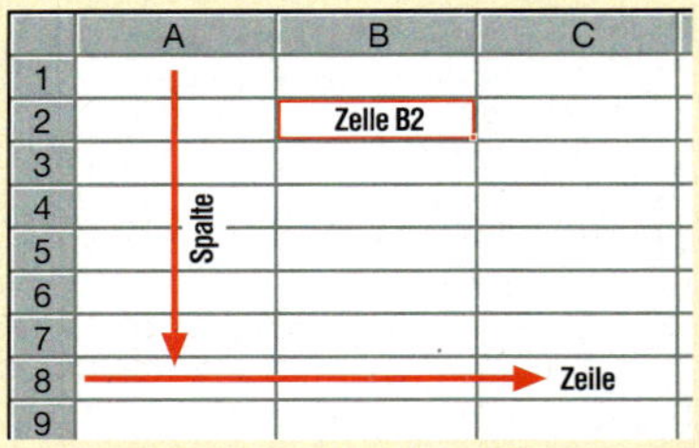

In eine Zelle kann man Texte, Zahlen oder Formeln eingeben.

Jede Zelle ist durch Spalten- und Zeilen-Angabe festgelegt. Die Zelle **B2** befindet sich in der **Spalte B** in der **Zeile 2.**

Jede Formel beginnt mit dem Gleichheitszeichen =.
= **B3 + B5** addiert die Werte der Zellen B3 und B5
= **C4 * B6** multipliziert die Werte in C4 und B6
= **A5 / B2** dividiert den Wert in A5 durch den Wert in B2
= **Summe (C4:C7)** addiert die Werte der Zellen C4 bis C7
= **B4^2** potenziert den Wert der Zelle B4 mit 2

1 Der Gemüsegroßhändler Hanisch bietet Sonderangebote an (MwSt. 7%).

SUMME ✕ ✓ = B5+B5*0,07

	A	B	C
1	Gemüsegroßhandel	Hanisch	
2			
3	Artikel	Preise ohne MwSt.	Preise mit MwSt.
4			
5	Radieschen/Bund	1,1	=B5+B5*0,07
6	Kopfsalat/Stück	0,7	
7	Kartoffeln/kg	0,65	
8	Tomaten/kg	1,1	
9	Äpfel/kg	0,9	
10	Trauben/kg	1,9	
11			
12			
13			
14			

a) Geben Sie den Text und die Zahlen wie in der Abbildung ein.
b) Markieren Sie die Zellen B5 bis B10, indem Sie auf B5 klicken, die linke Maustaste gedrückt halten und bis B10 herunterziehen. Klicken Sie dann auf das Symbol „Währung" (oder Format Währung).
c) Geben Sie in die Zelle C5 die Formel ein und drücken Sie **Return.** Jetzt steht dort der ausgerechnete Wert.
d) **Ziehen Sie nun mit der linken Maustaste die quadratische Markierung an der Zelle C5 herunter bis zu C10.**
Jetzt wird die Formel so kopiert, dass jeweils die neuen Zeilenwerte berücksichtigt werden.
e) Setzen Sie die Zellen C5 bis C10 wie unter b) in das Währungsformat.

2 Eine Bank bietet Wachstumssparen an. Hier steigen die Zinssätze jährlich:
1. Jahr 1,7%, 2. Jahr 2,3%, 3. Jahr 3,1%.
(Hilfe: am Ende des 1. Jahres
100% + 1,7% = 101,7% = 1,017)
Stellen Sie eine Tabelle auf, mit der Sie die Kapitalentwicklung für verschiedene Beträge errechnen können.
a) Ändern Sie in Spalte A die Beträge.
Was stellen Sie fest?

b) Wie müssen Sie vorgehen, wenn sich die Zinssätze ändern?

	A	B	C	D	E
1	Betrag	1. Jahr	2. Jahr	3. Jahr	
2	1000	1017	1040,391	=C2*1,031	
3	2000				
4	3000				
5	4560				
6					

=A2*1,017
=B2*1,023

Die Formel verschwindet, sobald die **Return-Taste** gedrückt wird.

Übungen

1 In einer Umfrage zum Freizeitverhalten der Bundesbürger wurden die durchschnittlichen Ausgaben für Freizeitaktivitäten von Arbeitnehmerfamilien erfasst. (Angaben pro Jahr, in Euro)

Urlaub	1000 Euro
Auto	950 Euro
Radio, Fernsehen	430 Euro
Bücher, Zeitschriften	220 Euro
Sport, Camping	190 Euro
Garten, Tiere	175 Euro
Spiele	128 Euro
Computer	107 Euro
Heimwerken	225 Euro
Theater, Kino	182 Euro

a) Geben Sie die Tabelle in das Tabellenkalkulationsprogramm ihres Computers ein. Stellen Sie die Euro-Beträge im Währungsformat dar.
b) Berechnen Sie die Gesamtsumme der Freizeitausgaben mit Hilfe der Formel „= Summe“ (Bereich).
c) Berechnen Sie den prozentualen Anteil der Freizeitausgaben am durchschnittlichen Gesamteinkommen eines Arbeitnehmerhaushalts in Höhe von 32 100 Euro pro Jahr.

	A	B	C
1	**Freizeitverhalten der Bundesbürger** Gesamteinkommen pro Jahr	32.100,00 €	
2	**Ausgaben für**	**in €**	**in %**
3	Urlaub	1.000,00 €	3,1%
4	Auto	950,00 €	
5	Radio, Fernsehen	430,00 €	
6	Bücher, Zeitschriften	220,00 €	
7	Sport, Camping	190,00 €	
8	Garten, Tiere	175,00 €	
9	Spiele	128,00 €	
10	Computer	107,00 €	
11	Heimwerken	225,00 €	
12	Theater, Kino	182,00 €	
13	**Summe**		

d) Berechnen Sie die durchschnittlichen Freizeitausgaben pro Monat.

2 Jeder Arbeitnehmer hat von seinem Bruttoeinkommen neben der Steuer zusätzlich Sozialabgaben zu entrichten. Diese sind prozentual an das Bruttoeinkommen gekoppelt. Zur Zeit betragen die Prozentsätze für die Arbeitnehmeranteile

Arbeitslosenversicherung	3,25 %
Krankenversicherung	6,8 %
Rentenversicherung	9,75 %
Pflegeversicherung	0,85 %

(Information: Arbeitgeber zahlen den gleichen Betrag)

Den Lohnsteuersatz inkl. Solidaritätszuschlag berechnen wir mit 20 %.
Mit einem Tabellenkalkulationsprogramm kann das Netto-Einkommen eines Arbeitnehmers berechnet werden.
a) Fertigen Sie eine Tabelle an, die nach Eingabe des Bruttoeinkommens die Summe der Abzüge und das verbleibende Nettoeinkommen darstellt.
b) Berechnen Sie mit der Tabelle den prozentualen Anteil der Abzüge vom Gesamteinkommen.

	A	B
1	**Nettoeinkommen–Rechner**	
2	**Bruttoeinkommen**	
3	Lohnsteuer	=b3*0,2
4	Arbeitslosenversicherung	
5	Krankenversicherung	
6	Rentenversicherung	
7	Pflegeversicherung	
8	**Nettoeinkommen**	

3 Ein Arbeitnehmer hat ein Nettoeinkommen von 1500 Euro im Monat.
a) Berechnen Sie sein Bruttoeinkommen. Verwenden Sie für Ihre Rechnung die Angaben aus Aufgabe 2.
Tipp: Sie können auch das Ergebnis von Aufgabe 2 b nutzen.
b) Um wie viel Euro muss das Bruttoeinkommen steigen, damit der Arbeitnehmer 100 Euro Nettoeinkommen mehr hat?
c) Um wie viel Euro steigt das Nettoeinkommen, wenn der Arbeitnehmer brutto 100 Euro mehr erhält?

Geschäftsleben

Der Jungunternehmer Neumann hat 20 gebrauchte PCs zum Einkaufspreis von je 350 € gekauft. Er rechnet mit 35% Geschäftskosten und 6% kalkuliertem Gewinn. Er möchte diese PCs zu einem Endpreis von je 615,41 € verkaufen. Die Berechnung vom Einkaufspreis zum Endpreis lässt sich übersichtlich mit einer Tabellenkalkulation lösen.

Herr Neumann macht 688,48 € Gewinn bei einem Endpreis von 12 308,20 €.
Überprüfen Sie das Ergebnis.

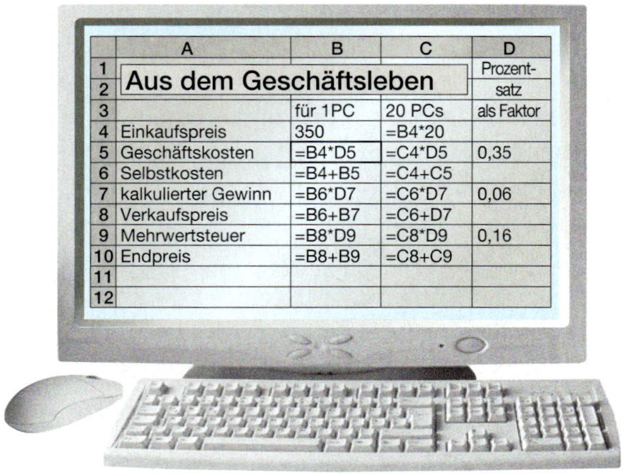

	A	B	C	D
1	Aus dem Geschäftsleben			Prozent-
2				satz
3		für 1PC	20 PCs	als Faktor
4	Einkaufspreis	350	=B4*20	
5	Geschäftskosten	=B4*D5	=C4*D5	0,35
6	Selbstkosten	=B4+B5	=C4+C5	
7	kalkulierter Gewinn	=B6*D7	=C6*D7	0,06
8	Verkaufspreis	=B6+B7	=C6+D7	
9	Mehrwertsteuer	=B8*D9	=C8*D9	0,16
10	Endpreis	=B8+B9	=C8+C9	
11				
12				

Übungen

1 Übertragen Sie das vorstehende Beispiel in eine Tabelle. In beiden Fällen wird nun der kalkulierte Gewinn auch erzielt.
a) Ändern Sie den Einkaufspreis in 475,50 € und den Gewinn in 8,4%.
b) Der Einkaufspreis soll nun 137,30 €, die Geschäftskosten sollen 39,5% und der Gewinn soll 10,3% betragen.

2 Halina macht eine kleine Firma für Reinigungsbedarf auf. Sie kauft in einem Großmarkt ein:

Anzahl	Artikel	Einkaufs-preis/Einheit
40	Besenstiele	1,98 €
60	Besen	4,99 €
25	Eimer	3,95 €
75	Fensterleder	7,50 €
200	Staubfix	2,05 €
3000	Wischtücher	0,09 €

Ihre Geschäftskosten betragen 35%.
Sie erwartet einen Gewinn von 20,5%.
a) Wie muss sie die Artikel auszeichnen?
b) Wie groß ist ihr Gewinn, wenn sie diese Artikel alle verkauft hat?

3 In der SV wird die Idee, einen Schulkiosk aufzumachen, durchgerechnet.

Beim ersten Einkauf besorgen die Schülerinnen und Schüler 600 Flaschen Bio-Apfelsaft, 450 Tüten Erdnüsse, 1000 Päckchen Kekse und 150 Tüten Hustenbonbons.
a) Stellen Sie eine Tabelle auf.
Welche Spalten müssen angelegt werden?
b) Es fallen keine Geschäftskosten an. Der Gewinn soll 5% betragen. Berechnen Sie den Endbetrag mit Mehrwertsteuer.
c) Gestalten Sie die Tabelle als Rechnung und drucken Sie diese aus.
d) Neuer Einkauf:
860 Flaschen Apfelsaft, 790 Päckchen Kekse, 650 Tüten Erdnüsse und 490 Schokoriegel.

Ein Unternehmen, das eine Ware herstellt, muss den Verkaufspreis berechnen (kalkulieren). Mit Hilfe eines Tabellenkalkulationsprogrammes kann diese Berechnung vorgenommen werden.

Beispiel

In einer Schreinerei werden 6 Stühle für einen Kunden hergestellt. Der Schreinermeister kalkuliert den Verkaufspreis mit einer vereinfachten Tabelle wie folgt:

	A	B
1	Materialkosten	50 Euro (Kosten für Holz, Leime, Polster usw.)
2	Betriebskosten	10 Euro
3	Lohnkosten	210 Euro (Löhne für die Gesellen und den Meister)
4	Gemeinkosten (z. B. 80% der Lohnkosten)	168 Euro (Kosten für Mieten, Verwaltung usw.)
5	**Summe**	**438 Euro (Selbstkosten)**
6	Gewinn (10% der Selbstkosten)	43,80 Euro
7	**Verkaufspreis (ohne MwSt)**	**481,80 Euro**
8	Verkaufspreis pro Stuhl	80,30 Euro

Übungen

1 Eine Großbäckerei erhält eine Anfrage über 10 000 Brötchen, die monatlich geliefert werden sollen.
Welchen Einzelpreis muss der Inhaber der Bäckerei fordern, wenn folgende Daten zu Grunde liegen?

Materialkosten	260 Euro
Betriebskosten	160 Euro
Lohnkosten	900 Euro
Gemeinkosten	110 % der Lohnkosten
Gewinn	8 % der Selbstkosten

a) Stellen Sie eine Tabelle zur Kalkulation des Gesamtpreises auf.
b) Berechnen Sie die Höhe der Selbstkosten.
c) Berechnen Sie den Einzelpreis für ein Brötchen.
Durch die Wahl eines anderen Lieferanten können die Materialkosten auf 220 Euro gesenkt werden.
a) Wie wirkt sich dieses auf den Einzelpreis eines Brötchens aus?
b) Wie ändert sich der Prozentsatz des Gewinns, wenn der Verkaufspreis beibehalten wird?

2 An einem Berufskolleg wird ein Schulfest geplant. An einem Imbissstand sollen Bratwürste und Getränke verkauft werden. Die beim Verkauf erzielten Gewinne sollen zur Neugestaltung des Schulhofes verwendet werden.
Die Einkaufspreise sind:

Bratwürste	0,65 Euro pro Stück
Getränke	0,95 Euro pro Liter

Man rechnet mit dem Verbrauch von 200 Bratwürsten und 100 Liter Getränken. Für Nebenkosten (Holzkohle, Senf, Ketchup, Miete für den Grill usw.) werden 50 Euro gerechnet.
Lösen Sie mit Hilfe der Tabellenkalkulation die folgenden Aufgaben:
a) Wie hoch sind die Selbstkosten insgesamt?
b) Wie groß ist der zu erwartende Gewinn, wenn alle Bratwürste für 1,20 Euro pro Stück und die Getränke für 1 Euro pro 0,3 l verkauft werden?
c) Wie groß ist der Gewinn, wenn nur 80 Bratwürste und 20 l Getränke verkauft werden?
d) Wie viele Bratwürste und Getränke müssen mindestens verkauft werden, damit keine Verluste entstehen. Geben Sie mindestens drei verschiedene Kombinationen an.

Exponentielles Wachstum

In einem Labor wird die Vermehrung von Bakterien untersucht. Bei einer ersten Auszählung werden 70 Bakterien in einer Probe gezählt. Man stellt fest, dass diese sich stündlich um ungefähr 10% vermehren.
Wann sind 4000 Bakterien vorhanden?

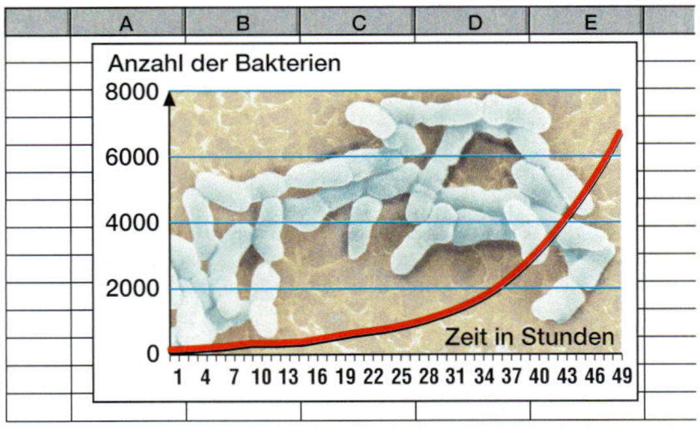

Wachstumsrate 10% = 0,1 je Stunde.
Vermehrter Grundwert:
100% + 10% = 110% = 1,1
Die Zahl **1,1** ist der **Wachstumsfaktor.**

$$70 \xrightarrow{\cdot 1,1} 77 \xrightarrow{\cdot 1,1} 85 \xrightarrow{\cdot 1,1} 93 \xrightarrow{\cdot 1,1} \dots$$

Zeit in Stunden	Anzahl d. Bakterien
0	70
1	77
2	85
3	93

Da die Zahl 70 immer wieder mit 1,1 multipliziert wird, also nach n Stunden auf $70 \cdot 1{,}1^n$ anwächst, nennt man das Wachstum **exponentielles Wachstum.**

$\boldsymbol{f(n) = 70 \cdot 1{,}1^n}$ ($f(n)$ = Anzahl der Bakterien nach n Stunden)

	A	B
1	Zeit in Std.	Anz. Bakterien
2	0	70
3	1	77
4	2	85
5	3	93
6	4	102
7	5	113
8	6	
9		

=A2+1

=B2*1,1

So stellen wir das Diagramm für die Tabellenkalkulation auf.

1. Markieren Sie die Zellen A1 bis B50.
2. Wählen Sie im Menü „Einfügen“ die Option „Diagramm“.
3. Wählen Sie den Diagrammtyp „Punkt (XY)“.
4. Bezeichnen Sie die Rubrikenachse mit„x-Werte“ und „y-Werte“.
5. Klicken Sie zum Schluss auf „Als Objekt in“.

Übungen

1 Eine Bakterienart mit dem internen Laborzeichen XXCL verdoppelt sich in jeder Stunde. Der Anfangsbestand beträgt 21 Bakterien.
a) Verfolgen Sie in der Tabelle den Verlauf über die ersten 48 Stunden. Wie groß ist der Bestand nach 12 (24, 36) Stunden?
c) Stellen Sie den Verlauf grafisch dar.

2 Ein Forstwirt hat einen Holzbestand von 45 000 m^3. Er rechnet für die nächsten 8 Jahre mit einem jährlichen Wachstum von 2,5%.
a) Berechnen Sie den Verlauf des Holzbestands über die nächsten 8 Jahre.
b) Stellen Sie ein Diagramm auf.

3 In der Tabelle finden Sie die Bevölkerungszahlen von 2000 für China und Deutschland.
Stellen Sie für beide Staaten Diagramme bis zum Jahre 2020 auf.

	2000	Wachstumsrate
China	1,26 Mrd.	+0,9%
Deutschland	82,037 Mio.	−0,02%

4 Malermeister Rubbert legt einen Betrag von 6500 Euro für 10 Jahre zu einem Zinssatz von 3,7 % an. Berechnen Sie mit Hilfe einer Tabelle:
a) Wie hoch ist das Endkapital?
b) Wie viel Zinsen fallen in 10 Jahren an?

Energiesparen

Wir prüfen die Wirtschaftlichkeit von Energiesparlampen.
Dazu nutzen wir die Tabellenkalkulation und fragen
a) Nach welcher Betriebsdauer sind die Gesamtkosten gleich?
b) Wie sieht der Kostenvergleich nach 1000 Stunden aus?
Wir überlegen:
c) Welche Spalten müssen angelegt werden?
d) Welche Formeln müssen eingesetzt werden?

Leistungskosten: $0{,}1163 \frac{€}{kWh}$

B8 = =B5+A8*D1*B4

	A	B	C	D	E
1	Verbrauchspreis		€/kWh	0,1163 €	
2		E.-Sparlampe		Glühlampe	
3	Brenndauer in h	5000		1000	
4	Leistung in kW	0,011		0,06	
5	Lampenpreis	2,56 €		0,99 €	
6			Anzahl		Anzahl
7	Stunden	Kosten	Lampen	Kosten	Lampen
8	1	2,56 €	1	1,00 €	1
9	2	2,56 €		1,00 €	
10	3	2,56 €		1,01 €	
34	900	3,71 €		7,27 €	
35	1000	3,84 €		7,97 €	
36	2000	5,12 €		15,94 €	2
37	3000	6,40 €		23,90 €	3
38	4000	7,68 €		31,87 €	4
39	5000	8,96 €		39,84 €	5

Soll beim Kopieren von Formeln immer auf eine bestimmte Ausgangszelle Bezug genommen werden, so ist vor Spalten- und Zeilenbezeichnungen ein $-Zeichen zu setzen, z.B. D1

Formeln für die Berechnung der
- Stunden: (in A9) = **A8+1**
- Kosten: Energiesparlampe (in B8)
  = B5+A8*D1*B4
- Kosten: Glühlampe (in D8)
  = D5+A8*D1*D4
- Lampenwechsel (in D36)
  = D5*E36+A36*D1*D4

Übungen

1 Führen Sie das angeführte Beispiel im Computer durch.

2 Vergleichen Sie die folgenden Angebote:
- **Energiesparlampe:**
  Leistung: 15 W, Preis: 3,59 €
- **Glühlampe:**
  Leistung: 100 W, Preis: 1,95 €

a) Nach welcher Betriebsdauer sind die Gesamtkosten gleich?
b) Wie sieht der Kostenvergleich nach 1000 (2000, 3000, 4000, 5000) Stunden aus?

3 Anastasia ersetzt 14 Lichtquellen in ihrer Wohnung durch Sparlampen. Sie rechnet mit einer Lebensdauer von 800 Stunden bei Glühlampen und 3000 Stunden bei den Sparlampen. Nach welcher Betriebsdauer haben sich die Mehrkosten im Vergleich zu einfachen Glühlampen bezahlt gemacht?

Anzahl	5	6	3
Glühlampe	40 W	75 W	100 W
Preis pro Stück	0,45 €	0,65 €	0,99 €
Energiesparlampe	9 W	12 W	15 W
Preis pro Stück	2,50 €	1,90 €	2,10 €

INFO
Probleme sehen
Probleme darstellen
Probleme lösen

Tabellenkalkulation zur Kostenrechnung

In einem Geschäft müssen häufig Kostenberechnungen für Angebote und Rechnungen durchgeführt werden. Um die Arbeit zu vereinfachen, entwickelt man ein Formular, das wie eine Tabelle aufgebaut ist.

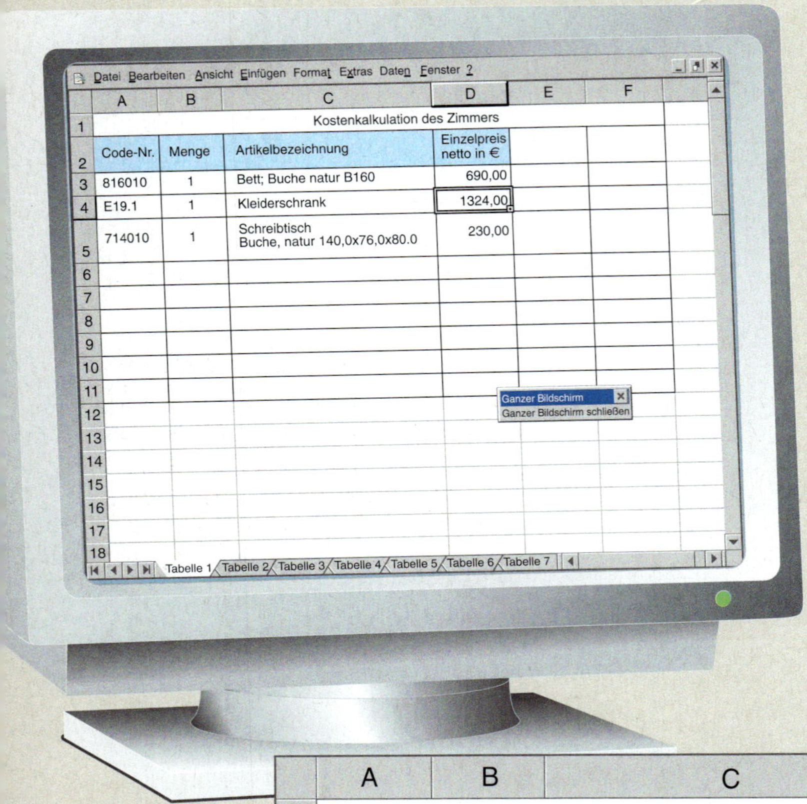

Wenn man häufig das gleiche Formular benutzen muss, bietet sich zur Bearbeitung ein **Tabellenkalkulationsprogramm** an.

Die Spalten der Tabelle werden dabei mit Buchstaben und die Zeilen mit Zahlen beschrieben. Eine bestimmte Spalte und eine bestimmte Zeile bilden eine **Zelle**.

Spalte\Zeile	…	B	C	D	…
:					
3					
4				D4	
5					
:					

Die Spalte **D** und die Zeile **4** bilden die Zelle **D4**. In eine Zelle kann man Wörter und Zahlen eintragen.
So steht z.B. bei der Kostenkalkulation eines Zimmers der Einzelpreis netto für den Kleiderschrank in der Zelle D4.

So sieht das Tabellenblatt auf dem Bildschirm und im Ausdruck aus.

	A	B	C	D	E	F
	Kostenkalkulation des Zimmers					
2	Code-Nr.	Menge	Artikelbezeichnung	Einzelpreis netto in €	Gesamtpreis netto in €	Gesamtpreis incl. MwSt. in €
3	816010	1	Bett, Buche natur B160	690,00	690,00	800,40
4	E19.1	1	Kleiderschrank	1321,00	1321,00	1532,36
5	714010	1	Schreibtisch Buche, natur 140,0x76,0x80,0	230,00	230,00	266,80
6	703010	1	Rollcontainer mit Vollauszug Buche, natur 43,5x60,0x55,0	265,00	265,00	307,40
7	534410	2	Schubkasten-Elemente 6R Buche, natur 42,4x115,5x46,5	368,00	736,00	853,76
8				Summe Einzelpreis netto in €	Summe Gesamtpreis netto in €	Summe Gesamtpreis incl. MwSt. in €
9				2874,00	3242,00	3760,72
10						darin enthalten 16% MwSt.
11					MwSt. in €	518,72

In die Zellen des Formulars einer Tabellenkalkulation können auch **Formeln** geschrieben werden, mit deren Hilfe das Programm Berechnungen automatisch durchführen kann.

Spalte\Zeile	...	C	D	E	...
:					
6					
7				=B7*D7	
8					
:					

= B7*D7 bedeutet: In die Zelle E7 wird das Ergebnis der Multiplikation des Inhaltes der Zelle B7 mit der Zelle D7 eingetragen.
Das ist dann der Gesamtpreis netto für die Schubkastenelemente.

Bedeutung einiger einfacher Formeln in der Tabellenkalkulation

Formel	Bedeutung
=A7+B9	Zellenwert von A7 wird zum Zellenwert von B9 addiert
=C7–D7	Zellenwert von D7 wird vom Zellenwert von C7 subtrahiert.
=E8*B2	Multipliziert die Zellenwerte von E8 und B2
=A1/B4	Zellenwert von A1 wird durch den Zellenwert von B4 dividiert

Bedeutung einiger zusammengesetzter Formeln in der Tabellenkalkulation

Formel	Bedeutung
=A1+B3*C3	Multipliziert den Zelleninhalt von B3 und C3 und addiert das Ergebnis zum Zelleninhalt von A1
=(D4–F5)/A2	Subtrahiert den Zelleninhalt von F5 vom Zelleninhalt von D4 und dividiert das Ergebnis durch den Zelleninhalt von A2
=Summe (D2:D9)	Addiert alle Zelleninhalte in der Spalte D von D2 bis D9

Hier sieht man die verwendeten Formeln, die hinter den Zellen liegen.

	A	B	C	D	E	F
1	Kostenkalkulation des Zimmers					
2	Code-Nr.	Menge	Artikelbezeichnung	Einzelpreis netto in €	Gesamtpreis netto in €	Gesamtpreis incl. MwSt. in €
3	816010	1	Bett, Buche natur B160	690	=B3*D3	=E3+E3*0,16
4	E19.1	1	Kleiderschrank	1321	=B4*D4	=E4+E4*0,16
5	714010	1	Schreibtisch Buche, natur 140,0x76,0x80.0	230	=B5*D5	=E5+E5*0,16
6	703010	1	Rollcontainer mit Vollauszug Buche, natur 43,5x60,0x55,0	265	=B6*D6	=E6+E6*0,16
7	534410	2	Schubkasten-Elemente 6R Buche, natur 42,4x115,5x46,5	368	=B7*D7	=E7+E7*0,16
8				Summe Einzelpreis netto in €	Summe Gesamtpreis netto in €	Summe Gesamtpreis incl. MwSt. in €
9				2874	=SUMME(E3:E7)	=SUMME(F3:F7)
10						darin enthalten 16% MwSt.
11					MwSt. in €	=F9-E9

Kredite, Kalkulationen und Gewinne

Kredite

Banken und Sparkassen geben Kredite und Darlehen. Das ist Geld, das gegen Zinsen ausgeliehen wird.

Die **Kosten** für einen Kredit bestehen aus den *Zinsen* und einer *Bearbeitungsgebühr* (gelegentlich auch noch einer *Vermittlungsgebühr*). Der Zinssatz wird oft „pro Monat" angegeben. Im Beispiel wird dies erläutert.

Kreditkosten = Zinsen + Bearbeitungsgebühr

Beispiel

Anne möchte sich für ihre Fahrten zur Arbeitsstelle einen Roller kaufen, der 1450 € kostet. Da Anne aber nur 600 € gespart hat, nimmt ihre Mutter für die restlichen 850 € einen **Ratenkredit** auf.

Die Bank gibt den Kredit zu folgenden Bedingungen: Zinssatz **pro Monat** 0,48% auf den vollen Kredit. Bearbeitungsgebühr 2% vom Kreditbetrag. Rückzahlung nach 18 Monaten.
Wie viel Euro muss Annes Mutter für den Kredit von 850 € nach 18 Monaten zurückzahlen?
Wie viel Euro muss sie monatlich dafür beiseite legen?

Lösung:

1. Bearbeitungsgebühr
   2% von 850 € = 17 €
2. Zinsen für 18 Monate
   0,48% · 18 = 8,64%
   8,64% von 850 € = 73,44 €
3. Rückzahlungsbetrag
   (Kredit + Bearbeitungsgebühr + Zinsen)
   850 € + 17 € + 73,44 € = 940,44 €
4. Anteil pro Monat
   940,44 € : 18 = 52,25 €

Annes Mutter muss 940,44 € nach 18 Monaten zurückzahlen. Dafür muss sie 52,25 € pro Monat sparen.

Übungen

1 Berechnen Sie die monatlichen Raten.

	Kredit	Zinssatz pro Monat	Bearbeitungsgebühr	Rückzahlung nach
a)	5400	0,62%	2,5%	24 Monaten
b)	1350	0,57%	1,7%	15 Monaten
c)	6000	0,7%	0%	13 Monaten

2 Zum 18. Geburtstag möchte sich Rolf ein Motorrad für 2120 € kaufen. Er hat 1300 € gespart. Für den Restbetrag nimmt er einen Kredit auf, den er nach 15 Monaten zurückzahlen muss. Die Zinsen betragen 0,4% pro Monat. Die Bearbeitungsgebühr beträgt 3%.

Verzinsung und Tilgung von Krediten

Wenn man bei einer Bank einen Kredit aufnimmt, wird der Kredit oft nicht in einer Summe, sondern in monatlichen oder vierteljährlichen Raten verzinst und auch abgetragen (getilgt).
Jede Rate setzt sich zusammen aus einem **Zinsanteil** *und* aus einem **Tilgungsanteil**.

Beispiel

Hanna möchte ihr Arbeitszimmer neu einrichten. Dazu nimmt sie bei der Bank 10 000 Euro auf. Das Darlehen wird mit 5,5 % verzinst und in vierteljährlichen Raten mit 1000 Euro zurückgezahlt. Sie erhält einen **Tilgungsplan**. Erklären Sie den Tilgungsplan.

Darlehen: 10 000 Euro; Zinssatz: 5,5 %; Raten: vierteljährlich				
	Rate	Zinsen	Tilgung	Restschuld
				10 000,00 €
1	1000,00 €	137,50 €	862,50 €	9137,50 €
2	1000,00 €	125,64 €	874,36 €	8263,14 €
3	1000,00 €	113,62 €	886,38 €	7376,76 €
4	1000,00 €	101,43 €	898,57 €	6478,19 €
5	1000,00 €	89,08 €	910,92 €	5567,26 €
6	1000,00 €	76,55 €	923,45 €	4643,81 €
7	1000,00 €	63,85 €	936,15 €	3707,67 €
8	1000,00 €	50,98 €	949,02 €	2758,65 €
9	1000,00 €	37,93 €	962,07 €	1796,58 €
10	1000,00 €	24,70 €	975,30 €	821,28 €
11	832,57 €	11,29 €	821,28 €	– €

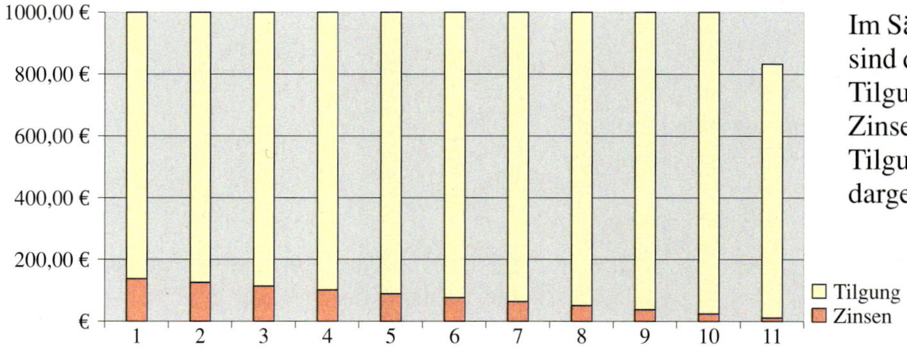

Im Säulendiagramm sind die Anteile der Tilgung und der Zinsen aus dem Tilgungsplan dargestellt.

Die festbleibende Rate (im Beispiel 1000 €) heißt **Annuität**.

Übungen

1 Stellen Sie einen Tilgungsplan auf:
Darlehen 12 000 €; vierteljährliche Rate 500 €; Zinssatz 4 %.

2 Herr Böhmer benötigt ein Darlehen in Höhe von 7000 €. Das Darlehen wird mit 3,5 % verzinst. Die montliche Rate beträgt 250 €.
Stellen Sie einen Tilgungsplan auf.

Vermischte Aufgaben

1 Eine Fleischermeisterin benötigt zur Renovierung des Ladenlokals einen Kredit von 16 000 Euro für ein Jahr. Sie holt drei Angebote ein.

Bank A *Unser Sonderangebot:*

5,5 % Zinsen,
160 € Bearbeitungsgebühr

Bank B *Jetzt zugreifen!*
Besonders günstig:

6,3 % Zinsen,
keine Bearbeitungsgebühr

Bank C *Unser*
Schnäppchenangebot:

4,9 % Zinsen,
1,5 % Bearbeitungsgebühr

a) Berechnen Sie alle drei Angebote.
b) Für welches Angebot wird sich die Fleischermeisterin entscheiden?

2 Ein Sonnenstudiobesitzer kauft eine Sonnenbank für 3400 €. Er muss einen Kredit aufnehmen und kann zwischen vier Angeboten wählen.

Angebot	Zinssatz pro Monat	Bearbeitungsgebühr	Rückzahlung nach
1	0,51 %	50 €	13 Monaten
2	0,44 %	40 €	15 Monaten
3	0,36 %	1,5 %	18 Monaten
4	0,49 %	2 %	12 Monaten

a) Welches Angebot ist das günstigste? Berechnen und vergleichen Sie.
b) Wie hoch ist für das günstigste Angebot die Rate pro Monat?

3 Frau Neumann will einen Anschaffungskredit von 26 000 €. Die Banken und Sparkassen machen verschiedene Angebote.

Angebot	Zinssatz pro Monat	Bearbeitungsgebühr	Rückzahlung nach
1	0,36 %	9 %	44 Monaten
2	0,40 %	7,5 %	40 Monaten
3	0,32 %	500 €	4 Jahren
4	0,41 %	keine	3,5 Jahren

a) Welches Angebot ist das günstigste?
b) Wie viel Euro muss Frau Neumann für das günstigste Angebot insgesamt bezahlen?
c) Wie hoch sind die gleichbleibenden Raten pro Monat?

4 Ein Darlehen von 20 000 Euro wird zum 1. 1. des Jahres 2006 ausgeliehen und mit 4,8 % verzinst. Die vierteljährlichen Annuitäten betragen 1800 €.
a) Stellen Sie einen Tilgungsplan auf.
b) Wann wird die letzte Rate zurückgezahlt?

5 Stellen Sie einen Tilgungsplan auf. Wann ist das Geld zurückgezahlt, wenn die Annuitäten vierteljährlich zu zahlen sind?

	Darlehen	Beginn	Zinssatz	Annuität
a)	10 000 €	01.01.03	9,2 %	1000 €
b)	25 000 €	01.04.03	7,6 %	3500 €
c)	40 000 €	01.07.03	8,4 %	4100 €
d)	15 000 €	01.12.03	10,1 %	1900 €

6 Nico zahlt einen Kleinkredit von 2300 € bei einem Zinssatz von 6 % in monatlichen Raten zurück.
a) Die monatlichen Annuitäten betragen 190 €. Stellen Sie einen Tilgungsplan auf. Wie viel Raten muss Nico bezahlen?
b) Nico überlegt, ob er 380 € monatlich zahlen kann. Stellen Sie auch hierfür einen Tilgungsplan auf. Wie lange muss Nico jetzt zahlen?
c) Wenn Nico monatlich 190 € zahlt und der Zinssatz nur 3 % statt 6 % beträgt, halbiert sich dann auch die Rückzahlungszeit?

Kalkulation und Gewinn

Ein Sportgeschäft bietet Heimtrainer für 362 € an. Wie kommt es zu diesem Preis?

Einkaufspreis: Der Sporthändler hat die Heimtrainer für 199,50 € pro Stück eingekauft.

Geschäftskosten: Der Händler veranschlagt für Miete der Geschäftsräume, Strom, Heizung, Gehälter für sich und die Angestellten, Werbung usw. 45% des Einkaufspreises als **Geschäftskosten**.
45% von 199,50 € = 89,78 €

Selbstkosten: Einkaufspreis + Geschäftskosten
199,50 € + 89,78 € = 289,28 €

Gewinn: Der Händler plant 8% des Selbstkostenpreises als Gewinn ein.
8% von 289,28 € = 23,14 €

Verkaufspreis: Selbstkosten + Gewinn
289,28 € + 23,14 € = 312,42 €

Mehrwertsteuer: Die Mehrwertsteuer (MwSt.) ist eine Abgabe an den Staat. Sie beträgt 16% vom Verkaufspreis.
16% von 312,42 € = 49,99 €

Endpreis: Verkaufspreis + Mehrwertsteuer
312,42 € + 49,99 € = 362,41 €

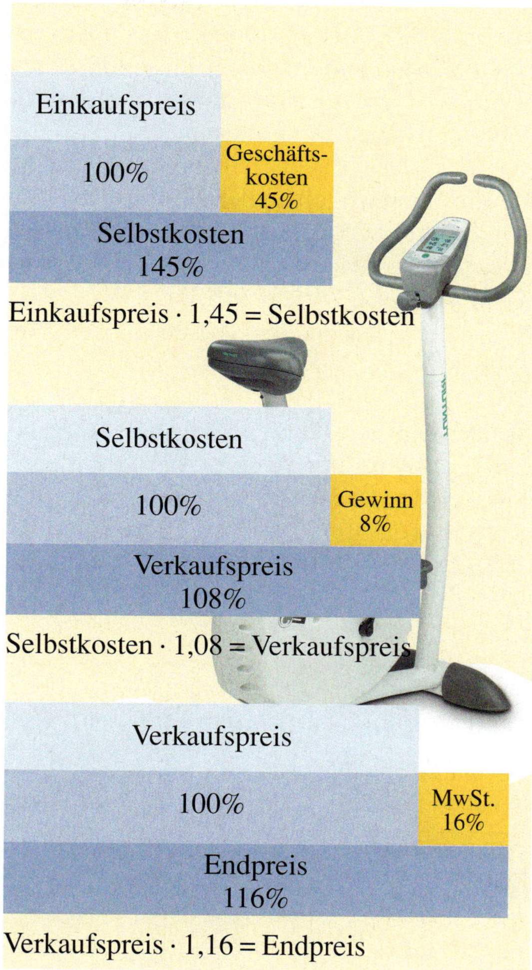

Der Heimtrainer wird für 362 € angeboten.
199,50 × 1,45 × 1,08 × 1,16 ≈ 362
Die Differenz von 0,41 € ergibt sich aus TR-Rundungen in den Einzelschritten.

Beispiel

Ein Geschäftsmann rechnet beim Verkauf eines Mountainbikes mit 42% Geschäftskosten und 9% Gewinn. Berechnen Sie den Endpreis mit 16% Mehrwertsteuer, wenn der Einkaufspreis 275 € betrug.

Der Endpreis beträgt 493,75 €.

Selbstkosten:
Einkaufspreis + Geschäftskosten
142% von 275 € = **390,50 €**

Verkaufspreis:
Selbstkosten + Gewinn
109% von 390,50 € = **425,65 €**

Endpreis:
Verkaufspreis + Mehrwertsteuer
116% von 425,65 € = **493,75 €**

Übungen

1 Ein Elektrohändler kauft eine Stereoanlage für 410 € ein. Er rechnet mit 48% Geschäftskosten und möchte 7% Gewinn erzielen. Zu welchem Preis muss er bei 16% Mehrwertsteuer das Gerät anbieten?

2 Ein Sportartikelhändler kauft 50 Squashschläger zu je 25 € ein. Er kalkuliert mit 42% Geschäftskosten und 9,5% Gewinn. Die Mehrwertsteuer beträgt 16%.
Wie teuer wird jeder Schläger den Käufern angeboten?

3 Der Selbstkostenpreis eines Fernsehgeräts beträgt 600 €. Wie hoch ist der Gewinn (in Prozent des Selbstkostenpreises), wenn das Fernsehgerät für 762,12 € einschließlich 105,12 € Mehrwertsteuer verkauft wird?

4 Rechnen Sie im Heft.

		a)	b)	c)
Einkaufspreis in €		240	385	1020
Geschäfts-kosten	in Prozent	48		
	in €		138,60	
Selbstkosten in €				1489,20
Gewinn	in Prozent	5		
	in €		81,77	
Verkaufspreis in €				1563,66
MwSt.	in Prozent	16	16	16
	in €			
Endpreis in €				

5 Berechnen Sie den Einkaufspreis, wenn folgende Prozentsätze gelten: MwSt. 16%, Gewinn 5,5% und Geschäftskosten 48%.

Endpreise	
Sportshort	12,50 €
T-Shirt	5,75 €
Sportschuh	23,75 €
Stirnband	6,50 €
Socken	3,45 €

6 Ein Paar Schuhe kostet im Einkauf 27 €. Der Schuhhändler rechnet mit 48% Geschäftskosten und 8% Gewinn. Zu welchem Preis wird das Paar Schuhe bei 16% Mehrwertsteuer verkauft?

7 Eine Handtasche kostete im Einkauf 39,50 €. Berechnen Sie den Endpreis, wenn die Geschäftskosten 52% und der Gewinn 11% betragen. (16% MwSt.).

8 Eine Einbauküche kostet im Einkauf 2010 €. Die Geschäftskosten betragen 48%, der Gewinn wird mit 15% angenommen. Berechnen Sie den Endpreis bei 16% MwSt.

9 Der Selbstkostenpreis für einen Taschenrechner beträgt 12 €. Wie hoch ist der Endpreis einschließlich 16% Mehrwertsteuer, wenn 7,5% Gewinn erzielt werden?

10 Ein Lebensmittelhändler kauft im Großmarkt Obst für 480 € ein. Er rechnet mit 25% Geschäftskosten und einem Gewinn von 3,5%. Die Mehrwertsteuer bei Lebensmitteln beträgt 7%. Berechnen Sie den Endpreis.

11 Frau Kasten kauft für ihre Autowerkstatt Keilriemen zum Stückpreis von 6,25 € ein. Für den Weiterverkauf berechnet sie 3,30 € als Geschäftskosten. Dem Kunden stellt sie einen Keilriemen mit 10,46 € in Rechnung (ohne MwSt.). Berechnen Sie den Gewinn in Euro und in Prozent.

12 Nehmen Sie in Aufgabe 11 an, dass Frau Kasten die Keilriemen selbst mit 5% Mengenrabatt beziehen kann. Um wie viel Euro erhöht sich dadurch ihr Gewinn?

13 Ein Antiquitätenhändler hatte ein altes Lexikon für 250 € gekauft. Er ließ den beschädigten Lederrücken des Buches für 90 € neu einbinden und verkaufte das Lexikon mit einem Aufschlag von 30% auf den Selbstkostenpreis. Wie viel Euro bezahlte der Käufer (16% MwSt.)?

Sachaufgaben

1 Lydia, Sascha, Hasan und Lilo haben ihr Geld auf unterschiedlichen Geldinstituten. Sie wollen vergleichen.

	Zinsen	Zinssatz	Kapital
Lydia	7,20 €	1,6 %	
Sascha	8,75 €	1,75 %	
Hasan	9,00 €		500 €
Lilo	12,00 €		890 €

Zu welchen Ergenissen kommen Sie?

2 Für ihre Klassenfahrt in der Oberstufe nach Berlin haben die Kinderpflegerinnen schon seit den Unterstufen Geld auf verschiedenen Konten festgelegt.
Jede Klasse braucht 3750 € für die Fahrt. Unterstufe I hat 3500 € zu einem Zinssatz von 6,7% angelegt.
Unterstufe II zahlt 3600 € ein und erwartet Zinsen in Höhe von 259,20 €.
Unterstufe III hat 3450 € zu einem Zinssatz von 7,7% eingezahlt.
a) Wie sieht der Kassenstand jeder Klasse nach einem Jahr aus?
b) Zu welchem Zinssatz hat die U II das Geld angelegt?
c) Der Förderverein will zu den erwirtschafteten Zinsen jeweils 25% als Zuschuss für die Klassen geben.

3 Drei Geldinstitute bieten ihre Dienste an.

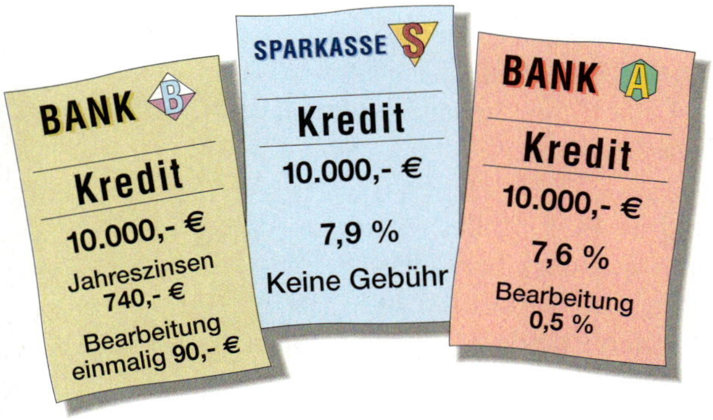

Stellen Sie eine Tabelle auf, sodass man alle Beträge vergleichen kann. Welches Angebot ist am günstigsten?

4 Uli hat von ihrer Oma Geld geerbt und zu einem Zinssatz von 3,75% eingezahlt. Nach einem Jahr zahlt die Raiffeisenbank 86,10 € Zinsen.
Wie groß war die Erbschaft?

5 Monika hat 320 € angelegt. Wie viel Zinsen erhält sie nach einem Jahr bei einem Zinssatz von 3%?

6 Herr Moser zahlt einen Kredit in Höhe von 10 000 € nach einem Jahr zurück. Das Geld wurde mit 7,5% verzinst. Wie viel Euro muss Herr Moser einschließlich der Zinsen zurückzahlen?

7

8 a) Für ein Guthaben von 1890 € werden 94,50 € Jahreszinsen ausgezahlt. Wie hoch ist der Zinssatz?
b) Für ein Guthaben von 1258 € werden nach einem Jahr 81,77 € gutgeschrieben. Berechnen Sie den Zinssatz.

9 Herr Tunc hat 50 000 € in Pfandbriefen angelegt, die in jedem Jahr mit 6,5% verzinst werden.
a) Wie viel Zinsen bekommt er im Durchschnitt monatlich?
b) Wie viel Zinsen bekäme er durchschnittlich pro Monat, wenn die Pfandbriefe mit 8% verzinst würden?

10 a) Frau Begani zahlt für einen Kredit 741 € Zinsen bei einem Zinssatz von 9,5%. Wie hoch war der Kredit?
b) Herr Schmitz zahlt bei gleichem Zinssatz 190 € Zinsen. Wie hoch ist sein Kredit?

11 Sabrina erhält auf ihr Sparguthaben 4,32 € Jahreszinsen gutgeschrieben. Ihr Sparguthaben wurde mit 1,5% verzinst.
Berechnen Sie das Guthaben.

12 Herr Haas kauft ein Haus für 295 000 € als Kapitalanlage. Er erwirtschaftet mit dem Haus jährlich 6000 €.
Mit welchem Zinssatz verzinst sich das eingesetzte Kapital?

13 Frau Müller-Ohnesorg hat als Kapitalanlage Wertpapiere im Wert von 4250 € gekauft. Am Jahresende erhält sie 318,75 € Dividende (Jahreszinsen). Mit welchem Zinssatz werden die Wertpapiere verzinst?

14 Frau Ludwig will sich ein neues Auto kaufen. Sie möchte dafür einen Kredit in Höhe von 5000 € aufnehmen. Die Kundenbank bietet diesen Kredit für ein Jahr zu einem Zinssatz von 9,8% an. Die Kreditbank bietet Frau Ludwig den Kredit für 475 € Zinsen im Jahr an. Hinzu kommt eine Bearbeitungsgebühr von 25 €. Vergleichen Sie die Angebote. Welches Angebot ist günstiger?

15 Berechnen Sie und vergleichen Sie die Kosten nach einem Jahr für einen Kredit von 5000 € bei folgenden Angeboten:
Angebot 1: 9% Zinsen, 60 € Bearbeitungsgebühr
Angebot 2: 425 € Zinsen, 50 € Bearbeitungsgebühr
Angebot 3: 8,5% Zinsen, 2% Bearbeitungsgebühr

16 Berechnen Sie die Zinsen für einen Überziehungskredit (Dispositionskredit):
a) 5200 € zu 18,5% p.a. für 45 Tage
b) 8750 € zu 16,7% p.a. für 63 Tage
c) 2345,68 € zu 17,5% p.a. für 39 Tage
(Hinweis: p. a. (= pro anno) heißt: für ein Jahr)

17 Werner hat 235 Tage lang ein Guthaben von 670 € auf seinem Sparbuch. Wie viel Zinsen erhält er bei einem Zinssatz von 2,1%?

18 Nermin hat 1580 € für 10 Monate zu 2,4% festgelegt.
a) Wie hoch sind die Zinsen?
b) Wie viel Kapital hat sie nach dieser Zeit?

19 Auf welchen Betrag wächst ein Sparguthaben von 8600 € an? Es wird 11 Monate lang zu 2,25% p.a. verzinst.

20 Eine Computerhändlerin wirbt mit folgendem Hinweis:

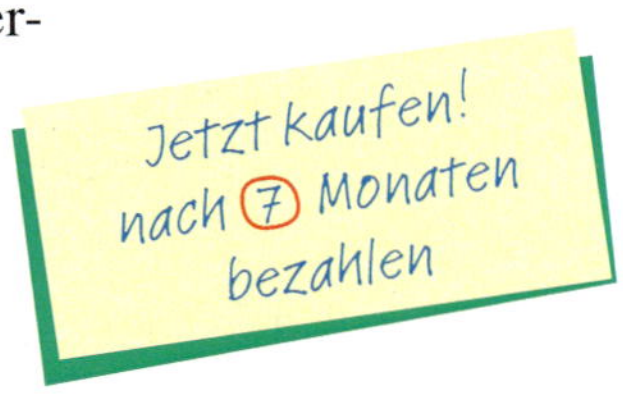

Die Inhaberin berechnet auf den Kaufpreis 6,5% p.a. Zinsen für die 7 Monate. Berechnen Sie die Barzahlungspreise.

Multi-Media PC-Tower	1450 €
Bildschirm 19″	250 €
Laptop XXY	1980 €

21 Eine Geldanlage wird mit 4,25% verzinst. Monatlich bringt dies 350 € Zinsen.
a) Wie hoch sind die Jahreszinsen?
b) Berechnen Sie das Kapital.

22 a) Für ein Guthaben von 642 € werden nach einem Jahr 41,73 € gutgeschrieben. Berechnen Sie den Zinssatz.
b) Für ein Guthaben von 1890 € werden 94,50 € Jahreszinsen ausgezahlt. Wie hoch ist der Zinssatz?

23 a) Herr Zöller zahlt für einen Kredit 714 € Zinsen bei einem Zinssatz von 9,5%. Wie hoch war der Kredit?
b) Herr Pfleiderer zahlt bei gleichem Zinssatz 190 € Zinsen. Wie hoch ist sein Kredit?

24 Vladimir hat für 8 Jahre 5000 € zu 8,4% angelegt. Über welchen Betrag kann er nach dieser Zeit verfügen?

Nachschüssige Renten

Jährliche gleichhohe Einzahlungen (Auszahlungen) bezeichnet man als **Renten**. An jedem Jahresende wird das angesparte Guthaben verzinst.

Beispiel

Frau Käfer zahlt 5 Jahre lang am Ende jeden Jahres 2000 € auf ein Sparkonto. Das Guthaben wird mit $p = 3\,\%$ verzinst. Wie hoch ist das Guthaben am Ende des 5. Jahres? Wir rechnen:

Ende 1. Jahr		Ende 2. Jahr		Ende 3. Jahr		Ende 4. Jahr		Ende 5. Jahr
2000 € (1. Einzahlung)	$\cdot 1{,}03 \rightarrow$	2060 €	$\cdot 1{,}03 \rightarrow$	2121,80 €	$\cdot 1{,}03 \rightarrow$	2185,45 €	$\cdot 1{,}03 \rightarrow$	2251,02 €
								+
		2000 € (2. Einzahlung)	$\cdot 1{,}03 \rightarrow$	2060,00 €	$\cdot 1{,}03 \rightarrow$	2121,80 €	$\cdot 1{,}03 \rightarrow$	2185,45 €
								+
				2000 € (3. Einzahlung)	$\cdot 1{,}03 \rightarrow$	2060,00 €	$\cdot 1{,}03 \rightarrow$	2121,80 €
								+
						2000 € (4. Einzahlung)	$\cdot 1{,}03 \rightarrow$	2060,00 €
								+
								2000 € (5. Einzahlung)

q = 1,03 ist der Zinsfaktor

Man nennt diese Rente **nachschüssig**, weil die Einzahlungen und die Berechnung des Endwertes (Guthaben) **am Ende** des Jahres erfolgen.

Guthaben am Ende des 5. Jahres 10 618,27 €

Formel für den Rentenendwert R_n einer nachschüssigen Rente r mit dem Zinsfaktor $q = 1 + p$ und der Anzahl n der Zahlungen:

$$R_n = r \cdot \frac{q^n - 1}{q - 1}$$

Beispiel

Berechnung des Guthabens mit der **Formel**

Gegeben: $r = 2000\,€$; $p = 30\,\%$ also $q = 1{,}03$; $n = 5$

Lösung: $R_n = 2000 \cdot \frac{1{,}03^5 - 1}{1{,}03 - 1} = 10\,618{,}27$

Der Rentenendwert beträgt 10 618,27 €.

Übungen

1 Berechnen Sie den Rentenendwert R_n für eine nachschüssige Rente wie in der obigen Schemazeichnung und mit der Fromel.

	Rente r	Zinssatz p	Anzahl n
a)	1000 €	5,0 %	5
b)	5000 €	2,8 %	6
c)	12 000 €	3,6 %	7

2 Ein Maurermeister zahlt jährlich 25 Jahre lang 4000 € bei einem Zinssatz von 3,25 % ein. Welcher Betrag steht ihm nach 25 Jahren bei nachschüssigen Einzahlungen zur Verfügung.

3 Bettina zahlt jährlich nachschüssig 8 Jahre lang 3600 € auf ein Konto ein. Nach 8 Jahren erhöht sie den Betrag auf 6000 € und zahlt ihn 7 Jahre ein. Wie hoch ist ihr Guthaben bei einer Verzinsung von 4,18 % nach 15 Jahren?

Vorschüssige Renten

Von der nachschüssigen Rente unterscheidet man die **vorschüssige** Rente. Hierbei erfolgen die Zahlungen immer am *Anfang* des Jahres, der Rentenendwert wird aber am *Ende* berechnet.

Beispiel

Frau Käfer entscheidet sich für eine vorschüssige Rente. Wie hoch ist ihr Guthaben (Rentenendwert) bei 3 % Zinsen am Ende des 5. Jahres, wenn sie am Jahresanfang jeweils 2000 € auf das Sparkonto einzahlt? Wir rechnen:

q = 1,03 ist der Zinsfaktor

Anfang 1. Jahr	Anfang 2. Jahr	Anfang 3. Jahr	Anfang 4. Jahr	Anfang 5. Jahr	Ende 5. Jahr
2000 € (1. Zahlung)	$\xrightarrow{\cdot 1{,}03}$ 2060 €	$\xrightarrow{\cdot 1{,}03}$ 2121,80 €	$\xrightarrow{\cdot 1{,}03}$ 2185,45 €	$\xrightarrow{\cdot 1{,}03}$ 2251,02 €	$\xrightarrow{\cdot 1{,}03}$ 2318,55 €
	2000 € (2. Zahlung)	$\xrightarrow{\cdot 1{,}03}$ 2060,00 €	$\xrightarrow{\cdot 1{,}03}$ 2121,80 €	+ $\xrightarrow{\cdot 1{,}03}$ 2185,45 €	+ 2251,02 €
		2000 € (3. Zahlung)	$\xrightarrow{\cdot 1{,}03}$ 2060,00 €	+ $\xrightarrow{\cdot 1{,}03}$ 2121,80 €	+ 2185,45 €
			2000 € (4. Zahlung)	+ $\xrightarrow{\cdot 1{,}03}$ 2060,00 €	+ 2121,80 €
				+ 2000 € (5. Zahlung)	$\xrightarrow{\cdot 1{,}03}$ + 2060,00 €
				Guthaben am Ende des 5. Jahres	<u>10 936,82 €</u>

Im Vergleich mit der nachschüssigen Rente werden die 5 Beträge zu 2000 € ein Jahr früher eingezahlt und damit ein Jahr länger verzinst.

Formel für den Rentenendwert R_V einer vorschüssigen Rente r mit dem Zinsfaktor $q = 1 + p$ und der Anzahl n der Zahlungen:

$$R_V = r \cdot \frac{q^n - 1}{q - 1} \cdot q$$

Berechnen Sie das Guthaben von Frau Käfer mit der Formel.

Übungen

1 Berechnen Sie den Rentenendwert R_V für eine vorschüssige Rente wie in der obigen Schemazeichnung und mit der Formel.

	Rente r	Zinssatz p	Anzahl n
a)	1000 €	4,0 %	3
b)	6000 €	2,4 %	4
c)	8400 €	3,8 %	5

2 Über welches Guthaben würde der Maurermeister (Aufgabe 2, Seite 105) verfügen, wenn die Renten vorschüssig erfolgten?

3 Ein kaufmännische Angestellte schließt einen Sparvertrag zu 3,5 % ab auf den sie jährlich vorschüssige Renten von 4600 € 12 Jahre lang einzuzahlen hat. Nach 5 Jahren setzt sie wegen finanzieller Schwierigkeiten für 3 Jahre aus, zahlt danach aber wie vereinbart weiter. Wie hoch ist ihr Guthaben nach 12 Jahren?

Mischungsrechnen

Mischungen

In einer Kaffeerösterei werden 2 Kilogramm Santos-Kaffee mit 3 Kilogramm Guatemala-Kaffee gemischt. Es wird also eine Kaffeemischung im Verhältnis 2:3 hergestellt.
Ein Kilogramm Santos-Kaffee kostet 9,90 €, ein Kilogramm Guatemala-Kaffee 11,35 €.
Wir berechnen zunächst den Gesamtpreis der Mischung und daraus dann den Preis für 1 kg der Mischung.

2 kg Santos-Kaffee kosten	2 · 9,90 € = 19,80 €
3 kg Guatemala-Kaffee kosten	3 · 11,35 € = 34,05 €
5 kg der Mischung kosten	53,85 €
1 kg der Mischung kostet dann	53,85 € : 5 = 10,77 €

Antwort: Ein Kilogramm der Mischung kostet 10,77 €.

> Wir berechnen zuerst die Kosten für die gesamte Mischung.
> Daraus wird dann der Preis für 1 Kilogramm berechnet.

Beispiel

700 g Kakaopulver für 8,25 € werden mit 350 g Milchpulver für 2,90 € und 200 g Zucker für 0,60 € gemischt. Wie teuer wird 1 Kilogramm der Mischung?

Wir mischen:	700 g Kakao kosten	8,25 €
	350 g Milchpulver kosten	2,90 €
	200 g Zucker kosten	0,60 €
	1250 g der Mischung kosten	11,75 €
Wir rechnen mit dem Dreisatz:	1250 g der Mischung kosten	11,75 €
	1 g der Mischung kostet	$\frac{11,75}{1250}$ €
	1 kg = 1000 g der Mischung kosten	$\frac{11,75 \cdot 1000}{1250}$ € = 9,40 €

Antwort: Ein Kilogramm der Mischung kostet 9,40 €.

Übungen

1 In einem Süßwarengeschäft werden zwei Sorten Pralinen gemischt. Dazu nimmt der Kaufmann von der einen Sorte 5 kg zu je 8 € und von der anderen 10 kg zu je 11,25 €. Wie viel kostet 1 kg der Mischung? Runden Sie.

2 Berechnen Sie den Preis für 1 kg der Kaffeemischung, wenn folgende Kaffeemengen gemischt werden. Runden Sie sinnvoll.

a) 6 kg Kaffee zu 12,40 € je kg und
3 kg Kaffee zu 12,70 € je kg

b) 8 kg Kaffee zu 11,80 € je kg und
6 kg Kaffee zu 9,90 € je kg

3 Eine Teemischung wird neu zusammengestellt:
5 kg Sorte A, das Kilogramm zu 13,50 € und
3 kg Sorte B, das Kilogramm zu 19,90 €.
Was kostet 1 Kilogramm der Mischung?

4 Die Teemischung Sonnentau wird aus drei Sorten zubereitet:
4,5 kg der Sorte X12 zu 11,30 € pro kg,
2,4 kg der Sorte Y007 zu 21,30 € pro kg,
1,6 kg der Sorte XXL zu 24,80 € pro kg.
Wie viel kosten 500 Gramm der Mischung?

5 620 g Honig der Spitzensorte kosten 7,80 €.
Sie werden mit 930 g einfachem Honig, der 5,55 € kostet, gemischt. Wie teuer werden 400 g der Mischung?

6 Im Fabrikeinkauf kostet ein Hektoliter (hl) Bier 145 €. Zitronensprudel kostet je Hektoliter 83 €. 3 hl Bier werden mit 2 hl Sprudel zu Alsterwasser vermischt.
a) Wie teuer ist dann 1 hl Alsterwasser?
b) Wie teuer ist 1 Liter?

7 In der Römer-Apotheke werden 5 g Ringelblumenöl für 0,55 € mit 50 g Basissalbe für 1,90 € zu Ringelblumensalbe verarbeitet.
Wie hoch sind die Kosten für 20 g Ringelblumensalbe?

8 Kürbisse werden eingekocht.

Es werden gemischt:
3 kg Kürbis, 1 kg Zucker, 300 g Essig, 2 kg Wasser.
Wie viel kosten 600 g Kürbiskompott?

9

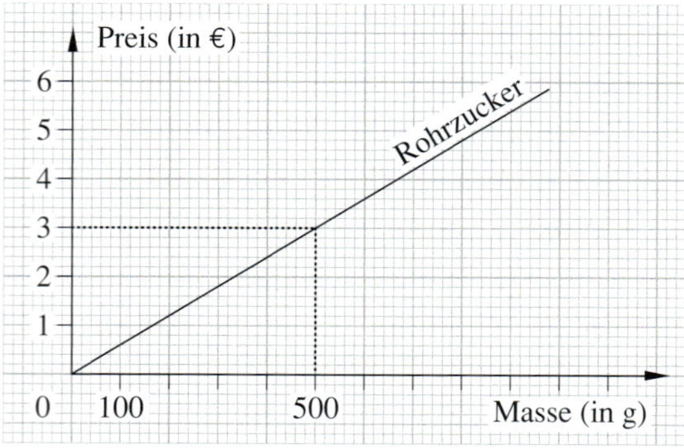

a) Zeichnen Sie die Preisgerade für Rohrzucker in Ihr Heft.
b) Zeichnen Sie die Preisgerade für Himbeersaft ein. 300 g Himbeersaft kosten 6,50 €.
c) Lesen Sie ab: Wie viel kosten 150 g Rohrzucker und 150 g Himbeersaft?
d) Berechnen Sie, was 300 g der Mischung kosten. (Mischungsverhältnis 1:1)
e) Zeichnen Sie die Preisgerade für die Mischung ein.
f) Lesen Sie ab: Wie viel kosten 100 g (50 g, 275 g, 200 g) der Himbeermischung?

10 Zwei Kaffeesorten werden im Verhältnis 2:3 gemischt.

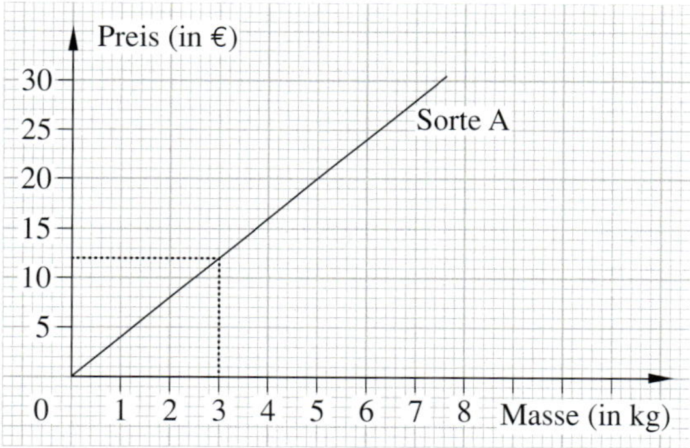

a) Übertragen Sie die Preisgerade in Ihr Heft.
b) Zeichnen Sie die Preisgerade für die Sorte B ein, wenn 2 kg der Sorte B 15,00 € kosten.
c) Lesen Sie ab, wie viel 2 kg der Sorte A und 3 kg der Sorte B kosten.
d) Berechnen Sie, was 5 kg der Mischung kosten.
e) Zeichnen Sie die Preisgerade für die Mischung ein.
f) Lesen Sie ab: Wie viel kosten 1 kg (3 kg, 4 kg und 5 kg) der Kaffeemischung?

Vernetzte Aufgaben – Mischungen und Prozente

Im Bettenfachgeschäft kann der Kunde seine Kopfkissen- und Oberbettenfüllungen nach eigenen Wünschen zusammenstellen.

Stellen Sie Ihre Füllung zusammen!

Weiße Gänsefedern	38 €
Farbige Gänsefedern	27 €
Weiße Gänsedaunen	219 €
Farbige Gänsedaunen	175 €
Farbige Entenfedern	14 €
Farbige Entendaunen	126 €

(Preise je 500 g)

1 Bettina kauft ein 600 g schweres Kopfkissen mit farbigen Gänsehalbdaunen (50 % Daunen, 50 % Federn).
a) Wie viel kosten 500 g der Mischung?
b) Wie viel muss Bettina für die Füllung bezahlen, wenn sie 10 % Rabatt erhält?

2 Herr Pankowski wählt eine Oberbettenfüllung aus 800 g weißen Gänsedreivierteldaunen (75 % Daunen, 25 % Federn).
a) Wie teuer sind 500 g der Mischung?
b) Wie viel kostet die 800 g Füllung?

3 Ahmed wählt für die 750 g Kopfkissenfüllung eine Mischung aus 30 % farbigen Gänsefedern, 45 % farbigen Gänsedaunen und 25 % farbigen Entendaunen.
a) Wie viel kosten 500 g der Mischung?
b) Wie viel muss Ahmed für das Kopfkissen bezahlen, wenn das Inlett 12 % der Füllung kostet?

4 Frau Stankewitz will ein Oberbett kaufen, das nicht mehr als 1000 g wiegen soll. Sie wählt ein 235 g schweres Inlett und ein Daunengemisch mit 40 % weißen und 60 % farbigen Gänsedaunen.
a) Wie teuer sind 500 g der Mischung?
b) Wie viel zahlt Frau Stankewitz für das Oberbett, wenn das Inlett 67,30 € kostet?

Eine Gärtnerei bietet Rasensamen unterschiedlicher Qualität an.

Unser Angebot: Rasensamen

Sorte A:	3,87 € pro kg reicht für 70 m^2
Sorte B:	8,99 € pro kg reicht für 50 m^2
Sorte C:	12,75 € pro kg reicht für 30 m^2
Sorte D:	20,64 € pro kg reicht für 20 m^2

5 Frau Vogel mischt 2,3 kg der Sorte A mit 4,5 kg der Sorte B.
a) Wie viel kostet die Mischung? Wie viel Quadratmeter kann man damit säen?
b) Wie teuer ist 1 kg der Mischung? Für wie viel m^2 reicht 1 kg?
c) Frau Vogel hat eine Rasenfläche von 550 m^2. Wie viel Prozent dieser Fläche muss sie noch einsäen?

6 Herr Klaasen benötigt Rasensamen von mittlerer Strapazierfähigkeit. Er kauft 16 kg Saatgut, davon 25 % der Sorte A, 32 % der Sorte B, 16 % der Sorte C, 27 % der Sorte D.
a) Wie teuer ist 1 kg der Mischung? Für wie viel Quadratmeter reicht das Kilo?
b) Wie viel kostet die Mischung?
c) Wie groß ist die Rasenfläche?

7 Für die Rasenfläche eines Abenteuerspielplatzes benötigen die Arbeiter zu den 14,5 kg der Sorte B noch zusätzlich 35 % der Sorte C und 45 % der Sorte D.
a) Wie viel kg Saatgut sind das?
b) Wie teuer ist die Mischung, wenn der Gärtner 8 % Rabatt gibt?
c) Reicht das Saatgut für die 10 a große Rasenfläche aus?
d) Wie teuer ist das Kilo der Mischung (mit Rabatt)? Für wie viel m^2 reicht 1 kg?
e) Die Leiterin des neuen Kindergartens möchte diese Rasenmischung für eine 540 m^2 große Fläche kaufen. Wie viel kg benötigt sie? Wie viel kostet die Mischung bei 8 % Rabatt?

8 Die Erzieherinnen eines Kinderhorts bereiten den Kindern jeden Morgen ein gesundes Frühstücksmüsli. Dazu mischen sie für eine 200 g-Portion:

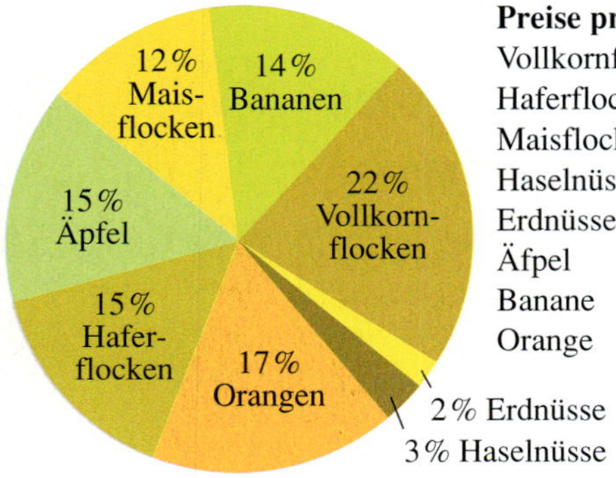

Preise pro kg:

Vollkornflocken	7,90 €
Haferflocken	5,40 €
Maisflocken	3,60 €
Haselnüsse	4,10 €
Erdnüsse	3,80 €
Äfpel	2,49 €
Banane	1,98 €
Orange	4,20 €

a) Wie viel Gramm der Zutaten benötigt man für ein Müsli?

b) Wie teuer ist eine Portion?

c) Wie viel Euro müssen die Eltern pro Woche bezahlen, wenn ihr Kind täglich eine Portion Müsli isst?

9 Ein Vogelfachgeschäft verkauft Futtermischungen. Die Wunderperlenmischung für Wellensittiche enthält:

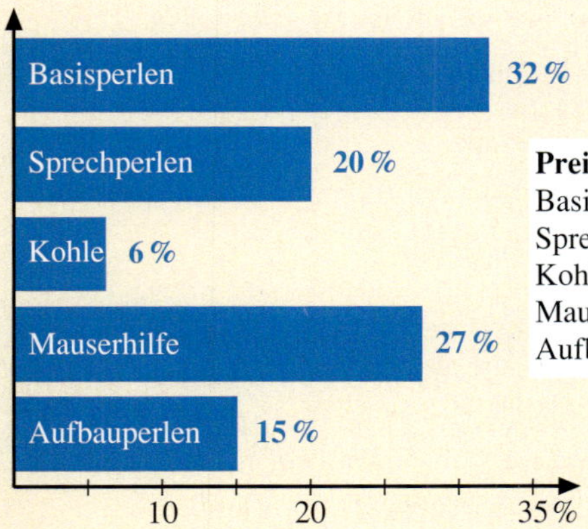

Preise pro kg:

Basisperlen	24,10 €
Sprechperlen	36,20 €
Kohle	10,15 €
Mauserhilfe	25,60 €
Aufbauperlen	39,20 €

Eine Auszubildende soll die Wunderperlenmischung aus den 5 Sorten herstellen.

a) Wie viel g benötigt sie von jeder Sorte, um eine 5 kg schwere Mischung herzustellen?

b) Wie teuer ist die Mischung?

c) Wie viel Euro muss ein Kunde für ein 20 g-Tütchen der Wunderperlenmischung zahlen?

10 Ein Malermeister erhält einen Renovierungsauftrag. Er soll die Zimmer bei einem Kunden apricotfarben streichen. Um den gewünschten Farbton zu erhalten, mischt er zu 26 l weißer Innenfarbe 6,5 % scharlachrot, 3,8 % zinnoberrot, 8,5 % kamingelb, 5,0 % porträtrosa, 2,4 % siena natur hinzu.

a) Wie viel ml Farbe benötigt er von jeder Abtönung?

b) Wie viel ml Mischung erhält er insgesamt?

c) Wie viel muss der Malermeister für die Mischung zahlen, wenn er 10 l weiße Innenfarbe für 18,60 € und eine 750 ml-Flasche Abtönfarbe für 2,40 € einkauft?

d) Wie teuer sind 10 l der Mischung?

e) Auf den Einkaufspreis rechnet der Malermeister 46 % Geschäftskosten und 9 % Gewinn. Wie viel kostet 10 l der Mischung im Verkauf, wenn noch 16 % Mehrwertsteuern hinzukommen?

f) Wie viel muss der Kunde zahlen?

11 Ein Fitnessstudio bietet einer Trainingsgruppe alkoholfreie Erfrischungen an. Für den Herkulescocktail mischt die Bedienung 2,7 l Erdbeersaft zu 5,70 € pro Liter, 1,25 l Stachelbeersaft zu 7,80 € pro Liter, 870 ml Pfirsichsaft zu 3,90 € pro Liter, 300 ml Kiwisaft zu 6,20 € pro Liter.

a) Wie teuer ist ein 0,4 l-Glas der Mischung?

b) Berechnen Sie die prozentualen Anteile und stellen Sie diese in einem Kreisdiagramm dar.

12 Für einen Abenteuerspielplatz benötigen Bauarbeiter zu dem 6,5 m³ feinen Rheinsand noch zusätzlich 35 % Silbersand, 20 % feinen Spielsand und 15 % feinen Kies.

a) Wie viel Kubikmeter Sandgemisch sind das?

b) Wie teuer ist die Mischung, wenn $\frac{1}{2}$ m³ Rheinsand 11,72 €, $\frac{1}{2}$ m³ Silbersand 15,50 €, $\frac{1}{2}$ m³ Spielsand 37,80 €, $\frac{1}{2}$ m³ Kies 130 € kosten?

b) Wie teuer ist 1 m³ der Mischung?

Geometrie

Flächeninhalt und Umfang

Rechteck und Quadrat

Wir wissen:

Flächeninhalt des Rechtecks $A = a \cdot b$

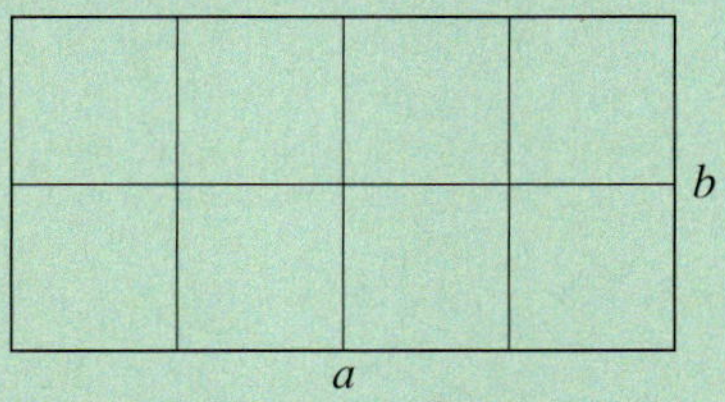

Umfang eines Rechtecks $u = 2a + 2b$

Flächeninhalt des Quadrats $A = a \cdot a$

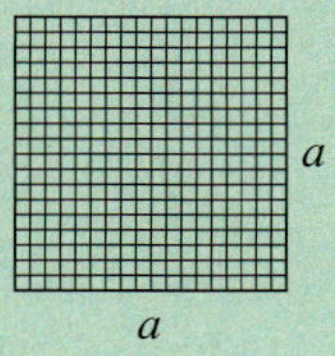

Umfang eines Quadrats $u = 4 \cdot a$

Beispiel 1

Berechnen Sie den Flächeninhalt eines Rechtecks mit $a = 4$ cm, $b = 2$ cm.

Gegeben: $a = 4$ cm, $b = 2$ cm
Gesucht: A
Formel: $A = a \cdot b$
Lösung: $A = 4 \cdot 2\ \text{cm}^2$
$A = 8\ \text{cm}^2$

Beispiel 2

Berechnen Sie den Flächeninhalt eines Quadrats mit $a = 18$ mm.

Gegeben: $a = 18$ mm
Gesucht: A
Formel: $A = a \cdot a$
Lösung: $A = 18 \cdot 18\ \text{mm}^2$
$A = 324\ \text{mm}^2$

Übungen

1 Bestimmen Sie die Flächeninhalte.

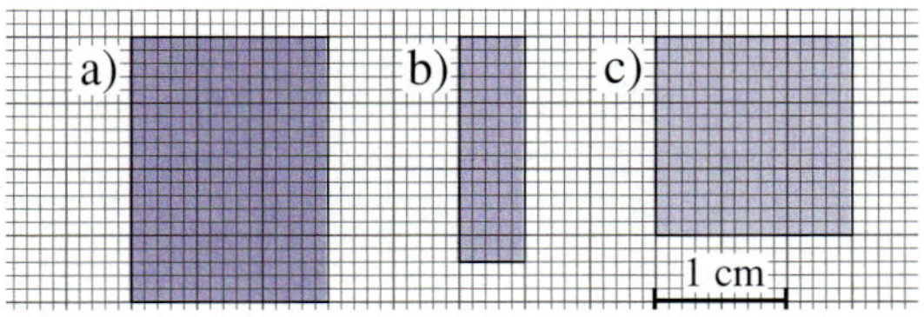

2 Berechnen Sie die Flächeninhalte in mm^2. Messen Sie dazu die Seiten.

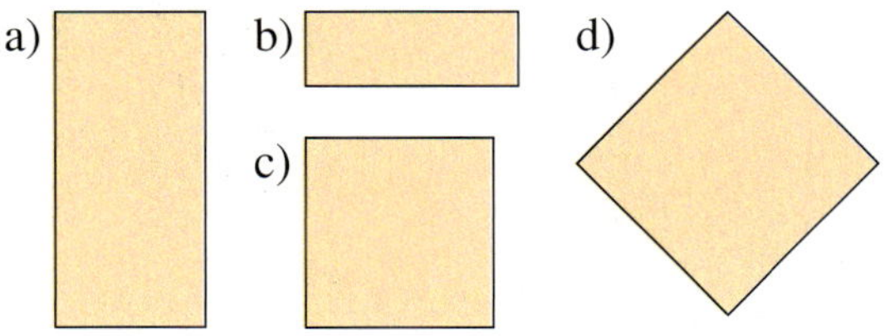

3 Berechnen Sie die Flächeninhalte der Quadrate.

a) $a = 1{,}7$ cm
b) $a = 5$ mm
c) $a = 3{,}5$ dm
d) $a = 6{,}375$ km
e) $a = 0{,}3$ dm
f) $a = 2{,}75$ m

4 Berechnen Sie die Flächeninhalte der Rechtecke mit den folgenden Seitenlängen. Achten Sie auf gleiche Maßeinheiten!

a) $a = 36$ mm; $b = 47$ mm
b) $a = 17$ cm; $b = 19$ cm
c) $a = 1500$ m; $b = 7{,}50$ km
d) $a = 1{,}3$ dm; $b = 0{,}3$ m

5 Ein 861 m^2 großes Grundstück hat 21 m Straßenfront (Breite). Ein anderes Grundstück ist mit 738 m^2 etwas kleiner und hat 18 m Straßenfront. Welches Grundstück ist länger?

Parallelogramm

Flächeninhalt des Parallelogramms

$A = g \cdot h$

Umfang eines Parallelogramms

$u = 2 \cdot g + 2 \cdot b$

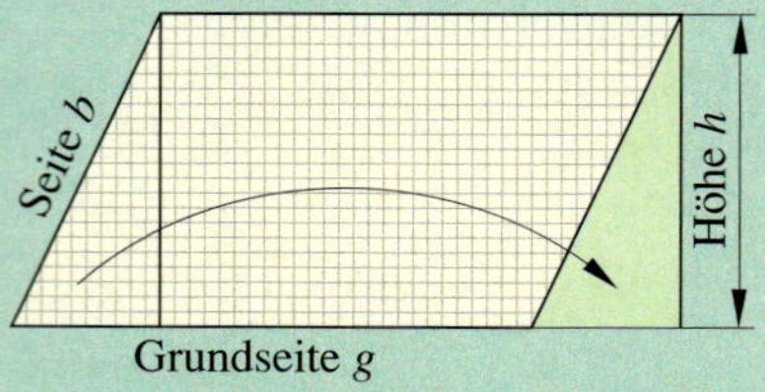

Diese Formel für den Flächeninhalt A können Sie durch Zerlegen und Verschieben einer Teilfläche gewinnen.

Beispiel

Berechnen Sie den Flächeninhalt eines Parallelogramms mit $g = 3{,}5$ cm, $h = 2{,}1$ cm.

Gegeben: $g = 3{,}5$ cm, $h = 2{,}1$ cm
Gesucht: A
Formel: $A = g \cdot h$
Lösung: $A = 3{,}5 \cdot 2{,}1 \text{ cm}^2$
$A = 7{,}35 \text{ cm}^2$

Übungen

1 Bestimmen Sie die Flächeninhalte durch Auszählen und mit der Formel.

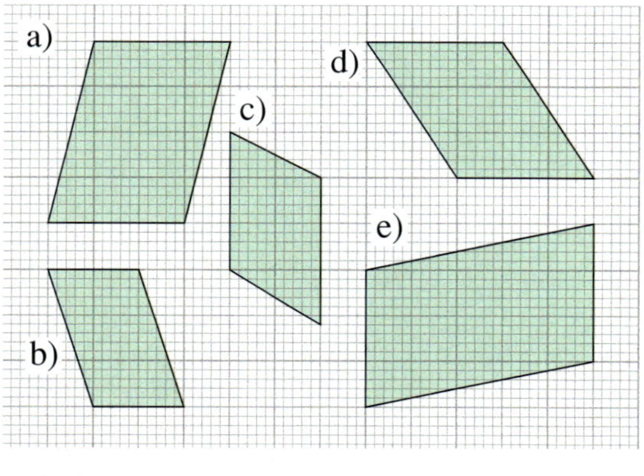

2 Berechnen Sie die Flächeninhalte. Messen Sie die benötigten Längen in der Zeichnung.

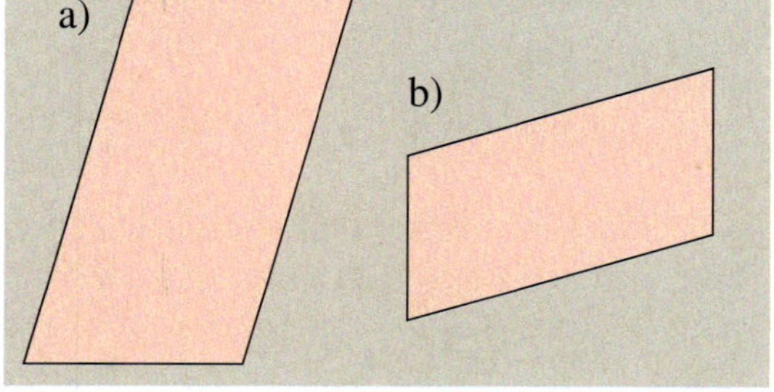

3 Zeichnen Sie die Parallelogramme und berechnen Sie den Flächeninhalt.

a) $g = 6{,}7$ cm; $h = 3{,}6$ cm; $\alpha = 70°$
b) $g = 49$ mm; $h = 23$ mm; $\alpha = 50°$
c) $g = 7{,}9$ cm; $h = 4{,}5$ cm; $\alpha = 39°$
d) $g = 9{,}8$ cm; $h = 7{,}2$ cm; $\alpha = 32°$

4 Berechnen Sie die Flächeninhalte und die Umfänge.

Angaben in cm

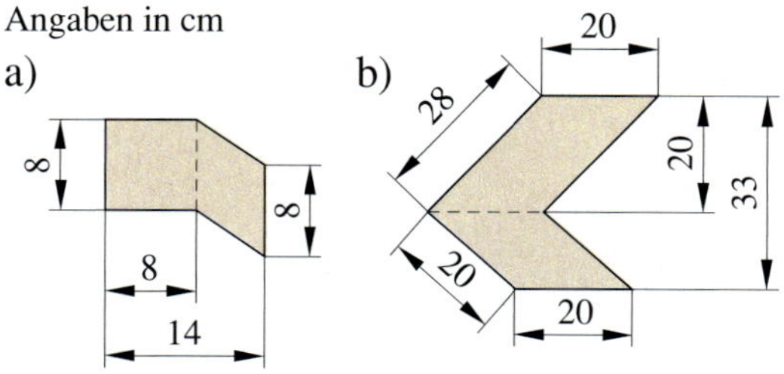

5 Berechnen Sie die fehlenden Größen für die Parallelogramme im Heft.

	Grundseite g	Höhe h	Flächeninhalt A
a)	4 cm	9 cm	
b)	3,7 dm		15,54 dm²
c)	12 mm	19 mm	
d)		5 m	6 m²
e)		250 cm	0,7 m²

Dreieck

Flächeninhalt des Dreiecks

$$A = \frac{g \cdot h}{2}$$

Umfang eines Dreiecks

$u = a + b + c$ (Summe der Seitenlängen)

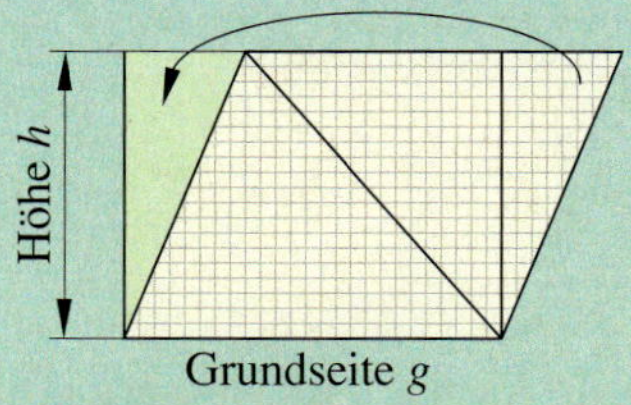

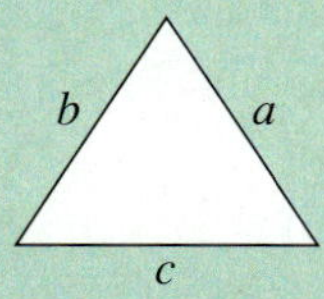

Die Formel für den Flächeninhalt A können Sie durch Ergänzen zu einem Parallelogramm finden.

Beispiel Berechnen Sie den Flächeninhalt eines Dreiecks mit $g = 2{,}5$ cm, $h = 1{,}9$ cm.

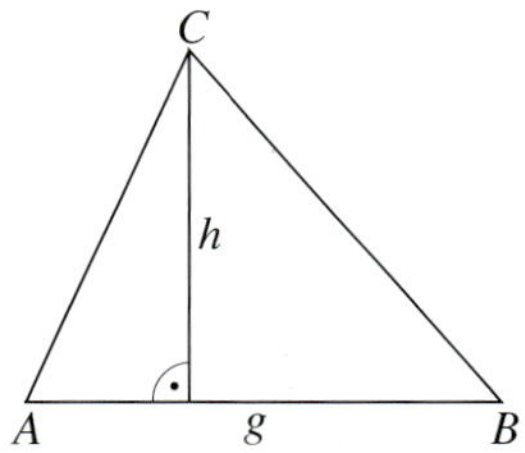

Gegeben: $g = 2{,}5$ cm, $h = 1{,}9$ cm

Gesucht: A

Formel: $A = \frac{g \cdot h}{2}$

Lösung: $A = \frac{2{,}5 \cdot 1{,}9}{2}$ cm²

$A = 2{,}375$ cm²

Übungen

1 a) Übertragen Sie die Dreiecke auf ein Blatt mit Rechenkästchen.
b) Ergänzen Sie diese zu einem Parallelogramm. Berechnen Sie den Flächeninhalt des Dreiecks.

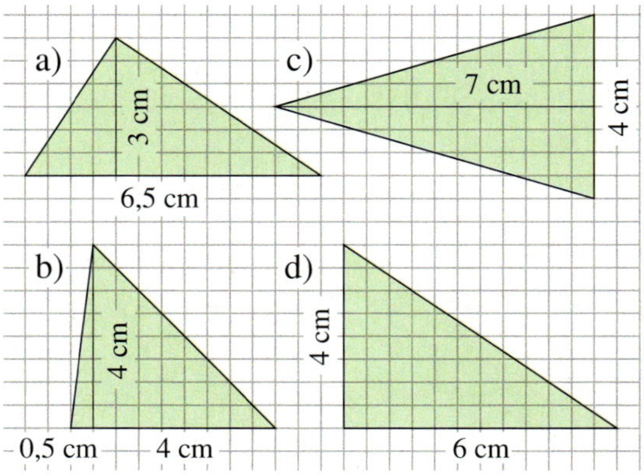

2 Messen Sie die benötigten Längen und berechnen Sie den Flächeninhalt.

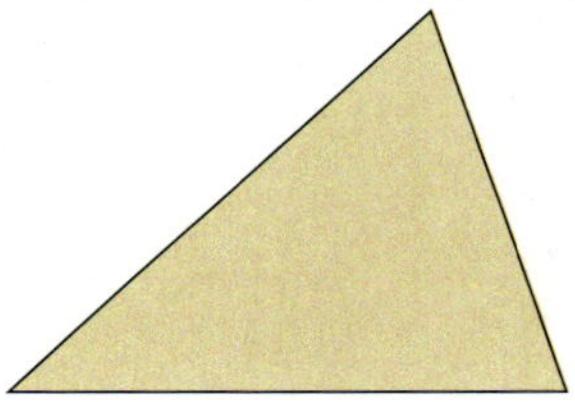

3 Das Dreieck ABC hat die Eckpunkte
$A\,(-0{,}5 \mid 1{,}5)$
$B\,(1 \mid -1{,}5)$
$C\,(1{,}5 \mid 2{,}5)$
Berechnen Sie den Flächeninhalt.

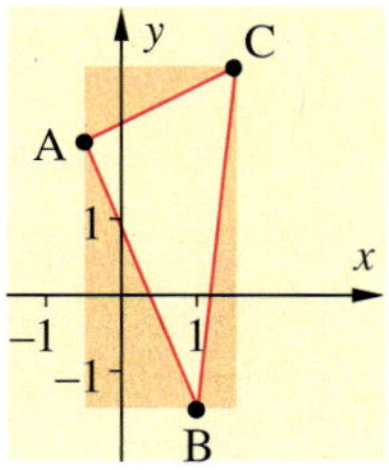

4 Berechnen Sie die Flächeninhalte.

	Grundseite g	Höhe h	Flächeninhalt A
a)	4 cm	3 cm	
b)	60 mm	18 mm	
c)	0,8 m	1,2 m	
d)	3 dm	4 dm	

5 Berechnen Sie die fehlenden Werte.

	Grundseite g	Höhe h	Flächeninhalt A
a)		3 m	24 m²
b)	16 m		40 m²
c)		10 m	150 m²
d)	25 cm		100 cm²

Trapez

Flächeninhalt des Trapezes

$$A = \frac{a+c}{2} \cdot h$$

oder $A = m \cdot h$

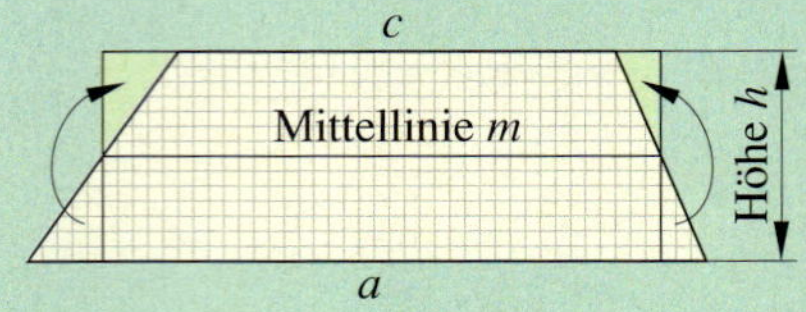

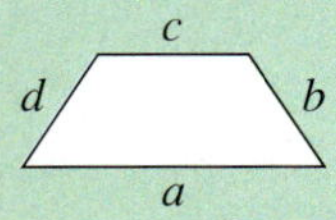

Umfang eines Trapezes $u = a + b + c + d$

Die Formel für den Flächeninhalt A können Sie durch Zerlegen des Trapezes und durch Zusammenfügen der Teilflächen zu einem Rechteck finden.

Beispiel Berechnen Sie den Flächeninhalt eines Trapezes mit $a = 4{,}5$ cm, $c = 2{,}9$ cm, $h = 1{,}4$ cm.

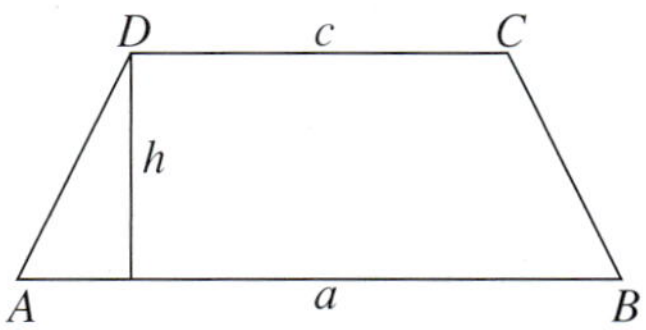

Gegeben: $a = 4{,}5$ cm, $c = 2{,}9$ cm, $h = 1{,}4$ cm

Gesucht: A

Formel: $A = \frac{a+c}{2} \cdot h$

Lösung: $A = \frac{4{,}5+2{,}9}{2} \cdot 1{,}4 \text{ cm}^2$

$A = 5{,}18 \text{ cm}^2$

Übungen

1 Übertragen Sie die Figuren auf Papier (mit Rechenkästchen) und schneiden Sie diese aus. Zerschneiden Sie sie dann so, dass sich die Teilflächen zu einem Rechteck zusammensetzen lassen. Berechnen Sie die Flächeninhalte.

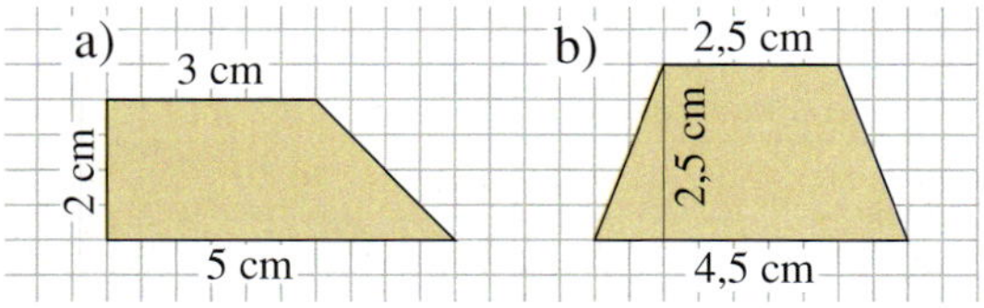

2 Übertragen Sie die Trapeze in Ihr Heft. Zerlegen Sie diese durch eine Diagonale in zwei Dreiecke. Berechnen Sie den Flächeninhalt A der Trapeze aus den Flächeninhalten A_1 und A_2 der Dreiecke.

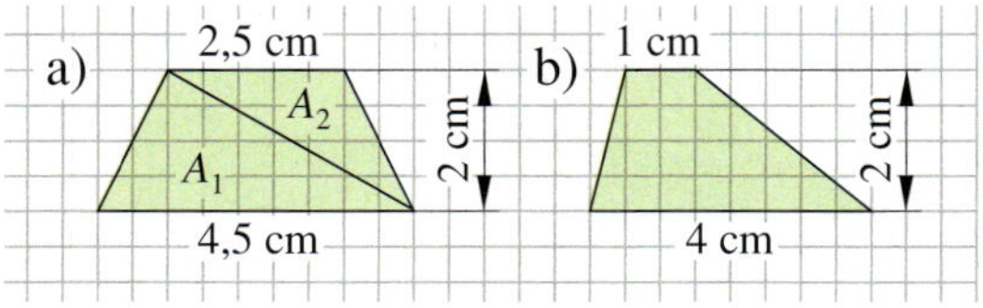

3 Berechnen Sie den Flächeninhalt.

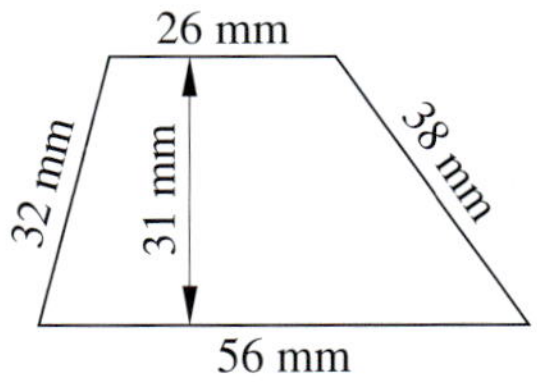

4 Messen Sie die benötigten Längen und berechnen Sie den Flächeninhalt.

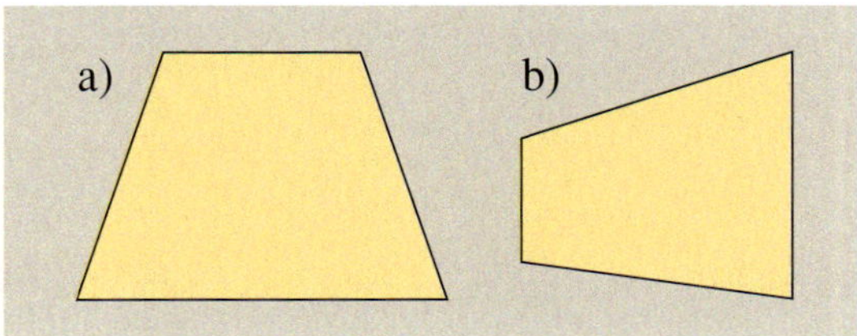

5 Berechnen Sie den Flächeninhalt.

	Seite a	Seite c	Höhe h	Flächeninhalt A
a)	5,2 cm	3,8 cm	2,5 cm	
b)	42 mm	48 mm	67 mm	

Rechnen mit Umfangs- und Flächenformeln

Zwischen dem alten Ortskern und dem Neubaugebiet liegt eine rechteckige Wiese, die 72 m lang und 65 m breit ist.

Umfang *u*

Der alte, beschädigte Zaun soll ersetzt werden. Wie lang ist der Umfang der Wiese?

Gegeben: $a = 72$ m, $b = 65$ m
Gesucht: u
Formel: $u = 2a + 2b$

Lösung: $u = 2 \cdot 72 + 2 \cdot 65$
$u = 274$

Antwort: Der Umfang beträgt 274 m.

Flächeninhalte und Umfänge berechnen wir häufig mithilfe von Formeln.

Quadrat

$A = a^2$
$u = 4a$

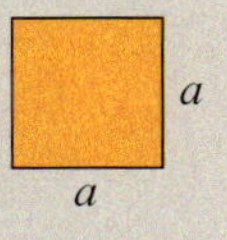

Rechteck

$A = a \cdot b$
$u = 2a + 2b$

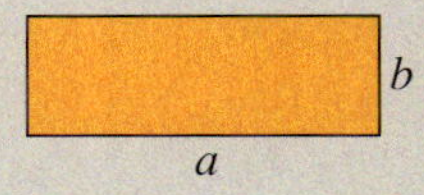

Parallelogramm

$A = a \cdot h_a$
$u = 2a + 2b$

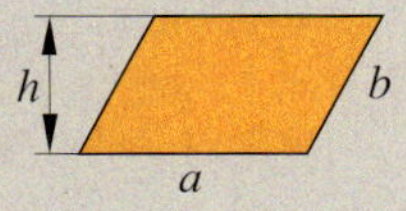

Dreieck

$A = \frac{a \cdot h_a}{2}$
$u = a + b + c$

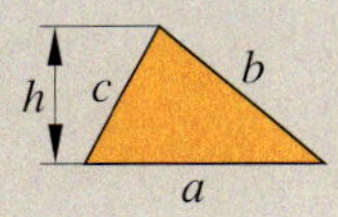

Trapez

$A = \frac{a + c}{2} \cdot h$
$A = m \cdot h$
$u = a + b + c + d$

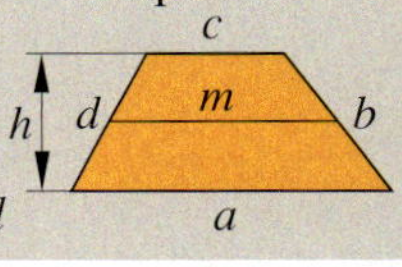

Raute

$A = a \cdot h$
$u = 4a$

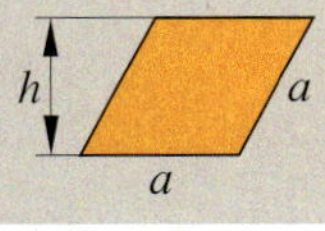

Oft ist der Umfang oder der Flächeninhalt bekannt. Dann ist eine Seite oder die Höhe zu berechnen.

Beispiel 1 In einem Dreieck mit dem Flächeninhalt $A = 221$ cm² und der Grundseite $g = 17$ cm ist die Höhe zu berechnen.

Gegeben: $A = 221$ cm² $g = 17$ cm
Gesucht: h
Formel: $A = \frac{g \cdot h}{2}$

Lösung: $221 = \frac{17 \cdot h}{2} \quad | \cdot 2$
$442 = 17 \cdot h \quad | : 17$
$h = 26$

Antwort: Die Höhe im Dreieck beträgt 26 cm.

Beispiel 2

Ein Grundstück hat die Form eines Trapezes. Es hat eine Fläche $A = 400$ m², die Straßenfront beträgt $a = 20$ m, die Seite c ist 12 m lang. Wie tief ist das Grundstück?

Gegeben: $A = 400$ m² $a = 20$ m, $c = 12$ m
Gesucht: h
Formel: $A = \frac{g \cdot h}{2}$

Lösung: $400 = \frac{20 + 12}{2} \cdot h \quad | \cdot 2$
$800 = (20 + 12) \cdot h$
$h = 25$

Antwort: Die Tiefe des Grundstücks beträgt 25 m.

Übungen

1 Gegeben sind diese Vierecke:
Rechteck $a = 7$ cm, $b = 5$ cm
Raute $a = 4$ cm, $h = 3{,}5$ cm
Trapez $a = 5{,}8$ cm, $b = 5{,}2$ cm, $c = 2{,}4$ cm, $d = 5{,}0$ cm, $h = 4{,}8$ cm
Parallelogramm $a = 5$ cm, $b = 2{,}8$ cm, $h = 1{,}6$ cm
a) Berechnen Sie die Flächeninhalte.
b) Berechnen Sie die Umfänge dieser Vierecke.

2 Berechnen Sie im Dreieck die fehlende Größe.
a) $c = 4$ cm, $h_c = 6$ cm, $A = ?$
b) $a = 4{,}7$ cm, $h_a = 3{,}5$ cm, $A = ?$
c) $a = 2$ cm, $h_a = ?$, $A = 1{,}4\ \text{cm}^2$
d) $b = ?$, $h_b = 0{,}25$ m, $A = 0{,}75\ \text{m}^2$
e) $a = 8{,}5$ cm, $b = 5$ cm, $c = 10{,}5$ cm, $u = ?$
f) $a = 7{,}2$ dm, $b = 5{,}9$ dm, $c = 4{,}4$ dm, $u = ?$
g) $a = 3{,}7$ m, $b = 5{,}2$ m, $c = ?$, $u = 12{,}9$ m
h) $a = ?$, $b = 1{,}2$ mm, $c = 3{,}5$ mm, $u = 8$ mm

3 Vier Weideflächen werden neu eingezäunt.

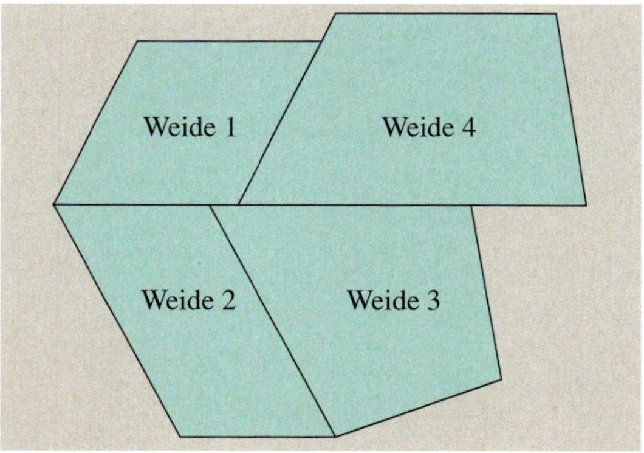

Weide 1: Raute mit der Seitenlänge 40 m
Weide 2: Parallelogramm mit den Seitenlängen 27 m und 54 m
Weide 3: Drachen mit den Seitenlängen 54 m und 37 m
Weide 4: Trapez mit den Seitenlängen 46 m, 35 m, 41 m und 65 m

a) Welche Weidefläche hat den längsten, welche den kürzesten Zaun?
b) Wie viel Meter Zaun kann man einsparen, wenn zwischen benachbarten Weiden nur ein Zaun gezogen wird?

4 Berechnen Sie den Flächeninhalt.
a) Parallelogramm b) Raute

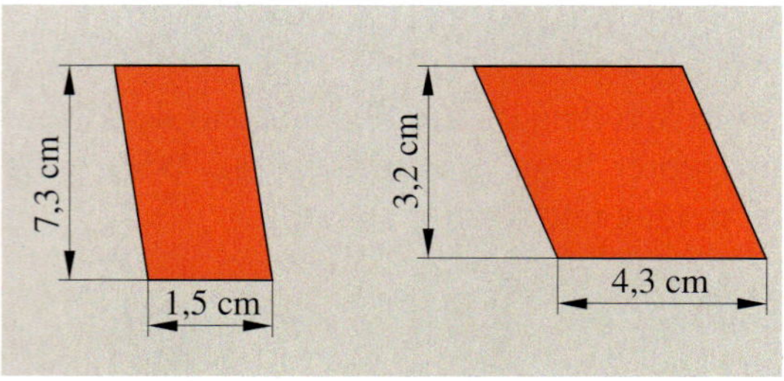

5 Berechnen Sie die Höhe.

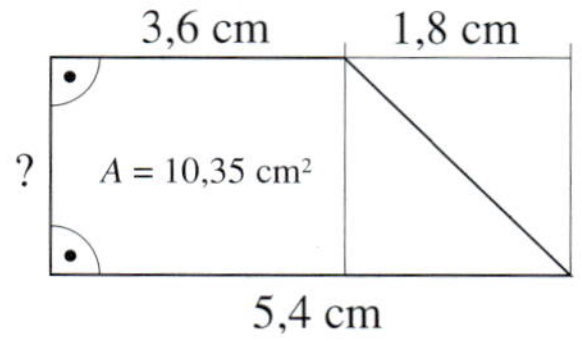

6 Berechnen Sie im Trapez.
a) b)

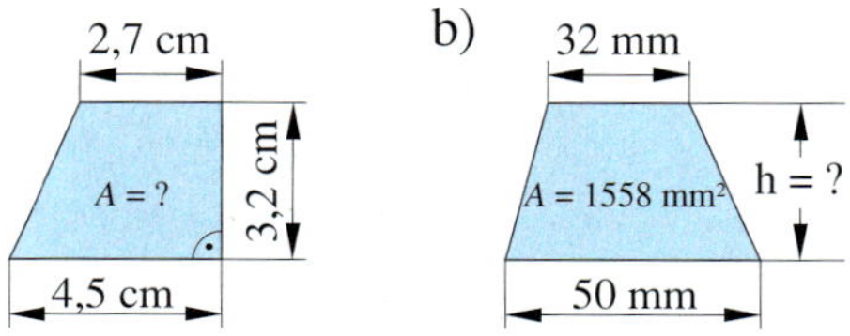

7 Ein Dach hat die angegebenen Maße.

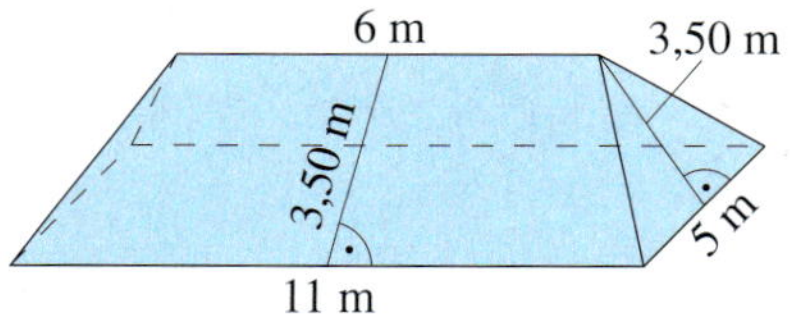

a) Wie groß ist jede der beiden trapezförmigen Dachflächen?
b) Berechnen Sie den Flächeninhalt einer dreieckigen Dachfläche.
c) Berechnen Sie den Flächeninhalt der gesamten Dachfläche.
d) Wie viel Meter Dachrinne braucht man?

8

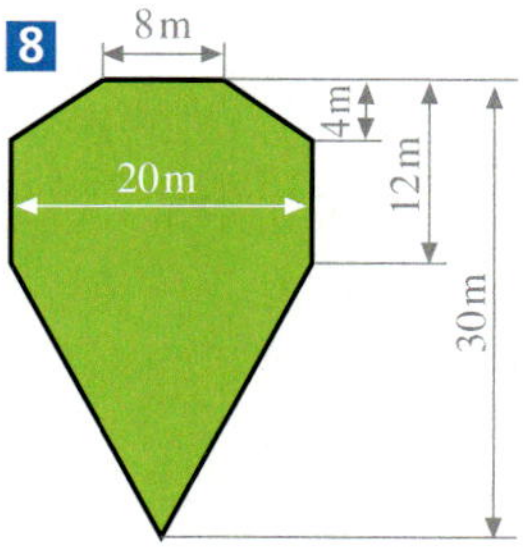

Ein Blech hat die Form links im Bild. Berechnen Sie die Fläche (Hinweis: Zerlegen Sie die Fläche in Grundformen Dreieck, Trapez und Rechteck!)

Kreis, Umfang und Flächeninhalt

Die Kreisformeln

In Natur und Technik finden wir oft kreisförmige Flächen. Wir berechnen den Umfang und den Flächeninhalt mit der Kreiszahl π (Pi), $\pi = 3{,}14\ldots$. Wir wissen:

Umfang u des Kreises:
$u = 2 \cdot \pi \cdot r$

Flächeninhalt A des Kreises:
$A = \pi \cdot r^2$

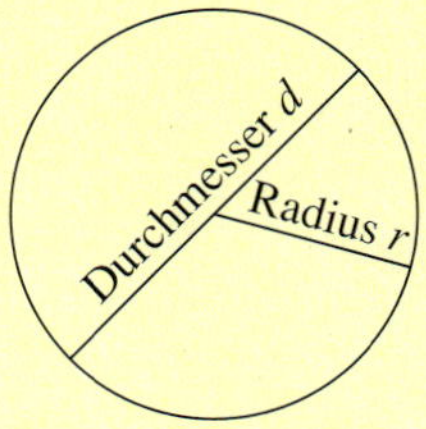

Felder in den USA

Kreisförmige Felder können leicht bewässert werden. Der Radius eines Feldes beträgt 201 m.

Wie lang ist der **Umfang**?
Gegeben: $r = 201$ m
Gesucht: u
Formel: $u = 2 \cdot \pi \cdot r$
Lösung: $u = 2 \cdot \pi \cdot 201$
$u \approx 1262{,}9$

Antwort: Der Umfang ist 1262,9 m lang.

Wie groß ist der **Flächeninhalt**?
Gegeben: $r = 201$ m
Gesucht: A
Formel: $A = \pi \cdot r^2$
Lösung: $A = \pi \cdot 201^2$
$A \approx 126\,923{,}5$

Antwort: Der Flächeninhalt ist 126 923,5 m^2.

Umfang u des Kreises: $u = 2 \cdot \pi \cdot r$ oder $u = \pi \cdot d$

Flächeninhalt A des Kreises: $A = \pi \cdot r^2$ oder $A = \pi \cdot \left(\frac{d}{2}\right)^2$

Für π können wir den Näherungswert 3,14 oder den genaueren Taschenrechnerwert einsetzen.

Übungen

1 Berechnen Sie den Flächeninhalt und den Umfang des Kreises.

a) $r = 5$ cm
b) $r = 3{,}2$ cm
c) $d = 1{,}5$ m
d) $d = 4600$ mm

2 Eine Ziege ist an ein 3,50 m langes Seil gebunden. Wie groß ist die Fläche zum Grasen?

3 Die Erde umkreist in 365 Tagen die Sonne auf einer fast kreisförmigen Bahn. Der Radius der Kreisbahn beträgt ca. 150 Mio. km.

a) Berechnen Sie die Länge der Umlaufbahn.
b) Mit welcher Geschwindigkeit in $\frac{km}{h}$ bewegt sich die Erde auf ihrer Bahn?

4 Ein Sender hat eine Reichweite von 65 km. Er kann bis zu einer Entfernung von 65 km empfangen werden. Wie groß ist sein Sendegebiet?

5 Berechnen Sie aus dem Umfang eines Kreises den Durchmesser d und den Radius r. Runden Sie sinnvoll.

Gegeben: $u = 22$ cm
Gesucht: d
Formel: $u = \pi \cdot d$
Lösung: $22 = \pi \cdot d \quad | : \pi$
$\frac{22}{\pi} = d$
$d = 7{,}0 \quad r = 3{,}5$
Antwort: Der Durchmesser ist 7,0 cm lang, der Radius r beträgt 3,5 cm.

a) $u = 300$ cm
b) $u = 405$ cm
c) $u = 1000$ cm
d) $u = 112$ cm
e) $u = 125{,}5$ cm
f) $u = 75{,}7$ cm

6 Berechnen Sie aus dem Flächeninhalt eines Kreises seinen Radius und daraus seinen Durchmesser.

Gegeben: $A = 653\ \text{cm}^2$
Gesucht: r
Formel: $A = \pi \cdot r^2$
Lösung: $653 = \pi \cdot r^2 \quad | : \pi$
$207{,}856\ldots = r^2 \quad | \sqrt{}$
$r = \sqrt{207{,}856\ldots} = 14{,}4$
$d = 2 \cdot 14{,}4 = 28{,}8$
Antwort: Der Radius ist 14,4 cm, der Durchmesser 28,8 cm lang.

a) $A = 660\ \text{cm}^2$
b) $A = 1140\ \text{cm}^2$
c) $A = 13\,300\ \text{mm}^2$
d) $A = 780\ \text{cm}^2$

7 Berechnen Sie den Radius des Kreises. Runden Sie sinnvoll.
a) $A = 46\ \text{cm}^2$
b) $A = 624\ \text{cm}^2$
c) $A = 1125\ \text{cm}^2$
d) $A = 988\ \text{cm}^2$

8 Wie groß ist der Flächeninhalt dieser Kreise?
a) $u = 8{,}5$ cm
b) $u = 16$ m
c) $u = 12{,}9$ mm
d) $u = 10{,}7$ dm
e) $u = 2{,}5$ km
f) $u = 198$ mm

9 Wie groß ist der Umfang dieser Kreise?
a) $A = 15{,}21\ \text{cm}^2$
b) $A = 3{,}80\ \text{m}^2$
c) $A = 52{,}81\ \text{dm}^2$
d) $A = 84{,}95\ \text{m}^2$
e) $A = 30{,}19\ \text{cm}^2$
f) $A = 2{,}01\ \text{m}^2$

10 Berechnen Sie im Heft.

	r	d	A
a)	9 cm		
b)		43 mm	
c)			$113{,}04\ \text{cm}^2$

11 Zeichnen Sie fünf Kreise mit Radien von 2 cm, 3 cm, 4 cm, 5 cm und 6 cm. Berechnen Sie für jeden Kreis den Flächeninhalt.
Hat ein Kreis mit doppeltem Radius auch den doppelten Flächeninhalt? Sind Radius und Flächeninhalt proportional?

12 Auf dem Schulhof sollen zur Demonstration fünf Kreise mit den Flächeninhalten $1\ \text{m}^2$, $2\ \text{m}^2$, $3\ \text{m}^2$, $4\ \text{m}^2$ und $5\ \text{m}^2$ aufgemalt werden. Welchen Radius und welchen Umfang haben diese Kreise?

13 In eine andere Ecke des Schulhofs sollen fünf Kreise mit dem Umfang 1 m, 2 m, 3 m, 4 m und 5 m gezeichnet werden.
a) Welchen Radius haben diese Kreise?
b) Berechnen Sie auch ihren Flächeninhalt.

14 Quer durch einen Fahnenmast soll ein Stift gesteckt werden, der auf jeder Seite 1 cm herausragt. Wie lang muss der Stift sein, wenn der Fahnenmast einen Umfang von 41,8 cm hat?

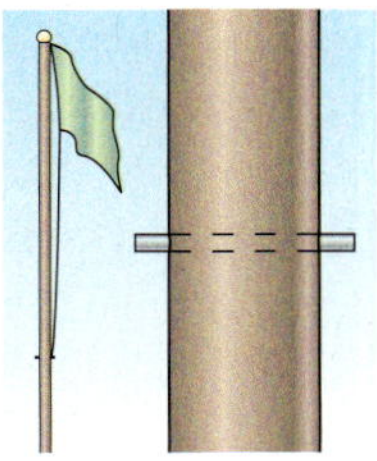

15 Robin schätzt, dass eine kreisrunde Fläche von $200\ \text{m}^2$ einen Durchmesser von 15 m hat. Seine Schwester kann den Durchmesser berechnen.

Kreisausschnitte

Ein Kreis mit $r = 2{,}2$ cm wurde wie eine Torte in zwölf gleich große Teile zerlegt. Ein solcher Teil heißt **Kreisausschnitt (Sektor)**. Den dazugehörigen Teil des Umfangs nennt man **Kreisbogen *b***.

Der Kreisausschnitts ist $\frac{1}{12}$ der Gesamtkreisfläche. Der Mittelpunktswinkel α misst 30°, das ist $\frac{1}{12}$ von 360°. Der Kreisbogen b ist $\frac{1}{12}$ des Kreisumfangs.

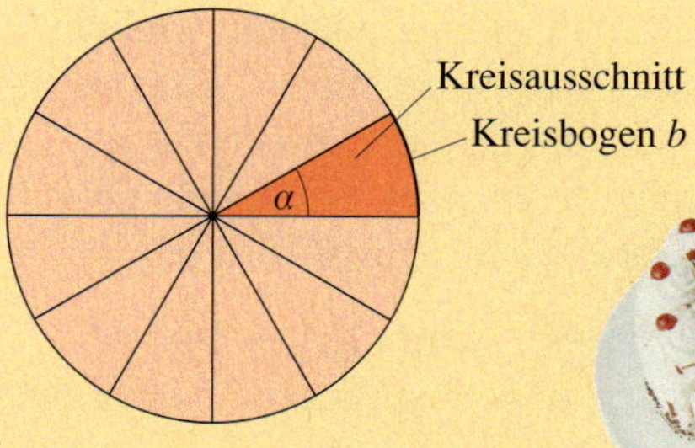

Berechnung des Kreisausschnitts A_Δ

Flächeninhalt des Kreises ($r = 2{,}2$ cm):

$$A = \pi \cdot r^2 = 15{,}21$$

Flächeninhalt des Kreissausschnitts:

$$A_\Delta = \frac{30°}{360°} \cdot A = \frac{1}{12} \cdot 15{,}21 \approx 1{,}27$$

Antwort: Der Kreisausschnitt hat einen Flächeninhalt von 1,27 cm².

Berechnung des Kreisbogens *b*

Umfang des Kreises ($r = 2{,}2$ cm):

$$u = 2 \cdot \pi \cdot r = 13{,}82$$

Länge des Kreisbogens:

$$b = \frac{30°}{360°} \cdot u = \frac{1}{12} \cdot 13{,}82 \approx 1{,}15$$

Antwort: Der Kreisbogen ist 1,15 cm lang.

Der Flächeninhalt eines Kreisausschnitts mit dem Mittelpunktswinkel α ist $A_\alpha = \pi \cdot r^2 \cdot \frac{\alpha}{360°}$
Die Länge des Kreisbogens ist $b_\alpha = 2 \cdot \pi \cdot r \cdot \frac{\alpha}{360°}$ oder $b_\alpha = \pi \cdot d \cdot \frac{\alpha}{360°}$

Übungen

1 Stellen Sie Mittelpunktswinkel und Bruchteil am Gesamtkreis gegenüber.

Mittelpunktswinkel	90°		120°		60°
Bruchteil		$\frac{1}{5}$		$\frac{1}{9}$	

2 a) Wie groß ist der Mittelpunktswinkel im blauen Kreisausschnitt? Wie groß ist der Bruchteil am Gesamtkreis?
b) Berechnen Sie den Flächeninhalt des blauen Kreisausschnitts und die Länge des zugehörigen Kreisbogens. Der Radius beträgt 5 cm.

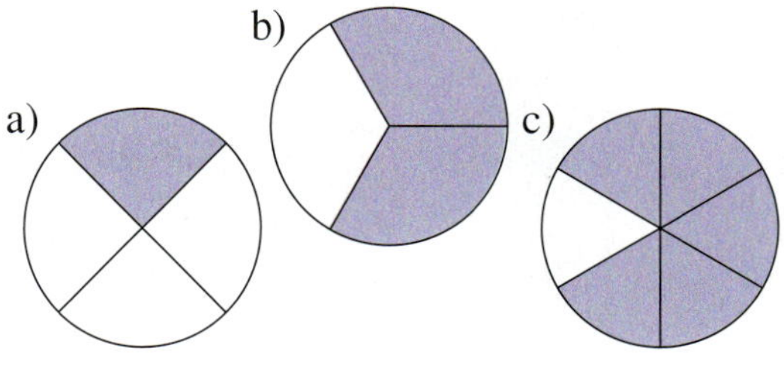

3 Das Licht eines Leuchtturms reicht 14 km weit. Der Leuchtstrahl überstreicht bei der Drehung $\frac{1}{4}$ eines Kreises. Wie groß ist die Fläche, die der Scheinwerfer überstreicht?

4 In einem Park wird ein rundes Beet ($r = 5$ m) mit roten und gelben Rosen bepflanzt. Der Kreisausschnitt mit roten Rosen hat einen Mittelpunktswinkel von 150°. Für jeden Quadratmeter benötigt man 9 Pflanzen.
a) Wie groß ist die Fläche, die mit roten (gelben) Rosen bepflanzt wird?
b) Wie viele Pflanzen braucht man?

Kreisringe

In eine runde Metallscheibe mit dem Radius $r_1 = 12$ mm wird genau in der Mitte („konzentrisch“) ein kreisförmiges Loch mit dem Radius $r_2 = 6{,}5$ mm gestanzt. Man erhält eine Unterlegscheibe. Ihre Form ist ein **Kreisring**.

Die Unterlegscheibe verhindert beim Andrehen der Mutter, dass das Material beschädigt wird.

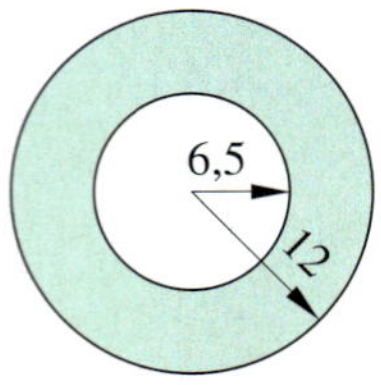

Kreisring

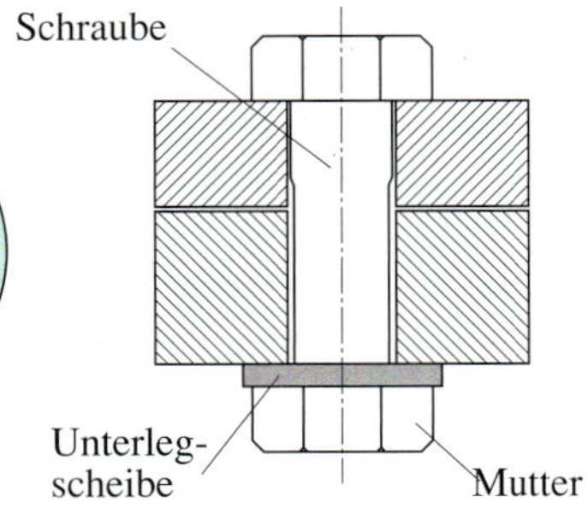

Aus wie viel cm^2 Metall besteht die Unterlegscheibe?

Man berechnet den Flächeninhalt A des Kreisrings, indem man vom Flächeninhalt A_1 des großen Kreises den Flächeninhalt A_2 des kleinen Kreises subtrahiert. Also: $A = A_1 - A_2$

Für den Flächeninhalt A der Unterlegscheibe gilt:

$$A_1 = \pi \cdot r_1^2 = \pi \cdot 12^2 = 452$$
$$A_2 = \pi \cdot r_2^2 = \pi \cdot 6{,}5^2 = 133$$
$$A = A_1 - A_2 = 452 - 133 = 319$$

Antwort: Die Unterlegscheibe besteht aus 319 mm^2 = 3,19 cm^2 Metall.

Fläche des Kreisringes = Fläche des großen Kreises – Fläche des kleinen Kreises

Übungen

1 Berechnen Sie den Flächeninhalt der beiden Kreisringe.

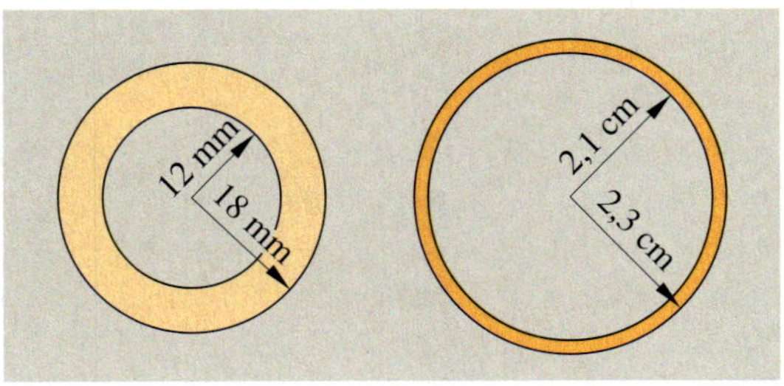

2 Berechnen Sie den Flächeninhalt der Kreisringe. Achten Sie auf die Benennungen.

äußerer Radius r_1	25 m	3,5 dm	70 mm
innerer Radius r_2	10 m	12 cm	38 mm
Flächeninhalt A			

3 Ein kreisförmiger Platz mit einem Radius von $r_1 = 30$ m soll gepflastert werden. In der Mitte des Platzes steht ein runder Brunnen mit dem Radius $r_2 = 3$ m.
Wie groß ist die zu pflasternde Fläche?
Zeichnen Sie zuerst eine Skizze.

4 Berechnen Sie die Größe der Sitzfläche.

Anwendungen

Runden Sie alle Ergebnisse sinnvoll.

1 Ein rechteckiger Sportplatz ist 180 m lang und 105 m breit. Rundherum sollen Bäume angepflanzt werden. Sie sollen jeweils 15 m voneinander entfernt sein.
Wie viele Bäume braucht man dazu? Zeichnen Sie eine Skizze.

2 Eine rechteckige Baugrube (15 m lang, 8 m breit) soll im Abstand von 2 m durch ein rot-weißes Band gesichert werden.
Wie viel Meter Band werden gebraucht?

3 Auf einem rechteckigen Gelände mit 55 m Länge und 39 m Breite soll ein Parkplatz für 162 Autos gebaut werden. Für die Zufahrtswege werden 450 m² eingerechnet.
Welche Fläche ergibt sich rechnerisch als Stellfläche für jedes Auto?

4 Aus einer runden Stahlplatte mit dem Radius $r = 47$ cm soll ein Rechteck mit den Seitenlängen $a = 82$ cm und $b = 48$ cm ausgeschnitten werden.

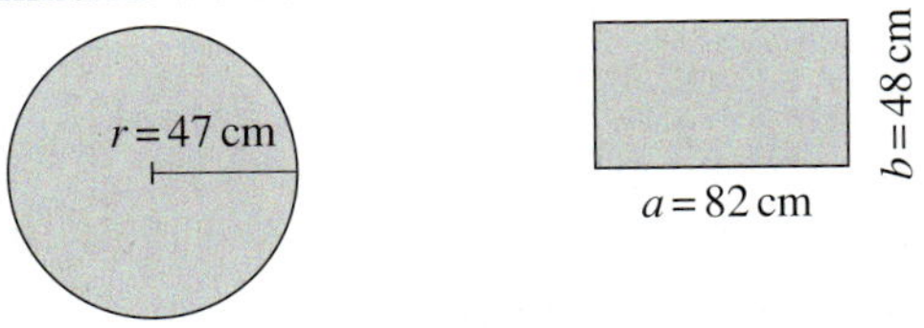

a) Berechnen Sie den Inhalt der Kreisfläche.
b) Berechnen Sie den Inhalt des Rechtecks.
c) Warum ist der Kreis zum Ausschneiden des Rechtecks trotzdem zu klein?

5 Beim Gießen von Betondecken werden Netze aus *Stahl* verwendet. Es gibt Stäbe mit verschiedenen Durchmessern: 6 mm, 8 mm, 12 mm und 25 mm. Von der Querschnittsfläche der Stahlstäbe hängt die Tragfähigkeit des Netzes ab.
Berechnen Sie die Querschnittsfläche für die verschiedenen Stahlstäbe.

6 Ein Platz zum Voltigieren (Pferdetraining) hat einen Flächeninhalt von 254,5 m². Wie weit läuft das Pferd bei einer Runde? Berechnen Sie zuerst den Radius r des Platzes.

7 Familie Jordan plant, den Giebel ihres Hauses mit einer Holzverschalung versehen zu lassen. Wie viel Quadratmeter Holzpaneele werden benötigt, wenn man 20% Abfall hinzurechnen muss?
(Maße in m)

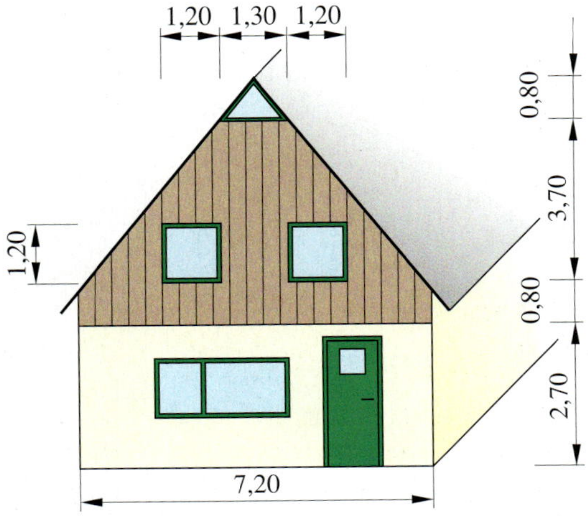

Das grenzenlose Universum

Unser Planet Erde ist nur ein Staubkorn in der Weite des Universums. Er gehört mit weiteren Planeten, die in unterschiedlichen Abständen um die Sonne kreisen, zum Sonnensystem, das mit vielen anderen Sonnen eine Milchstraße oder Galaxis bildet. Diese wiederum ist Teil eines Galaxienhaufens von vielleicht 100 Milliarden Sternen. Von solchen Galaxienhaufen gibt es im Universum noch eine Menge. Trotzdem ist das Universum „fast leer" und man kann keine genaue Aussage über seine Größe machen.

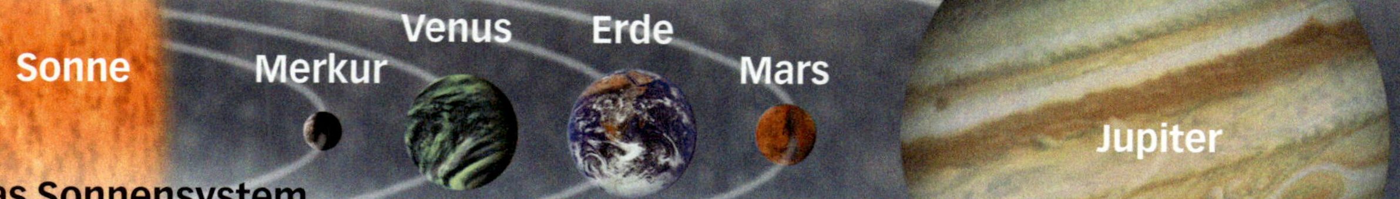

Das Sonnensystem

Zu unserem Sonnensystem gehören neun Planeten von unterschiedlicher Größe, die sich mit verschiedenen Geschwindigkeiten um die Sonne bewegen.

So kannst du dir die Planetenreihenfolge merken:		Durchmesser in km	Masse M_E = Masse der Erde	Volumen V_E = Volumen der Erde	Temperatur in C°	Abstand zur Sonne in km
Mein	**Merkur**	4 878	$0{,}06 \cdot M_E$	$0{,}06 \cdot V_E$	450 bis –183	$5{,}8 \cdot 10^7$
Vater	**Venus**	12 102	$0{,}82 \cdot M_E$	$0{,}85 \cdot V_E$	480	$1{,}08 \cdot 10^8$
Erklärt	**Erde**	12 756	$M_E = 5{,}974 \cdot 10^{24}$ kg	$V_E = 1{,}083 \cdot 10^{12}$ km³	17,5	$1{,}496 \cdot 10^8$
Mir	**Mars**	6 794	$0{,}11 \cdot M_E$	$0{,}15 \cdot V_E$	– 55	$2{,}28 \cdot 10^8$
Jeden	**Jupiter**	142 948	$318 \cdot M_E$	$1319 \cdot V_E$	– 108	$7{,}78 \cdot 10^8$
Samstag	**Saturn**	120 536	$95 \cdot M_E$	$744 \cdot V_E$	– 139	$1{,}43 \cdot 10^9$
Unsere	**Uranus**	51 118	$14{,}5 \cdot M_E$	$67 \cdot V_E$	– 197	$2{,}88 \cdot 10^9$
Neun	**Neptun**	49 528	$17 \cdot M_E$	$57 \cdot V_E$	– 204	$4{,}5 \cdot 10^9$
Planeten	**Pluto**	2 302	$0{,}002 \cdot M_E$	$0{,}005 \cdot V_E$	– 225	$5{,}9 \cdot 10^9$
	Sonne	1 392 000	$333\,000 \cdot M_E$	$1\,304\,000 \cdot V_E$	5 500	

Weltraumforschung

Die Astronomen erforschen von der Erde aus den Weltraum mit Fernrohren und Radioteleskopen. Im Weltraum werden Satelliten und Sonden eingesetzt. Bemannte Raumschiffe sind erst bis zum Mond gekommen und werden vielleicht in diesem Jahrhundert bis zum Mars fliegen.

Marslandung 1997

Raumsonden

Flugkörper, die den Anziehungsbereich der Erde verlassen haben, werden Raumsonden genannt. Die dafür erforderliche Geschwindigkeit liegt bei 11 $\frac{km}{s}$, das sind 40000 $\frac{km}{h}$. Raumsonde Voyager 2 war bis zum Neptun 12 Jahre unterwegs und das Funksignal erreichte nach 4 Stunden und 6 Minuten die Erde bei einer Geschwindigkeit von 300000 $\frac{km}{h}$. Jede Voyager-Sonde führt eine Bildplatte mit sich, die Sprache, Musik, Geräusche und Bilder der Erde enthält.

(Zeichnung nicht maßstabsgetreu)

Satelliten

Satelliten werden von Raketen auf eine Umlaufbahn um die Erde gebracht. Damit sie die Anziehungskraft der Erde ausgleichen können, müssen sie Geschwindigkeiten von 28000 $\frac{km}{h}$ erreichen. Satelliten kreisen auf verschiedenen Bahnen um die Erde und erfüllen verschiedene Funktionen: Es gibt Wettersatelliten, Fernmeldesatelliten, astronomische Satelliten, … . Die nähere Umgebung der Erde – bis zur Entfernung von rund 36000 km – ist inzwischen von 2380 Satelliten besetzt. Rund 600 davon gehorchen noch den Steuerbefehlen der Kommandozentralen.

Bemannte Raumfahrt

1961 dringt erstmals ein Mensch in den Weltraum vor: der Russe Juri Gagarin.

1965 verlässt ein Russe als erster Mensch seine Kapsel zu einem Weltraumspaziergang.

1969 landen die Amerikaner Neil Armstrong und Edwin Aldrin auf dem Mond.

1974 bleiben 3 Amerikaner 3 Monate an Bord der Weltraumstation Skylab.

1986 bleiben russische Kosmonauten 1 Jahr in der Weltraumstation Mir.

1993 Russland und die USA beschließen die internationale Weltraumstation „ISS" zu schaffen.

1998 Beginn des Zusammenbaus der „ISS".

Winkel und Dreiecke

Scheitelwinkel und Nebenwinkel

Beim Arbeiten mit der Schere sieht man vier Winkel. Zwei davon sind immer gleich.

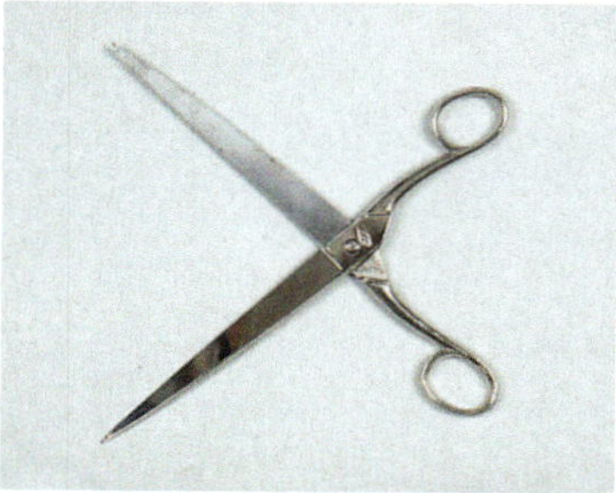
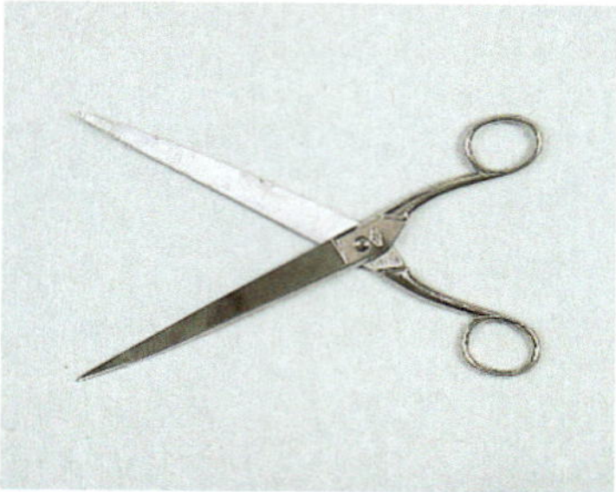
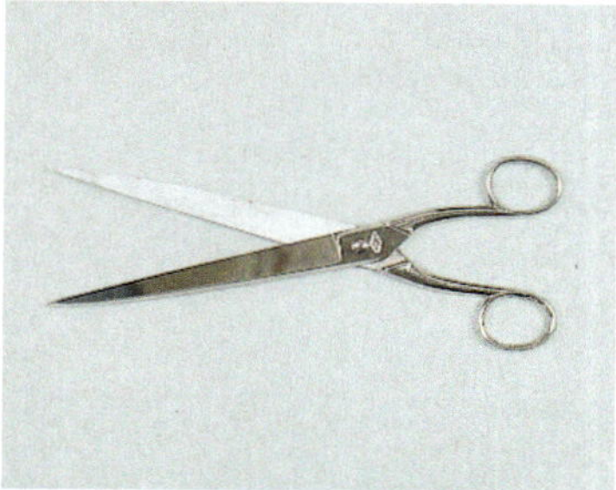

In der Mathematik entspricht eine geöffnete Schere zwei sich schneidenden Geraden. Dabei entstehen vier Winkel. Es gilt:

Wenn sich zwei Geraden schneiden, entstehen vier Winkel.

Gegenüberliegende Winkel nennt man **Scheitelwinkel**.

Scheitelwinkel sind gleich groß.

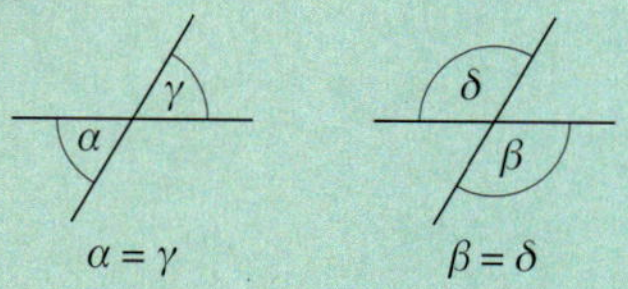

Nebeneinander liegende Winkel nennt man **Nebenwinkel**.

Nebenwinkel ergänzen sich zu 180°.

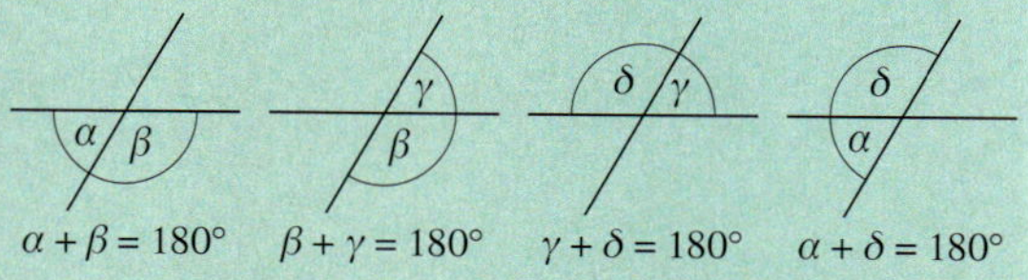

Übungen

1 Nennen Sie alle Paare von Scheitelwinkeln und alle Paare von Nebenwinkeln.

a)

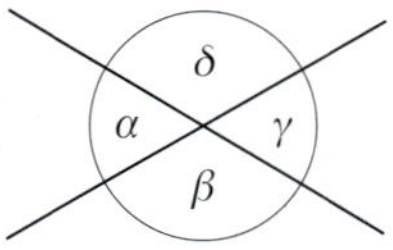

b)

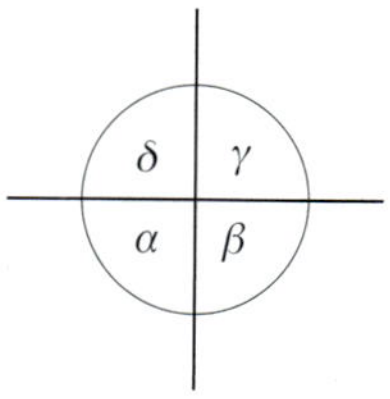

2 Zeichnen Sie zwei Geraden, die sich unter 50° (62°, 76°, 98°, 130°, 179°) schneiden. Markieren Sie ein Nebenwinkelpaar farbig und berechnen Sie die Winkel.

3 Wann sind zwei Nebenwinkel gleich groß? Formulieren Sie eine Bedingung.

4 Berechnen Sie in der folgenden Zeichnung die Größe jedes Winkels. Welche Winkel sind Nebenwinkel, welche sind Scheitelwinkel?

a)

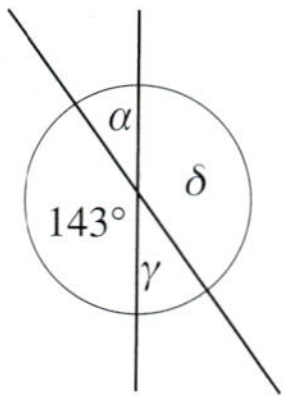

b)

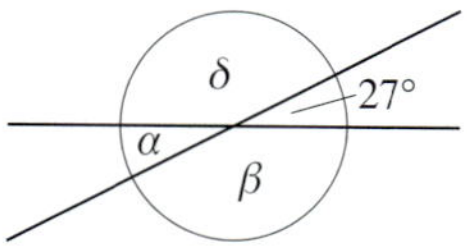

5 Wann ergibt die Summe zweier Scheitelwinkel 180°?

6 Zeichnen Sie zwei Nebenwinkel und zu jedem Nebenwinkel die Winkelhalbierende. Wie groß ist der Winkel zwischen beiden Winkelhalbierenden? Begründen Sie Ihr Ergebnis.

Stufenwinkel und Wechselwinkel

Bei dieser Treppe sind Stufen aus Holz an ein Gerüst aus Stahl geschraubt. Deutlich sind viele gleich große Winkel zu erkennen.
Damit alle Stufen parallel sind, müssen alle Winkel α_1, α_2, α_3 und α_4 gleich groß sein.

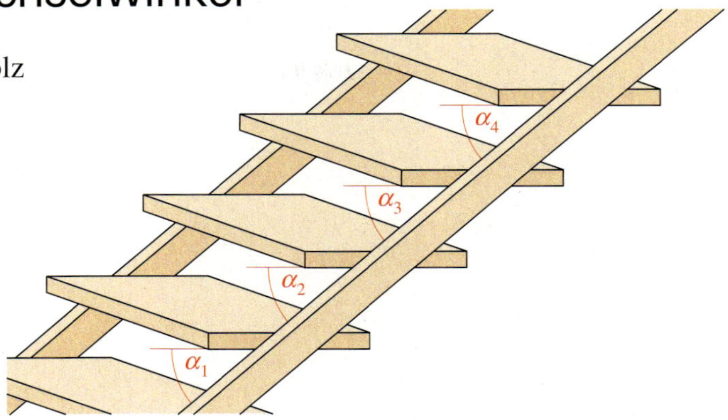

Wenn sich zwei parallele Geraden mit einer dritten Geraden schneiden, dann entstehen gleich große Winkel. Wegen ihrer Lage zueinander erhalten diese Winkel besondere Namen.

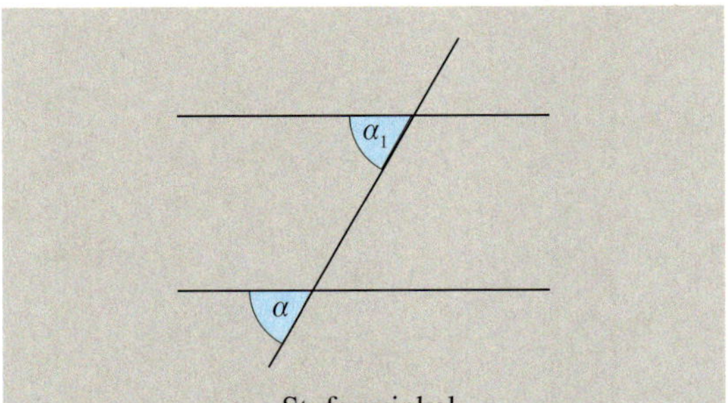

Stufenwinkel

Winkel, die zueinander liegen wie α und α_1, heißen Stufenwinkel. Sie liegen auf derselben Seite der Parallelen und der schneidenden Geraden.

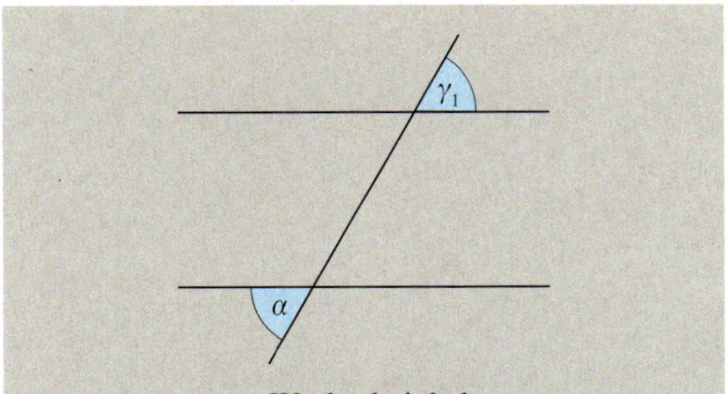

Wechselwinkel

Winkel, die zueinander liegen wie α und γ_1, heißen Wechselwinkel. Sie *wechseln* auf verschiedene Seiten der Parallelen und der schneidenden Geraden.

Es gilt, wenn zwei Parallelen von einer Geraden geschnitten werden:

Stufenwinkel an geschnittenen Parallelen sind gleich groß.
Wechselwinkel an geschnittenen Parallelen sind gleich groß.

Beispiele

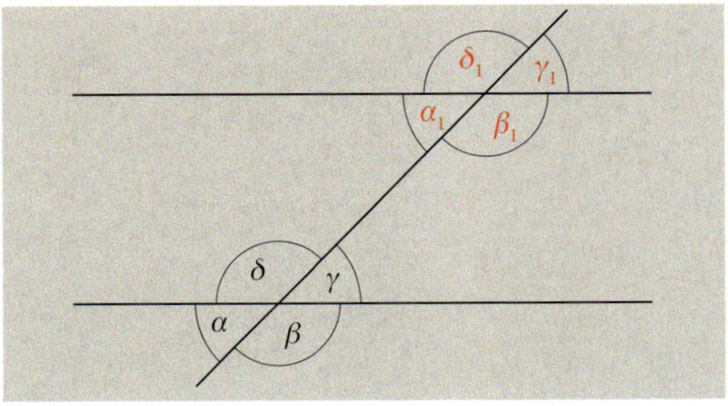

Stufenwinkel sind:

α und α_1	γ und γ_1
β und β_1	δ und δ_1

Wechselwinkel sind:

α und γ_1	γ und α_1
β und δ_1	δ und β_1

Übungen

1 Geben Sie alle Paare von Stufenwinkeln und von Wechselwinkeln an.

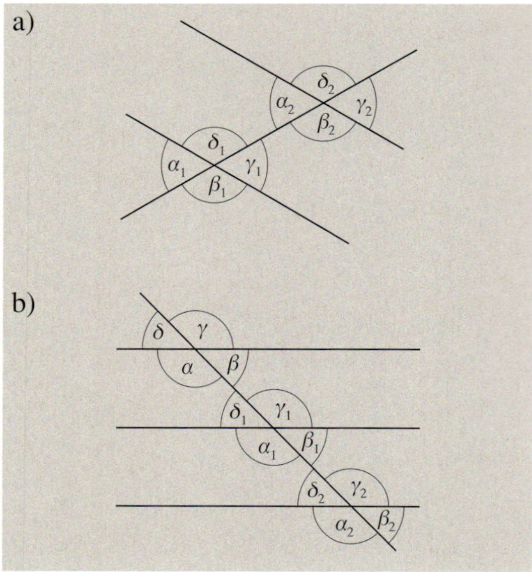

2 Zeichnen Sie zwei Parallelen und eine Gerade g, die die Parallelen schneidet.

a) Färben Sie Wechselwinkel gleichfarbig ein.

b) Zeichnen Sie neu und kennzeichnen Sie Stufenwinkel farbig.

3 Zeichnen Sie zwei Geraden, die sich erst außerhalb des Zeichenblatts schneiden. Wie kann man dennoch die Größe der Winkel zwischen den Geraden bestimmen?

5 Berechnen Sie alle Winkel.

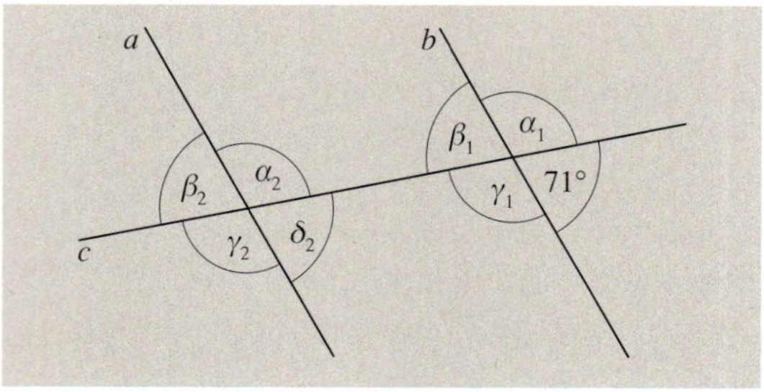

6 Zeichnen Sie die Vierecke auf Gitterpapier und tragen Sie die Größe aller Innenwinkel ein.

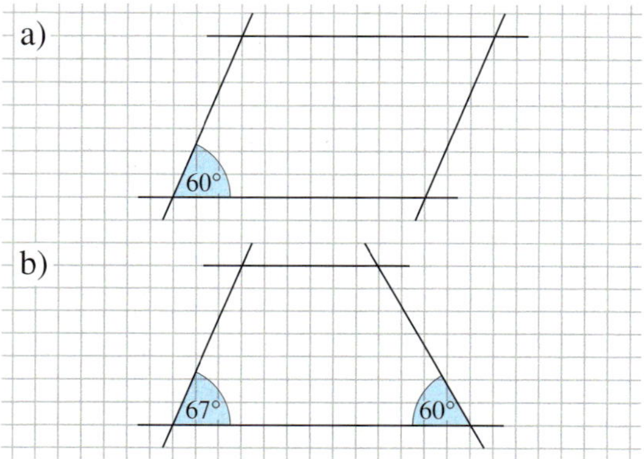

7 Zeichnen Sie zwei parallele Geraden. Zeichnen Sie eine dritte Gerade so, dass sie mit den Parallelen einen Winkel von $\alpha = 75°$ bildet.

a) Wie groß ist der Stufenwinkel des Scheitelwinkels von α?

b) Wie groß ist der Nebenwinkel des Stufenwinkels von α?

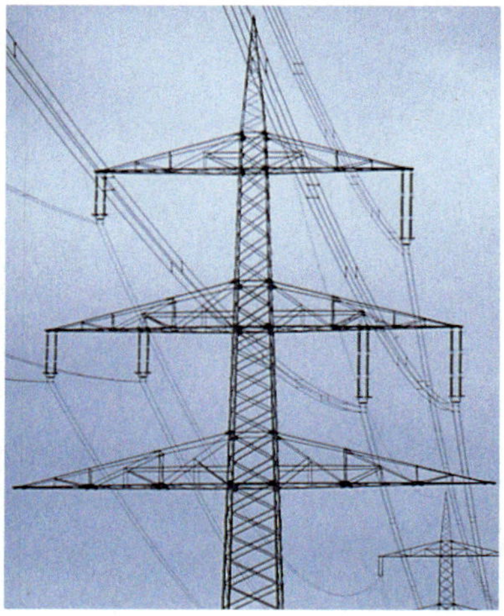

4 In Ihrer Umgebung finden Sie häufig bestimmte Winkel wieder: an Strommasten, an Holztoren, an Blumengittern. Zeigen Sie an den drei Bildern die Begriffe Stufenwinkel und Wechselwinkel.

Kennen Sie weitere Beispiele?

Vermischte Übungen

1 Zeichnen Sie zu einer Geraden g im Abstand von 7 mm parallele Geraden. Konstruieren Sie dann zu g eine Senkrechte h. Wie verläuft h zu den Parallelen von g?
Begründen Sie Ihre Antwort.

2 Zeichnen Sie die Figur in Ihr Heft. Berechnen Sie die Größe der eingezeichneten Winkel.

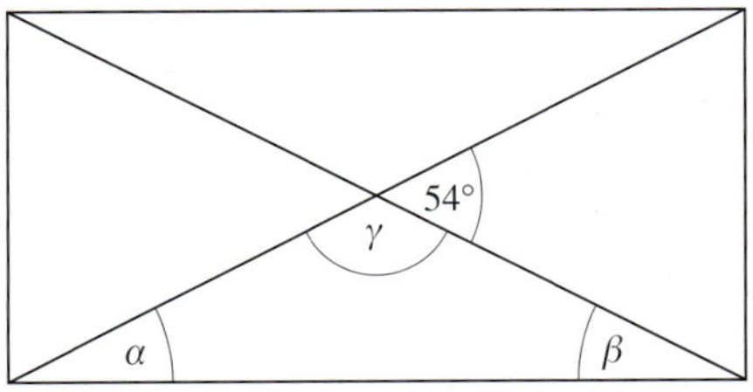

3 Berechnen Sie die markierten Winkel.

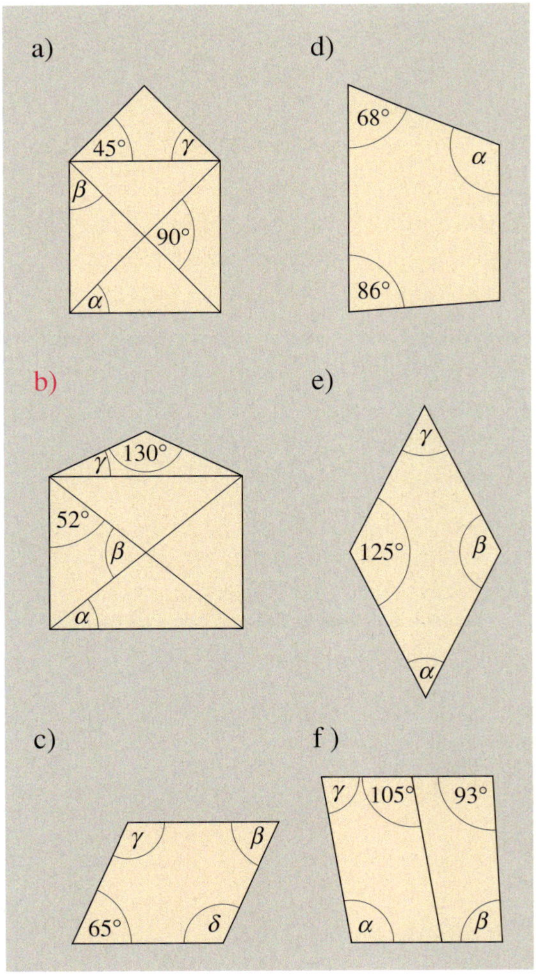

4 Erläutern Sie an diesen Bildern Scheitelwinkel und Nebenwinkel, Stufenwinkel und Wechselwinkel.

5 In einem rechtwinkligen Dreieck ist die Differenz der spitzen Winkel 20°. Wie groß ist jeder Winkel?

6 Haben alle Dreiecke mit 2 gleich großen Winkeln auch 2 gleich lange Seiten?
Überprüfen Sie Ihre Vermutung an verschiedenen Beispielen.

7 a) Zeigen Sie mithilfe der eingefärbten Winkel, dass die sich gegenüberliegenden Winkel α_1 und γ_3 gleich groß sind.

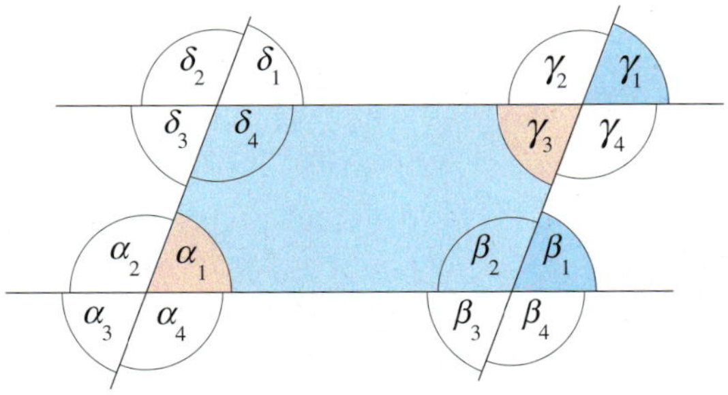

b) Es gibt noch weitere Möglichkeiten, auf die gleiche Größe von α_1 und γ_3 zu schließen.

8 Ergänzen Sie im Heft:
a) α_1 und γ_1 sind …
b) β_1 und β_2 sind …
c) δ_1 und β_2 sind …
d) α_2 und δ_2 sind …
e) β_1 und δ_2 sind …

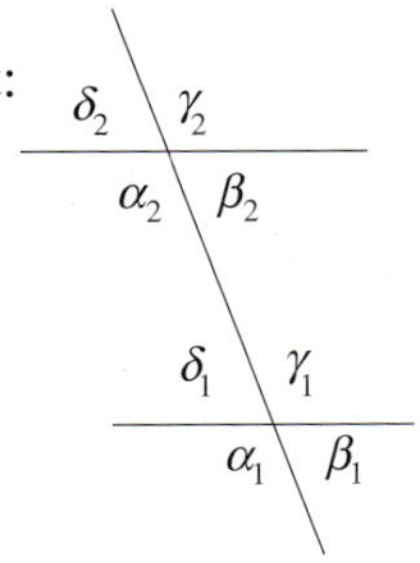

Dreiecke

Im Fachwerkgiebel dieses Gebäudes sind verschiedene Dreiecksformen erkennbar.

Sie können *nach dem größten Winkel benannt* werden.

spitzwinklig

Das Dreieck hat *nur* spitze Winkel (< 90°).

rechtwinklig

Das Dreieck hat *einen* rechten Winkel (= 90°).

stumpfwinklig

Das Dreieck hat *einen* stumpfen Winkel (> 90°).

Dreiecke werden auch *nach den Seiten benannt*.

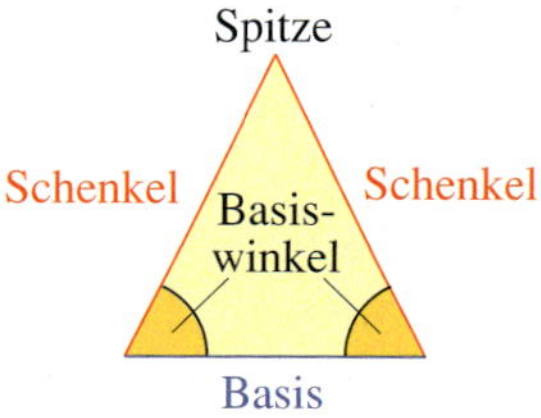

gleichschenklig – Das Dreieck hat zwei gleich lange Seiten (Schenkel).

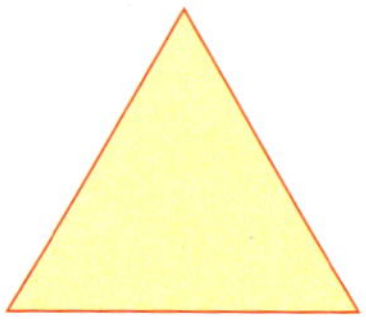

gleichseitig – Alle Seiten sind gleich lang.

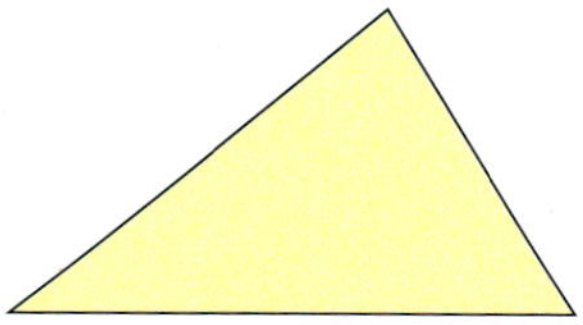

unregelmäßig – Alle Seiten sind verschieden lang.

Dreiecke werden nach *Winkeln* und *Seiten* benannt.

Ein **spitzwinkliges Dreieck** hat nur spitze Winkel,
ein **rechtwinkliges Dreieck** hat einen rechten Winkel,
ein **stumpfwinkliges Dreieck** hat einen stumpfen Winkel.

Ein **gleichschenkliges Dreieck** hat zwei gleich lange Seiten,
bei einem **gleichseitigen Dreieck** sind alle Seiten gleich lang,
ein **unregelmäßiges Dreieck** hat drei verschieden lange Seiten.

Die Winkel bzw. Seiten bestimmen die Art des Dreiecks, unabhängig von der Lage.

Bei **Dreiecken** benennt man die Eckpunkte entgegen dem Uhrzeigersinn mit großen Buchstaben, Winkel- und Seitenbezeichnungen zeigen die unteren Abbildungen.

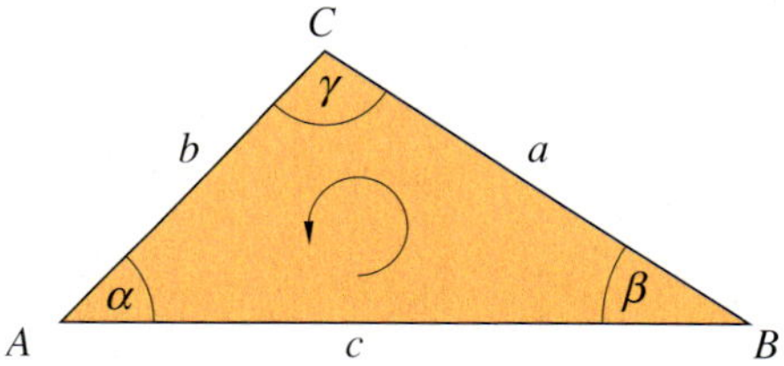

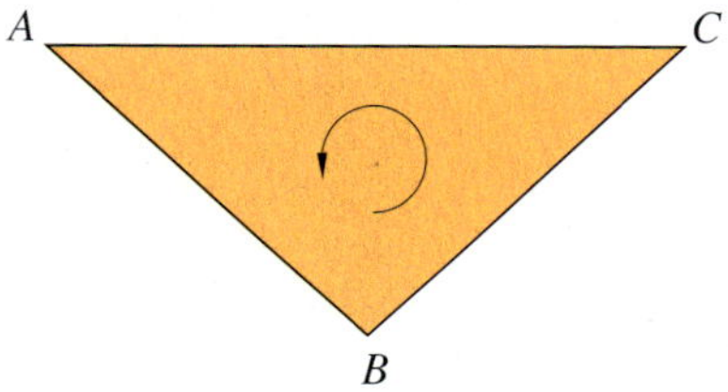

Übungen

1 Stimmen diese Behauptungen für jedes Dreieck?
a) Der Winkel γ ist immer der größte Winkel.
b) Die Seite a liegt immer dem Winkel α gegenüber.
c) Der Scheitelpunkt von β ist C.

2 Übertragen Sie die Dreiecke in Ihr Heft und beschriften Sie die Eckpunkte, die Seiten und die Winkel.

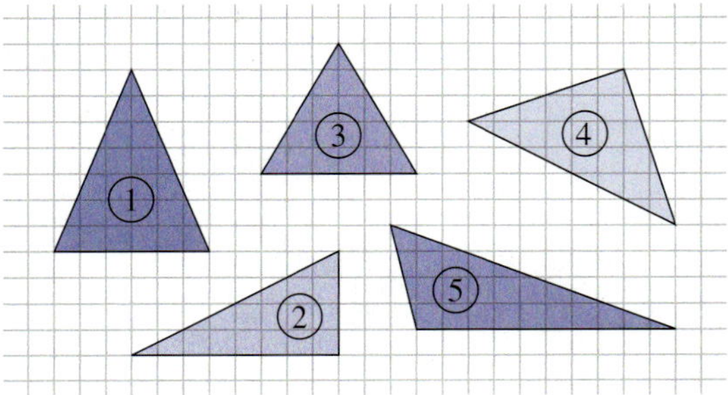

3 a) Betrachten Sie die Darstellung.

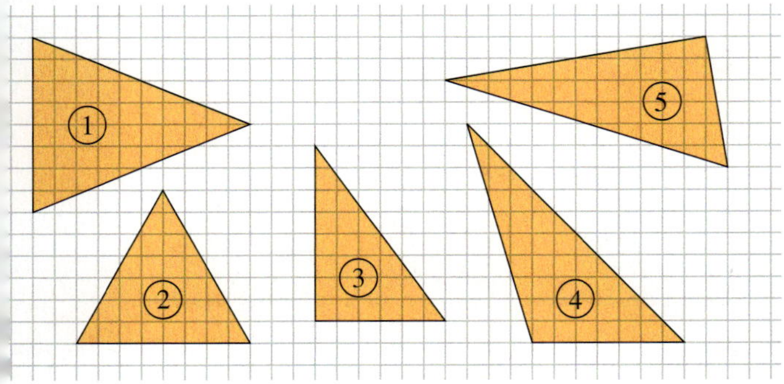

Füllen Sie nach Augenmaß die Tabelle im Heft mit Bleistift aus.

	①	②	③	④	⑤
spitzwinklig					
rechtwinklig					
stumpfwinklig					
gleichschenklig					
gleichseitig					

b) Übertragen Sie die Dreiecke in Ihr Heft. Messen Sie die Längen der Seiten und die Größe der Winkel und tragen Sie diese in die Zeichnungen ein. Überprüfen Sie, ob Sie die Tabelle richtig ausgefüllt haben.

4 a) Zeichnen Sie das Dreieck nach der Bildfolge. Verbinden Sie dann die Punkte A und C sowie B und C. Was für ein Dreieck entsteht?

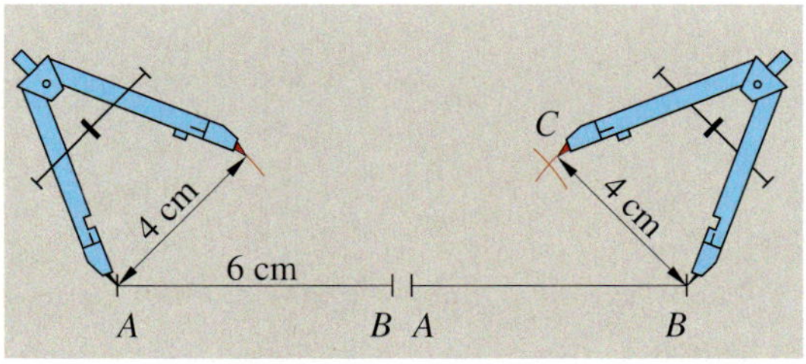

b) Zeichnen Sie ein gleichschenkliges Dreieck mit einer Basislänge von 4 cm und einer Schenkellänge von 6 cm.
c) Zeichnen Sie ein gleichschenkliges Dreieck mit einer Basislänge von 8 cm und einer Schenkellänge von 5 cm.
d) Zeichnen Sie ein gleichseitiges Dreieck mit einer Seitenlänge von 4 cm (6 cm).

5 Indem man eine gleichschenklige Dreiecksfigur faltet, kann man eine **Symmetrieachse** finden.

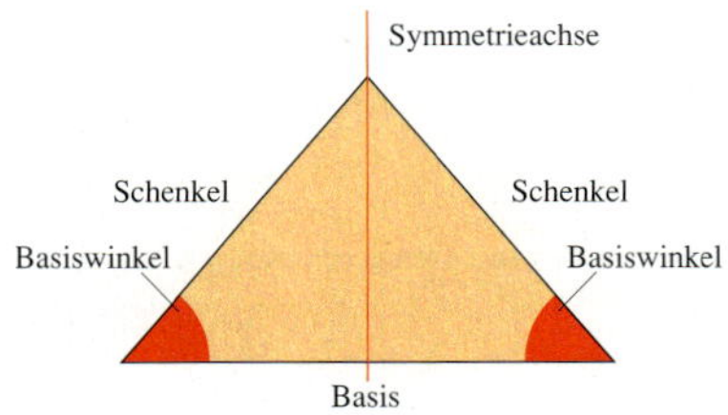

Zeichnen Sie ein gleichschenkliges Dreieck und schneiden Sie es aus. Zeigen Sie durch Falten:
Bei gleichschenkligen Dreiecken sind die Basiswinkel gleich groß.

6 Welche Behauptung ist richtig, welche falsch? Probieren Sie!
a) Ein rechtwinkliges Dreieck kann auch zwei rechte Winkel haben.
b) Ein Dreieck mit drei gleich langen Seiten hat auch drei gleich große Winkel.
c) In stumpfwinkligen Dreiecken sind die drei Seiten immer verschieden lang.
d) Bei einem unregelmäßigen Dreieck können zwei Seiten gleich lang sein.
e) Ein gleichseitiges Dreieck hat drei Symmetrieachsen.

Die Winkelsumme im Dreieck

Wir schneiden aus einem Blatt Papier ein Dreieck aus. Davon trennen wir zwei Ecken ab, die wir an die dritte Ecke anlegen. Die Zeichnung zeigt das für ein Dreieck.

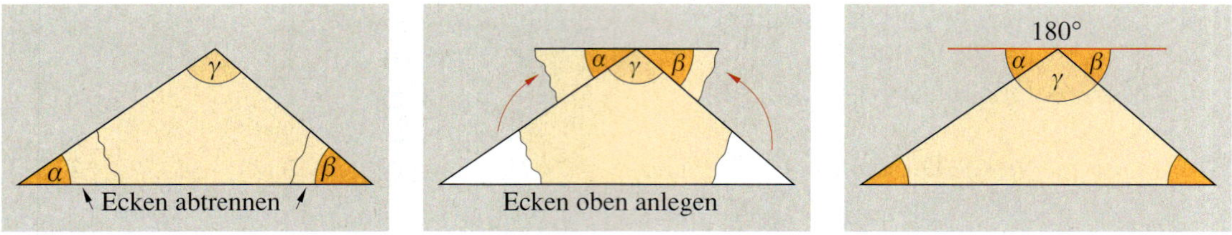

Wie wir auch an der Zeichnung sehen, ergeben die drei Winkel zusammen einen gestreckten Winkel. Gestreckte Winkel sind 180° groß, also ergeben die Winkel des Dreiecks zusammen 180°.
Wiederholen Sie das Experiment mit anderen Papierdreiecken!

Wir zeichnen drei verschiedene Dreiecke. In jedem Dreieck messen wir die Winkelgrößen und berechnen die Winkelsumme.

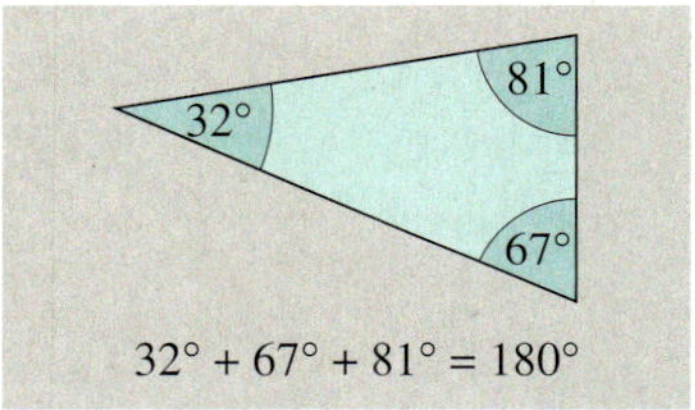

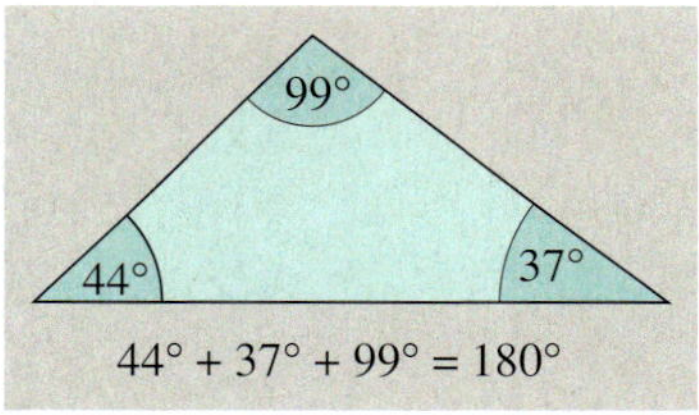

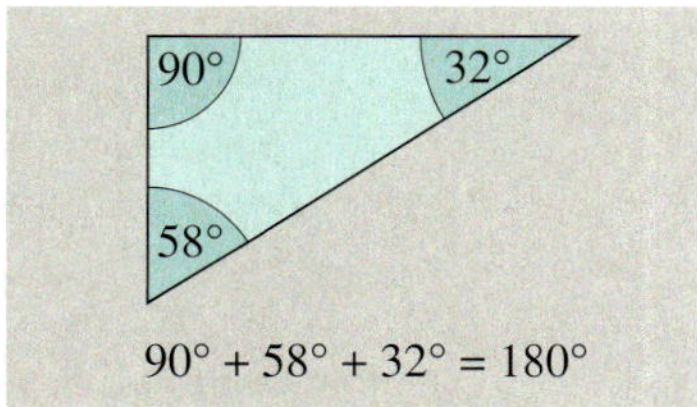

In jedem Dreieck ist die Winkelsumme 180°.

$$\alpha + \beta + \gamma = 180°$$

Übungen

1 Berechnen Sie zu den gegebenen Winkeln eines Dreiecks die Größe des dritten Winkels.

Beispiel: $\alpha = 48°$, $\beta = 105°$
Dann ist $\gamma = 180° - 48° - 105° = 27°$

a) $\alpha = 49°$, $\beta = 33°$ b) $\beta = 43°$, $\gamma = 82°$ c) $\alpha = 90°$, $\gamma = 35°$

2 Mario hat in zwei Dreiecken jeweils zwei Winkel gemessen. Kann er richtig gemessen haben? Begründen Sie Ihre Entscheidung.
a) $\alpha = 65°$; $\beta = 118°$ b) $\beta = 95°$; $\gamma = 88°$

3 Berechnen Sie den fehlenden Winkel für das Dreieck im Heft.

	α	β	γ
a)	53°	49°	
b)	35°		110°
c)		70°	20°
d)	60°	60°	
e)	90°		45°
f)		45°	60°
g)		70°	70°
h)	50°	76°	

4 Berechnen Sie in den gleichschenkligen Dreiecken alle Winkel. Beachten Sie, dass die Basiswinkel gleich groß sind.

a)
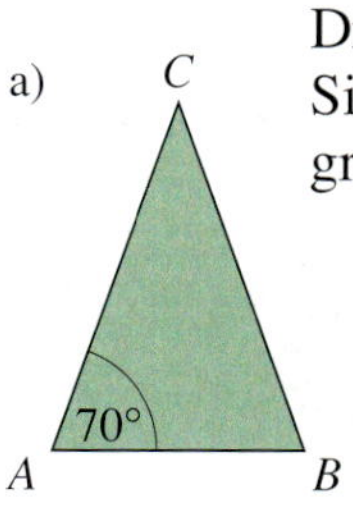

c)
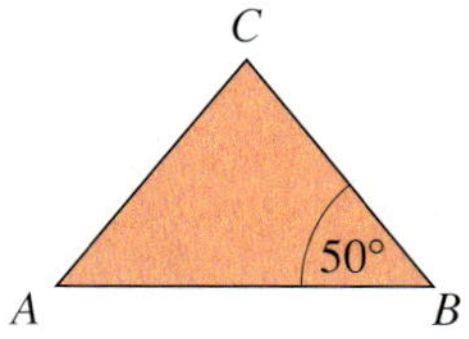

b)
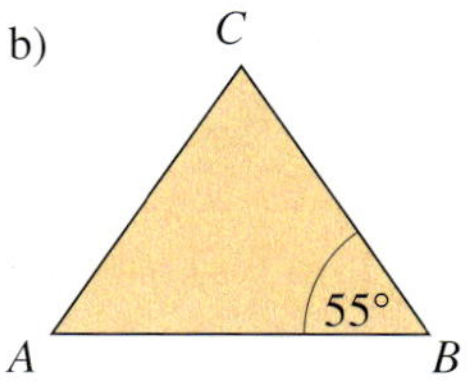

d)
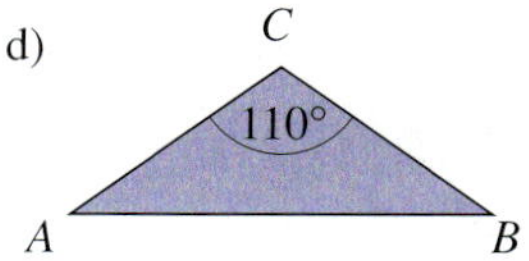

5 Berechnen Sie im Heft die fehlenden Winkel des Dreiecks.

	α	β	γ
a)	82°	46°	
b)	45,3°		7°
c)	90,6°	55,2°	
d)	61,7°	62,2°	
e)	125°	22,3°	
f)	6,2°		3,9°
g)		7,4°	160°
h)		19,6°	15,8°
i)	31°	86,3°	
j)		27,2°	99°
k)	42°		54,6°

6 Andrea hat ein Dreieck gezeichnet, dessen Seiten $a = 3$ cm, $b = 4$ cm und $c = 5$ cm betragen. Sie behauptet:
„Wenn ich das Dreieck mit doppelt so langen Seiten zeichne, also $a = 6$ cm, $b = 8$ cm und $c = 10$ cm, dann beträgt auch die Winkelsumme doppelt so viel wie vorher, nämlich 360°."
Überprüfen Sie die Aussage und berichtigen Sie diese, wenn nötig.

7 Gibt es ein Dreieck mit
a) drei Winkeln, jeder kleiner als 60°,
b) drei Winkeln, jeder größer als 60°?
Begründen Sie Ihre Entscheidungen.

8 Zeichnen Sie auf ein Blatt Papier ein Dreieck, bei dem jede Seite 8 cm lang ist und schneiden Sie es aus. Zeigen Sie durch Falten, dass alle Winkel dieses Dreiecks gleich groß sind.

9 Welche Dachneigung α hat jedes Haus?

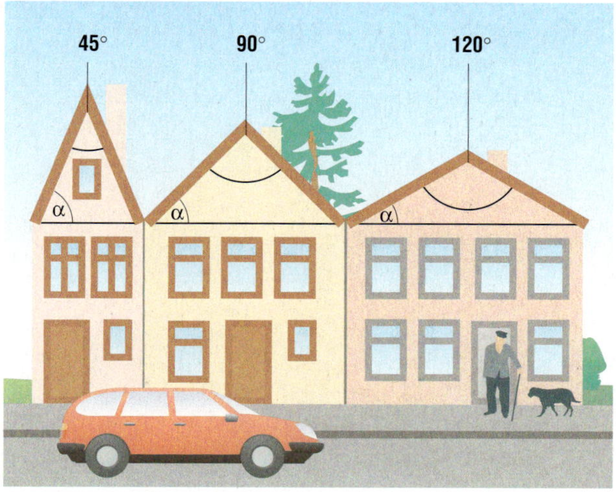

10 Eine Funkantenne wird in zwei verschiedenen Höhen von Spannseilen abgesichert.

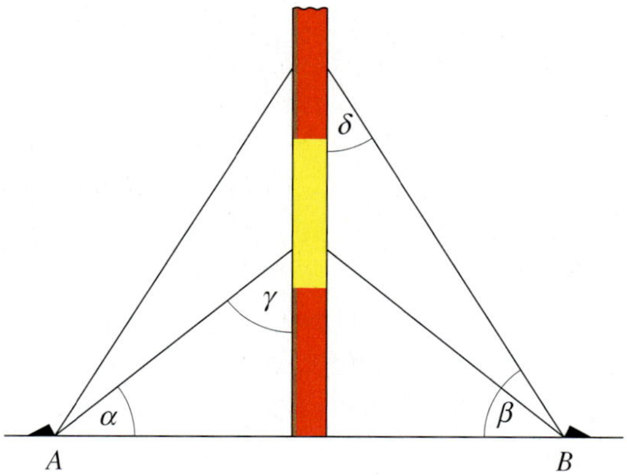

a) Die kürzeren Spannseile schließen an der Bodenverankerung den Winkel $\alpha = 38°$ ein, die längeren Seile schließen dort den Winkel $\beta = 57°$ ein. Bestimmen Sie die Winkel γ und δ, die die Spannseile jeweils mit dem Antennenmast einschließen.
b) Zeichnen Sie selbst eine Funkantenne, die entsprechend der Skizze in zwei verschiedenen Höhen von Spannseilen gesichert sein soll. Messen Sie die Winkel α und β und bestimmen Sie die eingeschlossenen Winkel zwischen Antennenmast und Spannseil.

Dreieckskonstruktionen

Konstruktion von Dreiecken aus drei gegebenen Seiten (SSS)

Marion soll ein Dreieck *ABC* mit
$a = 4$ cm, $b = 5$ cm, $c = 6$ cm
zeichnen und dazu nur Zirkel und Lineal verwenden.

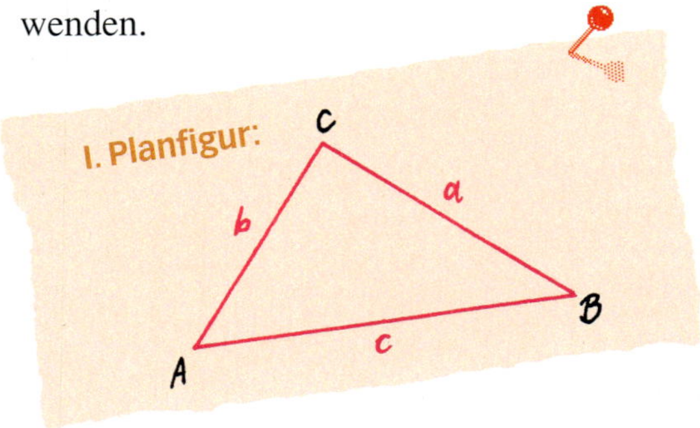

Jede Konstruktionsaufgabe beginnt mit einer Planfigur.
Dazu zeichnen wir ein beliebiges Dreieck mit den Endpunkten *A*, *B* und *C*. Die gegebenen Stücke werden besonders markiert.

Gegeben sind: **S**eite – **S**eite – **S**eite

(Grundkonstruktion SSS)

II. Konstruktion

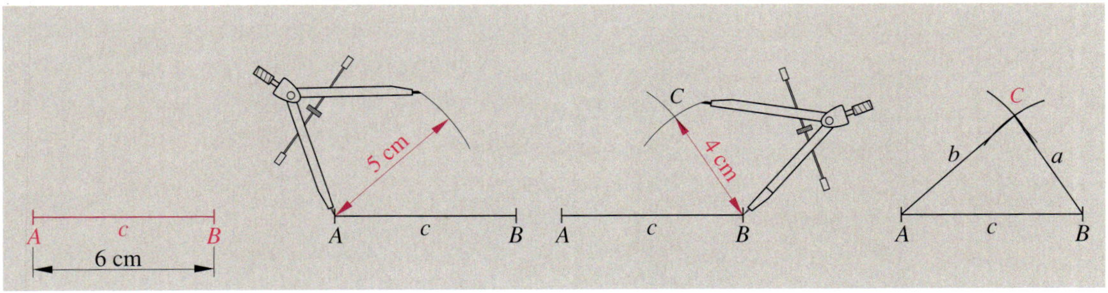

Was wir bei der Konstruktion nacheinander **gezeichnet** haben, schreiben wir in einer *Konstruktionsbeschreibung* oder, kürzer, in einem *Konstruktionsprotokoll* auf.

III. Konstruktionsbeschreibung

1. Ich zeichne die Seite $c = 6$ cm mit den Endpunkten *A* und *B*.
2. Ich zeichne einen Kreis um *A* mit dem Radius $b = 5$ cm.
3. Ich zeichne einen Kreis um *B* mit dem Radius $a = 4$ cm.
4. Den Schnittpunkt der Kreise um *A* und *B* nenne ich *C*.
5. Ich verbinde *A* mit *C* und *B* mit *C* und erhalte das Dreieck *ABC*.

Konstruktionsprotokoll

1. $\overline{AB} = 6$ cm zeichnen
2. Kreis um *A* mit $b = 5$ cm
3. Kreis um *B* mit $a = 4$ cm
4. Schnittpunkt ist *C*
5. *ABC* verbinden

Übungen

1 Konstruieren Sie das Dreieck. Geben Sie die Konstruktionsbeschreibungen an.
a) $a = 4{,}5$ cm; $b = 3{,}5$ cm; $c = 5{,}5$ cm,
b) $a = 17$ mm; $b = 52$ mm; $c = 42$ mm,
c) $a = 2{,}2$ cm; $b = 6{,}7$ cm; $c = 7{,}3$ cm,
d) $a = 4{,}9$ cm; $b = 5{,}1$ cm; $c = 5{,}3$ cm.

2 Konstruieren Sie das *gleichschenklige* Dreieck. Geben Sie das Konstruktionsprotokoll an.
a) $a = b = 6{,}2$ cm; $c = 4{,}6$ cm,
b) $a = b = 3{,}5$ cm; $c = 6{,}1$ cm,
c) $a = 3{,}6$ cm; $b = c = 5{,}5$ cm,
d) $a = c = 3{,}5$ cm; $b = 5{,}5$ cm.

3 Konstruieren Sie das *gleichseitige* Dreieck. Geben Sie das Konstruktionsprotokoll an.
a) $a = 4{,}3$ cm,
b) $c = 48$ mm,
c) $b = 5{,}3$ cm,
d) $b = 2{,}2$ cm.

4 Konstruieren Sie das Dreieck *ABC* nach diesem Konstruktionsprotokoll:
1. $\overline{AC} = 4{,}5$ cm zeichnen.
2. Kreis um *A* mit $c = 5$ cm.
3. Kreis um *C* mit $a = 4{,}2$ cm.
4. Schnittpunkt ist *B*.
5. *ABC* verbinden.

5 Versuchen Sie mit folgenden Seitenlängen ein Dreieck zu konstruieren:
$a = 2{,}7$ cm, $b = 3{,}2$ cm, $c = 6{,}2$ m.
Warum kann man mit den gegebenen Seitenlängen kein Dreieck konstruieren?

6 a) Konstruieren Sie im Heft ein Dreieck mit dem Umfang $u = 12$ cm.
b) Sind alle Dreiecke, die Sie mit dem Umfang $u = 12$ cm zeichnen können, deckungsgleich?

7 Zeichnen Sie ein Dreieck *ABC* mit $a = 7{,}0$ cm, $b = 6{,}6$ cm und $c = 7{,}2$ cm.
a) Konstruieren Sie zu jeder Dreieckseite innerhalb des Dreiecks eine Parallele im Abstand von 1,5 cm.
b) Gibt es ein neues Dreieck?
Wenn ja, messen Sie die Seiten und Winkel und vergleichen Sie beide Dreiecke.

8 Mark wünscht sich zum Geburtstag von seiner Mutter einen Stoffwimpel für sein Fahrrad. Zeichnen Sie den Wimpel. Wie lang muss das rote Band auf jeder Seite sein?

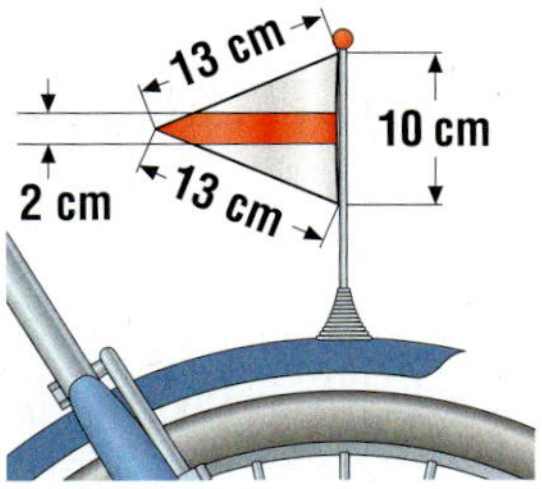

9 Arne, Benedikt und Carsten haben ein 12 m langes Seil zu einem Dreieck gespannt. Zeichnen Sie das aufgespannte Dreieck im Maßstab 1 : 100 (1 cm für 100 cm). Messen Sie die Größe der Winkel.

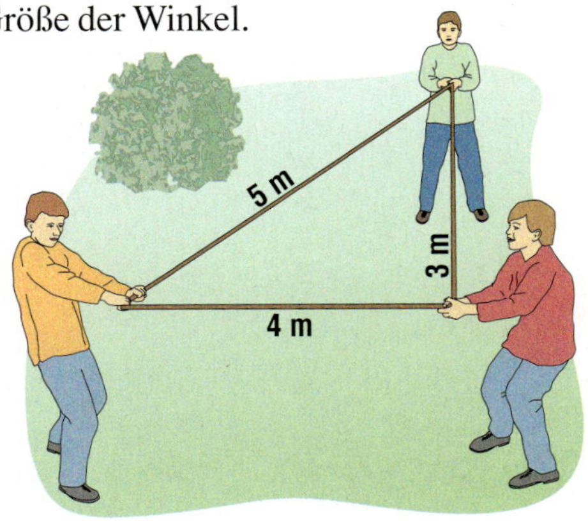

10 Ein Landvermesser hat in einem Weinberg ein dreieckiges Stück Land vermessen. Anschließend fertigt er dazu eine Zeichnung im Maßstab 1 : 1000 an. Der Maßstab bedeutet, 1 mm in der Zeichnung entspricht 1000 mm = 1 m im Gelände.
Konstruieren Sie das Dreieck.

Konstruktion von Dreiecken aus zwei Seiten und dem eingeschlossenen Winkel (SWS)

Wir zeichnen ein Dreieck ABC mit $b = 5$ cm, $c = 6$ cm und $\alpha = 45°$.
Wir verwenden neben Zirkel und Lineal auch das Geodreieck.

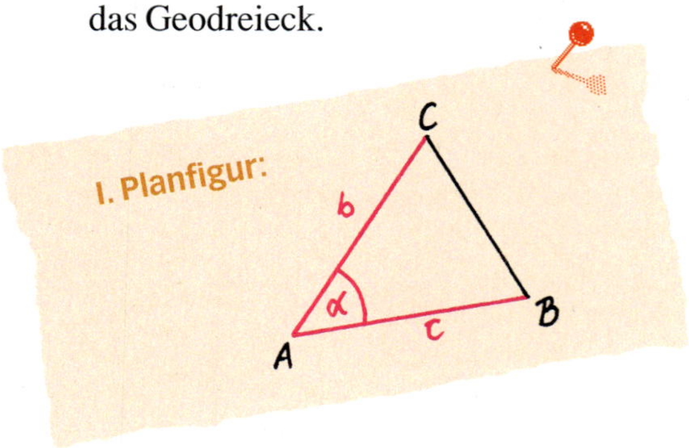

Die Planfigur zeigt, dass der Winkel zwischen den gegebenen Seiten liegt. Wir bezeichnen ihn als den „eingeschlossenen Winkel".

Gegeben sind also: **S**eite – **W**inkel – **S**eite

(Grundkonstruktion SWS)

II. Konstruktion

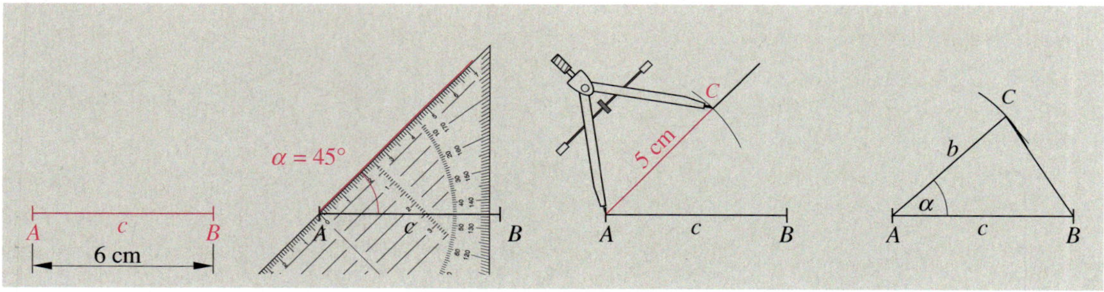

Die einzelnen Schritte bei der Konstruktion des Dreiecks schreiben wir wieder in einer Konstruktionsbeschreibung oder in einem Konstruktionsprotokoll auf.

III. Konstruktionsbeschreibung

1. Ich zeichne die Seite $c = 6$ cm mit den Endpunkten A und B.
2. Ich trage im Punkt A an die Seite c den Winkel $\alpha = 45°$ an.
3. Ich zeichne einen Kreis um A mit dem Radius $b = 5$ cm.
4. Den Schnittpunkt des Kreises mit dem freien Schenkel von α nenne ich C.
5. Ich verbinde B mit C und erhalte das Dreieck ABC.

Konstruktionsprotokoll

1. $\overline{AB} = 6$ cm zeichnen
2. Winkel $\alpha = 45°$ in A an $\overline{AB}$
3. Kreis um A mit $b = 5$ cm
4. Schnittpunkt ist C
5. ABC verbinden

Übungen

1 Konstruieren Sie das Dreieck. Geben Sie die Konstruktionsbeschreibung an.
a) $b = 3{,}8$ cm; $c = 4{,}4$ cm; $\alpha = 60°$,
b) $b = 52$ mm; $c = 61$ mm; $\alpha = 90°$,
c) $b = c = 3{,}5$ cm; $\alpha = 105°$,
d) $a = b = 4{,}8$ cm; $\gamma = 95°$.

2 Konstruieren Sie das Dreieck. Geben Sie die Konstruktionsbeschreibung an.
a) $a = 3{,}5$ cm; $c = 4{,}2$ cm; $\beta = 57°$,
b) $b = 2{,}1$ cm; $c = 6{,}2$ cm; $\alpha = 79°$,
c) $a = 3{,}4$ cm; $b = 3{,}9$ cm; $\gamma = 65°$,
d) $b = 5{,}4$ cm; $c = 4{,}3$ cm; $\alpha = 108°$.

3 Konstruieren Sie das *rechtwinklige* Dreieck.
a) $a = 4$ cm; $b = 3$ cm; $\gamma = 90°$,
b) $a = 4$ cm; $b = 5{,}5$ cm; $\gamma = 90°$,
c) $a = 4{,}7$ cm; $c = 4{,}2$ cm; $\beta = 90°$,
d) $a = 2{,}4$ cm; $c = 4{,}8$ cm; $\beta = 90°$.
Geben Sie das Konstruktionsprotokoll an.
Wie lang ist die dritte Seite? Messen Sie nach!

4 Konstruieren Sie *gleichschenklige* Dreiecke mit
a) $a = b = 4{,}9$ cm; $\gamma = 35°$,
b) $a = c = 54$ mm; $\beta = 55°$,
c) $b = c = 6{,}8$ cm; $\alpha = 17°$,
d) $a = b = 5{,}2$ cm; $\gamma = 90°$.
Geben Sie die Konstruktionsprotokolle an.
Messen Sie die dritte Seite.

5 Bestimmen Sie zeichnerisch die Länge des Sees von A nach C. Zeichnen Sie im Maßstab 1:1000, d. h.: 1 cm braucht man für 10 m.

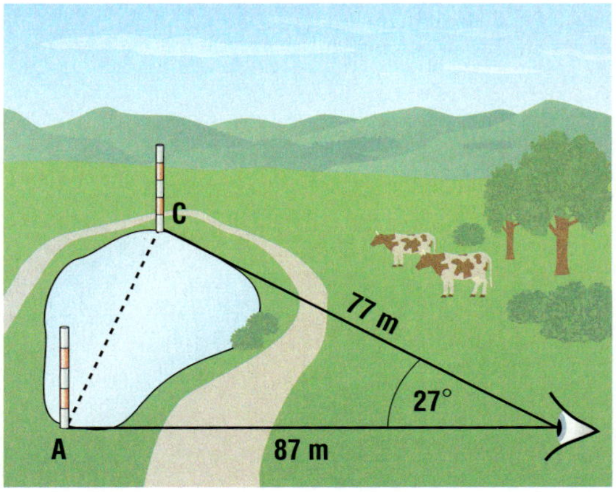

6 Konstruieren Sie das Dreieck nach diesem Konstruktionsprotokoll:
1. $\overline{BC} = 5{,}2$ cm zeichnen.
2. Winkel $\beta = 104°$ in B an $\overline{BC}$.
3. Kreis um B mit $c = 4{,}5$ cm.
4. Schnittpunkt ist A.
5. ABC verbinden.

7 Wie weit sind die beiden Messlatten voneinander entfernt?

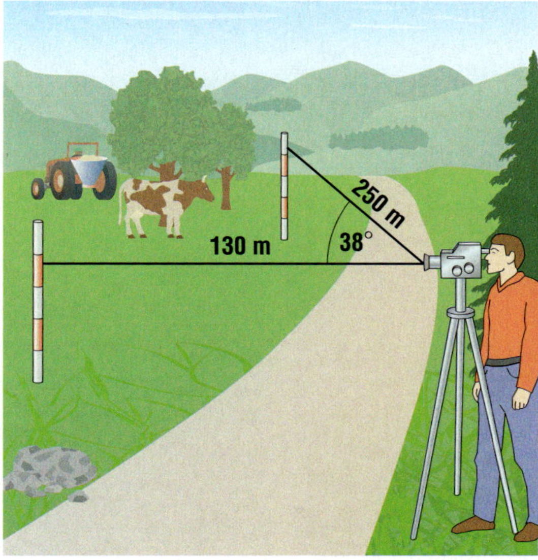

8 Ein Wanderer sieht das Schloss Hausen und die Burgruine Berchingen unter einem Winkel $\alpha = 43°$. Er ist von Hausen 3,3 km und von Berchingen 5,2 km entfernt. Wie weit sind Schloss und Burgruine voneinander entfernt? Bestimmen Sie die Entfernung zeichnerisch. Zeichnen Sie im Maßstab 1:100 000, das ist 1 cm für 1 km.

9 Zeichnen Sie ein Dreieck mit $\alpha = 90°$, $b = 4{,}8$ cm, $c = 6{,}4$ cm.
a) Versuchen Sie, in das Dreieck einen Kreis mit $r = 1{,}5$ cm zu zeichnen. Geht das?
b) Beschreiben Sie, wie Sie den Mittelpunkt des Kreises gefunden haben.

10 Zeichnen Sie ein Dreieck ABC mit $\alpha = 65°$, $b = 6{,}3$ cm, $c = 7{,}0$ cm und in das Dreieck einen beliebigen Punkt P. Konstruieren Sie mit Zirkel und Lineal die Senkrechte durch P auf jede Dreieckseite.

Konstruktion von Dreiecken aus einer Seite und den anliegenden Winkeln (WSW)

Wir zeichnen ein Dreieck *ABC* mit $c = 2{,}5$ cm, $\alpha = 80°$ und $\beta = 35°$.

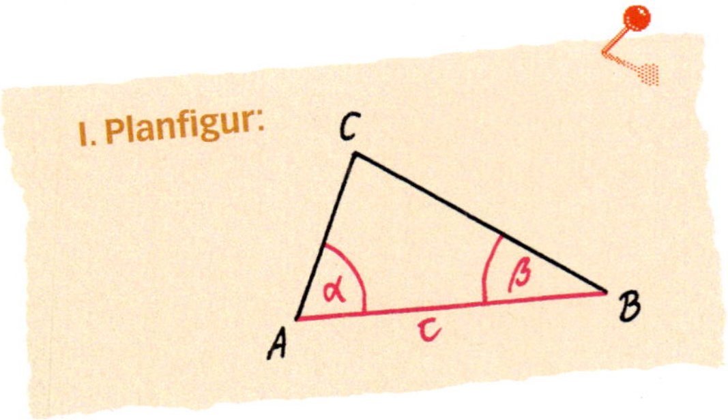

Die Planfigur zeigt, dass eine Seite und die beiden anliegenden Winkel bekannt sind.

Gegeben sind:
Winkel – **S**eite – **W**inkel

(Grundkonstruktion WSW)

II. Konstruktion

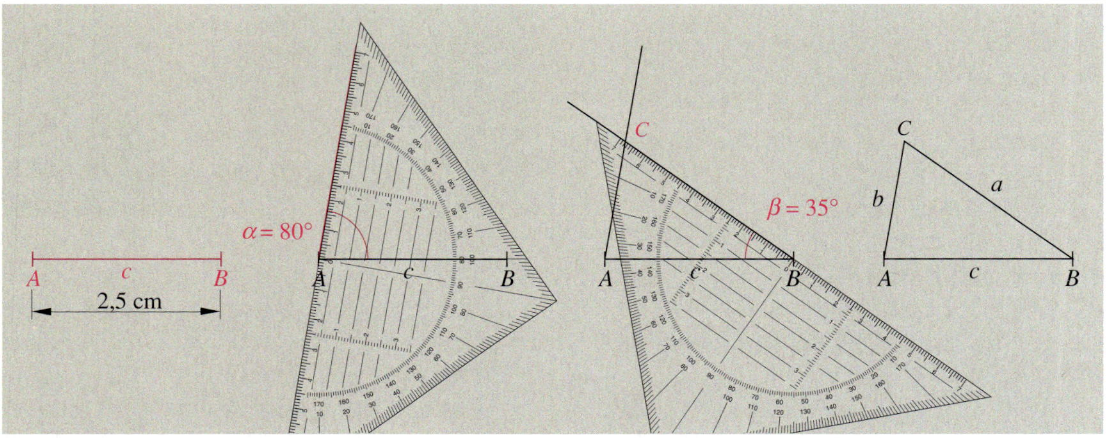

Die einzelnen Schritte der Grundkonstruktion WSW schreiben wir in der Konstruktionsbeschreibung und dem Konstruktionsprotokoll auf.

III. Konstruktionsbeschreibung

1. Ich zeichne die Seite $c = 2{,}5$ cm mit den Endpunkten *A* und *B*.

2. Ich trage im Punkt *A* an die Seite *c* den Winkel $\alpha = 80°$ an.

3. Ich trage im Punkt *B* an die Seite *c* den Winkel $\beta = 35°$ an.

4. Den Schnittpunkt der Schenkel nenne ich *C*. Ich erhalte das Dreieck *ABC*.

Konstruktionsprotokoll

1. $\overline{AB} = 2{,}5$ cm zeichnen.

2. Winkel $\alpha = 80°$ in *A* an $\overline{AB}$

3. Winkel $\beta = 35°$ in *B* an $\overline{AB}$

4. Schnittpunkt ist *C*.

Übungen

1 Konstruieren Sie Dreiecke mit
a) $c = 6{,}5$ cm; $\alpha = 43°$; $\beta = 57°$,
b) $a = 4{,}7$ cm; $\beta = 22°$; $\gamma = 88°$,
c) $b = 5{,}2$ cm; $\alpha = 38°$; $\gamma = 58°$.
Geben Sie die Konstruktionsprotokolle an. Messen Sie die Längen der anderen Seiten.

2 Bei diesen Aufgaben muss man für die Konstruktion den fehlenden Winkel berechnen. (Die Winkelsumme im Dreieck ist 180°)
a) $c = 6{,}7$ cm; $\alpha = 76°$; $\gamma = 55°$
(Hier gilt: $\beta = 180° - 76° - 55° = 49°$)
b) $b = 5{,}6$ cm; $\beta = 49°$; $\gamma = 67°$
c) $a = 3{,}8$ cm; $\alpha = 63°$; $\beta = 57°$

3 a) Konstruieren Sie das Dreieck *ABC* mit $c = 5$ cm, $\alpha = 90°$ und $\beta = 22°$. Wie lang ist die Seite *b*? Messen Sie nach.
b) Schätzen Sie, wie lang die Seite *b* ist, wenn man den Winkel β verdoppelt, verdreifacht. Zeichnen Sie diese Dreiecke und überprüfen Sie Ihre Schätzung durch Nachmessen.

4 Konstruieren Sie Dreiecke mit den gegebenen Maßen. Geben Sie die Art der Grundkonstruktion (SSS, SWS, WSW) an.
a) $a = 8$ cm; $b = 6$ cm; $c = 5$ cm
b) $c = 53$ mm; $\alpha = 43°$; $\beta = 62°$
c) $b = 8{,}0$ cm; $c = 5{,}3$ cm; $\alpha = 36°$

5 Wie weit ist das Schiff vom Leuchtturm *A* entfernt? Wie weit ist es vom Leuchtturm *B* entfernt? Ermitteln Sie die Entfernungen zeichnerisch. Zeichnen Sie 1 cm für 1 km.

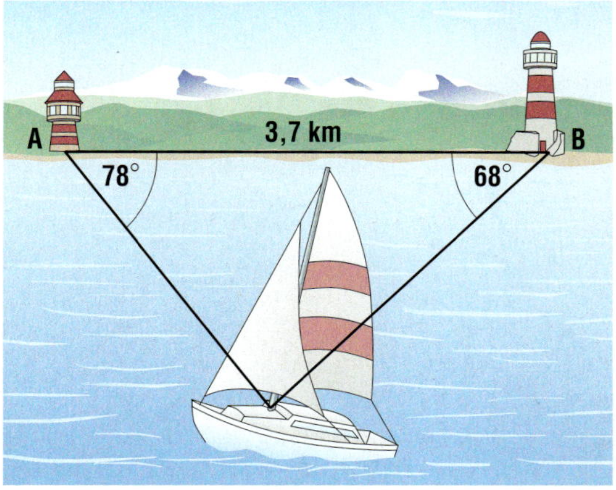

6 Zeichnen Sie die Skizze ab (1 cm für 5 m) und bestimmen Sie die Höhe der Pappel.

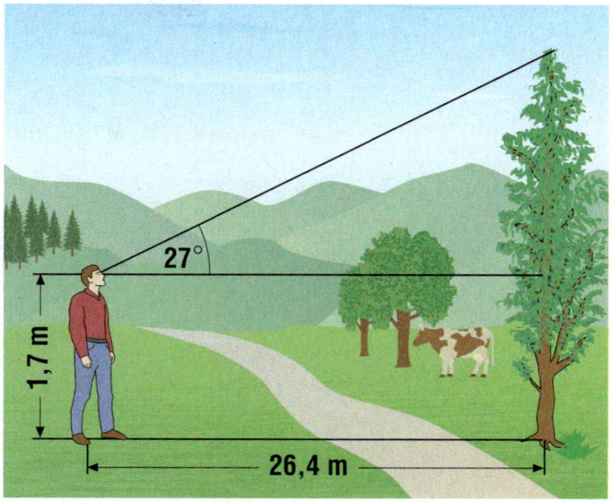

7 Die Höhe eines Bergs wird bestimmt, indem man eine waagerechte Standlinie und die Erhebungswinkel (hier 46° und 31°) misst. Zeichnen Sie 1 cm für 50 m.

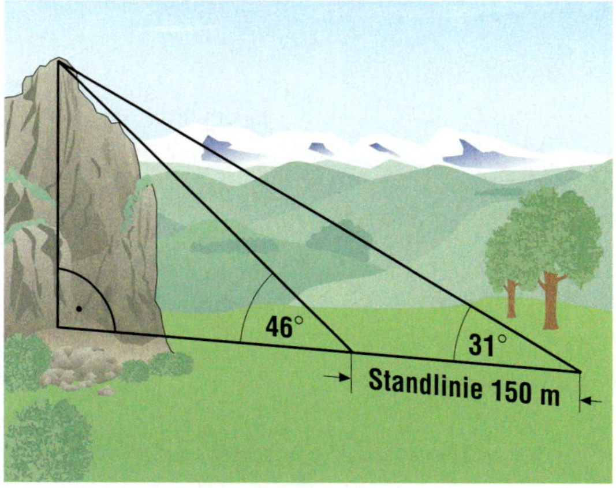

Welcher Höhenunterschied besteht zwischen der Standlinie und der Bergspitze?
Wie hoch ist der Berg, wenn die Standlinie 860 m über dem Meeresspiegel liegt?

8 Herr Haber fotografiert einen Fernsehturm. Er steht 150 m vom Fußpunkt des Turms entfernt und sieht die Spitze des Turmes unter einem Winkel von 55°. Wie hoch ist der Fernsehturm? Zeichnen Sie maßstabsgerecht.

9 Ein Drachen steigt an einer 43,50 m langen Schnur. Die Schnur ist straff gespannt und bildet mit dem Erdboden einen Winkel von 51°. Wie hoch steht der Drachen?

Abbildungen

Abbildungen und Symmetrie

Die Bilder zeigen Gegenstände, die gespiegelt, gedreht oder geschoben wurden.

Eine Landschaft *spiegelt* sich im See.

Die obere Schicht eines Zauberwürfels wird *gedreht*.

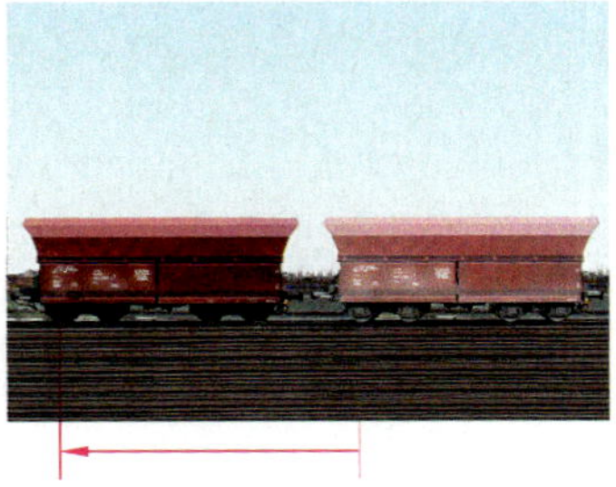

Ein Güterwagen wird *geschoben*.

So kann man Spiegelungen, Drehungen und Verschiebungen genau konstruieren:

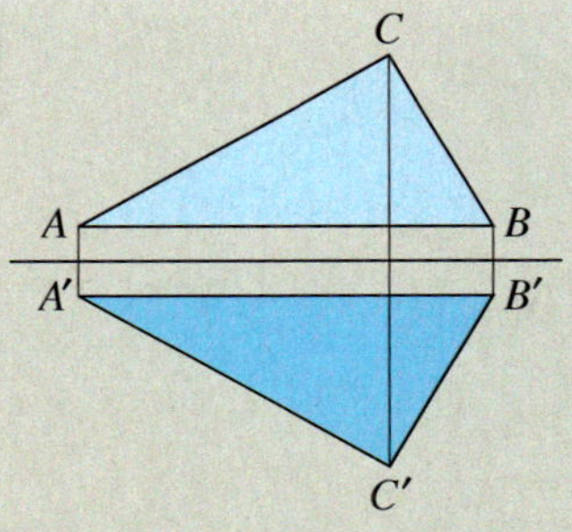

Ein Dreieck wird **gespiegelt**.

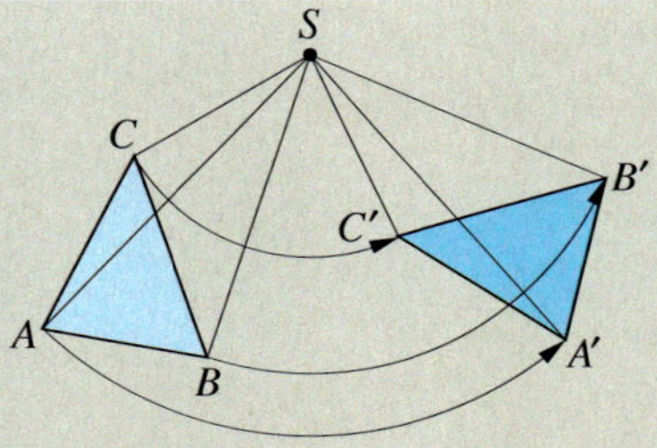

Ein Dreieck wird **gedreht**.

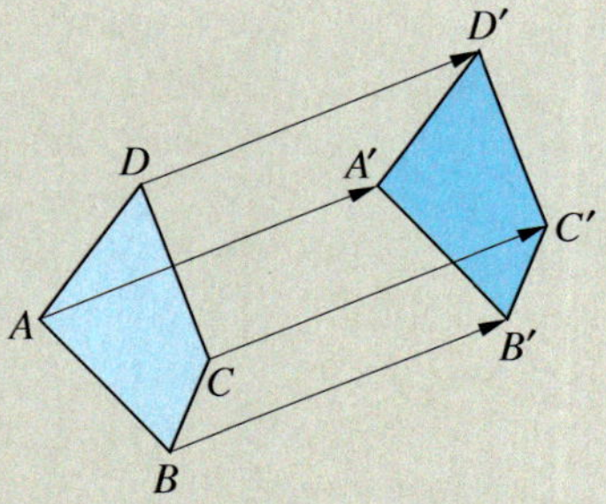

Ein Viereck wird **verschoben**.

Bei Spiegelungen, Drehungen und Verschiebungen werden Form und Größe einer geometrischen Figur nicht verändert. Originalfigur und Bildfigur sind **kongruent** (deckungsgleich). Spiegelung, Drehung und Verschiebung werden daher auch **Kongruenzabbildungen** genannt.

Wenn man eine Figur durch eine Kongruenzabbildung auf sich selbst abbilden kann, dann nennt man die Figur **symmetrisch**.

Der Schmetterling ist *achsensymmetrisch*.

Der Mercedesstern ist *drehsymmetrisch*.

Die Spielkarte ist *punktsymmetrisch*.

Achsenspiegelung und Achsensymmetrie

Vorgegeben ist eine Gerade als Spiegelachse. Dann gilt für Achsenspiegelungen:

1. Zu jedem Punkt der Originalfigur gibt es genau einen Punkt der Bildfigur.
2. Spiegelbildlich liegende Punkte haben denselben Abstand von der Spiegelachse.
3. Die Verbindungsstrecke eines Punkts mit seinem Bildpunkt steht senkrecht auf der Spiegelachse.
4. Originalfigur und Bildfigur haben unterschiedlichen Umlaufsinn.

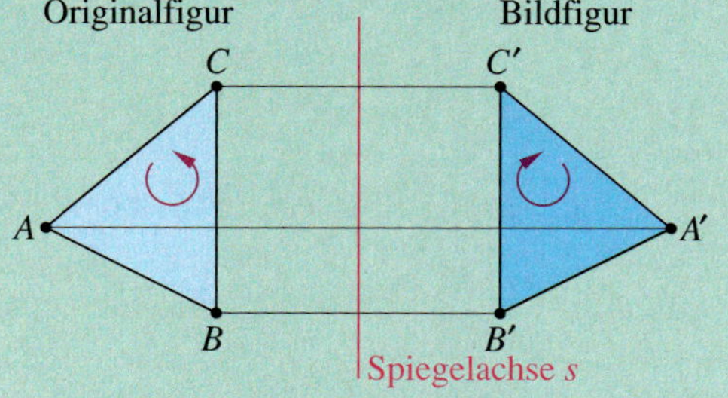

Damit kann man Spiegelbilder konstruieren.

Beispiele

1. Spiegelung eines Punkts P an einer Geraden g:

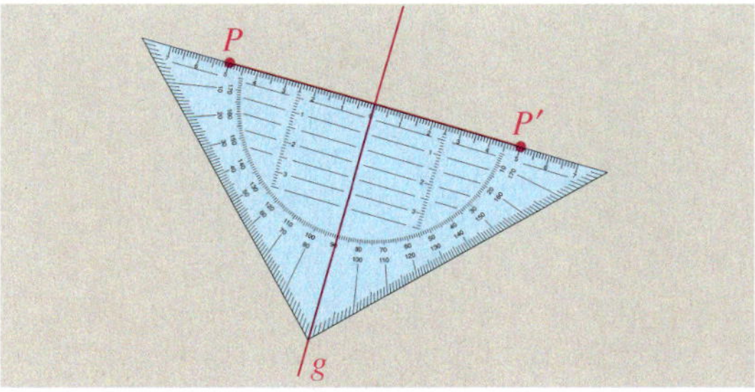

1. Man zeichnet mithilfe des Geodreiecks die Senkrechte auf g durch P.
2. Man zeichnet den Bildpunkt P', der von g den gleichen Abstand hat wie P.

Wenn umgekehrt zu einer achsensymmetrischen Figur die Symmetrieachse bestimmt werden soll, geht man so vor:

Man verbindet einen beliebigen Punkt der Originalfigur mit seinem Bildpunkt in der Bildfigur.

Die Mittelsenkrechte zu dieser Verbindungsstrecke halbiert diese Strecke und steht senkrecht auf ihr. Sie ist also die **Symmetrieachse** (Spiegelachse).

2. Spiegelung einer Figur an einer Geraden g:

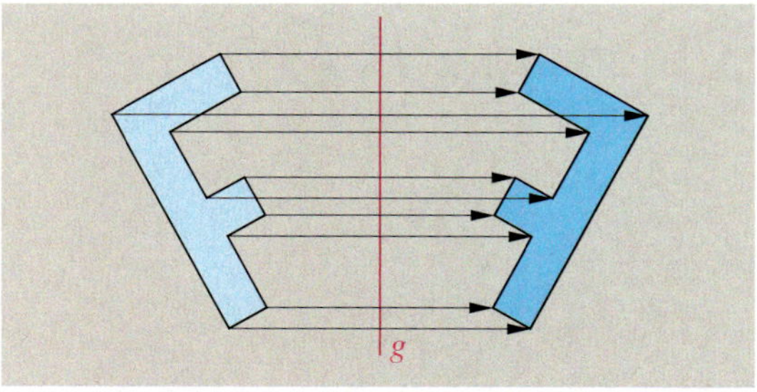

1. Jeder Eckpunkt wird einzeln an der Spiegelachse g gespiegelt.
2. Die Bildpunkte werden zur vollständigen Bildfigur verbunden.

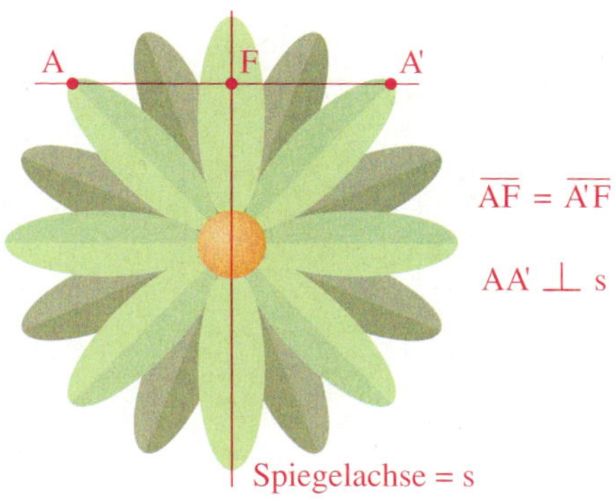

Übungen

1 Zeichnen Sie in ein Koordinatensystem eine Gerade *PQ* mit *P* (5 | 1) und *Q* (11 | 9) und das Dreieck *ABC* mit *A* (7 | 2), *B* (9 | 1), *C* (10 | 6).
a) Spiegeln Sie das Dreieck *ABC* an der Geraden *PQ*. Zeichnen Sie in das Dreieck *ABC* und in das Bilddreieck *A′ B′ C′* Pfeile für den Umlaufsinn ein.
b) Spiegeln Sie das Dreieck *ABC* an der *x*-Achse.
c) Spiegeln Sie das Dreieck *ABC* an der *y*-Achse.

2 Zeichnen Sie in ein Koordinatensystem das Viereck *ABCD* und spiegeln Sie es an der Spiegelachse durch *E* und *F*, sodass das Bildviereck *A′ B′ C′ D′* entsteht. Die Koordinaten der Punkte sind:
A (0 | 4), *B* (2 | –2), *C* (9 | –3), *D* (8 | 5),
Gerade durch *E* (– 1 | 7), *F* (13 | 0).

3 Spiegeln Sie das Viereck aus Aufgabe 2
a) an der *x*-Achse, b) an der *y*-Achse.

4 Die rote Achse sei Spiegelachse. Zeichnen Sie die Bildfigur auf Karopapier.

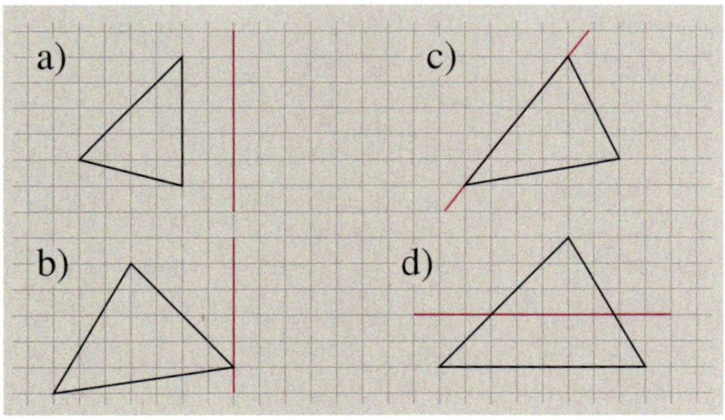

5 Spiegeln Sie die Figuren an der roten Spiegelachse.

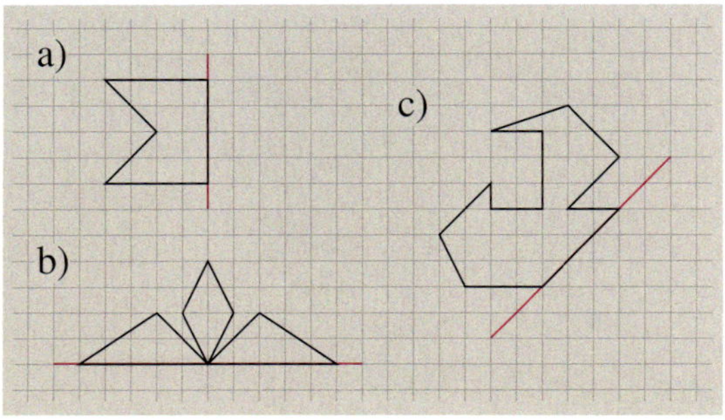

6 Zeichnen Sie ein regelmäßiges Fünfeck *ABCDE* mit *r* = 5,3 cm. Spiegeln Sie das Fünfeck *ABCDE* auch an der Geraden *BC*.
Wie viele Spiegelgeraden hat die Gesamtfigur aus den zwei Fünfecken? Wo verlaufen diese Symmetrieachsen?

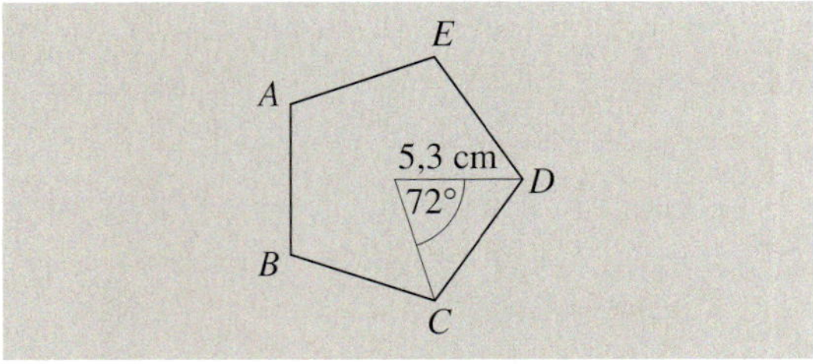

7 Entscheiden und begründen Sie, ob die rot gezeichnete Gerade Spiegelachse sein kann.

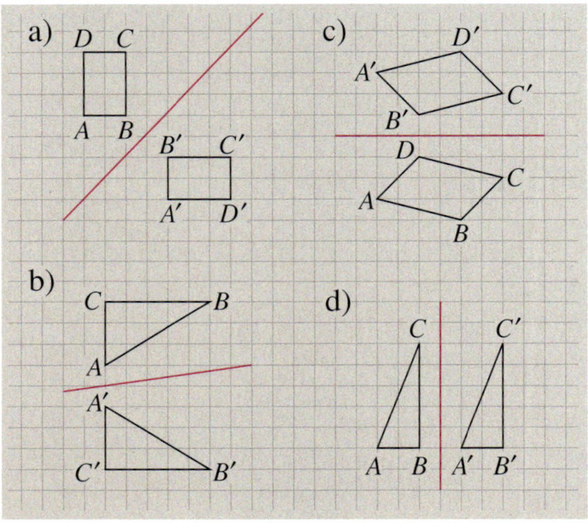

8 Im Kartenspiel gibt es die Symbole: Kreuz, Pik, Herz und Karo. Welche Zeichen haben eine Spiegelachse? Welche Zeichen haben mehrere Spiegelachsen?

9 Häufig sieht man Werbesymbole und Firmenzeichen. Die Abbildung stellt eine kleine Auswahl vor. Sind die Symbole symmetrisch? Finden Sie Symbole, die mehrere Symmetrieachsen enthalten.

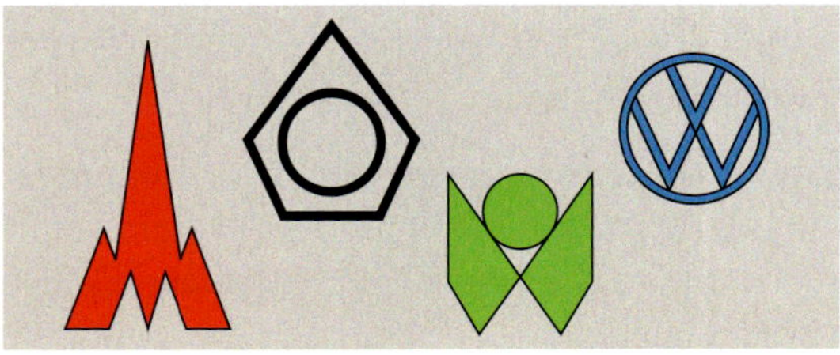

Drehung und Drehsymmetrie

Bei einer Drehung bewegen sich alle Punkte auf Kreisbahnen um den Drehpunkt. Für eine Drehung mit vorgegebenem Drehwinkel α und dem Drehpunkt S gilt:

1. Zu jedem Punkt P der Originalfigur gibt es genau einen Punkt P' der Bildfigur.
2. Der Punkt P und sein Bildpunkt P' haben denselben Abstand vom Drehpunkt S.
3. Der Winkel PSP' ist gleich dem Drehwinkel α. Dabei ist der Drehsinn zu beachten.
4. Das Vorzeichen des Drehwinkels gibt die Drehrichtung an:

   Positives Vorzeichen bedeutet Linksdrehung: ↶
   Negatives Vorzeichen bedeutet Rechtsdrehung: ↷

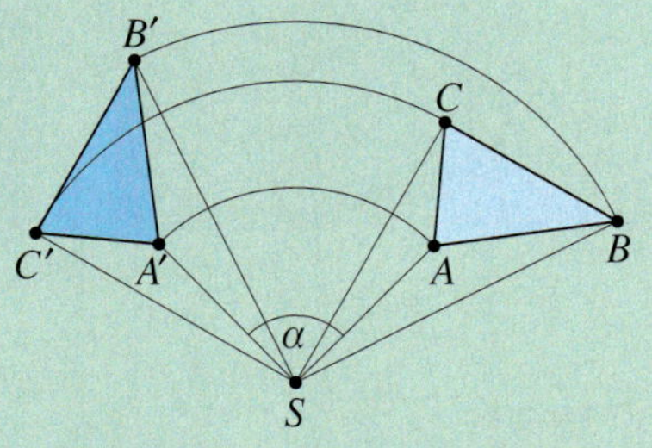

Das Dreieck ABC wird um den Punkt S gedreht in das Dreieck $A'B'C'$.

Damit kann man Bildfiguren bei einer Drehung konstruieren, wenn das Drehzentrum S und der Drehwinkel α vorgegeben sind.

Beispiele

1. Drehung eines Punkts P um den Drehpunkt S mit dem Drehwinkel $\alpha = 60°$.

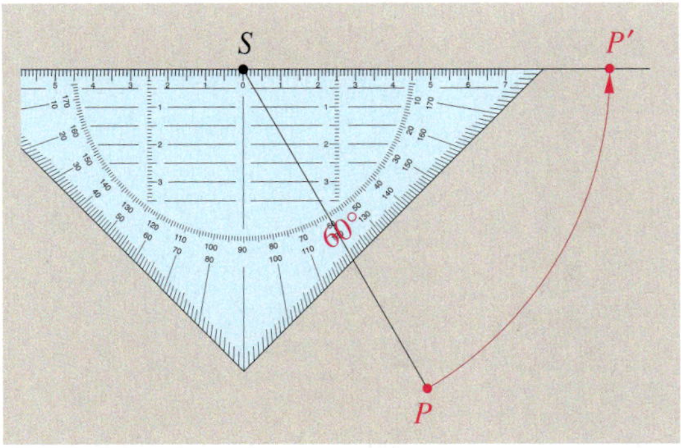

1. Wir zeichnen um S einen Kreisbogen mit dem Radius $\overline{SP}$.
2. Wir tragen an die Strecke $\overline{SP}$ den Winkel $\alpha = 60°$ an. P' ergibt sich als Schnittpunkt mit dem Kreisbogen.

2. Drehung eines Quadrats um den Drehpunkt S mit dem Drehwinkel $\alpha = -90°$.

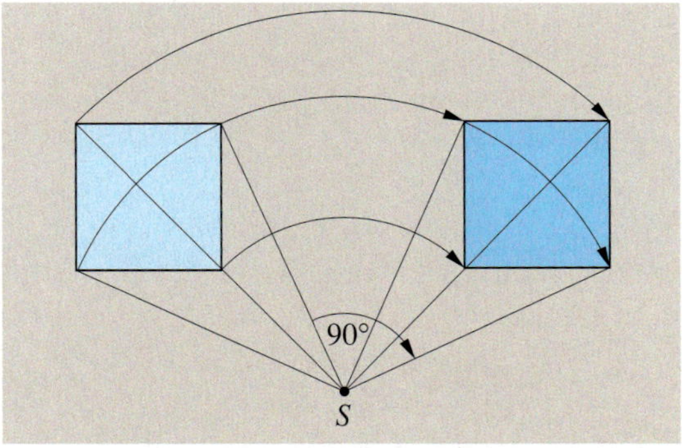

1. Jeder Eckpunkt wird einzeln um S mit dem Winkel $\alpha = -90°$ gedreht.
2. Die Bildpunkte werden zur vollständigen Bildfigur verbunden.

Eine Figur, die man durch eine Drehung (von weniger als 360°) auf sich überführen kann, nennt man **drehsymmetrisch**.

Beispiele **Drehsymmetrische Figuren:**

Drehung um 90°

Drehung um 120°

Drehung um 36°

Übungen

1 Zeichnen Sie in ein Koordinatensystem den Punkt $A(4|5)$ und drehen Sie ihn um den Drehpunkt S um 45°.
a) $S(0|0)$ b) $S(1|3)$ c) $S(-2|-3)$

2 Im Koordinatensystem sei $S(2|2)$ der Drehpunkt. Die Strecke $\overline{AB}$ ist festgelegt durch die Punkte $A(5|1)$ und $B(8|5)$. Drehen Sie $\overline{AB}$ um den Drehpunkt S um 60°.

3 Zeichnen Sie in ein Koordinatensystem ein Dreieck mit $A(2|1)$, $B(8|4)$, $C(4|5)$. Drehen Sie das Dreieck um $S(1|8)$ um 90°. Was können Sie über die Seitenlängen und Winkelgrößen von Dreieck und Bilddreieck sagen?

4 a) Zeichnen Sie die Figuren in ein Koordinatensystem ein und drehen Sie diese um S mit dem Winkel α.

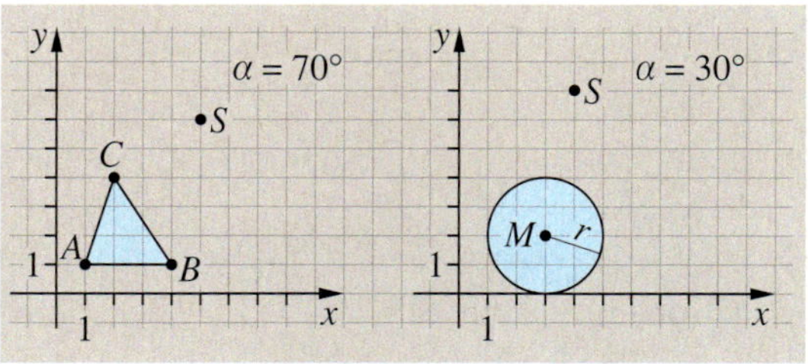

b) Drehen Sie die Figuren in entgegengesetzter Richtung, d. h. $\alpha = -70°$ bzw. $\alpha = -30°$.

5 Um wie viel Grad müssen Sie ein Rechteck um seinen Mittelpunkt drehen, damit es wieder mit sich zur Deckung kommt?

6 In einem Koordinatensystem wird der Punkt $P(3|4)$ durch eine Drehung auf den Punkt $P'(5|0)$ abgebildet. Drehpunkt ist der Ursprung O des Koordinatensystems. Zeichnen Sie und geben Sie den Drehwinkel an.

7 Kann in den Zeichnungen der blaue Punkt ein Drehpunkt sein?

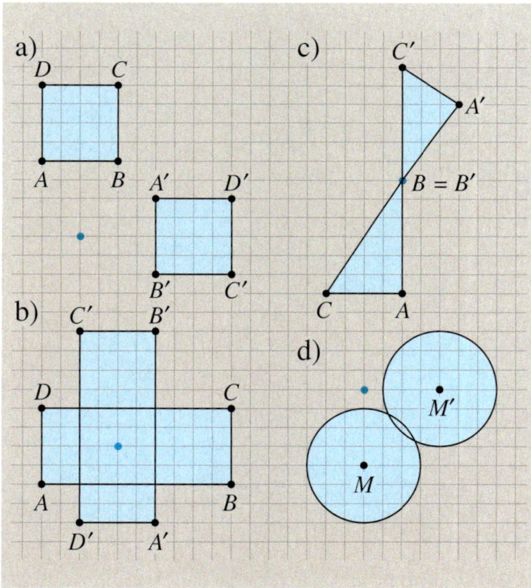

8 Welche Figur ist drehsymmetrisch. Mit welcher Drehung bringt man sie wieder zur Deckung?

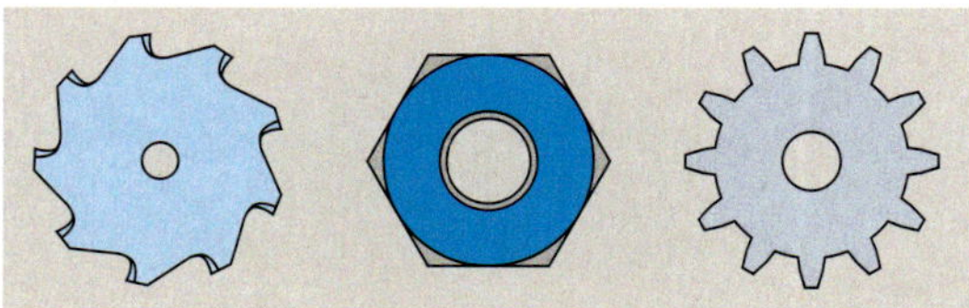

Punktspiegelung und Punktsymmetrie

Drehungen um 180° treten besonders häufig auf. Sie heißen auch **Punktspiegelungen**, weil man sie durch „Spiegeln an einem Punkt“ erzeugen kann. Der Drehpunkt wird dann als **Spiegelpunkt** oder **Symmetriepunkt** bezeichnet.

Für Punktspiegelungen gilt:

1. Zu jedem Punkt P der Originalfigur gibt es genau einen Punkt P' der Bildfigur.
2. Punkt und Bildpunkt haben denselben Abstand vom Spiegelpunkt.
3. Die Verbindungsstrecke von Punkt und Bildpunkt geht durch den Spiegelpunkt.
4. Der Umlaufsinn von Originalfigur und Bildfigur ist gleich.

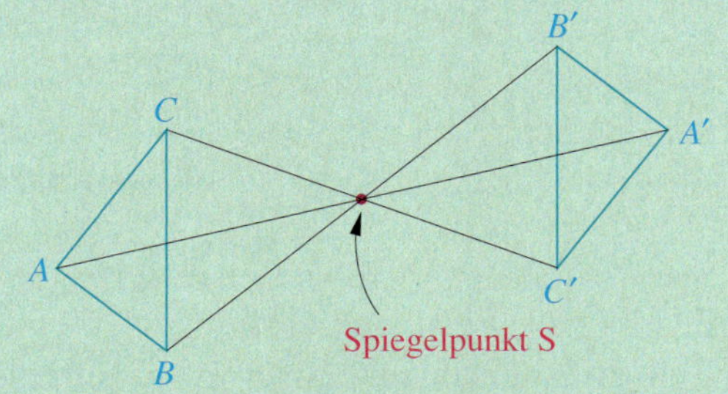

Damit können wir die Bildfigur bei einer Punktspiegelung konstruieren.

Beispiele

1. Punktspiegelung eines Punkts P am Spiegelpunkt S.

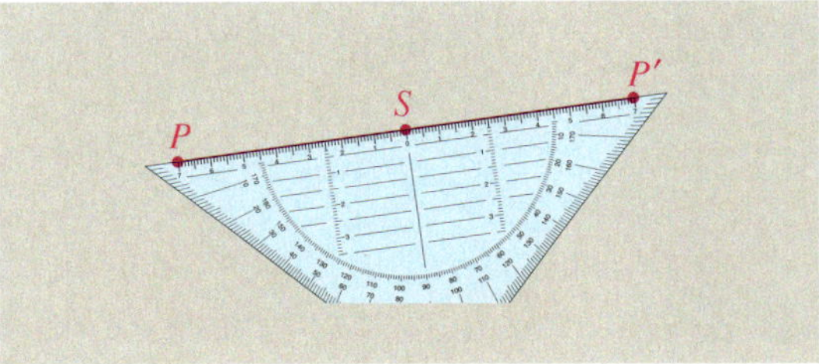

1. Wir zeichnen die Gerade durch P und S.
2. Wir tragen die Länge der Strecke $\overline{PS}$ über S hinaus an.

2. Punktspiegelung eines Fünfecks am Spiegelpunkt S.

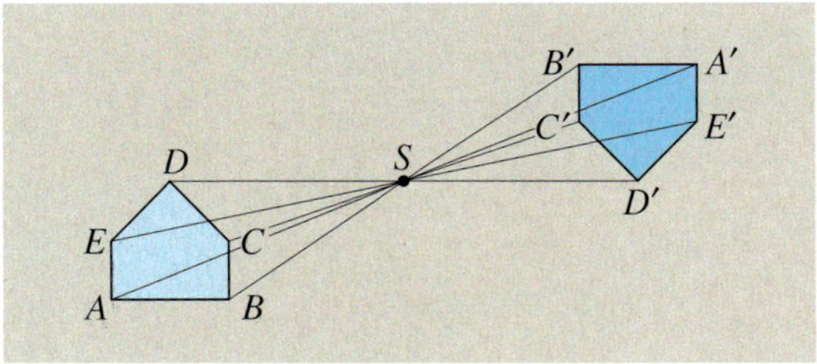

1. Jeder Eckpunkt wird am Spiegelpunkt S gespiegelt.
2. Die Bildpunkte werden zur vollständigen Bildfigur verbunden.

Eine Figur, die man durch eine Punktspiegelung auf sich überführen kann, nennt man **punktsymmetrisch**. Z. B. ist ein Rechteck punktsymmetrisch (Drehung um 180°).

Beispiele

1. Verbindet man Punkte der Originalfigur mit ihren Bildpunkten, so gehen alle Verbindungslinien durch einen Punkt. Die Figur ist punktsymmetrisch.

2. Wenn sich die Verbindungslinien nicht in einem Punkt schneiden, ist die Figur nicht punktsymmetrisch.

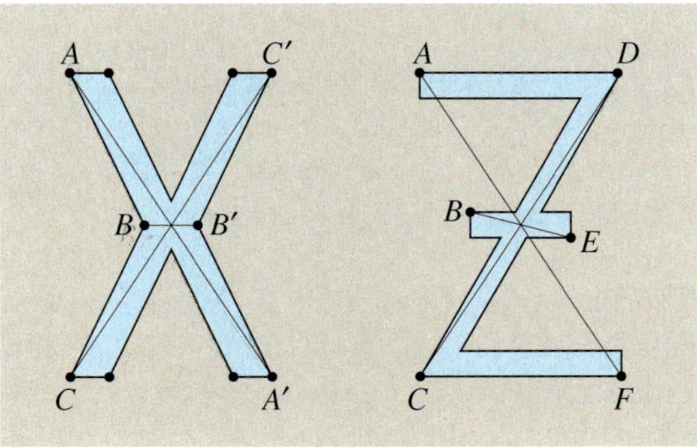

Übungen

1 Zeichnen Sie ein Dreieck mit den Eckpunkten $A(-6|2)$, $B(0|4)$, $C(-3|7)$. Bilden Sie das Dreieck durch Punktspiegelung an $S(2|2)$ auf das Bilddreieck $A'B'C'$ ab.

2 Zeichnen Sie ein Quadrat mit der Seitenlänge $a = 3{,}5$ cm.
a) Spiegeln Sie das Quadrat am Punkt A.
Was bedeutet „A ist Fixpunkt"?
b) Spiegeln Sie das Quadrat an einem Punkt auf der Strecke $\overline{AB}$.
c) Spiegeln Sie das Quadrat an einem beliebigen Punkt E innerhalb des Quadrats.
d) Spiegeln Sie das Quadrat an einem beliebigen Punkt F außerhalb des Quadrats.

3 Zeichnen Sie den Drachen in Ihr Heft. Spiegeln Sie ihn an einem Eckpunkt, an dem ein Winkel von 128° liegt.

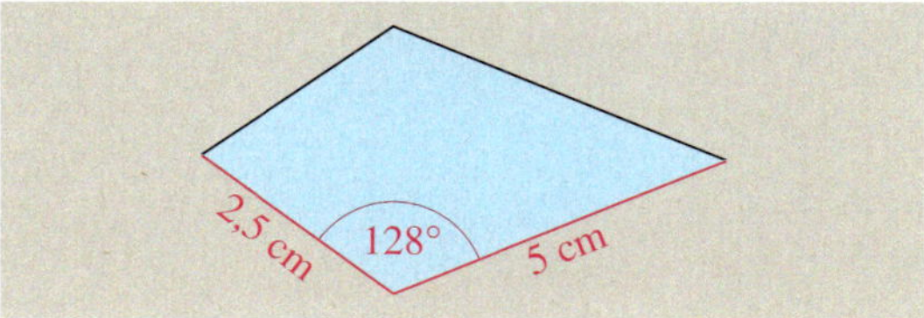

4 Zeichnen Sie ein Dreieck mit $a = 3$ cm, $b = 5$ cm und $c = 6{,}5$ cm.
a) Spiegeln Sie das Dreieck an der Seite c (Achsenspiegelung).
b) Spiegeln Sie das Dreieck am Mittelpunkt der Seite c (Punktspiegelung).
c) Vergleichen Sie die Vierecke.

5 Kann man Rechtecke immer durch Punktspiegelung von rechtwinkligen Dreiecken erhalten? Wo müsste der Spiegelpunkt liegen?

6 Zeichnen Sie ein Quadrat, ein Rechteck, einen Drachen, ein Parallelogramm. Sind diese Vierecke punktsymmetrisch? Wo liegt gegebenenfalls der Spiegelpunkt?

7 Führen Sie mit einem gleichseitigen Dreieck ($a = 4{,}8$ cm) zweimal hintereinander eine Punktspiegelung am selben, beliebig gewählten, Spiegelpunkt S aus.

8 Zeigen Sie, dass bei einer Punktspiegelung der Umlaufsinn erhalten bleibt, bei einer Achsenspiegelung nicht.
Zeichnen Sie dazu ein Dreieck und führen Sie damit eine Punktspiegelung und eine Achsenspiegelung durch.

9 Führen Sie mit dem Punkt $P(5|3)$ eine Spiegelung an der x-Achse und dann eine Spiegelung am Punkt $S(1|1)$ aus.
Erhalten Sie denselben Bildpunkt, wenn Sie zuerst die Punktspiegelung, dann die Achsenspiegelung durchführen?

10 Übertragen Sie die Zeichnung in Ihr Heft und bestimmen Sie den Spiegelpunkt.

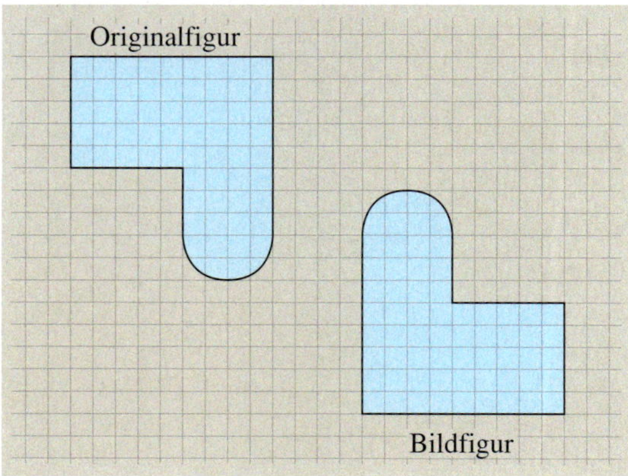

11 Welche Figur ist punktsymmetrisch?

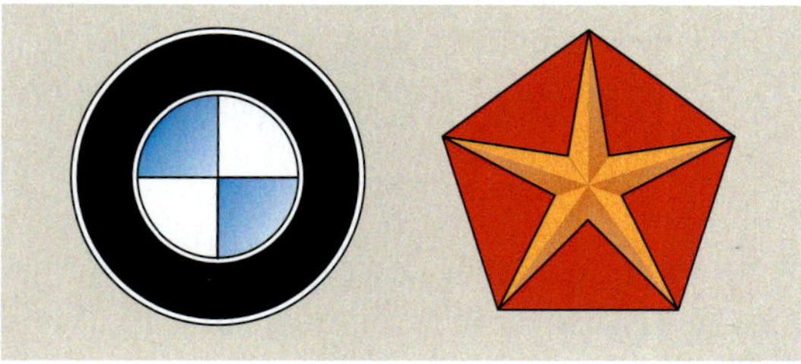

12 a) Nennen Sie punktsymmetrische Druckbuchstaben.
b) Nennen Sie punktsymmetrische Ziffern.

13 Führen Sie mit dem Viereck $A(1|1)$, $B(2|5)$, $C(4|4)$, $D(0|3)$ eine Achsenspiegelung an der x-Achse, danach eine Achsenspiegelung an der y-Achse durch. Gibt es eine Punktspiegelung, die diese Achsenspiegelungsverkettung ersetzen kann?

Vielecke und ihre Symmetrien

Das gleichschenklige Dreieck ist *achsensymmetrisch.*

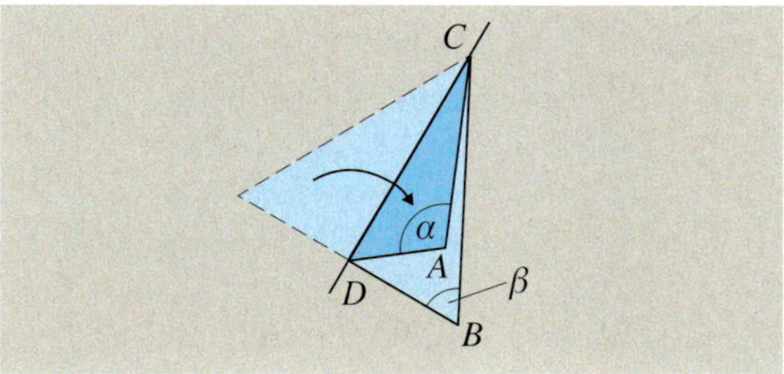

Es gilt insbesondere:
Basiswinkel sind gleich groß: $\alpha = \beta$
Schenkel sind gleich lang: $a = b$

Das gleichseitige Dreieck ist *dreifach drehsymmetrisch* (und auch achsensymmetrisch).

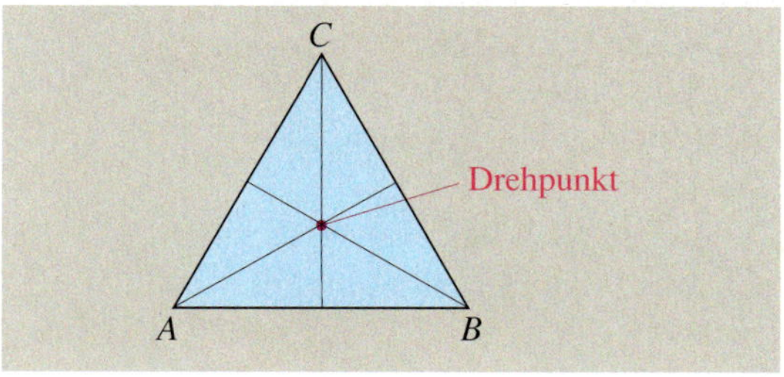

Es gilt insbesondere:
Alle Winkel sind gleich groß: $\alpha = \beta = \gamma$
Alle Seiten sind gleich lang: $a = b = c$

Alle regelmäßigen Vielecke sind drehsymmetrisch, regelmäßige Vielecke mit einer geraden Anzahl von Ecken sind zudem punktsymmetrisch:

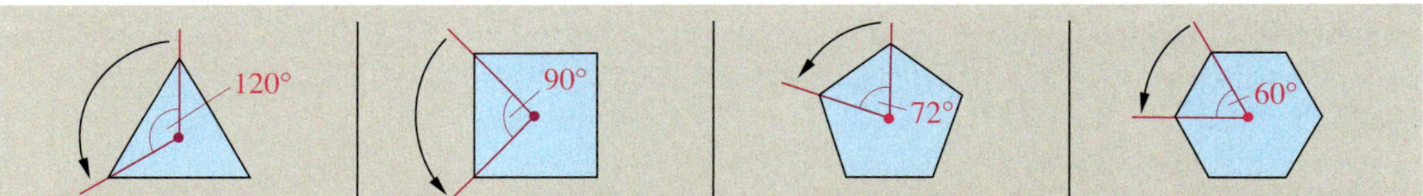

Drehung um 120°, 240° oder 360° | Drehung um 90°, 180°, 270° oder 360° | Drehung um 72°, 144°, 216°, 288° oder 360° | Drehung um 60°, 120°, 180°, 240°, 300° oder 360°

Alle regelmäßigen Vielecke besitzen außerdem Symmetrieachsen:

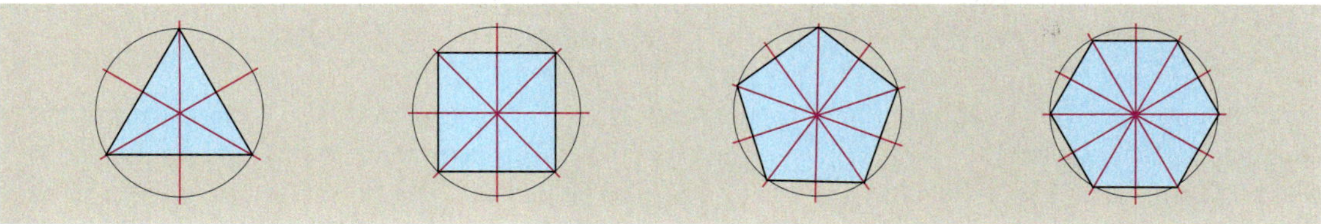

Vierecke kann man nach der Zahl ihrer Symmetrieachsen ordnen:

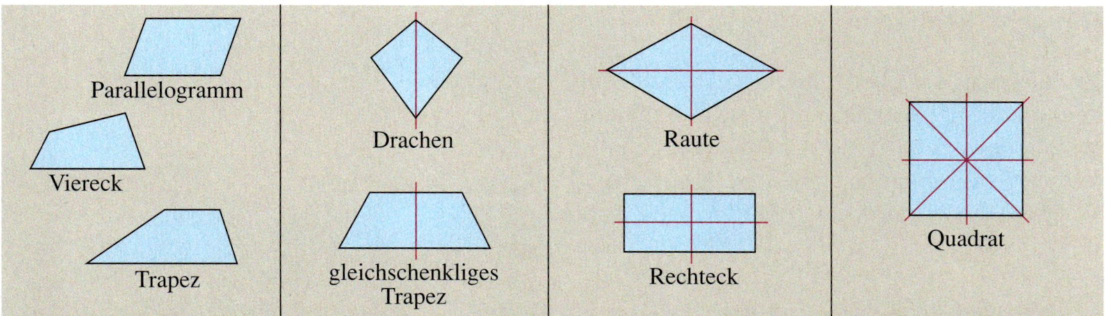

keine Symmetrieachse | eine Symmetrieachse | zwei Symmetrieachsen | vier Symmetrieachsen

Übungen

1 Zeigen Sie, dass die Symmetrieachse eines gleichschenkligen Dreiecks
a) Winkelhalbierende,
b) Mittelsenkrechte,
c) Seitenhalbierende,
d) Höhe des Dreiecks ist.

2 Zeigen Sie, dass es im gleichseitigen Dreieck drei Symmetrieachsen gibt.

3 Zeichnen Sie die folgenden Dreiecke mit Symmetrieachsen.
a) $a = 7{,}1$ cm; $b = 4{,}3$ cm; $c = 7{,}1$ cm
b) $c = 3{,}8$ cm; $\alpha = \beta = 70°$
c) $a = c = 5{,}5$ cm; $\beta = 60°$
d) $a = 6$ cm; $\alpha = 45°$; $\gamma = 90°$

4 Das Dreieck *ABC* ist rechtwinklig. Spiegeln Sie das Dreieck so an einer Seite, dass die entstehende Gesamtfigur ein gleichschenkliges Dreieck ist.
(Es gibt zwei Möglichkeiten.)

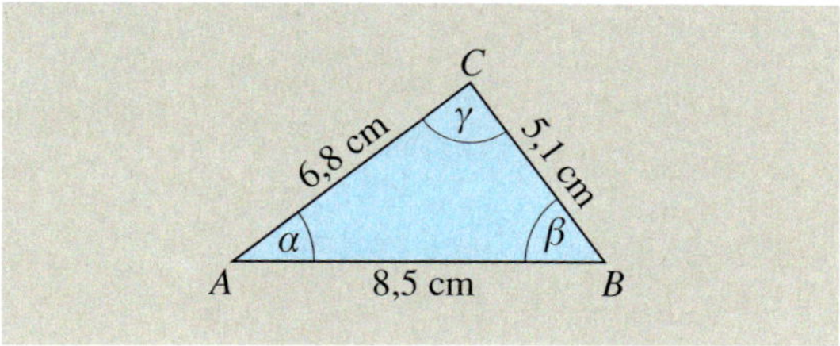

5 Zeichnen Sie die Drachen und tragen Sie alle Symmetrieachsen ein.
a) $\alpha = 7$ cm; $\beta = 115°$; $b = 4$ cm
b) $\alpha = 60°$; $\beta = 120°$; $a = 4$ cm

6 Zeigen Sie am Beispiel: Im Drachen wird eine Diagonale von der anderen halbiert.

7 In jedem Drachen stehen die Diagonalen senkrecht aufeinander. Gilt auch umgekehrt, dass jedes Viereck, in dem die Diagonalen senkrecht aufeinander stehen, ein Drachen ist? Begründen Sie Ihre Antwort durch eine Zeichnung.

8 Wie kann man beweisen, dass im gleichseitigen Dreieck alle Winkel gleich groß sind?

9 Zeichnen Sie in ein Koordinatensystem die Raute mit den Eckpunkten $A\,(1\,|\,3)$, $B\,(1{,}5\,|\,7)$, $C\,(4{,}5\,|\,1)$, $D\,(5\,|\,5)$. Tragen Sie die beiden Symmetrieachsen ein. Welche der folgenden Eigenschaften kann man in der Zeichnung erkennen?
a) Alle vier Seiten sind gleich lang.
b) Alle vier Winkel sind gleich groß.
c) Die Diagonalen halbieren sich.
d) Die Diagonalen sind gleich lang.

10 a) Gibt es Parallelogramme mit Symmetrieachsen?
b) Welcher besondere Drachen hat vier Symmetrieachsen?

11 a) Welche regelmäßigen Vielecke haben eine gerade Anzahl von Symmetrieachsen?
b) Sind diese Vielecke auch punktsymmetrisch?
c) Gibt es solche Vielecke, die keine Symmetrieachsen haben, aber trotzdem punktsymmetrisch sind?

12 Überprüfen Sie die Aussage, dass alle regelmäßigen Vielecke drehsymmetrisch sind.

13 Kann man durch Symmetrie beweisen, dass im Parallelogramm gegenüberliegende Seiten gleich lang und gegenüberliegende Winkel gleich groß sind?

14 a) Warum wurde die Wetterfahne nicht an der Symmetrieachse befestigt?
b) Welche Vierecke wären als Wetterfahne brauchbar, wenn sie sich um eine Diagonale drehen sollen? Welche nicht?

Ähnlichkeit

Die zentrische Streckung

Wir zeigen, wie man „ähnliche" Figuren erzeugt und damit wie man Ähnlichkeit definiert. Das geschieht durch die **zentrische Streckung**. Sie ist eine **Ähnlichkeitsabbildung**.

Wir vergrößern einen Turm auf die dreifache Größe und legen dazu neben den Turm beliebig einen Punkt Z fest. Von Z aus werden Strahlen durch jeden Eckpunkt des Turms gezeichnet. Die Strecke $\overline{ZA}$ wird von Z aus dreimal abgetragen, sodass wir den Punkt A' erhalten. Ebenso verfährt man mit den anderen Eckpunkten des Turms.

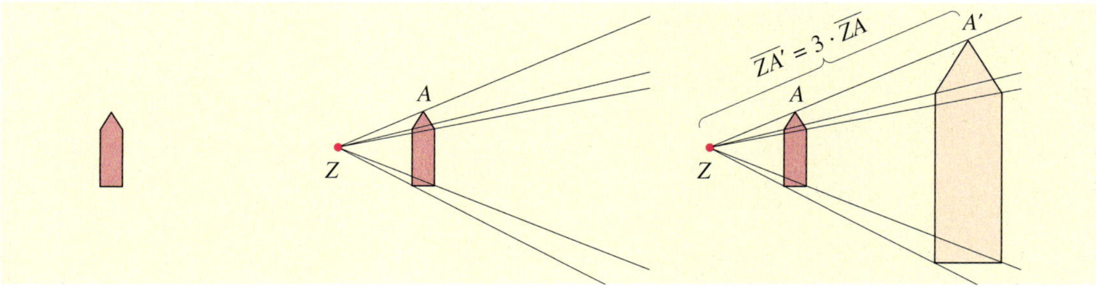

Dazu sagt man: Mit dem Turm wurde eine **zentrische Streckung** durchgeführt. Der Punkt Z heißt **Streckungszentrum**. Die Vergrößerung wird durch den **Streckungsfaktor** k angegeben. Bei dreifacher Vergrößerung ist $k = 3$. Die beiden Türme sind zueinander **ähnlich**.

Eine **zentrische Streckung** ist festgelegt durch das Streckungszentrum Z und den Streckungsfaktor k. Durch eine zentrische Streckung entstehen *ähnliche* Figuren.
Der Streckungsfaktor k gibt an, dass alle Längen k-mal so lang werden, unabhängig davon wo das Streckungszentrum liegt.

Ist der Streckungsfaktor größer als 1 ($k > 1$), dann wird die Figur **vergrößert**, ist $k < 1$, dann wird die Figur **verkleinert**. Jede Länge wird ver-k-facht.

Beispiele

1. Wir vergrößern die Raute $ABCD$ durch zentrische Streckung. Streckungsfaktor $k = 2{,}5$. Alle Strecken werden 2,5-mal so lang.

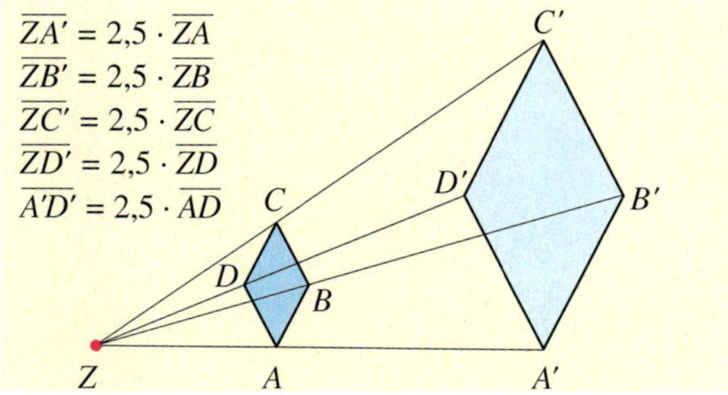

2. Wir verkleinern das Trapez $ABCD$ durch zentrische Streckung. Streckungsfaktor $k = 0{,}5$.

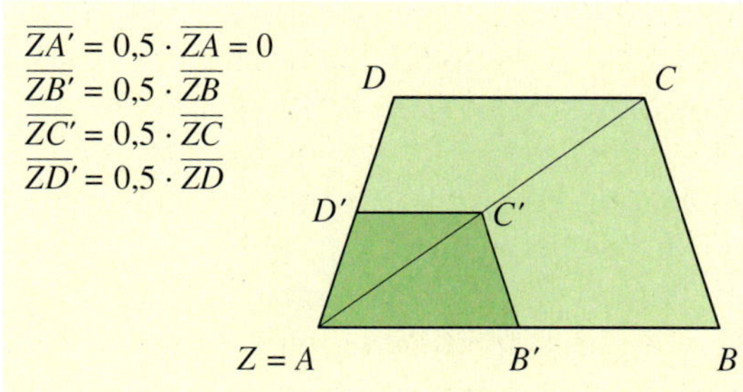

Übungen

1 a) Zeichnen Sie ein Dreieck ABC und ein Streckungszentrum Z. Führen Sie wie in der Bilderfolge eine zentrische Streckung mit dem Streckungsfaktor $k = 3$ durch.
b) Beschreiben Sie, wie das Dreieck $A'B'C'$ konstruiert wurde.

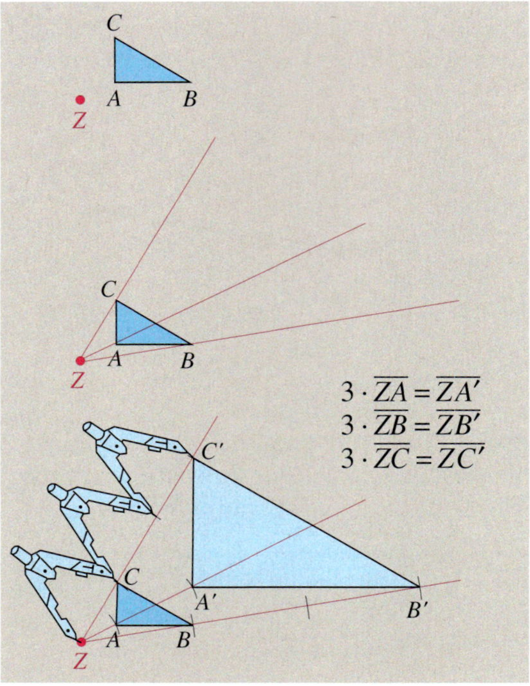

2 Zeichnen Sie ein Quadrat $ABCD$ mit der Seitenlänge $a = 2{,}5$ cm.
a) Zeichnen Sie das Bildquadrat $A'B'C'D'$ bei einer zentrischen Streckung mit einem Zentrum Z außerhalb des Quadrats. Der Streckungsfaktor ist $k = 3$.
b) Führen Sie die zentrische Streckung an einem Zentrum Z im *Innern* des Quadrats aus. Der Streckungsfaktor ist $k = 3$.
c) Führen Sie die zentrische Streckung des Quadrats aus, wobei der Eckpunkt A des Quadrats das Streckungszentrum ist. Der Streckungsfaktor ist $k = 3$ (Fixpunkt A).
d) Der Mittelpunkt der Seite $\overline{AB}$ sei das Streckungszentrum. Der Streckungsfaktor ist $k = 3$. Zeichnen Sie.
e) Führen Sie die zentrische Streckung mit dem Zentrum Z im Mittelpunkt des Quadrats aus. Der Streckungsfaktor ist $k = 3$.

3 Übertragen Sie die Figuren in das Heft, und strecken Sie diese vom rot eingezeichneten Streckungszentrum Z auf die doppelte Länge.

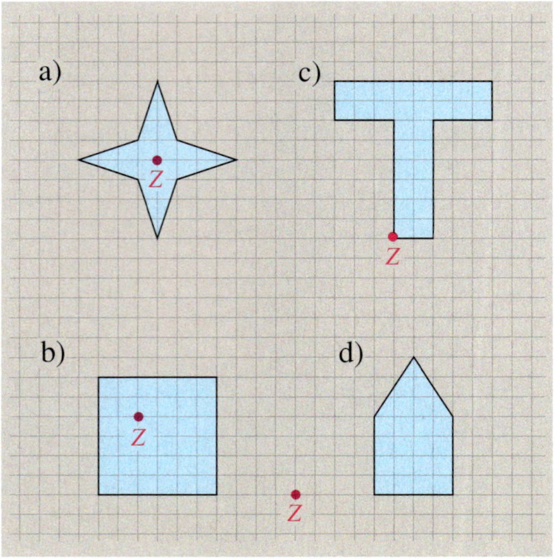

4 Zeichnen Sie in ein Koordinatensystem das Viereck $ABCD$ mit $A(-2|0)$, $B(4|0)$, $C(4|2)$ und $D(0|4)$.
Das Streckungszentrum ist durch den Punkt $Z(0|-2)$ festgelegt.
Führen Sie eine zentrische Streckung mit $k = 1{,}5$ durch.

5 Übertragen Sie die Figuren in das Heft und führen Sie die angegebenen zentrischen Streckungen aus.

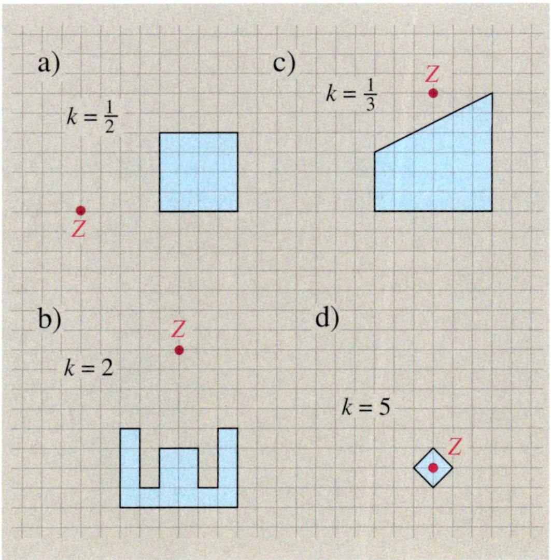

Eigenschaften der zentrischen Streckung

Es werden die Auswirkungen zentrischer Streckungen untersucht. Es gilt:

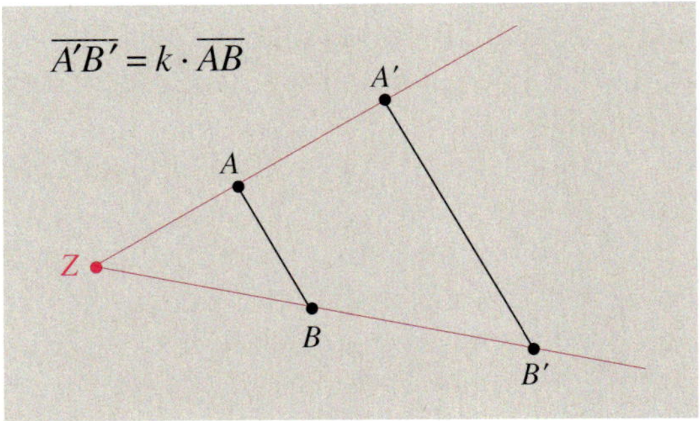

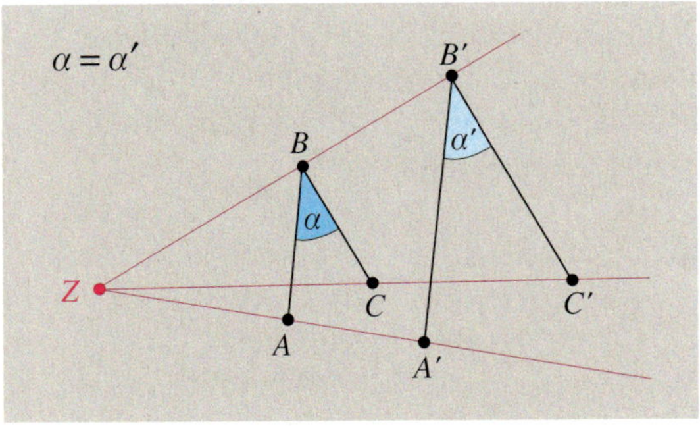

Man erkennt als Eigenschaften der zentrischen Streckung mit dem Streckungsfaktor k:

1. Jede Strecke wird auf eine zu ihr *parallele Bildstrecke* abgebildet. $\overline{A'B'} \parallel \overline{AB}$
2. Jede Strecke wird auf eine *k-mal so lange Bildstrecke* abgebildet. $\overline{A'B'} = k \cdot \overline{AB}$
3. Jeder Winkel wird auf einen *gleich großen Bildwinkel* abgebildet. $\alpha' = \alpha$

Daher sind auch die Bilder paralleler Gerade zueinander parallel.

Diese Eigenschaften sind unabhängig von der Lage des Streckungszentrums.

Wenn k größer als 1 ist, liefert die zentrische Streckung eine *Vergrößerung*.

Wenn k kleiner als 1 ist (aber größer als 0), ergibt sich eine *Verkleinerung*.

Wenn k kleiner als 0 ist, wird am Streckungszentrum Z gespiegelt und mit der Gegenzahl von k entsprechend vergrößert oder verkleinert.

Beispiel

Das Trapez $ABCD$ wird durch eine zentrische Streckung mit Z als Zentrum und dem Streckfaktor $k = 0{,}5$ abgebildet.

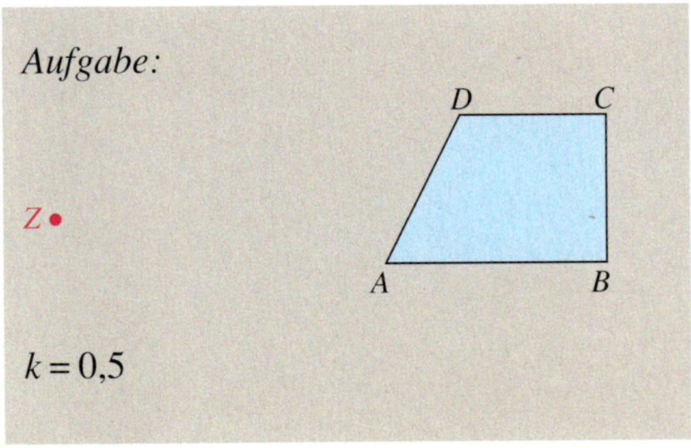

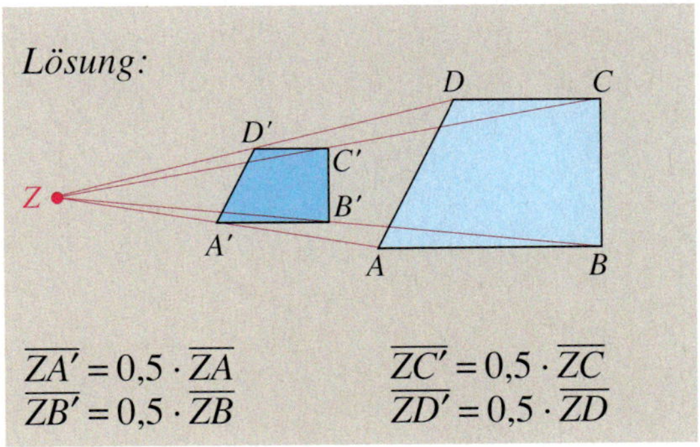

Übungen

1 Überprüfen Sie am Beispiel (S. 170) die Eigenschaften einer zentrischen Streckung. Welche Strecken sind in Originalfigur und Bildfigur zueinander parallel?
Arbeiten Sie mit verschiedenen Streckungszentren für dasselbe k.

2 Ein Dreieck ABC mit $c = 6{,}5$ cm, $\alpha = 35°$, $\beta = 65°$ wird mit dem Streckfaktor $k = 4$ ($k = \frac{1}{5}$) auf das Bilddreieck $A'B'C'$ abgebildet. Wie lang ist die Seite c'? Wie groß a' und b'? Vergleichen Sie Urbildlänge mit Bildlänge.

3 Beschreiben Sie, wie das Dreieck $A'B'C'$ konstruiert wurde. Führen Sie die Konstruktion im Heft aus.

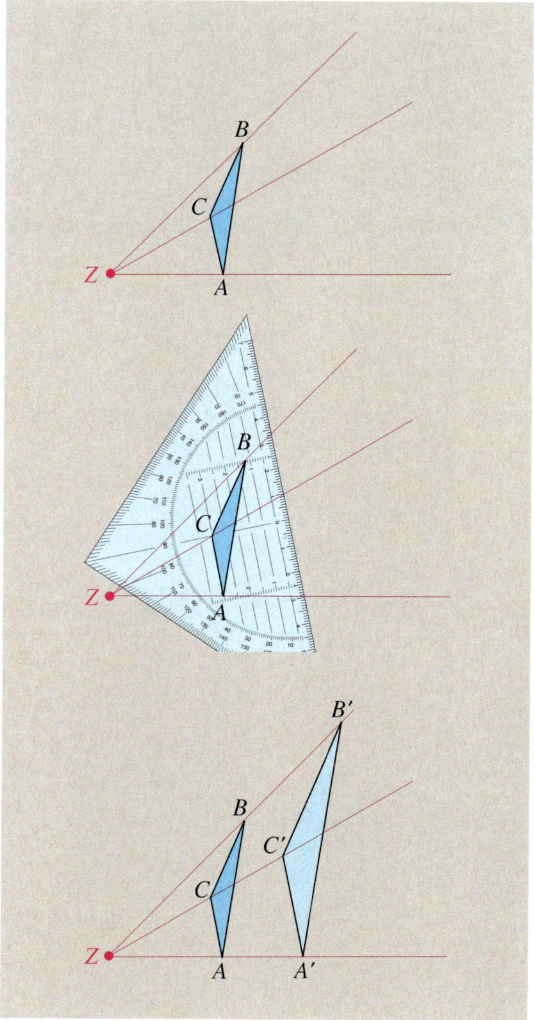

4 Konstruieren Sie die Bildfigur wie in Aufgabe 3.
a) Zeichnen Sie ein Rechteck $ABCD$ mit den Seiten $a = 2$ cm und $b = 3$ cm. Wählen Sie einen Eckpunkt des Rechtecks als Streckzentrum. Zeichnen Sie das Rechteck $A'B'C'D'$ mit $k = 3$.
b) Zeichnen Sie in ein Koordinatensystem ein Dreieck ABC mit $A(-2|-1)$, $B(2|-3)$, $C(6|3)$. Streckzentrum Z ist der Mittelpunkt der Seite $\overline{BC}$. Der Streckfaktor ist $k = \frac{1}{2}$. Zeichnen Sie das Bilddreieck $A'B'C'$.

5 Zeichnen Sie in ein Koordinatensystem jeweils das Dreieck ABC und das Streckzentrum Z. Führen Sie die zentrische Streckung durch.

a) $A(2|3)$, $B(5|5)$, $C(4|9)$, $Z(0|5)$, $k = 3$

b) $A(2|8)$, $B(11|5)$, $C(11|11)$, $Z(2|2)$, $k = \frac{2}{3}$

c) $A(3|2)$, $B(11|4)$, $C(7|6)$, $Z(7|0)$, $k = 1\frac{1}{2}$

d) $A(2|2)$, $B(5|1)$, $C(4|6)$, $Z(2|2)$, $k = 2{,}5$

6 Warum sind dies keine zentrisch gestreckten Figuren? Welche Eigenschaften sind verletzt?

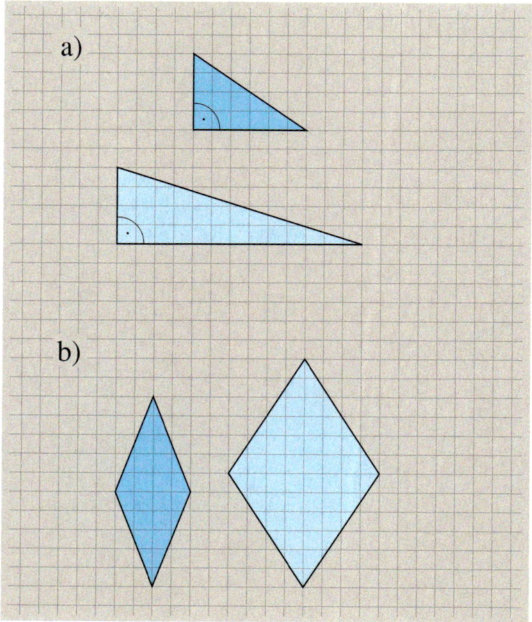

Ähnliche Figuren und ihre Eigenschaften

Ähnliche Figuren gehen bei geeigneter Lage durch zentrische Streckung auseinander hervor. Das Parallelogramm wurde mit dem Streckungsfaktor 2 vergrößert. Wir untersuchen, wie sich Winkel, Seitenlängen und Flächeninhalte verändern.

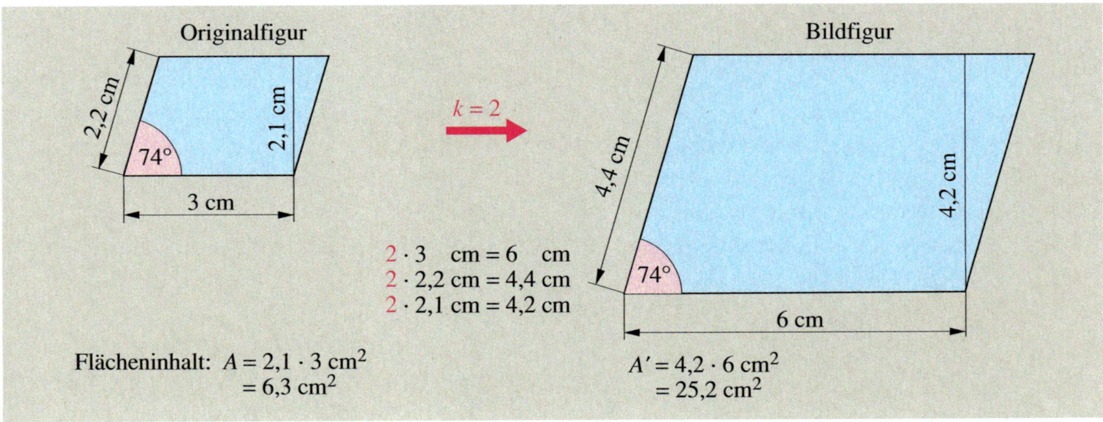

Wir stellen fest:

Eigenschaften ähnlicher Figuren

1. In ähnlichen Figuren sind entsprechende Winkel *gleich groß*.
2. In ähnlichen Figuren sind alle Seiten der Bildfigur genau k-mal so lang wie die entsprechenden Seiten der Originalfigur. Parallele Seiten der Originalfigur sind auch in der Bildfigur parallel.
3. In ähnlichen Figuren ist der Flächeninhalt A' der Bildfigur genau k^2-mal so groß wie der Flächeninhalt A der Originalfigur.

$$A \rightarrow A' = k^2 \cdot A$$

Übungen

1 Zeichnen Sie ein Rechteck $ABCD$ mit $a = 2$ cm und $b = 1{,}5$ cm. Führen Sie eine zentrische Streckung mit dem Streckungszentrum $Z = B$ und dem Streckungsfaktor $k = 2{,}5$ durch.

a) Messen Sie die Seitenlängen und prüfen Sie, ob $a' = a \cdot k$, $b' = b \cdot k$ usw. gilt.

b) Bleiben in der Bildfigur alle rechten Winkel erhalten?

c) Verlaufen parallele Seiten auch im Bildrechteck zueinander parallel?

d) Vergleichen Sie die Flächeninhalte von Originalfigur und Bildfigur.

2 Das Dreieck wird mit dem Streckungsfaktor k gestreckt. Geben Sie die Maße des Bilddreiecks an.

a) $a = 3{,}4$ cm, $b = 4{,}5$ cm, $c = 5{,}6$ cm, $k = 1{,}5$

b) $a = 2{,}1$ cm, $b = 5{,}2$ cm, $c = 5{,}8$ cm, $k = 2$

c) $a = 4{,}3$ cm, $b = 4{,}7$ cm, $\gamma = 66°$, $k = 2{,}5$

d) $a = 4{,}9$ cm, $c = 6{,}3$ cm, $\beta = 78°$, $k = 3$

3 Ein Dreieck mit dem Flächeninhalt $A = 25\ \text{cm}^2$ wird gestreckt mit $k = 2$. Berechnen Sie den Flächeninhalt A'.

4 Es wurden zentrische Streckungen durchgeführt.
Bestimmen Sie den Streckungsfaktor k.
a) Quadrat mit $a = 5$ cm,
Bildquadrat mit $a' = 10$ cm.
b) Gleichseitiges Dreieck mit $c = 4$ cm,
Bilddreieck mit $c' = 5$ cm.
c) Regelmäßiges Fünfeck mit $a = 8$ cm,
Bildfünfeck mit $a' = 4$ cm.

5 a) Sind die beiden Rechtecke in der Zeichnung ähnlich? Begründen Sie die Antwort, indem Sie den Streckungsfaktor angeben.
b) Errechnen Sie die Flächeninhalte und bestimmen Sie k^2.

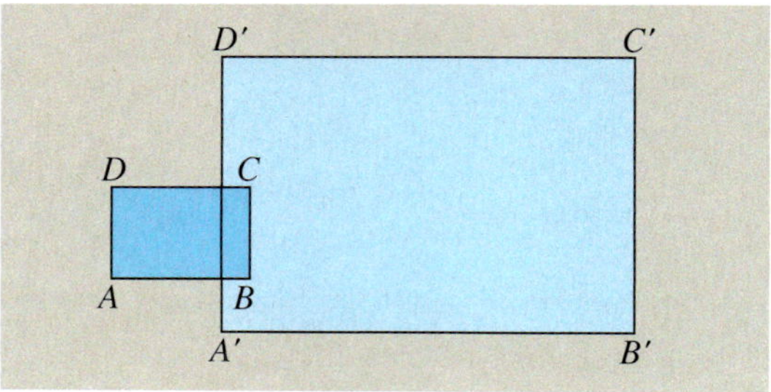

6 Die beiden Figuren sind jeweils ähnlich. Berechnen Sie die fehlenden Seitenlängen.

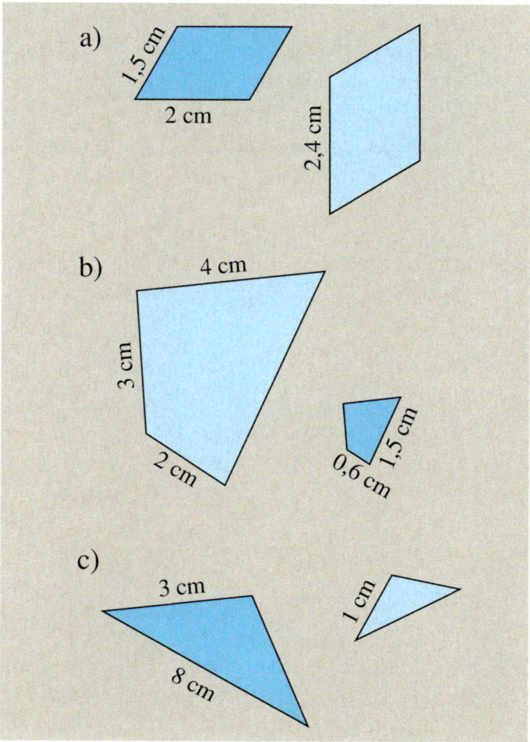

7 Ein Dreieck ABC hat die Seiten $a = 3{,}6$ cm, $b = 6$ cm und $c = 4{,}2$ cm. Welche der folgenden Dreiecke können Bilddreieck des Dreiecks ABC sein? Bestimmen Sie den Streckungsfaktor k.
a) $a = 2{,}4$ cm, $b = 4$ cm, $c = 2{,}8$ cm;
b) $a = 9$ cm, $b = 15$ cm, $c = 10$ cm.

8 Ein Tischler hat eine quadratische Tischplatte mit einem Flächeninhalt von 2500 cm^2 angefertigt. Er will nun eine quadratische Tischplatte herstellen, deren Seiten doppelt so lang sind.
Bestimmen Sie den Flächeninhalt der neuen Tischplatte.

9 Ein Bild hat die Maße 24 cm × 36 cm und soll gerahmt werden. Der Rahmen hat eine Breite von 3 cm. Haben das ungerahmte und das gerahmte Bild eine ähnliche Form? Begründen Sie Ihre Antwort.

10 Zum üblichen Briefumschlag (16 cm lang, 12 cm breit) sollen Briefkarten mit ähnlicher Form zugeschnitten werden. Für die längere Seite ist 15,2 cm vorgesehen.
Wie lang muss die kürzere Seite zugeschnitten werden?

11 a) Ein Karton hat die angegebenen Maße. Sind die Vorderseite und die Oberseite zueinander ähnlich?

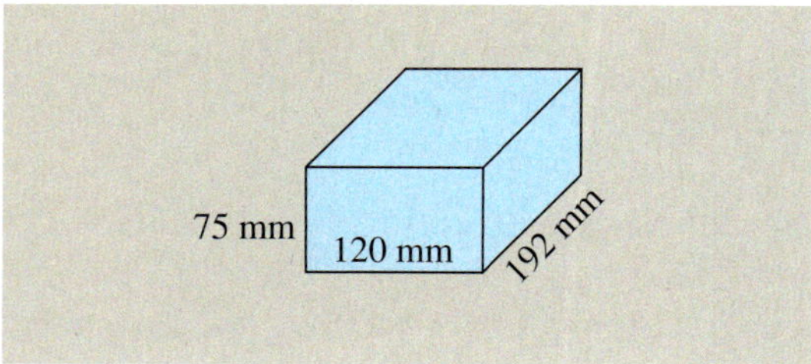

b) Berechnen Sie die Flächeninhalte. Gilt die Formel $A' = k^2 \cdot A$?

12 Ein Designer entwarf vier Beistelltischchen mit zueinander ähnlichen Tischplatten. Der größte Tisch ist 128 cm lang und 96 cm breit. Der nächstkleinere Tisch ist mit 96 cm so lang, wie der größere Tisch breit ist.
Berechnen Sie alle weiteren Maße.

Ähnliche Dreiecke

Wir wissen:

Führt man mit einem Dreieck eine zentrische Streckung durch, dann entsteht ein ähnliches Dreieck. Die entsprechenden Winkel in beiden Dreiecken sind gleich groß. Umgekehrt gilt aber auch:

Stimmen Dreiecke in entsprechenden Winkeln überein, dann sind sie zueinander ähnlich.

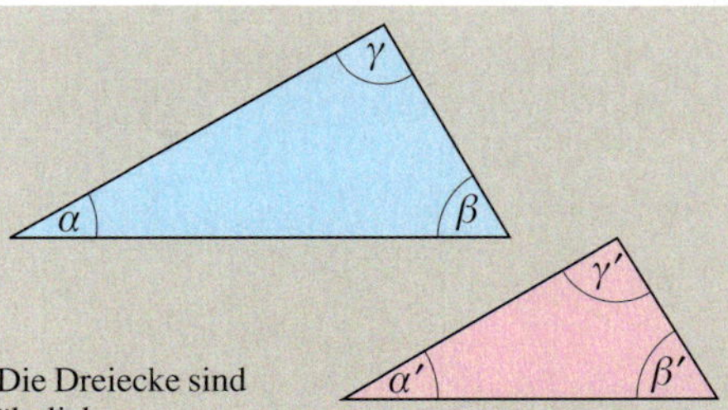

Die Dreiecke sind ähnlich.
Es gilt: $\alpha = \alpha'$ $\gamma = \gamma'$ $\beta = \beta'$

Da die Winkelsumme im Dreieck stets 180° beträgt, kann man den dritten Winkel berechnen, wenn zwei Winkel bekannt sind. Daher gilt der Satz:

Stimmen Dreiecke in *zwei* entsprechenden Winkeln überein, dann sind sie zueinander ähnlich.

Wir untersuchen nun die *Seitenlängen* in ähnlichen Dreiecken.

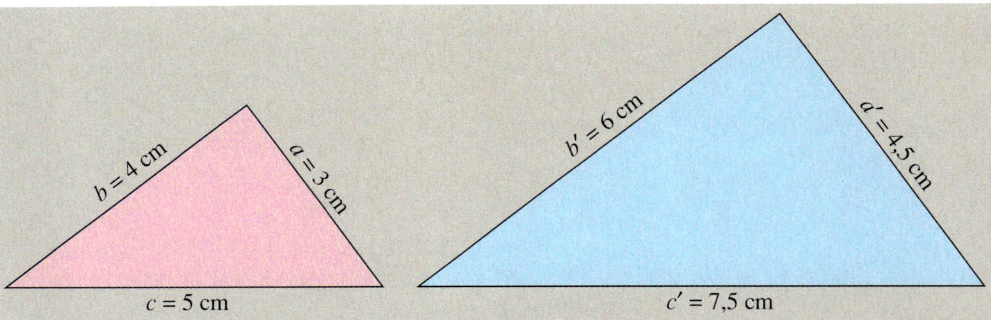

Wir berechnen die Verhältnisse der Seitenlängen:

$$\frac{a}{b} = \frac{3\text{ cm}}{4\text{ cm}} = 0{,}75 \qquad \frac{a'}{b'} = \frac{4{,}5\text{ cm}}{6\text{ cm}} = 0{,}75$$

$$\frac{a}{c} = \frac{3\text{ cm}}{5\text{ cm}} = 0{,}6 \qquad \frac{a'}{c'} = \frac{4{,}5\text{ cm}}{7{,}5\text{ cm}} = 0{,}6$$

$$\frac{b}{c} = \frac{4\text{ cm}}{5\text{ cm}} = 0{,}8 \qquad \frac{b'}{c'} = \frac{6\text{ cm}}{7{,}5\text{ cm}} = 0{,}8$$

Wir erkennen:

$$\frac{a}{b} = \frac{a'}{b'} \qquad \frac{a}{c} = \frac{a'}{c'} \qquad \frac{b}{c} = \frac{b'}{c'}$$

Mit diesen Formeln können wir Seiten berechnen, ohne den Streckungsfaktor k zu kennen.

In ähnlichen Dreiecken sind die Verhältnisse entsprechender Seitenlängen gleich.

Es gilt: $\frac{a}{b} = \frac{a'}{b'}$, $\frac{a}{c} = \frac{a'}{c'}$, $\frac{b}{c} = \frac{b'}{c'}$

Wir zeigen, wie man mit Seitenlängen in ähnlichen Dreiecken rechnet.

Beispiel

Gesucht ist die Seitenlänge b' im Dreieck $A'B'C'$, das dem Dreieck ABC ähnlich ist.

Es gilt: $\frac{a}{b} = \frac{a'}{b'}$

Also: $\frac{5}{4} = \frac{3{,}5}{b'}$

d. h. $5\,b' = 3{,}5 \cdot 4$

$b' = \frac{3{,}5 \cdot 4}{5}$

$b' = 2{,}8$

Die Seite b' ist 2,8 cm lang.

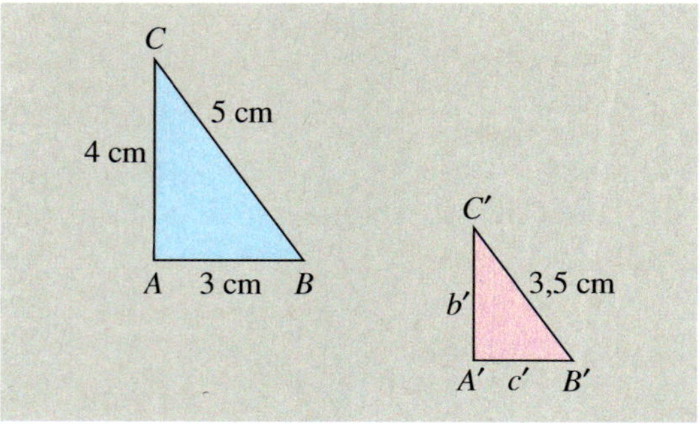

Übungen

1 Untersuchen Sie, ob die Dreiecke ähnlich sind. Begründen Sie.
Dreieck I: $\alpha = 55°, \beta = 65°$.
Dreieck II: $\alpha = 55°, \beta = 65°$.

2 Diese Dreiecke sind ähnlich:

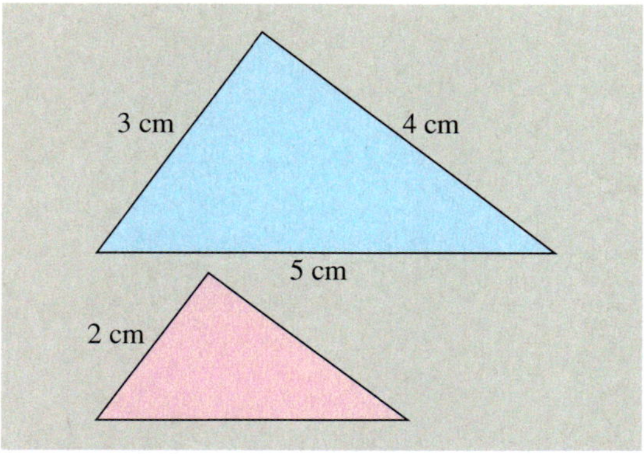

a) Berechnen Sie die fehlenden Seitenlängen des roten Dreiecks.
b) Zeichnen Sie beide Dreiecke in Ihr Heft. Messen Sie die Winkel und vergleichen Sie.

3 Prüfen Sie nach, ob die folgenden Dreiecke zu einem Dreieck mit den Seitenlängen $a = 3$ cm, $b = 5$ cm und $c = 6$ cm ähnlich sind.

a) $a = 6$ cm, $b = 10$ cm, $c = 12$ cm
b) $a = 9$ cm, $b = 12$ cm, $c = 15$ cm
c) $a = 7{,}5$ cm, $b = 12{,}5$ cm, $c = 15$ cm

4 Zeichnen Sie das Dreieck ABC in Ihr Heft.

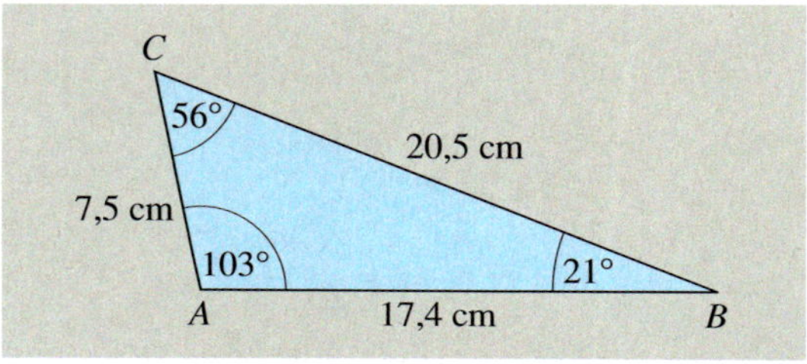

Das ähnliche Dreieck $A'B'C'$ hat die Winkel $\alpha' = 103°, \gamma' = 56°$.
Berechnen Sie die fehlenden Seitenlängen, wenn folgende Seite bekannt ist.

a) $b' = 5$ cm,
b) $a' = 10$ cm,
c) $a' = 3{,}8$ cm,
d) $c' = 7{,}4$ cm.

5 In das rechtwinklige Dreieck ABC wird die Höhe h_c eingezeichnet. Es entstehen die Teildreiecke ADC (rot) und DBC (blau).

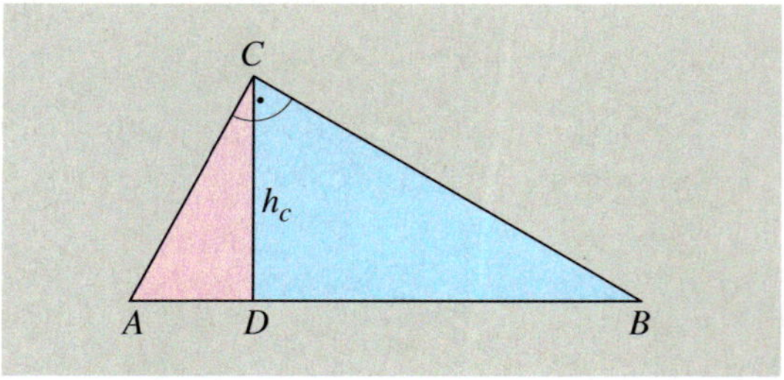

Begründen Sie:
a) Die Dreiecke ADC und ABC sind ähnlich.
b) Die Dreiecke DBC und ABC sind ähnlich.
c) Die Dreiecke DBC und ADC sind ähnlich.

Der Maßstab

Landkarten stellen unsere Welt verkleinert dar. Alle Längen in der Natur werden dazu durch dieselbe Zahl geteilt und verkleinert nachgezeichnet.

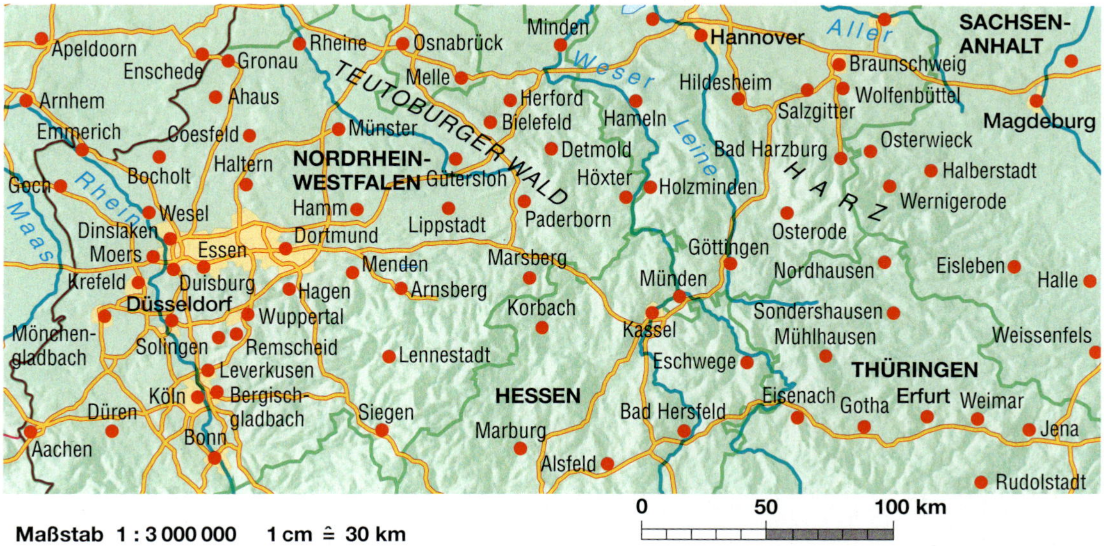

Maßstab 1 : 3 000 000   1 cm ≙ 30 km

Diese Karte wurde im Maßstab 1 : 3 000 000 gezeichnet (gelesen: 1 zu 3 Millionen). Das heißt: Jede Strecke in der Natur wird in dieser Art der Darstellung durch 3 000 000 dividiert.

- Maßstab 1 : 100 000 heißt: 1 cm auf der Karte sind 100 000 cm (= 1 km) in der Natur. Oder: 1 km (= 100 000 cm) in der Natur sind 1 cm auf der Karte.
- Maßstab 1 : 20 heißt: 1 cm auf der Karte sind 20 cm in der Natur. Oder: 20 cm in der Natur werden 1 cm auf der Karte.

Beispiel 1 Der Maßstab einer Landkarte ist 1 : 25 000.

a) Wie lang sind 3 cm auf der Karte tatsächlich in der Natur?
Rechnung: 3 cm · 25 000 = 75 000 cm = 750 m

b) Wie lang müssen 2,5 km in der Natur auf dieser Karte gezeichnet werden?
Rechnung: 2,5 km : 25 000 = 250 000 cm : 25 000 = 10 cm

Beispiel 2 Ein Haus ist 17 m lang. Es soll im Maßstab 1 : 100 gezeichnet werden. Wie lang muss die Hauslänge in der Zeichnung werden?

Rechnung: 17 m : 100 = 1700 cm : 100 = 17 cm
Antwort: Das Haus wird in der Zeichnung 17 cm lang.

Übungen

1 In eine Karte mit dem Maßstab 1 : 200 000 soll eine 5 km lange Strecke eingezeichnet werden. Wie lang muss die Strecke auf der Karte werden?

2 Auf einer Karte mit dem Maßstab 1 : 3 000 000 wird die Entfernung zwischen Paderborn und Wuppertal mit 4 cm Luftlinie gemessen.
a) Wie weit sind die beiden Städte in Wirklichkeit voneinander entfernt?
b) Warum ist für die Strecke von Paderborn nach Wuppertal in Entfernungstabellen oft ein höherer Wert zu finden?

3 Übertragen Sie die Tabelle in Ihr Heft und füllen Sie diese aus.

Maßstab	Karte	Wirklichkeit
1 : 10	18 cm	
1 : 25 000	42 cm	
1 : 300 000	26 cm	
1 : 600 000	26 cm	
1 : 900 000	26 cm	

4 Füllen Sie die Tabelle im Heft aus. Wandeln Sie zuerst Kilometer in Zentimeter um.

Maßstab	Karte	Wirklichkeit
1 : 30 000		1,2 km
1 : 50 000		60 km
1 : 100 000		800 km
1 : 1 000 000		80 km
1 : 5 000 000		30 km

5 Eine Blechschablone wurde im Maßstab 1 : 10 verkleinert gezeichnet. Messen Sie die Seiten und zeichnen Sie die Schablone in wahrer Größe auf Pappe. Schneiden Sie sie aus!

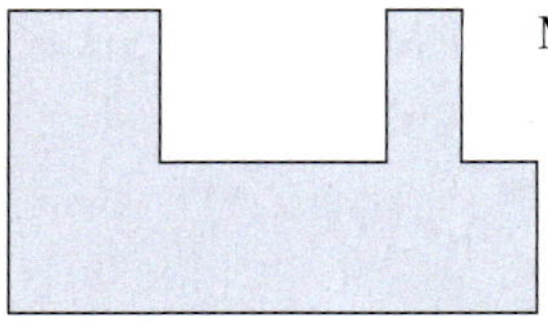

Maßstab 1:10

6

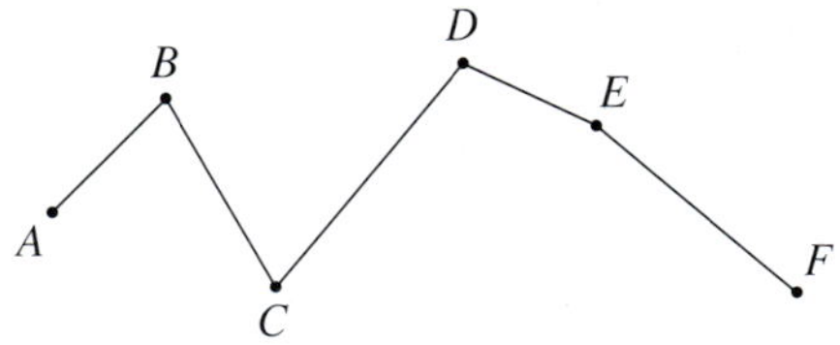

Dies ist der Streckenverlauf einer 5-Tage-Radtour auf einer Karte mit dem Maßstab 1 : 3 000 000.
a) Wie lang sind die Etappen? Messen Sie nach und rechnen Sie in km um.
b) Wie lang ist der gesamte Weg?

7 Der Schnitt für einen Rock wurde im Maßstab 1 : 20 abgebildet. Wie lang wird der genähte Rock? Oben und unten gehen jeweils 4 cm für den Saum verloren.

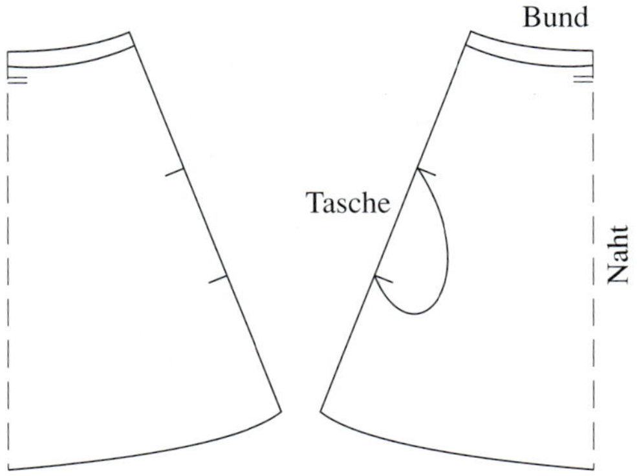

8 Dieses Werkstück wurde im Maßstab 1 : 5 gezeichnet. Messen Sie die Seiten und geben Sie die wahren Längen an.

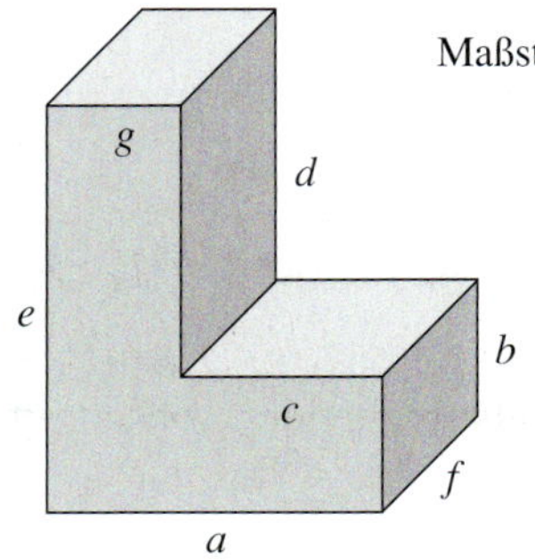

Maßstab 1 : 5

9 Heiko sagt: „Wenn ich bei einem Dreieck alle Seiten doppelt so lang zeichne, dann werden auch die Winkel doppelt so groß.“
Was sagen Sie dazu? Probieren Sie selbst an einem Dreieck, ob Heiko Recht hat.

Der erste Strahlensatz

Gehen von einem Punkt S zwei Strahlen aus, die von zwei zueinander parallelen Geraden geschnitten werden, so entsteht eine **Strahlensatzfigur**. Dabei erhalten wir auf den Strahlen und auf den Geraden **Abschnitte**.

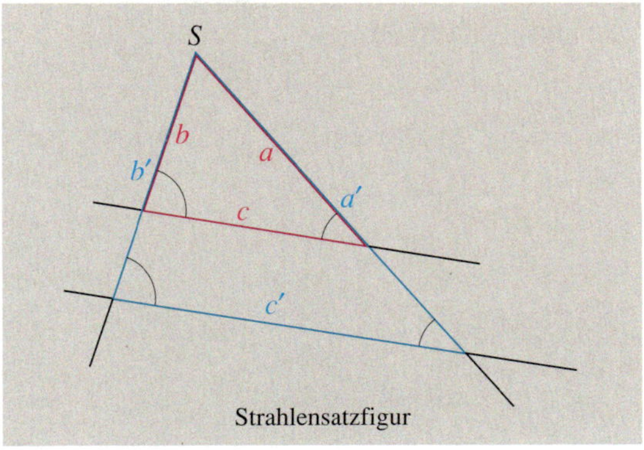

Strahlensatzfigur

Wir betrachten das rote und das blaue Dreieck. Beide Dreiecke haben in Punkt S einen gemeinsamen Winkel. Da außerdem c und c' parallel sind, stimmen diese Dreiecke auch in den anderen Winkeln überein. Die beiden Dreiecke sind also ähnlich.

Für die Streckenabschnitte in diesen Dreiecken stellen wir die nebenstehenden Gleichungen auf:

$\frac{a}{a'} = \frac{b}{b'}$ oder umgeformt $\frac{a}{b} = \frac{a'}{b'}$

Diese Aussage nennt man den **1. Strahlensatz**. Der 1. Strahlensatz sagt etwas aus über die Verhältnisse der *Abschnitte* auf den *Strahlen*.

1. Strahlensatz:

Bei einer Strahlensatzfigur gilt für die Längen der Abschnitte auf den Strahlen:

$\boldsymbol{\frac{a}{a'} = \frac{b}{b'}}$ oder $\boldsymbol{\frac{a}{b} = \frac{a'}{b'}}$

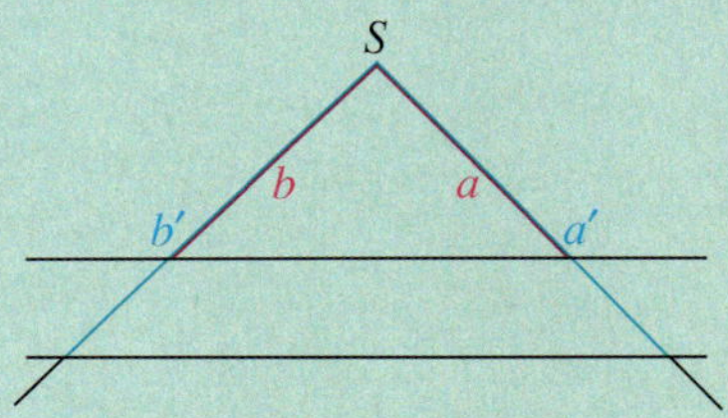

In einer Strahlensatzfigur gilt der 1. Strahlensatz nicht nur für Streckenabschnitte, die im Schnittpunkt S beginnen, sondern für alle entsprechenden Abschnitte auf den Strahlen.

Wir erweitern daher den 1. Strahlensatz.

Erweiterung des 1. Strahlensatzes:

In einer Strahlensatzfigur sind die Verhältnisse entsprechender Abschnitte auf den Strahlen gleich.

Sets gilt: $\boldsymbol{\frac{a}{d} = \frac{b}{e}}$ oder $\boldsymbol{\frac{a}{b} = \frac{d}{e}}$

Aber auch: $\boldsymbol{\frac{a'}{d} = \frac{b'}{e}}$ oder $\boldsymbol{\frac{a'}{b'} = \frac{d}{e}}$

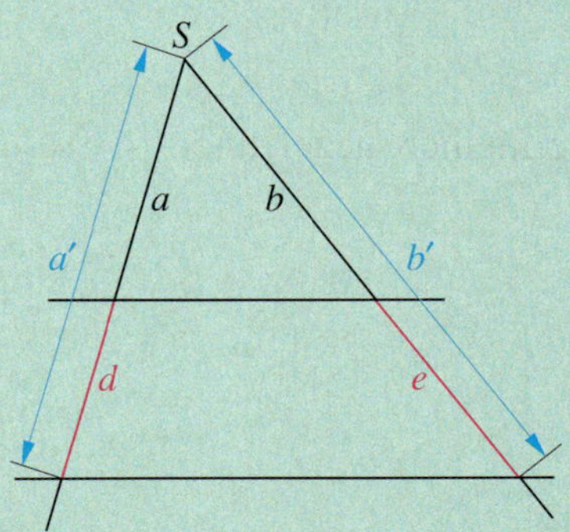

Beispiel

Es wird nach der Zeichnung die Länge des Abschnitts d berechnet.

Lösung:
Nach der Erweiterung des 1. Strahlensatzes gilt:

$$\frac{4{,}5}{6} = \frac{d}{2{,}1}, \quad \text{also} \quad d = \frac{4{,}5 \cdot 2{,}1}{6} = 1{,}575$$

Der Abschnitt d ist 1,575 cm lang.

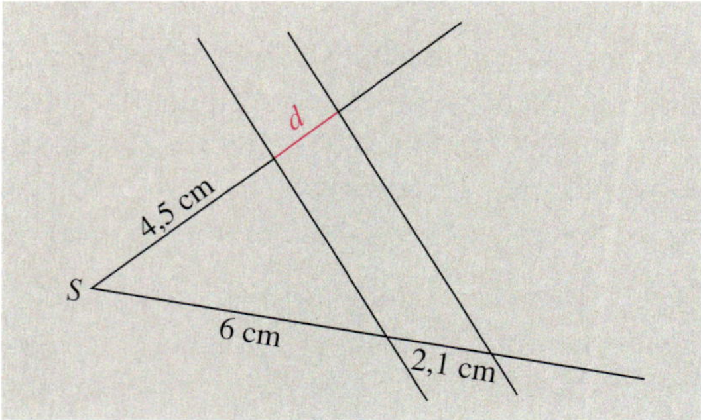

Übungen

1 Zeigen Sie an einem Beispiel, dass der Strahlensatz nicht gilt, wenn die Geraden nicht zueinander parallel sind. Fertigen Sie eine Zeichnung an. Messen und rechnen Sie.

2 Welche Formeln sind nach der Zeichnung für den 1. Strahlensatz richtig?

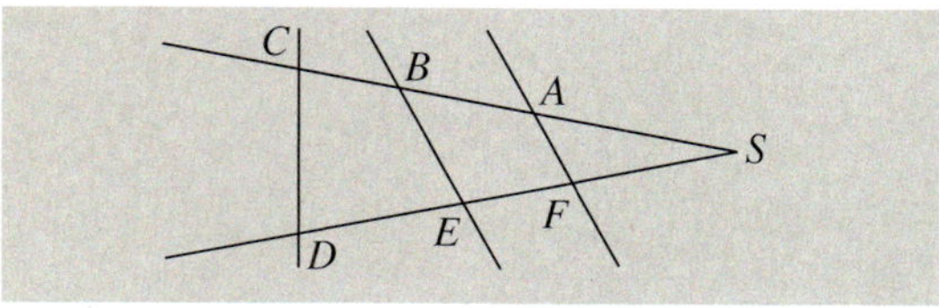

a) $\frac{\overline{SA}}{\overline{SF}} = \frac{\overline{SB}}{\overline{SE}}$

b) $\frac{\overline{SC}}{\overline{SD}} = \frac{\overline{SA}}{\overline{SF}}$

c) $\frac{\overline{SB}}{\overline{SA}} = \frac{\overline{SF}}{\overline{SE}}$

d) $\frac{\overline{BC}}{\overline{ED}} = \frac{\overline{SC}}{\overline{SD}}$

e) $\frac{\overline{SB}}{\overline{SA}} = \frac{\overline{SE}}{\overline{SF}}$

f) $\frac{\overline{SA}}{\overline{SB}} = \frac{\overline{SF}}{\overline{SE}}$

3 Welche Formeln sind nach der Zeichnung für den 1. Strahlensatz falsch?

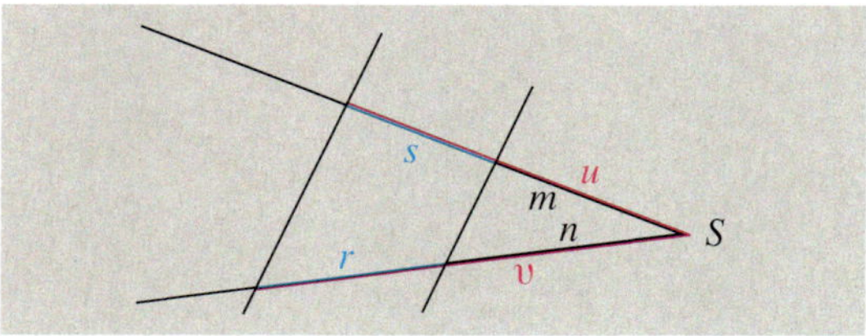

a) $\frac{u}{v} = \frac{m}{n}$

b) $\frac{m}{s} = \frac{n}{r}$

c) $\frac{r+n}{n} = \frac{n}{m}$

d) $\frac{s}{v} = \frac{m}{n}$

e) $\frac{m+s}{v} = \frac{m}{n}$

f) $\frac{n}{m} = \frac{u}{v}$

4 Berechnen Sie die Länge des roten Abschnitts. Bestimmen Sie zuerst S.

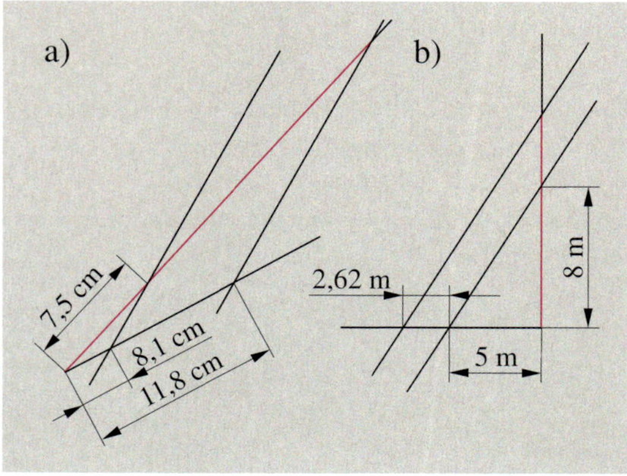

5 Zeigen Sie, dass für die Länge von x gilt:
$x = \frac{a \cdot c}{b} - a$

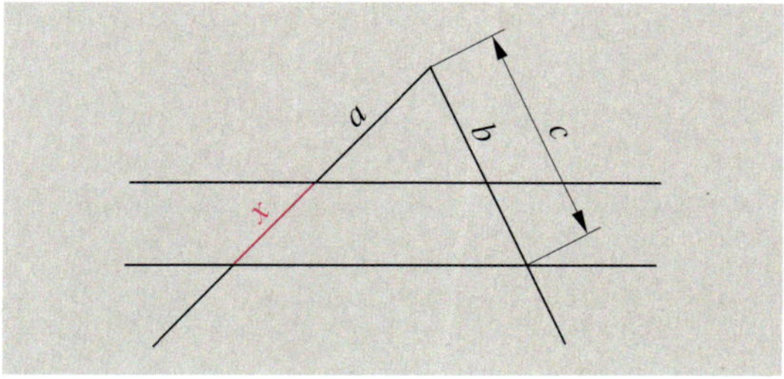

6 Zeigen Sie, dass die Strahlensatzfigur (S. 157) eine zentrische Streckung eines Dreiecks mit dem Streckzentrum S darstellt. (Fixpunkt S)
Welches Dreieck ist das Urbild, welches Dreieck ist das Bild?
Bestimmen Sie den Streckfaktor k.

Der zweite Strahlensatz

In der Zeichnung sind das rote und das blaue Dreieck ähnlich. Darum gilt:

$$\frac{c}{c'} = \frac{a}{a'} \quad \text{und} \quad \frac{c}{c'} = \frac{b}{b'}$$

Das ist der **2. Strahlensatz**. Er sagt etwas aus über Streckenabschnitte, die nicht nur auf den *Strahlen*, sondern auch auf den *parallelen Geraden* liegen (im Gegensatz zum 1. Strahlensatz).

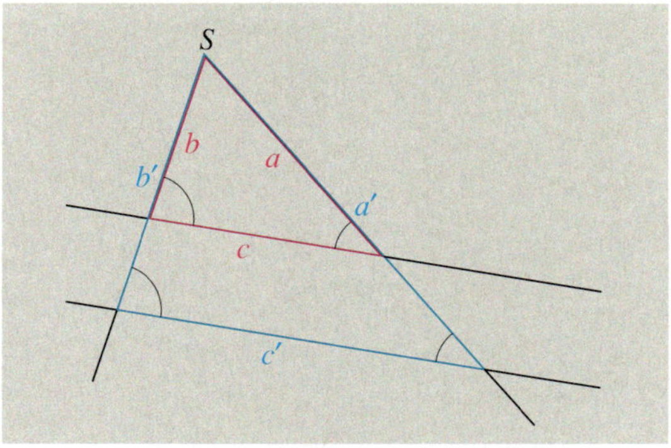

2. Strahlensatz:
Bei einer Strahlensatzfigur gilt für die Abschnitte auf den Strahlen und auf den Geraden:

$$\frac{\boldsymbol{c}}{\boldsymbol{c'}} = \frac{\boldsymbol{a}}{\boldsymbol{a'}} \quad \text{und} \quad \frac{\boldsymbol{c}}{\boldsymbol{c'}} = \frac{\boldsymbol{b}}{\boldsymbol{b'}}$$

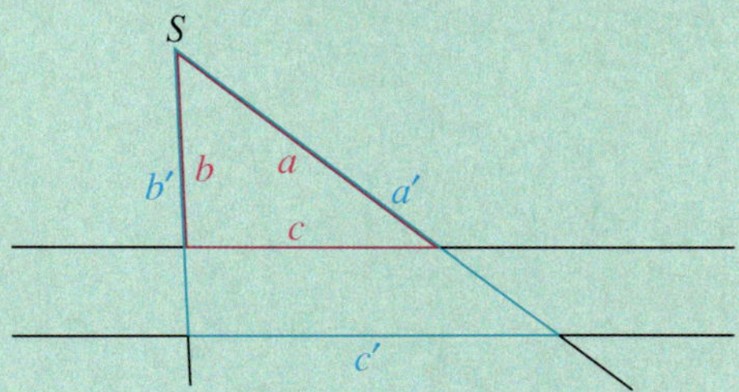

Beim 2. Strahlensatz müssen die Abschnitte auf den Strahlen immer vom Punkt S aus gemessen werden

Beispiel

Gesucht ist die Länge des Abschnitts c.

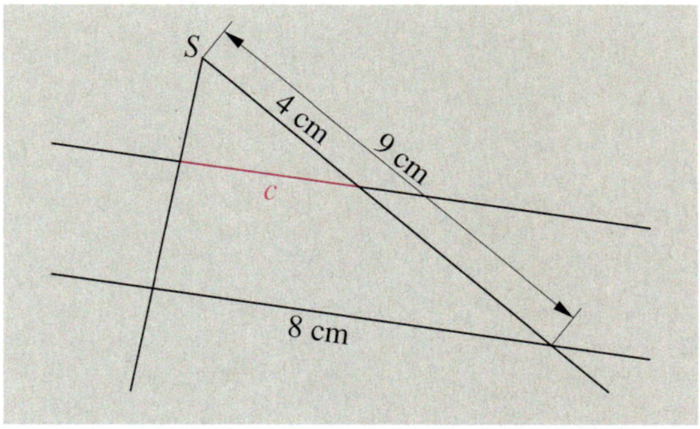

Lösung:

Nach dem 2. Strahlensatz gilt: $\frac{c}{8} = \frac{4}{9}$

Daraus folgt: $c = \frac{4 \cdot 8}{9}$

$c = \frac{32}{9}$

$c \underset{\text{TR}}{=} 3{,}56$

Der Abschnitt ist 3,56 cm lang.

Übungen

1 Zeigen Sie an einer Zeichnung, dass der Strahlensatz nicht gilt, wenn die Geraden nicht zueinander parallel sind.
Messen Sie die Längen der Abschnitte und bilden Sie entsprechende Verhältnisse.

2 Wie lang ist die rote Linie?

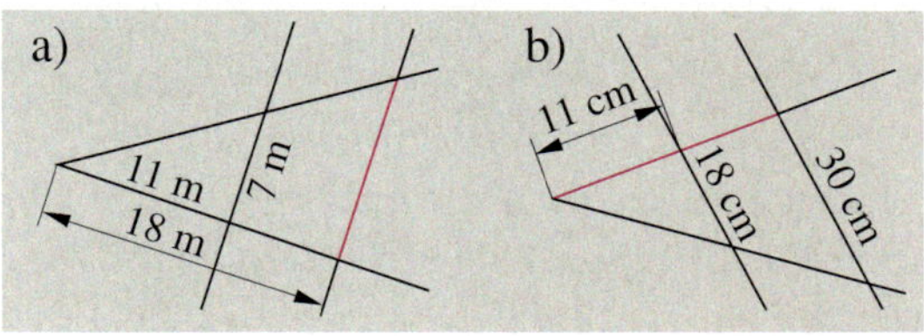

3 Welche Formeln sind nach der Zeichnung für den 2. Strahlensatz falsch?

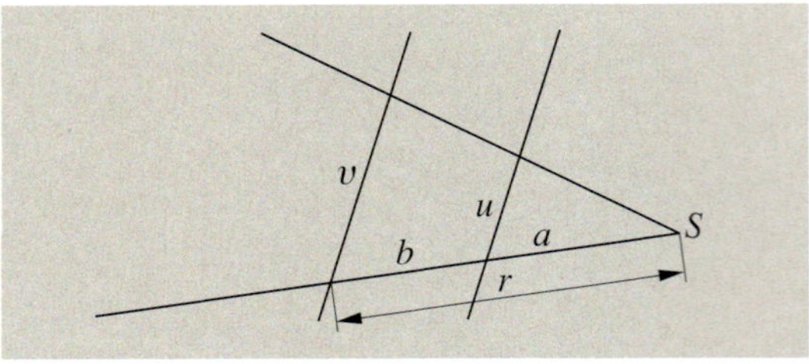

a) $\frac{r}{a} = \frac{v}{u}$

b) $\frac{a}{a+b} = \frac{u}{v}$

c) $\frac{v}{r} = \frac{a}{u}$

d) $\frac{a}{b} = \frac{u}{v}$

e) $\frac{a}{r} = \frac{u}{v}$

f) $\frac{r-b}{u} = \frac{a+b}{v}$

4 Welche Formeln sind nach der Zeichnung für den 2. Strahlensatz richtig?

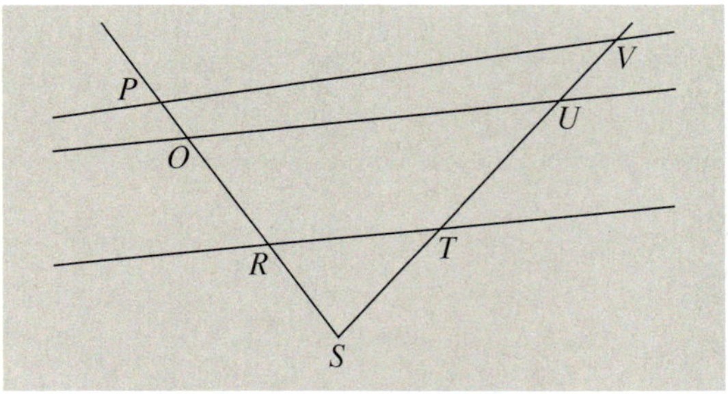

a) $\frac{\overline{SR}}{\overline{SP}} = \frac{\overline{RT}}{\overline{PV}}$

b) $\frac{\overline{ST}}{\overline{RT}} = \frac{\overline{SV}}{\overline{PV}}$

c) $\frac{\overline{PV}}{\overline{TV}} = \frac{\overline{RT}}{\overline{ST}}$

d) $\frac{\overline{SR}}{\overline{RT}} = \frac{\overline{SO}}{\overline{OU}}$

e) $\frac{\overline{PV}}{\overline{RT}} = \frac{\overline{SP}}{\overline{SR}}$

f) $\frac{\overline{PV}}{\overline{OU}} = \frac{\overline{SV}}{\overline{SU}}$

5 Zeigen Sie an der Figur, dass der 2. Strahlensatz auch in diesem Fall erfüllt ist.

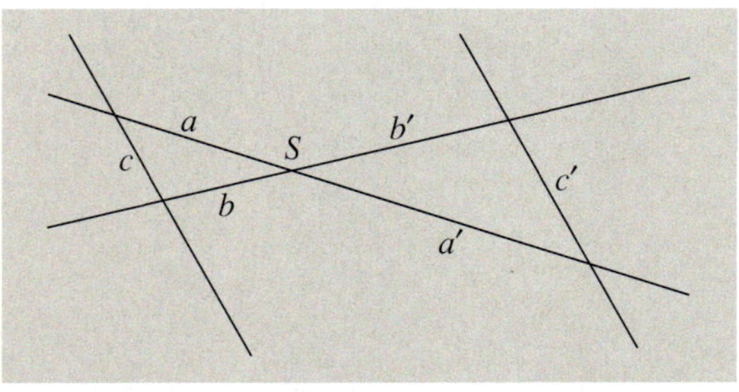

Fertigen Sie eine Zeichnung an, aus der Sie Maße entnehmen für die entsprechenden Abschnitte. Bilden Sie die notwendigen Verhältnisse.

6 Ein Stab wird so in die Erde gesteckt, dass er 1 m aus dem Boden ragt und dass seine Spitze gerade in die Schattenlinie des Turms fällt. Berechnen Sie mit den Angaben in der Zeichnung die Höhe des Turms.

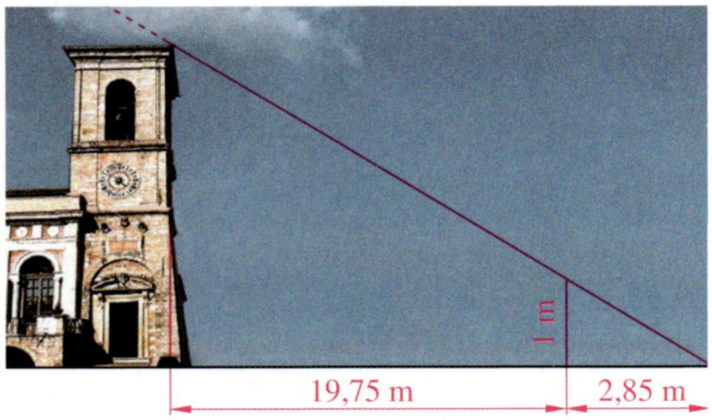

7 Zeigen Sie, dass man die Breite x eines Flusses nach der Formel $\frac{x+c}{b} = \frac{x}{a}$ berechnen kann. Berechnen Sie die Flussbreite.

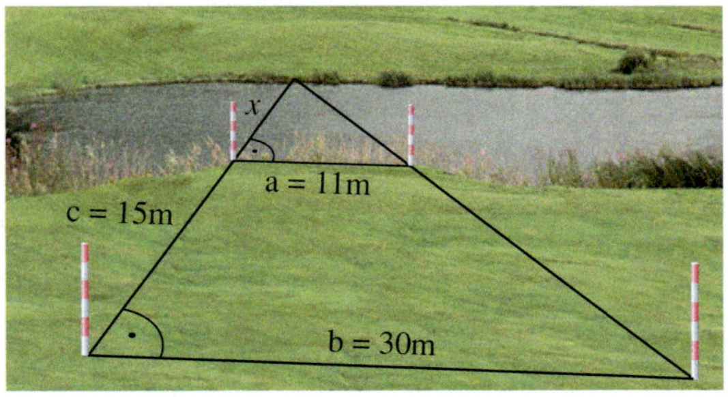

8 a) Berechnen Sie mit dem 2. Strahlensatz alle roten Verstrebungen der Zeichnung (Maße in Metern).

b) Welchen Flächeninhalt hat die quadratische Grundfläche des Mastes?

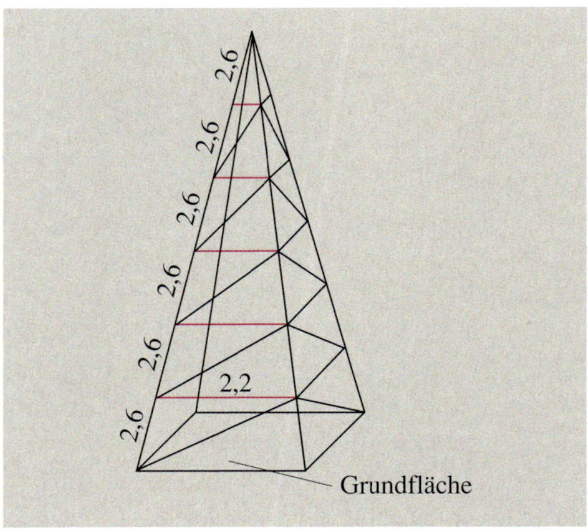

Schrägbilder und Projektionen

Schrägbilder

Das **Schrägbild** eines Körpers veranschaulicht seine **räumliche Form**. Seine Maße werden dabei teilweise verkürzt dargestellt. Es gibt dafür verschiedene Möglichkeiten.

Der Körper steht vor der Zeichenebene.
1. Die Strecken parallel zur Zeichenebene, werden in wahrer Länge gezeichnet.
2. Die Strecken, die in Wirklichkeit senkrecht zur Zeichenebene verlaufen, werden schräg und „nach hinten“ verkürzt gezeichnet. Wir verkürzen diese Strecken stets auf die Hälfte und tragen sie bei der Pyramide im Winkel $\alpha = 45°$, beim Kegel im Winkel $\alpha = 90°$ an.
3. Alle anderen Strecken können durch Verbindung der Punkte gezeichnet werden.

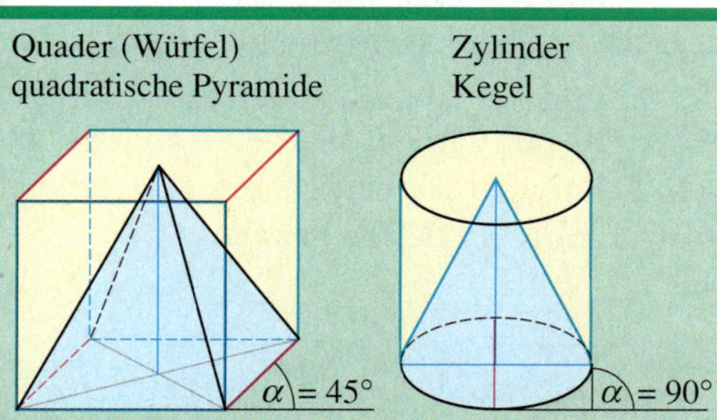

blau: wahre Länge
rot: halbe Länge
schwarz: Verbindungslinien

Beispiele

1. Zu zeichnen ist das Schrägbild eines Quaders mit a = 2,5 cm, b = 2,2 cm und c = 1,2 cm.

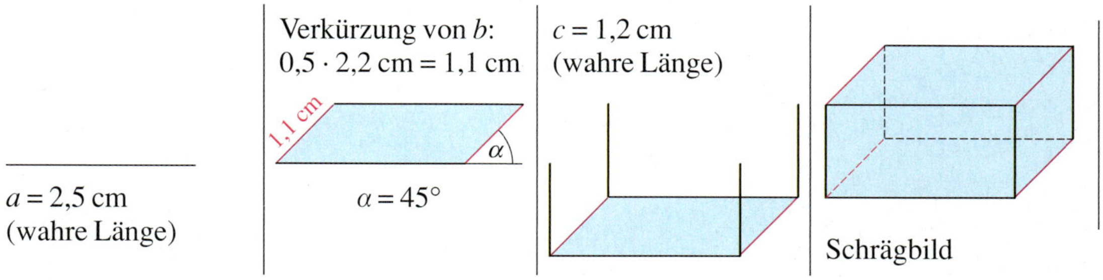

2. Zu zeichnen ist das Schrägbild eines Zylinders mit dem Durchmesser d = 2 cm und der Höhe h = 3 cm. (Als Grund- und Deckfläche wird die **Ellipse** skizziert.)

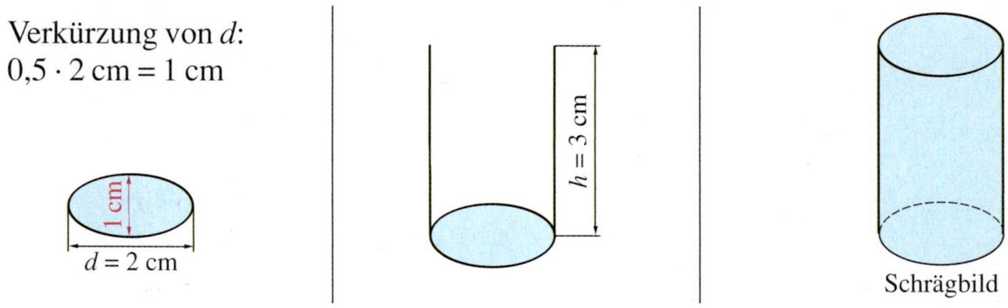

Übungen

1 Zeichnen Sie das Schrägbild eines Würfels mit der Kantenlänge $a = 6$ cm.

2 Zeichnen Sie das Schrägbild eines Quaders mit
a) $a = 7$ cm; $b = 5$ cm; $c = 4$ cm,
b) $a = 5$ cm; $b = 4$ cm; $c = 7$ cm,
c) $a = 4$ cm; $b = 7$ cm; $c = 5$ cm.

3 Ein Quader wird wie in den Abbildungen durch Schnitte in Teilkörper zerlegt, zeichnen Sie die Teilkörper (Maße in cm).

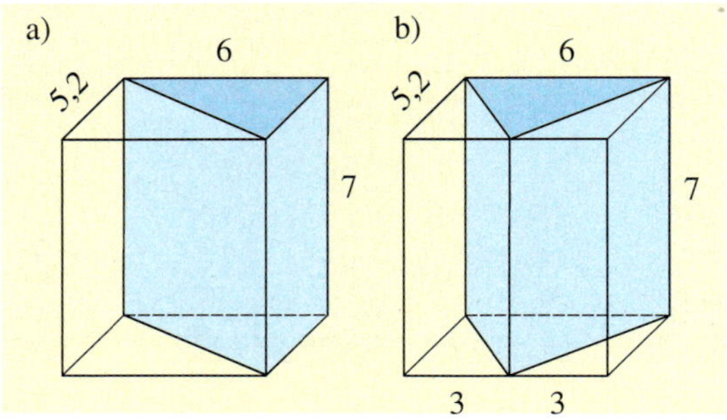

4 Zeichnen Sie das Schrägbild eines Würfels, dem ein zweiter, kleinerer Würfel auf die vordere linke Ecke aufgesetzt wurde. Die Kantenlänge des größeren Würfels ist $a = 6$ cm. Die Kantenlänge des kleineren Würfels ist $a = 4$ cm.

5 Zeichnen Sie die Zylinder ab.
(Zeichnen Sie die Grundfläche freihändig.)

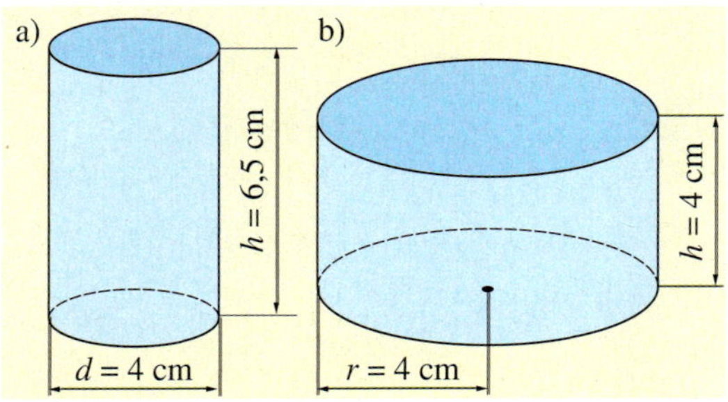

6 Zeichnen Sie die Zylinder.
a) $d = 5$ cm; $h = 7$ cm
b) $d = 3{,}6$ cm; $h = 2{,}8$ cm
c) $r = 2{,}1$ cm; $h = 6{,}4$ cm
d) $r = 3$ cm; $h = 5{,}3$ cm

7 a) Beschreiben Sie, wie das Schrägbild der quadratischen Pyramide entstanden ist.

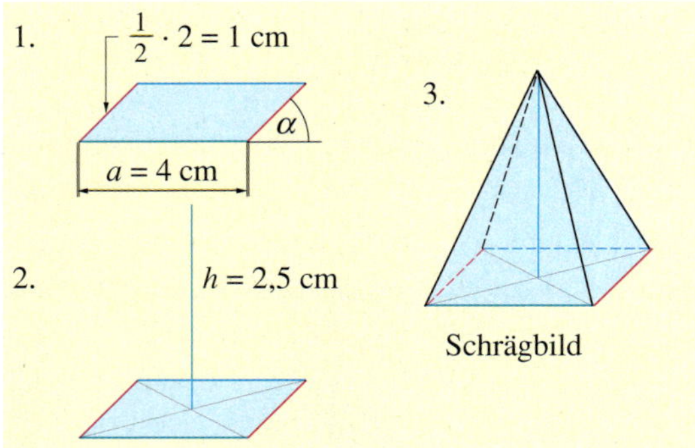

b) Zeichnen Sie das Schrägbild der Pyramide in Ihr Heft.
c) Beschreiben Sie, wie das Schrägbild eines Kegels entsteht.

8 Zeichnen Sie das Schrägbild
a) einer quadratischen Pyramide mit $a = 6$ cm und $h = 7$ cm;
b) eines Kegels mit $r = 3{,}6$ cm und $h = 8$ cm.
(Zeichnen Sie die Grundfläche freihändig.)

9 Zeichnen Sie das Schrägbild einer Pyramide. Die Grundfläche der Pyramide ist ein Rechteck mit $a = 4{,}5$ cm und $b = 6$ cm. Die Höhe der Pyramide ist $h = 4{,}8$ cm.

10 Zeichnen Sie das Schrägbild eines Kegels mit dem Durchmesser $d = 7{,}2$ cm und der Höhe $h = 4{,}5$ cm.
(Zeichnen Sie die Grundfläche freihändig.)

11 Zeichnen Sie das Schrägbild dieser Doppelpyramide. Alle Kanten sind 5 cm lang. Die Gesamthöhe ist etwa 7 cm.

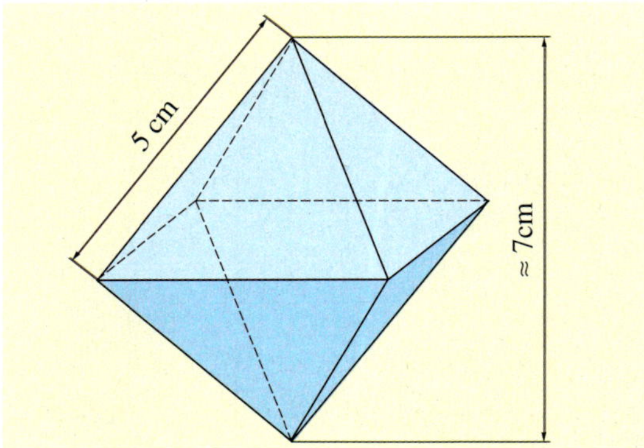

Senkrechte Eintafelprojektion

Bei der **senkrechten Eintafelprojektion** wird ein Körper senkrecht auf eine Zeichenebene projiziert (Projektionsebene). Diese Abbildung ist eine senkrechte Parallelprojektion, denn die Punkte des Körpers werden durch zueinander parallele Strahlen abgebildet, die senkrecht auf die Zeichenebene treffen.

Das Bild eines Körpers heißt Vorderansicht (Aufriss), wenn man den Körper *„von vorn"* projiziert. Die Zeichenebene steht dann *hinter* dem Körper.

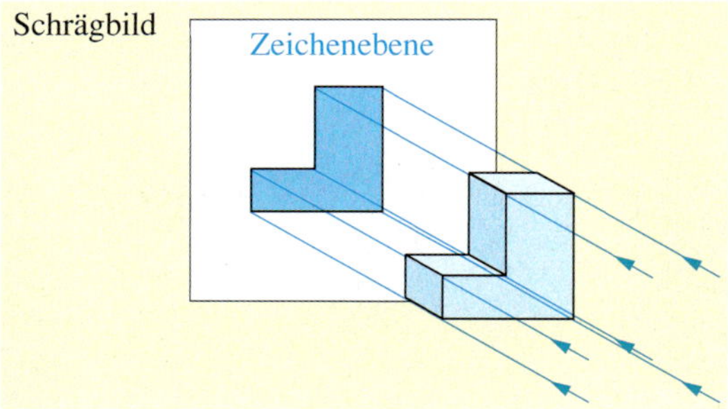

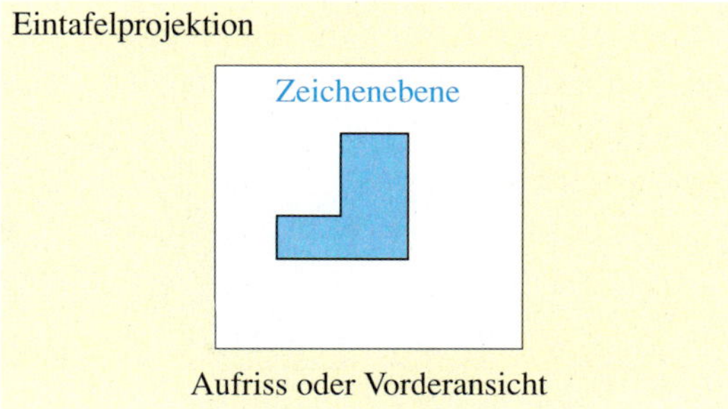

Das Bild eines Körpers heißt Draufsicht (Grundriss), wenn man den Körper *„von oben"* projiziert. Die Zeichenebene liegt dann *unter* dem Körper. Im Grundriss werden auch Kanten dargestellt, die nicht Kanten der Grundfläche des Körpers sind (siehe Pfeile).

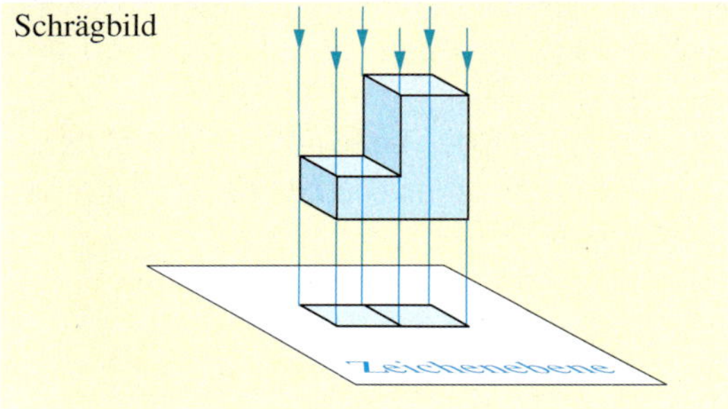

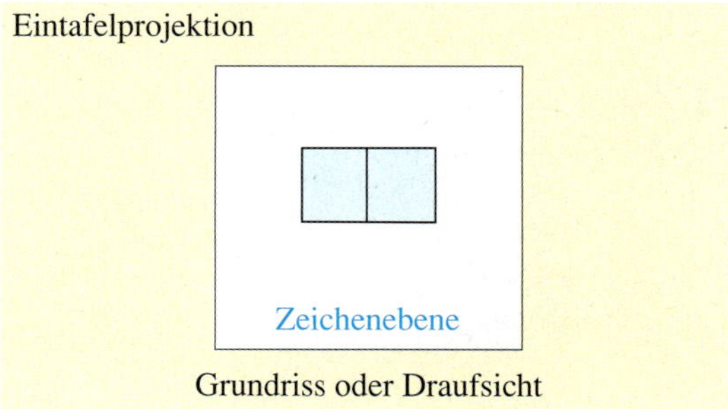

Das Bild eines Körpers heißt Seitenansicht (Seitenriss), wenn man den Körper *„von der Seite"* projiziert. (Wenn nichts anderes angegeben ist, projiziert man immer von links.) Die Zeichenebene steht dann *neben* dem Körper.

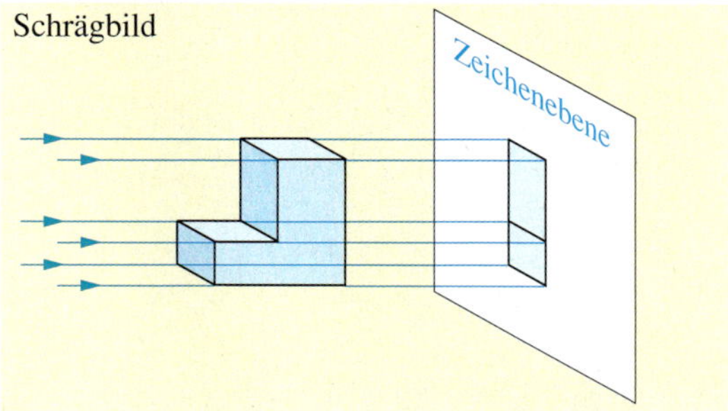

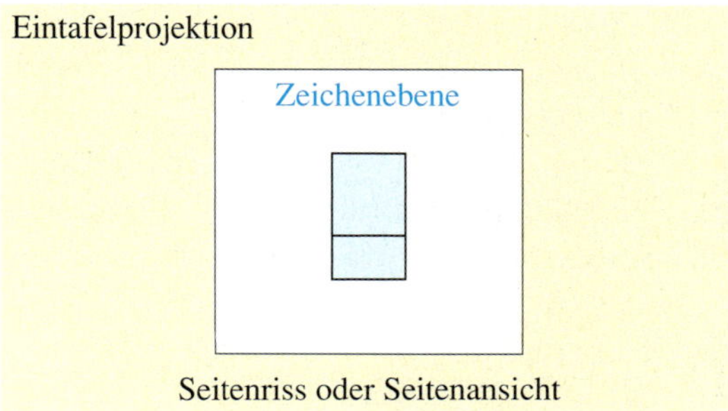

In der Metalltechnik werden die Begriffe Vorderansicht, Draufsicht und Seitenansicht verwendet, in der Bautechnik dafür Aufriss, Grundriss und Seitenriss. Wir werden auf den nächsten Seiten jeweils beide Begriffe verwenden.

Für die senkrechte Eintafelprojektion gilt:

1. Gerade Linien werden auf geraden Linien abgebildet.
2. Gerade Linien, die senkrecht zur Zeichenebene verlaufen, werden als Punkte abgebildet.
3. Strecken, die parallel zur Zeichenebene verlaufen, werden in wahrer Länge abgebildet. Winkel, deren Schenkel parallel zur Zeichenebene liegen, werden in wahrer Größe abgebildet.
4. Parallel zur Zeichenebene liegende Flächen werden in wahrer Form und Größe abgebildet.

Verschiedene Körper können den gleichen Grundriss, Aufriss oder Seitenriss haben. Zum Beispiel haben die folgenden Körper den gleichen Grundriss (Draufsicht).

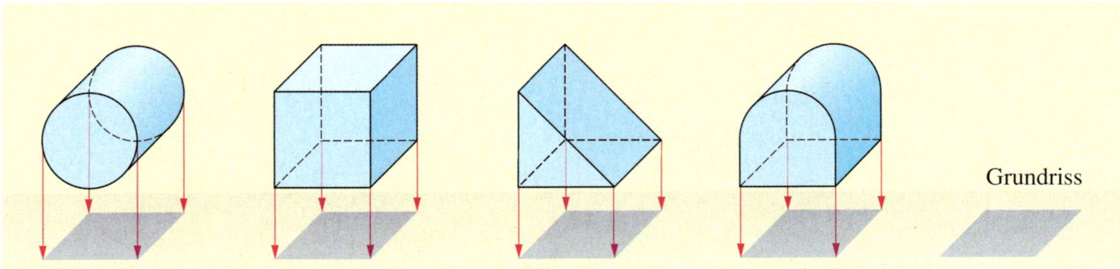

Übungen

1 Zeichnen Sie die Grundrisse folgender Körper (Maße in cm).

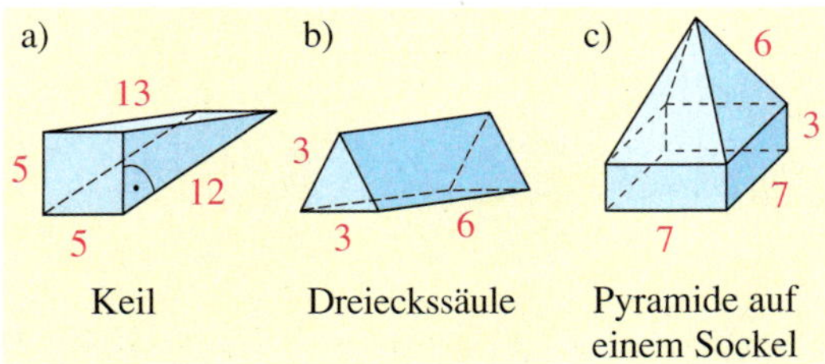

2 Zeichnen Sie von den Körpern aus Aufgabe 1 a bis 1 c die
a) Aufrisse,
b) Seitenrisse (von links).

3 Zeichnen Sie Vorderansicht, Draufsicht und Seitenansicht eines Quaders mit
a) $a = 5$ cm, $b = 2$ cm und $c = 8$ cm
b) $a = 4$ cm, $b = 4$ cm und $c = 2{,}5$ cm

4 Wie ändert sich die Seitenansicht eines Würfels mit $a = 5$ cm, der vor der Zeichenebene um 10 cm (50 cm; 80 cm) nach links verschoben, aber dabei nicht verdreht wird?

5 Ein Würfel wird von der Projektionsebene, wie in der Zeichnung angedeutet, um eine Achse gedreht.
Wie ändert sich der Aufriss des Würfels? Skizzieren Sie. Zeichnen Sie den größten und den kleinsten Aufriss.

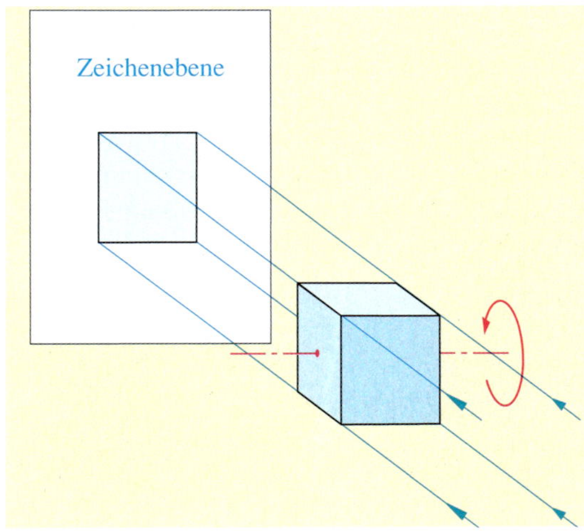

6 Welcher Grundriss gehört zu einem Würfel, der so auf einer Ecke auf der Zeichenebene steht, dass sich die gegenüberliegende Ecke senkrecht darüber befindet? Skizzieren Sie zunächst ein Schrägbild.

Mehrtafelprojektion

Um die Form eines Körpers vollständig zu beschreiben, kommt man in der Regel mit der Eintafelprojektion nicht aus. Man zeichnet dann mehrere Parallelprojektionen gleichzeitig. So entsteht eine **Mehrtafelprojektion**.

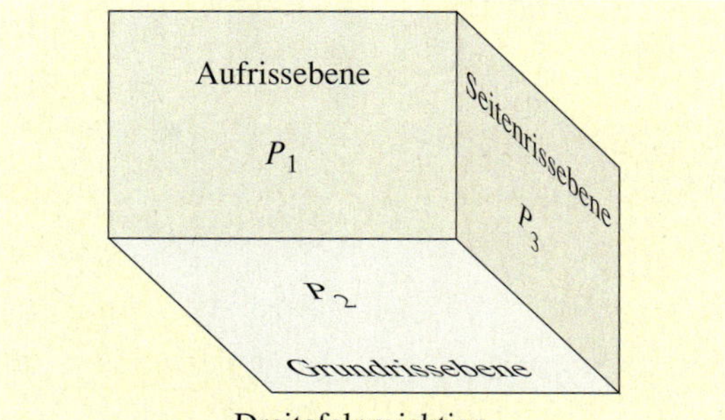

Dreitafelprojektion

Dabei stehen die Projektionsebenen immer senkrecht aufeinander. Die zueinander parallelen Projektionsstrahlen fallen aus drei Richtungen ein: von oben, von vorn und von der Seite.

Beispiel

Beim Zeichnen einer Dreitafelprojektion denkt man sich die Grundrissebene und die Seitenrissebene ausgeklappt, so wie es in der folgenden Zeichnung im letzten Bild dargestellt ist.

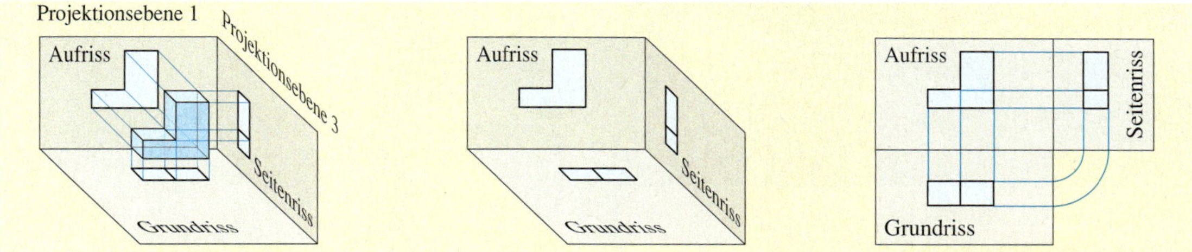

Dreitafelprojektion

Zeichnet man nur *zwei* Projektionsebenen (Grundriss und Aufriss *oder* Grundriss und Seitenriss *oder* Aufriss und Seitenriss), so spricht man von einer **Zweitafelprojektion**. Zeichnet man mit *drei* senkrecht aufeinander stehenden Projektionsebenen, entsteht eine **Dreitafelprojektion**.

Übungen

1 Zeichnen Sie Dreitafelprojektionen der Körper (Maße in cm).

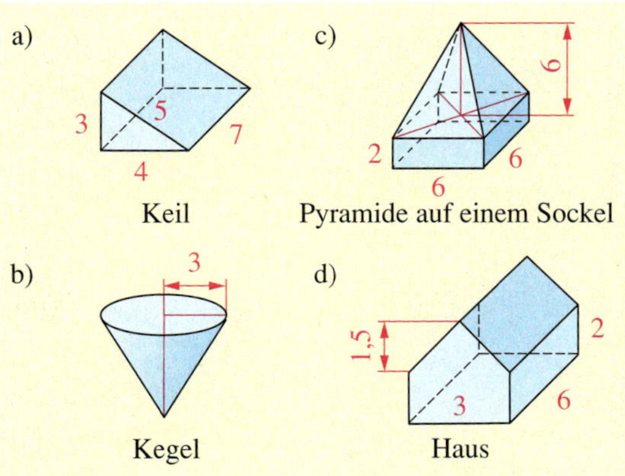

2 Zeichnen Sie Dreitafelprojektionen einer quadratischen Pyramide ($a = 4{,}5$ cm, $h = 3{,}5$ cm), einer Kugel ($r = 2{,}6$ cm) und einer regelmäßigen Dreiecksäule ($a = 3{,}6$ cm, $h = 6{,}3$ cm).

3 Zeichnen Sie im Maßstab 1 : 100 für das dargestellte Zelt:
a) eine Abwicklung (mit Boden),
b) eine Dreitafelprojektion.

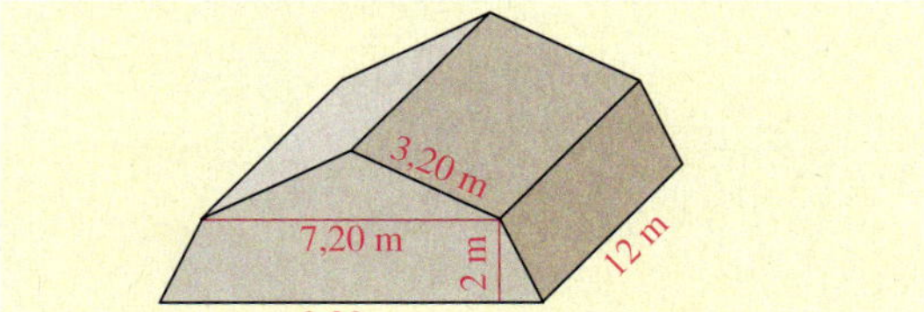

Bäume

sind Kunstwerke der Natur, sie schützen vor Wind, Erosion und Lawinen, liefern Blätter als organisches Material, führen dem Boden wichtige Nährstoffe zu, sorgen für einen geregelten Wasserkreislauf. Sie beeinflussen das Klima in ihrer Umgebung, dienen als Lärm- und Sichtschutz, arbeiten als Sauerstofffabrik, sind Staubfilter, spenden Schatten, schaffen Lebensräume für Tiere, besitzen einen Holzwert, geben Arbeitsplätze in der Forst- und Holzwirtschaft.

Eine Buche hat 1600 m² Blattfläche.

Rohgewichte für Holz
(in Kubikmeter oder Festmeter)

Holzart	Rohgewichte (kg) ganz frisch	Rohgewichte (kg) lufttrocken
Stiel- und Traubeneiche	1100	800
Rotbuche	1100	750
Weißbuche	1000	820
Ahornarten	1000	700
Esche	900	725
Birke	900	650
Kiefer	800	575
Fichte	800	500
Pappel	750	475
Linde	750	450

Verkauf nach **Raummeter**
(= Länge x Breite x Höhe des Stapels)
Schichtholz (oft 1 oder 2 m lang)

Blattformen

Baumarten in der BRD

- Altersbestimmung
- Baumhöhe schätzen
- Umfang messen

Volumen (Rauminhalt)

Das Volumen von Säulen (Prismen)

1. Der Rauminhalt einer Packung Milch wird überprüft ($a = 6{,}2$ cm; $b = 10$ cm; $h = 16{,}2$ cm).

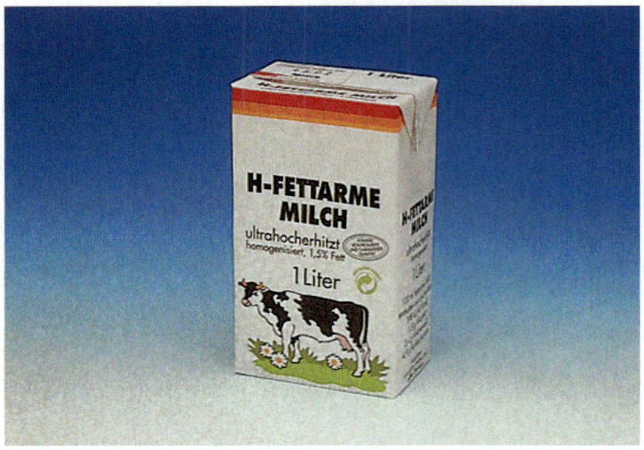

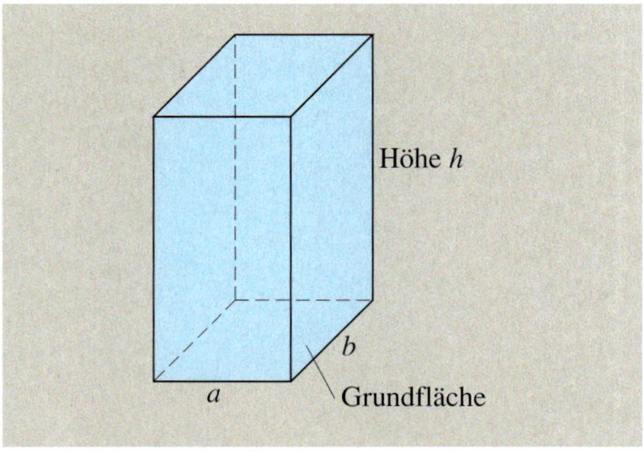

Man rechnet mit der Formel für das Volumen von Säulen: $V = G \cdot h$. Deshalb berechnet man zunächst die Grundfläche $a \cdot b$ und dann das Volumen.

Berechnung der Grundfläche G:

Rechteck: $G = a \cdot b$
$G = 6{,}2 \cdot 10 \text{ cm}^2$
$G = 62 \text{ cm}^2$

Berechung des Volumens V:

$V = G \cdot h$
$V = 62 \cdot 16{,}2 \text{ cm}^3$
$V = 1004{,}4 \text{ cm}^3 \approx 1000 \text{ cm}^3$

In der Packung sind rund 1000 cm³ Milch, das ist 1 Liter.

2. Wir berechnen das Volumen der abgebildeten Säule. Die Grundfläche der Säule ist ein Dreieck mit der Grundseite 5 cm und der Höhe 3,6 cm. Die Säule ist 8,5 cm hoch.

Grundfläche: $G = \frac{g \cdot h_1}{2}$

$G = \frac{5 \cdot 3{,}6}{2} \text{ cm}^2$

$G = 9 \text{ cm}^2$

Volumen: $V = G \cdot h$

$V = 9 \cdot 8{,}5 \text{ cm}^3$

$V = 76{,}5 \text{ cm}^3$

Der Rauminhalt der Säule ist $76{,}5 \text{ cm}^3$.

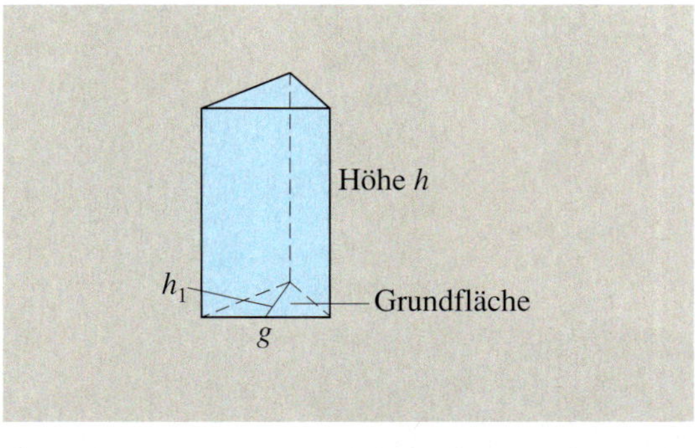

Für das Volumen von Säulen gilt:

Volumen = Grundfläche · Höhe
$\boldsymbol{V = G \cdot h}$

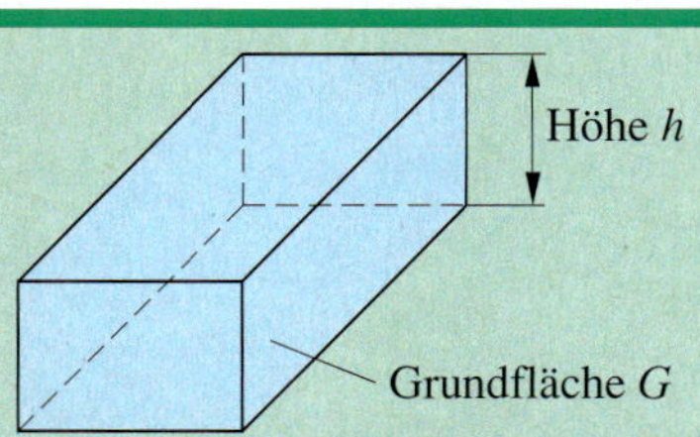

Für die Mehrzahl von Volumen sagt man auch Volumina.

Übungen

1 Berechnen Sie das Volumen der Quader mit folgende Kantenlängen.

a)	b)	c)
$a = 7$ cm	$a = 85$ cm	$a = 2{,}7$ dm
$b = 3$ cm	$b = 15$ cm	$b = 9{,}3$ cm
$h = 4$ cm	$h = 9$ dm	$h = 85$ mm

2 Berechnen Sie das Volumen der Würfel mit folgenden Kantenlängen.

a) $a = 4$ m c) $a = 3{,}5$ dm e) $a = 5{,}2$ m
b) $a = 5{,}5$ cm d) $a = 16$ mm f) $a = 3{,}4$ cm

3 Berechnen Sie das Volumen der Säulen.

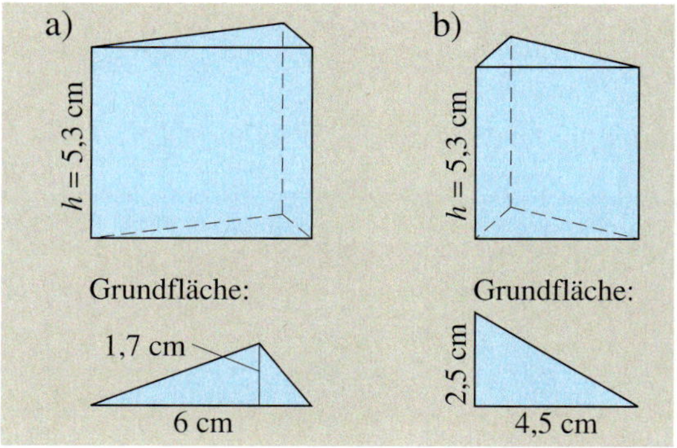

4 Eine Säule hat eine quadratische Grundfläche. Die Kantenlänge der Grundfläche beträgt 9,5 cm. Die Höhe der Säule ist 14 cm. Berechnen Sie das Volumen der Säule.

5 Ein Spielwürfel hat ein Volumen von 512 cm³.
Schätzen Sie zuerst die Kantenlänge des Würfels und überprüfen Sie die Schätzung durch Berechnung.

6 Die Grundfläche einer Säule ist ein Dreieck, dessen Grundseite 15 cm und dessen Höhe 7,2 cm ist.
Die Höhe der Säule ist 17 cm.
Berechnen Sie das Volumen.

7 Eine Säule aus Glas hat als Grund- und Deckfläche ein gleichschenklig-rechtwinkliges Dreieck. Die Schenkel des rechten Winkels sind 2,5 cm lang. Die Säule ist 4 cm hoch.
Berechnen Sie Oberfläche und Volumen.

8 Zerlegen Sie das Werkstück in Quader. Berechnen Sie das Volumen des Werkstücks, indem Sie das Volumen der einzelnen Quader addieren (Maße in cm).

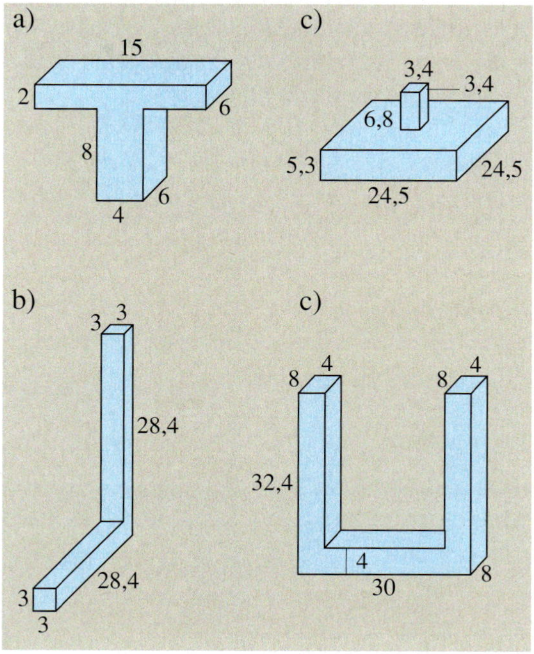

9 Ein Schwimmbecken hat die folgenden Maße: Länge 50 m, Breite 15 m, Tiefe 1,80 m.

a) Wie hoch steht das Wasser, wenn 480 m³ Wasser in dem Becken sind?
b) Wie viel Wasser muss noch eingefüllt werden, um das Becken bis zum Rand zu füllen?

10 Berechnen Sie den Rauminhalt des Körpers. (Maße in dm)

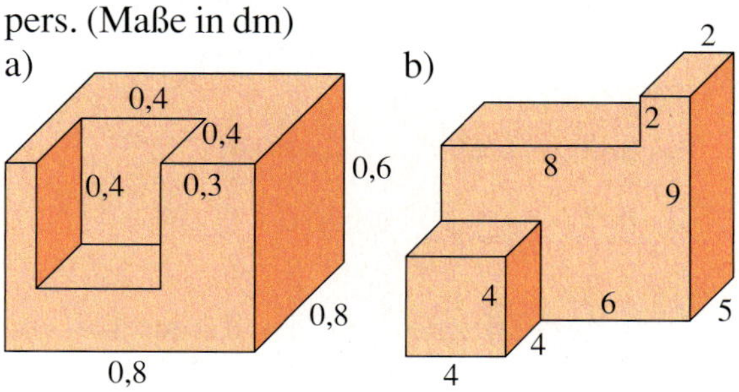

Das Volumen von Zylindern

Ein Versuch soll zeigen, ob der Rauminhalt von Zylindern (Säule mit einem Kreis als Grundfläche) ebenfalls nach der Formel $V = G \cdot h$ berechnet werden kann.

An einem zylinderförmigen Messbecher misst man die Höhe des Eichstrichs für 1 l (= 1000 cm^3) und den Durchmesser:
Durchmesser: $d = 10{,}3$ cm, also $r = 5{,}15$ cm.
Höhe des Eichstrichs: $h = 12$ cm.

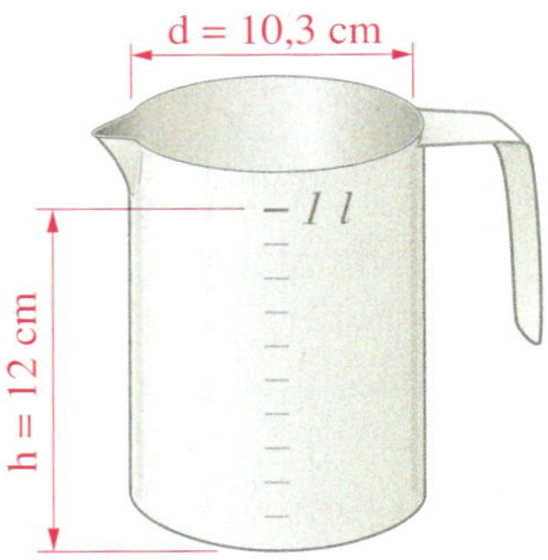

Grundfläche: $G = \pi r^2$
$G = 3{,}14 \cdot 5{,}15^2\ \text{cm}^2$
$G \approx 83{,}3\ \text{cm}^2$

Rauminhalt: $V = G \cdot h$
$V = 83{,}3 \cdot 12\ \text{cm}^3$
$V \approx 1000\ \text{cm}^3$

Die Rechnung mit der Formel stimmt mit der Volumenangabe überein.

Für einen Zylinder mit dem Radius r und der Höhe h gilt:

$$\boldsymbol{V = \pi \cdot r^2 \cdot h} \quad \text{bzw.} \quad \boldsymbol{V = \tfrac{\pi}{4} \cdot d^2 \cdot h}$$

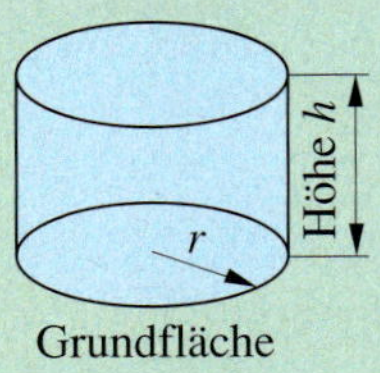

Volumen V des Zylinders:

$V = G \cdot h$

oder

$V = \pi \cdot r^2 \cdot h = \frac{\pi}{4} \cdot d^2 \cdot h$

Beispiel

Trinkwasser wird vor der Abgabe an die Verbraucher in große zylindrische Wasserspeicher gepumpt. Wir bestimmen den Rauminhalt dieses zylindrischen Speichers:
Die Behälterhöhe beträgt 31 m, der Behälterdurchmesser 26 m.

Gegeben: $d = 26$ m
$h = 31$ m

Gesucht: Rauminhalt V

$$V = \frac{\pi}{4} \cdot d^2 \cdot h$$

Rechnung: $$V = \frac{3{,}14 \cdot 26^2 \cdot 31}{4}\ \text{m}^3$$
$$\underset{\text{TR}}{=} 16\,450{,}46\ \text{m}^3$$

Der Wasserspeicher hat einen Rauminhalt von rund 16 450 m^3.

Übungen

1 Berechnen Sie die Rauminhalte der Kreiszylinder im Heft.

a)

Radius r	Höhe h	Rauminhalt V
2 m	3 cm	
3 dm	1,5 dm	
48 mm	120 mm	
0,4 m	0,7 m	

b)

Durchmesser d	Höhe h	Rauminhalt V
6 m	7 m	
48 mm	50 mm	
2 cm	70 cm	
4,5 dm	0,9 dm	

2 Ordnen Sie die folgenden Kreiszylinder
a) nach ihrem Volumen,
b) nach ihrer Oberfläche.

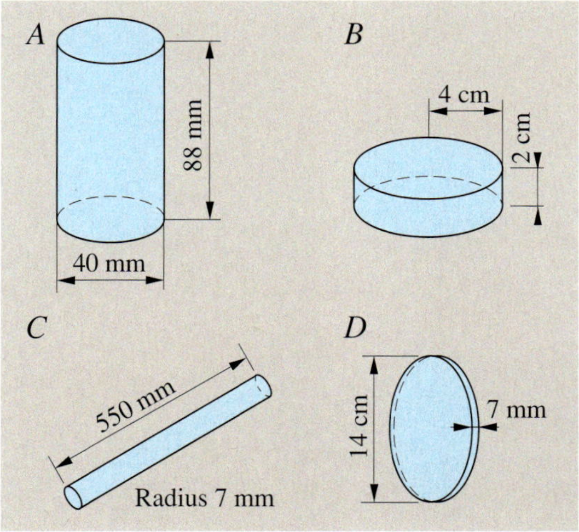

3 Berechnen Sie die Rauminhalte der Kreiszylinder.

	Grundfläche G	Höhe h
a)	70 cm^2	8 cm
b)	0,75 dm^2	1,2 dm
c)	7,4 cm^2	12 mm
d)	28,4 dm^2	0,07 m
e)	37 900 cm^2	2,8 dm
f)	4,9 m^2	130 cm

4 Berechnen Sie die Rauminhalte. Wenn notwendig, zeichnen Sie die Grundfläche und messen die benötigten Längen.

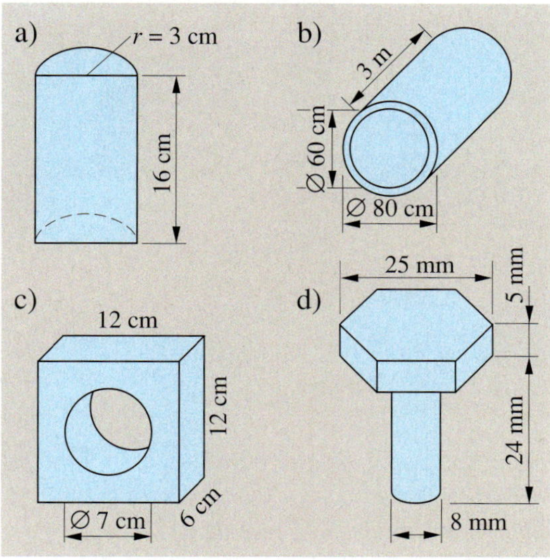

5 Im Wald sind 100 Rundhölzer gestapelt. Jedes Rundholz hat 10 cm Durchmesser und ist 1 m lang.
a) Wie viel Holz und wie viel Luft enthält der Stapel, wenn er 1 m^3 Volumen hat?
b) Wie ändert sich das Verhältnis Holz – Luft, wenn 25 Rundhölzer mit 20 cm Durchmesser gestapelt sind?
c) Welche Änderung ergibt sich bei einem Stapel mit 400 Rundhölzern, wenn jedes Rundholz 5 cm Durchmesser hat?

d) Die Dichte von Buchenholz ist 0,7 $\frac{g}{cm^3}$. Welches Gewicht hat jeder Holzstapel?
e) Die Dichte von Tannenholz ist 0,5 $\frac{g}{cm^3}$. Welches Gewicht hat jeder Holzstapel?

Das Volumen von Pyramiden

Das Pyramidenmodell und das Prismenmodell haben die *gleiche Grundfläche G* und die *gleiche Höhe h*. Beim Umfüllen mit Wasser stellt man fest, wie oft der Rauminhalt der Pyramide in den Rauminhalt des Prismas passt.

Es ergibt sich: Drei Pyramiden voll Wasser füllen das Prisma.
Der Rauminhalt des Prismas ist $G \cdot h$. Also:

Für den Rauminhalt V der Pyramide gilt:

$$\boldsymbol{V = \frac{1}{3} \cdot G \cdot h}$$

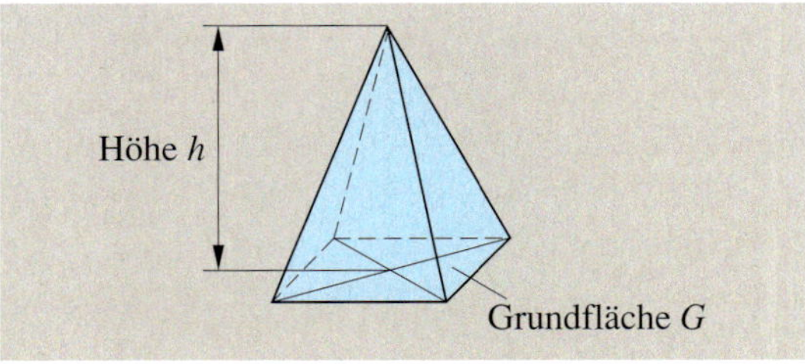

Beispiel

Wir berechnen den Rauminhalt des Kirchturmdachs.

Gegeben: $h = 7\text{ m}$; $G = 81\text{ m}^2$

Gesucht: V Formel: $V = \frac{1}{3} \cdot G \cdot h$

Rechnung: $V = \frac{1}{3} \cdot 81 \cdot 7 = 189$

Der umbaute Raum (der Rauminhalt) des Turmdachs ist 189 m^3.

Übungen

1 Fertigen Sie aus Pappe eine Pyramide mit beliebiger Grundfläche und Höhe sowie ein Prisma mit den gleichen Maßen an. Prüfen Sie mit Sand, wie oft der Inhalt der Pyramide in das hohle Prisma passt.

2 Wie könnte man durch Wiegen den Rauminhalt einer Pyramide mit dem Rauminhalt eines zugehörigen Prismas vergleichen?

3 Aus einem Würfel wird zunächst eine Dreieckssäule und dann eine Pyramide geschnitten.
Begründen Sie: Der Rauminhalt der Pyramide ist kleiner als die Hälfte des Rauminhalts des Würfels.

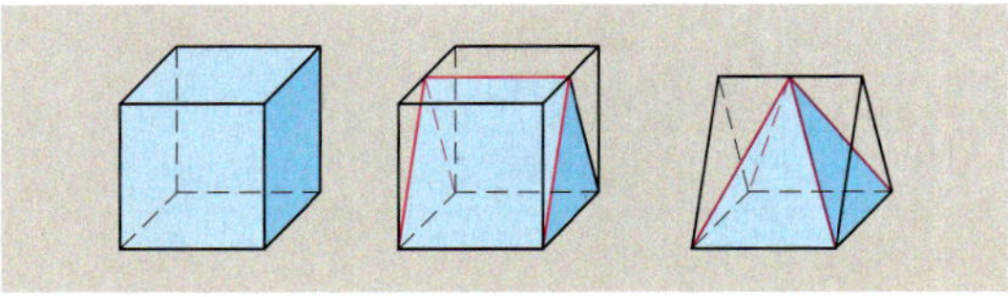

4 Bauen Sie das Kantenmodell eines Würfels. Verbinden Sie alle gegenüberliegenden Ecken durch Fäden. Es entstehen sechs rauminhaltsgleiche quadratische Pyramiden. Versuchen Sie, die Formel für den Rauminhalt dieser Pyramide zu begründen.

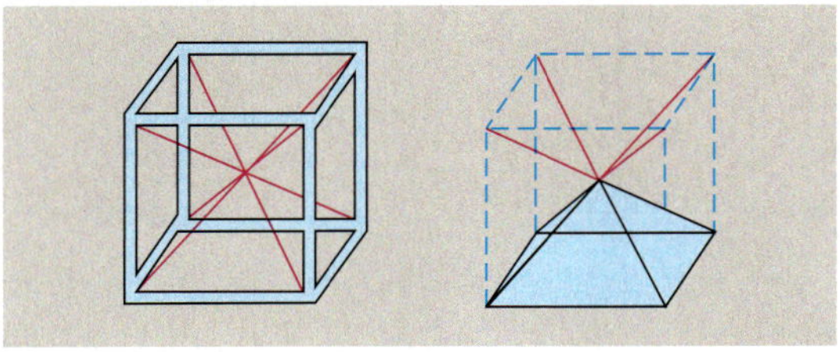

5 Berechnen Sie den Rauminhalt der Pyramiden mit folgenden Grundflächen. Die Höhe beträgt jeweils 9 cm.

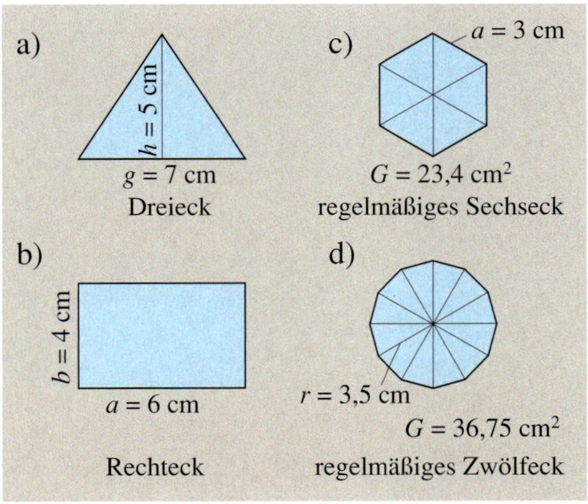

6 Ein Zelt hat die Form einer quadratischen Pyramide. Der Umfang des Zelts beträgt am Boden 12,80 m; die Zelthöhe ist 1,80 m. Berechnen Sie den Rauminhalt des Zeltinnenraums.

7 Wie viel Luft ist in folgenden Zelten, die alle 1,80 m hoch sind?

8 Die Cheopspyramide in Ägypten hat eine quadratische Grundfläche. Zur Zeit ihrer Fertigstellung (2500 v. Chr.) hatte die Pyramide eine Grundkantenlänge von 230,3 m und eine Höhe von 146,6 m.

a) Berechnen Sie deren Rauminhalt.

b) Durch Verwitterung und Abtragung hat die Pyramide heute noch eine Grundkantenlänge von 227 m und eine Höhe von 137 m. Berechnen Sie den Rauminhalt der heutigen Pyramide und vergleichen Sie.

9 Übertragen Sie die Tabelle und berechnen Sie für quadratische Pyramiden:

Grundkante g	Höhe h	Rauminhalt V
96 cm	15 cm	
1,6 m	2,4 m	
3,2 m		19,456 m²
240 mm		2880 cm³
0,36 m	0,98 m	

10 Eine rechteckige Sandsteinpyramide ist 2,3 m lang, 1,7 m breit und 2,7 m hoch. Wie schwer ist die Pyramide, wenn 1 dm³ Sandstein 2,6 kg wiegt?

11 Eine quadratische Pyramide hat eine Grundkante von 17 cm und den Rauminhalt von 1734 cm³. Wie hoch ist sie?

12 Eine aus Pappe gebastelte Pyramide mit quadratischer Grundfläche ist 15 cm lang und 25 cm hoch.

a) Welchen Rauminhalt hat sie?

b) Vergleichen Sie die Rauminhalte beim Verdoppeln (Verdreifachen) der Grundkanten.

c) Vergleichen Sie die Rauminhalte, wenn man die Höhe verdoppelt (verdreifacht).

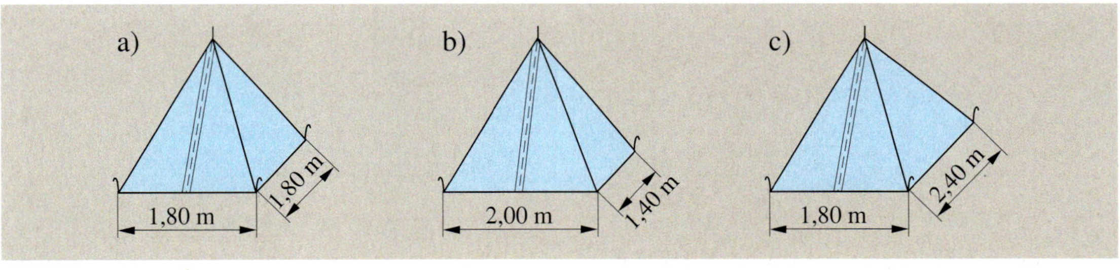

Das Volumen von Kegeln

Das Kegelmodell und das Zylindermodell haben die gleiche Grundfläche $G = \pi r^2$ und die *gleiche Höhe h*. Man misst durch Umfüllen von Wasser, wie oft der Rauminhalt des Kegels in den Rauminhalt des Zylinders passt.

Man stellt fest: Drei Kegel voll Wasser füllen den Zylinder. Das Volumen des Zylinders ist $G \cdot h = \pi \cdot r^2 \cdot h$. Daraus ergibt sich:

Für das Volumen V des Kegels gilt:

$$\boldsymbol{V = \frac{1}{3} \cdot G \cdot h}$$

wobei $\boldsymbol{G = \pi r^2}$ ist.

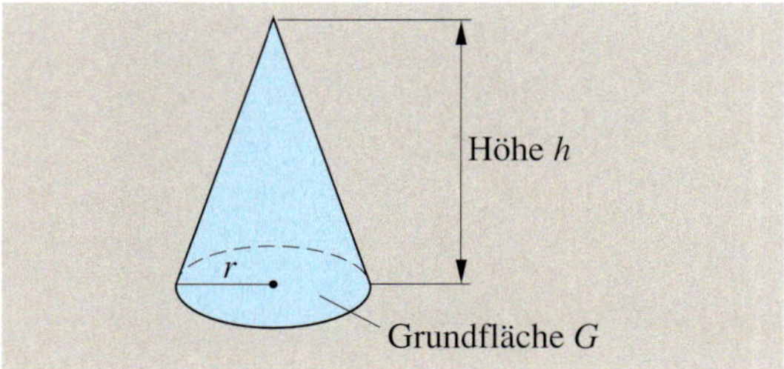

Merksatz: Für den Rauminhalt *spitzer* Körper gilt: $V = \frac{1}{3} \cdot G \cdot h$

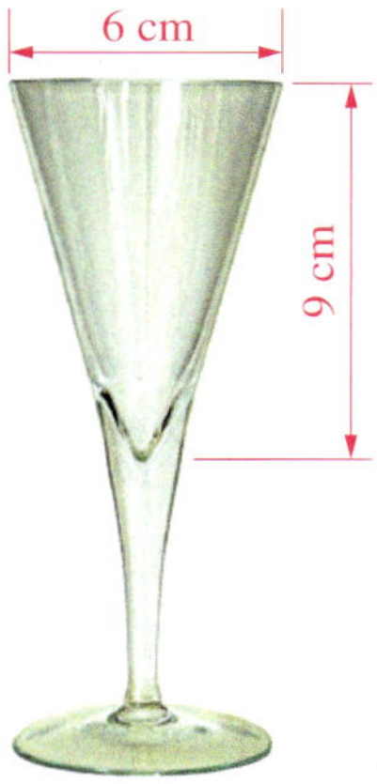

Beispiel

Wir berechnen das Volumen des Kelchglases.

Gegeben: $r = 3$ cm, $h = 9$ cm

Gesucht: V Formel: $V = \frac{1}{3} \cdot G \cdot h$. $G = \pi r^2$

Rechnung: $G = 3{,}14 \cdot 3^2$ $G = 28{,}26$

$V = \frac{1}{3} \cdot 28{,}26 \cdot 9$ $V = 84{,}78$

Das Kelchglas hat ein Volumen von 84,78 cm³, das sind rund 85 cm³.

Übungen

1 Berechnen Sie das Volumen der Kegel.

Radius r	2,45 m	14 cm	5,4 dm	5,2 cm	12,5 dm	3,8 cm	3,2 m
Höhe h	7,8 m	25 cm	8 dm	15 cm	16,2 dm	10 cm	7,2 m
Rauminhalt V	≈ 49 m³						

Vermischte Übungen

1 Berechnen Sie das Volumen der quadratischen Pyramide.
a) $a = 3$ cm, $h_{\text{Körper}} = 4{,}5$ cm
b) $a = 5$ dm, $h_{\text{Körper}} = 2{,}4$ dm
c) $a = 6{,}3$ m, $h_{\text{Körper}} = 5{,}4$ m
d) $a = 0{,}5$ m, $h_{\text{Körper}} = 0{,}8$ m

2 Berechnen Sie das Volumen des Kegels.
a) $r = 2{,}3$ cm, $h_{\text{Körper}} = 4{,}8$ cm
b) $r = 4{,}8$ cm, $h_{\text{Körper}} = 2{,}3$ cm
c) $r = 12{,}5$ dm, $h_{\text{Körper}} = 3{,}4$ dm
d) $r = 2{,}8$ m, $h_{\text{Körper}} = 4{,}4$ m

3 Quadratische Pyramide: Übertragen Sie die Tabelle in Ihr Heft und füllen Sie aus.

	a	$h_{\text{Körper}}$	V
a)	5,6 cm	9,3 cm	
b)		5,4 dm	62,658 dm³
c)	7,7 m		237,16 m³
d)		0,8 m	0,096 m³

4 Übertragen Sie die Tabelle in Ihr Heft und berechnen Sie die fehlenden Angaben für die Kegel.

	Radius r	Höhe $h_{\text{Körper}}$	Volumen V
a)	5 cm	12 cm	
b)		9,5 dm	34,5 dm³
c)	4,5 cm		70,4 cm³

5 Auf einem Bauplatz liegt ein Schüttkegel Sand. Er hat einen Umfang von 32 m und eine Höhe von 8 m. Berechnen Sie das Volumen des Schüttkegels.

6 Ein „Zuckerhut" hat unten einen Umfang von 24,5 cm. Seine Mantellinie ist 16,7 cm lang.
a) Berechnen Sie den Radius r und dann mit dem Satz des Pythagoras die Höhe.
b) Wie schwer ist der „Zuckerhut"? (Dichte: $0{,}97\,\frac{\text{g}}{\text{cm}^3}$.)

7 Diese beiden Körper sind aus verschiedenen bekannten Körpern zusammengesetzt.

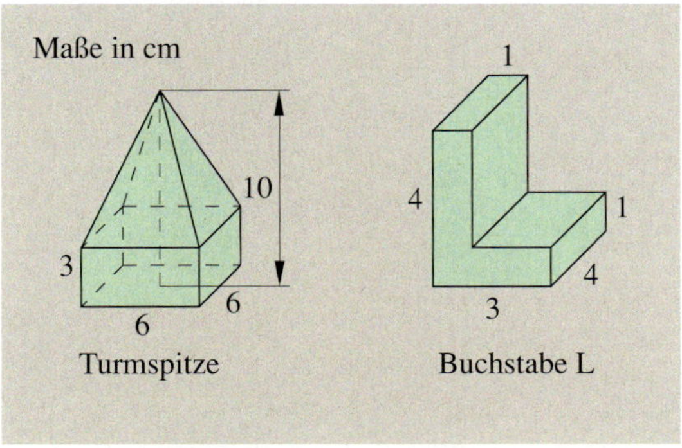

a) Aus welchen zwei Körpern setzt sich jeder Körper im Bild zusammen?
b) Berechnen Sie das Volumen des Gesamtkörpers.

8 Berechnen Sie für das Zelt:
a) Wie viel m³ Luft ist im Zelt?
b) Wie viel m² Stoff wurden zur Herstellung für das Zelt mit Boden benötigt?

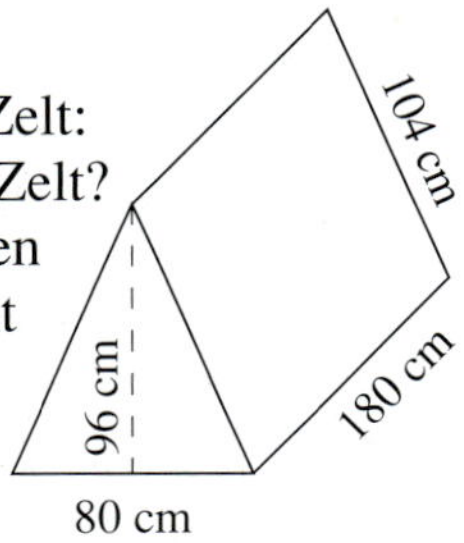

9 Für einen Kaminofen wird ein Ofenrohr von 1,80 m Länge und 13 cm Durchmesser benötigt. Wie viel m² Blech werden ungefähr zur Herstellung benötigt?

10 Ein 20 m langer Gartenschlauch hat im Inneren einen Durchmesser von $1\frac{1}{2}$ Zoll (1 Zoll = 2,54 cm).
a) Berechnen Sie den Querschnitt des Schlauchs.
b) Wie viel Wasser fasst der Gartenschlauch?

11 Ein Pkw hat einen Motor mit vier Zylindern. Jeder Zylinder hat eine Querschnittsfläche von 48 cm². Der Kolbenhub beträgt 8,5 cm. Wie viel Kubikzentimeter Hubraum hat der Motor?

Das Volumen der Kugel

Eine Halbkugel voll Wasser wird in einen hohlen Kegel geschüttet. Der Kegel hat den gleichen Radius r wie die Halbkugel und seine Höhe ist doppelt so groß ($h = 2 \cdot r$). Man stellt fest, dass beide Körper denselben Rauminhalt haben.

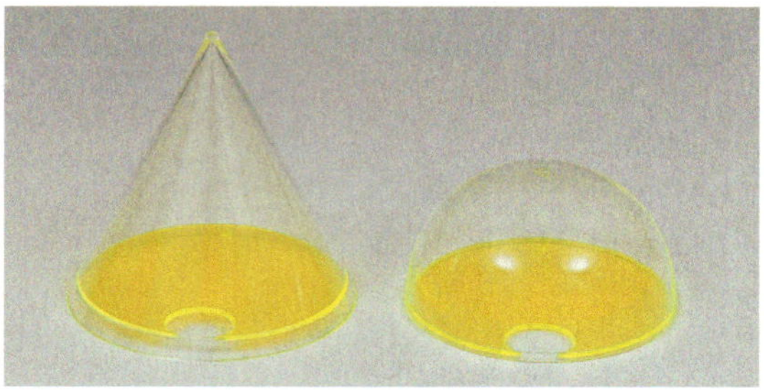

Der Rauminhalt des Kegels beträgt: $\frac{1}{3}\pi \cdot r^2 \cdot h = \frac{1}{3}\pi \cdot r^2 \cdot 2 \cdot r = \frac{2}{3}\pi \cdot r^3$, also $V = \frac{2}{3}\pi r^3$

Die Halbkugel hat dann ebenfalls den Rauminhalt $\frac{2}{3}\pi \cdot r^3$. Der Rauminhalt V der *ganzen* Kugel ist demnach *doppelt* so groß:

$$V = 2 \cdot \frac{2}{3}\pi \cdot r^3, \quad \text{also} \quad V = \frac{4}{3}\pi \cdot r^3$$

Wenn man $r = \frac{d}{2}$ einsetzt, erhält man

$$V = 2 \cdot \frac{2}{3}\pi \cdot \frac{d^3}{8}, \quad \text{also} \quad V = \frac{\pi}{6} \cdot d^3$$

Für den Rauminhalt V der Kugel gilt:

$\boldsymbol{V = \frac{4}{3}\pi \cdot r^3}$ oder $\boldsymbol{V = \frac{\pi}{6} d^3}$

$V \approx \frac{1}{2} d^3$

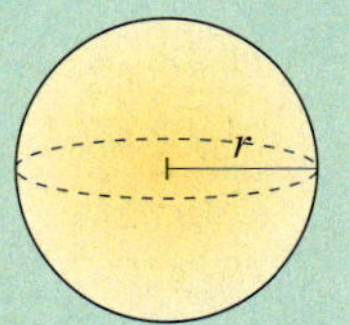

Beispiel

Wir berechnen den Rauminhalt einer Billardkugel mit dem Durchmesser $d = 57{,}2$ mm.

Gegeben: $r = 28{,}6$ mm

Gesucht: V

Formel: $V = \frac{4}{3} \cdot \pi \cdot r^3$

Lösung: $V = \frac{4}{3} \cdot \pi \cdot 28{,}6^3 \approx 97\,991$

Antwort: Der Rauminhalt der Billardkugel beträgt 97 991 mm³, das sind fast 100 cm³.

Übungen

1 Berechnen Sie den Rauminhalt folgender Kugeln.
a) $r = 7$ cm c) $r = 14$ dm e) $d = 3{,}2$ km
b) $r = 380$ mm d) $d = 5$ m f) $d = 52{,}5$ m

2 Eine Kunststoffkugel hat einen Radius $r = 17{,}3$ cm. Berechnen Sie den Rauminhalt.

3 Berechnen Sie das Volumen einer Kugel mit $d = 88$ mm.

ON/CE
4 Berechnen Sie den Rauminhalt der Kugel. Verwenden Sie den Taschenrechner und runden Sie sinnvoll.
a) $r = 12{,}5$ cm d) $r = 5$ mm g) $d = 1{,}25$ m
b) $r = 15{,}9$ m e) $r = 75{,}4$ cm h) $d = 3{,}5$ cm
c) $r = 18$ dm f) $d = 25$ mm i) $d = 6{,}75$ m

5 Das kugelförmige Ausdehnungsgefäß einer Heizungsanlage hat 50 cm Durchmesser. Wie viel Liter Wasser fasst das Gefäß?

6 Eine Weihnachtsbaumkugel mit dem Durchmesser $d = 8$ cm passt genau in eine würfelförmige Schachtel.
a) Berechnen Sie den Rauminhalt der Weihnachtsbaumkugel.
b) Berechnen Sie den Rauminhalt der würfelförmigen Schachtel.

7 a) Eine Eisenkugel hat 12 cm Durchmesser. Berechnen Sie ihren Rauminhalt. Wie schwer ist die Kugel, wenn 1 cm^3 Eisen 7,85 g wiegt? Schätzen Sie zuerst.
b) Eine Kugel aus Kork hat den gleichen Durchmesser. Berechnen Sie das Gewicht der Korkkugel (1 cm^3 Kork wiegt 0,2 g). Vergleichen Sie das Gewicht der Eisenkugel mit dem der Korkkugel.

8 Eine Korkkugel hat 100 cm Radius. Kann man eine solche Kugel tragen?
Schätzen Sie zunächst, rechnen Sie dann (1 cm^3 Kork wiegt 0,25 g).

9 Welches Volumen haben diese Bälle?
Basketball $d = 24$ cm; Fußball $d = 23{,}5$ cm; Handball $d = 17{,}8$ cm; Tennisball $d = 6{,}5$ cm

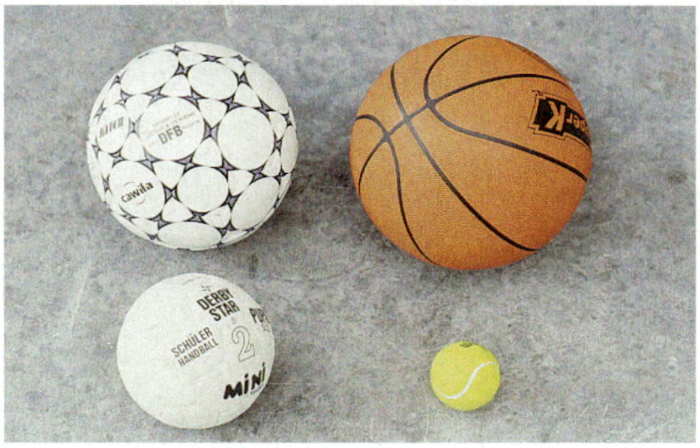

10 Ein kleiner Planet unseres Sonnensystems ist der Merkur ($d = 4800$ km), der größte ist Jupiter mit einem Durchmesser von 143 600 km. Wie oft würde der Merkur in den Jupiter passen?

11 Eine Kugel, die innen hohl ist, hat einen äußeren Radius von 28,7 cm und einen inneren Radius von 22,7 cm. Wie groß ist das Volumen der Wandung?
Hinweis: Berechnen Sie das Volumen der Kugelschale als Differenz beider Kugeln.

12 Eine große halbkugelförmige Metallschüssel aus der Küche hat an ihrem oberen Rand einen Umfang von 9,42 dm.
a) Berechnen Sie Durchmesser und Radius.
b) Berechnen Sie das Volumen der Schüssel.

13 Ordnen Sie die Körper nach der Größe ihres Volumens.
a) Kugel mit $d = 24$ cm
b) Zylinder mit $d = 24$ cm, $h = 24$ cm
c) Kegel mit $d = 24$ cm, $h = 48$ cm

Lineare Gleichungen und Ungleichungen

Lineare Gleichungen

Gleichungen und ihre Lösungsmengen

Wir fassen zusammen, was wir aus früheren Schuljahren wissen.

Gleichungen bestehen aus **Termen**, die durch ein „="-Zeichen miteinander verbunden sind. Es gibt **Zahlengleichungen** wie $4 \cdot 6 = 25 - 1$ oder $6 \cdot 17 = 102$ und **Gleichungen mit Leerstellen** (Variable, Unbekannte, Platzhalter) wie $3 \cdot x + 7 = 31$ oder $x^2 + 5 = 14$.

Zahlengleichungen sind **Aussagen**. Von jeder Aussage kann man sagen, ob sie wahr oder falsch ist. Auch falsche Zahlengleichungen sind Aussagen. Zum Beispiel $4 \cdot 3 = 11$ (falsch).

Gleichungen mit Leerstellen werden erst zu Aussagen, wenn man für die Leerstelle eine Zahl einsetzt. Man nennt Gleichungen mit Leerstellen auch **Aussageformen**.

Für Gleichungen mit Leerstellen (Variable) sucht man die **Lösungsmengen**. Das sind alle Zahlen, die aus einer Gleichung bei Einsetzen eine *wahre* Aussage machen.

Lösungsmenge L suchen!

Die Gleichung $3 \cdot x + 7 = 31$ hat nur eine Lösung, $x = 8$, denn $3 \cdot 8 + 7 = 31$ ist wahr. Die Lösungsmenge ist $L = \{8\}$.

Die Gleichung $x^2 + 5 = 14$ hat zwei Lösungen, $x = 3$ und $x = -3$, wie man durch Einsetzen bestätigt. Also $L = \{-3, 3\}$.

Die Zahlenmenge, die überhaupt nur für die Lösungssuche in Frage kommen soll, heißt die **Grundmenge** der Gleichung.

Beispiele

1. Für die Grundmenge $\mathbb{N}$ hat $x^2 + 5 = 31$ die Lösungsmenge $\{3\}$.
Für die Grundmenge $\mathbb{Z}$ hat $x^2 + 5 = 31$ die Lösungsmenge $\{-3, 3\}$.

2. In der Grundmenge $\mathbb{N}$ ist $3x = 5$ nicht lösbar. Die Lösungsmenge ist leer, $L = \emptyset$
Für die Grundmenge $\mathbb{Q}$ hat $3x = 5$ die Lösungsmenge $\{\frac{5}{3}\}$.

Aussage	Aussageform
$\underbrace{17 + 15 = 32}$	$\underbrace{20 - x + 17 = 27}$
Zahlengleichung.	Gleichung mit der Variablen x
Diese Gleichung ist wahr.	Lösung ist $x = 10$, also $L = \{10\}$. Die Grundmenge ist $\mathbb{N}$.

Lösungen von Gleichungen findet man durch Ausprobieren oder durch Rechenmethoden, die wir kennen lernen werden.

Lösen von Gleichungen durch Probieren

Ein rechteckiger Garten hat einen Umfang von 26 m. Die längere Seite ist 8 m lang. Wie lang ist die andere Seite?

Durch *Probieren* können wir mit Hilfe einer Tabelle die Lösung der Gleichung herausfinden.
Die *Formel* für den Umfang lautet:
$u = 2 \cdot a + 2 \cdot b$
Die gesuchte *Gleichung* lautet:
$26 = 2 \cdot 8 + 2 \cdot b$

Wir setzen für *b* die Werte von 1 bis 7 ein.

b	1	2	3	4	5	6	7
linke Seite: 26	26	26	26	26	26	26	26
rechte Seite: $2 \cdot 8 + 2 \cdot b$	18	20	22	24	26	28	30
$26 = 2 \cdot 8 + 2 \cdot b$	falsch	falsch	falsch	falsch	wahr	falsch	falsch

Nur durch Einsetzen der Zahl 5 für *b* ergibt sich für den Umfang der Wert 26 m. Die Seite *b* hat die Länge 5 m.

Probe: $u = 2a + 2b$
$26\text{ m} = 2 \cdot 8\text{ m} + 2 \cdot \mathbf{5}\text{ m}$
$26\text{ m} = 26\text{ m}$ (wahr)

Beispiel

Der Flächeninhalt eines Dreiecks beträgt 24 m². Die Grundseite hat eine Länge von 8 m. Stellen Sie eine Gleichung auf, lösen Sie die Gleichung durch Probieren und bestimmen Sie die Länge der Höhe *h*.

Die *Formel* für den Flächeninhalt des Dreiecks lautet: $A = \frac{g \cdot h}{2}$
Die gesuchte *Gleichung* lautet nach dem Einsetzen von *A* und *g*: $24 = \frac{8 \cdot h}{2}$
Wir setzen für *h* die Werte von 1 bis 7 ein.

h	1	2	3	4	5	6	7
linke Seite: 24	24	24	24	24	24	24	24
rechte Seite: $\frac{8 \cdot h}{2}$	4	8	12	16	20	24	28
$24 = \frac{8 \cdot h}{2}$	falsch	falsch	falsch	falsch	falsch	wahr	falsch

Nur durch Einsetzen der Zahl 6 für *h* ergibt sich der Flächeninhalt von 24 m².
Die Höhe *h* hat bei diesem Dreieck eine Länge von 6 m.

Probe: $A = \frac{g \cdot h}{2}$
$24\text{ m}^2 = \frac{8 \cdot 6}{2}\text{ m}^2$
$24\text{ m}^2 = 24\text{ m}^2$ (wahr)

Übungen

1 Setzen Sie in die Gleichung $2x + 7 = 17$ für x die Werte von 1 bis 6 ein und bestimmen Sie die Lösung der Gleichung.

x	$2x+7=17$	wahr/falsch
1	$2\cdot\mathbf{1}+7=17$	falsch
2		
…		

2 Setzen Sie in die Gleichung $5x - 10 = 55$ für x die Werte von 10 bis 15 ein und vergleichen Sie beide Seiten der Gleichung.

x	$5x-10=55$	wahr/falsch
10	$5\cdot\mathbf{10}-10=55$	falsch
11		
…		

3 Lösen Sie die Gleichungen durch Probieren mit Werten von 0 bis 6.

a) $2x+9=19$
b) $28-2x=16$
c) $24+5x=34$
e) $8=2x-2$
e) $19+x=19$
f) $81-27x=0$

4 Welche Lösungen haben die Gleichungen? Probieren Sie mit den Werten 7 und 8.

a) $5\cdot$ ▽ $=18+17$
b) $48:$ ▽ $=42:7$
c) $14-$ ▽ $=3+36:9$
d) $6\cdot$ ▽ $=50-8$
e) $16+$ ▽ $=3\cdot$ ▽
f) $9\cdot$ ▽ $=70-$ ▽

5 Ein Dachgiebel hat die Form eines Dreiecks. Bei einer Höhe von 4 m beträgt der Flächeninhalt 16 m². Wie breit ist die Hausfront? Fertigen Sie eine Skizze an. Lösen Sie durch Probieren in einer Tabelle.

7 Diese Gleichungen haben Lösungen von 1 bis 10. Ordnen Sie durch Probieren den Gleichungen die richtigen Lösungen zu.

a) $7+n=15-4$
b) $19-d=2\cdot 8$
c) $7\cdot$ ■ $-12=44$
d) $3x-12=2x-7$
e) $2b+5=8b-1$
f) $27-6\cdot y=15$
g) $49:z=z$
h) $2a+5a=42$
i) $25-z=z+5$
j) $36:c+c=13$

8 Prüfen Sie, für welchen Wert von x die Gleichung wahr wird.

x	$7x$	$7x-5$	$7x-5=51$	w/f
3	21	16	$16=51$	f
…				

9 Lösen Sie durch Probieren. Die Lösungen sind Zahlen von 1 bis 18.

a) $5x=75$
b) $11x=132$
c) $96:x=12$
d) $14:x=14$
e) $4x-20=0$
f) $6x-17=1$
g) $36-2x=18$
h) $100-25x=0$
i) $2x+5=3x-5$
j) $44+3x=7\cdot 7+1$
k) $14:x=1$
l) $2x+5x=49$
m) $33+5x=8x$
n) $2x+8=42$
o) $x\cdot x=36$
p) $7x-26=5x$
q) $54=3x$
r) $16+x=2x$

10 Lösen Sie die Ungleichung $3x - 7 < 28$ durch Probieren. Setzen Sie dazu für x die Werte von 3 bis 15 ein.

x	$3x-7$	$<$	28	w/f
3	2	$<$	28	w
4	5	$<$	28	w
…				
15				

ON/CE

6 Übertragen Sie die Tabelle. Setzen Sie die für x angegebene Zahl ein und überschlagen Sie das Ergebnis. Kontrollieren Sie das Ergebnis mit dem TR.

x	x^2-6x+1	$-x^2-2x+3$	$-2x^2-x$	$\frac{1}{2}x^2-3x+5$
-2				
-1				
0				
3				
10				

Lösen von Gleichungen durch Umformen

Mit einer Waage zeigen wir, wie man Gleichungen **umformen** kann und so durch *Rechnen* Lösungen findet. Dazu wählen wir die Gleichung $3x + 2 = 17$.

Die *Zahlen* 2 und 17 stellen wir uns als 2 und 17 *Kugeln* vor.
Für die unbekannte Zahl x setzen wir *einen Würfel*, für $3x$ *drei* Würfel.
Die Kugeln und Würfel befinden sich in der linken oder rechten Waagschale, so wie die Zahlen und Variablen in der Gleichung links oder rechts vom Gleichheitszeichen stehen.

Wie viele Kugeln wiegen genauso viel wie **ein** Würfel?

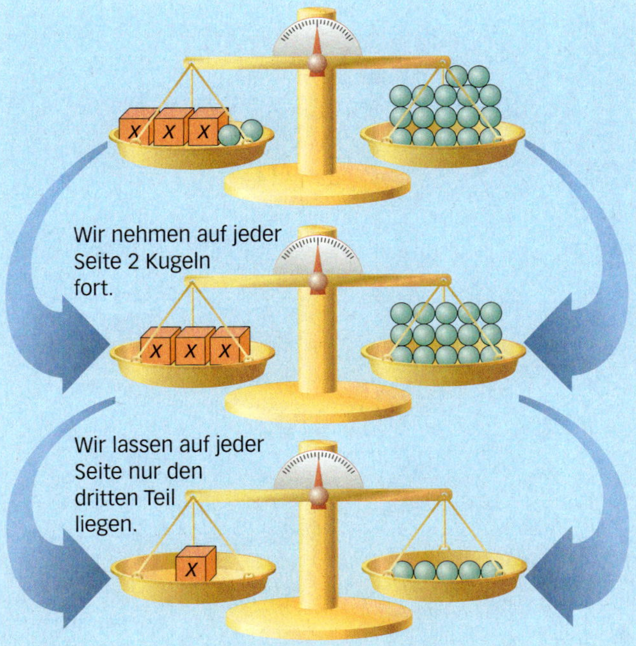

Ein Würfel wiegt genauso viel wie 5 Kugeln.

Hier halten wir den Rechenweg fest:

$$3x + 2 = 17$$

Wir subtrahieren 2 auf beiden Seiten

$$3x + 2 - 2 = 17 - 2$$
$$3x = 15$$

Wir dividieren auf beiden Seiten durch 3

$$3x : 3 = 15 : 3$$
$$x = 5$$

Die Gleichung $3x + 2 = 17$ hat die Lösung $x = 5$.

Die **Waage** bleibt im Gleichgewicht, wenn auf **beiden Seiten** die gleiche Operation durchgeführt wird:
- Auf beiden Seiten dasselbe *hinzulegen*,
- auf beiden Seiten dasselbe *wegnehmen*,
- auf beiden Seiten das *Doppelte*, das Dreifache … *hinlegen*,
- auf beiden Seiten die *Hälfte*, ein Drittel … *hinlegen*.

In der **Gleichung** bleibt das Gleichheitszeichen erhalten, wenn wir auf **beiden Seiten** dieselben Rechenschritte ausführen:
- Auf beiden Seiten dasselbe *addieren*,
- auf beiden Seiten dasselbe *subtrahieren*,
- auf beiden Seiten mit derselben Zahl (ungleich 0) *multiplizieren*,
- auf beiden Seiten durch dieselbe Zahl (ungleich 0) *dividieren*.

Eine Gleichung lösen wir, indem wir
- wenn nötig, erst die Rechenausdrücke auf beiden Seiten **zusammenfassen**,
- die Gleichung dann schrittweise so umformen, dass die **gesuchte Variable allein auf einer Seite** steht.

Beispiele

a)

$$7x+9 = 65 \quad \downarrow -9 \quad \downarrow -9$$

$$7x+9-9 = 65-9$$

$$7x = 56 \quad \downarrow :7 \quad \downarrow :7$$

$$\frac{7x}{7} = \frac{56}{7}$$

$$x = 8$$

Kurzform:

$$\begin{aligned} 7x+9 &= 65 && |-9 \\ 7x &= 56 && |:7 \\ x &= 8 \end{aligned}$$

zuerst auf beiden Seiten 9 subtrahieren, dann auf beiden Seiten durch 7 dividieren

Probe:

$$\begin{aligned} 7\cdot 8+9 &= 65 \\ 56+9 &= 65 \\ 65 &= 65 \end{aligned}$$

Die Lösung $x = 8$ ist richtig.

b)

$$5x-6 = 3x+8 \quad \downarrow -3x \quad \downarrow -3x$$

$$5x-3x-6 = 3x-3x+8$$

$$2x-6 = 8 \quad \downarrow +6 \quad \downarrow +6$$

$$2x-6+6 = 8+6$$

$$2x = 14 \quad \downarrow :2 \quad \downarrow :2$$

$$\frac{2x}{2} = \frac{14}{2}$$

$$x = 7$$

Kurzform:

$$\begin{aligned} 5x-6 &= 3x+8 && |-3x \\ 2x-6 &= 8 && |+6 \\ 2x &= 14 && |:2 \\ x &= 7 \end{aligned}$$

Probe:

$$\begin{aligned} 5\cdot 7-6 &= 3\cdot 7+8 \\ 35-6 &= 21+8 \\ 29 &= 29 \end{aligned}$$

Die Lösung $x = 7$ ist richtig.

Zwischen Zahl und Buchstaben lassen wir den Multiplikationspunkt weg. $4\cdot a = 4a$

Übungen

1 Welche Gleichung wurde an der Waage gelöst? Beschreiben Sie die Lösungsschritte.

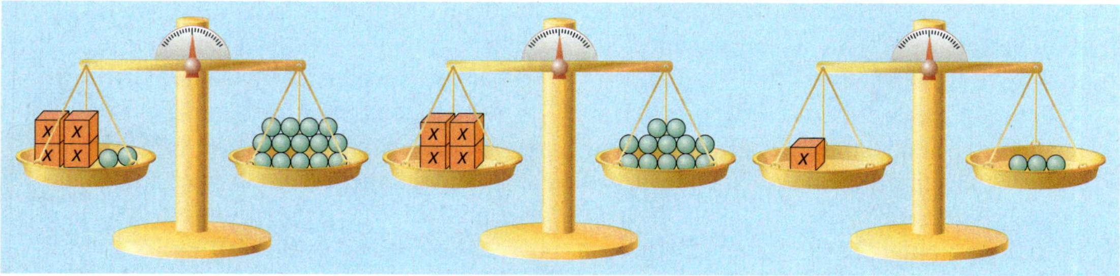

2 Erläutern Sie die Umformungen der Gleichung bei der Lösung an einer Waage.

a) $2x+3=9$
b) $5x+7=12$
c) $3x+4=13$
d) $18=4x+2$
e) $2x+7=23$
f) $13=5x+3$
g) $4x+2=18$
h) $6x+5=11$

3 Welche Umformungen sind richtig durchgeführt worden, welche nicht?

a) $3x+5=10 \quad |-5$
$3x=5$

b) $9x-4=14 \quad |-4$
$9x=10$

c) $5x=15 \quad |:5$
$x=15$

d) $\frac{1}{3}x=0{,}5 \quad |\cdot 3$
$x=1{,}5$

Machen Sie zu allen Aufgaben die Probe.

4 Lösen Sie die Gleichungen, indem Sie *auf beiden Seiten* dieselbe Zahl *subtrahieren.*

Beispiel: $x + 3 = 7 \quad | -3$

$x = \mathbf{4}$

Probe: $\mathbf{4} + 3 = 7$

$7 = 7$ (wahr)

a) $x + 4 = 14$
b) $x + 0{,}5 = 3{,}5$
c) $4 + x = 22{,}5$
d) $x + 3{,}7 = 10{,}9$
e) $6{,}9 + x = 23{,}7$
f) $88 = x + 31$

5 Lösen Sie die Gleichungen, indem Sie *auf beiden Seiten* dieselbe Zahl *addieren.*

Beispiel: $x - 9 = 23 \quad | +9$

$x = \mathbf{32}$

Probe: $\mathbf{32} - 9 = 23$

$23 = 23$ (wahr)

a) $x - 4 = 14$
b) $x - 0{,}5 = 7{,}8$
c) $x - 2{,}7 = 7{,}2$
d) $x - 33{,}8 = 1{,}8$
e) $11{,}1 = x - 9$
f) $15{,}7 = x - 13{,}6$

6 Lösen Sie die Gleichungen, indem Sie *auf beiden Seiten* durch dieselbe Zahl *dividieren.*

Beispiel: $3x = 81 \quad | :3$

$x = \mathbf{27}$

Probe: $3 \cdot \mathbf{27} = 81$

$81 = 81$ (wahr)

a) $5x = 75$
b) $9x = 108$
c) $7x = 154$
d) $x \cdot 3 = 99$
e) $x \cdot 2{,}5 = 50$
f) $x \cdot 3{,}5 = 42$

7 Lösen Sie die Gleichungen. *Multiplizieren* Sie *auf beiden Seiten* mit derselben Zahl.

Beispiel: $x : 9 = 16 \quad | \cdot 9$

$x = \mathbf{144}$

Probe: $\mathbf{144} : 9 = 16$

$16 = 16$ (wahr)

a) $x : 12 = 156$
b) $x : 2{,}5 = 7{,}5$
c) $x : 0{,}8 = 16$
d) $\frac{x}{4} = 36$
e) $\frac{1}{3}x = 12$
f) $\frac{1}{4}x = 24$

8 Lösen Sie die Gleichungen.

a) $x - 17 = 58$
b) $33 + x = 42{,}7$
c) $3{,}9x = 27{,}3$
d) $x : 4{,}8 = 12$
e) $7{,}4x = 25{,}9$
f) $11{,}6 = 4x$

9 Hier müssen Sie *zwei* Rechenoperationen durchführen. Lösen Sie die Gleichungen wie im Beispiel.

$2x - \mathbf{4} = 8 \quad | +4$ (Addition)

$\mathbf{2}x = 12 \quad | :2$ (Division)

$2x : 2 = 12 : 2$

$x = \mathbf{6}$

Probe: $2 \cdot \mathbf{6} - 4 = 8$

$8 = 8$ (wahr)

a) $5x + 6 = 96$
b) $11 + 3x = 71$
c) $0{,}5x + 2 = 5$
d) $0{,}5x - 2 = 5$
e) $46 = 7x + 4$
f) $x : 4 - 8 = 0$
g) $32 = 12 + 4x$
h) $12 + 4x = 21{,}2$
i) $3{,}5x - 17 = 4$
j) $12 = x : 2{,}5 + 8$

10 Lösen Sie die Gleichungen. Machen Sie die Probe.

a) $5x - 7 = 13$
b) $3x + 2 = 8$
c) $2x + 3 = 5$
d) $39 = 2x - 41$
e) $14x - 8 = 20$
f) $9 + 8x = 73$
g) $15 + 2x = 43$
h) $8x - 10 = 34$

11 Lösen Sie wie im Beispiel, wenn x *auf beiden Seiten* der Gleichung steht.

$6x + 4 = 76 - 3x \quad | +3x$

$9x + 4 = 76 \quad | -4$

$9x = 72 \quad | :9$

$x = \mathbf{8}$

Probe: $6 \cdot \mathbf{8} + 4 = 76 - 3 \cdot \mathbf{8}$

$48 + 4 = 76 - 24$

$52 = 52$ (wahr)

a) $10x + 2 = 8x + 10$
b) $13x + 7x = 131 + 9x$
c) $7x - 5 = 6x + 3$
d) $8x - 48 = 4x + 12$
e) $3 + 5x = 18 + 2x$
f) $2 - 3x = 3x - 22$
g) $7x - 12 = 100 - 7x$
h) $48 - 5x = 12 + x$

12 Lösen Sie die Gleichungen.

a) $x - 0{,}1 = \frac{1}{2}x + 0{,}05$
b) $\frac{3}{5}x - 7 = 5$
c) $12 + 0{,}75x = 1\frac{1}{4}x$
d) $\frac{3}{4}x + 5\frac{1}{2} = \frac{4}{5}x + 5\frac{2}{5}$
e) $\frac{2}{5}x + \frac{1}{2}x - 9 = 0$

Zusammenfassen und Klammern auflösen

Bisher haben wir Gleichungen gelöst, indem wir auf beiden Seiten der Gleichung dieselben Rechenschritte gemacht haben. Das ist nicht immer sofort möglich. Wir müssen oft zuerst einen Rechenausdruck **zusammenfassen**.

Beispiele

a) Lösen Sie die Gleichung: $3x + 4x = 14$
Dazu muss man hier auf der **linken Seite** zunächst **zusammenfassen**.

$$\underbrace{3x + 4x}_{} = 14 \quad | \text{ zusammenfassen}$$
$$7x = 14 \quad | :7$$
$$x = \mathbf{2}$$

Probe:
$$3x + 4x = 14$$
$$3 \cdot \mathbf{2} + 4 \cdot \mathbf{2} = 14$$
$$6 + 8 = 14$$
$$14 = 14 \quad \text{(w)}$$

b) Lösen Sie die Gleichung: $123 - (48 - x) = 87$
Dazu muss man zuerst auf der linken Seite die **Klammer auflösen**.

$$123 - (48 - x) = 87 \quad | \text{ Klammer auflösen}$$
$$123 - 48 + x = 87 \quad | \text{ zusammenfassen}$$
$$75 + x = 87 \quad | -75$$
$$x = \mathbf{12}$$

Probe:
$$123 - (48 - x) = 87$$
$$123 - (48 - \mathbf{12}) = 87$$
$$123 - 48 + 12 = 87$$
$$87 = 87 \quad \text{(w)}$$

Für das Auflösen von Klammern gelten die Regeln:

> Steht vor einer Klammer ein **Pluszeichen**, so kann man die **Klammer weglassen**.
> $$22 + (3x - 7) = 22 + 3x - 7$$
> Steht vor der Klammer ein **Minuszeichen**, so kann man die Klammer dann weglassen, wenn man **die Rechenzeichen** in der Klammer **umkehrt**.
> $$8x - (5x - 7 + 3x) = 8x - 5x + 7 - 3x$$

Beispiel

c) Lösen Sie die Gleichung: $2 \cdot (3x + 6) = 3 \cdot (x + 9)$
Dazu muss man auf jeder Seite der Gleichung zuerst die **Klammer ausmultiplizieren**.

$$2 \cdot (3x + 6) = 3 \cdot (x + 9) \quad | \text{ Klammer ausmultiplizieren}$$
$$6x + 12 = 3x + 27 \quad | -3x$$
$$3x + 12 = 27 \quad | -12$$
$$3x = 15 \quad | :3$$
$$x = 5$$

Probe:
$$2 \cdot (3x + 6) = 3 \cdot (x + 9)$$
$$2 \cdot (3 \cdot \mathbf{5} + 6) = 3 \cdot (\mathbf{5} + 9)$$
$$2 \cdot (15 + 6) = 3 \cdot 14$$
$$30 + 12 = 42$$
$$42 = 42 \quad \text{(w)}$$

– Addieren, subtrahieren
– multiplizieren, dividieren
geht nur auf
beiden Seiten gleichzeitig!

– Zusammenfassen
– Klammern auflösen
darf man auf
einer Seite allein!

Wir merken uns:

Wir lösen eine Gleichung, indem wir **Klammern auflösen**, **Terme zusammenfassen** und auf **beiden Seiten der Gleichung**
- dieselbe Zahl addieren oder subtrahieren,
- mit derselben Zahl (außer Null) multiplizieren oder durch dieselbe Zahl (außer Null) dividieren, bis die Variable auf einer Seite der Gleichung allein steht.

Gleichungen lassen sich oft nach einem Ablaufplan lösen:

Ablaufplan

Lösen Sie die Klammern auf. Beachten Sie dabei die Vorzeichen.

↓

Fassen Sie auf **jeder** Seite zusammen.

↓

Ordnen Sie: *x*-Glieder, Glieder ohne *x*

↓

Formen Sie so lange um, bis die Variable auf einer Seite allein steht.

Beispiel

$9x + 5 \cdot (2 - x) = 3x - (x - 15)$ | *Klammern auflösen*
$9x + 10 - 5x = 3x - x + 15$ | *zusammenfassen*
$4x + 10 = 2x + 15$ | $-2x$
$2x + 10 = 15$ | -10
$2x = 5$ | $:2$
$x = 2{,}5$

Übungen

1 Fassen Sie auf jeder Seite zusammen und bestimmen Sie die Lösung der Gleichung. Machen Sie zu jeder Aufgabe die Probe.
a) $25x - 6 + 15x - 4 = 20x + 10$
b) $35x + 82 - 15x = 3x + 89 + 8x + 101$
c) $5x - 22 + 8x + 17 = 14x - 23 + 8x$
d) $18 + 5x - 7 = 12x + 11 + 16x$
e) $1{,}8x + 1{,}7 + 2{,}3x = 1{,}4 + 1{,}1x + 1{,}5$

2 Lösen Sie die Klammern auf. Bestimmen Sie das Ergebnis. Machen Sie die Probe.
a) $x + (2x - 3) = 6$
b) $3 + (4 + 8x) = 31$
c) $13 + (6 - 2x) = 7 + (7x + 3)$
d) $2x - (x + 22) = 0$
e) $3x - (5 + x) = 10$
f) $3x - (2 - 2x) = 13x - (5x + 5)$

3 Lösen Sie die Gleichungen.
a) $3 \cdot (x + 12) = 96$
b) $5 \cdot (x - 4) = 60$
c) $7 \cdot (8 + x) = 119$
d) $4 + 2 \cdot (x + 8) = 26$
e) $8 + 4 \cdot (x - 32) = 32$
f) $72 = 6 + 6 \cdot (x - 42)$

4 Lösen Sie und machen Sie die Probe.
a) $5 \cdot (3x - 4) = 7 \cdot (2x + 3)$
b) $4 \cdot (6x + 10) = 12 \cdot (4x - 20) - 8$
c) $9 + 7 \cdot (6x - 3) = (12 + 3x) \cdot 2$
d) $(2x - 7) \cdot 10 = 3 - 5x + 27$
e) $5 \cdot (x - 8) + 3 \cdot (4 + x) = 20$
f) $31 - x + 4 \cdot (2x - 5) = 32$

5 Lösen Sie die Gleichungen.
a) $5 \cdot (x + 8) + 2x + 3 \cdot (x - 12) = 6x + 14 - x$
b) $6 \cdot (x - 4) + 4\,(6x - 3) = 2 \cdot (3x - 2) + 16$
c) $5 + 4 \cdot (3x + 1) = 11x + 44 - 6x$
d) $12 \cdot (x + 4) + 2 \cdot (3 - x + 17x) = 142$

6 Seltsame Gleichungen. Gibt es Lösungen?
a) $4x + 3 = 4x - 2$
b) $2 \cdot (3x + 6) = 3 \cdot (2x + 4)$
c) $3x = 5x$
d) $4 \cdot (3y + 7) = 2 \cdot (14 + 6y)$

7 Suchen Sie Fehler, die gemacht wurden. Rechnen Sie richtig weiter.
a) $29 - (17 - 2x) = 8x + (12 - 3x)$
$29 - 17 - 2x = 8x + 12 - 3x$
b) $2 \cdot (3x + 4) - 2x - 16 = 0$
$6x + 4 - 2x - 16 = 0$

8 Berechnen Sie den Wert der Terme im Heft.

x	1	3	6	9	12	15
$x+3$			9			
$x-1$						
$9x$		27				
$x:2$						
$2x-1$	1					
$70-3x$						

9 Vervollständigen Sie die Tabelle in Ihrem Heft.

Variable	Term	Wert des Terms
x	$8x-22$	
3	$8\cdot\mathbf{3}-22$	2
6		
7		
9		
11		

10 Lösen Sie die Gleichungen. Machen Sie die Probe.

a) $x+8=33$
b) $x-17=54$
c) $y+71=101$
d) $27+x=44$
e) $33-y=14$
f) $125=47+x$
g) $3{,}8=5{,}9-y$
h) $x-0{,}9=5{,}4$

11 Lösen Sie die Gleichungen. Machen Sie die Probe.

a) $48=16x$
b) $108=x\cdot 12$
c) $2{,}5y=17{,}5$
d) $3{,}9=0{,}13x$
e) $x:8=7$
f) $33{,}5=y:0{,}5$
g) $3{,}9=\frac{x}{5}$
h) $\frac{y}{1{,}7}=7{,}9$
i) $\frac{2}{5}x=9{,}6$
j) $\frac{7}{8}y=\frac{3}{4}$
k) $\frac{36}{x}=2{,}4$
l) $115{,}5:y=7$

12 Lösen Sie die Gleichungen.

a) $2x+5=9$
b) $4x+2=22$
c) $1{,}3x-2=11$
d) $18+2y=23$
e) $47=5a-12$
f) $x-0{,}8=2{,}7$
g) $16x-15=129$
h) $30=7y+16$
i) $62-9y=17$
j) $5=145-7x$

13 Lösen Sie die Gleichungen.

a) $12x+10=6x+106$
b) $3x-12=x-2$
c) $19+4y=7y+11{,}5$
d) $32x+30=28x+70$
e) $4x+16=2x+32$

14 Berechnen Sie jeweils die Variable x.

a)

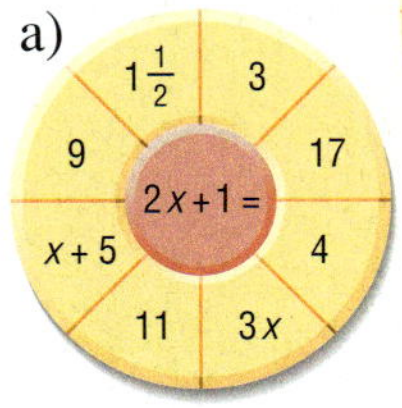

b)

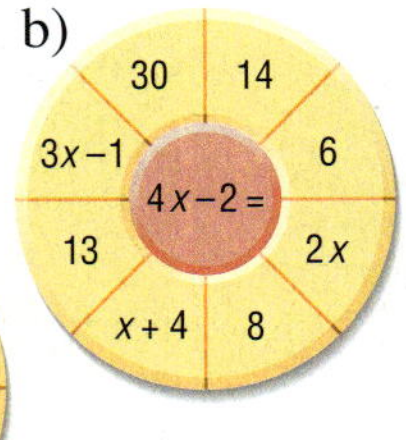

15 Vereinfachen Sie die Terme.

a) $5-(2x-7y)+(5y+4x)+17$
b) $9\cdot(12x-7)+5\cdot(15-9x)$
c) $15x-3+2\cdot(5y+7x)-(8x-12)$
d) $3\cdot(4x-12)+45+11y-(9x+4y)$
e) $67y-(28y-56x)-(42x+5y)$
f) $27a-(19b-7a+8)+3\cdot(2a+7+7b)$

16 Lösen Sie die Gleichungen.

a) $15x+38=24x+29$
b) $4x+(3x+13)=8$
c) $5x-(4-7x)=2$
d) $7x-[14-(2x+5)]=18-[3x+(15-4x)]$
e) $5(3x-4)=7(2x-3)$
f) $8-7(3x+2)=9x-6(5x+1)$
g) $(x-4)(3x-7)=(x-2)(3x+8)$
h) $2(x-4)+x^2=4-(x+2)(3-x)$

17 Lösen Sie die Gleichungen. Machen Sie die Probe.

a) $11y-(y-7)\cdot 8=92$
b) $255=15x+6\cdot(x+4)$
c) $(2x-3{,}6)\cdot 5=57$
d) $2\cdot(3x+4)-2x-16=0$
e) $(2y-7)\cdot 13=251-12y$
f) $(y+7)\cdot 5-7-(y-4)=3\cdot(9-y)+5$
g) $4\cdot(6x+10)=12\cdot(4x-20)-8$
h) $6\cdot(2x-15)=3\cdot(5x-30)$

18 a) $x+2x+3x+4x=50$
b) $4x-3x+2x-x=50$
c) $4x-3x-2x-x=50$
d) $4x-3x-(2x+x)=50$
e) $-4x+3x+2x+x=50$

Textaufgaben

Zwei Beispiele zeigen, wie man Sachaufgaben in Textform mithilfe von Gleichungen lösen kann und wie man die Gleichungen aufstellt.

Beispiel 1

Aufgabe
Für einen Arbeitsverbesserungsvorschlag wird eine Prämie von 6900 € auf vier Arbeiter verteilt.
Die Prämie soll so verteilt werden, dass der zweite Arbeiter 200 € mehr erhält als der erste.
Der dritte Arbeiter erhält 200 € mehr als der zweite Arbeiter.
Der vierte Arbeiter erhält 200 € mehr als der dritte. Wie viel € erhält jeder?

Lösungsansatz

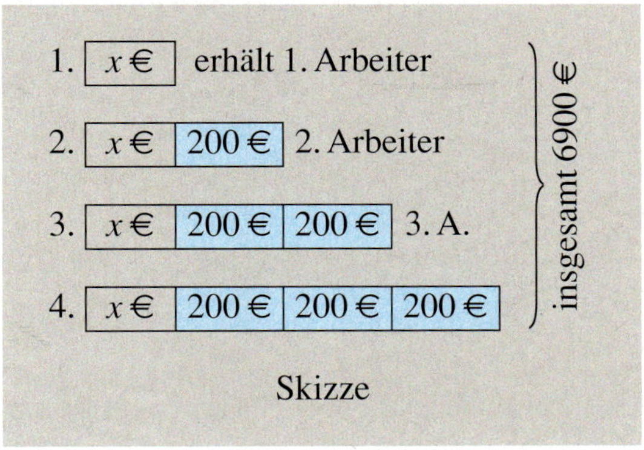

Lösung:
1. Darstellen der Aufgabe in einer Skizze (siehe oben rechts).

2. Festlegen der Variablen:
   Der erste Arbeiter soll x € erhalten.

3. Aufstellen der Gleichung:

Der erste Arbeiter erhält:	x €
Der zweite Arbeiter erhält dann:	x € + 200 €
Der dritte Arbeiter erhält dann:	x € + 200 € + 200 €
Der vierte Arbeiter erhält dann:	x € + 200 € + 200 € + 200 €

   Es ergibt sich aus der Aufgabenstellung die Zahlengleichung:

$$x + (x + 200) + (x + 200 + 200) + (x + 200 + 200 + 200) = 6900$$

4. Lösen der Gleichung:

$$\begin{aligned} x + x + 200 + x + 200 + 200 + x + 200 + 200 + 200 &= 6900 && |\,\text{Zusammenfassen} \\ 4x + 1200 &= 6900 && |\,-1200 \\ 4x &= 5700 && |\,:4 \\ x &= 1425 \end{aligned}$$

5. Antwort:
   Der erste Arbeiter erhält 1425 €,
   der zweite 1425 € + 200 € = 1625 €,
   der dritte 1425 € + 400 € = 1825 € und
   der vierte erhält 1425 € + 600 € = 2025 €.

6. Probe:
   Insgesamt werden ausgezahlt: 1425 € + 1625 € + 1825 € + 2025 € = 6900 €

Beispiel 2

In einem Rechteck ist eine Seite 3 cm lang. Verlängert man diese Seite um 6 cm und verkürzt man die andere Seite um 2 cm, so verdoppelt sich der Flächeninhalt des Rechtecks. Wie lang war die zweite Seite ursprünglich?

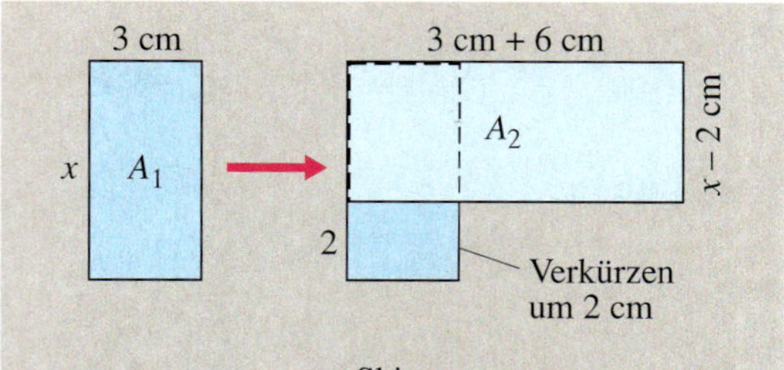

Skizze

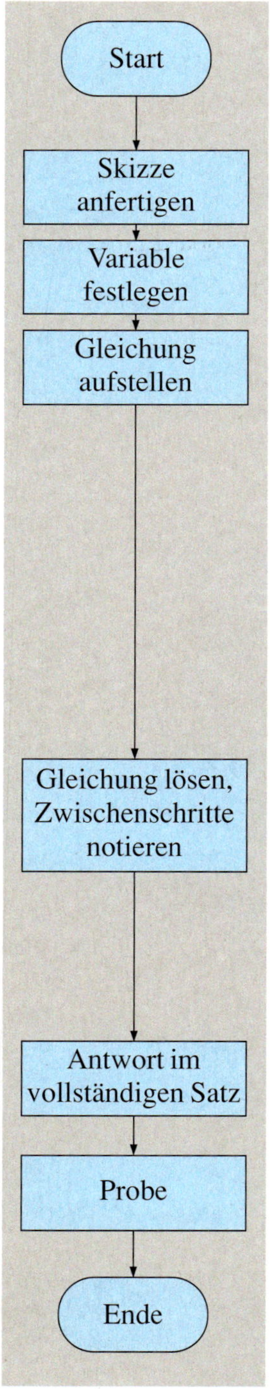

Lösung:

1. Anfertigen einer Skizze

2. Festlegen der Variablen: Die zweite Seite sei x cm lang.

3. Aufstellen der Gleichung:
   vor der Änderung:
   1. Seite 3 cm
   2. Seite x cm
   } Flächeninhalt: $A_1 = 3 \cdot x \text{ cm}^2$

   nach der Änderung:
   1. Seite $(3 + 6)$ cm $= 9$ cm
   2. Seite $(x - 2)$ cm
   } Flächeninhalt: $A_2 = 9 \cdot (x - 2) \text{ cm}^2$

   A_2 ist das Doppelte von A_1: $A_2 = 2 \cdot A_1$, also

   $$9 \cdot (x - 2) \text{ cm}^2 = 2 \cdot 3 \cdot x \text{ cm}^2$$

   Es ergibt sich die Gleichung: $9 \cdot (x - 2) = 2 \cdot 3 \cdot x$

4. Lösen der Gleichung:
   $$\begin{aligned} 9 \cdot (x - 2) &= 2 \cdot 3 \cdot x \\ 9x - 18 &= 6x \quad && | -x \\ 3x - 18 &= 0 \quad && | +18 \\ 3x &= 18 \quad && | :3 \\ x &= 6 \end{aligned}$$

5. Antwort:
   Die zweite Seite des Rechtecks war ursprünglich 6 cm lang.

6. Probe:
   ursprünglicher Flächeninhalt: $A_1 = 3 \cdot 6 \text{ cm}^2 = 18 \text{ cm}^2$

   Flächeninhalt nach der Änderung: $A_2 = 9 \cdot 4 \text{ cm}^2 = 36 \text{ cm}^2$

   } Also: $A_2 = 2 \cdot A_1$

Übungen

1 Ein Rechteck hat einen Umfang von 12 cm. Die eine Seite ist um 3 cm länger als die andere Seite.

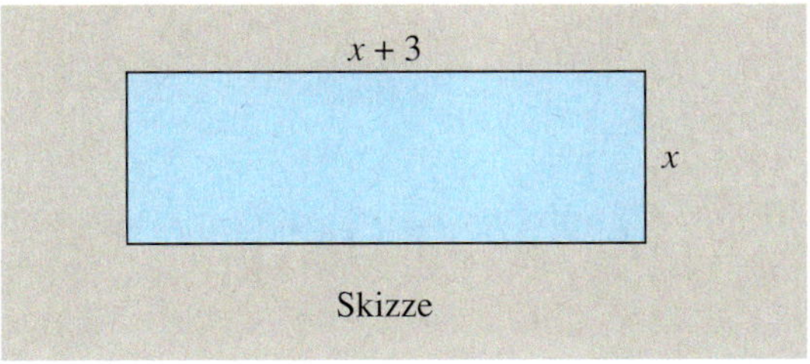

a) Wie lang sind die Seiten?
b) Welchen Flächeninhalt hat das gegebene Rechteck?

2 Ein gleichschenkliges Dreieck hat einen Umfang von 16 cm. Wie lang ist ein Schenkel des Dreiecks, wenn die Grundseite 3 cm lang ist? Zeichnen Sie eine Skizze.

3 Die eine Seite eines Rechtecks ist um 12 cm länger als die andere Seite. Verkürzt man die erste Seite um 3 cm und verlängert die andere Seite um 2 cm, so erhält man ein flächeninhaltsgleiches Rechteck.
Berechnen Sie die Seitenlängen vor und nach der Änderung.

4 Das Hauptgebäude eines Schlosses wurde fotografiert. Der Grundriss des Gebäudes hat die Form eines Rechtecks. Bei der Schlossbesichtigung hat man erfahren, dass der Umfang des Gebäudes 176 m beträgt. Die Längsseite des Gebäudes ist dreimal so lang wie die kürzere Seite.
Wie lang sind die Seiten des Gebäudes?
Wie groß ist die Grundfläche?

5 Für eine Ferienreise nach Italien wurden zwei Negativ-Filme und drei Farbdia-Filme gekauft. Ein Negativ-Film kostet 2,10 €. Insgesamt wurden 24,45 € bezahlt.
Wie viel kostet ein Farbdia-Film?

6 Ein rechteckiges Grundstück hat 400 m Umfang. Die längere Rechteckseite ist um 25 % größer als die kürzere Seite.
Berechnen Sie die beiden Seitenlängen.

7 In einer Sparbüchse befinden sich 116 €. Davon soll Andreas doppelt so viel wie Bärbel erhalten. Claudia soll $\frac{13}{10}$ und Dieter soll $1\frac{1}{2}$ von dem Betrag bekommen, den Bärbel erhält. Wie viel € bekommt jede Person?

8 Drei blaue, vier grüne und fünf gelbe Kugeln wiegen insgesamt 181 g. Eine grüne Kugel wiegt 8 g mehr als eine blaue Kugel. Eine gelbe Kugel wiegt 11 g weniger als eine blaue Kugel.
Wie viel Gramm wiegt eine blaue Kugel?
Wie viel Gramm wiegen die anderen Kugeln?

9 Für einen dreiwöchigen Aufenthalt im Zeltlager bekam Rolf 175 € Taschengeld. In der zweiten Woche gab Rolf die Hälfte mehr aus als in der ersten Woche. In der dritten Woche gab er 60 € aus. Von den 175 € brachte Rolf 45 € wieder mit nach Hause. Wie viel Euro gab er jede Woche aus?

10 In einem Reifenlager befinden sich insgesamt 910 Autoreifen in vier verschiedenen Größen. Von der Größe II sind zweimal so viele Reifen vorhanden wie von Größe I, von Größe III sind $1\frac{1}{2}$-mal so viele Reifen vorhanden wie von Größe I und von IV sind $2\frac{1}{2}$-mal so viele vorhanden wie von Größe I. Wie viele Reifen von jeder Sorte sind das?

11 Die drei Geschäftsleute A, B und C gründen ein Geschäft. Das Gründungskapital beträgt 70 000 €.
Kaufmann A legt 5000 € mehr an als Kaufmann C. Kaufmann B trägt so viel zum Gründungskapital bei wie die Kaufleute A und C zusammen. Berechnen Sie die Anteile.

Zahlenrätsel

1 Addiert man zu einer Zahl 21, so erhält man 48.

2 Addiert man zu einer Zahl $\frac{1}{3}$, so erhält man $\frac{8}{7}$.

3 Das Dreifache einer Zahl ist um 18 kleiner als 24.

4 Vermindert man das Siebenfache einer Zahl um 8, so erhält man 76.

5 Vermehrt man das Sechsfache einer Zahl um 40, so erhält man das Zehnfache dieser Zahl.

6 Von welcher Zahl muss man $4\frac{1}{4}$ subtrahieren, um $5\frac{1}{2}$ zu erhalten?

7 Das um 17 vermehrte Dreifache einer Zahl ist gleich dem um 32 verminderten Zehnfachen dieser Zahl.

8 Vier aufeinander folgende natürliche Zahlen haben die Summe 250. Wie heißen die vier Zahlen?
(*Hinweis:* Der Nachfolger von x ist $x + 1$.)

9 Eine Zahl, ihr Doppeltes und ihr Vierfaches ergeben zusammen 98. Wie heißt die Zahl?

10 Zieht man von einer Zahl ihre Hälfte und dann noch ihr Drittel ab, so erhält man 11. Wie heißt die Zahl?

Altersrätsel

1 Peter ist 4 Jahre jünger als seine Schwester Anne. Zusammen sind sie 28 Jahre alt. Wie alt ist jeder?

2 Heute ist Sigrid dreimal so alt wie Marc. In drei Jahren wird sie nur noch doppelt so alt sein. Wie alt ist Sigrid heute, wie alt ist Marc?

3 Eine Mutter ist 20 Jahre älter als ihr Sohn. Dessen Vater ist 5 Jahre älter als die Mutter. Zusammen sind sie 93 Jahre alt.
Wie alt ist jeder?

4 In 5 Jahren wird eine Mutter doppelt so alt sein wie ihr Sohn. Heute ist sie 20 Jahre älter. Wie alt ist der Sohn?

5 Ein Ahornbaum ist doppelt so alt wie eine junge Buche. Eine Pappel ist 12 Jahre älter als der Ahorn. Alle drei Bäume sind zusammen achtmal so alt wie die Buche.
Wie alt ist jeder Baum?

Prozentrechnung

12 % von 320 sind $0{,}12 \cdot 320$

1 Ein Fahrrad wird um 5 % teurer. Jetzt kostet es 399 €. Wie teuer war es vor der Preiserhöhung?

2 a) Ein Gehalt wird zunächst um 50 € erhöht, danach noch einmal um 4 % angehoben, sodass 2610 € ausgezahlt werden. Wie hoch lag das ursprüngliche Gehalt?
b) Das Gehalt eines anderen wird zuerst um 4 % angehoben, danach um 50 € erhöht, sodass 1714 € ausgezahlt werden. Wie viel Lohn gab es ursprünglich?

3 Von einem Bruttogehalt werden 18 % Sozialversicherungsbeiträge abgezogen. 447 € Steuern sind zu zahlen. Das Nettogehalt beträgt 2314 €. Wie groß ist das Bruttogehalt?

4 Auf den Einkaufspreis eines Schlafzimmers werden 20 % Einzelhandels-Zuschlag angerechnet. Davon werden beim Verkauf 3 % Skonto für den Kunden abgezogen, sodass dieser 980 € für das Schlafzimmer bezahlt. Wie hoch lag der Einkaufspreis?
(*Hinweis:* Rechnen Sie mit dem Taschenrechner und runden Sie den Endbetrag auf volle Euro.)

Zinsrechnung

1 In einem Jahr werden für 3720 € an Zinsen 223,20 € ausgezahlt. Wie groß ist der Zinssatz? Formulieren Sie zunächst eine Gleichung mit x.

2 Für einen Kredit sind im ersten Jahr 8 % Zinsen zu zahlen, im zweiten Jahr 6,5 %. In den zwei Jahren wurden insgesamt 3697,50 € Zinsen gezahlt. Wie hoch war der Kredit? (Kreditgebühren bleiben unberücksichtigt.)

3 Ein Kapital von 7500 € liegt 2 Jahre auf der Bank. Ein anderes Kapital von 3240 € wird mit halbem Zinssatz 1 Jahr angelegt. Insgesamt werden für die Geldbeträge 1369,60 € gezahlt. Mit welchem Zinssatz wurden die Gelder verzinst?

So werden Zinstage berechnet:
Beispiele:

1. 18.07.–25.10.
1. Schritt: 18.07.–18.10. → 90 Tage
2. Schritt: 18.10.–25.10. → 7 Tage
97 Tage

2. 16.02.–05.05.
1. Schritt: 16.02.–16.04. → 60 Tage
2. Schritt: 16.04.–05.05. → 19 Tage
79 Tage

4 Am 12. März war eine Rechnung über 1296 € zu begleichen. Da sie erst am 30. April bezahlt wurde, berechnete man 21,60 € Verzugszinsen.
Mit welchem Jahreszinssatz wurden die Verzugszinsen in Rechnung gestellt?

5 2750,80 € wurden zu 6,4 % verzinst. Wie lange war das Kapital angelegt, wenn 10,27 € Zinsen abgehoben werden konnten?
(*Hinweis:* Runden Sie das Ergebnis auf volle Tage.)

6 Auf ein Konto wurden 720 € eingezahlt bei 4,5 % Verzinsung. Nach einem halben Jahr wurde der Zinssatz auf 5 % erhöht.
Wie viel Zinsen kommen nach einem Jahr zur Auszahlung?

Geometrie

7 In einem Dreieck ist der Winkel β doppelt so groß wie der Winkel α. Der Winkel γ ist um 32° größer als α. Alle Winkel zusammen ergeben 180°. Wie groß ist jeder Winkel?

8 In jedem gleichschenkligen Dreieck gibt es zwei gleich große Basiswinkel.
In einem Dreieck ist ein Basiswinkel halb so groß wie der dritte Winkel. Zusammen sind die Winkel 180° groß.
Wie groß ist ein Basiswinkel und der dritte Winkel an der Spitze?

9 Das Kantengerüst eines Quaders ist insgesamt 260 cm lang. Die *Höhe* ist 10 cm kürzer als die *Breite*. Die *Länge* ist 5 cm kürzer als die *Höhe*. Welche Maße hat der Quader?

10 Beim Trapez gilt für den Flächeninhalt $A = \frac{a+c}{2} \cdot h$ (a ist Grundseite, c liegt gegenüber). Bei einem Trapez ist der Flächeninhalt 28 cm². Die Grundseite ist 9 cm lang, die Höhe beträgt 4 cm.
Wie lang ist die der Grundseite gegenüberliegende Trapezseite?

11 Der Umfang u eines Vollkreises beträgt etwa $u = 3{,}14 \cdot d$ (d ist der Durchmesser).
a) Die Länge der aus Halbkreisen zusammengesetzten Schlange ist 36,5 cm. Die Halbkreisradien sind von links nach rechts die Hälfte des vorgehenden Radius.
Welchen Radius hat der erste Halbkreis?

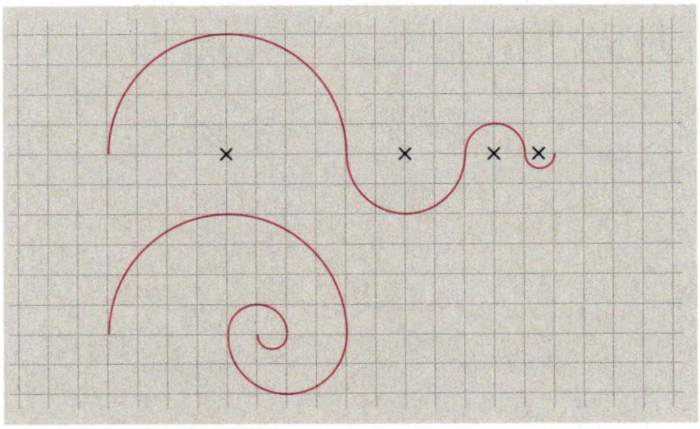

b) Welchen Radius hat der erste Halbkreis, wenn die Bedingungen von a) von außen nach innen gelten und die Spirale 158 cm lang ist? Zeichnen Sie.

Bruchgleichungen

Wenn in einer Gleichung die Variable im Nenner vorkommt, so spricht man von einer **Bruchgleichung**.

$\frac{1}{x} + \frac{4}{2-x} = 5$ ist eine Bruchgleichung. Die Grundmenge ist $G = \mathbb{Q}$. Da die Division durch Null nicht definiert ist, darf x nur so gewählt werden, dass keiner der Nenner Null wird.

Bei $\frac{1}{x} + \frac{4}{2-x} = 5$ dürfen daher in der Bruchgleichung für x die Zahlen 0 und 2 also nicht eingesetzt werden. Diese Zahlen gehören nicht zum **Definitionsbereich** dieser Bruchgleichung. Der Definitionsbereich D umfasst alle Zahlen der Grundmenge ohne die Zahlen 0 und 2: $D = \mathbb{Q}\setminus\{0; 2\}$.
$D = \mathbb{Q}\setminus\{0; 2\}$ heißt, D ist die Menge der rationalen Zahlen ohne die Null und die Zwei.

Beispiel $G = \mathbb{Q}$

Aufgabe $\frac{x+1}{x+3} - \frac{x-4}{x-3} = \frac{1-2x}{x^2-9}$

Definitionsbereich bestimmen: $D = \mathbb{Q}\setminus\{3; -3\}$

Lösung: $\frac{x+1}{x+3} - \frac{x-4}{x-3} = \frac{1-2x}{x^2-9} \quad | \cdot (x+3)(x-3)$

1. mit dem Hauptnenner multiplizieren und kürzen: $(x+1)(x-3) - (x-4)(x+3) = 1-2x$
2. Ausmultiplizieren: $x^2 - 3x + x - 3 - (x^2 + 3x - 4x - 12) = 1 - 2x$
3. Klammer auflösen: $x^2 - 3x + x - 3 - x^2 - 3x + 4x + 12 = 1 - 2x$
4. Zusammenfassen: $-2x - 3 + x + 12 = 1 - 2x$
5. Äquivalenzumformung $x + 9 = 1$

$x = -8$

Probe:

$$\frac{-8+1}{-8+3} - \frac{-8-4}{-8-3} \quad \frac{1-2(-8)}{(-8)^2-9}$$
$$\frac{-7}{-5} - \frac{-12}{-11} \quad \frac{1+16}{64-9}$$
$$\frac{7}{5} - \frac{12}{11} \quad \frac{17}{55}$$
$$\frac{77}{55} - \frac{60}{55} = \frac{17}{55} \quad \text{(wahr)}$$

Da -8 im Definitionsbereich liegt, ist die Lösung $L = \{-8\}$.

Übungen $G = \mathbb{Q}$

1 Für welche Zahlen ist der Term nicht definiert?

a) $\frac{2x}{x-3}$ d) $\frac{x+3}{4(2+x)(x-4)}$

b) $\frac{5x}{4(x-1)}$ e) $\frac{4-x}{\frac{3}{4}x-3}$

c) $\frac{2x+1}{(x-3)(x+5)}$ f) $\frac{2x-5}{2(x+\frac{3}{4})(x-\frac{1}{2})}$

2 Welchen Definitionsbereich haben die Gleichungen?

a) $\frac{4}{3(x+2)} = 2x$ b) $\frac{6x}{(x-4)(x+3)} = \frac{2}{x+3}$

3 Ordnen Sie die Definitionsbereiche den jeweiligen Gleichungen zu.

$D = \mathbb{Q}\setminus\{1; -2\}$; $D = \mathbb{Q}\setminus\{-1; 2\}$

$D = \mathbb{Q}\setminus\{2; 0\}$, $D = \mathbb{Q}\setminus\{\frac{1}{2}; 3\}$

$D = \mathbb{Q}\setminus\{-\frac{1}{3}; -2\}$; $D = \mathbb{Q}\setminus\{-\frac{1}{4}; \frac{1}{3}\}$

a) $\frac{x-1}{x(x-2)} = \frac{x+1}{3} - \frac{2-x}{x}$

b) $\frac{2+x}{1+x} - \frac{1-x}{3} = \frac{2-x}{x-2}$

c) $\frac{x-4}{x-3} + 5 = \frac{3-x}{2x-1}$

d) $\frac{3}{2x+4} - \frac{x-7}{4x-4} = 0$

e) $\frac{x+2}{4x+1} = \frac{3}{6x-2} + \frac{5x+1}{7}$

4 Multiplizieren Sie mit dem Hauptnenner der Brüche und fassen Sie zusammen.

a) $\frac{3x}{x-2} + 4 - \frac{5}{x}$

b) $\frac{4x-3}{5} + \frac{2}{x} - \frac{(x+1)\cdot 2x}{5x+2}$

c) $\frac{x}{x+3} + \frac{2x}{3} - \frac{5+x}{x-3}$

5 Lösen Sie die Bruchgleichungen.

a) $\frac{8}{x} - 1 = \frac{8}{2x}$

b) $\frac{28}{x} = \frac{7}{12}$

c) $\frac{6}{x} - 2 = \frac{8}{3}$

d) $\frac{5}{x} - 3 = \frac{3}{3x}$

e) $\frac{5}{3x} + 2 = \frac{1}{2x}$

f) $\frac{5}{x} - 2 = \frac{2}{x}$

6 Bestimmen Sie die Lösung. Überprüfen Sie das Ergebnis.

a) $\frac{9}{10} = \frac{9}{x+1}$

b) $\frac{3}{x+3} = 3$

c) $\frac{3}{x+7} = \frac{8}{3}$

d) $\frac{7}{6} = \frac{4}{x+4}$

7 Lösen Sie die Bruchgleichungen. Führen Sie die Probe durch.

a) $\frac{4}{x+3} = \frac{7}{4}$

b) $\frac{6}{x+4} = \frac{9}{4}$

c) $\frac{3}{x+5} = \frac{7}{8}$

d) $\frac{8}{x+6} = \frac{5}{6}$

8 Lösen Sie mit Probe.

a) $\frac{3}{x-1} = \frac{2}{x-2}$

b) $\frac{4}{x} = \frac{6}{x+2}$

c) $\frac{6}{x+4} = \frac{9}{1-x}$

d) $\frac{1}{x+7} = \frac{8}{2-x}$

e) $\frac{3}{x-4} = \frac{18}{x+1}$

f) $\frac{5}{x+8} = \frac{6}{3-x}$

9 Berechnen Sie x mit Probe.

a) $\frac{x+6}{x} = \frac{x+9}{x+7}$

b) $\frac{x+6}{x} = \frac{x+2}{x+4}$

c) $\frac{x-2}{x} = \frac{x-6}{x-3}$

d) $\frac{x+2}{x} = \frac{x+4}{x+3}$

11 Bestimmen Sie die Lösung und führen Sie die Probe durch.

a) $\frac{x-1}{x+1} = \frac{x+15}{x+21}$

b) $\frac{2x+1}{2x-1} = \frac{x-1}{x+1}$

c) $\frac{5x+1}{7x-1} = \frac{10x-3}{14x-2}$

d) $\frac{x-14}{x+6} = \frac{x+2}{x-18}$

e) $\frac{4x+8}{3x+6} = \frac{4-8x}{3-6x}$

f) $\frac{2x+1}{6x+27} = \frac{3x-45}{9x+25}$

12 Berechnen Sie die Lösungen der Bruchgleichungen.

a) $\frac{x-5}{x-1} - \frac{2(2x-4)}{3(x-1)} = \frac{1}{3}$

b) $\frac{3x-1}{2x+4} + \frac{7x-5}{x+2} = 1$

c) $\frac{3x}{x-2} - 3 = \frac{4}{x-4}$

d) $\frac{2}{x-16} + 2 = \frac{2x}{x+4}$

13 Lösen Sie.

a) $\frac{x}{3} - \frac{x}{5} = 2$

b) $\frac{3x-1}{5} = 6 - \frac{x-1}{3}$

c) $\frac{3}{x} - 1 = \frac{5}{2x}$

d) $\frac{5}{x+5} = \frac{6}{5}$

e) $\frac{10}{x-3} = \frac{4}{3-x}$

f) $\frac{x+4}{x+1} = \frac{x+1}{x-2}$

g) $\frac{x-5}{x-2} = 1 - \frac{x+1}{x-2}$

h) $\frac{2x-7}{x-2} + \frac{3x-7}{x-3} = 5$

14 Berechnen Sie x mit Probe.

a) $\frac{3}{(x-1)(x+2)} + \frac{2}{(x-1)(x+1)} = \frac{1}{(x-1)(x+2)}$

b) $\frac{3}{x^2+x-2} - \frac{2}{x^2-1} = \frac{2}{x^2+3x+2}$

c) $\frac{2}{x^2+x-2} - \frac{2}{x^2-1} = \frac{1}{x^2+3x+2}$

d) $\frac{1}{x^2-6x+8} + \frac{1}{x^2-5x+4} + \frac{3}{x^2-3x+2=0}$

15 Lösen Sie mit Probe.

a) $\frac{\frac{3x-3}{5}}{\frac{13x+3}{7}} = \frac{1}{5}$

b) $\frac{\frac{4(x-4)}{5}}{\frac{3(3x+5)}{4}} = \frac{1}{6}$

c) $\frac{\frac{35x+5}{4}}{\frac{8x-2}{7}} = 8$

d) $\frac{\frac{5(2x+3)}{4}}{\frac{5x-5}{3}} = 1$

10 Setzen Sie die für x angegebene Zahl ein und überschlagen Sie das Ergebnis. Kontrollieren Sie das Ergebnis mit dem TR. Welche Einsetzungen sind nicht erlaubt?

x	$\frac{x^2-1}{x+1}$	$\frac{2x^2+1}{x+2}$	$2-\frac{4x}{x^2-1}$	$1-\frac{x-2}{x}$
-2				
-1				
0				
3				
10				

Wir zeigen an drei Beispielen, wie man Textaufgaben mit Bruchgleichungen löst.

Beispiel 1

Eine Besuchergruppe will ein Automobilwerk besichtigen. Für die Fahrt vom Treffpunkt zum Automobilwerk wird ein Bus gemietet. Die Buskosten von 51 € werden gleichmäßig auf alle Teilnehmer verteilt. Jeder Teilnehmer bezahlt 2,55 €.

Wie viele Teilnehmer fahren mit?

Lösung:

1. Skizze:

51 € $\xrightarrow{:x}$ 2,55 €

2. Festlegen der Variablen: Die Anzahl der Teilnehmer sei x ($x \neq 0$).
3. Aufstellen der Gleichung: Es ergibt sich als Fahrpreis für jeden Teilnehmer $\frac{51}{x}$ €, das sind 2,55 €.

$$\frac{51}{x} = 2{,}55$$

4. Lösen der Gleichung: Die Variable x steht im Nenner eines Bruchs, es wird jede Seite der Gleichung mit x multipliziert, sodass x im linken Term gekürzt werden kann.

$$\begin{aligned} \tfrac{51}{x} &= 2{,}55 && | \cdot x \\ \tfrac{51}{x} \cdot x &= 2{,}55 \cdot x && \text{kürzen} \\ 51 &= 2{,}55\,x && | : 2{,}55 \\ 51 : 2{,}55 &= x \\ 20 &= x \\ x &= 20 \end{aligned}$$

5. Antwort: An der Besichtigungsfahrt nehmen 20 Personen teil.
6. Probe: 51 € : 20 = 2,55 €

Beispiel 2

Zwei Lottospieler hatten sich die Kosten für den Spieleinsatz im Verhältnis 5 : 3 geteilt. Als sie einen Gewinn erzielten, erhielt der erste Spieler 1375 €. Wie viel € erhielt der zweite Spieler? Wie viel € haben die beiden Spieler zusammen gewonnen?

Lösung:

1. Skizze:

	1. Spieler	2. Spieler
Einsatz	5 Teile	3 Teile
Gewinn	1375 €	x €

Gesamtgewinn

2. Der Gewinn des zweiten Spielers sei x.
3. Der Gesamtgewinn wurde im gleichen Verhältnis wie der Einsatz geteilt. Also kann man die Verhältnisse gleichsetzen:

$$\frac{5}{3} = \frac{1375}{x}$$

4. $$\begin{aligned} \tfrac{5}{3} &= \tfrac{1375}{x} && | \cdot x \\ \tfrac{5}{3}x &= 1375 && | \cdot \tfrac{3}{5} \\ x &= 825 \end{aligned}$$
5. Der zweite Spieler erhielt 825 €. Gewonnen wurden 2200 € (1375 € + 825 €).
6. Probe: 1. Spieler: $\frac{5}{8} \cdot 2200$ € = 1375 € 2. Spieler: $\frac{3}{8} \cdot 2200$ € = 825 €

Beispiel 3

Ein Schwimmbecken kann durch drei Zuflussrohre gefüllt werden. Durch das erste Zuflussrohr allein kann das Becken in 20 Stunden gefüllt werden, durch das zweite Zuflussrohr kann das Becken in 24 Stunden und durch das dritte Rohr in 30 Stunden gefüllt werden.

Wie lange dauert es, bis das Becken gefüllt ist, wenn alle drei Zuflussrohre gleichzeitig geöffnet sind?

Lösung:

1. Skizze:

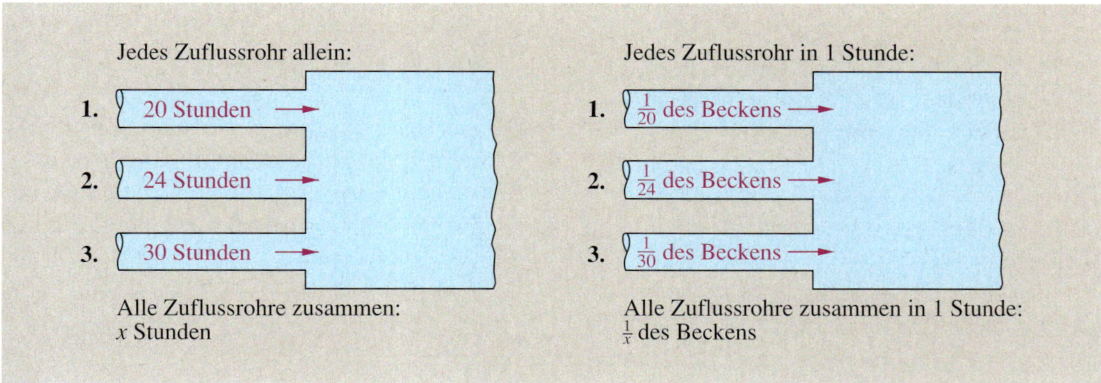

2. Bei drei geöffneten Zuflussrohren dauert das Füllen x Stunden. Dann wird in einer Stunde $\frac{1}{x}$ des Beckens gefüllt.
3. Jedes Zuflussrohr füllt in einer Stunde den entsprechenden Bruchteil des Beckeninhalts.

   1. Zuflussrohr in einer Stunde: $\frac{1}{20}$

   2. Zuflussrohr in einer Stunde: $\frac{1}{24}$

   3. Zuflussrohr in einer Stunde: $\frac{1}{30}$

   Alle Zuflussrohre zusammen in einer Stunde: $\frac{1}{x} = \frac{1}{20} + \frac{1}{24} + \frac{1}{30}$

4. $\frac{1}{x} = \frac{1}{20} + \frac{1}{24} + \frac{1}{30}$

   $\frac{1}{x} = \frac{6}{120} + \frac{5}{120} + \frac{4}{120}$

   $\frac{1}{x} = \frac{1}{8}$ Kehrwerte

   $x = 8$

5. Wenn alle drei Zuflussrohre geöffnet sind, wird das Schwimmbecken in acht Stunden gefüllt.

6. Probe: Nach acht Stunden füllte das erste Zuflussrohr $\frac{8}{20}$ des Beckens, das zweite füllte $\frac{8}{24}$ und das dritte $\frac{8}{30}$ des Beckens. Zusammen ergibt sich:

   $\frac{8}{20} + \frac{8}{24} + \frac{8}{30} = \frac{48}{120} + \frac{40}{120} + \frac{32}{120} = \frac{120}{120} = 1$ Es ergibt sich also genau eine Füllung.

Übungen

$G = \mathbb{Q}$

1 Wird die Zahl 408 durch eine Zahl dividiert, so ergibt sich 12.
Wie heißt die Zahl?

2 Ein Bruch hat den Zähler 120. Wird der Bruch vollständig gekürzt, so ergibt sich $\frac{2}{3}$. Berechnen Sie den Nenner.

3 Welche Zahl muss man zum Nenner des Bruchs $\frac{53}{82}$ addieren, damit sich $\frac{1}{3}$ ergibt?

4 Welche Zahl muss man vom Nenner des Bruchs $\frac{7}{12}$ subtrahieren, damit der Bruch dreimal so groß wird?

5 Dividiert man 24 durch eine Zahl, so erhält man dasselbe Ergebnis als würde man 18 durch die um 2 verminderte Zahl dividieren.

6 Der Kehrwert des Dreifachen einer Zahl ist um $\frac{1}{12}$ größer als der Kehrwert des Zwölffachen dieser Zahl.

7 Die Kehrwerte des Doppelten, des Fünffachen und Zehnfachen einer Zahl werden addiert. Es ergibt sich der Kehrwert von 5.

8 Zwei Kaufleute A und B besitzen gemeinsam ein Schuhwarengeschäft, an dem sie unterschiedlich hoch beteiligt sind.
Sie haben vereinbart, dass von den erzielten Gewinnen Kaufmann A sieben Gewinnanteile und Kaufmann B drei Gewinnanteile erhält; sie teilen also im Verhältnis 7 : 3.
Wie viel Euro erhält Kaufmann B, wenn Kaufmann A 3500 € bekommt?

9 Jemand hat ein Modellflugzeug im Maßstab 1 : 80 gebaut.
Welche Spannweite hat das Originalflugzeug, wenn das Modellflugzeug eine Spannweite von 55 cm hat?

10 Ein Airbusmodell im Maßstab 1 : 125 ist 40 cm lang.
Welche Länge hat der Airbus in Wirklichkeit? (Angabe in Meter)

11 Das Modell einer Lokomotive, die 28 m lang ist, hat eine Länge von 17,5 cm. In welchem Maßstab wurde die Modell-Lokomotive gebaut?

12 Ein Fischteich kann durch eine Pumpe in 30 min geleert werden. Die Reservepumpe entleert den Fischteich in 45 min.
In welcher Zeit entleeren beide Pumpen zusammen den Fischteich?

13 Ein Wasserfass hat zwei Löcher zum Ablaufen des Wassers. Würde man das eine Loch öffnen, so würde das Fass in 42 min leer laufen. Öffnet man dagegen das andere Loch, so dauert das Auslaufen des Fasses 30 min.
Wie lange dauert das Leerlaufen des Wasserfasses, wenn beide Löcher geöffnet werden?

14 Bei der Maisernte benötigt eine Erntemaschine zwölf Stunden zum Abernten eines Maisfelds. Wird eine zweite Erntemaschine eingesetzt, dann wird das Maisfeld in vier Stunden abgeerntet.
Wie lange würde die zweite Maschine allein für das Abernten des Maisfelds brauchen?

15 Eine Gruppe wandert von Saaleck zur Burg Hohenstaufen. Die Wanderkarte ist im Maßstab 1 : 50 000 gezeichnet.
Welche Länge hat die Strecke, wenn die Entfernung auf der Wanderkarte 8,2 cm beträgt?

16 Ein Tankwagen mit Öl wird durch zwei Pumpen entleert. Die erste Pumpe entleert den Tankwagen in zwei Stunden, die zweite Pumpe in drei Stunden.
Wie lange brauchen beide Pumpen, wenn sie zugleich arbeiten?

17 Ein Goldschmied stellt aus 300 g Gold vom Feingehalt 900 und aus 60 g Gold vom Feingehalt 600 eine neue Legierung her.
Bestimmen Sie den Feingehalt der neuen Legierung.

18 Wie viel Gramm Kupfer muss man 40 g Silber vom Feingehalt 900 zusetzen, um Silber vom Feingehalt 750 zu bekommen?

Einsetzen in Formeln

Eine Rechtecksäule hat ein Volumen V von 936 cm^3. Die Seite a hat eine Länge von 12 cm, die Seite b hat eine Länge von 13 cm. Wie lang ist die Seite c?

Wir können c berechnen, wenn wir die bekannten Größen in die Formel einsetzen. Wir verwenden dabei nicht die Maßeinheiten, sondern nur die *Maßzahlen*.

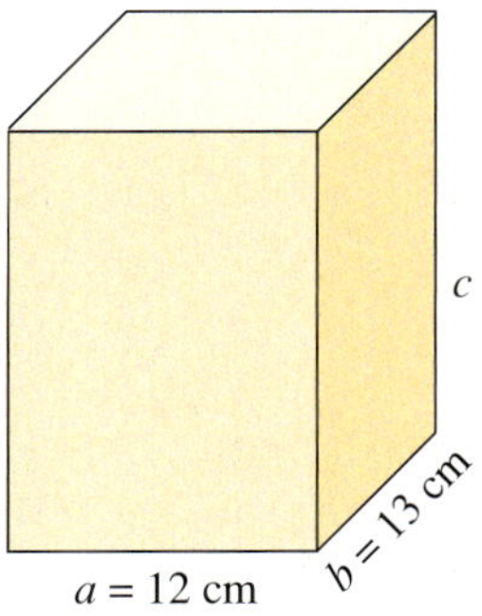

Gegeben:
$V = 936\ cm^3$
$a = 12\ cm$
$b = 13\ cm$

Gesucht: c

Formel:
$V = a \cdot b \cdot c$

Formel: $V = a \cdot b \cdot c$ | Einsetzen

Lösung:
$936 = \underbrace{12 \cdot 13}\cdot c$
$936 = 156 \cdot c$ | : 156
$6 = c$

Antwort: Die Seite c hat eine Länge von 6 cm.

Probe:
$936 = 12 \cdot 13 \cdot 6$
$936 = 936$ (wahr)

Zum Antwortsatz wird die Maßbenennung dazugesetzt.

Übungen

1 Berechnen Sie mit einer Gleichung (Formel) im Heft die fehlende Rechteckseite.

	a)	b)	c)	d)
a	18 cm		3,6 m	
b		12 cm		12,5 m
A	72 cm^2	96 cm^2	19,8 m^2	50 m^2

2 Berechnen Sie mit einer Gleichung (Formel) die fehlenden Größen der Dreiecke.

	a)	b)	c)	d)
g	6 cm		2,4 m	
h		12 cm		3,4 m
A	21 cm^2	42 cm^2	6,96 m^2	4,25 m^2

3 Berechnen Sie mit einer Gleichung die fehlenden Größen der Parallelogramme.

	a)	b)	c)	d)
g	8 cm		2,9 m	
h		8 cm		4,8 m
A	24 cm^2	96 cm^2	20,3 m^2	24 m^2

4 Ein rechteckiger Garten soll eingezäunt werden. Dazu braucht man 120 m Jägerzaun. Die Länge des Gartens beträgt 35 m. Berechnen Sie die Breite des Gartens.

5 Beim Lauf um ein Basketballfeld legt man 86 m zurück. Das Feld ist 15 m breit. Wie lang ist der Weg von Korb zu Korb (Länge)?

6 Der Flächeninhalt der Dreiecke beträgt 360 m^2. Berechnen Sie die fehlenden Größen.

	a)	b)	c)	d)	e)	f)
g	60 m	90 m			120 m	
h			30 m	15 m		150 m

7 Berechnen Sie mit Hilfe einer Gleichung die fehlenden Größen der Trapeze.
Die Flächenformel lautet: $A = \frac{a+c}{2} \cdot h$

	a)	b)	c)	d)
a	3 m	6,2 m	13 m	
c	5 m	3,8 m		4,8 m
h			9 m	3,8 m
A	28 m^2	25 m^2	72 m^2	38 m^2

8 Ein rechteckiger Garten mit 120,4 m^2 Fläche soll umzäunt werden. Der Garten ist 14 m lang.
Wie viel Meter Zaun müssen mindestens gekauft werden?

9 Berechnen Sie die fehlende Größe mit der Formel für den Flächeninhalt des Trapezes.

$A = \frac{a+c}{2} \cdot h$

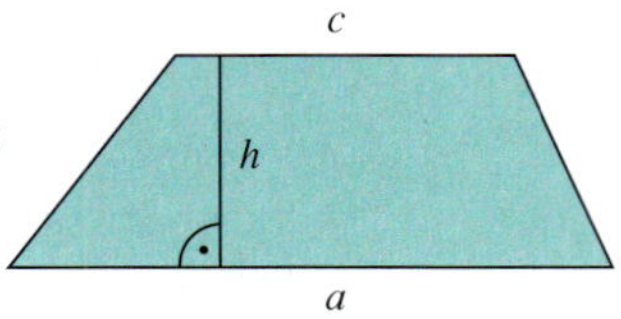

a) $A = 12{,}5\ \text{cm}^2$, $a = 3$ cm, $h = 5$ cm
b) $A = 38{,}4\ \text{cm}^2$, $c = 4$ cm, $h = 8$ cm
c) $A = 35\ \text{cm}^2$, $a = 7{,}5$ cm, $c = 6{,}5$ cm
d) $A = 66{,}6\ \text{cm}^2$, $a = 8{,}5$ cm, $c = 3{,}5$ cm
e) $A = 15{,}6\ \text{cm}^2$, $a = 6{,}4$ cm, $c = 6{,}6$ cm

10 Ein Quader hat einen Rauminhalt $V = 336\ \text{cm}^3$. Die Kantenlängen der Grundfläche betragen a = 12 cm und b = 7 cm.
Berechnen Sie die Höhe c des Quaders.

11 Ein Quader hat einen Rauminhalt von 8832 cm^3. Der Quader ist 23 cm breit und 12 cm hoch.
Wie lang ist der Quader?

12 Berechnen Sie den Umfang nach der angegebenen Gleichung.

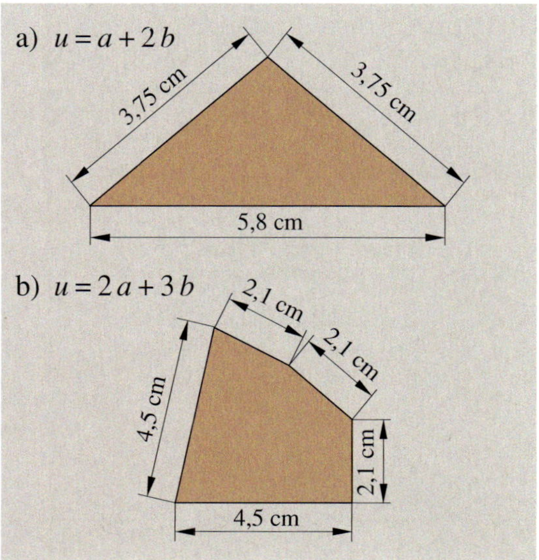

13 Der Lehrer hat aus einer zusammengeknoteten Schnur eine 60 cm lange „Endlosschnur“ gemacht.
Er zeigt verschiedene Rechtecke.

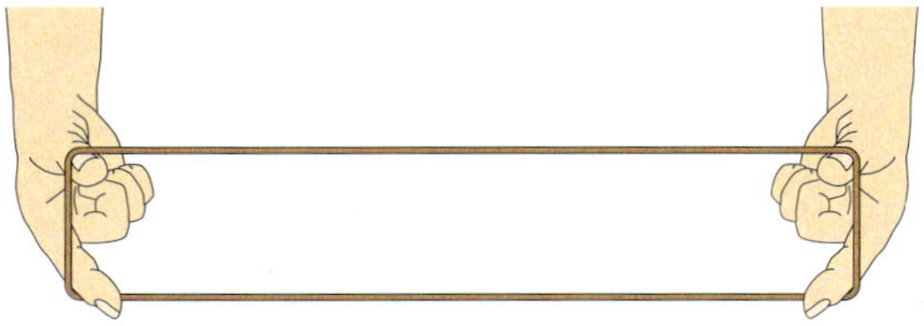

Wie lang ist die zweite Seite, wenn eine Seite 6 cm (10 cm; 12 cm) lang ist? Lösen Sie mit einer Formel.

14 Ein Parallelogramm hat 58 cm Umfang. Berechnen Sie mit Hilfe einer Formel die fehlenden Seiten, wenn die Seite $b = 9{,}7$ cm ist.

15 Eine rechteckige Koppel ist mit 540 m Elektrozaun eingezäunt. Die Koppel ist doppelt so lang wie breit. Wie lang und wie breit ist sie?

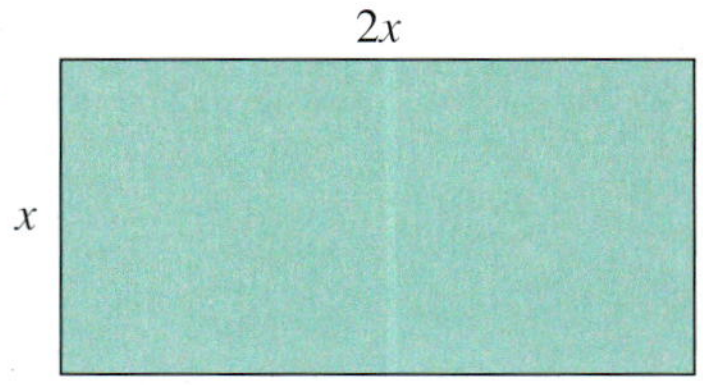

16 Ein Rechteck ist viermal so lang wie breit. Der Umfang beträgt 60 cm.
a) Welchen Flächeninhalt hat das Rechteck?
b) Wie ändert sich der Flächeninhalt bei gleichem Umfang, wenn das Rechteck fünfmal (doppelt, dreimal) so lang wie breit ist?

17 Wenn der Stein in das Wasser eingetaucht wird, steigt der Wasserspiegel um 1,5 cm.

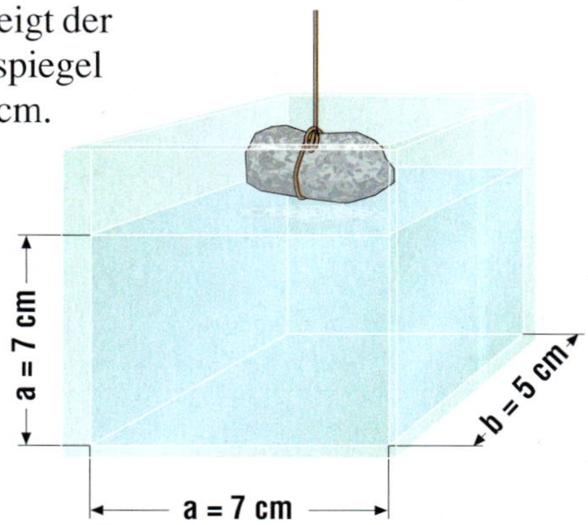

Welchen Rauminhalt hat der Stein? Entnehmen Sie die Maße der Darstellung.

Umstellen von Formeln. Binomische Formeln

Umstellen von Formeln

Aus der Geometrie

Ein kegelförmiger Behälter hat einen Durchmesser von 15 cm. Sein Volumen beträgt 750 cm³. Welche Körperhöhe hat dieser Behälter?

Diese Aufgabe kann man auf verschiedene Weise lösen:
- Man kann in die Formel für das Volumen des Kegels die gegebenen Werte zuerst einsetzen und dann die Gleichung nach der Körperhöhe umformen.
- Die andere Möglichkeit besteht darin, zuerst die gesamte Formel nach der gesuchten Größe umzuformen und erst dann die Werte einzusetzen.

Gegeben: $d = 15$ cm; $r = 7{,}5$ cm; $V = 750$ cm³

Gesucht: $h_{\text{Körper}}$

Formel: $V = \frac{1}{3} \cdot \pi \cdot r^2 \cdot h_{\text{Körper}}$

$V = \frac{1}{3} \cdot \text{Grundfläche} \cdot h_{\text{Körper}}$

Werte einsetzen – Gleichung umformen

$$750 = \frac{\pi \cdot 7{,}5^2 \cdot h_{\text{Körper}}}{3} \quad | \cdot 3$$
$$2250 = \pi \cdot 7{,}5^2 \cdot h_{\text{Körper}} \quad | : \pi \quad | : 7{,}5^2$$
$$\frac{2250}{\pi \cdot 56{,}25} = h_{\text{Körper}}$$
$$h_{\text{Körper}} \approx 12{,}73$$

Formel umstellen – Werte einsetzen

$$V = \frac{\pi \cdot r^2 \cdot h_{\text{Körper}}}{3} \quad | \cdot 3$$
$$3 \cdot V = \pi \cdot r^2 \cdot h_{\text{Körper}} \quad | : \pi \quad | : r^2$$
$$\frac{3 \cdot V}{\pi \cdot r^2} = h_{\text{Körper}} \quad | \text{ jetzt einsetzen}$$
$$\frac{3 \cdot 750}{\pi \cdot 7{,}5^2} = h_{\text{Körper}}$$
$$h_{\text{Körper}} \approx 12{,}73$$

Antwort: Die Körperhöhe beträgt rund 12,7 cm.

Übungen

1 Berechnen Sie die Körperhöhe der Kegel.

	V	$h_{\text{Körper}}$	r
a)	600 cm³		8,9 cm
b)	1257 cm³		18,8 cm
c)	0,257 m³		2,4 m

2 Formen Sie die Volumenformel für den Kegel um und berechnen Sie den Radius r.

	V	$h_{\text{Körper}}$	r^2	r
a)	1666 m³	12,8 m		
b)	9745 cm³	45,6 cm		
c)	1,87 cm³	0,56 cm		

3 Stellen Sie die Volumenformel für die quadratische Pyramide nach $h_{\text{Körper}}$ und a um.

4 Eine quadratische Pyramide ist 18 m hoch und hat ein Volumen von 124 416 m³. Berechnen Sie die Länge der Grundseite a.

5 Berechnen Sie die Körperhöhe und den Radius des Zylinders. $V = \pi \cdot r^2 \cdot h_{\text{Körper}}$

	V	$h_{\text{Körper}}$	r
a)	5353 m³		25,6 m
b)	616,4 cm³	1,29 dm	
c)	0,145 m³		3,8 dm

6 Stellen Sie die Flächenformel für das Trapez nach h, a und c um. Setzen Sie dann ein.

	V	h	a	c
a)	48 cm²		5 cm	7 cm
b)	149,85 m²	9 m	17,5 m	
c)	80,37 dm	11,4 dm		6,9 dm

Aus der Prozent- und Zinsrechnung

Ein Neuwagen hat einen Listenpreis von 18 560 €. Nach einem Preisnachlass bezahlt der Kunde 1598 € weniger. Wie viel Prozent beträgt der Preisnachlass?

Gegeben: $G = 18\,560$ €; $P = 1598$ €

Gesucht: p

Formel: $P = G \cdot p$

Werte einsetzen – Gleichung umformen

$1598 = 18\,560 \cdot p \quad | : 18\,560$

$0{,}086 \approx p$

$8{,}6\,\% \approx p$

Formel umstellen – Werte einsetzen

$P = G \cdot p \quad | : G$

$\frac{P}{G} = p \quad$ | jetzt einsetzen

$\frac{1598}{18\,560} = p$

$0{,}086 \approx p$

$p \approx 8{,}6\,\%$

Antwort: Der Preisnachlass beträgt ungefähr 8,6 %.

Übungen

1 Formen Sie die Prozentformel nach G um.

2 Rechnen Sie im Heft. Runden Sie sinnvoll.

	Grundwert	Prozentwert	Prozentsatz
a)	347,58 €	12,47 €	
b)		898,90 €	6,8 %
c)	71 347 €	8745 €	
d)		56,67 €	0,56 %

3 Stellen Sie die Zinsformel $Z = \frac{K \cdot i \cdot p}{100 \cdot 360}$ jeweils nach K, i und p um.

4 Berechnen Sie die fehlenden Werte.

	Kapital K	Zinsen Z	Zinssatz $p\,\%$	Zeit i
a)	5600 €	70,93 €		120 T.
b)		759,56 €	3,6 %	85 T.
c)	866,55 €	6,86 €	2,85 %	
d)	13 000 €	59,15 €		39 T.
e)	35 000 €	1737,65 €	5,86 %	
f)		409,61 €	11,6 %	227 T.
g)	3585 €	33,61 €		135 T.

5 Formen Sie die lineare Gleichung $a \cdot x - b = 0$ nach x um.

6 Zwei Kaffeesorten mit unterschiedlichem Preis pro Kilogramm werden gemischt. Den Preis für 1 kg der Mischung kann man mit der Mischungsformel berechnen:

Mischungsformel $p = \frac{m_1 \cdot p_1 + m_2 \cdot p_2}{m_1 + m_2}$

Dabei ist m_1 die Masse der ersten Sorte mit dem Preis p_1 pro kg. Die zweite Sorte hat die Masse m_2 und den Preis p_2 pro kg.

Beispiel: 7 kg Kaffee zum Kilopreis von 11 € wird mit 9 kg Kaffee zum Kilopreis von 13,50 € gemischt. Berechne den Kilopreis p der Mischung.

$p = \frac{7 \cdot 11 + 9 \cdot 13{,}5}{7 + 9} \approx 12{,}41$

Der Kilopreis beträgt also 12,41 €.

Berechnen Sie im Heft die fehlenden Werte und lösen Sie dazu die Formel zunächst nach p_1 und p_2 auf.

	m_1	p_1	m_2	p_2	p
a)	4 kg	7 €	8 kg	10 €	
b)	3 kg		5 kg	6 €	4,5 €
c)	7 kg	4 €	8 kg		7,2 €

Multiplikation von Summen

Diese drei Rechtecke sind gleich groß. Für ihre Flächeninhalte gilt:

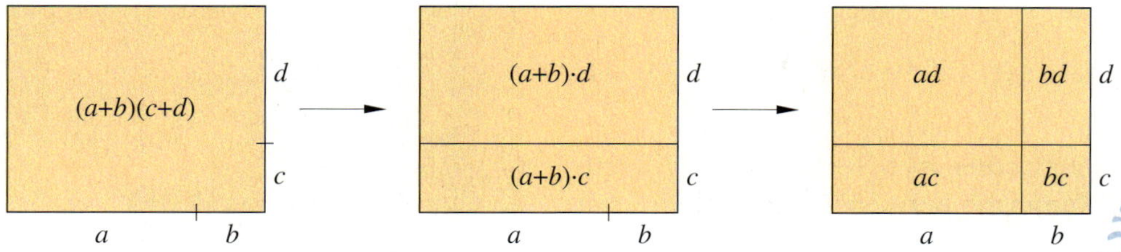

$(a+b)\cdot(c+d) \quad = \quad (a+b)\cdot c+(a+b)\cdot d \quad = \quad ac+bc+ad+bd$

Die Klammern werden mit dem Distributivgesetz aufgelöst.

Wir erkennen für die Multiplikation von Summen:

> Man multipliziert zwei Summen miteinander, indem man jeden Summanden der einen Summe mit jedem Summanden der anderen Summe multipliziert und die Teilprodukte addiert. $(a+b)\cdot(c+d)$

$(a+b+c)\cdot 0=0\cdot a+0\cdot b+0\cdot c=0.$ Das Produkt ist gleich 0, wenn ein Summand gleich 0 ist. (Satz vom Nullprodukt)

Beispiel

a) $(2+7c)\cdot(3a+4b)$
$=6a+8b+21ac+28bc$

b) $(5a-3c)\cdot(2a+4c)=10a^2-6ac+20ac-12c^2$
$=10a^2+14ac-12c^2$

Übungen

Achten Sie beim Ausmultiplizieren auf die Vorzeichen!

1 Berechnen Sie.
a) $(x+y)\cdot(a+b)$
b) $(3x+3y)\cdot(2a-2b)$
c) $(2a+3x)\cdot(5b+6y)$
d) $(2s-a)\cdot(3p+r)$
e) $(3d-4f)\cdot(e-2g)$
f) $(2a-5c)\cdot(5d-3e)$
g) $0\cdot(2a+4b)$

2 Zeigen Sie, dass die Regel richtig ist, indem Sie 72 · 43 in die Summen (70 + 2) und (40 + 3) zerlegen und dann multiplizieren.

3 Berechnen Sie
a) $(2a+3)\cdot 7b$
b) $(2a-3)\cdot 7b$
c) $(2a+3)\cdot(7b+1)$
d) $(2a-3)\cdot(7b-1)$

4 Fassen Sie zusammen.
a) $(6c+4d)\cdot(3c-17+4d)$
b) $7b-(2b+5)\cdot(3b-8)$
c) $20d+(9d-6d)\cdot(2d+3d)$
d) $(2q-a)\cdot(3p-r+r-3p)$

5 Zeigen Sie an dem Rechteck die Richtigkeit der Rechnung
$(a-b)\cdot(c+d)=(a-b)\cdot c+(a-b)\cdot d$
$=ac-bc+ad-bd$

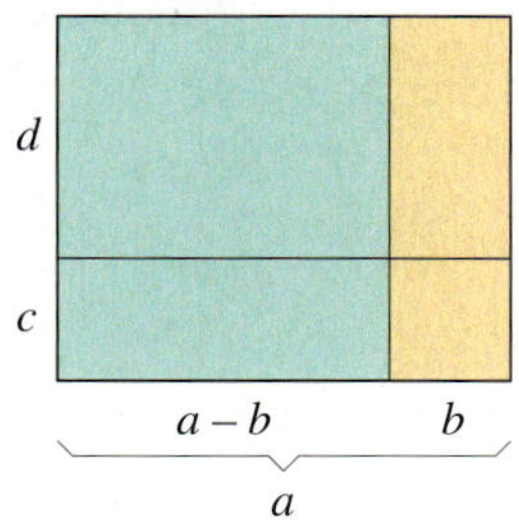

Die binomischen Formeln

Quadrieren heißt: mit sich selber malnehmen:

$3 \cdot 3 = 3^2$ $\frac{1}{2} \cdot \frac{1}{2} = (\frac{1}{2})^2$

Anne hat an der Tafel die Summe $(a + b)$ quadriert.

Auch hier werden zwei Summen multipliziert. Jeder Summand der ersten Summe wird mit jedem Summanden der zweiten Summe multipliziert. Entsprechend kann man $(a - b)^2$ und $(a + b) \cdot (a - b)$ berechnen. Es entstehen die Formeln.

Diese drei Formeln nennt man **Binomische Formeln**.

1. Binomische Formel	2. Binomische Formel	3. Binomische Formel
$(a+b)^2 = a^2 + 2ab + b^2$	$(a-b)^2 = a^2 - 2ab + b^2$	$(a+b) \cdot (a-b) = a^2 - b^2$

Beispiel

1) $(50+4)^2 = 50^2 + 2 \cdot 50 \cdot 4 + 4^2 = 2500 + 400 + 16 = 2916$

2) $(2x - 3y)^2 = 4x^2 - 12xy + 9y^2$

3) $(20+3) \cdot (20-3) = 400 - 9 = 391$

4) $298 \cdot 302 = (300-2) \cdot (300+2) = 90\,000 - 4 = 89\,996$

5) $3{,}5^2 = (3 + 0{,}5)^2 = 9 + 3 + 0{,}25 = 12{,}25$

Übungen

1 Überprüfen Sie alle drei binomischen Formeln für die Zahlen $a = 10$ und $b = 7$.

2 Schreiben Sie die Formeln hin für

a) $(u+v)^2$ c) $(x+y)^2$ e) $(u-v)^2$

b) $(p+q)^2$ d) $(a+m)^2$ f) $(p-q)^2$

3 Was wurde falsch gemacht?

a) $(7+5)^2 = 49 + 25 = 74$

b) $(12-10)^2 = 144 - 100 = 44$

c) $(6+3) \cdot (6-3) = 36 + 9 = 45$

4 Wie wurde hier gerechnet?
Erklären Sie ausführlich in jeder Zeile den ausgeführten Rechenschritt.

a) $(a+b) \cdot (a-b)$
$= a \cdot (a-b) + b \cdot (a-b)$
$= a^2 - ab + ba - b^2$
$= a^2 - ab + ab - b^2$
$= a^2 - b^2$

b) $a^2 + 2ab + b^2$
$= a^2 + ab + ab + b^2$
$= a \cdot (a+b) + b \cdot (a+b)$
$= (a+b) \cdot (a+b)$
$= (a+b)^2$

5 Prüfen Sie alle drei binomischen Formeln für

a) $a = 2$, $b = 3$
c) $a = -3$, $b = 9$
e) $a = -5$, $b = -2{,}5$
b) $a = 4{,}5$, $b = -8$
d) $a = \frac{3}{4}$, $b = \frac{1}{6}$
f) $a = \frac{1}{8}$, $b = \frac{1}{4}$

6 Berechnen Sie mithilfe der ersten oder zweiten binomischen Formel.

Beispiel:
$12^2 = (10 + 2)^2 = 10^2 + 2 \cdot 10 \cdot 2 + 2^2 = 144$

a) 13^2 e) 74^2 i) 54^2
b) 32^2 f) 98^2 j) 27^2
c) 42^2 g) 79^2 k) 48^2
d) 19^2 h) 102^2 l) 61^2

7 Berechnen Sie mithilfe der dritten binomischen Formel.

Beispiel:
$22 \cdot 18 = (20 + 2) \cdot (20 - 2) = 400 - 4 = 396$

a) $23 \cdot 17$ e) $24 \cdot 16$ i) $92 \cdot 88$
b) $28 \cdot 32$ f) $66 \cdot 74$ j) $79 \cdot 81$
c) $21 \cdot 19$ g) $63 \cdot 57$ k) $103 \cdot 97$
d) $36 \cdot 44$ h) $55 \cdot 65$ l) $98 \cdot 102$

8 Berechnen Sie 15^2, indem Sie $(10 + 5)^2$ oder $(20 - 5)^2$ rechnen. Berechnen Sie in gleicher Weise auch 25^2, 35^2 und 95^2.

9 Lösen Sie die Klammern auf.
a) $(a + d) \cdot (a - d)$
b) $(p - q) \cdot (p + q)$
c) $(2c + 3) \cdot (2c - 3)$
d) $(2u - 2v) \cdot (2u + 2v)$

10 Berechnen Sie.
a) $(4 + x)^2$ f) $(x^2 + 1)^2$
b) $(1 - a)^2$ g) $(2n + r)^2$
c) $(9 + r)^2$ h) $(5x - 3y)^2$
d) $(2x + 1)^2$ i) $(3s + 4t)^2$
e) $(6a + 3)^2$ j) $(2a - 4b)^2$

11 Vervollständigen Sie die Rechnung.
a) $(a + 1)^2 = a^2 + \square + 1$
b) $(v - 2)^2 = v^2 - \square + 4$
c) $(3 + b)^2 = 9 + \square + b^2$
d) $(r + 0{,}5)^2 = r^2 + \square + 0{,}25$
e) $(1{,}3 - c)^2 = 1{,}69 - \square + c^2$

12 Setzen Sie die fehlenden Variablen ein.
a) $(\triangle + \square)^2 = a^2 + \bigcirc + 9b^2$
b) $(\triangle - \square)^2 = 4x^2 - \bigcirc + y^2$
c) $(\square - 4z)^2 = \bigcirc - 24z + \triangle$
d) $(6x + \square)^2 = \bigcirc + 12x + \triangle$

13 Übertragen Sie in Ihr Heft und ergänzen Sie.
a) $a^2 + 6a + \square = (a + \triangle)^2$
b) $\square - 18b + 81 = (\triangle - 9)^2$
c) $x^2 + 8x + \square = (x + \triangle)^2$
d) $y^2 - \square\, y + 25 = (\triangle - \bigcirc)^2$
e) $4s^2 - \square\, s + 9 = (2s - \triangle)^2$
f) $16 + \square\, c + 9c^2 = (\triangle + \bigcirc)^2$

14 Schreiben Sie die Summe als Produkt.
a) $a^2 + 2a + 1$
b) $x^2 + 4x + 4$
c) $b^2 - 16b + 64$
d) $c^2 + 4cd + 4d^2$
e) $r^2 - 10r + 25$
f) $a^2 - 24ab + 144b^2$

15 Beim Ausmessen eines quadratischen Grundstücks hat man versehentlich die Breite um 50 cm zu kurz und die Länge um 50 cm zu weit abgesteckt. Jemand sagt: „Das macht nichts. Der Flächeninhalt ist der Gleiche.“ Stimmt das?

16 Ein Quadrat hat eine Seitenlänge von 60 cm. Um wie viel Quadratzentimeter nimmt sein Flächeninhalt zu, wenn alle Seiten um 5 cm verlängert werden?

17 Kann man mit zwei quadratischen Teppichstücken von 2 m bzw. 3 m Seitenlänge einen quadratischen Raum mit 5 m Seitenlänge auslegen? Zeichnen und argumentieren Sie.

18 Erklären Sie mithilfe der Terme n und $n + 1$.
a) $7^2 - 6^2 = 7 + 6 = 13$
$11^2 - 10^2 = 11 + 10 = 21$
$34^2 - 33^2 = 34 + 33 = 67$
Ist stets $(n + 1)^2 - n^2 = n + (n + 1)$?
b) $(1{,}5)^2 = 1 \cdot 2 + 0{,}25$
$(9{,}5)^2 = 2 \cdot 3 + 0{,}25$
$(4{,}5)^2 = 4 \cdot 5 + 0{,}25$
Zeigen Sie, dass gilt
$(n{,}5)^2 = n \cdot (n + 1) + 0{,}25$

Erweiterung des Taschenrechners durch binomische Formeln

Der Taschenrechner kann in der Anzeige (Display) oft nur 10 Stellen, also 10 Ziffern angeben.
Rechnet man 654321^2, so müsste 428 135 971 041 herauskommen.
Der Taschenrechner zeigt aber nur an

$4.281359710 \cdot 10^{11}$

d. h. 428 135 971 000.

Alle Stellen kann der TR nicht anzeigen, die letzten beiden Stellen sind ungenau. Man kann aber das genaue Ergebnis erhalten, wenn man Zwischennotierungen im Heft vornimmt und die 1. Binomische Formel anwendet.
Wir zeigen das am Beispiel $654\,321^2$ mit der Formel $(a+b)^2 = a^2 + 2ab + b^2$.

Beispiel

$$(654\,321)^2 = (654\,000 + 321)^2 = 654\,000^2 + 2 \cdot 654\,000 \cdot 321 + 321^2$$

Jeder Summand ist dabei einzeln mit dem TR berechenbar:

$654\,000^2$	= 4.27716¹¹	= 427 716 000 000	+
$2 \cdot 654\,000 \cdot 321$	= 419868000	= 419 868 000	
321^2	= 103041	= 103 041	
		428 135 971 041	

Also: $654\,321^2 = 428\,135\,971\,041$.

Übungen

1 Lesen Sie alle Zahlen im vorstehenden Beispiel laut vor.

2 Rechnen Sie das Beispiel durch mit *dieser* Zerlegung:
$(654\,321)^2 = (654\,300 + 21)^2$

3 Rechnen Sie das Beispiel mit der Zerlegung
$(654\,321) = (650\,000 + 4321)^2$

4 Vergleichen Sie die Ergebnisse aus den Aufgaben 2 und 3.

5 Berechnen Sie den genauen Wert.

a) $(325\,476)^2$

b) $(987\,654)^2$

c) $(111\,111)^2$

d) $(222\,222)^2$

6 Wie könnte man

$31\,256\,886 \cdot 542$

mit dem TR berechnen?
(Zur Kontrolle: Ergebnis 16 941 712 422)
Tipp:
Nutzen Sie das Distributivgesetz.

Ungleichungen

Das Rechnen mit den Ungleichheitszeichen „<" und „>"

Wir kennen die Ungleichheitszeichen < (ist kleiner als) und > (ist größer als). Zum Beispiel gilt

in $\mathbb{N}$: $7 < 9$ und $9 > 7$

in $\mathbb{Z}$: $-8 < -5$ und $-5 > -8$

in $\mathbb{Q}$: $-0{,}2 < \frac{1}{2}$ und $\frac{1}{2} > -0{,}2$ und auch

$0{,}2 < \frac{1}{2}$ $\frac{1}{2} > 0{,}2$

Alle Zahlen, für die gilt $x < 1{,}5$ können wir auf der Zahlengeraden (rot) einfärben:

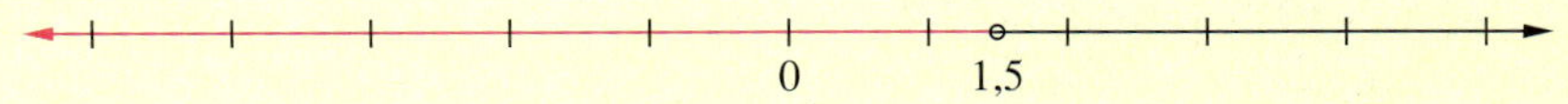

Hier werden alle Zahlen eingefärbt, für die gilt: $x > -2$

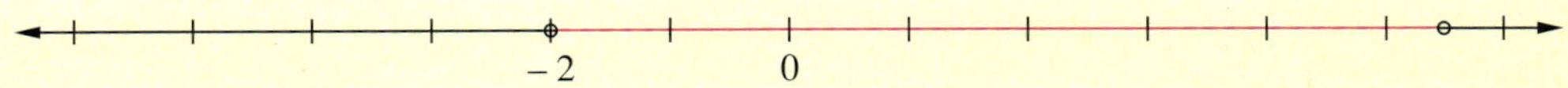

Neben den Zeichen für kleiner und größer, < bzw. > gibt es noch das Zeichen ≤ für „kleiner oder gleich" bzw. ≥ „größer oder gleich". Wir zeichnen für $-2 \leq x \leq 5\frac{1}{2}$:

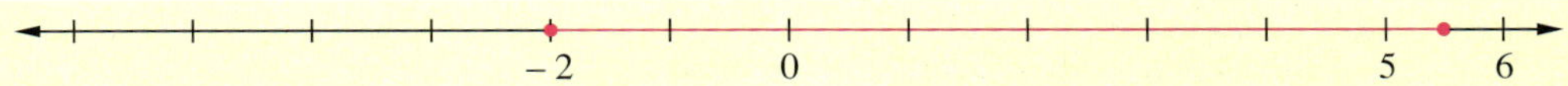

Für die Ungleichung $-2 \leq x \leq 7$ können wir als Lösung schreiben, wenn wir nur **ganze Zahlen** ($\mathbb{Z}$) zulassen $L = \{-2; -1; 0; 1; \ldots; 7\}$.

Übungen

1 Zeichnen Sie einen Zahlenstrahl bzw. eine Zahlengerade und tragen Sie ein:
$2 < x < 7$ und $3 \leq x \leq 10$
a) in $\mathbb{N}$ b) in $\mathbb{Z}$ c) in $\mathbb{Q}$

2 Kann man in $\mathbb{Q}$ alle Zahlen hinschreiben, für die $3 < x < 7$ gilt?
Kann man das in $\mathbb{N}$ bzw. in $\mathbb{Z}$ tun?

3 Geben Sie alle Zahlen in $\mathbb{N}$ an, für die gilt $x < 12$.

4 Welche Zahlen sind rot markiert?

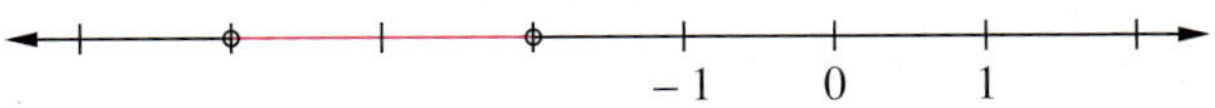

5 Vergleichen Sie diese beiden Zahlenmengen a) und b)
a) $4 < x < 8$ zusammen mit $5 < x < 9$
b) $4 < x < 9$

6 Welches ist die größte ganze Zahl, für die gilt
a) $x < 15$
b) $x \leq 15$
c) $y > 4$
d) $y \geq 5$
e) $-3 < x \leq 2$
f) $-3 \leq x < 2$
g) $1{,}5 \leq x \leq 2$
h) $20 < x < 30$

7 Wenn eine Menge leer ist, also keine Elemente hat, so schreibt man das Zeichen ∅ oder { } für die *leere Menge*. Argumentieren Sie: wenn M die Menge aller ganzen Zahlen x mit $20 < x < 21$, dann ist $M = \emptyset$.

Rechnen mit Ungleichungen

Für die Umformung von Ungleichungen gelten dieselben Regeln wie für Gleichungen (Äquivalenzumformungen mit zwei Änderungen):

1. Man darf auf beiden Seiten einer Ungleichung dieselbe Zahl addieren (subtrahieren).

Beispiel (in $\mathbb{N}$) Die Ungleichung $2x \leq 4$ hat die Lösung 0, 1 und 2.
Die Ungleichung $2x + 2 \leq 4 + 2$ hat die Lösung 0, 1 und 2.
Die Ungleichung $2x - 3 \leq 4 - 3$ hat die Lösung 0, 1 und 2.

2. Man darf auf beiden Seiten einer Ungleichung mit derselben *positiven Zahl* multiplizieren (dividieren).

Beispiel (in $\mathbb{N}$) Die Ungleichung $2x \leq 4$ hat die Lösung 0, 1 und 2.
Die Ungleichung $2x \cdot 3 \leq 4 \cdot 3$ hat die Lösung 0, 1 und 2.
Die Ungleichung $2x : 2 \leq 4 : 2$ hat die Lösung 0, 1 und 2.

Änderungen gegenüber Gleichungen:

3. Man darf beide Seiten einer Ungleichung nur dann mit derselben *negativen Zahl* multiplizieren (dividieren), wenn man gleichzeitig das *Ungleichheitszeichen umkehrt*.

Beispiel (in $\mathbb{Z}$) Die Ungleichung $2x \leq 4$ hat die Lösung …, –3, –2, –1, 0, 1 und 2.
Die Ungleichung $2x \cdot (-3) \geq 4 \cdot (-3)$ hat die Lösung …, –3, –2, –1, 0, 1 und 2.
Die Ungleichung $2x : (-2) \geq 4 : (-2)$ hat die Lösung …, –3, –2, –1, 0, 1 und 2.

Beispiel für das Umformen von Ungleichungen (in $\mathbb{Z}$).

1.
$$-\tfrac{1}{5}x + 3 > 7 \quad | -3$$
$$-\tfrac{1}{5}x > 4 \quad | \cdot (-5)$$
$$x < -20$$

Lösung: Die Zahlen …, –23, –22, –21 sind die Lösung von $-\frac{1}{5}x + 3 > 7$.

2.
$$x + 5 \leq 4x - 7 \quad | -4x \quad | -5$$
$$-3x \leq -12 \quad | : (-3)$$
$$x \geq 4$$

Lösung: Die Zahlen 4, 5, 6, … sind Lösungen von $x + 5 \leq 4x - 7$.

Übungen

1 $A = \{0; 1; 2; …; 10\}$. Welche Zahlen aus der Menge A erfüllen die Ungleichung?

a) $15 > x$
b) $x \geq 12$
c) $x > 6$
d) $3x < 21$
e) $4x \leq 16$
f) $48 < 6x$
g) $2x \leq 9$
h) $39 \leq 8x$
i) $96 \geq 12x$

2 Formen Sie die Ungleichungen $9 < 15$; $3 > -6$ und $-18 < -12$ um. Prüfen Sie, ob die entstandenen Ungleichungen wahr sind.

a) 3 addieren
b) 3 subtrahieren
c) mit –3 multiplizieren
d) durch –3 dividieren

$G = \mathbb{Q}$

3 Lösen Sie durch Umformen.

a) $x + 5 < 9$
b) $4 + x \leq 7$
c) $x - 5 > 2$
d) $x - 2 > 3$
e) $15 \geq x + 7$
f) $8 < 9 - x$
g) $3 \leq x - 6$
h) $12 \geq 4 + x$
i) $3x + 17 \leq 29$
j) $19 + 4x \geq 27$
k) $6x - 11 > 13$
l) $16 - 2x > 12$
m) $25 + x < 36$
n) $7x - 18 \geq 2x - 13$

4 Bestimmen Sie die Lösungsmenge.

a) $15x \leq 105$
b) $2x \geq 22$
c) $x + 105 < 291$
d) $x - 259 > 167$
e) $12x - 3 \geq 105$
f) $112 < 5x - 3$
g) $17x + 1 \leq 120$
h) $13x + 7 \geq 7$
i) $3x + 21 + 2 > 29$
j) $9 - 3x > 6$

5 Lösen Sie.

a) $4(x + 7) > 44$
b) $15(2x - 2) \leq -15$
c) $(12x + 15) \cdot 7 \geq 161$
d) $(18 + 5x) \cdot 3 < 87$
e) $3(8 - 5x) \geq 4 - 13x$
f) $4(3x - 1) \leq 19x - 4$

6 Überprüfen Sie einige Lösungen durch Einsetzen. Das sind „Stichproben“.

a) $2x + 15 > 3x + 7$
b) $13x + 24 \geq 15x + 4$
c) $9x + 16 < 11x + 3$
d) $19x + 4 \leq 4 + 12x$
e) $17x + 300 \geq 18 + 42x$
f) $0{,}5x + 20 > 2x + 10$

7 Geben Sie die Lösungsmengen in beschreibender Form an.

Beispiel: $5x \leq 8 \quad | :5$

$x \leq \frac{8}{5}$

$x \leq 1{,}6$

$L = \{x \in \mathbb{Q} \mid x \leq 1{,}6\}$

a) $x + 7 < 8$
b) $x + 9 \geq 3$
c) $\frac{4}{5} + x < 1$
d) $\frac{3}{8} + x > \frac{5}{4}$
e) $27{,}3 < x + 19{,}5$
f) $5x - 3 < 7$
g) $3x + 7 \leq 22$
h) $41 - 3x < 35$
i) $8x + 7{,}4 \geq 13$
j) $2{,}5x + 8 > 33$
k) $1{,}7 + 7x < 5{,}2$
l) $3{,}2x - 5 \geq 1{,}6$

8 Lösen Sie.

a) $2(3x + 2) < 2(38 - x) - x$
b) $3(2 - x) - x + 1 < x - 3$
c) $4(7 - x) \leq 20x + 76$
d) $8x - 9(2x - 5) > 4(3 + x) + 5$
e) $(x + 3) \cdot (-1) > 17(2x + 3) + 16$
f) $100x - 25(4x + 3) \geq 2x + 5$
g) $3(27 - 12x) + 40x > x - 1$

9 Berechnen Sie.

a) $(x + 5)^2 < (x - 3)^2$
b) $(x + 4)^2 \leq (x - 3)(x + 3)$
c) $(x - 4)(5 + x) \geq (x + 1)^2$
d) $(3x - 4)^2 < (3x - 2)(3x + 2)$

10 Schreiben Sie als Ungleichung und bestimmen Sie die Lösung in $\mathbb{N}$.

a) Das Fünfzehnfache einer Zahl ist kleiner als hundert.
b) Die Hälfte einer Zahl, vermindert um zehn, ist kleiner als fünfundzwanzig.
c) Fünfundzwanzig ist mindestens um sieben größer als eine gedachte Zahl.
d) Das Fünffache einer Zahl ist kleiner als dreißig.
e) Vierzig ist kleiner als das um vier vermehrte Achtfache einer Zahl.

11 Schreiben Sie als Ungleichung und lösen Sie diese.

a) 90 € stehen zur Verfügung, um eine Mehrtagereise durchzuführen. Für die Fahrt werden 30 € benötigt. Täglich sollen 7 € höchstens verbraucht werden. Wie lange reicht das Geld dann mindestens?
b) Für drei Wochen Sommerferien auf einem Zeltplatz sind 1200 € Ausgaben geplant. Täglich kostet der Zeltplatz 17 €. Die Fahrtkosten betragen 100 € insgesamt. Für die tägliche Verpflegung sind 23 € als Höchstgrenze angenommen. Wie viel Geld darf somit täglich höchstens ausgegeben werden?

Gleichungen und Ungleichungen mit Brüchen

Die Umformungsregeln für Gleichungen und Ungleichungen gelten auch, wenn mit Bruchteilen von Variablen gerechnet wird. Die Nenner der Brüche beseitigt man, indem man mit dem Hauptnenner (HN) multipliziert.

Beispiel $G = \mathbb{Q}$

1.
$$\frac{x}{3} - \frac{x}{5} = 2 \quad | \cdot 15 \text{ (HN)}$$
$$\frac{x \cdot 15}{3} - \frac{x \cdot 15}{5} = 2 \cdot 15$$
$$5x - 3x = 30$$
$$2x = 30 \quad | : 2$$
$$2x : 2 = 30 : 2$$
$$x = 15$$
$$L = \{15\}$$

Probe:
$$\frac{15}{3} - \frac{15}{5} \;\Big|\; 2$$
$$5 - 3 \;\Big|\; 2$$
$$2 = 2 \quad \text{(wahr)}$$

2.
$$12 - \frac{3}{4}x < \frac{5}{8}x \quad | \cdot 8 \text{ (HN)}$$
$$96 - \frac{24}{4}x < \frac{40}{8}x$$
$$96 - 6x < 5x \quad | + 6x$$
$$96 < 11x \quad | : 11$$
$$\frac{96}{11} < x$$
$$x > \frac{96}{11}$$
$$L = \{x \mid x > \frac{96}{11}\}$$

Stichprobe für $x = 10$:
$$12 - \frac{3}{4} \cdot 10 \;\Big|\; \frac{5}{8} \cdot 10$$
$$\frac{48}{4} - \frac{30}{4} \;\Big|\; \frac{25}{4}$$
$$\frac{18}{4} < \frac{25}{4} \quad \text{(wahr)}$$

Übungen $G = \mathbb{Q}$

1 a) $\frac{1}{5}x = 11$ b) $\frac{2}{3}x = 28$ c) $\frac{x}{6} = 19$ d) $\frac{5}{2}x = 15$ e) $\frac{4}{3}x = 32$ f) $\frac{5}{9}x = -15$ g) $-\frac{2}{7}x = 14$ h) $-\frac{5}{4}x = -35$ i) $\frac{3}{5}x = 6$ j) $-\frac{4}{7}x = 16$

2 a) $\frac{x}{4} - \frac{6x}{8} = 13$ b) $\frac{x}{3} - \frac{8x}{9} = 2$ c) $\frac{x}{5} + \frac{3x}{5} = 4$ d) $\frac{x}{6} - \frac{3x}{2} = -4$ e) $\frac{2x}{5} - \frac{5x}{3} = 76$ f) $\frac{2x}{5} - \frac{7x}{10} = 33$

3 a) $\frac{3x-8}{4} - 3 = \frac{5x+2}{3}$
b) $\frac{12x+6}{9} - 3x = \frac{15x-5}{3} - 9$
c) $\frac{8x-1}{6} = 4 - \frac{7x+1}{10}$
d) $\frac{3x+5}{12} - 4 = \frac{7x-13}{6} - 8$
e) $\frac{8x+3}{16} + x = \frac{9x-11}{24}$
f) $\frac{3x-1}{5} = 6 - \frac{x-1}{3}$
g) $\frac{9x-3}{16} - x = \frac{7x+5}{8} + 2$
h) $\frac{15x-3}{12} - x = \frac{7x-12}{8} + 20$
i) $\frac{3x-2}{8} - 5 = \frac{2x+4}{16} - x$
j) $\frac{5x-1}{3} - \frac{1}{2} = \frac{x}{3} - \frac{3x+5}{9}$

4 a) $\frac{8x-22}{4} - 20 = \frac{5(x-7)}{2} - 8$
b) $1 + \frac{2(x-3)}{4} = \frac{x-2}{3}$
c) $\frac{19(x-4)}{3} + \frac{2(9-x)}{3} = \frac{2(5x-3)}{7} - 5x$
d) $\frac{10x-6}{7} - \frac{18-2x}{3} = 5x + \frac{19}{3}(x-4)$

5 a) $5x - 4 < \frac{5}{6}x + 6$
b) $4x + 2 \geq \frac{3x}{7} + 6$
c) $x + 2 > \frac{3}{4}x + 6$
d) $3x + 3 \geq \frac{2}{7}x + 2$
e) $7x + \frac{1}{4} < 14x - 1{,}5$
f) $7x + 4 \leq \frac{3x}{4} + 5$

6 a) $\frac{3x+6}{9} - 4 > \frac{5x-3}{4} + 2$
b) $\frac{7x+6}{6} - 1 < \frac{9+8x}{10} + 2$
c) $\frac{7x-6}{4} - 2 > \frac{3x+8}{9} - 5$
d) $\frac{7x-3}{4} - 10 < \frac{16x}{8} - 12$
e) $\frac{7x+3}{5} + 9 \leq \frac{6x+2}{4}$
f) $\frac{7x+6}{3} - 5 < \frac{10x-7}{5}$
g) $\frac{8x+6}{12} - 4 < \frac{9x-3}{6} - 6$
h) $\frac{2x+3}{7} - 4 > \frac{x-3}{4} + 2$
i) $\frac{6x+2}{4} - 6 \leq \frac{5x-2}{6} - 4$
j) $\frac{8x-3}{4} + 5 > \frac{5x-1}{3} - 3$

Bruchungleichungen

Beim Lösen von **Bruchungleichungen** spielen die Terme im Nenner eine besondere Rolle. Da der Nenner stets ungleich Null sein muss, wird wie bei Bruchgleichungen zunächst die *Definitionsmenge* bestimmt, d. i. die Zahlenmenge, in der x eingesetzt werden kann. Der Nenner darf nie Null werden!

Zu lösen sei $\frac{2x}{x+1} > 1$. Der Grundbereich ist $G = \mathbb{Q}$.

Definitionsmenge D bestimmen: $D = \mathbb{Q} \setminus \{-1\}$: von $\mathbb{Q}$ ist die Zahl -1 wegzunehmen.

Lösung mit Fallunterscheidung:

Fall 1: Es sei $\boldsymbol{x > -1}$.
Der Nenner ist **positiv**. Mit dem Nenner multiplizieren und umformen.

$\frac{2x}{x+1} > 1 \quad | \cdot (x+1)$

$2x > x + 1 \quad | -x$

$\boldsymbol{x > 1}$

Auf dem Zahlenstrahl wird Fall 1 veranschaulicht (Symbol [—— bedeutet, Endpunkt wird eingeschlossen, das Symbol]—— bedeutet, dass der Endpunkt ausgeschlossen wird).

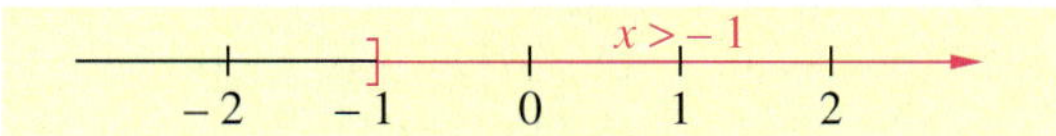

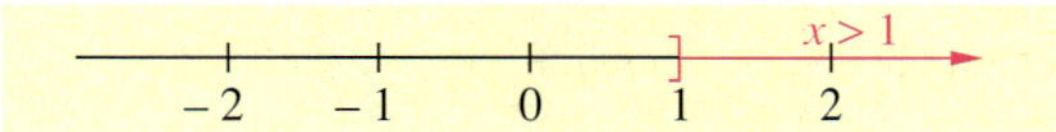

Wenn $x > -1$ und $x > 1$ gelten muss, ist die Lösungsmenge $L_1 = \{x \in \mathbb{Q} \mid x > 1\}$.

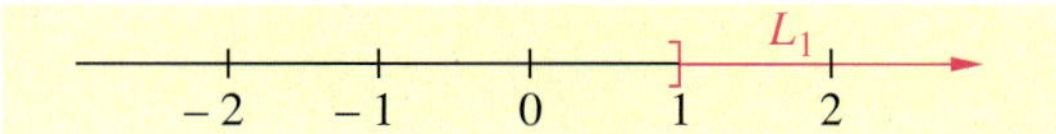

Fall 2: Es sei $\boldsymbol{x < -1}$.
Der Nenner ist **negativ**. Mit dem Nenner multiplizieren und umformen. (Dabei *Ungleichheitszeichen umkehren.*)

$\frac{2x}{x+1} > 1 \quad | \cdot (x+1)$

$2x < x + 1 \quad | -x$

$\boldsymbol{x < 1}$

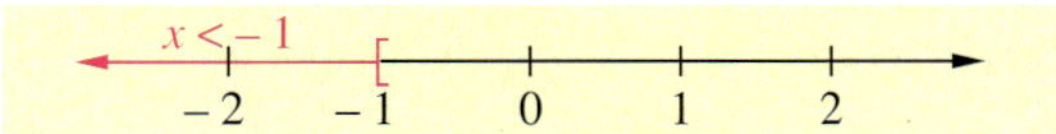

Auf dem Zahlenstrahl wird Fall 2 veranschaulicht.

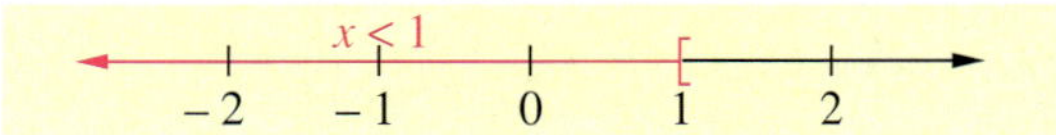

Wenn $x < -1$ *und* $x < 1$ gelten muss, ist die Lösungsmenge $L_2 = \{x \in \mathbb{Q} \mid x < -1\}$.

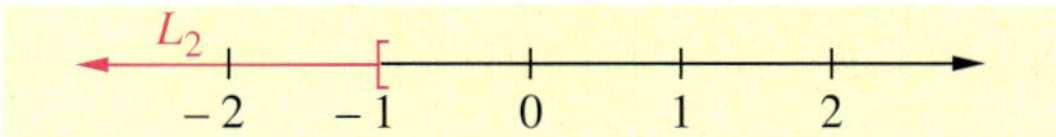

Gesamtlösung $\boldsymbol{L} = \{x \in \mathbb{Q} \mid x < -1 \text{ oder } x > 1\}$

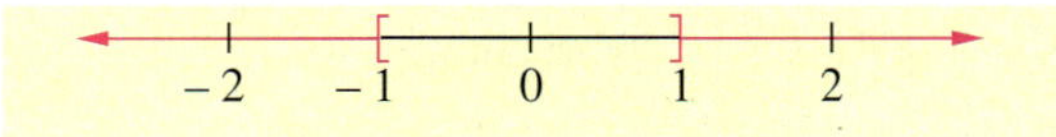

Übungen

$G = \mathbb{Q}$

Bestimmen Sie die Lösungsmengen. Prüfen Sie mit Stichproben die Richtigkeit.

1 a) $\frac{4}{x+1} > 1$ b) $\frac{2x}{x+1} > 1$

2 a) $\frac{x+5}{x-3} < 2$
b) $\frac{3}{x+2} \leq 2$
c) $\frac{2x-3}{x+1} > 1$
d) $\frac{x-1}{x+3} > 2$
e) $\frac{3x-1}{x-2} < 4$
f) $\frac{x+4}{x-2} > 3$
g) $\frac{x+3}{2x-4} \geq 3$
h) $\frac{x+1}{x-2} < 2$
i) $\frac{3x-5}{5-3x} - 2 > 0$
j) $\frac{2x+1}{1-2x} + 1 \leq 0$

RUND UM DIE

Um sich vollwertig und gesund zu ernähren, ist es wichtig, täglich die richtige Auswahl von Lebensmitteln zu verzehren. Im Ernährungskreis sind Lebensmittel in sieben Gruppen aufgeteilt. Die unterschiedliche Größe der Kreissegmente weist auf die Bedeutung der jeweiligen Lebensmittel für eine gesunde Ernährung hin.

Stichwort: Energiegehalt

Viele Lebensmittel liefern uns Energie. **Joule (J)** ist die Einheit, in der Energie gemessen wird. Größere Energien werden in

Kilojoule (kJ) **Megajoule (MJ)** angegeben.
1 kJ = 1000 J **1 MJ = 1000 kJ**

Früher wurde der Energiegehalt von Nahrungsmitteln immer in Kalorien gemessen. Für die Umrechnung gilt:
1 Kilokalorie (1 kcal) = 4,2 Kilojoule (kJ)

Richtwerte für die Energiezufuhr

Alter	kcal/Tag		MJ/Tag	
	m	w	m	w
10 bis unter 13 Jahre	2250	2150	9,4	9,0
13 bis unter 15 Jahre	2500	2300	10,5	9,6
Jugendliche u. Erwachsene				
15 bis unter 19 Jahre	3000	2400	12,5	10,0
19 bis unter 25 Jahre	2600	2200	11,0	9,0
25 bis unter 51 Jahre	2400	2000	10,0	8,5

aus: Deutsche Gesellschaft für Ernährung, Empfehlungen für die Nährstoffzufuhr, Frankfurt 1993

Die Auswahl der Lebensmittel pro Tag könnte so aussehen:

Lebensmittel	Verzehrempfehlungen
Gruppe 1: Getreide, Getreideprodukte und Kartoffeln	Täglich 5–7 Scheiben Brot (ca. 250–350 g) 1 Portion Reis oder Nudeln (roh ca. 75–90 g, gekocht 220–270 g) oder 1 Portion Kartoffeln (ca. 250–300 g, etwa 4–5 mittelgroße)
Gruppe 2: Gemüse und Hülsenfrüchte	Täglich 3 Portionen Gemüse (ca. 375 g), davon etwa die Hälfte roh
Gruppe 3: Obst	Täglich 2 Portionen Obst (ca. 250–300 g)
Gruppe 4: Getränke	Täglich 1,5 l Flüssigkeit (z. B. Mineralwasser, ungesüßte Kräuter- und Früchtetees, Gemüsesäfte, verdünnte Obstsäfte, in Maßen Kaffee und schwarzen Tee)
Gruppe 5: Milch und Milchprodukte	Täglich 1/4 l fettarme Milch und 3 Scheiben Käse (à 30 g)
Gruppe 6: Fisch, Fleisch und Eier	Wöchentlich 2 Portionen Seefisch (à 150 g), höchstens 2- bis 3-mal pro Woche 1 Portion Fleisch (max. 150 g) und 2- bis 3-mal Wurst (max. 50 g), wöchentlich bis zu 3 Eier
Gruppe 7: Fette und Öle (Butter, Pflanzenmargarine oder -öle)	Täglich höchstens 40 g Streich- und Kochfett, z. B. 2 Esslöffel Butter oder Margarine und 2 Esslöffel hochwertiges Pflanzenöl

nach: aid Verbraucherdienst, vollwertig essen und trinken, Bonn 1999

ERNÄHRUNG

Die folgende Tabelle nennt für ausgewählte Lebensmittel der 7 Gruppen des Ernährungskreises die Energiemengen, die sie dem Körper liefern.

Nährwerttabelle

Lebensmittel	Menge	Energie kcal	Energie kJ
1 Port. Reis, gegart	150 g	182	764
1 Port. Nudeln, gegart	150 g	195	819
1 Sch. Vollkornbrot	40 g	96	403
1 Sch. Toast	20 g	53	223
1 Brötchen	40 g	107	449
1 Port. Cornflakes mit Milch	220 g	217	911
1 Port. Salzkartoffeln	200 g	170	714
1 Port. Pommes frites	200 g	460	1932
1 Handvoll Kartoffelchips	50 g	293	1230
1 Port. Möhren, roh	200 g	22	90
1 Port. Erbsen/Möhren Dose mit Mehlschwitze	200 g	115	479
1 Port. Rahmspinat	200 g	114	604
1 Port. Paprikaschoten, roh	200 g	38	160
1 Port. grüner Salat in Joghurt-Marinade	75 g	18	76
1 Tomate	100 g	18	76
1 Stück Salatgurke	100 g	10	40
1 Handvoll Erdnüsse	30 g	189	794
1 Schokoladenkuss	20 g	72	302
1 Stück Apfeltorte	150 g	291	1222
1 Port. Milchreis, gegart	400 g	369	1550
1 Port. Milchspeiseeis	150 g	321	1348
1 Apfel	120 g	58	244
1 Banane	170 g	104	437
1 Apfelsine	120 g	47	197
1 Glas Mineralwasser	200 ml		
1 Glas Cola	200 ml	90	378
1 Glas Apfelsaft	200 ml	98	412
1 Tasse Kaffee	125 ml		
1 Glas Vollmilch	200 ml	132	554
1 Glas Milch, fettarm (1,5 – 1,8 % Fett)	200 ml	90	375
1 Port. Schlagsahne	50 g	151	634
1 Port. Magerquark	50 g	44	185
1 Port. Sahnequark	50 g	83	349
1 Becher Frucht-Joghurt (3,5 %)	150 g	178	748
1 Schweineschnitzel, mittelfett	125 g	337	1415
1 Frikadelle	150 g	324	1360
1 Bratwurst	100 g	375	1575
1 Port. Fleischwurst	100 g	324	1361
1 Port. Hackfleischsauce	125 g	285	1197
1 Port. Hähnchen, gegrillt	250 g	267	1121
1 Port. Fischstäbchen	200 g	457	1916
1 Port. Butter	20 g	155	650
1 Port. Halbfettmargarine	20 g	80	336
1 EL Salatmayonnaise	12 g	61	255

Stichwort: Fastfood

Der Begriff lässt sich mit „schnellem Essen" übersetzen. Das gilt in zweierlei Hinsicht:
- schnell in der Zubereitung
- schnell im Verzehr

Die folgende Tabelle nennt einige bekannte Gerichte für den „Kleinen Hunger zwischendurch".

Fastfood-Produkte im Vergleich

	Energie kcal	Energie kJ
1 Hamburger	260	1087
1 Big Mäc	552	2307
Chicken McNuggets (6 Stück)	287	1200
Pommes frites (kl. Portion)	261	1091
1 Apfeltasche	240	1003
Milchshake, Vanille (0,3 l)	389	1626
Orangensaft (0,25 l)	113	472
Vollmilch (0,25 l)	160	669
Currywurst (150 g) mit Curryketchup (40 g)	568	2378
Bratwurst (150 g) mit Brötchen, Senf	692	2897
Bockwurst (100 g) mit Brötchen, Senf	440	1843
Leberkäse (150 g) mit Brötchen, Senf	605	2533
Frikadelle (100 g)	192	803
Fischfilet, paniert (150 g)	220	920
Pizza Salami (200 g)	455	1906
Gyros-Sandwich mit Rohkostsalat	699	2926
1 Stück Käsekuchen	419	1749
Softeis (85 g)	119	497
1 Banane (120 g)	97	409
1 Apfel (120 g)	60	250
1 Joghurt natur, 3,5% Fett	92	381
1 Müsliriegel (25 g)	95	398

nach: aid Verbraucherdienst, fastfood 1199, Bonn 1989

nach: Kleine Nährwerttabelle der DGE, 34. Auflage 1989; Kalorientabelle für den täglichen Gebrauch DGE, 5. Auflage 1989

Lineare Funktionen

Grundbegriffe

Zuordnungen und ihre Darstellung

In der Masse-Preis-Tabelle ist jeder Masse ein Preis zugeordnet. Die **Wertetabelle** gibt eine **Zuordnung** Masse ↦ Preis an. Man kann sie als Paarmenge schreiben:
$\{(1|0{,}5); (2|1); (3|1{,}5); (4|2); (5|2{,}5)\}$

Masse (in kg)	1	2	3	4	5
Preis (in €)	0,50	1	1,5	2	2,5

Zuordnungen kann man als Paarmenge, in Tabellen, in Pfeilbildern und im Koordinatensystem darstellen. Elementen einer **Urbildmenge** (Definitionsmenge) werden dabei Elemente einer **Bildmenge** zugeordnet.

Beispiele

1. Wird eine Federwaage belastet, so dehnt sich die Feder aus.

Eine Messreihe ergab diese Wertetabelle:

Belastung (in g)	Dehnung Feder (in cm)	Zahlenpaare
50	10	(50|10)
100	20	(100|20)
150	30	(150|30)
200	40	(200|40)
250	50	(250|60)

Die Zahlenpaare für die Zuordnung *Belastung* ↦ *Federdehnung* führen zu folgendem **Schaubild**:

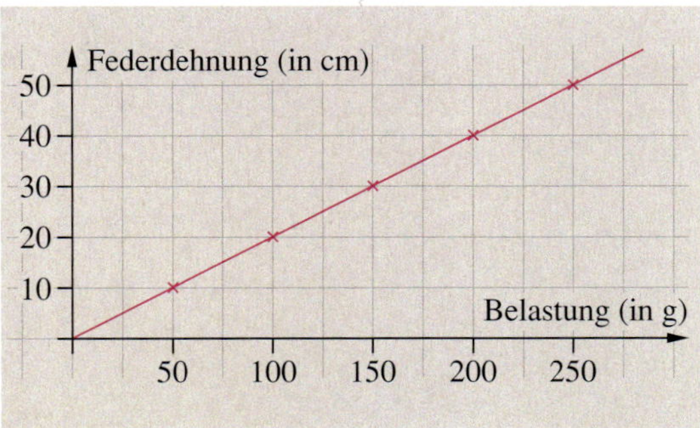

2. Im Quadrat wird der Seitenlänge x (in cm) der Flächeninhalt y (in cm^2) zugeordnet.

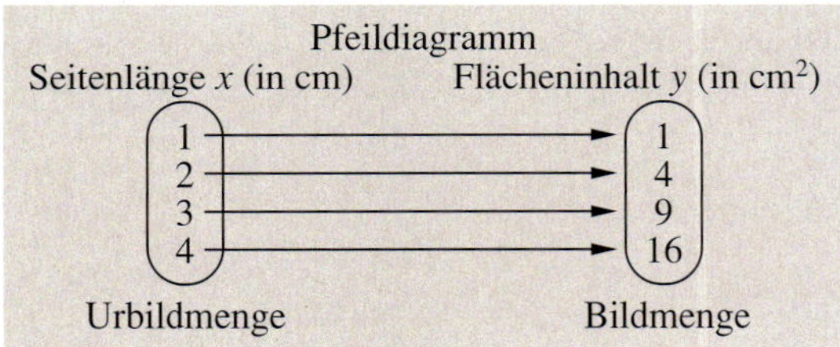

Die Menge der Zahlenpaare ist:
$\{(1|1); (2|4); (3|9); (4|16)\}$
Diese Zuordnung ist **eindeutig**, da jedem Element der Urbildmenge genau ein Element der Bildmenge zugeordnet ist.
Für solche Paare $(x|y)$ heißt die Menge aller x die **Definitionsmenge**.
Die Menge aller y heißt **Wertemenge**.
Warum ist diese Zuordnung nicht eindeutig?

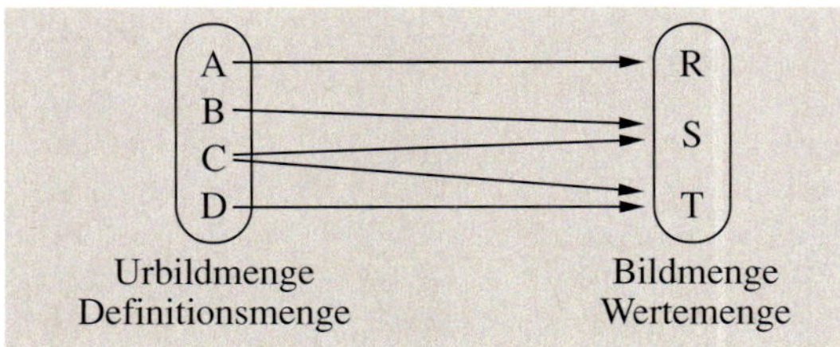

Übungen

1 Der Temperaturschreiber einer Wetterwarte hat den Temperaturverlauf aufgezeichnet.

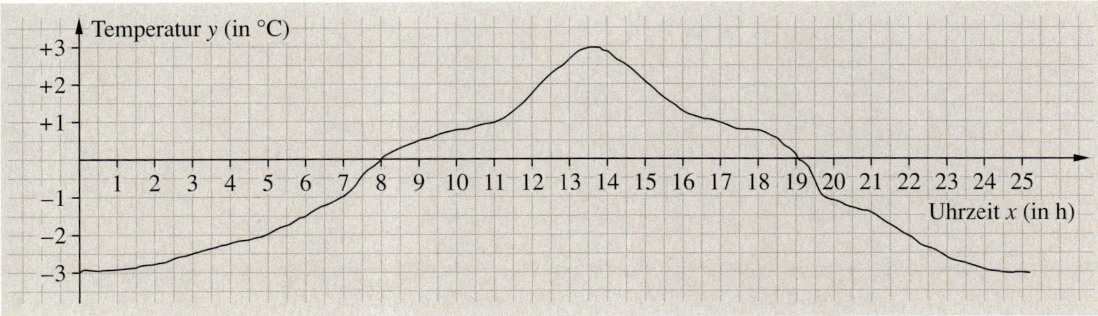

a) Schreiben Sie eine Wertetabelle und tragen Sie ein, welche Temperaturen um 1 : 00 Uhr, 3 : 00 Uhr, 5 : 00 Uhr, …, 19 : 00 Uhr, 21 : 00 Uhr, 23 : 00 Uhr aufgezeichnet wurden.
b) Geben Sie Definitionsmenge und Wertemenge für diese Zuordnung an.
c) Welche Vorteile bietet die Temperaturkurve gegenüber einer Wertetabelle?

2 Die Wertetabelle zeigt das Ergebnis einer Klassenarbeit.

Zensur x	1	2	3	4	5	6
Anzahl y der Arbeiten mit der Zensur x	1	3	6	7	4	2

a) Wie heißen Definitions- und Wertemenge dieser Zuordnung?
b) Zeichnen Sie nach der Wertetabelle das Schaubild der Zuordnung *Zensur* ↦ *Anzahl der Arbeiten* in ein Koordinatensystem.

3 In einem Hafen wurde stündlich der Wasserstand gemessen.
Ab 7 : 00 Uhr stellte man folgende Wasserstände (in m) fest:

0,2; 1,2; 1,8; 2,5; 3,0; 3,2; 3,0; 2,7; 1,8; 0,9; 0,0; 0,1; 0,5; 1,1; 1,6; 2,3; 2,9; 3,1; 2,5; 2,0; 0,9; 0,2; 0,1.

a) Stellen Sie die Wertetabelle auf.
b) Zeichnen Sie den Graphen der Zuordnung *Zeitpunkt* ↦ *Wasserstand* in ein Koordinatensystem. Verbinden Sie die Punkte durch gerade Linien.
c) Zu welchen Zeitpunkten war der Wasserstand etwa 1 m hoch?
d) Dauerten Ebbe (fallendes Wasser) und Flut (steigendes Wasser) jeweils gleich lange?

4 Der Gebrauchtwagenwert sinkt ständig. Nach einem Jahr schätzte man den Wert eines Autos (neu: 25 000 €) auf 21 000 €.

Alter des Autos (in Jahren)	geschätzter Wiederverkaufswert (in €)
0	25 000
1	21 000
2	18 000
3	15 500
4	13 500

a) Stellen Sie die Zuordnung *Alter des Autos* ↦ *Wiederverkaufswert* in einem Pfeilbild dar.
b) Geben Sie Definitions- und Wertemenge der Zuordnung an.
c) Zeichnen Sie das Schaubild der Zuordnung in ein Koordinatensystem. Verbinden Sie die Punkte durch gerade Linien.

5 Erklären Sie diese Zuordnung.

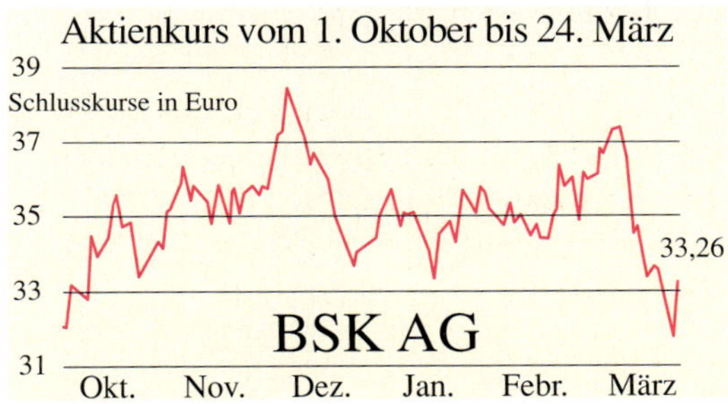

Funktionen

Die Formel $A = \pi \cdot r^2$ ordnet jedem Kreis mit dem Radius r den Flächeninhalt A zu. Ändert sich r, so ändert sich auch A.

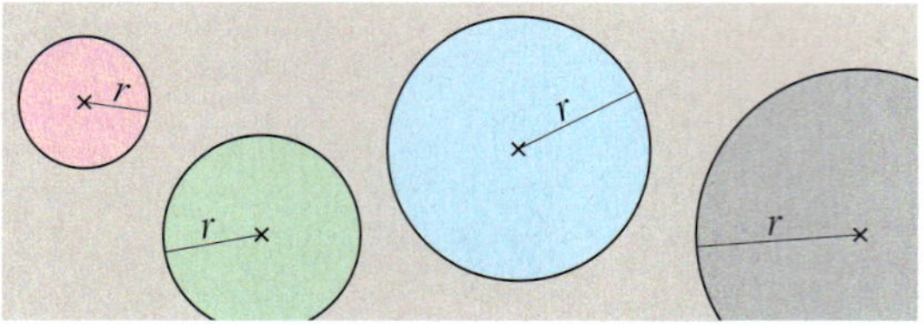

Eine solche Zuordnung nennt man **Funktion**. Aus dieser Funktion kann man z. B. diese Wertetabelle errechnen

Radius r (cm)	1	2	3	4	5
Fläche A (cm²)	3,14	12,56	28,26	50,24	78,5

Funktionen sind eindeutige Zuordnungen.

Beispiele

1. Die Wertetafel für die Zuordnung *Masse* ↦ *Preis* ordnet jeder Masse genau einen Preis zu. Sie ist die *Masse-Preis-Funktion*.

Masse (in g)	50	100	150	250
Preis (in €)	0,75	1,5	2,25	3,75

2. An einem Außenthermometer wird von 8 : 00 Uhr bis 18 : 00 Uhr alle zwei Stunden die Temperatur abgelesen und in eine Wertetabelle eingetragen. In der Wertetabelle ist jedem Zeitpunkt eine bestimmte Temperatur eindeutig zugeordnet. Zeit und Temperatur bilden eine Funktion.

Uhrzeit x (in h)	8	10	12	14	16	18
Temperatur y (in °C)	5	7	10	11	9	6

Die Wertepaare ergeben im Koordinatensystem diese Darstellung:

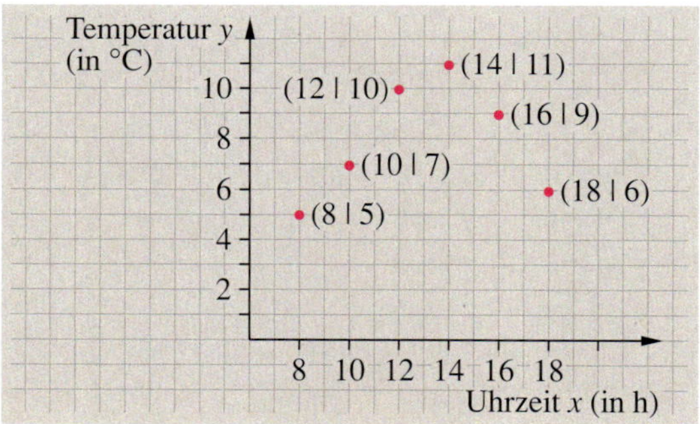

Diese sechs Punkte sind das Schaubild der Funktion.

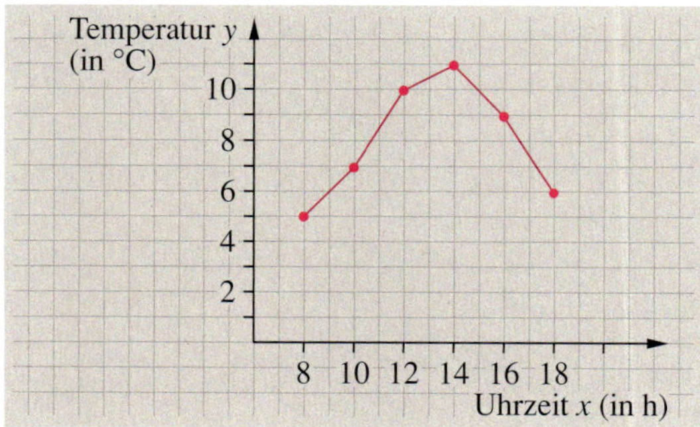

Zur besseren Anschaulichkeit verbindet man die Punkte oft durch Linien.

3. Durch den Satz „y ist die Hälfte von x" wird den geraden natürlichen Zahlen eindeutig eine natürliche Zahl zugeordnet.
Im Koordinatensystem ergeben sich Punkte, die regelmäßig angeordnet sind.

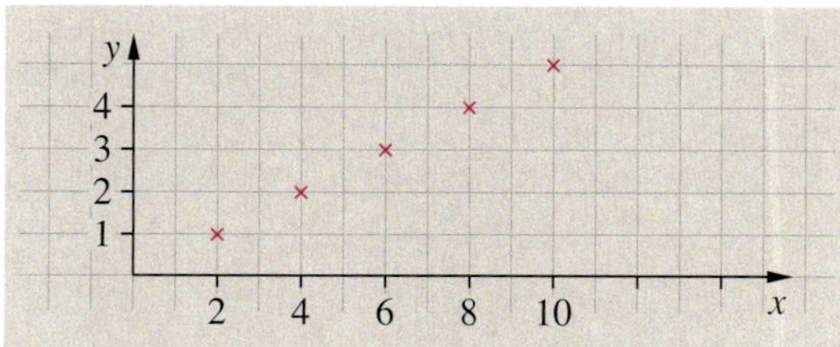

Bezeichnungen und Schreibweisen

Ist einer Zahl x eine Zahl y eindeutig zugeordnet, so ist y eine Funktion von x und man schreibt $x \mapsto y$. Kann man y aus x durch einen Term berechnen, so nennt man diesen Term *Funktionsterm* $f(x)$.

Beispiel

Die Umfangsformel für den Kreis ist $u = 2\pi \cdot r$. Der Umfang hängt vom Radius des Kreises ab. Bezeichnet man den Radius mit x, so kann man den Umfang als „Funktion von x" so schreiben:

Als Zuordnungspfeil $f: x \mapsto 2\pi \cdot x$
Als Funktionsgleichung $f(x) = 2\pi \cdot x$
Für das (x, y)-Koordinatensystem $y = 2\pi \cdot x$

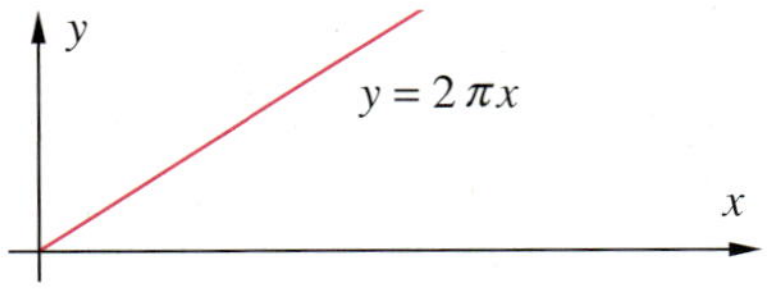

Als Wertetabelle

x	1	2	3	4	10	Radius (in cm)
y	6,28	12,56	18,84	25,12	62,80	Umfang (in cm)

Übungen

1 a) Füllen Sie die Wertetabelle für die Masse einiger Eisenstücke aus.

Volumen x (in cm^3)	1	3	5	6,5
Masse y (in g)	7,8			

b) Schreiben Sie die Funktion *Volumen* $\mapsto$ *Masse* mit einer Zuordnungsvorschrift.
c) Geben Sie die Funktion als Paarmenge an.

2 a) Geben Sie die Wertetabelle der Funktionen $f_1: x \mapsto 2x$ und $f_2: x \mapsto \frac{1}{3}x - 1$ für die Definitionsmenge $D = \{1; 2; \ldots; 10\}$ an.
b) Erfüllen Sie den Auftrag a) auch für folgende Funktionen mit dem Definitionsbereich $D = \{-6; -5; -4; \ldots; 5\}$.

$f_3: x \mapsto 3x$ $\quad$ $f_5: x \mapsto -\frac{1}{2}x$
$f_4: x \mapsto \frac{1}{2}x$ $\quad$ $f_6: x \mapsto -2x + 2{,}5$

3 Zeichnen Sie die Schaubilder für die Funktionen aus Aufgabe 2.

4 Es sei $D = \{-10; -5; 0; 5; 10\}$ die Definitionsmenge. Stellen Sie Wertetabellen auf und zeichnen Sie die Schaubilder.

a) $x \mapsto -1{,}5x$ $\quad$ c) $x \mapsto x^2$
b) $x \mapsto -1{,}5x - 1{,}5$ $\quad$ d) $x \mapsto x$

Liegen die Punkte auf einer Geraden?

5 Der Buchwert einer Maschine betrug bei linearer Abschreibung nach einem Jahr 10 500 € und nach zwei Jahren 9000 €.
a) Stellen Sie eine Wertetabelle auf für die Funktion f: Alter der Maschine in Jahren $\mapsto$ Buchwert der Maschine.
b) Zeichnen Sie das Schaubild und ermitteln Sie daraus den Anschaffungswert A der Maschine und die Abschreibungsdauer T.

Bei ***linearer Abschreibung*** werden die Anschaffungskosten auf die Jahre gleich verteilt, der Abschreibungsprozentsatz ergibt sich aus dem Bruch *100/Jahre der Nutzungsdauer* und bezieht sich immer auf den Anschaffungspreis.

6 Für ein Grundstück wird ein Kredit von 150 000 € aufgenommen. Das geliehene Geld wird mit 6,5 % verzinst. Am Ende jeden Jahrs werden 20 000 € zurückgezahlt.
Nach dem 1. Jahr betragen die Schulden 150 000 € + 6,5 % – 20 000 €, also
150 000 € + 9750 € – 20 000 € = **139 750 €**
Nach dem 2. Jahr betragen die Schulden 139 750 € + 6,5 % – 20 000 € = **128 833,75 €**
Berechnen Sie die weiteren Jahre.

Sachaufgaben

Die Zahlen der Definitionsmenge und der Wertemenge sind Zahlen aus $\mathbb{Q}$.

1 Setzen Sie für x nacheinander die Werte 0; 1; 2; – 1; – 2 ein und notieren Sie die zugehörigen Funktionswerte in einer Wertetabelle. Zeichnen Sie dann das Schaubild.

a) $x \mapsto x - 2$
b) $x \mapsto 2x + 1$
c) $x \mapsto 3x - 5$
d) $x \mapsto \frac{1}{2}x + \frac{5}{4}$
e) $x \mapsto 1{,}5x + 2{,}5$
f) $x \mapsto \frac{3}{4}x - 1$
g) $x \mapsto 0{,}5x - 2{,}5$
h) $x \mapsto 1{,}2x - 1{,}2$

Warum braucht man nur zwei Punkte zu bestimmen, um den Graphen der Funktion zeichnen zu können?

2 Die Zuordnungen, die in Aufgabe 1 beschrieben wurden, haben die Form $x \mapsto mx + b$. Wie heißt dort jeweils der Zahlenwert von m und b?

3 Zu einer linearen Funktion wurde die folgende Wertetabelle aufgestellt.

x	–2	–1	0	1	2	3
y	3	2	1	0	–1	–2

a) Zeichnen Sie das Schaubild der Funktion.
b) Wie lautet die Funktionsgleichung: $f(x) = -2x$ oder $f(x) = -x - 1$ oder $f(x) = -x + 1$ oder $f(x) = x - 1$?
Überprüfen Sie durch Einsetzen der x-Werte aus der Wertetabelle in die Gleichungen.

4 Zeichnen Sie die Funktionen mit den folgenden Gleichungen und beschreiben Sie deren Verlauf.

a) $f(x) = 3 + x$
b) $f(x) = \frac{1}{2} + x$
c) $f(x) = -4 + x$
d) $f(x) = -\frac{1}{3} + x$

5 Stellen Sie Wertetabellen für die Funktionen auf, die wie folgt festgelegt sind.

a) $f(x) = 5x$
b) $f(x) = 0{,}7x$
c) $f(x) = x + 2$
d) $f(x) = \frac{1}{3}x$
e) $f(x) = 2{,}5x$
f) $f(x) = 2x + 1{,}5$
g) $f(x) = -\frac{1}{4}x + 3$
h) $f(x) = 3x - \frac{1}{4}$

6 Stellen Sie die Funktionen aus Aufgabe 5 im Koordinatensystem dar.

7 Sind die folgenden Aussagen wahr (w) oder falsch (f)?
a) Der Graph der Funktion $x \mapsto \frac{2}{3}x$ verläuft durch die Punkte (4 | 6) und (– 6 | – 8).
b) Der Graph der Funktion $x \mapsto -\frac{1}{4}x + 2$ verläuft durch die Punkte (4 | 1) und (– 4 | 3).
c) Es gibt eine Gerade, die durch die Punkte (– 2 | 1), (2 | 3) und (5 | 6) verläuft.
d) Es gibt eine Gerade, die durch die Punkte (1 | 2), (2 | 4) und (4 | 8) verläuft.

8 Bei einem Autoverleih kostet ein Auto 30 € pro Tag Miete. Hinzu kommen 0,25 € für jeden gefahrenen Kilometer.
a) Stellen Sie eine Wertetabelle für die Gesamtkosten auf, wenn ein Wagen zum Wochenende (2 Tage) geliehen wird und wenn 50; 70; 100; 150; 200 bzw. 300 Kilometer gefahren werden.
b) Stellen Sie diese Funktion graphisch in einem Koordinatensystem dar.
c) Wie viele Kilometer ist jemand am Wochenende gefahren, wenn er für Miete und gefahrene Kilometer insgesamt 116,25 € zu zahlen hat?

9 Für einen Telefon-ISDN-Anschluss (mit dem man mit dem Computer ins Internet gehen kann) muss eine monatliche Grundgebühr von 24,75 € gezahlt werden. Eine Gesprächseinheit kostet in der Haupttelefonzeit als „Deutschlandverbindung" 0,0396 €.
a) Stellen Sie eine Wertetabelle auf für die monatlichen Gesamtkosten (y) bei 0, 10, 20, 30, 40, 50, 60, 70, 80, 90, 100 Gesprächseinheiten (x).
b) Zeichnen Sie ein Schaubild.

10 Ein Vater legt am 1. Januar für seinen Sohn ein Sparbuch mit 300 € an. Durch Dauerauftrag lässt er auf das Guthaben an jedem Monatsbeginn 30 € überweisen.
a) Stellen Sie in einer Wertetabelle die Kontostände bis zum Jahresende auf.
b) Zeichnen Sie das Schaubild der Funktion *Monat* $\mapsto$ *Kontostand*.

Lineare Funktionen und Geraden

Darstellung von linearen Funktionen durch Geraden

Selina berechnet die monatlichen Stromkosten ihrer Familie. Der Arbeitspreis je Kilowattstunde (kWh) beträgt 0,13 €. Die Grundgebühr beträgt 10 €.

Die Stromkosten hängen von der Grundgebühr und vom Verbrauch ab. Dem Stromverbrauch (gemessen in kWh) werden die Stromkosten (in €) zugeordnet. Zuerst legen wir für diese Zuordnung eine Wertetabelle an. Dann zeichnen wir im Koordinatensystem den Graphen (das Schaubild) der Zuordnung. Zum Schluss beschreiben wir diese Zuordnung durch eine Gleichung.

Wertetabelle

Verbrauch in kWh	x	0	50	100	150	200
Stromkosten in €	y	$0{,}13 \cdot 0 + 10 = 10{,}00$	$0{,}13 \cdot 50 + 10 = 16{,}50$	$0{,}13 \cdot 100 + 10 = 23{,}00$	$0{,}13 \cdot 150 + 10 = 29{,}50$	$0{,}13 \cdot 200 + 10 = 36{,}00$

Graph

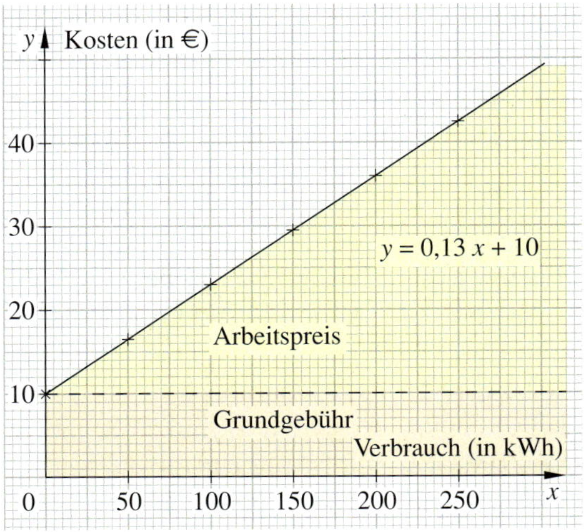

Gleichung

Wir bezeichnen den Stromverbrauch mit x, die Stromkosten bezeichnen wir mit $f(x)$ oder y.

Für $x = 0$ ist $y = 0{,}13 \cdot 0 + 10 = 10$
Für $x = 50$ ist $y = 0{,}13 \cdot 50 + 10 = 16{,}50$
Für $x = 100$ ist $y = 0{,}13 \cdot 100 + 10 = 23$
Für $x = 150$ ist $y = 0{,}13 \cdot 150 + 10 = 29{,}50$

Wir erkennen daraus die Gleichung für das (x, y)-Koordinatensystem

$$y = 0{,}13 \cdot x + 10$$

Der Graph der Zuordnung ist eine Gerade. Eine solche Zuordnung heißt **lineare Funktion.**

Der Graph der linearen Funktion $\boldsymbol{f(x) = m \cdot x + b}$ ist eine Gerade. Sie wird im (x, y)-Koordinatensystem durch eine Geradengleichung der Form $y = mx + b$ bestimmt.

Beispiel

Shaline, Mia, Benjamin und Stefan fahren nachts nach der Disco mit einem Großraumtaxi nach Hause. Welche Kosten entstehen? Die Grundgebühr beträgt 3 €, der Kilometerpreis 1,40 €.

Wertetabelle

Entfernung in km	Fahrpreis in €
0	$1{,}4 \cdot 0 + 3 = 3$
1	$1{,}4 \cdot 1 + 3 = 4{,}4$
2	$1{,}4 \cdot 2 + 3 = 5{,}8$
3	$1{,}4 \cdot 3 + 3 = 7{,}2$
4	$1{,}4 \cdot 4 + 3 = 8{,}6$
5	$1{,}4 \cdot 5 + 3 = 10$
6	$1{,}4 \cdot 6 + 3 = 11$
7	$1{,}4 \cdot 7 + 3 = 12{,}8$
⋮	⋮
Gleichung:	$y = 1{,}4 \cdot x + 3$

Graph

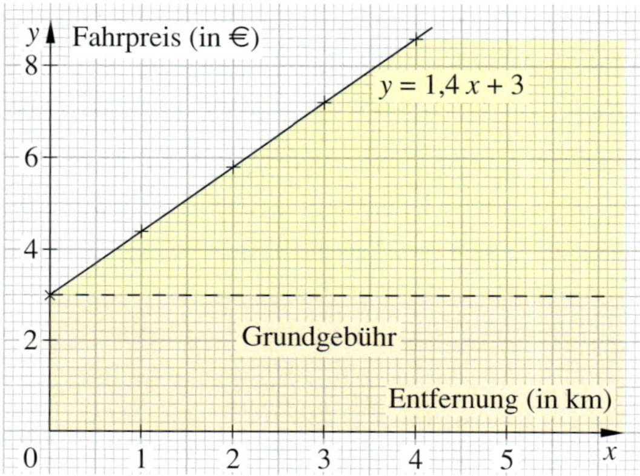

$y = 1{,}4 \cdot x + 3$ ist die Gleichung einer linearen Funktion. Der Graph ist eine Gerade.

Übungen

1 Setzen Sie die Werte 0, 1, 2, 3, 4 nacheinander für x ein und notieren Sie die zugehörigen y-Werte in einer Wertetabelle. Zeichnen Sie dann den Graphen der Funktion.

a) $f(x) = x - 2$
b) $f(x) = 2x + 1$
c) $f(x) = 3x - 5$
d) $f(x) = \frac{1}{2}x + \frac{5}{4}$
e) $f(x) = 1{,}5x + 2{,}5$
f) $f(x) = \frac{3}{4}x - 1$
g) $f(x) = 0{,}5x - 2{,}5$
h) $f(x) = 1{,}2x - 1{,}2$

2 Zu einer linearen Funktion wurde die Wertetabelle aufgestellt.

x	0	1	2	3
y	−1	0	1	2

a) Zeichnen Sie den Graphen der Funktion.
b) Wie lautet die Geradengleichung dafür: $y = 2x$ oder $y = x + 1$ oder $y = x - 1$? Überprüfen Sie durch Einsetzen.

3 Stellen Sie die Wertetabelle auf. Zeichnen Sie den Graphen in ein Koordinatensystem.

a) $y = 5x$
b) $y = 5x + 3$
c) $y = x + 2$
d) $y = \frac{1}{3}x$
e) $y = 2{,}5x$
f) $y = 2{,}5x - 1$
g) $y = 2x - 1{,}5$
h) $y = x + 6$

4

Top-Angebot:
VW-Golf für ein Wochenende (2 Tage)!
Leihgebühr 50 € Kilometerpreis 0,20 €
und 100 km frei!!

a) Schreiben Sie eine Wertetabelle für die Gesamtkosten, wenn jemand mit dem Mietwagen 50 km, 100 km, 150 km, 200 km, 250 km bzw. 300 km fahren möchte.
b) Zeichnen Sie den Graphen (x-Achse: 1 cm ≙ 50 km, y-Achse: 1 cm ≙ 10 €).
c) Markieren Sie in der Zeichnung die Kosten für die Leihgebühr und für die gefahrenen Kilometer (wie im Beispiel oben).
d) Jemand zahlt für Leihgebühr und gefahrene Kilometer 130 €.

5 Bei einer Geschwindigkeit von 25 $\frac{\text{km}}{\text{h}}$ braucht ein Mofa 2,5 l Benzin auf 100 km.
a) Übertragen Sie die Tabelle und ergänzen Sie im Heft.

Entfernung in km	x	10	20	40	60	80	100
Verbrauch in l	y						

b) Zeichnen Sie den Graphen. Wählen Sie 1 cm für 10 km Entfernung bzw. für 1 l Benzin.

Die Steigung einer Geraden

Züge und viele Kraftfahrzeuge können nur geringe Steigungen überwinden. In Gebirgen setzt man daher oft Seilbahnen oder Zahnradbahnen ein. Diese eignen sich auch für steile Strecken.

Eine Steigung von 8% $(= \frac{8}{100} = \frac{16}{200} = \ldots)$ bedeutet:

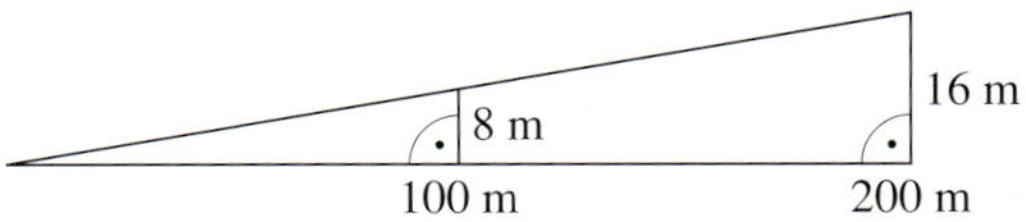

Auf 100 m in der Waagerechten werden 8 m Höhenunterschied überwunden.

Auf 200 m in der Waagerechten werden 16 m Höhenunterschied überwunden.
usw.

In der Mathematik spricht man von einer **Steigung** $\boldsymbol{m = \frac{8}{100} = 0{,}08}$.

Die Gerade in diesem Bild hat die Steigung $m = 1{,}5$ und verläuft durch den Nullpunkt.

Geht man vom Punkt $P\,(0\,|\,0)$ 1 Einheit nach rechts und dann 1,5 Einheiten nach oben, so erreicht man den Punkt $Q\,(1\,|\,1{,}5)$.

Geht man vom Punkt $Q\,(1\,|\,1{,}5)$ 1 Einheit nach rechts und dann 1,5 Einheiten nach oben, so erreicht man den Punkt R $(2\,|\,3)$ *usw.*

Es entsteht jeweils ein **Steigungsdreieck**.
Die Steigung ist immer $m = \frac{1{,}5}{1} = 1{,}5$.
Die Gerade hat die Gleichung $y = 1{,}5\,x$.

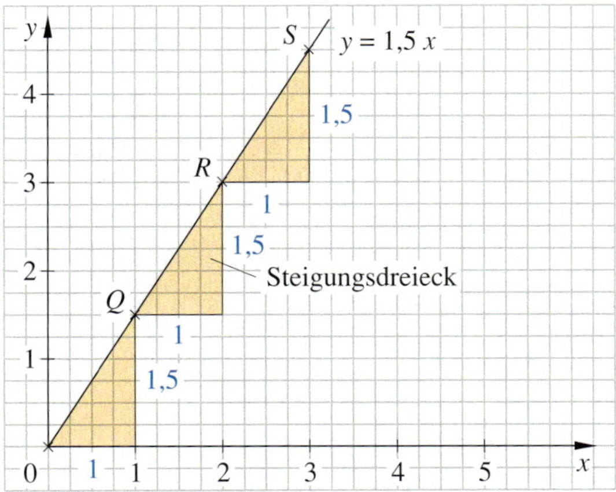

Eine Gerade mit der Steigung m, die durch den Nullpunkt geht, hat die Gleichung $\boldsymbol{y = m \cdot x}$.

Beispiele

a) Wir zeichnen den Graphen der Gleichung

$$y = \frac{2}{5}x.$$

Weil der Graph eine Gerade durch den Nullpunkt ist, benötigen wir nur noch einen weiteren Punkt auf der Geraden. Diesen Punkt finden wir mithilfe der Steigung $m = \frac{2}{5}$.

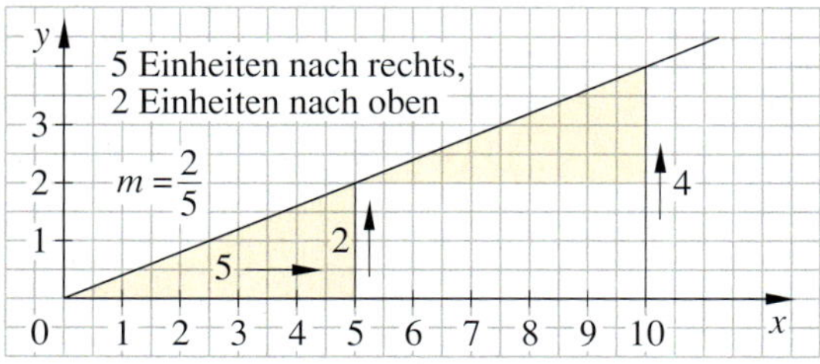

$m = \frac{2}{5} = \frac{4}{10} = \ldots$ heißt: 5 Einheiten nach rechts, dann 2 Einheiten nach oben
oder: 10 Einheiten nach rechts, dann 4 Einheiten nach oben *usw.*

Es entsteht jeweils ein **Steigungsdreieck**.

b) Eine Gerade mit der Steigung $m = \frac{3}{8}$ geht durch den Koordinatenursprung.
Sie hat die Gleichung $y = \frac{3}{8}x$.

Wir berechnen für einige Werte von x den y-Wert und schreiben eine Wertetabelle.

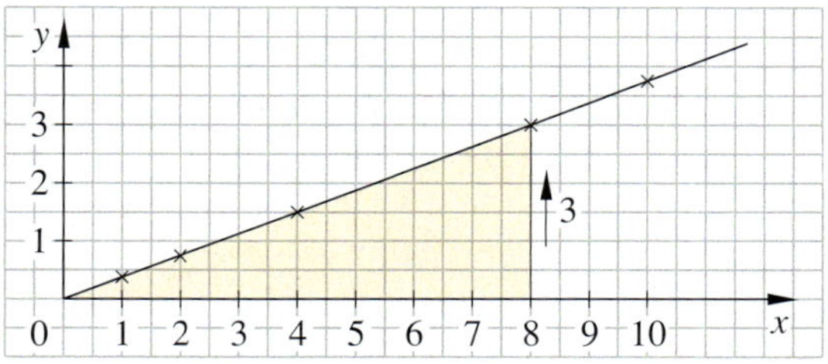

x	1	2	4	8	10
y	$\frac{3}{8}$	$\frac{3}{4}$	$\frac{3}{2}$	3	$3\frac{3}{4}$

Die Geradengleichung ist $y = \frac{3}{8}x$.

Wir prüfen nach:
Die Steigung dieser Geraden ist

$\frac{3}{8} : 1 = \frac{3}{4} : 2 = \frac{3}{2} : 4 = 3 : 8 = 3\frac{3}{4} : 10 \; (= \frac{3}{8})$

$m = \frac{3}{8} = \frac{6}{16} = \ldots$ heißt: 8 Einheiten nach rechts, dann 3 Einheiten nach oben
oder: 16 Einheiten nach rechts, dann 6 Einheiten nach oben *usw.*

Übungen

1 Zeichnen Sie die Geraden für

a) $y = \frac{3}{5}x$ c) $y = \frac{2}{7}x$

b) $y = \frac{1}{3}x$ d) $y = 3x$

2 Zeigen Sie, dass die Steigung $m = 0{,}2$ ist. Bestimmen Sie die Punkte P, Q, R.

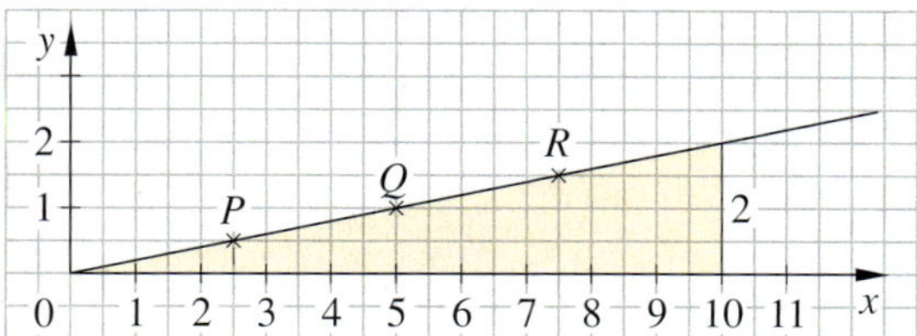

Prüfen Sie: Für jeden Punkt der Geraden ist der Quotient aus senkrechtem und waagerechtem Abstand von den Achsen gleich.

3 Zeichnen Sie eine Gerade durch den Nullpunkt mit folgender Steigung. Bestimmen Sie die Gleichung.

a) 6 Einheiten nach rechts, dann 3 Einheiten nach oben

b) 4,5 Einheiten nach rechts, dann 9 Einheiten nach oben

4 a) Welche Gerade hat die Steigung 1?

b) Welche Geraden hat die Steigung 2?

c) Welche Steigung hat die dritte Gerade?

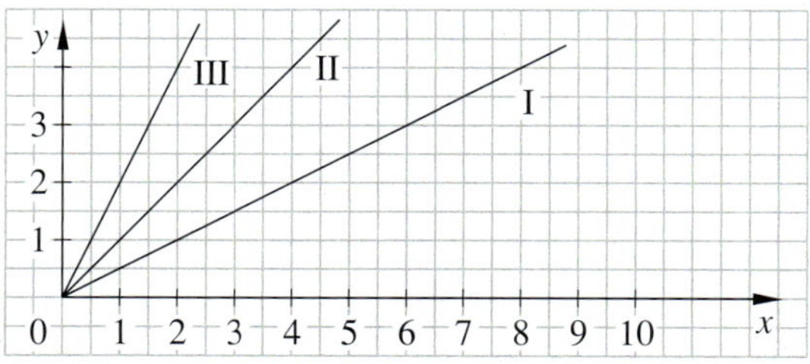

Geraden mit negativer Steigung

Beispiele

1. Wir errechnen für $y = -\frac{3}{2}x$ eine Wertetabelle:

x	1	2	3	4
y	$-\frac{3}{2}$	-3	$-4\frac{1}{2}$	-6

und zeichnen die Gerade in das Koordinatensystem.

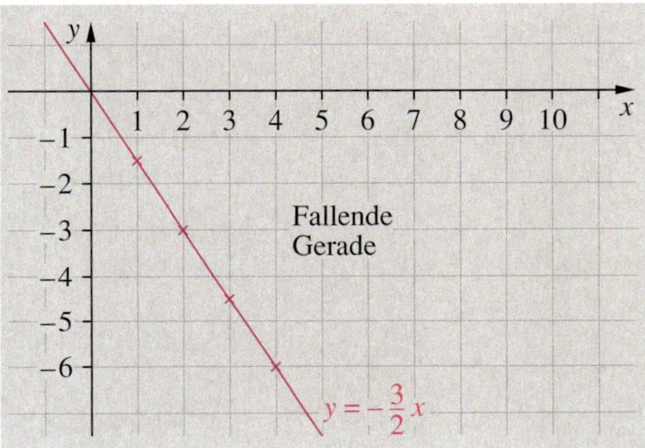

2. a) So zeichnen wir die Gerade g für $y = -\frac{4}{5}x$ mit dem Steigungsdreieck.

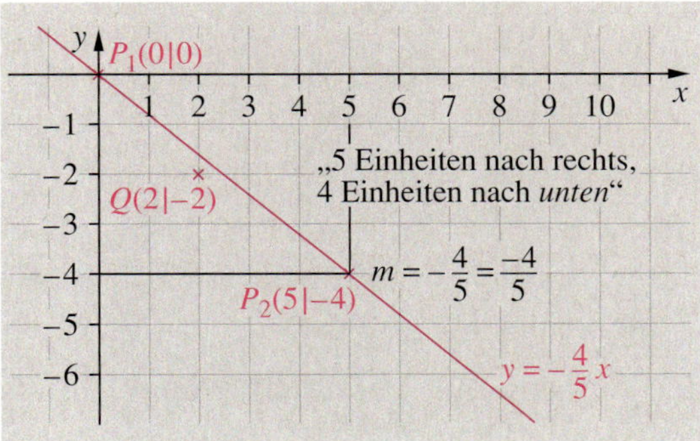

b) So prüfen wir, ob der Punkt $Q(2|-2)$ auf dieser Geraden liegt (**Punktprobe**).
Wir setzen x-Wert und y-Wert von Q in die Geradengleichung ein und erhalten:
$2 = -\frac{4}{5} \cdot (-2)$, das heißt $2 = \frac{8}{5}$. Dies ist aber falsch, also liegt Q nicht auf der Geraden.

Ist die Steigung m negativ, so erhält man eine **fallende** Gerade.
Ist die Steigung m positiv, so erhält man eine **steigende** Gerade.

Übungen

1 Eine Gerade verläuft durch den Koordinatenursprung und durch den Punkt
a) $(4|8)$,
b) $(-1|3)$,
c) $(-3|2)$,
d) $(3|0)$,
e) $(10|1)$,
f) $(\frac{4}{7}|\frac{1}{7})$,
g) $(-5|-15)$,
h) $(5{,}3|-15{,}9)$.
Welche Steigung haben die Geraden? Wie heißen die Geradengleichungen?

2 Zeichnen Sie in ein Koordinatensystem die Geraden mit
a) $y = \frac{1}{3}x$
b) $y = -\frac{1}{3}x$,
c) $y = \frac{7}{2}x$,
d) $y = -3{,}5x$,
e) $y = 0$,
f) $2y - 5x = 0$.
Überprüfen Sie, auf welchen Geraden die Punkte $P_1(0|0)$ und $P_2(3|1)$ liegen.

3 a) Welche Geraden steigen, welche Geraden fallen?
b) Bestimmen Sie die Steigungen der vorgegebenen Geraden.
c) Für welche Geraden gilt: $m < 0$, für welche gilt: $m > 0$?
d) Wie lauten die Geradengleichungen?

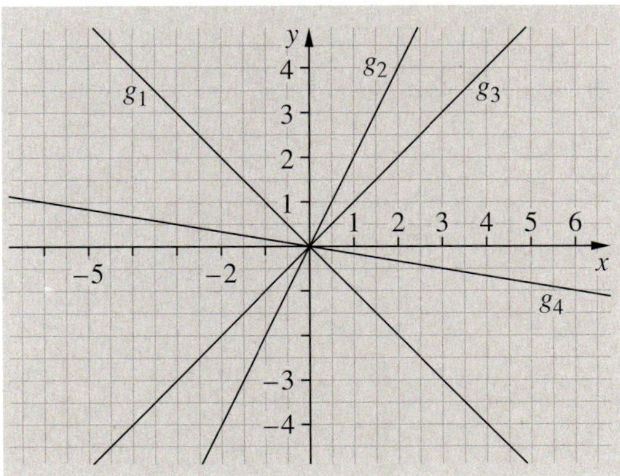

Schnittpunkt mit der y-Achse

In welchen Punkten schneiden die Graphen von $y = x$ und von $y = x + 1{,}5$ die y-Achse?

Wertetabellen

x	0	1	2	3	4
$y=x$	0	1	2	3	4

x	0	1	2	3	4
$y=x+1{,}5$	1,5	2,5	3,5	4,5	5,5

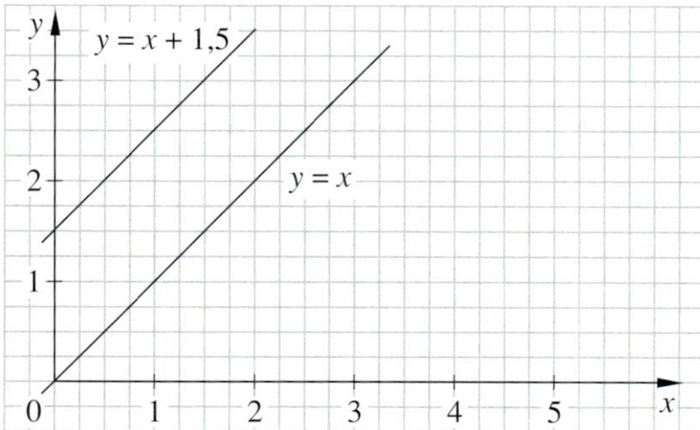

Wenn man $x = 0$ einsetzt, so erhält man den Schnittpunkt mit der y-Achse.

Die Gerade von $y = x$ schneidet die y-Achse im Punkt $(0\,|\,0)$, denn für $x = 0$ ist $y = 0$.
Die Gerade von $y = x + 1{,}5$ schneidet die y-Achse im Punkt $(0\,|\,1{,}5)$, denn für $x = 0$ ist $y = 1{,}5$.

Beispiel Wo schneidet der Graph mit der Gleichung $y = 2x - 1$ die y-Achse?

Wertetabelle

x	0	1	2	3	4
$y=2x-1$	−1	1	3	5	7

Die Gerade $y = 2x - 1$ schneidet die y-Achse im Punkt $(0\,|\,-1)$, denn für $x = 0$ ist $y = -1$.

Die Steigung der Geraden ist $m = 2 = \frac{2}{1}$; das heißt: 1 Einheit nach rechts, 2 Einheiten nach oben.

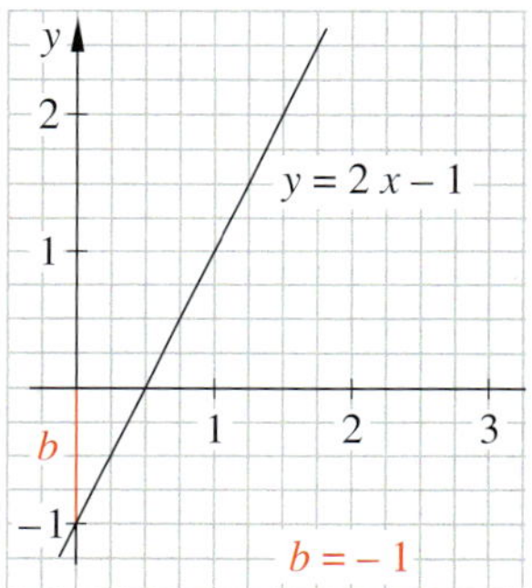

Den Schnittpunkt mit der x-Achse (dort ist $y = 0$) finden wir so:

$0 = 2x - 1$

d. h. (Gleichung auflösen)

$x = \frac{1}{2}$.

> Eine Gerade mit der Gleichung $y = mx + b$ schneidet die y-Achse im Punkt $(0\,|\,b)$.
> b heißt auch das absolute Glied der Geradengleichung. Es zeigt den Schnittpunkt der Geraden mit der y-Achse an.

Übungen

1 Wo schneiden die Geraden die y-Achse?

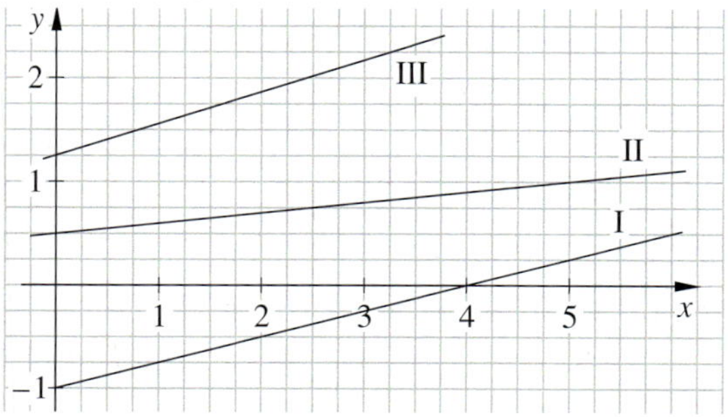

2 Wo schneidet die Gerade die y-Achse?

a) $y = 2x + 1$
b) $y = 2x - 2{,}5$
c) $y = 3x - \frac{1}{2}$
d) $y = 3x + \frac{1}{3}$

3 Zeichnen Sie die Gerade durch die beiden Punkte. Bestimmen Sie aus der Zeichnung den Schnittpunkt mit der y-Achse.

a) $(-2\,|\,-5)$; $(3\,|\,10)$
b) $(3\,|\,10)$; $(-3\,|\,-4)$
c) $(-2\,|\,5{,}5)$; $(1\,|\,-0{,}5)$
d) $(-2\,|\,-6)$; $(1\,|\,3)$

4 Zeichnen Sie die Geraden. Was fällt auf?
$y = x + 2{,}5$; $y = 2x + 2{,}5$; $y = \frac{1}{2}x + 2{,}5$

Eine Gerade, die durch den Koordinatenursprung (0 | 0) verläuft, heißt **Ursprungsgerade**.

5 Berechnen Sie Wertetabellen. Welche Geraden sind *keine* Ursprungsgeraden?

a) $y=-2x+3$
b) $y=-2x$
c) $y=\frac{1}{2}x$
d) $y=\frac{1}{2}x-7$
e) $y=-2x-1$
f) $y=-2x$
g) $y=-5x$
h) $y=-5x+2$

6 a) Welche der Geraden g_1, g_2, g_3, g_4, g_5 kann zu der Gleichung $y = 2x - 1$ gehören?

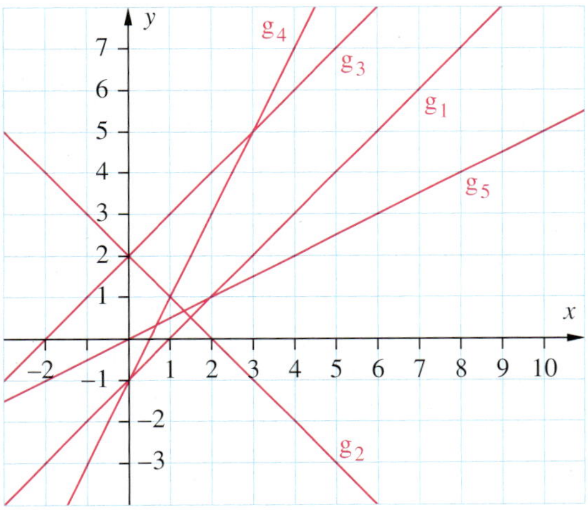

b) Welche Gerade gehört zur Gleichung $y=\frac{1}{2}x$?
c) Welche Gerade kann zur Gleichung $y=x+2$ gehören?
Arbeiten Sie mit der Wertetabelle.

7 Zeichnen Sie die Geraden durch die Punkte

a) (1 | 1) und (5 | 5)
b) (1 | 1) und (−2 | 2)
c) (0 | 3) und (4 | 1)
d) (−3 | 2) und (−2 | 4)

Welche Geraden sind Ursprungsgeraden? Welche Geraden fallen, welche steigen?

8 Geben Sie die Gleichungen der Ursprungsgeraden an, die durch diesen Punkt gehen:

a) (2 | 3)
b) (1,5 | 6)
c) (−3 | −2)
d) (4 | 4)
e) (4 | −4)
f) (−4 | 4)

9 Geben Sie Geraden an, die die y-Achse in B schneiden.

a) $B\,(0|2)$ b) $B\,(0|-3)$ c) $B\,(0|-\frac{1}{2})$

10 Bringen Sie die Geradengleichung auf die Form $y = mx + b$ und bestimmen Sie den Schnittpunkt mit der y-Achse.

a) $y+2x=6$
b) $y-4x=-3$
c) $y+9=3x$
d) $y-5=\frac{1}{2}x$

11 Bringen Sie die allgemeine Form der Geradengleichung auf die Form $y = mx + b$. Ermitteln Sie daraus den Achsenabschnitt b für die Geraden:

a) $2y-6x+2=0$
b) $3y+9x-18=0$
c) $4y-8x-12=0$

12 Für die Gerade durch die Punkte (0 | 0) und (0 | 5) kann man keine Gleichung von der Form $y = m \cdot x + b$ schreiben. Warum nicht?

13 Gibt es eine Gerade durch die drei Punkte $A\,(2|3)$, $B\,(-1|-3)$, $C\,(-1|-2)$?

14 Zeichnen Sie die Geraden mithilfe einer Wertetabelle und messen Sie mit dem Geodreieck den Winkel zwischen der Geraden und der x-Achse für

a) $y=x+3$
b) $y=-x-1$
c) $y=2x$
d) $y=\frac{1}{2}x+3$
e) $y=0{,}72x-1{,}5$
f) $y=-1{,}3x-0{,}8$

15 Der „Reaktionsweg" beim Autofahren ist der Weg, den das Auto von dem Augenblick an zurücklegt wo der Fahrer eine Gefahr bemerkt, bis zu dem Augenblick, in dem er auf die Bremse tritt. Der Weg hängt von der Geschwindigkeit des Fahrzeugs ab. Man rechnet mit dieser Formel

$R=\frac{3}{10}\cdot T.$

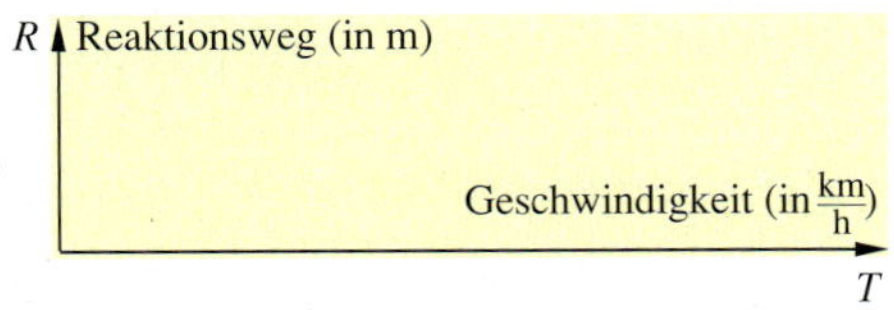

T ist die Geschwindigkeit in $\frac{\text{km}}{\text{h}}$,
R ist der Reaktionsweg in m gemessen.
Zeichnen Sie die Kurve in das Koordinatensystem.

Zeichnen nach der Geradengleichung

Bisher haben wir Graphen von linearen Funktionen mithilfe von Wertetabellen gezeichnet. Das geht jetzt einfacher.

Wir zeichnen die Gerade $y = \frac{2}{3}x + 1$.

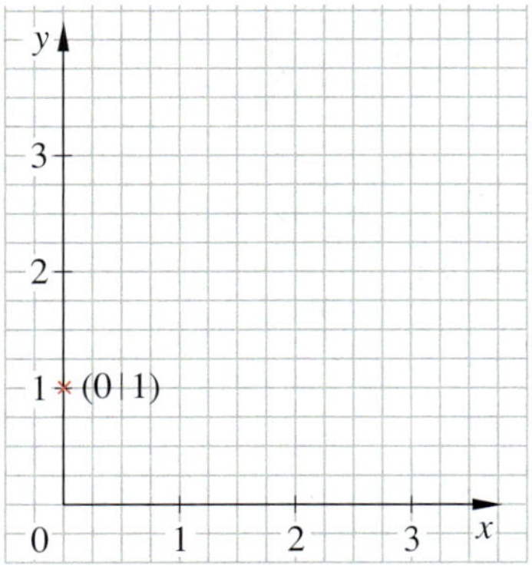

Der Schnittpunkt mit der y-Achse ist der Punkt $(0\,|\,1)$, denn für $x = 0$ ist $y = 1$.

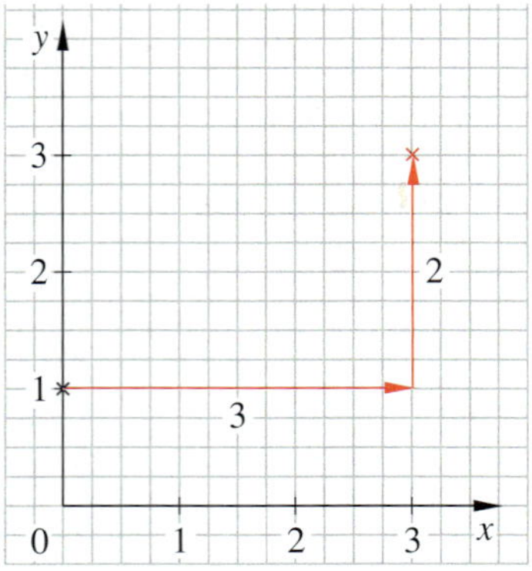

$m = \frac{2}{3}$, das heißt von $(0\,|\,1)$ aus 3 Einheiten nach rechts, dann 2 Einheiten nach oben.

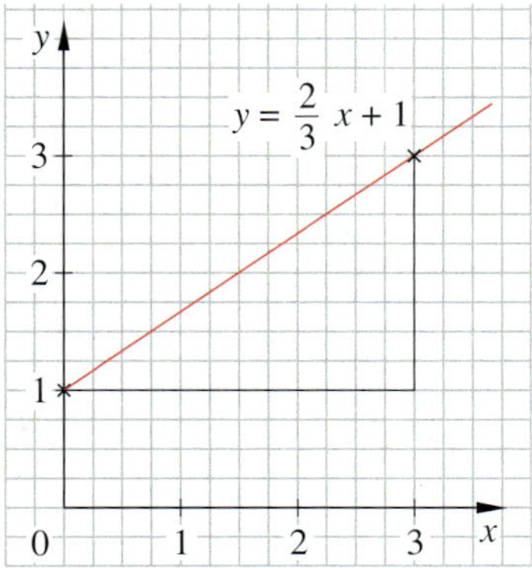

Wir verbinden die beiden Punkte zu einer Geraden.

Die Gerade $y = mx + b$ schneidet die y-Achse in $(0\,|\,b)$ und hat die Steigung m.

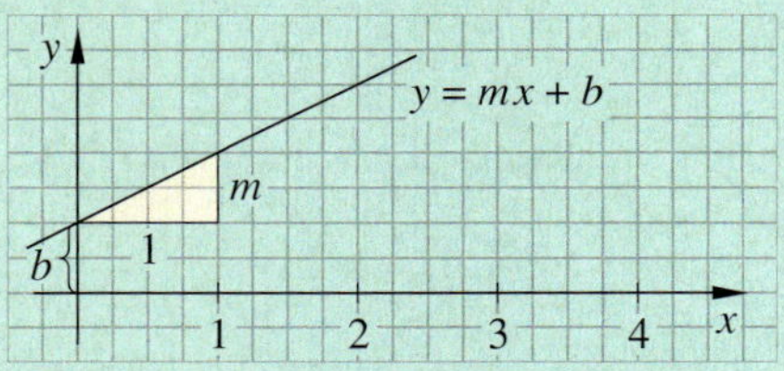

Beispiel Zeichnen Sie den Graphen zu $y = \frac{3}{2}x - 2$.

Der Schnittpunkt mit der y-Achse ist der Punkt $(0\,|\,-2)$, denn für $x = 0$ ist $y = -2$. $(b = -2)$

$m = \frac{3}{2}$, das heißt vom Punkt $(0\,|\,-2)$ aus gehen wir 2 Einheiten nach rechts, dann 3 Einheiten nach oben.
Dann verbinden wir die beiden Punkte.

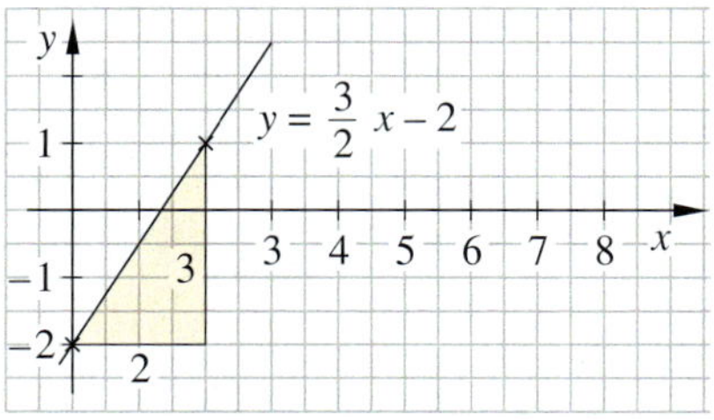

Beispiel Zeichnen Sie den Graphen zu $y = -\frac{4}{3}x + 2$.

Der Schnittpunkt mit der y-Achse ist der Punkt $(0\,|\,2)$, denn für $x = 0$ ist $y = 2$. $(b = 2)$

$m = -\frac{4}{3}$, das heißt, vom Punkt $(0\,|\,2)$ aus gehen wir 3 Einheiten nach rechts, dann 4 Einheiten nach unten. Wir erhalten den Punkt $(3\,|\,-2)$.
Dann verbinden wir die beiden Punkte.

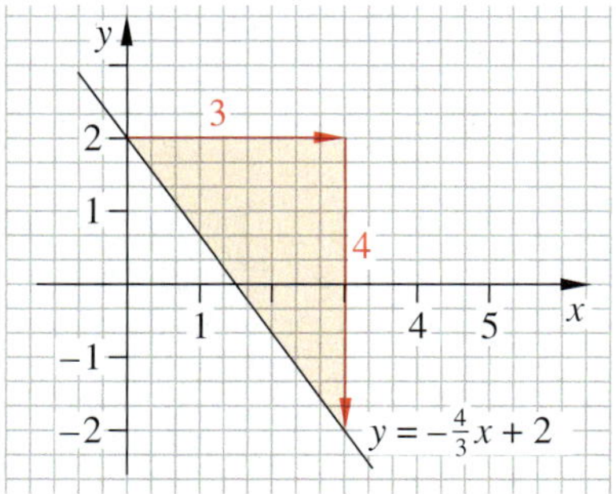

Übungen

> Das in den Bildern eingezeichnete Dreieck nennt man das **Steigungsdreieck**.

1 Zeichnen Sie das Steigungsdreieck für die Geraden mit den folgenden Gleichungen in das Koordinatensystem. Beginnen Sie am Schnittpunkt der Geraden mit der y-Achse. Zeichnen Sie danach die Gerade.

a) $y = \frac{1}{2}x + 5$
b) $y = 2x + 1{,}5$
c) $y = 0{,}6x - 3$
d) $y = -0{,}5x + 2{,}5$
e) $y = 3x$
f) $y = -2x$
g) $y = \frac{1}{4}x + \frac{1}{2}$
h) $y = -\frac{1}{4}x + \frac{1}{2}$

2 Messen Sie an den gezeichneten Geraden aus Aufgabe 1 nach, wie lang der (rote) Abschnitt ist, den die Gerade vom Ursprung des Koordinatensystems bis zu ihrem Schnittpunkt mit der x-Achse misst.

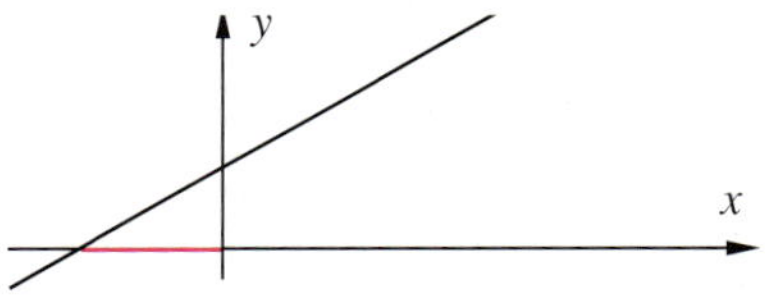

3 Zeichnen Sie im Koordinatensystem die Geraden, die durch diese Geichungen gegeben sind:

a) $y = x + 3$
b) $y = -x + 1$
c) $y = 2x$
d) $y = -3x$
e) $y = 2x - 4$
f) $y = 0{,}7x + 2{,}3$
g) $y = -\frac{3}{4}x - 1\frac{1}{2}$
h) $y = \frac{3}{4}x - 1\frac{1}{2}$

4 Stellen Sie durch Einsetzen in die Gleichung fest, welcher der drei Punkte auf der Geraden g: $y = 3x - 4$ liegt.
$P_1(1\,|\,-1)$; $P_2(2\,|\,2)$; $P_3(2{,}5\,|\,3)$

5 Die Gerade g bildet mit der y-Achse und der x-Achse ein Dreieck.

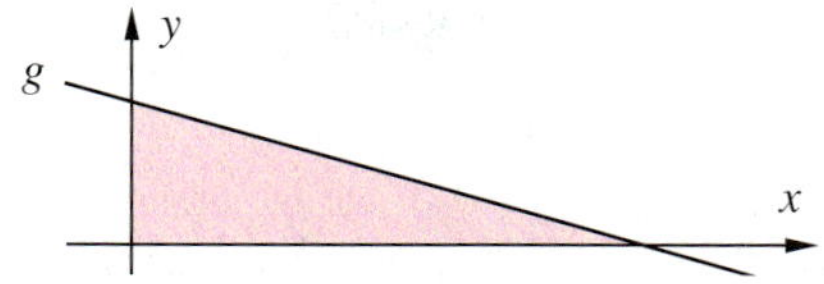

Berechnen Sie den Flächeninhalt des (roten) Dreiecks. Messen Sie ggf. fehlende Längen nach. Die Geradengleichungen sind

a) $y = -x + 3$
b) $y = x + 2$
c) $y = -3x$
d) $y = -3x$
e) $y = -3x + 3$
f) $y = -\frac{2}{3}x + 1$
g) $y = 0{,}5x + 2$

6 Berechnen Sie den Flächeninhalt des von diesen 3 Geraden gebildeten Dreiecks. Messen Sie fehlende Längenangaben nach.

g_1: $y = x + 3$
g_2: $y = -x + 3$
g_3: $y = -\frac{1}{2}x + 10$

7 Vier Geraden seien wie folgt festgelegt:

g_1: $y = \frac{1}{2}x - 4$ $\quad$ g_3: $3x - 6y - 12 = 0$
g_2: $y = 2x + 1{,}5$ $\quad$ g_4: $2y + x = 3$

a) Welche Geraden verlaufen parallel zueinander?
b) Der Punkt $P_1(x\,|\,-2)$ soll auf g_1 liegen. Berechnen Sie x.
c) Der Punkt $P_2(4\,|\,y)$ soll auf g_2 liegen. Berechnen Sie y.

8 Der Punkt $P(2\,|\,2)$ soll auf der Geraden g: $y = 2x + b$ liegen. Bestimmen Sie b.

9 Vier Geraden sind gegeben durch

g_1: $y = 2x - 1$ $\quad$ g_2: $y = 1$
g_3: $y = 5$ $\quad$ g_4: $y = 10 - x$

Die vier Geraden schließen ein Trapez ein. Zeichnen Sie das Trapez und berechnen Sie seinen Flächeninhalt.

Aufstellen von Geradengleichungen

Wir zeigen an Beispielen, wie man allgemein Geradengleichungen aufstellt.

Beispiele

1. Von einer Geraden $y = mx + b$ ist die Steigung $m = 3$ und der Punkt $P(2|4)$ bekannt. Wir setzen die Koordinaten des Punkts P und den Wert für m in die Gleichung $y = mx + n$ ein und erhalten:
$4 = 3 \cdot 2 + b$, also $b = -2$.
Die Geradengleichung ist $y = 3x - 2$.

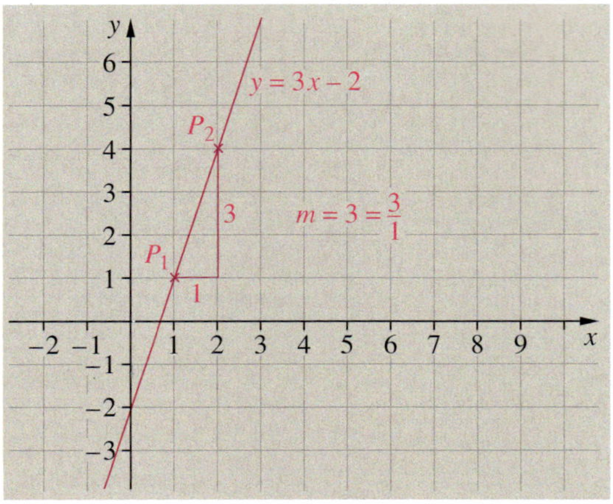

2. Eine Gerade soll durch die Punkte $P_1(1|1)$ und $P_2(3|5)$ gehen.
a) Wir bestimmen die Steigung m. In dem Steigungsdreieck ist das Steigungsverhältnis $\frac{5-1}{3-1} = \frac{4}{2} = 2$, also ist $m = 2$.
b) Wir bestimmen b. Dazu setzen wir die Koordinaten eines Punks in die Gleichung $y = 2x + b$ ein und erhalten:
$1 = 2 \cdot 1 + b$, also $b = -1$. Die Geradengleichung lautet $y = 2x - 1$.

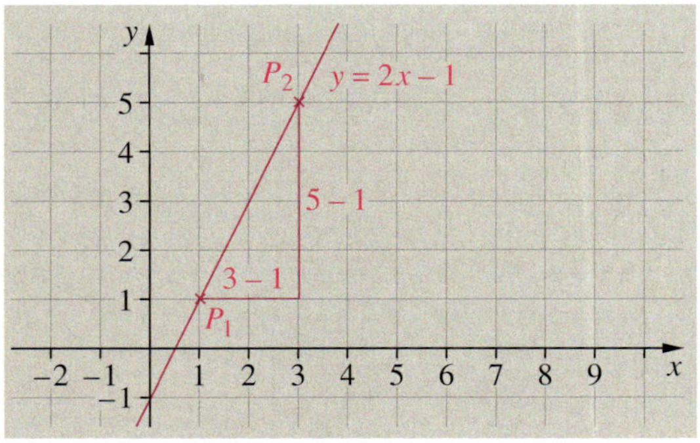

Für Punkte $P_1(x_1|y_1)$ und $P_2(x_2|y_2)$ gilt: Die Steigung der Strecke $\overline{P_1P_2}$ ist $m = \frac{y_2 - y_1}{x_2 - x_1}$.

Übungen

1 Wie heißt die Geradengleichung, wenn die Steigung m und ein Punkt P bekannt sind?
a) $m = 2$; $P(2|3)$ d) $m = -2$; $P(2|-3)$
b) $m = 1{,}5$; $P(1|3)$ e) $m = -1{,}5$; $P(-2|-2)$
c) $m = \frac{1}{3}$; $P(6|-1)$ f) $m = -\frac{1}{3}$; $P(6|-1)$

2 Zeichnen Sie die Geraden, die durch P_1 und P_2 verlaufen, und bestimmen Sie die Geradengleichungen.
a) $P_1(2|4)$; $P_2(1|2)$ e) $P(-1|-3)$; $P_2(2|6)$
b) $P_1(3|5)$; $P_2(0|1)$ f) $P_1(-1|1)$; $P_2(3|-1)$
c) $P_1(-1|-2)$; $P_2(2|1)$
d) $P_1(-1|-2)$; $P_2(3|4)$

3 Eine Ursprungsgerade geht durch den Punkt P. Wie heißt die Geradengleichung?
a) $P(1|6)$ c) $P(-1|0)$
b) $P(2|5)$ d) $P(-1{,}5|-4)$

4 Auf welcher Geraden $g_1, \ldots, g_6$ liegen jeweils die Punkte P und Q? Bringen Sie die Gleichungen auf die Form $y = mx + b$ (Normalform) und lösen Sie wie im Beispiel 2.
g_1: $3y = 4x$ g_4: $2y = 10 - x$
g_2: $2x + y = 0$ g_5: $x = 4y - 8$
g_3: $x + y = 4$ g_6: $x - \frac{y}{2} = -4$
a) $P(2|4)$; $Q(6|2)$ c) $P(-2|4)$; $Q(1|10)$
b) $P(-4|1)$; $Q(0|2)$ d) $P(0|0)$; $Q(6|8)$

Vermischte Aufgaben

$m = 5$ bedeutet $m = \frac{5}{1}$

1 Steigt oder fällt die zugehörige Gerade?

a) $y = 5x - 3$
b) $y = -9x + 1$
c) $y = -x + 7$
d) $y = -\frac{1}{3}x$
e) $y = -5x - 3$
f) $y = -\frac{1}{2}x + 2$

2 Nennen Sie die Koordinaten des Schnittpunktes mit der y-Achse für

a) $y = 3x + 2$
b) $y = -0{,}5x - 5$
c) $y = \frac{1}{4}x - \frac{1}{2}$
d) $y = 9x$
e) $y = 3x - 1{,}5$
f) $y = \frac{1}{3}x + 0{,}5$

3 Die Gerade hat die Steigung m und schneidet die y-Achse im Punkt $(0 \mid b)$. Zeichnen Sie die Gerade und geben Sie die Gleichung der Geraden an.

a) $m = \frac{1}{4};\ b = 1$
b) $m = -\frac{2}{3};\ b = 3$
c) $m = -2;\ b = -5$
d) $m = -1;\ b = 0$

4 Bestimmen Sie die Gleichung der Geraden mit der Steigung m und dem Schnittpunkt mit der y-Achse.

a) $m = 4;\ (0 \mid -2)$
b) $m = -3;\ (0 \mid 8)$
c) $m = -1;\ (0 \mid 0)$
d) $m = 0;\ (0 \mid -4)$

5 Zeichnen Sie die Gerade für

a) $y = \frac{1}{2}x + 1$
b) $y = \frac{1}{2}x + 3$
c) $y = \frac{1}{2}x + 1{,}5$
d) $y = \frac{1}{2}x - 1$
e) $y = 1{,}5x - 2$
f) $y = -x + 3{,}2$
g) $y = 2x - 0{,}8$
h) $y = -\frac{2}{5}x + 2{,}2$

6 Welche Geraden verlaufen zueinander parallel? Geben Sie zu jeder Geraden g den Schnittpunkt mit der y-Achse an.

a) $g\colon y = \frac{1}{5}x - 4$
b) $g\colon y = -\frac{1}{5}x - 4$
c) $g\colon y = -\frac{7}{8}x$
d) $g\colon y = \frac{x}{5} + \frac{3}{2}$
e) $g\colon y = -\frac{7}{8}x - 4$
f) $g\colon y = \frac{8}{7}x + 13$
g) $g\colon y = 0{,}2x - 7$
h) $g\colon y = 1 - \frac{x}{5}$

7 Wie heißt die Gleichung der Geraden,

a) die durch die beiden Punkte $A\ (0 \mid 0)$ und $B\ (2 \mid 1)$ geht?
b) die durch die beiden Punkte $A\ (1 \mid 3)$ und $B\ (5 \mid 7)$ geht?

8 Geben Sie die Funktionsgleichungen für folgende Geraden an.

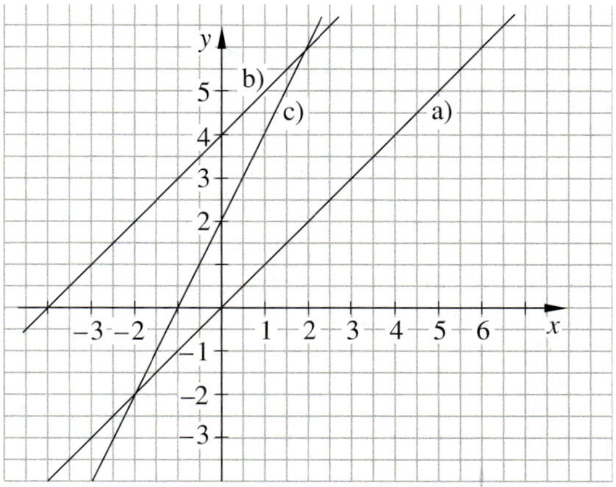

9 In einem Koordinatensystem sind die Geraden g_1 bis g_4 dargestellt. Geben Sie die Gleichungen dieser Geraden an.

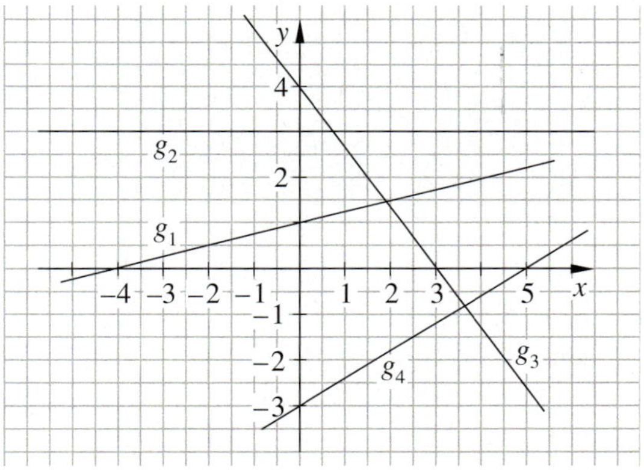

10 Welche Geraden g_1, g_2 verlaufen parallel, welche schneiden sich?

a) $g_1\colon y = -2x + 1$
$g_2\colon y = -2x - 1$
b) $g_1\colon y = \frac{1}{2}x + 3$
$g_2\colon y = \frac{1}{2}x - 2$
c) $g_1\colon y = -\frac{1}{2}x + 0{,}5$
$g_2\colon y = -\frac{1}{2}x + 1{,}5$
d) $g_1\colon y = -2x$
$g_2\colon y = \frac{1}{2}x + 2$

11 Prüfen Sie durch Rechnung, ob die Punkte auf der Geraden mit der Funktionsgleichung $y = -2x + 1$ liegen.

a) $P\ (5 \mid -9)$
b) $Q\ (-3 \mid 6)$
c) $R\ (0 \mid 0)$
d) $S\ (\frac{3}{4} \mid -\frac{1}{2})$
e) $T\ (2{,}5 \mid -3{,}5)$
f) $U\ (1 \mid -1)$

Anwendungen

1 Die Fahrtkosten eines Taxis kann man mit der folgenden Gleichung berechnen:
$y = 0{,}7 \cdot x + 2$.
x sind die gefahrenen Kilometer,
y ist der Fahrpreis in Euro.
Zeichnen Sie die Gerade in ein Koordinatensystem.
a) Wie hoch ist die Rechnung für 2 km Fahrt?
b) Wie hoch ist die Rechnung, wenn das Taxi eine Fahrt von 3,5 km übernahm?
c) Wie hoch ist die Grundgebühr für jede Taxifahrt?
d) Für eine 40-km-Fahrt mit dem Taxi vereinbart Herr Jahnke 35 € pauschal. Ist das günstig?

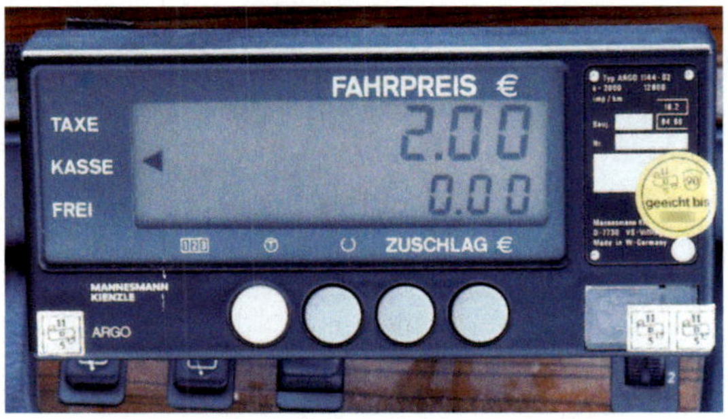

2 Herr Schwab ist 7 km mit dem Taxi gefahren. Dafür zahlte er 8,10 €.
Frau Stolte zahlte 9,70 € für 9 km Fahrt mit dem gleichen Taxi.
a) Zeichnen Sie das Bild der Funktion
Entfernung $\mapsto$ *Fahrtkosten*.
b) Wie heißt die Funktionsgleichung?
c) Wie hoch ist die Grundgebühr für die Taxifahrt? Wie viel Euro kostet jeder gefahrene Kilometer?

3 Ein Schwimmbecken wird mit Wasser gefüllt. In jeder Stunde steigt der Wasserspiegel um 0,4 m. Die Wasserhöhe des gefüllten Schwimmbeckens beträgt 2,5 m.
a) Zeichnen Sie das Schaubild der Funktion
Zeit $\mapsto$ *Wasserhöhe*
in ein Koordinatensystem.
b) Wie heißt die Gleichung?
c) Nach wie vielen Stunden ist das Becken gefüllt?

4 Ein Kesselwagen mit Öl wird vollständig leer gepumpt. Nach 9 Minuten enthält er noch 12,8 m^3 Öl, nach weiteren 6 Minuten 8 m^3 Öl.
a) Stellen Sie die Funktion
Zeit x (in min) $\mapsto$ *Inhalt y (in l)*
in einem Koordinatensystem dar.
b) Bestimmen Sie die Funktionsgleichung.
c) Nach wie vielen Minuten ist der Kesselwagen völlig leer? Wie viel Liter Öl waren zu Beginn in dem Kesselwagen?

5 Ein Fallschirmspringer befindet sich noch 400 m über dem Erdboden. Er sinkt 320 m pro Minute.
Stellen Sie für die Funktion
Fallzeit x $\mapsto$ *Höhe y über dem Erdboden*
die Geradengleichung auf und zeichnen Sie den Graphen der Funktion.
Wie lange dauert es bis zum Auftreffen auf dem Erdboden?

6 Herr Becker besitzt ein Sparkonto mit einem Guthaben von 18 000 €. Seit er es vor einem Jahr angelegt hat, hob er monatlich 1000 € als Beitrag zu den Lebenshaltungskosten ab.
a) Zeichnen Sie das Schaubild der Funktion
Monat $\mapsto$ *Guthaben*
in ein Koordinatensystem.
b) Ermitteln Sie die Funktionsgleichung.
c) Wann wird das Guthaben aufgebraucht sein, wenn man von einer Verzinsung absieht?

7 Die Jahreszinsen y eines Kapitals von 5000 € stellen eine Funktion des Zinssatzes x dar.
a) Zeichnen Sie das Schaubild der Funktion
Zinssatz x $\mapsto$ *Zinsen y*
für $x \leq 20\,\%$.
b) Entnehmen Sie dem Schaubild die Zinsen für einen Zinssatz von 12 %. Wie hoch ist der Zinssatz bei einem Zinsbetrag von 325 €?
c) Überprüfen Sie die in b) abgelesenen Werte durch eine Rechnung und vergleichen Sie mit ihrer Ablesegenauigkeit.

Lineare Gleichungssysteme

Grundbegriffe

Eine Kundin wechselt am Postschalter einen 10-€-Schein in 1-€- und 2-€-Münzen. Sie erhält 8 Münzen. Wie viele von jeder Sorte?
Wenn man mit x die Anzahl der 1-€-Münzen und mit y die Anzahl der 2-€-Münzen bezeichnet, dann gilt:
1. für die Beträge: $x \cdot 1\,€ + y \cdot 2\,€ = 10\,€$
2. für die Stückzahlen: $x + y = 8$

Man erhält die zwei Gleichungen oder das **Lineare Gleichungssystem** mit den zwei Variablen x und y:

I $x + 2y = 10$
II $x + y = 8$

Lösungen der Gleichung I sind z. B. die Zahlenpaare (0 | 5), (2 | 4), (4 | 3), (6 | 2), (8 | 1), (10 | 0).

Lösungen der Gleichung II sind z. B. die Zahlenpaare (0 | 8), (1 | 7), (2 | 6), (3 | 5), (4 | 4), (5 | 3), (6 | 2), (7 | 1), (8 | 0).

Nur das Zahlenpaar (6 | 2) ist eine *gemeinsame* Lösung für beide Gleichungen. Die Kundin erhält also sechs 1-€-Münzen und zwei 2-€-Münzen.

Das Zahlenpaar (6 | 2) ist Lösung des linearen Gleichungssystems mit den zwei Variablen x und y.

Veranschaulichung im Diagramm

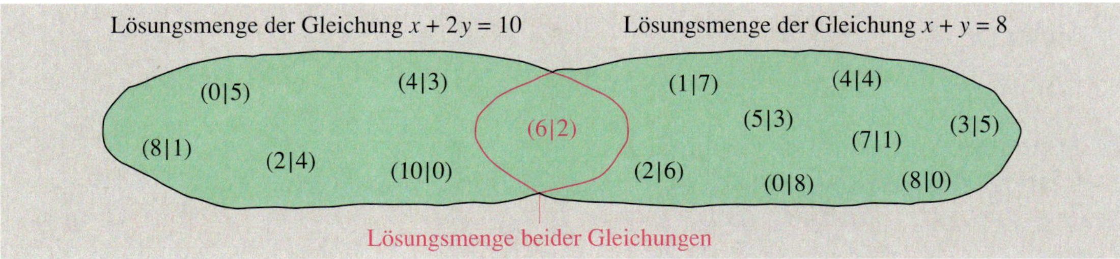

Übungen

1 Die lineare Gleichung $x + 2y = 8$ hat z. B. die Lösungen:

(0 | 4), (2 | 3), (4 | 2), (6 | 1), (8 | 0), …

Die lineare Gleichung $x + y = 6$ hat z. B. die Lösungen: (0 | 6), $(\frac{1}{2} | 5\frac{1}{2})$, (2 | 4), $(2\frac{2}{3} | 3\frac{1}{3})$, (4 | 2), (5 | 1), (6 | 0), …

Geben Sie die Lösungen des Gleichungssystems an, das aus beiden Gleichungen besteht.

2 Bestimmen Sie die Lösungen des Gleichungssystems mithilfe von Wertetabellen. x und y sollen natürliche Zahlen kleiner als 10 sein.

a) $y - x = 3$
$y - 2x = 1$

b) $-2x + 5 = y$
$3x = y + 5$

c) $x - y = -1$
$x + 8y = 26$

d) $2x + y = 16$
$x = 5y - 3$

e) $y - x = 4$
$2y + x = 8$

f) $2x + y = 22$
$x - y = -1$

Lösen mit der graphischen Methode

Beispiel: Zwei Gleichungen mit zwei Variablen kann man graphisch lösen.

I $x + 2y = 10$
II $x + y = 8$

Man löst die Gleichungen nach y auf.
Aus $x + 2y = 10$ wird $y = -\frac{1}{2}x + 5$.
Aus $x + y = 8$ wird $y = -x + 8$.
$y = -\frac{1}{2}x + 5$; $y = -x + 8$
Das sind zwei Geradengleichungen.

Man zeichnet die Geraden in ein Koordinatensystem (die markierten Punkte auf den Geraden stellen die ganzzahligen Lösungen dar). Die Geraden schneiden sich im Punkt $P\,(6\,|\,2)$. $L = \{(6\,|\,2)\}$ ist die Lösungsmenge dieses linearen Gleichungssystems.
Lösung: $x = 6$, $y = 2$

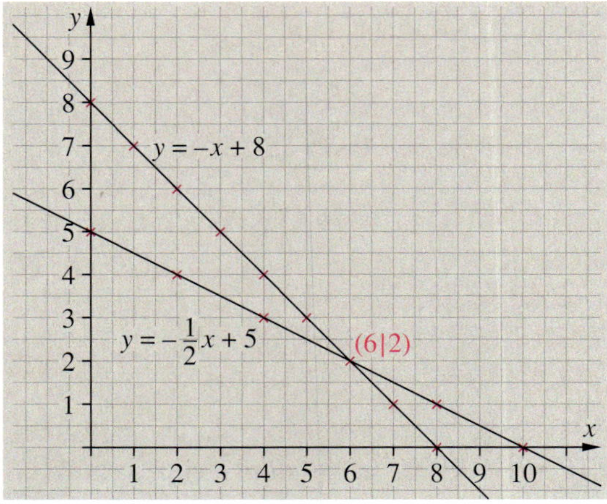

Probe: $6 + 2 \cdot 2 = 10$ (w)
$6 + \phantom{2 \cdot{}} 2 = 8$ (w)

Übungen

1 Bestimmen Sie die Lösungen der Gleichungssysteme graphisch.

a) $y = x + 3$
$y = -x - 1$

b) $y = -0{,}5x - 2$
$y = 2x + 3$

c) $y = \frac{1}{4}x - 1$
$y = -\frac{3}{2}x + 6$

d) $y = \frac{1}{2}x - 3$
$y = -\frac{1}{3}x - \frac{4}{3}$

2 Bestimmen Sie die Lösung graphisch. Machen Sie die Probe durch Einsetzen.

a) $2x - y = -5$
$5x + y = -2$

b) $x - y = 1$
$x + y = 3$

c) $x + y = 0$
$x - y = -2$

d) $y + 3x = 3$
$2x - y = 7$

3 Lösen Sie graphisch.

a) $3x + y = 7$
$y - 1 = 0$

b) $2x + y = -8$
$x - 4y = -4$

c) $5x + 3y = 21$
$7x + 8y = 37$

d) $2x + 4y = 4$
$x + y = 1{,}25$

4 Heiko kauft Briefmarken zu 0,55 € und 1,44 €. Er bezahlt 13,80 € für insgesamt 17 Briefmarken. Wie viele Marken von jeder Sorte hat er gekauft?

5 Bestimmen Sie die Lösungsmenge der Gleichungssysteme graphisch.

a) $x + 2y = 12$
$3x - 4y = -4$

b) $x + 3y = 3$
$5x + 3y = -9$

c) $3x - 2y = 10$
$x - 6y = 2$

d) $6x + 5y = -9$
$3y - 2x = -11$

e) $x - 4y + 6 = 0$
$10y + 2x - 15 = 0$

f) $2x - 5y - 4 = 0$
$x + 6y - 2 = 0$

g) $x + 3y - 9 = 0$
$2x - y - 4 = 0$

h) $6x + 2y + 3 = 0$
$x - 2y - 3 = 0$

6 Ein Gaswerk bietet zwei Tarife an:

Tarif I:	monatliche Grundgebühr 11 € zuzüglich 5,5 Cent pro kWh
Tarif II:	monatliche Grundgebühr 14 € zuzüglich 4 Cent pro kWh

a) Stellen Sie die Abhängigkeit der monatlichen Kosten (y) vom Verbrauch (x) für jeden Tarif in einem Schaubild dar.
b) Bei welchem monatlichen Verbrauch sind beide Tarife gleich günstig?
(4 kWh ≙ 1 cm; 5 € ≙ 1 cm)
c) Welcher Tarif ist günstiger, wenn jemand monatlich durchschnittlich 220 kWh Gas verbraucht?

Sonderfälle

Bei der graphischen Bestimmung der Lösungsmenge von linearen Gleichungssystemen kann festgestellt werden:
Ein Gleichungssystem besitzt genau **eine** Lösung, wenn die zugehörigen Geraden genau einen Schnittpunkt haben.
Zwei Geraden können aber auch parallel sein oder zusammenfallen. Dann hat das Gleichungssystem keine Lösung oder unendlich viele.

Beispiel

1. Die Lösung des Gleichungssystems mit den Gleichungen $x + y = 1$ und $x + y = 4$ soll graphisch bestimmt werden.

Auflösen nach y ergibt
$y = -x + 1$ und $y = -x + 4$.

Dies führt auf nebenstehendes Schaubild.

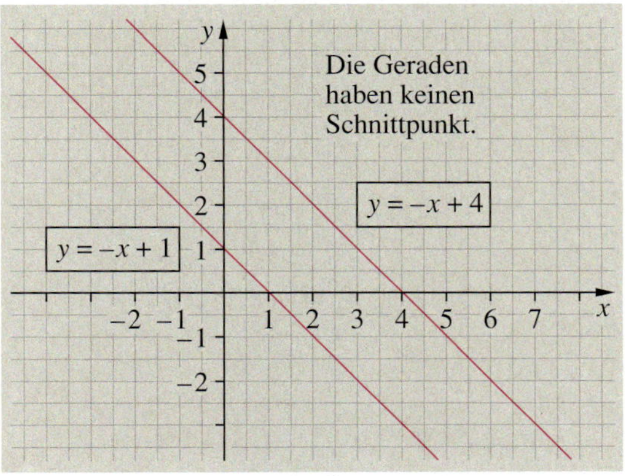

Die Geraden sind zueinander parallel, sie haben keinen Schnittpunkt.
Dieses Gleichungssystem hat **keine** Lösung.
$L = \emptyset$ bzw. $L = \{ \}$
(Symbol für die „leere Menge")

2. Die Lösung des Gleichungssystems mit den Gleichungen $2x + y = 3$ und $4x + 2y = 6$ soll graphisch bestimmt werden.

Auflösen nach y ergibt
$y = -2x + 3$ und $y = -2x + 3$.

Dies führt auf nebenstehendes Schaubild.

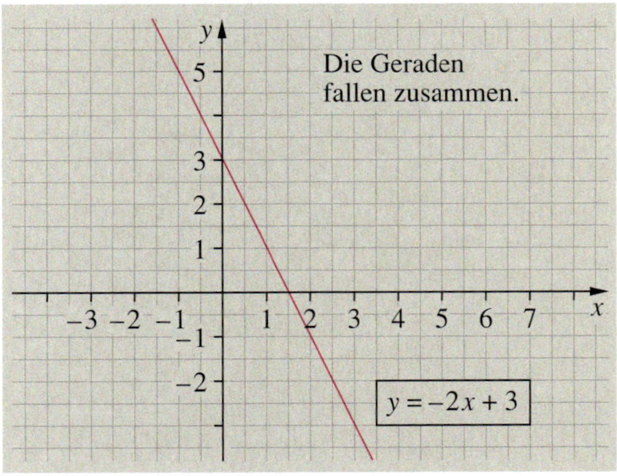

Die beiden Geraden fallen zusammen. Damit gibt es unendlich viele gemeinsame Punkte, z. B. $(0|3)$; $(1|1)$; $(-1|5)$; $(\frac{1}{2}|2)$, etc.

Jeder Punkt auf der Geraden ist eine Lösung für beide Gleichungen.
$L = \{(x|y) \mid y = -2x + 3\}$

Wir fassen zusammen:

Lösung eines linearen Gleichungssystems

1. Die Geraden schneiden sich in einem Punkt, d. h. es gibt genau eine Lösung.
2. Die Geraden sind zueinander parallel, d. h. es gibt keine Lösung.
3. Die Geraden sind fallen zusammen, d. h. es gibt unendlich viele Lösungen.

Übungen

1 Bestimmen Sie graphisch die Lösungsmenge der linearen Gleichungssysteme.
Wie viele Lösungen gibt es?

a) $2x - 2y = 6$
$2x = y$

b) $0{,}5x = 16 + 2y$
$-2x + 8y = -64$

c) $3x - 2y = 5$
$9x - 7 = 6y$

d) $x - 2y = 2$
$x + 2y = 2x - 5$

2 Ermitteln Sie graphisch, wie viele Lösungen die Gleichungssysteme besitzen.

a) $y = \frac{1}{4}x - 3$
$y = \frac{1}{4}x + 1$

b) $y = x - 2$
$y = \frac{1}{2}x - 2$

c) $3x + 4y = 8$
$\frac{3}{4}x + y = 2$

d) $y = 4$
$3x - y = 1$

e) $\frac{1}{2}y + \frac{1}{3} = \frac{1}{6}$
$x = \frac{1}{2} - \frac{3}{2}y$

f) $\frac{5}{3}y - \frac{2}{3}x = 1$
$\frac{5}{2}y + \frac{3}{2}x = x$

3 Bestimmen Sie die Lösungen graphisch und geben Sie die Anzahl der Lösungen an.

a) $2{,}6y - 1{,}3x = 1{,}3$
$0{,}8y + 0{,}4x = 2{,}8$

b) $0{,}9y - 1{,}5x = 5{,}4$
$3{,}6y + 0{,}6x = 1{,}8$

c) $1{,}4y + 2{,}8x = 5{,}6$
$2{,}3y + 4{,}6x = 9{,}2$

d) $3{,}5y - 0{,}7x = 7$
$1{,}2x - 6y = 3$

e) $2{,}5y + 7{,}5x = -2{,}5$
$5{,}1x + 1{,}7y = 1{,}7$

f) $3{,}5y - 2{,}1x = 3{,}5$
$6{,}5y - 6{,}5 = 3{,}9x$

4 Lösen Sie graphisch.

a) $5x - 2(y + 4) = 6(x - 2) + 2y$
$2x + y - 1 = 0$

b) $5(x - y) - 3(x - 1) = x - 3(y - 3)$
$3(x + 1) = 2(x + y) + 1$

5 Ein Elektrizitätswerk bietet zwei Haushaltstarife an:
Tarif I: Grundgebühr 6 € monatlich zuzüglich 0,18 € pro kWh,
Tarif II: Grundgebühr 9 € monatlich zuzüglich 0,15 € pro kWh.

a) Stellen Sie beide Tarife graphisch dar (20 kWh ≙ 1 cm; 4 € ≙ 1 cm).
b) Bei welchem Verbrauch sind beide Tarife gleich günstig?
c) Für welchen Tarif sollte sich ein Abnehmer entscheiden, wenn er monatlich mit einem Stromverbrauch von 150 kWh rechnet?

6 Lösen Sie graphisch.
$9(x - y) + 4(y - x) = 5(x - 2y)$
$6x - 3y = 3(2x - y) - x$

7 Ein Sportverein plant einen dreitägigen Ausflug mit einem Bus nach Karlsruhe. Es liegen zwei Angebote vor:
Der Busunternehmer A verlangt 50 € pro Tag und 2,50 € je gefahrenem Kilometer.
Der Busunternehmer B verlangt 100 € pro Tag und 2,25 € je gefahrenem Kilometer.

a) Stellen Sie beide Angebote graphisch dar (100 km ≙ 1 cm; 100 € ≙ 1 cm).
b) Bei welcher Streckenlänge sind beide Angebote gleich günstig?
c) Welches Angebot ist bei einer geplanten Fahrstrecke von 800 km günstiger?

8 Ein Schlagersänger hat die Wahl zwischen zwei Verträgen:
Vertrag I: Grundbetrag 5000 € und 0,20 € pro Besucher,
Vertrag II: Grundbetrag 3500 € und 0,30 € pro Besucher.

a) Stellen Sie für beide Verträge die Einnahmen als Funktion der Besucherzahlen dar.
b) Zeichnen Sie die Schaubilder beider Funktionen in ein Koordinatensystem (1000 Besucher ≙ 1 cm; 1000 € ≙ 1 cm).
c) Bei welcher Besucherzahl sind die Verträge gleich günstig?

Lösen mit der Gleichsetzungsmethode

Da die zeichnerische Lösung häufig nur zu ungenauen Ergebnissen führt, verwendet man zur Lösung meist *rechnerische* Methoden. Wir stellen dazu drei Verfahren vor.

Gleichsetzungsmethode (Lösung durch Gleichsetzen)

Wir lösen die beiden Gleichungen $-7x + 5y = 118$ und $5x + 5y = 30$ rechnerisch.

Die Gleichungen werden untereinander geschrieben:

$$\begin{array}{ll} \text{I} & -7x + 5y = -18 \\ \text{II} & 5x + 5y = 30 \end{array}$$

Beide Gleichungen werden nach $5y$ aufgelöst.

$$5y = 7x - 18$$

$$5y = -5x + 30$$

Die linken Seiten sind gleich, also auch die rechten:

$$7x - 18 = -5x + 30$$

Auflösen nach x ergibt:

$$x = 4$$

Einsetzen von $x = 4$ in I oder II liefert:

$$-7 \cdot 4 + 5y = -18$$

Die Lösung lautet $x = 4$ und $y = 2$

$$y = 2$$

Probe in Gleichung II:

$$5 \cdot 4 + 5 \cdot 2 = 30$$

Beispiel

Lösen Sie das Gleichungssystem $4x + 3y = 11$ und $4y + 4x = 3$

Untereinanderschreiben und ordnen der Gleichungen:

$$\begin{array}{ll} \text{I} & 4x + 3y = 11 \\ \text{II} & 4x + 4y = 3 \end{array}$$

Beide Gleichungen werden hier nach $4x$ aufgelöst:

$$4x = -3y + 11$$

$$4x = -4y + 3$$

Die linken Seiten sind gleich, also auch die rechten:

$$-3y + 11 = -4y + 3$$

Auflösen nach y ergibt:

$$y = -8$$

Einsetzen von $y = -8$ in I oder II liefert:

$$4x + 3 \cdot (-8) = 11$$

$$x = \frac{35}{4} = 8\frac{3}{4}$$

Die Lösung lautet $x = 8\frac{3}{4}$ und $y = -8$

Probe in Gleichung II:

$$4 \cdot 8\tfrac{3}{4} + 4 \cdot (-8) = 35 - 32 = 3$$

Übungen

1 Lösen sie mit dem Gleichsetzungsverfahren.

a) $y = x + 5$
$y = -x - 5$

b) $3y = 9x - 18$
$3y = 12x + 21$

c) $x = -4x + 7$
$x = -6y + 7$

d) $6x = 14y - 16$
$6x = 16y - 14$

2 Berechnen Sie die Lösungen

a) $y - 2x = 3$
$y + 2x = 3$

b) $4x - 6y = 8$
$4x + 6y = -8$

c) $3y - 6x = 4$
$-2y - 6x = -2$

d) $220x + 110 = 110y$
$220x + 220 = 330y$

e) $4x - 9y = 6$
$9y + 6x = -6$

f) $1{,}2x + 1{,}2y = 2{,}0$
$2{,}0y + 2{,}8 = -1{,}2x$

3 Lösen Sie mit der Gleichsetzungsmethode.

a) $3y = -x + 9$
$3y = x + 3$

b) $y = 2x - 8$
$y = -3x + 17$

c) $2x = 6y + 28$
$10y + 44 = 2x$

d) $\frac{2}{3}x + \frac{4}{3} = y$
$\frac{4}{7}x + \frac{2}{7} = y$

e) $-y = -\frac{4}{7}x + \frac{27}{7}$
$-y = \frac{8}{5}x + 8\frac{1}{5}$

f) $\frac{1}{6}x = -\frac{1}{6}y - 3$
$\frac{1}{6}x = \frac{1}{6}y + 3$

Beachten Sie: Manchmal muss man erst dafür sorgen, dass die linken Seiten gleich sind.

Beispiel: $2x - y = 11 \quad | \cdot 2$

$$\begin{aligned} 6x - 2y &= 28 \\ \hline 4x - 2y &= 22 \\ 6x - 2y &= 28 \\ \hline -2y &= 22 - 4x \\ -2y &= 28 - 6x \end{aligned}$$

Daraus ergibt sich schließlich:
$x = 3$ und $y = 5$

Lösen Sie mit dem Gleichsetzungsverfahren wie im oben stehenden Beispiel.

4

a) $6x - 8 = 8y$
$5x - 20 = 4y$

b) $2x + 3y = 42$
$6x - 42 = 5y$

c) $3x - y = 4$
$5x - 2y = -3$

d) $-0{,}5y = 0{,}5x + 1$
$0{,}25y = 0{,}25x - 0{,}5$

e) $y + 1{,}5 = 0{,}5x$
$0{,}2x - 0{,}2y = -0{,}3$

f) $2{,}2y - x = 2{,}46$
$0{,}3y - 0{,}5x = 0{,}19$

g) $2{,}6 - 4{,}8x = 10y$
$6{,}6x - 5y = 3{,}2$

h) $0{,}9x + 0{,}8y = 8{,}3$
$0{,}7x + 3{,}2y = 1{,}3$

5 Bestimmen Sie die Lösungsmenge der folgenden Gleichungssysteme.

a) $\frac{7}{6}x + \frac{9}{6}y = 15$
$-\frac{1}{3}x + \frac{5}{8}y = 21$

b) $\frac{3}{7}x - \frac{7}{5}y = 41$
$\frac{9}{7}x + \frac{4}{5}y = -2$

c) $x + \frac{3}{5}y = 5\frac{2}{5}$
$x + 15y = 0$

d) $\frac{1}{8}x + \frac{1}{16}y = 1$
$\frac{3}{7}x + \frac{1}{8}y = 5$

e) $\frac{7}{3}x + \frac{5}{2}y = 2$
$\frac{2}{3}x - \frac{9}{5}y = -\frac{4}{15}$

f) $\frac{2}{3}x + \frac{5}{6}y = -\frac{1}{2}$
$\frac{4}{3}x - \frac{8}{3}y = \frac{18}{5}$

g) $\frac{3}{8}x - \frac{9}{2}y = -\frac{3}{4}$
$\frac{1}{2}x - 6y = -2$

h) $\frac{1}{6}x + \frac{5}{12}y = \frac{1}{8}$
$\frac{1}{2}x + \frac{5}{4}y = \frac{3}{8}$

6 Vereinfachen Sie die Gleichungssysteme und lösen Sie diese mit dem Gleichsetzungsverfahren.

a) $\frac{1}{3}x + \frac{1}{4}(y - 1) = \frac{9}{4}$
$\frac{1}{2}(x - 1) + \frac{1}{8}y = \frac{3}{2}$

b) $\frac{1}{4}(x + 0{,}6) + \frac{1}{2}(y + 0{,}5) = 0{,}7$
$\frac{1}{4}x + 9(2y + 1{,}05) = 18{,}5$

c) $8(3x + 4y) - 14(x + 2y) = 32$
$6(4x + y) - 4(3x + 2y) = 52$

d) $(x - 3)(y - 5) = (y + 5)(x + 3)$
$(x + 6)(y + 10) = (y - 10)(x - 6)$

e) $(3x + 2)(2y + 3) = (2x - 1)(3y + 15)$
$(2x - 1)(y + 1) = 2(x + 4)(y - 2)$

7 Eine Tintenpatrone ist ausgelaufen. Kann man trotzdem die Schnittpunkte der eingezeichneten Graphen ermitteln?

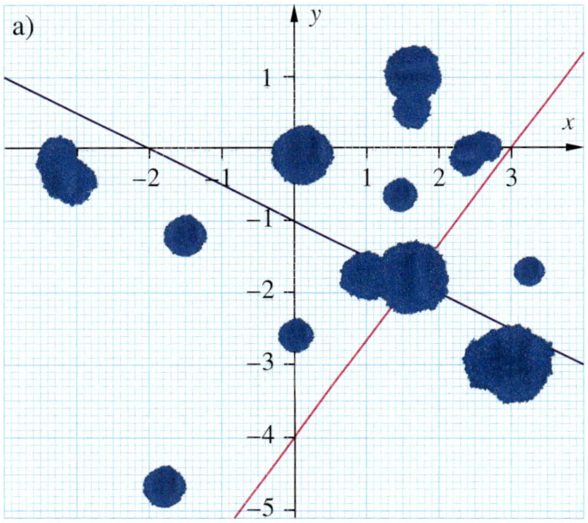

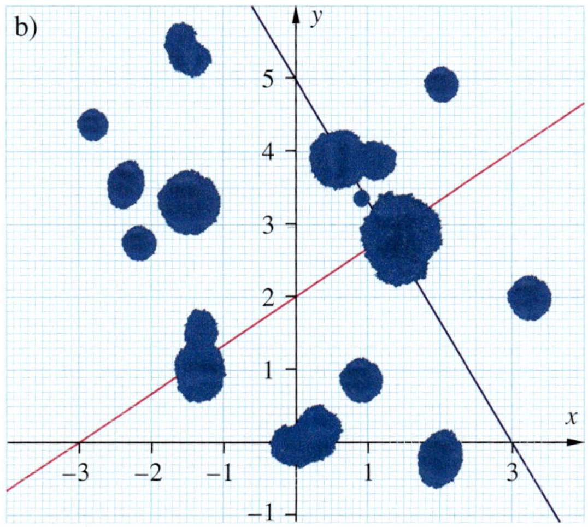

Lösen mit der Einsetzungsmethode

Einsetzungsmethode (Lösung durch Einsetzen)
Wir lösen die beiden Gleichungen $3x - 8y = 4$ und $y = x - 3$ rechnerisch jetzt anders.

Aufstellen der beiden Gleichungen	I	$3x - 8y = 4$	
	II	$y = x - 3$	
Einsetzen von *y* in I	II in I	$3x - 8(x - 3) = 4$	
Auflösen nach x		$3x - 8x + 24 = 4$	$\mid -24$
		$3x - 8x = -20$	
		$-5x = -20$	$\mid :(-5)$
		$\underline{x = 4}$	
Einsetzen des x-Wertes in die Gleichung II $y = x - 3$		$y = 4 - 3$	
liefert den y-Wert:		$\underline{y = 1}$	

$x = 4$ und $y = 1$ ist die Lösung des Gleichungssystems.

Probe in I: $3 \cdot 4 - 8 \cdot 1 = 4$ und $1 = 4 - 3$

Beispiel

Lösen Sie das Gleichungssystem $3x - 4y = 16$ (I) und $2y = 4x + 6$ (II).

Isolieren von y in einer Gleichung	II	$2y = 4x + 6$	$\mid :2$
	III	$y = 2x + 3$	
Einsetzen des Wertes für y in die		$3x - 4y = 16$	
andere Gleichung	III in I	$3x - 4(2x + 3) = 16$	
Auflösen der Klammer		$3x - 8x - 12 = 16$	$\mid +12$
		$-5x = 28$	$\mid :(-5)$
Einsetzen des x-Wertes in eine der		$\underline{x = -5{,}6}$	
Ausgangsgleichungen		$3 \cdot (-5{,}6) - 4y = 16$	
		$-16{,}8 - 4y = 16$	$\mid +16{,}8$
		$-4y = 32{,}8$	$\mid :(-4)$
		$\underline{y = -8{,}2}$	

$x = -5{,}6$ und $y = -8{,}2$ ist die Lösung des Gleichungssystems.

Übungen

1 Lösen Sie die Gleichungssysteme durch die Einsetzungsmethode.

a) $x = 6y - 16$
$4y - 2x = 8$

b) $5x + \frac{1}{2}y = 11$
$y = 2 + 10x$

c) $1{,}2 + 2{,}4y = x$
$3y - 2x - 15 = 0$

d) $24 = 14y - 7$
$14y = -2x + 7$

e) $2x = 12y - 8$
$2x = -8y + 4$

f) $x = 0{,}5y + 2$
$4y + 5x = 1$

2 Berechnen Sie die Lösungen.

a) $x + 2y = 12$
$y = -2x + 15$

b) $6x - 4y = 10$
$4y = -8x + 18$

c) $7x - 34 = 5y$
$4x + 5y = 43$

d) $3x + 2y - 5x = 7$
$3y - 0{,}5 = -2x$

e) $2x = -5y + 4$
$-5y + 13 = -x$

f) $-3x - 6y = -3$
$3x = 10 - 2y$

g) $3x = 7y + 26$
$x = -2y$

h) $12x - 5y = 75$
$12x = -9y + 165$

3 Lösen Sie mit der Einsetzungsmethode.

a) $x = 6y - 16$
$4y - 2x = 8$

b) $5x + \frac{1}{2}y = 11$
$y = 2 + 10x$

c) $x + 4y = 14$
$y = 6\frac{1}{2} - 1\frac{3}{4}x$

d) $2x - y = -1$
$y = 3x - 4$

e) $1{,}2 + 2{,}4y = x$
$3y + 2x + 21 = 0$

f) $x - y = 2x + y$
$x = 2 - y$

Wählen Sie bei der Lösung der folgenden Aufgaben das Einsetzungs- *oder* das Gleichsetzungsverfahren. Entscheiden Sie, welche Methode günstiger ist.

4 a) $14x + 15y = 12$
$10x - 27y = -4$

b) $4x + 5y = -3$
$20x - 40y = 54$

c) $8x - 12 = 9y + 30$
$12x - 18y = 72$

d) $21x + 30y = -110$
$18x - 20y = -90$

e) $2x + 5y = 23$
$x = 1{,}5y - 0{,}5$

f) $4x - 5y = 37$
$4x = 7 - y$

5 a) $4x + 3y = 11$
$y = -x + 3$

b) $5x + 3y = 68$
$1{,}5y = -3{,}5x + 44$

c) $-5x + 6y = 16$
$5x - y = 14$

d) $x = -17 + 7y$
$4x + y = 13$

e) $-5x + 8y = -21$
$9x - 8y = 25$

f) $7y - 5 = x$
$3x + 5y = 11$

g) $-x + 6y = 8$
$4x + 5 = -3y$

h) $6x - 3y = -9$
$8x = y$

6 a) $x - 3y = 1$
$x + 3y = 1$

b) $y = -2x + 5$
$y = x + 2$

c) $-x + 2y = 4$
$2x - 4y = 4$

d) $4x + 3y = 6$
$y = 2x - 8$

e) $2x + 5y = 9$
$y = 3x + 12$

f) $y = \frac{1}{2}x + 3$
$-4x - 7y = 9$

7 a) $2x - y = 8$
$x + y = 1$

b) $-x + y = 2$
$x + 2y = 7$

c) $2x - 3y = 0$
$2x + y = 8$

d) $2x - y = 4$
$3x + 2y = -1$

8 a) $\frac{1}{2}y = -8\frac{1}{2} - \frac{1}{2}x$
$\frac{1}{2}x = \frac{1}{2}y - 52\frac{1}{2}x$

b) $\frac{3}{4}y = \frac{5}{4}(1 - x)$
$\frac{5}{3}x = -\frac{2}{3}y$

c) $\frac{1}{5}x + \frac{2}{5}y = 1$
$x + 1\frac{1}{5}y = 4$

d) $\frac{1}{2}y + \frac{5}{8}x - 1 = 0$
$5x - 4 - 2\frac{2}{3}y = 0$

9 Vereinfachen Sie die Gleichungssysteme und lösen Sie.

a) $3(7x + 5) + 5(6y + 5) = -65$
$3(6x - 1) - 4(5y - 7) = -65$

b) $4(3x - 2) - 2(3y + 1) = -10$
$3(7x + 3) + 4(3y - 4) = 38$

c) $(x - 4)(y + 5) = (x + 4)(y - 3)$
$(x + 1)(y - 4) = (x - 5)(y + 2)$

d) $(x + 1)(y + 4) = (x - 4)(y + 9)$
$(x - 2)(y - 1) = (x - 3)(y - 2)$

10 Zeichnen Sie die Geraden und bestimmen Sie die Lösung.

a) $4x - 37y = -15$
$-4x + 37y = 0$

b) $2x + 6y - 24 = 0$
$x + 3y - 12 = 0$

c) $x + y = 7$
$x - y = 13$

d) $3x - y = 18$
$6x - 2y = 36$

e) $5x + 2y = 20$
$-2{,}5x - y = -11$

f) $3x + 4y = 36$
$7x - 4y = 14$

11 Bestimmen Sie die Geradengleichungen und berechnen Sie die Schnittpunkte.

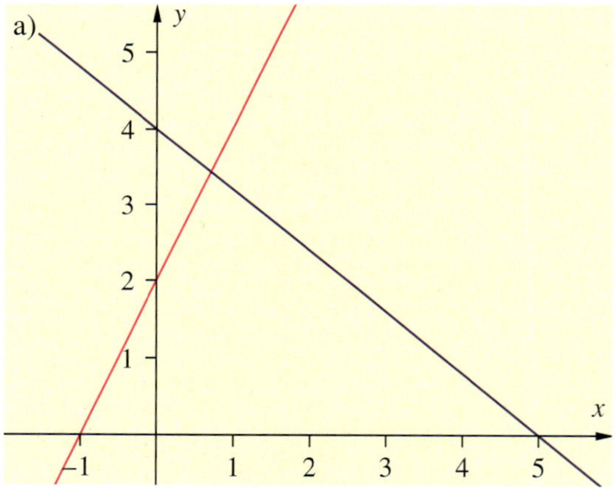

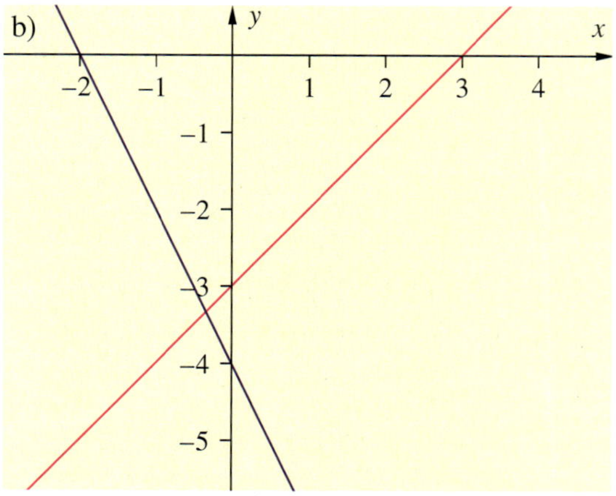

Lösen mit der Additionsmethode

Additionsmethode (Lösung durch Addition bzw. durch Subtraktion)

Gegeben ist das Gleichungssystem mit den Gleichungen $4x + 6y = -2$ und $9x - 6y = 54$.

Untereinanderschreiben der Gleichungen

$$\begin{array}{rl} 4x+6y=-2 & \\ 9x-6y=54 & |+ \\ \hline 13x \quad\quad =52 & |:13 \end{array}$$

Addition beider Gleichungen liefert:
Das ist eine Gleichung mit nur *einer* Variablen.

Daraus ergibt sich: $x=4$

Einsetzen des x-Wertes in die erste Gleichung ergibt:

$$4\cdot 4+6y=-2$$
$$y=-3$$

Lösung: $x=4,\ y=-3$

Probe: $4\cdot 4+6\cdot(-3)=-2$ und $9\cdot 4-6\cdot(-3)=54$

$16-18=-2 \qquad 36+18=54$

$-2=-2 \qquad 54=54$

Beispiel

a) Lösen Sie $2x-3y=6$ und $-2x+4y=8$

$$\begin{array}{rl} 2x-3y=6 & \\ -2x+4y=8 & |+ \\ \hline \underline{y=14} & \\ 2x-3\cdot 14=6 & \\ 2x-42=6 & |+42 \\ 2x=48 & |:2 \\ \underline{x=24} & \end{array}$$

Die Lösung ist $x=24$ und $y=14$.

Probe: $\underbrace{2\cdot 24-3\cdot 14}_{6}=6 \quad \underbrace{-2\cdot 24+4\cdot 14}_{8}=8$

$6=6 \qquad 8=8$

b) Lösen Sie $5x-3y=12$ und $-6x-3y=-21$

$$\begin{array}{rl} 5x-3y=12 & \\ -6x-3y=-21 & |-\ \text{(Abziehen!)} \\ \hline 11x \quad =33 & |:11 \\ \underline{x=3} & \\ 5\cdot 3-3y=12 & |-15 \\ -3y=-3 & |:(-3) \\ \underline{y=1} & \end{array}$$

Die Lösung ist $x=3$ und $y=1$.

Probe: $\underbrace{5\cdot 3-3\cdot 1}_{12}=12 \quad \underbrace{-6\cdot 3-3\cdot 1}_{-21}=-21$

$12=12 \qquad -21=-21$

Übungen

1 Lösen Sie das Gleichungssystem mit der Additionsmethode.

a) $x+y=127$
$x-y=53$

b) $2x-y=2$
$-2x-y=-2$

c) $15-2x=5y$
$15y+2x=25$

d) $17x-3y=20$
$-17x+13y=30$

2 Formen Sie die Gleichungen zuerst geeignet um.

a) $2x+y=16$
$6x+y=40$

b) $8x+10y=-2$
$8y-8x=-88$

c) $2x+2y=112$
$x-2y=5y$

d) $3x+4y=0$
$4x-4y=28$

e) $147x+7y=63$
$x+7y=24$

f) $x-y=2$
$y-2x=0$

3 Lösen Sie mit der Additionsmethode.

a) $x+y=127$
$x-y=53$

b) $15-2x=5y$
$15y+2x=25$

4 a) $2x-y=2$
$-2x-y=-2$

b) $6x-7y=-2$
$6x+3y=42$

c) $7x-3y=20$
$-7x+13y=30$

d) $-4x+3y=0$
$7x-3y=9$

Bei der Addition oder Subtraktion muss eine Variable wegfallen. Das kann man erreichen, indem man die Gleichung geschickt verändert.

Beispiel:

$$\begin{array}{rl} 3x+4y= 1 & \\ x-y= 12 & \mid \cdot 3 \\ \hline 3x+4y= 1 & \\ -3x-3y= 36 & \Big\} - \\ \hline 7y=-35 & \mid :7 \\ y=-5 & \end{array}$$

Einsetzen von $y=-5$ in eine der beiden Gleichungen liefert $x=7$.

5 Bestimmen Sie die Lösungsmenge mit dem Additionsverfahren.

a) $2x-y=-5$
$x+3y=8$

b) $2x+3y=-1$
$3x-2y=18$

c) $8x-5y=8$
$2x+3y=2$

d) $7x-3y=6$
$8y-x=37$

6 a) $2x-2=4y$
$3x+4y=23$

b) $2x-y=5$
$2x-4y=8$

c) $4x+3y=0$
$3x+6y=15$

d) $5x-13y=27$
$15x-26y=29$

Wählen Sie bei den folgenden Aufgaben die geeignetste Methode.

7 a) $9x=y+4$
$3x+y=5$

b) $x-2y=-5$
$x-2=0{,}5y$

c) $5x=27-3y$
$0=5x+6y$

d) $x+\frac{1}{2}y=8$
$6x+y=40$

e) $8x+10y=-2$
$3y-3x=-33$

f) $6x-4y=10$
$8x+4y=18$

g) $x+2y=12$
$2x+y=15$

h) $4x-6y=110$
$2x-6y=44$

i) $\frac{3}{4}x+\frac{3}{2}=9y$
$x+2=12y$

j) $\frac{1}{3}x+\frac{5}{6}y=\frac{1}{4}$
$x+\frac{5}{2}y=\frac{3}{4}$

8 a) $3{,}2x+4{,}8y=16$
$-4{,}8x+1{,}8y=-18$

b) $1{,}8x-0{,}3y=6$
$1{,}5x+2{,}5y=-0{,}5$

c) $1{,}8x+2{,}5y=9$
$2{,}4x+3{,}5y=12$

d) $0{,}5y=0{,}2x+0{,}1$
$0{,}3y=0{,}1x+0{,}1$

e) $0{,}9x-0{,}3y=0{,}66$
$0{,}5x-0{,}1y=1{,}14$

f) $3{,}5x+4{,}2y=1{,}4$
$1{,}5x-1{,}4y=10{,}2$

g) $5{,}6x+4{,}5y=5{,}7$
$8{,}4x+6{,}5y=7{,}3$

h) $40{,}5x=27y$
$49{,}5x+27y=-30$

9 Ermitteln Sie für die Gleichungssysteme Definitions- und Lösungsmenge.

a) $\frac{6}{x-3}=-\frac{4}{y+2}$
$\frac{2}{x+2}=\frac{2}{2y-5}$

b) $\frac{x}{x-2}=\frac{2y-2}{2y+2}$
$\frac{x-1}{x-3}=\frac{y}{y+2}$

c) $\frac{5}{x+5}=\frac{7}{y+4}$
$\frac{2}{4-x}=\frac{5}{3y+1}$

d) $\frac{x+3}{x-3}=\frac{y-4}{y+4}$
$\frac{x-1}{y-2}=\frac{x+3}{y+6}$

e) $\frac{2x+7}{y+1}=\frac{2x+3}{y+5}$
$\frac{x+6}{3x+4}=\frac{y-3}{3y+5}$

f) $\frac{x+5}{x-2}=\frac{y+3}{y-1}$
$\frac{x+2}{x+1}=\frac{y-3}{y-2}$

10 Überprüfen Sie im Schaubild die Gleichungen der Geraden. Korrigieren Sie, wenn nötig. Lesen Sie die Lösung zunächst ab und berechnen Sie diese anschließend.

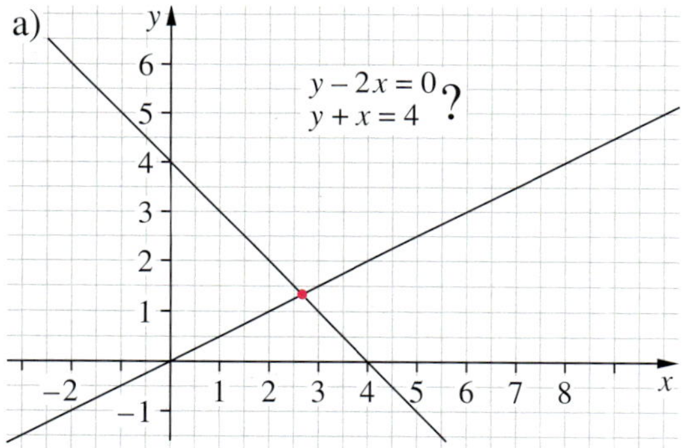

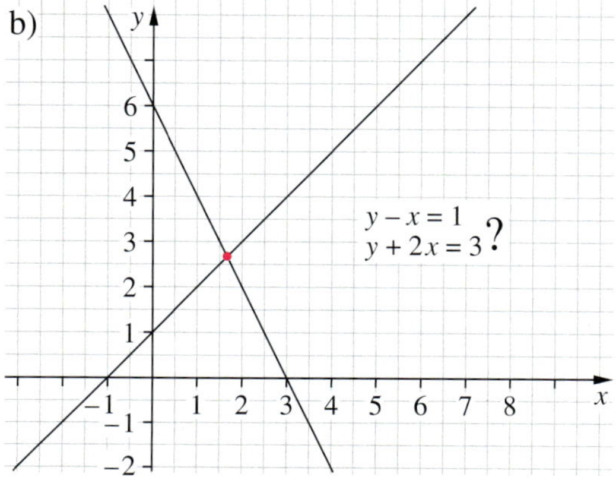

Anwendungen

1. Ein Hotel kann 30 Gäste in Einzel- und Doppelzimmern unterbringen. Insgesamt sind 21 Zimmer vorhanden. Wie viele Einzel- und wie viele Doppelzimmer hat das Hotel?

Zuerst festlegen, was x und was y sein soll!

Schritte zur Berechnung:

1. Festlegen der Variablen:
Für die Anzahl der Einzelzimmer setzen wir x.
Für die Anzahl der Doppelzimmer setzen wir y.

2. Aufstellen des Gleichungssystems aus der Aufgabenstellung:

$x + y = 21$ (Anzahl der Zimmer)
$x + 2y = 30$ (Anzahl der Gäste)

3. Lösen des Gleichungssystems mit der Additionsmethode:

$$\begin{array}{lrl} \text{I} & x + y = 21 & \\ \text{II} & x + 2y = 30 & \Big| - \\ \hline \text{I} - \text{II} & -y = -9 & | \cdot (-1) \\ & \underline{y = 9} & \end{array}$$

Einsetzen in I und Auflösen nach x:

$$\begin{array}{rl} x + 9 = 21 & | -9 \\ \underline{x = 12} & \end{array}$$

4. Angabe der Lösung: $x = 12$; $y = 9$.

5. Antwort:
In dem Hotel stehen zwölf Einzelzimmer und neun Doppelzimmer zur Verfügung.

6. Probe:

Anzahl der Zimmer	Anzahl der Gäste
$x + y = 21$	$x + 2y = 30$
$12 + 9 = 21$	$12 + 2 \cdot 9 = 30$

2. Ein Flugzeug kommt in einer Stunde bei Rückenwind 870 km weit, bei Gegenwind der gleichen Stärke kommt es 780 km weit. Wie viel Kilometer pro Stunde fliegt das Flugzeug bei Windstille und wie groß ist die Windgeschwindigkeit?

1. x ist die Geschwindigkeit des Flugzeuges pro Stunde.
   y ist die Geschwindigkeit des Windes pro Stunde.
2. $x + y = 870$ und $x - y = 780$
3. Einsetzungsverfahren

$$\begin{array}{lr} \text{I} & x + y = 870 \\ \text{II} & x - y = 780 \\ \hline \text{II a} & x = y + 780 \end{array}$$

Einsetzen in I und Auflösen nach y:

$$(y + 780) + y = 870$$
$$y = 45$$

4. Einsetzen in II a liefert: $x = 825$; $y = 45$
5. Das Flugzeug fliegt bei Windstille 825 km pro Stunde, die Windgeschwindigkeit ist 45 km/h
6. Probe: I: $825 + 45 = 870$; $825 - 45 = 780$

1 Eine Jugendherberge bietet Zwei-Bett-Zimmer und Vier-Bett-Zimmer an. Insgesamt sind 20 Zimmer mit 52 Betten vorhanden. Geben Sie die Anzahl der Zwei-Bett-Zimmer und die Anzahl der Vier-Bett-Zimmer an.

2 Der Umfang eines gleichschenkligen Dreiecks beträgt 20 cm. Jeder Schenkel ist 4 cm länger als die Grundseite. Berechnen Sie die Längen der Grundseite und der Schenkel.

3 Roland zahlt in einem Fotogeschäft für das Entwickeln von drei Filmen und für 36 Abzüge insgesamt 9,30 €. Für das Entwickeln zweier Filme und für 22 Abzüge zahlt Sybille 6,00 €.
Wie viel kostet es, einen Film zu entwickeln? Wie viel kostet der Abzug eines Bildes?

4 Peter erhält den Auftrag, für 53 € insgesamt 0,55 €- und 1,44 €-Briefmarken zu kaufen. Von den 0,55 €-Briefmarken soll er 24 mehr als von den 1,44 €-Briefmarken kaufen. Geht das?

5 Die Summe zweier Zahlen ist 85 und ihre Differenz ist 35.
Wie heißen die beiden Zahlen?

6 Zwei Zahlen unterscheiden sich um 1. Vergrößert man die kleinere um 3 und die größere um 7, so nimmt das Produkt um 84 zu. Wie heißen die Zahlen?

7 Vergrößert man die kleinere Seite eines Rechtecks um 4 cm und die größere Seite um 2 cm, so verhalten sich die Seiten wie 4 : 5. Der Flächeninhalt des neuen Rechtecks ist um 104 cm^2 größer als der des alten.
Wie lang sind die Seiten des ursprünglichen Rechtecks?

8 Verlängert man eine Seite eines Rechtecks um 2 cm und verkürzt die andere um 4 cm, so erhält man ein Quadrat. Der Flächeninhalt des Quadrats ist um 10 cm^2 kleiner als der des Rechtecks.
Wie lang sind die Seiten des ursprünglichen Rechtecks?

9 Zwei Sorten Grassamen werden gemischt. Es sollen insgesamt 400 kg der Mischung hergestellt werden. Der Kilopreis für die eine Sorte beträgt 18 €, für die andere 22 €. Der Kilopreis für die Mischung soll 19,50 € betragen.
Welche Mischung muss gewählt werden?

10 Die Tageseinnahme eines Zoos betrug 20 400 €. Eine Eintrittskarte für Erwachsene kostet 4 €, eine für Kinder 2,50 €.
Wie viele Erwachsene und wie viele Kinder besuchten den Zoo, wenn insgesamt 6000 Besucher gezählt wurden?

11 Eine Schulklasse plant eine achttägige Klassenfahrt mit dem Bus. Busunternehmer Schnell berechnet für den Bus 50 € pro Tag und zusätzlich je gefahrenem Kilometer 2 €. Busunternehmer Eilig berechnet 80 € pro Tag und 1,50 € je gefahrenem Kilometer.
Bei wie viel gefahrenen Kilometern sind beide Angebote gleich günstig?

12 Auf einem Bauernhof gibt es Hühner und Kaninchen. Sie haben zusammen 35 Köpfe und 94 Beine. Wie viele Hühner und wie viele Kaninchen gibt es dort?

13 Für zwei Rechnungen überweist ein Kaufmann nach Abzug von 2 Prozent bzw. 2,5 Prozent Skonto einen Betrag von 5570 €. Würde er bei der ersten Rechnung 3 Prozent und bei der zweiten nur 2 Prozent in Abzug bringen, so hätte er nur 5561 € zu bezahlen.
Wie hoch sind die Rechnungsbeträge?

14 Ein Chemiker mischt 6 l eines Spiritusvorrats mit 19 l einer zweiten Sorte und erhält eine 77 %ige Mischung. Hätte er 10 l der ersten und 15 l der zweiten Sorte gemischt, so wäre 76 %iger Spiritus entstanden.
Welche Prozentsätze haben die zwei Spiritussorten?

15 Eine Schreinerei schreibt zwei Maschinen mit den Anschaffungswerten von 25 000 € bzw. 10 000 € linear ab. Die beiden Abschreibungssätze sind verschieden. Der jährliche Abschreibungsbetrag lautet 6000 €.
Würde man die Abschreibungsprozentsätze vertauschen, so könnten nur 4500 € jährlich abgeschrieben werden.
Mit wie viel Prozent wurden die beiden Maschinen jährlich abgeschrieben?

16 Ein Kapital trägt bei 6 Prozent in 10 Monatsraten so viel Zins wie ein zweites Kapital bei 8 Prozent in 6 Monaten bringen würde. In einem Jahr können für beide Beträge zusammen 1920 € Zins erwartet werden.
Wie groß sind die beiden Geldbeträge?

17 Ein Kapital bringt in einer bestimmten Zeit bei einem Zinsfuß von 6 Prozent 300 € Zinsen. Wäre das Kapital um 20 Prozent höher, so müsste es 20 Tage weniger verzinst werden, um bei gleichem Zinsfuß ebenso viele Zinsen zu erbringen.
Wie groß ist das Kapital und wie lange dauert die ursprüngliche Laufzeit?

18 Ein rechteckiges Grundstück ist 10 Meter länger als breit. Sein Umfang ist 340 m.
Wie lang und wie breit ist es?

19 Für die Betriebsfeier eines Werkes mit 132 Mitarbeitern werden insgesamt 1870 € aufgewandt: für Angestellte je 15 €, für Auszubildende je 10 €.
Wie viele Angestellte und Auszubildende sind im Betrieb beschäftigt?

20 Zwei Züge fahren einander von zwei 80 km voneinander entfernten Stationen entgegen. Fahren beide Züge gleichzeitig los, so treffen sie sich nach 32 Minuten. Fährt Zug A 15 Minuten früher ab, so treffen sie sich 40 Minuten nach der Abfahrt von Zug A.
Berechnen Sie die durchschnittliche Geschwindigkeit beider Züge.

21 Familie Schulte hat für ihr Haus von einer Bausparkasse 120 000 € und von einer Bank 80 000 € geliehen. Im ersten Jahr werden 11 600 € an Zinsen gezahlt und von jedem der beiden Darlehen werden 4000 € getilgt. Im zweiten Jahr sind 11 100 € an Zinsen zu zahlen. Welchen Zinssatz fordert die Bausparkasse, welchen die Bank?

22 Ein Flugzeug braucht bei gleich bleibendem Gegenwind für eine Strecke von 280 km eine Flugzeit von 24 min. Bei gleich starkem Rückenwind braucht es für diese Strecke 21 min.

a) Mit welcher Geschwindigkeit fliegt das Flugzeug?
b) Welche Geschwindigkeit hat der Wind?

Kosten-, Erlös- und Gewinnfunktionen

Für unternehmerische Entscheidungen ist wichtig, diejenige Produktionsmenge einer Ware zu kennen, bei der die gesamten Kosten durch die Erlöse aus dem Absatz gedeckt sind. Ein Beispiel soll den Sachverhalt verdeutlichen.

Ein Fabrikant produziert ein Spielzeug. Für die Produktion entstehen vorweg 1000 € Kosten. Je Stück dieses Spielzeugs dazu noch einmal 0,40 €. Die Produktionskapazität pro Tag liegt bei 4000 Stück. Der Fabrikant verkauft das Spielzeug zu einem Preis von 0,90 € pro Stück. Darin ist auch sein Gewinn enthalten.

a) Bei welcher Spielzeugmenge sind die Gesamtkosten durch die Erlöse gedeckt?
b) Bei welcher Produktionsmenge erzielt der Fabrikant den größten Gewinn?

Lösung
x sei die Anzahl der produzierten Exemplare.

Für die **Kostenfunktion $K(x)$** gilt:
Gesamtkosten $K(x)$ = Stückkosen · Produktionsmenge x + fixe Kosten, also: $K(x) = 0{,}40x + 1000$

Für die **Erlösfunktion $E(x)$** gilt:
Erlös $E(x)$ = Preis p · Menge x, also $E(x) = 0{,}90x$

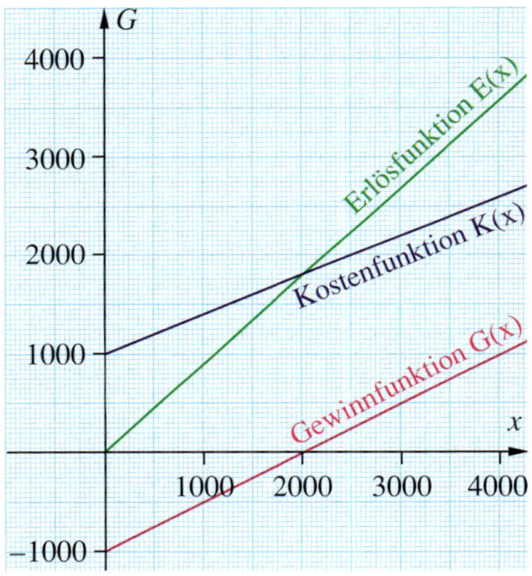

Für die **Gewinnfunktion $G(x)$** gilt: Gewinn $G(x) = E(x) - K(x)$,
also: $G(x) = 0{,}90x - (0{,}40x + 1000) = 0{,}50x - 1000$

a) Wir betrachten die Graphen dieser drei Funktionen. Die Stelle x_S bei der $K(x)$ und $E(x)$ sich schneiden, ist die Produktionsmenge bei der die Kosten durch die Erlöse gedeckt werden. Diese Stelle x_S nennt man die **Gewinnschwelle**, denn links von der Stelle wird mit Verlust gearbeitet, rechts davon mit Gewinn. In dem Beispiel liegt die Gewinnschwelle bei $x_S = 2000$ Stück.
b) Für $x \geq 2000$ werden also Gewinne erzielt. Der größte Gewinn wird an der Kapazitätsgrenze $x = 4000$ erzielt. Der Gewinn beträgt dort $G(4000) = 0{,}5 \cdot 4000\,€ - 1000\,€ = 1000\,€$

Übungen

1 Ein Unternehmen stellt im Monat 2100 Waschmaschinen her. Die fixen Kosten betragen 180 000 €, die variablen Stückkosten sind konstant und betragen 600 €. Die Geräte werden verkauft zum Preis von 750 € pro Stück.
a) Geben Sie Erlös- und Kostenfunktion an.
b) Geben Sie die Gewinnfunktion an.
c) Bestimmen Sie, bei welcher Erzeugungsmenge die Gewinnschwelle erreicht ist.
d) Bestimmen Sie die Gesamtkosten, den Gesamterlös und den Gewinn an der Kapazitätsgrenze.

2 Eine Fabrik hat eine maximale Kapazität von 14 000 Haarshampoos pro Tag. Dabei fallen fixe Kosten in Höhe von 3000 € an.
Die variablen Kosten betragen 0,90 € pro Stück.
Das Waschmittel wird für 1,30 € pro Stück verkauft.
a) Geben Sie die Erlös-, die Kosten- und die Gewinnfunktion an.
c) Wie viel Haarshampoos müssen verkauft werden, damit kein Verlaust entsteht?
d) Wie hoch ist der maximale Gewinn?
e) Stellen Sie die Zusammenhänge zwischen Erlös, Kosten und Gewinn graphisch dar.

Quadratische Funktionen und quadratische Gleichungen

Quadratische Funktionen

Quadratische Funktionen und Parabeln

Wie viel Meter fällt ein Stein in 1,5 Sekunden im freien Fall nach unten? Die Formel für den freien Fall beschreibt eine **quadratische Funktion**. Wir untersuchen die Schaubilder von Funktionen, in denen eine Variable als Quadrat vorkommt. Diese Graphen nennt man **Parabeln**.

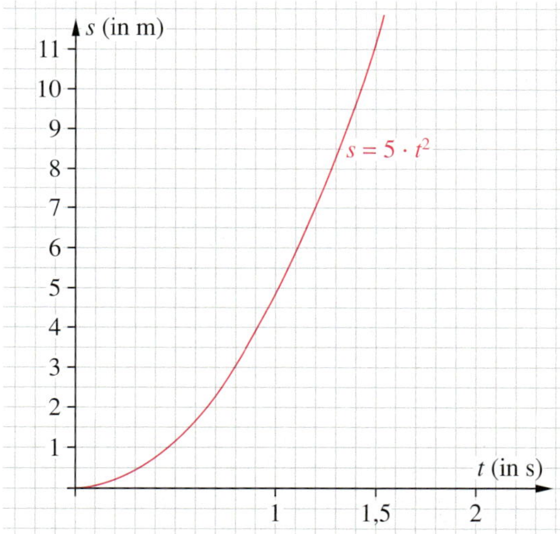

Der Faktor 5 vor t^2 ist ein grober Näherungswert. In der Physik bestimmt man diesen Wert genauer. In der Physik und in der Technik schreibt man diese Formel auch: $s = \frac{g}{2} \cdot t^2$ mit $g = 9{,}81 \ldots \frac{\text{m}}{s^2}$ (g ist die Erdbeschleunigung)

s hängt vom Quadrat von t ab. Wir zeigen eine weitere quadratische Abhängigkeit. Dazu untersuchen wir für geometrische Quadrate die Funktion *Seitenlänge x* $\mapsto$ *Flächeninhalt y*.

Seitenlänge x (in cm)	Flächeninhalt y (in cm^2)
1	1
2	4
3	9
4	16
5	25

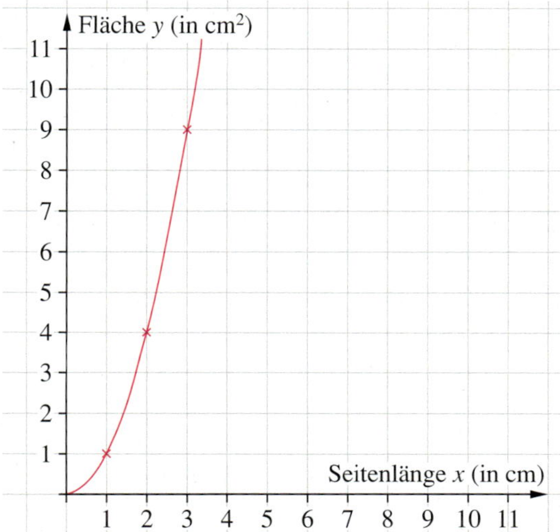

Der Graph zeigt:
Der Flächeninhalt wächst **quadratisch** gegenüber der Seitenlänge.
Die Zuordnung ist eine **quadratische Funktion**. $f: x \mapsto x^2$ oder $f(x) = x^2$ oder $y = x^2$

Die Normalparabel

Wir untersuchen die einfachste quadratische Funktion: $f(x) = x^2$

Wertetabelle

x	-3	-2	-1	0	1	2	3
$y = x^2$	9	4	1	0	1	4	9

Für $x = -3$ ist $y = x^2 = (-3)^2 = 9$.
Für $x = -2$ ist $y = x^2 = (-2)^2 = 4$ *usw.*

Der Graph der quadratischen Funktion $f(x) = x^2$ heißt **Normalparabel**. Er liegt symmetrisch zur y-Achse und berührt die x-Achse im Nullpunkt. Dieser Punkt heißt **Scheitelpunkt** der Parabel.

Für eine Zahl und ihre Gegenzahl ergibt sich immer der gleiche y-Wert.
Für $x = -2$ ist $y = x^2 = (-2)^2 = 4$.
Für $x = \ \ 2$ ist $y = x^2 = \ \ 2^2 = 4$.

Graph

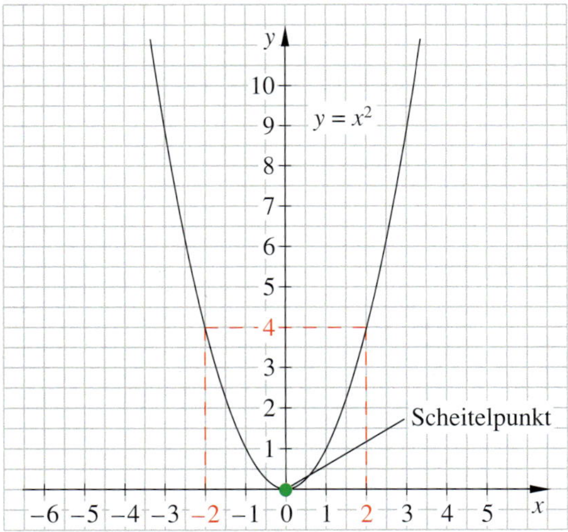

Die Funktion $f(x) = x^2$ ist eine **quadratische Funktion**. Ihr Graph ist eine Parabel mit dem Scheitelpunkt $(0\,|\,0)$ und der Gleichung $y = x^2$. Diese Parabel nennt man **Normalparabel**.

Übungen

1 a) Vervollständigen Sie die Tabelle der Funktion *Seitenlänge* $x \mapsto$ *Flächeninhalt* y eines Quadrats.

Seitenlänge x (in cm)	1,5	2,5	3,5	4,5	5,5
Flächeninhalt y (in cm^2)					

b) Stellen Sie die Funktion zeichnerisch dar.

2 a) Zeichnen Sie auf Millimeterpapier die Parabel mit $y = x^2$ nach dieser Wertetabelle.

x	-3	-2	-1	0	1	2	3	4
$y = x^2$	9							

b) Lesen Sie aus dem Schaubild die Funktionswerte ab für
$x = 1{,}5$; $x = 1{,}1$; $x = 2{,}5$; $x = \frac{1}{2}$;
$x = -1{,}5$; $x = -1{,}1$; $x = -2{,}5$; $x = -\frac{1}{2}$.

c) Berechnen Sie die Funktionswerte aus Aufgabe 2 b mit dem Taschenrechner und vergleichen Sie diese mit den abgelesenen Werten.

3 Bestimmen Sie aus dem Graphen von Aufgabe 2 die x-Werte, die zu folgenden y-Werten 16; 0; 144; 9; 2,25; 9,61; 7,84; 2,89 gehören. Überprüfen Sie Ihr Ergebnis mit dem Taschenrechner.

4 Begründen Sie an Beispielen, warum die Normalparabel symmetrisch zur y-Achse liegt.

5 Welche Punkte liegen auf der Normalparabel, welche nicht?
a) $(0\,|\,0)$ c) $(-1\,|\,1)$ e) $(-\frac{1}{2}\,|\,\frac{1}{4})$
b) $(1\,|\,-1)$ d) $(-4\,|\,-16)$ f) $(0{,}4\,|\,1{,}6)$

6 Zeichnen Sie die Graphen für $y = x^2$; $y = x^2 + 1$ und $y = x^2 - 1$ mit der Wertetabelle. Was stellen Sie fest?

x	-3	-2	-1	0	1	2	3	4	5
$y = x^2$									
$y = x^2 + 1$									
$y = x^2 - 1$									

Die Parabel für $y = ax^2$

Wir vergleichen die Graphen von $y = x^2$, $y = 2x^2$ und $y = \frac{1}{2}x^2$.
Zunächst zeichnen wir sie mithilfe von Wertetabellen.

x	−3	−2	−1	0	1	2	3
$y=x^2$	9	4	1	0	1	4	9
$y=2x^2$	18	8	2	0	2	8	18
$y=\frac{1}{2}x^2$	4,5	2	0,5	0	0,5	2	4,5

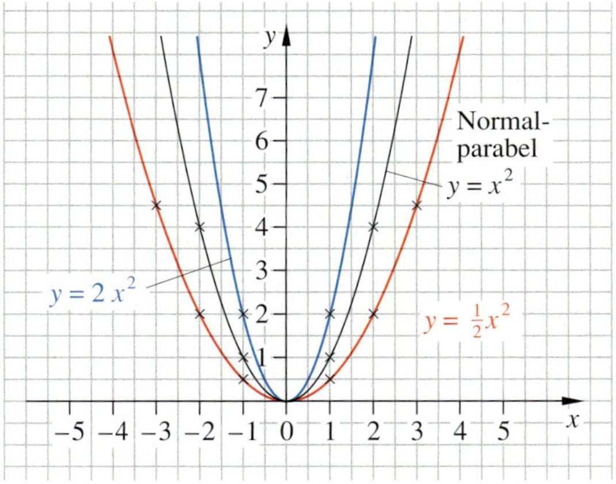

Wir sehen, dass der Graph von $y = 2x^2$ **steiler** als die Normalparabel ist.

Den Graphen von $y = 2x^2$ erhalten wir, indem wir jeden Funktionswert der Normalparabel mit 2 multiplizieren.

Den Graphen von $y = \frac{1}{2}x^2$ erhalten wir, indem wir jeden Funktionswert der Normalparabel mit $\frac{1}{2}$ multiplizieren. Wir sehen: Der Graph von $y = \frac{1}{2}x^2$ ist **flacher** als die Normalparabel.

Die Parabel von $y = ax^2$ ist für	Die Parabel von $y = ax^2$ ist für
$0 < a < 1$	$a > 1$
flacher als die Normalparabel.	steiler als die Normalparabel.

Nun untersuchen wir die Graphen von $y = -x^2$, $y = -2x^2$ und $y = -\frac{1}{2}x^2$.

x	−3	−2	−1	0	1	2	3
$y=-x^2$	−9	−4	−1	0	−1	−4	−9
$y=-2x^2$	−18	−8	−2	0	−2	−8	−18
$y=-\frac{1}{2}x^2$	−4,5	−2	−0,5	0	−0,5	−2	−4,5

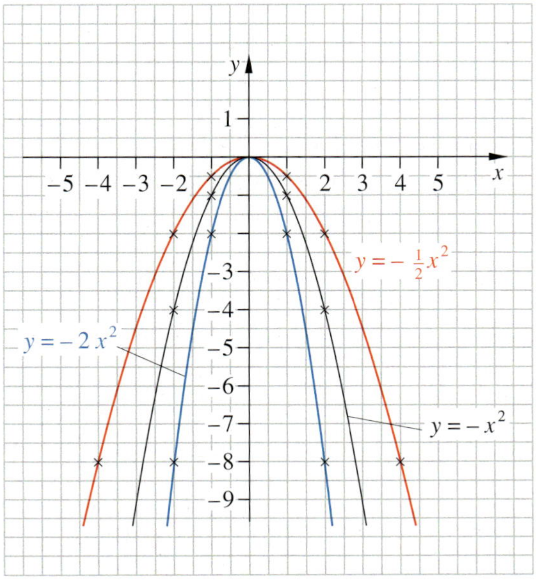

Wenn a negativ ist, dann ist die Parabel von $y = ax^2$ **nach unten** geöffnet.

Den Graphen von $y = -x^2$ erhält man aus dem Graphen von $y = x^2$ durch Spiegelung an der x-Achse.

Übungen

1 Ordnen Sie der Funktionsgleichung jeweils den entsprechenden Graphen zu.

$y=-\frac{1}{4}x^2$ $\quad y=\frac{1}{4}x^2$ $\quad y=-4x^2$

Beispiel: Graph von $y=4x^2$ (schwarz)

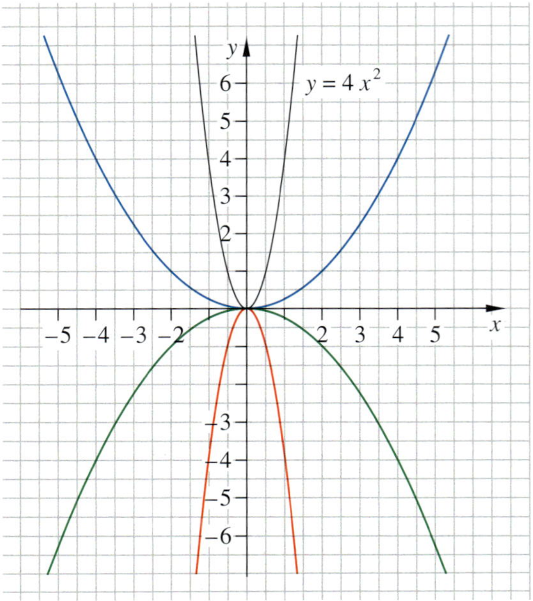

2 Beschreiben Sie den Graphen von $y=ax^2$. Was können Sie über den Faktor a sagen?

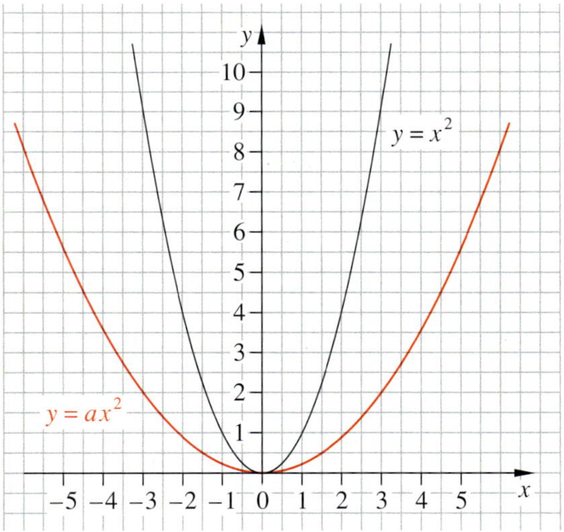

3 Zeichnen Sie die Graphen mit einer Wertetabelle für

a) $y=\frac{3}{2}x^2$ c) $y=\frac{1}{4}x^2$ e) $y=2{,}3x^2$

b) $y=3x^2$ d) $y=0{,}4x^2$ f) $y=5x^2$

4 Welche Parabeln sind nach unten geöffnet? Welche ist am weitesten geöffnet? Begründen Sie! Skizzieren Sie die Parabeln.

a) $y=\frac{1}{7}x^2$ c) $y=-5x^2$ e) $y=\frac{5}{4}x^2$

b) $y=-\frac{3}{4}x^2$ d) $y=3x^2$ f) $y=1{,}2x^2$

5 Zeichnen Sie die Parabel von $y=\frac{2}{3}x^2$ und vergleichen Sie sie mit der Parabel von $y=-\frac{2}{3}x^2$. Benutzen Sie den Begriff „symmetrisch".

6 Welche der folgenden Punkte liegen auf der Parabel mit $y=-\frac{1}{3}x^2$?

a) $(-5\,|\,-\frac{25}{3})$ c) $(7\,|\,-4)$

b) $(\frac{2}{3}\,|\,-\frac{2}{3})$ d) $(-0{,}3\,|\,-0{,}03)$

7 Ergänzen Sie so, dass der Punkt auf der Parabel von $y=-\frac{1}{3}x^2$ liegt.

a) (3 | ■) c) (■ | $-\frac{25}{3}$) e) (■ | −0,27)

b) (■ | −3) d) ($\frac{1}{3}$ | ■) f) (4 | ■)

Gibt es manchmal mehrere Lösungen?

8 Ordnen Sie die Graphen den richtigen Gleichungen zu. Setzen Sie für $x=0$ ein. Wann passt der y-Wert zum Graphen?

a) $y=-x^2+2$ b) $y=-x^2-2$ c) $y=-x^2+4$

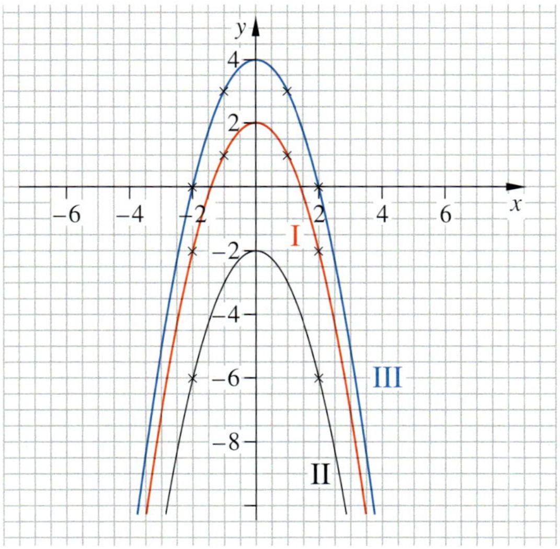

9 Bestimmen Sie a für eine Parabel mit $y=ax^2$, die durch den Punkt (2 | 2) geht.

Hinweis: Setzen Sie die Koordinaten des Punktes in die Gleichung ein.

Die Verschiebung der Normalparabel

Die Normalparabel mit $y = x^2$ kann durch Addition oder Subtraktion einer Zahl im Koordinatensystem verschoben werden.

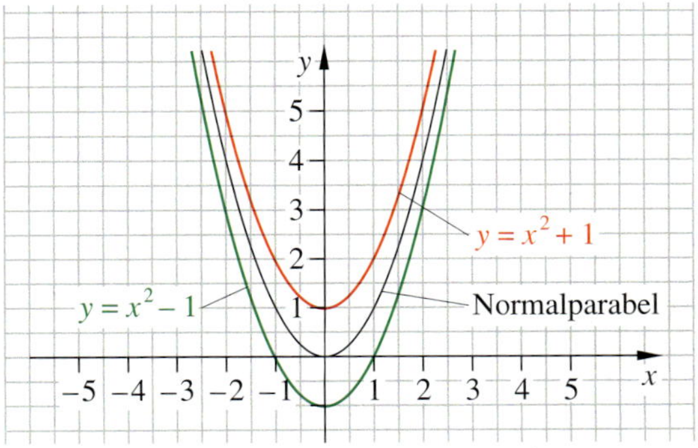

$y = x^2 + 1$

Die Normalparabel mit $y = x^2$ ist um 1 Einheit **nach oben verschoben**.
Der Scheitelpunkt ist $(0 \mid 1)$.

$y = x^2 - 1$

Die Normalparabel ist um 1 Einheit **nach unten verschoben**.
Der Scheitelpunkt ist $(0 \mid -1)$.

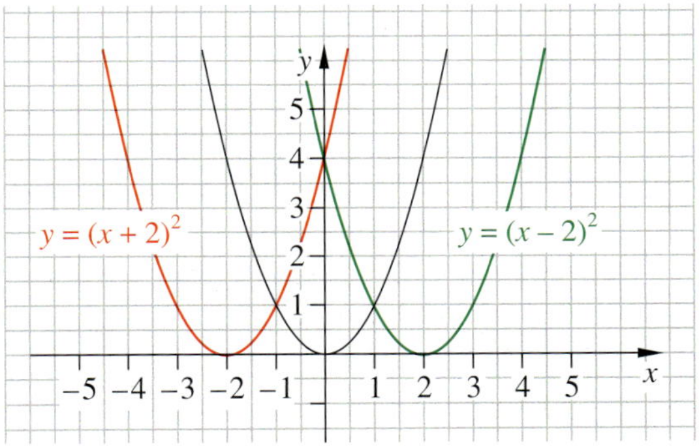

$y = (x-2)^2$ oder $y = x^2 - 4x + 4$

Die Normalparabel ist um 2 Einheiten **nach rechts verschoben**.
Der Scheitelpunkt ist $(2 \mid 0)$.

$y = (x+2)^2$ oder $y = x^2 + 4x + 4$

Die Normalparabel ist um 2 Einheiten **nach links verschoben**.
Der Scheitelpunkt ist $(-2 \mid 0)$.

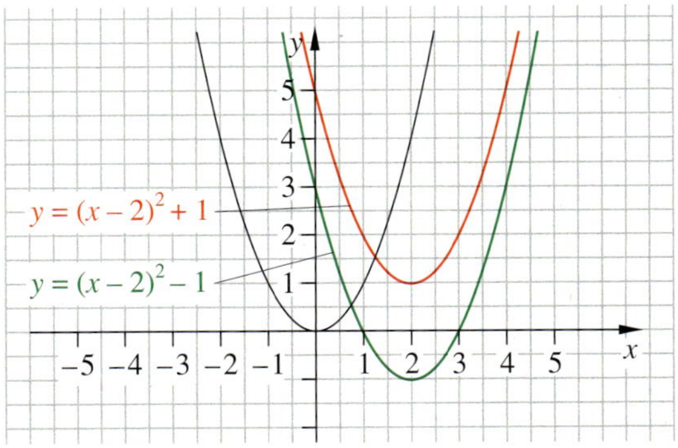

$y = (x-2)^2 + 1$ oder $y = x^2 - 4x + 5$

Die Normalparabel ist um 2 Einheiten **nach rechts** und um 1 Einheit **nach oben verschoben**.
Der Scheitelpunkt ist $(2 \mid 1)$.

$y = (x-2)^2 - 1$ oder $y = x^2 - 4x + 3$

Die Normalparabel ist um 2 Einheiten **nach rechts** und um 1 Einheit **nach unten verschoben**.
Der Scheitelpunkt ist $(2 \mid -1)$.

Der Graph von $y = x^2 + c$	ist eine Normalparabel mit dem Scheitelpunkt $(0 \mid c)$.
Der Graph von $y = (x-d)^2$	ist eine Normalparabel mit dem Scheitelpunkt $(d \mid 0)$.
Der Graph von $y = (x-d)^2 + e$	ist eine Normalparabel mit dem Scheitelpunkt $(d \mid e)$.

Übungen

1 Geben Sie den Scheitel der Parabel an für

a) $y = x^2 - 3$
b) $y = x^2 + 5$
c) $y = x^2 - 4$
d) $y = x^2 + \frac{1}{2}$
e) $y = x^2 - \frac{3}{4}$
f) $y = x^2 + 2\frac{1}{2}$
g) $y = x^2 - 1{,}5$
h) $y = x^2 + 2{,}4$
i) $y = x^2 - 3{,}6$
j) $y = x^2 - 0{,}5$

2 Zeichnen Sie die Parabeln aus Aufgabe 1 (evtl. mithilfe einer Parabelschablone).

3 Die Normalparabel wurde verschoben. Der neue Scheitelpunkt ist

a) $(0\,|\,1{,}5)$ c) $(0\,|\,-2{,}6)$ e) $(0\,|\,-\frac{1}{2})$
b) $(0\,|\,-6)$ d) $(0\,|\,4{,}2)$ f) $(0\,|\,3{,}8)$

Zeichnen Sie die neue Parabel (evtl. mit einer Parabelschablone) und geben Sie die Funktionsgleichung an.

4 Geben Sie den Scheitel der Parabel an für

a) $y = (x-1)^2 + 2$ c) $y = (x-3)^2 + 4$
b) $y = (x+1)^2 - 2$ d) $y = (x+3)^2 - 4$

Zeichnen Sie die Parabeln (mit Schablone).

5 Die Normalparabel wurde verschoben. Der neue Scheitelpunkt ist

a) $(-3\,|\,0)$ c) $(-3\,|\,4)$ e) $(4\,|\,2)$
b) $(2\,|\,0)$ d) $(1\,|\,-3)$ f) $(-4\,|\,2)$

Zeichnen Sie die neue Parabel (mit Schablone) und geben Sie die Funktionsgleichung an.

6 Zeichnen Sie die entstehende Parabel und geben Sie den Scheitelpunkt an. Wie lautet die Gleichung der Parabel?
Die Normalparabel wird verschoben

a) um 3 Einheiten nach rechts.
b) um 1 Einheit nach unten.
c) um 5 Einheiten nach links und 4 Einheiten nach oben.
d) um 2 Einheiten nach rechts und 6 Einheiten nach unten.
e) um 3 Einheiten nach rechts und 2,5 Einheiten nach oben.
f) um 2 Einheiten nach links und 1 Einheit nach oben.
g) um 3 Einheiten nach links und 3 Einheiten nach unten.

7 a) Bei welchem x-Wert nimmt die Funktion ihren kleinsten Funktionswert 0 an?

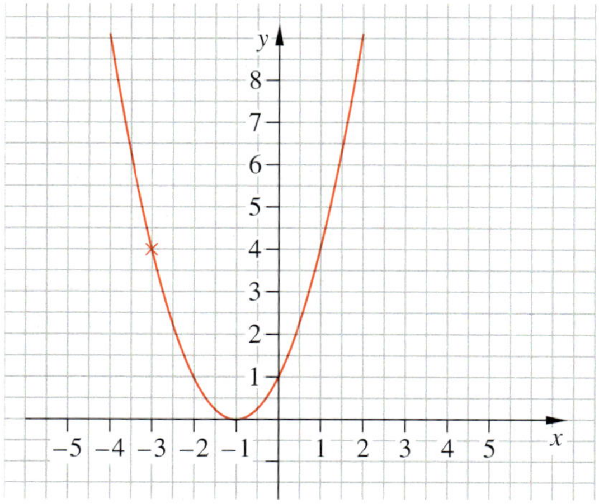

b) Übertragen Sie die Wertetabelle für die Funktion $f(x) = (x+1)^2$ in Ihr Heft und füllen Sie sie aus.

x	−3	−2	−1	0	1	2	3	4
$(x+1)^2$	4							

c) Geben Sie an, bei welchen x-Werten die Funktion denselben Funktionswert annimmt.
d) Bestimmen Sie weitere x-Werte, bei denen die Funktion denselben Funktionswert hat.
e) Zeichnen Sie in Ihrem Heft in das Schaubild die Symmetrieachse ein.

8 Petra will eine Wertetabelle für die Funktion $f(x) = (x+4)^2$ aufstellen. Sie benutzt dazu die Symmetrie des Schaubildes.

x	−7	−6	−5	−4	−3	−2	−1
$(x+4)^2$				0			

Petra beginnt die Wertetabelle beim Scheitelpunkt. Warum?

9 Stellen Sie für die Funktion eine Wertetabelle auf. Beginnen Sie beim Scheitelpunkt. Nutzen Sie die Symmetrie des Graphen.

a) $f(x) = (x+2)^2$ e) $f(x) = (x+6)^2$
b) $f(x) = (x-2)^2$ f) $f(x) = (x-6)^2$
c) $f(x) = (x+5)^2$ g) $f(x) = (x+3)^2$
d) $f(x) = (x-5)^2$ h) $f(x) = (x-3)^2$

Zeichnen Sie die Schaubilder (mithilfe der Schablone). Zeichnen Sie auch die jeweilige Symmetrieachse in das Schaubild ein.

Die allgemeine Form der Parabelgleichung

Die Parabelgleichung zu den vier Graphen im Schaubild sind in der Form

$$y = a\,(x - x_s)^2 + y_s$$

zusammengefasst, wobei $(x_s \,|\, y_s)$ die Koordinaten des Scheitelpunkts sind. Weil man die Lage des „Scheitels“ aus dieser Form leicht ablesen kann, heißt diese Form **Scheitelform** oder **Scheitelpunktform**. Der Punkt $(x_s,\ y_s)$ ist der Scheitelpunkt, a gibt die Öffnung der Parabel an.

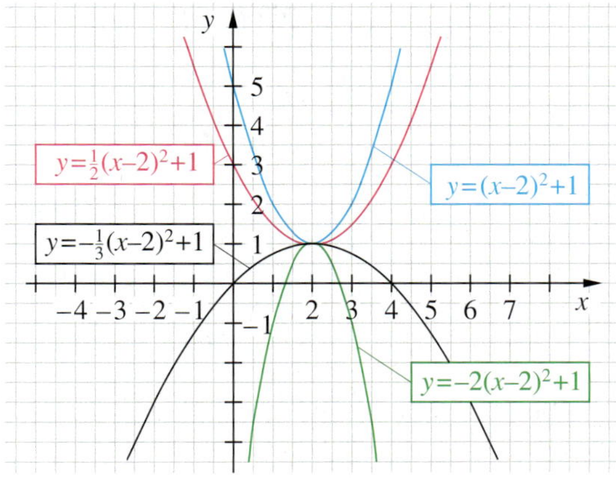

Oft ist nicht die Scheitelform der Parabelgleichung gegeben, sondern eine Gleichung von der Form $y = a\,x^2 + b\,x + c$ (Allgemeine Form). Jede solche Form lässt sich in die Scheitelform umwandeln und dann die Parabel als Funktionsgraph leicht zeichnen.

Statt $y = a\,x^2 + b\,x + c$ kann man die Scheitelform

$$y = a\,(x + x_s)^2 + y_s$$

schreiben, wenn man ausrechnet $x_s = \dfrac{b}{2a}$ und $y_s = \dfrac{4ac - b^2}{4a}$. (Vgl. Aufgabe 6, Seite 250)

Beispiel 1

Aus der allgemeinen Form $y = \frac{1}{2}x^2 - 2x + 3$ (mit $a = \frac{1}{2}$, $b = -2$, $c = 3$) wird berechnet

$$x_s = \frac{-2}{2 \cdot \frac{1}{2}} = -2 \qquad y_s = \frac{4 \cdot \frac{1}{2} \cdot 3 - (-2)^2}{4 \cdot \frac{1}{2}} = 1.$$

Die Scheitelform hat die Gleichung $y = \frac{1}{2}\,(x - 2)^2 + 1$. Der Scheitelpunkt ist $S\,(2 \,|\, 1)$.
Die allgemeine Form $y = \frac{1}{2}x^2 - 2x + 3$ ist in die Scheitelform $y = \frac{1}{2}\,(x - 2)^2 + 1$ überführt worden. Der Scheitelpunkt der Parabel ist $(2\,|\,1)$. Die Parabel mit $y = \frac{1}{2}x^2 - 2x + 3$ ist nach oben geöffnet und wurde gegenüber der Normalparabel gestaucht in y-Richtung mit $\frac{1}{2}$.
Der Graph der Funktion ist oben im Koordinatensystem rot eingezeichnet.

Beispiel 2

Aus der allgemeinen Form $y = 3\,x^2 + 24 + 42$ (mit $a = 3$; $b = 24$; $c = 42$) ergibt sich

$$x_s = \frac{24}{2 \cdot 3} = 4 \qquad y_s = \frac{4 \cdot 3 \cdot 42 - 24^2}{4 \cdot 3} = -6.$$

Die Scheitelform hat die Gleichung $y = 3\,(x + 4)^2 - 6$. Der Scheitelpunkt ist $S\,(-4 \,|\, -6)$.

> Der Graph einer quadratischen Funktion mit der Gleichung $y = a\,x^2 + b\,x + c$ ist eine Parabel. Diese allgemeine Form der Gleichung lässt sich in die **Scheitelform** $y = a\,(x - d)^2 + e$ umwandeln mit $d = \frac{b}{2a}$ und $e = \frac{4ac - b^2}{4a}$. Der Scheitel ist (d, e).

Übungen

1 Bringen Sie auf die Scheitelform und zeichnen Sie die Parabel.
a) $y = x^2 + 2x$
b) $y = x^2 - 4x$
c) $y = x^2 + 6x + 9$
d) $y = x^2 - 2x - 3$
c) $y = x^2 + 4x + 3$
f) $y = x^2 + 5x + \frac{29}{4}$

2 Zeichnen Sie die Parabeln.
a) $y = (x+2)^2$
b) $y = (x-2)^2 - 3$
c) $y = (x+2{,}5)^2 + 1$
d) $y = (x-4)^2 - 1{,}5$
e) $y = (x-1{,}5)^2 - 6$
f) $y = (x+3)^2 - 3{,}5$
Stellen Sie fest, in welchen Punkten die x-Achse geschnitten wird. (Diese Punkte heißen *Nullstellen* der Parabel.)

3 Welche der Parabeln aus Aufgabe 1 haben keine, welche Parabeln haben eine oder zwei Nullstellen?

4 Bestimmen Sie den Scheitelpunkt und zeichnen Sie die Parabel.
a) $y = 2(x-1)^2 - 6$
b) $y = \frac{2}{3}(x-1)^2 + 2$
c) $y = -\frac{1}{2}(x-2)^2 + 3$
d) $y = -\frac{1}{4}(x-3)^2 - 2$
e) $y = 0{,}5(x+4)^2 - 2$
f) $y = 1{,}5(x-4)^2 - 4$

5 Eine Normalparabel wurde in ihrer Lage, Gestalt und Öffnungsrichtung verändert. Bestimmen Sie die Parabelgleichung und zeichnen Sie die Parabel.
a) Stauchung in y-Richtung mit $\frac{1}{2}$, Verschiebung um 3 Einheiten nach rechts und 1 Einheit nach unten,
b) Spiegelung an der x-Achse, Stauchung in y-Richtung mit $\frac{1}{4}$, Verschiebung um 1 Einheit nach links und 4 Einheiten nach oben,
c) senkrechte Streckung in y-Richtung mit 2, Verschiebung um 3 Einheiten nach links und 5 Einheiten nach unten,
d) Spiegelung an der x-Achse, senkrechte Streckung in y-Richtung mit 1,5, Verschiebung um 2 Einheiten nach rechts,
e) Spiegelung an der x-Achse, Stauchung in y-Richtung mit $\frac{1}{2}$, Verschiebung um 2 Einheiten nach oben.

6 Zeigen Sie, dass die Rechenausdrücke
$ax^2 + bx + c$ und $a \cdot \left(x + \frac{b}{2a}\right)^2 + \frac{4ac - b^2}{4a}$
gleich sind. Vgl. Seite 249

7 Bringen Sie die Parabelgleichung auf die Scheitelform und zeichnen Sie die Parabel.
a) $y = \frac{1}{2}x^2 - 2x + 1$
b) $y = \frac{1}{4}x^2 + 2x + 2$
c) $y = -\frac{1}{2}x^2 - 2x + 1$
d) $y = -\frac{1}{3}x^2 + 2x$
e) $y = \frac{2}{3}x^2 - \frac{4}{3}x - \frac{4}{3}$
f) $y = -\frac{1}{5}x^2 - \frac{6}{5}x + \frac{6}{5}$
g) $y = -\frac{1}{4}x^2 + \frac{1}{2}x + \frac{15}{4}$
h) $y = 2x^2 - 4x - 4$

8 Die Graphen gehören zu Parabeln der Form $y = ax^2 + bx + c$. Bestimmen Sie a, b, c und bringen Sie diese allgemeine Form auf Scheitelform. Spiegeln Sie die Graphen an der x-Achse (y-Achse) und geben Sie die Scheitelform des Bildes an.

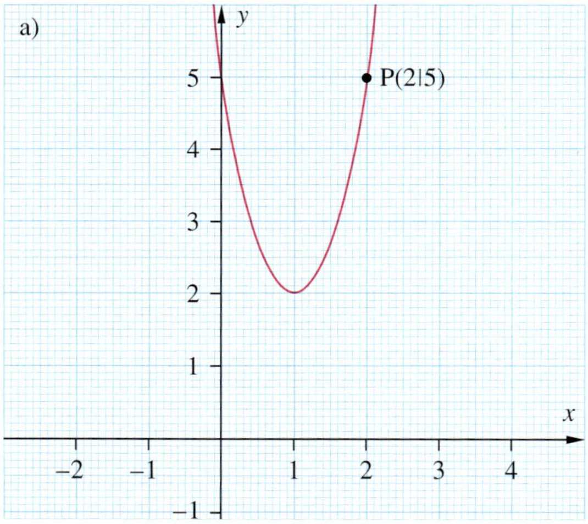

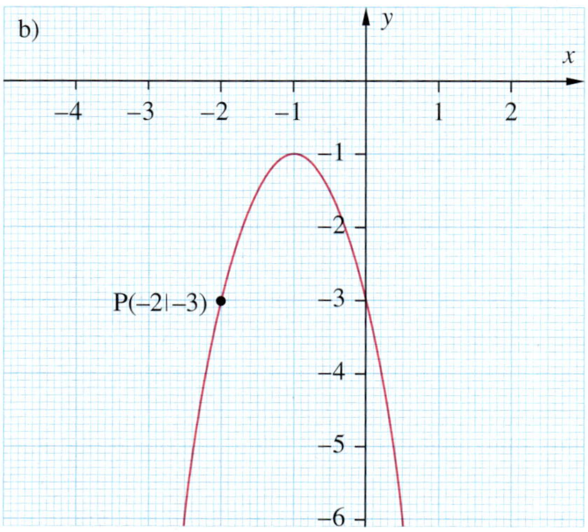

Schnittpunkte von Parabeln und Geraden

Gegeben sind eine Parabel und eine Gerade. Gesucht sind deren Schnittpunkte.

Beispiel

Gegeben sind die Parabel mit $y = x^2 + 4x - 1$ und die Gerade mit $y = 2x + 2$. Gesucht sind die Schnittpunkte.

Lösung:
Wir bringen die Parabelgleichung auf die Scheitelform, um sie leichter zeichnen zu können.

$y = x^2 + 4x - 1$
$y = x^2 + 4x + 4 - 4 - 1$
$y = (x+2)^2 - 5$

Der Scheitelpunkt ist $(-2|-5)$.
Wir zeichnen die verschobene Normalparabel mit dem Scheitelpunkt $(-2|-5)$ und die Gerade $y = 2x + 2$ wird in ein Koordinatensystem.
Wir lesen die Schnittpunkte ab:
$P_1(-3|-4)$ und $P_2(1|4)$.

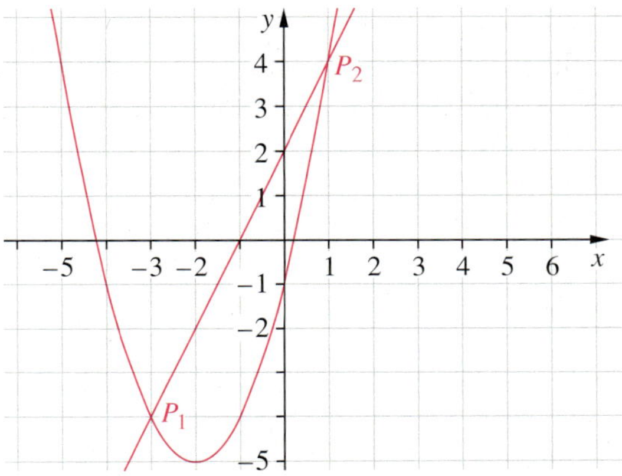

Übungen

1 In welchen Punkten schneidet die Parabel aus dem Beispiel die x-Achse? Überprüfen Sie Ihr Ergebnis durch Einsetzen.

2 a) Spiegeln Sie die Parabel aus dem Beispiel an der x-Achse und geben Sie die Gleichung für das Spiegelbild an.
b) Wie lautet die Gleichung für das Spiegelbild der Parabel aus dem Beispiel an der y-Achse?

3 Bestimmen Sie die Schnittpunkte von Parabel und Gerade durch Ablesen.
a) $y = x^2 + 1$ und $y = x$
b) $y = x^2 + 1$ und $y = -x + 1$
c) $y = -x^2 + 1$ und $y = x$
d) $y = -x^2 + 1$ und $y = 2x$

4 a) $y = (x-2)^2 + 1$ und $y = -x + 3$
b) $y = (x-1)^2 + 5$ und $y = -x + 3$
c) $y = (x-1)^2 + 5$ und $y = -4x + 9$
d) $y = (x-2)^2 + 1$ und $y = x + 5$
e) $y = (x-2)^2 + 1$ und $y = -4x + 9$

5 Zeichnen Sie die Parabeln und bestimmen Sie deren Schnittpunkte mit den Koordinatenachsen durch Ablesen.
a) $y = x^2 - 2x - 3$
b) $y = -x^2 + x + 6$
c) $y = \frac{1}{2}x^2 - x - 4$
d) $y = -\frac{1}{4}x^2 - x$
e) $y = 2x^2 - 8x + 6$
f) $y = \frac{2}{3}x^2 + \frac{4}{3}x - 2$
g) $y = -0{,}5x^2 + 2x - 2$
h) $y = \frac{1}{4}x^2 - \frac{1}{2}x + \frac{9}{4}$

6 Zeichnen Sie Parabel und Gerade und bestimmen Sie deren Schnittpunkte für
a) $y = \frac{1}{2}(x-2)^2 + 3$
$y = 0{,}5x - 1$
b) $y = \frac{1}{4}x^2 + x + 2$
$y = x + 3$
c) $y = \frac{1}{2}x^2 - 3x + \frac{5}{2}$
$y = 6$
d) $y = \frac{1}{3}x^2 + \frac{2}{3}x - \frac{2}{3}$
$y = 2x - 2$

Unser Körper

ein Wunderwerk der Natur

1.
Im Laufe des Lebens wachsen uns rund eine Million Haare. Allerdings verliert jeder von uns täglich etwa 30 Haare davon.
Zum Trost: Die meisten wachsen wieder nach.

2.
Unser Herz wiegt rund 300 Gramm und schlägt durchschnittlich 75-mal pro Minute.

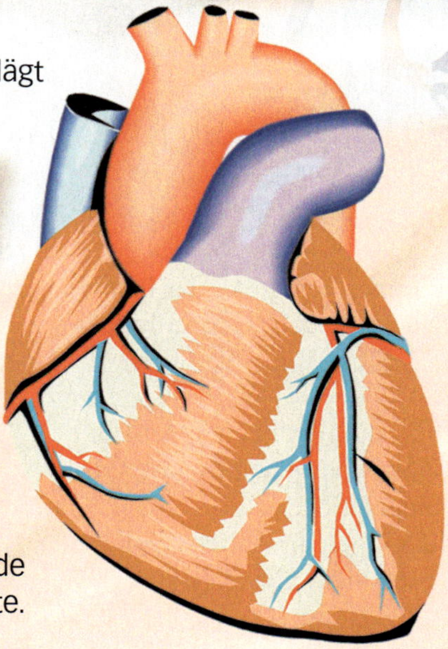

3.
Pro Minute werden 6 Liter Blut durch die Adern gepumpt.
a) Wie viel Liter Blut pumpt unser Herz, ein faustgroßes Organ, in 80 Jahren?
b) Dabei fließt das Blut nicht nur durch große Arterien und Venen, sondern auch durch dünnste Kapillargefäße.
Unsere Adern sind insgesamt so lang, dass man sie ungefähr fünfmal um die Erde (Erdumfang: ca. 40 000 km) wickeln könnte.

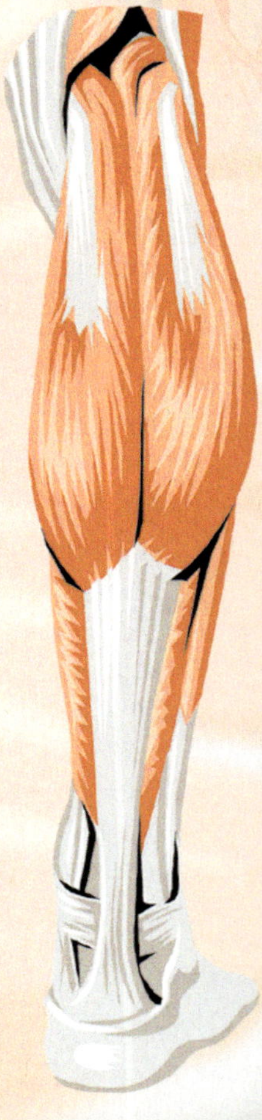

4.
Energie beziehen wir aus unserer Nahrung. Der Körper eines Schülers braucht täglich ungefähr 9000 Kilojoule, der eines Schwerstarbeiters 23 000 Kilojoule. Durch Aktivitäten werden „Kalorien" (Joule) verbrannt: 3800 kJ bei einer Stunde Ski fahren oder Squash spielen, 3000 kJ bei einer Stunde schwimmen.
Ältere Darstellungen rechnen noch in Kalorien.
Es gilt: 1 cal = 4,187 J; 1 J = 0,239 cal.
1 KJ = 1000 J

5.
Auch unsere Füße leisten Schwerstarbeit. Ziemlich genau 50 Millionen Schritte legen wir während unseres Lebens zurück.

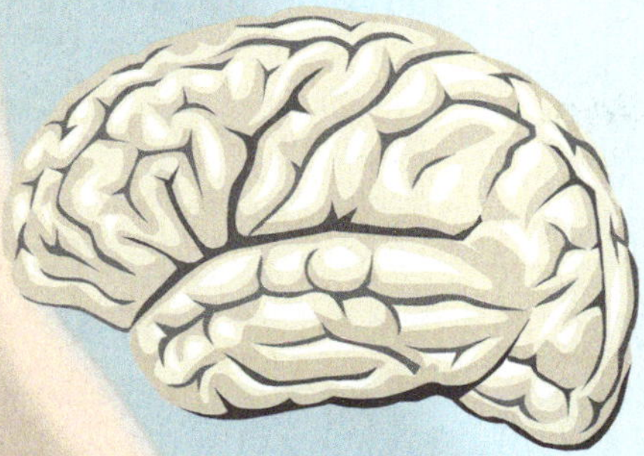

6.
Unser Gehirn kann so viele Informationen speichern, wie z. B. in 20 000 Lexika enthalten sind. Ein Inder erreichte eine erstaunliche Leistung beim Kopfrechnen. Er multiplizierte innerhalb 28 Sekunden zwei zufällig gewählte 13-stellige Zahlen:

$7\,686\,369\,774\,870 \cdot 2\,465\,099\,745\,779$

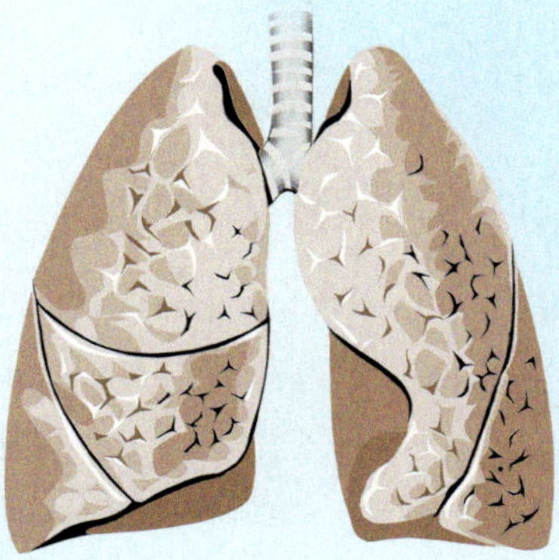

7.
Für den Sauerstoffaustausch in der 1,2 kg schweren Lunge sorgen rund 500 Millionen Lungenbläschen. Würde man sie ausbreiten, dann bedeckten sie die Wohnfläche eines Einfamilienhauses, nämlich 200 Quadratmeter. Wir atmen ungefähr 21 000-mal am Tag.

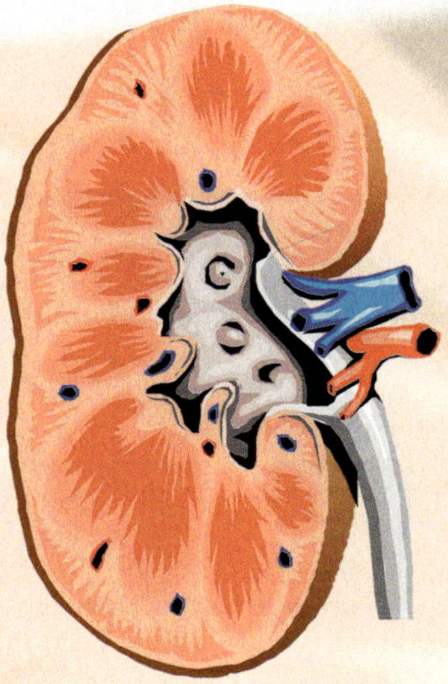

8.
Unsere Nieren reinigen in jeder Minute rund einen Liter Blut.

9.
Schmerz wird innerhalb von 0,9 Sekunden gemeldet, Tast-Informationen benötigen 0,12 Sekunden Reaktionszeit, und 0,16 Sekunden brauchen wir, um Wärme zu fühlen.

10.
Die Haut ist mit der Gesamtfläche von 1,5 bis 2 Quadratmeter unser größtes Organ. Sie erneuert sich alle 120 Tage. Schätzen Sie:

a) Besitzen wir rund 2 Millionen Schweißdrüsen oder 120 000 Schweißdrüsen?
b) In jedem Quadratzentimeter unserer Handflächen befinden sich wie viele Schweißdrüsen? 370 oder 10?
c) Die Haut verfügt auch über viele Sensoren
– um Hitze zu fühlen: 30 000 oder 2000?
– um Kälte zu spüren: 250 000 oder 24 000?
– für Tast-Empfindungen: 500 000 oder 25 000?
– um Stiche wahrzunehmen: 3 500 000 oder 55 000?

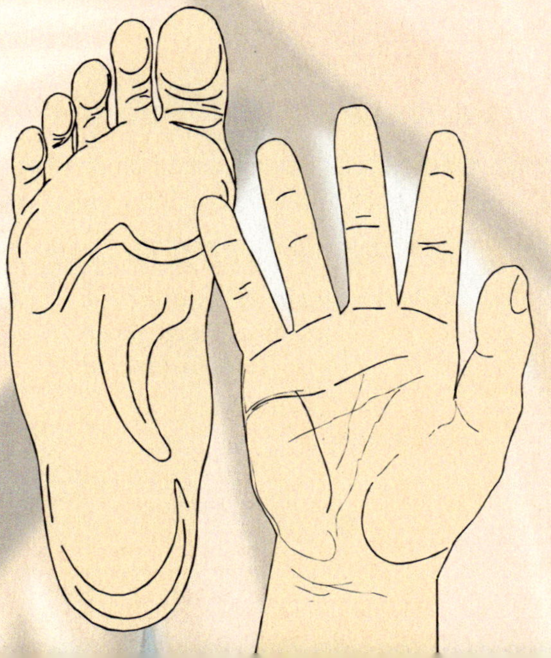

Die Lösungen finden Sie auf Seite 324

Wurzeln

Die Quadratwurzel

Quadratische Fotos haben einen Flächeninhalt von 36 cm^2. Wie lang sind die Seiten des Fotos?

Es wird die positive Zahl gesucht, die mit sich selbst multipliziert, 36 ergibt. Das ist die Zahl 6, denn $6 \cdot 6 = 36$. Die Zahl 6 heißt die **Quadratwurzel** aus 36.

Man schreibt: $\sqrt{36} = 6$. Man spricht: Die Quadratwurzel aus 36 ist 6.

> Die Quadratwurzel aus einer positiven Zahl a, geschrieben $\sqrt{a}$, ist diejenige positive Zahl, deren Quadrat a ist. Außerdem gilt: $\sqrt{0} = 0$.

Beispiele

1. $\sqrt{16} = 4$, denn $4^2 = 16$
2. $\sqrt{1} = 1$, denn $1^2 = 1$
3. $\sqrt{\frac{4}{9}} = \frac{2}{3}$, denn $\left(\frac{2}{3}\right)^2 = \frac{4}{9}$
4. $\sqrt{-4}$ ist nicht definiert, weil -4 nicht positiv ist.

> Zu einer Zahl die Wurzel angeben, heißt **Wurzelziehen** oder **Radizieren**. Die Zahl unter dem Wurzelzeichen heißt **Radikand**.

Quadrieren wir $\sqrt{7}$, so erhalten wir 7. Also: $(\sqrt{7})^2 = 7$. Ziehen wir die Quadratwurzel aus 7^2, so erhalten wir ebenfalls 7, denn $\sqrt{7^2} = \sqrt{49} = 7$.

Da Quadratwurzelziehen und Quadrieren sich gegenseitig aufheben, gelten für alle nicht negativen Zahlen die nebenstehenden Formeln. Man schreibt auch $a^{\frac{1}{2}}$ für $\sqrt{a}$.

> $(\sqrt{a})^2 = a$ und $\sqrt{a^2} = a$
>
> $\sqrt{a} = a^{\frac{1}{2}}$ $\quad (a^{\frac{1}{2}})^2 = a^{\frac{2}{2}} = a$

Beispiel

$\sqrt{7^2} = \sqrt{49} = 7$

Wir geben $\sqrt{7}$ zunächst durch den Dezimalbruch 2,65 näherungsweise an. Der Taschenrechner (TR) gibt $\sqrt{7}$ als Dezimalbruch mit vielen Dezimalen an; $\sqrt{7} \underset{TR}{=} 2{,}6457513$.

Diese Zahl ist eine bessere Näherung für $\sqrt{7}$ als 2,65. Aber der Dezimalbruch 2,6457513 ist auch nicht der *genaue* Zahlenwert von $\sqrt{7}$. Der genaue Zahlenwert von $\sqrt{7}$ kann nicht durch einen endlichen Dezimalbruch angegeben werden. Nur bei *manchen* Quadratwurzeln zeigt der Taschenrechner den genauen Zahlenwert an.

Beispiele

1. $\sqrt{147} \underset{TR}{=} 12{,}124$ (gerundet)
2. $\sqrt{1{,}8} \underset{TR}{=} 1{,}34$ (gerundet)
3. $\sqrt{2{,}25} \underset{TR}{=} 1{,}5$ (genau)

Übungen

1 Welche der folgenden Aufgaben sind richtig gelöst?

a) $\sqrt{25} = 5$
b) $\sqrt{144} = 12$
c) $\sqrt{539} = 23$
d) $\sqrt{\frac{25}{49}} = \frac{5}{7}$
e) $\sqrt{\frac{16}{9}} = \frac{4}{3}$
f) $\sqrt{8{,}1} = 0{,}9$
g) $\sqrt{0{,}64} = \frac{4}{5}$
h) $\sqrt{0{,}01} = 0{,}01$
i) $\sqrt{1{,}21} = 1{,}1$
j) $\sqrt{0{,}36} = 0{,}06$

2 Zeigen Sie, dass richtig gerechnet wurde.

a) $\sqrt{\frac{1}{4}} = \frac{1}{2}$
b) $\sqrt{\frac{25}{36}} = \frac{5}{6}$
c) $\sqrt{1{,}69} = 1{,}3$
d) $\sqrt{27{,}04} = 5{,}2$

3 Geben Sie die fehlende Zahl an.

a) $\sqrt{529} = \square$, denn $\square^2 = 529$
b) $\sqrt{\square} = 27$, denn $27^2 = \square$

4 Geben Sie die folgenden Quadratwurzeln an und machen Sie die Probe.

a) $\sqrt{4}$
b) $\sqrt{36}$
c) $\sqrt{49}$
d) $\sqrt{81}$
e) $\sqrt{100}$
f) $\sqrt{225}$
g) $\sqrt{0{,}16}$
h) $\sqrt{0{,}49}$
i) $\sqrt{0{,}81}$
j) $\sqrt{1{,}44}$
k) $\sqrt{2{,}25}$
l) $\sqrt{0{,}0001}$

5 Ergänzen Sie.

a)

x	2	5	3	11	16	19	25
x^2							

b)

y	100	144		81	400		169
$\sqrt{y}$			40			15	

c)

a	0,1	0,3	0,4	1,1	1,2	1,4	1,6
a^2							

d)

x	0,04		1,69	1,96		0,36
$\sqrt{x}$		0,3			1,2	

e)

y	$\sqrt{1}$	13	$\sqrt{5}$	$\sqrt{a}$	z^2	$2u$
y^2						

f)

a	3^2	31^2		$(x+y)^2$		x^2
$\sqrt{a}$			$\sqrt{7}$		$17b$	

6 Berechnen Sie mit dem Taschenrechner. Vergleichen Sie die Ziffernfolgen.

ON/CE

a) $\sqrt{0{,}07}$ $\sqrt{7}$ $\sqrt{700}$
b) $\sqrt{0{,}003}$ $\sqrt{0{,}3}$ $\sqrt{30}$
c) $\sqrt{1{,}2}$ $\sqrt{12}$ $\sqrt{120}$
d) $\sqrt{1{,}4}$ $\sqrt{140}$ $\sqrt{14\,000}$
e) $\sqrt{6}$ $\sqrt{0{,}06}$ $\sqrt{0{,}0006}$

7 Berechnen Sie mit dem Taschenrechner auf Zehntel genau.

ON/CE

a) $\sqrt{12}$
b) $\sqrt{13}$
c) $\sqrt{20}$
d) $\sqrt{34}$
e) $\sqrt{37}$
f) $\sqrt{51}$
g) $\sqrt{84}$
h) $\sqrt{97}$
i) $\sqrt{122}$
j) $\sqrt{136}$
k) $\sqrt{12}$
l) $\sqrt{198}$
m) $\sqrt{245}$
n) $\sqrt{291}$
o) $\sqrt{412}$
p) $\sqrt{473}$
q) $\sqrt{518}$
r) $\sqrt{9234}$

8 a) Warum lässt sich für -4 keine Wurzel definieren?
b) Warum darf der Radikant nie negativ sein?

9 Rechnen Sie mit dem Taschenrechner und runden Sie wie im Beispiel.

ON/CE

Beispiel:

$5 \cdot \sqrt{2}$ [5] [×] [2] [√] [=] → 7.07...

$5 \cdot \sqrt{2} \approx 7{,}071$

a) $\sqrt{12}$
b) $\sqrt{140}$
c) $\sqrt{0{,}14}$
d) $16 \cdot \sqrt{0{,}81}$
e) $9 \cdot \sqrt{15}$
f) $29{,}4 \cdot \sqrt{32}$
g) $4{,}5 \cdot \sqrt{6{,}2}$
h) $\sqrt{11 \cdot 2}$
i) $\sqrt{3{,}1 \cdot 7{,}2}$

10 Berechnen Sie mit dem Taschenrechner. Runden Sie das Ergebnis auf 3 Dezimalen.

ON/CE

a) $\sqrt{20}$
b) $0{,}1 \cdot \sqrt{20}$
c) $0{,}01 \cdot \sqrt{20}$

11 In den folgenden Tabellen ist A der Flächeninhalt eines Quadrats und a die Seitenlänge. Vervollständigen Sie die Tabellen. Runden Sie, wenn notwendig, auf zwei Dezimalen.

a)

A in m^2	4,3	9,5	1,21	7,29	8,5		
a in m						1,95	5,3

b)

A in m^2	20	40	60	85	19		
a in m						81	97

Rechnen mit Quadratwurzeln

Mit Quadratwurzeln kann man wie mit anderen Zahlen rechnen. Man muss aber bestimmte Rechenregeln beachten.

Addition und Subtraktion bei *verschiedenen* Radikanden

Beispiele

1. $\sqrt{7}+\sqrt{13} \underset{TR}{=} 2{,}646+3{,}606=6{,}252$
   aber $\sqrt{7+13} = \sqrt{20} \underset{TR}{=} 4{,}472$
   Also: $\sqrt{7}+\sqrt{13} \neq \sqrt{7+13}$

2. $\sqrt{9}-\sqrt{4}=3-2=1$
   aber $\sqrt{9-4} = \sqrt{5} \underset{TR}{=} 2{,}236$
   Also: $\sqrt{9}-\sqrt{4} \neq \sqrt{9-4}$

Wir sehen: $\sqrt{a}+\sqrt{b} \neq \sqrt{a+b}$ bzw. $\sqrt{a}-\sqrt{b} \neq \sqrt{a-b}$

Addition und Subtraktion bei *gleichen* Radikanden

Beispiele

1. $\sqrt{9}+\sqrt{9}+\sqrt{9}+\sqrt{9}=4\cdot\sqrt{9}$
2. $\sqrt{7}+\sqrt{7}+\sqrt{7}-\sqrt{7}=2\cdot\sqrt{7}$
3. $2\cdot\sqrt{2}+3\cdot\sqrt{2}=(2+3)\cdot\sqrt{2}=5\cdot\sqrt{2}$
4. $4\cdot\sqrt{8}-3\cdot\sqrt{8}+\sqrt{8}=(4-3+1)\cdot\sqrt{8}=2\cdot\sqrt{8}$

An diesen Beispielen sieht man, dass für Addition und Subtraktion von Quadratwurzeln mit gleichen Radikanten die nebenstehenden Rechenregeln gelten.

$$m\cdot\sqrt{a}+n\cdot\sqrt{a}=(m+n)\cdot\sqrt{a}$$
$$m\cdot\sqrt{a}-n\cdot\sqrt{a}=(m-n)\cdot\sqrt{a}$$

Übungen

1 Fassen Sie zusammen.

a) $2\cdot\sqrt{5}+3\cdot\sqrt{5}$
b) $6\cdot\sqrt{2}-4\cdot\sqrt{2}$
c) $7\cdot\sqrt{6}+3\cdot\sqrt{6}$
d) $\sqrt{15}-\sqrt{15}$
e) $\sqrt{b}+2\cdot\sqrt{b}$
f) $9\cdot a-7\cdot\sqrt{a}$
g) $11\cdot\sqrt{x}+3\cdot\sqrt{x}$
h) $3\cdot\sqrt{y}-2\cdot\sqrt{y}$

ON/CE **2** Berechnen Sie mit dem Taschenrechner.

a) $\sqrt{10}+\sqrt{12}$
b) $\sqrt{60}-\sqrt{45}$
c) $2\cdot\sqrt{6}+\sqrt{5}$
d) $\sqrt{7}+3\cdot\sqrt{10}$
e) $\sqrt{90}-3\cdot\sqrt{8}$
f) $\sqrt{90}-5\cdot\sqrt{2}$
g) $2\cdot\sqrt{35}+\sqrt{14}$
h) $3\cdot\sqrt{80}-\sqrt{27}$

3 Vereinfachen Sie zunächst und berechnen Sie gegebenenfalls mit dem Taschenrechner. ON/CE

a) $3\cdot\sqrt{5}+2\cdot\sqrt{5}$
b) $9\cdot\sqrt{5}-6\cdot\sqrt{5}$
c) $3\cdot\sqrt{a^2}+4\cdot\sqrt{a^2}$
d) $6\cdot\sqrt{x^2}-4\cdot\sqrt{x^2}$
e) $(\sqrt{6x})^2+(\sqrt{6x})^2$
f) $2\cdot\sqrt{3}+3\cdot\sqrt{3}+3\cdot\sqrt{5}+2\cdot\sqrt{5}$
g) $7\cdot\sqrt{6}+3\cdot\sqrt{5}-3\cdot\sqrt{6}-2\cdot\sqrt{5}$

4 Berechnen Sie mit dem Taschenrechner. ON/CE

a) $(\sqrt{3}+\sqrt{2})^2$
b) $(\sqrt{3}-\sqrt{2})^2$
c) $(\sqrt{7}+\sqrt{2})^2$
d) $(\sqrt{5}-\sqrt{2})^2$

Multiplikation und Division von Quadratwurzeln

Beispiele

1. $\sqrt{4} \cdot \sqrt{9} = 2 \cdot 3 = 6$

$\sqrt{4 \cdot 9} = \sqrt{36} = 6$

Also: $\sqrt{4} \cdot \sqrt{9} = \sqrt{4 \cdot 9}$

2. $\sqrt{16} : \sqrt{4} = 4 : 2 = 2$

$\sqrt{16 : 4} = \sqrt{4} = 2$

Also: $\sqrt{16} : \sqrt{4} = \sqrt{16 : 4}$

Multiplikationsregel $\sqrt{a} \cdot \sqrt{b} = \sqrt{a \cdot b}$

Divisionsregel ($b \neq 0$) $\sqrt{a} : \sqrt{b} = \sqrt{a : b}$

Radizieren durch Zerlegen

Oft ist es möglich, den Radikanden so in ein Produkt zu zerlegen, dass einer der Faktoren eine Quadratzahl wird, weil dann die Wurzel teilweise einfacher berechnet werden kann.

Beispiele

1. $\sqrt{28} = \sqrt{4 \cdot 7} = \sqrt{4} \cdot \sqrt{7} = 2 \cdot \sqrt{7}$

2. $\sqrt{75} = \sqrt{25 \cdot 3} = \sqrt{25} \cdot \sqrt{3} = 5 \cdot \sqrt{3}$

3. $\sqrt{2} + \sqrt{18} = \sqrt{2} + \sqrt{9 \cdot 2} = \sqrt{2} + 3 \cdot \sqrt{2} = 4 \cdot \sqrt{2}$

4. $\sqrt{50} - \sqrt{32} = \sqrt{25 \cdot 2} - \sqrt{16 \cdot 2} = 5 \cdot \sqrt{2} - 4 \cdot \sqrt{2} = \sqrt{2}$

Rationalmachen des Nenners

Treten im Nenner Quadratwurzeln auf, so erweitert man den Bruch so, dass im Nenner nun ganze Zahlen stehen. Das nennt man *Rationalmachen des Nenners*.

Beispiel

$$\frac{1}{\sqrt{2}} = \frac{1 \cdot \sqrt{2}}{\sqrt{2} \cdot \sqrt{2}} = \frac{\sqrt{2}}{2} = \frac{1}{2} \cdot \sqrt{2}$$

Übungen

1 Berechnen Sie.

a) $\sqrt{2} \cdot \sqrt{8}$
b) $\sqrt{3} \cdot \sqrt{12}$
c) $\sqrt{2} \cdot \sqrt{32}$
d) $\sqrt{92} \cdot \sqrt{\frac{1}{2}}$
e) $\sqrt{3} \cdot \sqrt{\frac{4}{3}}$
f) $\sqrt{48\,y} \cdot \sqrt{\frac{1}{3}y}$
g) $\sqrt{10\,b} \cdot \sqrt{40\,b}$
h) $\sqrt{5\,x} \cdot \sqrt{5\,x}$

2 Vereinfachen Sie.

a) $\sqrt{3} \cdot \sqrt{5}$
b) $\sqrt{3} \cdot \sqrt{7}$
c) $\sqrt{5} \cdot \sqrt{8}$
d) $\sqrt{17} \cdot \sqrt{16}$
e) $\sqrt{2\,x} \cdot \sqrt{8\,x}$
f) $\sqrt{3\,a} \cdot \sqrt{12\,a}$
g) $\sqrt{2\,x} \cdot \sqrt{x}$
h) $\sqrt{9\,a} \cdot \sqrt{4\,a}$

3 Zerlegen und radizieren Sie.

a) $\sqrt{8}$
b) $\sqrt{27}$
c) $\sqrt{32}$
d) $\sqrt{45}$
e) $\sqrt{125}$
f) $\sqrt{162}$
g) $\sqrt{49\,x}$
h) $\sqrt{4\,a\,b}$
i) $\sqrt{8\,a^2 b}$

4 Vereinfachen Sie ($a, x, y \neq 0$).

a) $\frac{\sqrt{12}}{\sqrt{3}}$
b) $\frac{\sqrt{32}}{\sqrt{2}}$
c) $\frac{\sqrt{3x^3}}{\sqrt{3x}}$
d) $\frac{\sqrt{27a^3}}{\sqrt{3a}}$
e) $\frac{\sqrt{16a^2}}{\sqrt{9a^4}}$
f) $\frac{\sqrt{25x^2}}{\sqrt{4y^2}}$

5 Vereinfachen Sie ($x \neq 0$). Geben sie den Definitionsbereich an.

a) $(\sqrt{12\,x} + \sqrt{27\,x}) : \sqrt{3\,x}$
b) $(\sqrt{5\,x^3} + \sqrt{20\,x^3}) : \sqrt{5\,x}$
c) $(\sqrt{54\,x^3} - \sqrt{24\,x^3}) : \sqrt{6\,x}$
d) $(\sqrt{2} + \sqrt{8}) : \sqrt{\frac{1}{2}}$

6 Machen Sie die Nenner rational und vereinfachen Sie. Berechnen Sie dann die Werte des vorgegebene Terms und Ihres umgestellten Terms mit dem Taschenrechner.

ON/CE

a) $\frac{1}{\sqrt{2}}$
b) $\frac{2}{\sqrt{5}}$
c) $\frac{3}{\sqrt{2}}$
d) $\frac{3}{\sqrt{3}}$
e) $\frac{4}{\sqrt{7}}$
f) $\frac{5}{\sqrt{2}}$

Höhere Wurzeln

Bleiloch-Talsperre: ca. 216 000 000 m³

Der größte Stausee in Deutschland ist die Bleiloch-Talsperre (Saale). Sedat überlegt, wie groß die Kantenlänge eines Würfels mit demselben Rauminhalt sein müsste.
Der Rauminhalt berechnet sich aus $V = a^3$.
Gesucht wird also eine Zahl a, die dreimal mit sich selbst multipliziert 216 000 000 ergibt.
Durch Probieren findet Sedat die Zahl 600, denn $600 \cdot 600 \cdot 600 = 600^3 = 216\,000\,000$.

Die Kanten eines Würfels mit dem gleichen Volumen wie der Stausee wären 600 m lang.

Man schreibt: $\sqrt[3]{216\,000\,000} = 600$, gelesen: „Dritte Wurzel aus 216 000 000 ist 600."

Die **dritte Wurzel aus einer Zahl *k*** ist diejenige Zahl, die dreimal mit sich selbst multipliziert, die Zahl k ergibt.

$$(\sqrt[3]{k})^3 = k \quad \text{oder} \quad (k^{\frac{1}{3}})^3 = k$$

Das Ziehen der dritten Wurzel ist die Umkehrung des Potenzierens mit 3.

Wurzelziehen →
$6^3 = 216$ 3. Wurzel $6 = \sqrt[3]{216}$
← Potenzieren

Beispiele

a) $\sqrt[3]{27} = 3$, denn $3^3 = 27$

b) 3 [$\sqrt[x]{\ }$] 729 [=] 9

c) 64 [INV] [y^x] 3 [=] 4

Genauso berechnet man
- die **vierte Wurzel**: $\sqrt[4]{81} = 3$, denn $3^4 = 81$.
Man schreibt: $\sqrt[4]{81} = 3$ oder $81^{\frac{1}{4}} = 3$
gelesen: „Vierte Wurzel aus 81 ist 3".
Das Ziehen der 4. Wurzel ist die Umkehrung des Potenzierens mit 4.

Wurzelziehen →
$3^4 = 81$ 4. Wurzel $3 = \sqrt[4]{81}$
← Potenzieren

- die **fünfte Wurzel**: $\sqrt[5]{32} = 2$, denn $2^5 = 32$.

Beispiele

a) $\sqrt[4]{16} = 2$, denn $2^4 = 16$

b) $\sqrt[5]{243} = 3$, denn $3^5 = 243$

c) 4 [$\sqrt[x]{\ }$] 39,0625 [=] 2.5

d) 2,48832 [INV] [y^x] 5 [=] 1.2

Übungen

1 Geben Sie die dritte Wurzel an und machen Sie die Probe.

$\sqrt[3]{343} = 7$, denn $7^3 = 343$

a) $\sqrt[3]{64}$ d) $\sqrt[3]{729}$ g) $\sqrt[3]{125}$
b) $\sqrt[3]{216}$ e) $\sqrt[3]{1000}$ h) $\sqrt[3]{1331}$
c) $\sqrt[3]{512}$ f) $\sqrt[3]{1}$ i) $\sqrt[3]{8000}$

2 Berechnen Sie.

a) $\sqrt[4]{625}$ c) $\sqrt[4]{0{,}0625}$ e) $\sqrt[5]{1{,}61051}$
b) $\sqrt[5]{3125}$ d) $\sqrt[5]{0{,}03125}$ f) $\sqrt[4]{1{,}4641}$

3 Prüfen Sie, ob richtig gerechnet wurde.

a) $\sqrt[3]{\frac{1}{8}} = \frac{1}{2}$ c) $\sqrt[3]{1{,}69} = 0{,}13$
b) $\sqrt[3]{\frac{25}{36}} = \frac{5}{36}$ d) $\sqrt[3]{140{,}608} = 5{,}2$

4 Geben Sie die fehlende Zahl an.

a) $\sqrt[3]{1728} = \blacksquare$, denn $\blacksquare^3 = 1728$
b) $\sqrt[3]{\blacksquare} = 5$, denn $5^3 = \blacksquare$
c) $\sqrt[3]{216} = \blacksquare$, denn $\blacksquare^3 = 216$
d) $\sqrt[3]{\blacksquare} = 17$, denn $17^3 = \blacksquare$

ON/CE

5 Rechnen Sie mit dem Taschenrechner.

$5 \cdot \sqrt[3]{2} \approx 1{,}260$

a) $2 \cdot \sqrt[3]{12}$ d) $16 \cdot \sqrt[3]{0{,}81}$ g) $4{,}5 \cdot \sqrt[3]{6{,}2}$
b) $3 \cdot \sqrt[3]{140}$ e) $9 \cdot \sqrt[3]{15}$ h) $\sqrt[3]{11} \cdot 2$
c) $5 \cdot \sqrt[3]{0{,}14}$ f) $29{,}4 \cdot \sqrt[3]{32}$ i) $\sqrt[3]{3{,}1} \cdot 7{,}2$

6 In den Tabellen ist V das Volumen eines Würfels und a die Seitenlänge. Vervollständigen Sie die Tabellen im Heft. Runden Sie auf 2 Stellen nach dem Komma.

a)

V in m^3	4,3	9,5	1,21	7,29	8,5		
a in m						1,95	5,3

b)

V in m^3	20	40	60	85	19		
a in m						81	97

7 Lösen Sie die folgenden Aufgaben.

a) $\sqrt[4]{16}$ d) $\sqrt[5]{32}$ g) $\sqrt[4]{2{,}8561}$
b) $\sqrt[4]{2401}$ e) $\sqrt[5]{7776}$ h) $\sqrt[5]{0{,}59049}$
c) $\sqrt[4]{1296}$ f) $\sqrt[5]{1}$ i) $\sqrt[4]{0{,}0016}$

8 Überprüfen Sie Ihr Ergebnis durch Potenzieren.

a) $\sqrt[4]{0{,}0004}$ d) $\sqrt[4]{0{,}00243}$
b) $\sqrt[5]{0{,}00001}$ e) $\sqrt[4]{\frac{1}{16}}$
c) $\sqrt[4]{0{,}0081}$ f) $\sqrt[4]{\frac{1}{32}}$

9 Vergleichen Sie die Ziffernfolgen der Ergebnisse.

a) $\sqrt{0{,}07}$ $\sqrt{7}$ $\sqrt{700}$
b) $\sqrt[3]{1{,}2}$ $\sqrt[3]{1200}$ $\sqrt[3]{1\,200\,000}$

10 Zeigen Sie mit den Potenzgesetzen (S. 40).

a) $(16^{\frac{1}{4}})^4 = 16$ d) $(a^{\frac{1}{4}})^4 = a$
b) $(27^{\frac{1}{3}})^6 = 729$ e) $(b^{\frac{1}{3}})^6 = b^2$
c) $(2^8)^{\frac{1}{2}} = 16$ f) $(c^8)^{\frac{1}{2}} = c^4$

11 Formen Sie um mit den Potenzgesetzen.

$(3^3)^{\frac{1}{6}} = 3^{\frac{3}{6}} = 3^{\frac{1}{2}} = \sqrt{3}$

a) $(8^2)^{\frac{1}{6}}$ b) $(a^n)^{\frac{1}{m}}$ c) $(b^{\frac{1}{n}})^m$ d) $(c^{\frac{1}{n}})^n$

12 Berechnen Sie die Kantenlänge des Würfels mit diesem Rauminhalt.

a) $V = 343\ cm^3$ c) $V = 1000\ m^3$
b) $V = 1331\ dm^3$ d) $V = 1\ m^3$

13 Stimmt das?

a) $\sqrt[6]{4+9} = \sqrt[6]{4} + \sqrt[6]{9}$ b) $\sqrt[7]{35-19} = \sqrt[7]{35} - \sqrt[7]{19}$

14 Ergänzen Sie und runden Sie.

a)

x	2		9			11	
x^4		81			50 625		
x^3				125			2744

b)

y	100	512	64			81	
$\sqrt[4]{y}$				7			15
$\sqrt[3]{y}$					7		

c)

a	0,1		0,4		1,2		
a^4		0,0081				3,8416	
a^3				1,331			4,096

d)

x	0,04		0,008			
$\sqrt[4]{x}$		0,3			1,2	
$\sqrt[3]{x}$				1,1		2,3

Die reellen Zahlen

Nicht alle Quadratwurzeln haben als Lösung eine rationale Zahl. So ergibt z. B. $\sqrt{10}$ keine rationale Zahl, da es keine rationale Zahl gibt, die mit sich selbst multipliziert 10 ergibt.
Um den Wert von $\sqrt{10}$ annähernd zu bestimmen, grenzen wir $\sqrt{10}$ durch Dezimalzahlen ein, deren Quadrat immer näher bei 10 liegt.

	Eingrenzung für $\sqrt{10}$	denn Quadrieren ergibt
grob:	$3 < \sqrt{10} < 4$	$9 < 10 < 16$
genauer:	$3{,}1 < \sqrt{10} < 3{,}2$	$9{,}61 < 10 < 10{,}24$
noch genauer:	$3{,}16 < \sqrt{10} < 3{,}17$	$9{,}9856 < 10 < 10{,}0489$
noch genauer:	$3{,}162 < \sqrt{10} < 3{,}163$	$9{,}998244 < 10 < 10{,}004569$
	⋮	⋮

Ineinander geschachtelte, immer enger werdende Eingrenzungen heißen **Intervallschachtelung**. Wir können die Intervallschachtelung für $\sqrt{10}$ beliebig fortsetzen und erhalten eine nichtperiodische, nicht abbrechende Dezimalzahl. $\sqrt{10} = 3{,}16227\ldots$ Solche Zahlen heißen **irrationale Zahlen**.

Jede Zahl, die eine nichtperiodische, nicht abbrechende Dezimalzahl ist, heißt **irrationale Zahl**.

Wir stellen die ersten vier Eingrenzungen (Intervalle) von $\sqrt{10}$ auf der Zahlengeraden dar. Die zugehörigen ersten vier **Intervalle** bezeichnen wir mit I_1, I_2, I_3, I_4.

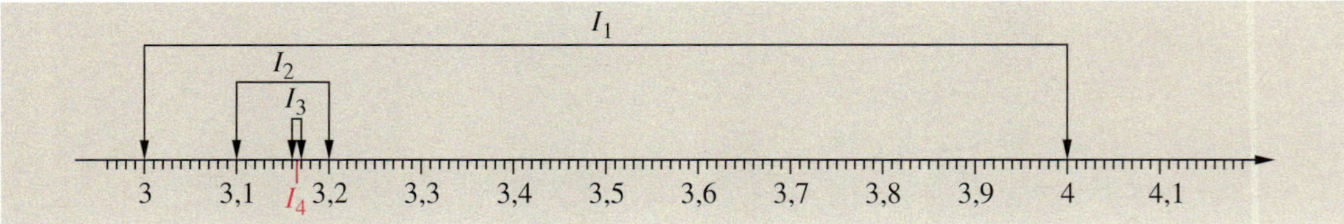

Das Intervall I_4 ist bereits so eng, dass wir es nur noch als Punkt zeichnen können. Es ist aber kein Punkt. Jedes Ende eines Intervalls ist eine Näherung für $\sqrt{10}$.

Übungen

1 Durch Quadrieren soll gezeigt werden, dass die folgenden Eingrenzungen den Anfang einer Intervallschachtelung beschreiben. Zeichnen Sie den Anfang der Intervallschachtelung auf einer Zahlengeraden.

$2 < \sqrt{5} < 3$

$2{,}2 < \sqrt{5} < 2{,}3$

$2{,}23 < \sqrt{5} < 2{,}24$

2 Geben Sie mithilfe des Taschenrechners die ersten vier Intervalle einer Intervallschachtelung für $\sqrt{2}$ und für $\sqrt{6}$ an. Tragen Sie die Intervalle auf der Zahlengerade ein.

ON/CE

3 Die folgenden Angaben sind Näherungslösungen für Quadratwurzeln von natürlichen Zahlen. Wie heißen die natürlichen Zahlen?

a) 2,45	d) 8,83	g) 29,22
b) 4,47	e) 10,95	h) 55,14
c) 5,66	f) 15,72	i) 75,19

Quadratwurzeln von natürlichen Zahlen sind entweder wieder natürliche Zahlen, z. B. $\sqrt{121} = 11$ oder Zahlen, die nicht einmal durch Brüche *genau* dargestellt werden können.
Auch der Taschenrechner zeigt für diesen Fall nur Näherungswerte.

5 [√] [=] 2.2360679 77...

Obwohl man die irrationalen Zahlen durch Dezimalbrüche nicht genau angeben kann, lassen sie sich als Punkte auf der Zahlengeraden genau festlegen. Man kann damit rechnen.

Die Kreiszahl π ist ebenfalls keine rationale Zahl. Sie ist eine irrationale Zahl. Sie liegt aber als Punkt auf der Zahlengeraden. Denn wenn wir vom Nullpunkt aus einen Kreis mit dem Durchmesser 1 (cm) um *eine* Umdrehung abrollen, kommen wir zu der Zahl π (cm). Der Umfang ist nämlich

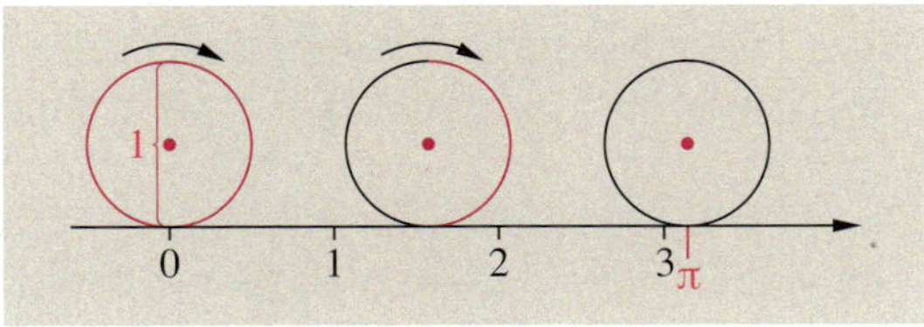

$u = \pi \cdot d = \pi \cdot 1 = \pi$

Es gibt unendlich viele irrationale Zahlen. Irrationale Zahlen können durch rationale Zahlen *angenähert* werden.

Beispiele

1. $\sqrt{2} \approx 1{,}414$ 2. $\sqrt{0{,}5} \approx 0{,}7071$ 3. $-\sqrt{5} \approx -2{,}236$ 4. $\pi \approx 3{,}142$

Als solche Näherungen können wir auch andere irrationale Zahlen angeben.

Beispiele

1. $3 + 7 \cdot \sqrt{2} \approx 3 + 7 \cdot 1{,}414 = 12{,}898$ 2. $3 \cdot \pi \approx 3 \cdot 3{,}142 = 9{,}426$

Die Menge aller Zahlen, die durch Punkte auf der Zahlengeraden dargestellt werden können, heißt Menge der **reellen Zahlen**. Wir bezeichnen diese Menge mit $\mathbb{R}$.

Die Menge $\mathbb{R}$ der reellen Zahlen besteht aus zwei Teilmengen, aus der Menge der *rationalen* Zahlen und der Menge der *irrationalen* Zahlen.

$\mathbb{R}$ = {rationale Zahlen} ∪ {irrationale Zahlen}

Die reellen Zahlen heißen deshalb *„reell"*, weil man mit ihnen messen und rechnen kann. Man kann alle Grundrechenarten ausführen, auch das Potenzieren und für positive Zahlen das Wurzelziehen.

Übungen

1 Welche der folgenden reellen Zahlen sind bestimmt *keine* irrationalen Zahlen?

a) $\sqrt{3}$ c) $\sqrt{25}$ e) $\sqrt{\pi}$
b) $\sqrt{4}$ d) $-\sqrt{16}$ f) $\sqrt{\pi^2}$

2 Beschreiben Sie die folgenden reellen Zahlen näherungsweise durch Dezimalbrüche.

a) $\sqrt{5}$ d) $2 \cdot \sqrt{3}$ g) 2π
b) $\sqrt{8}$ e) $3 \cdot \sqrt{2}$ h) π^2
c) $\sqrt{14}$ f) $\frac{1}{2} \cdot \sqrt{6}$ i) $\pi \cdot \sqrt{2}$

Quadratische Gleichungen

Einfache quadratische Gleichungen

Wir suchen Lösungen der quadratischen Gleichung $x^2 = 9$. Das bedeutet: Wir suchen Zahlen, deren Quadrat 9 ist.
Wurzelziehen ist die Umkehrung des Quadrierens. Also ist $\sqrt{9} = 3$ *eine* Lösung der Gleichung $x^2 = 9$.
Diese Lösung können wir auch an der Normalparabel ablesen: Dazu gehen wir von $y = 9$ aus waagerecht nach rechts bis zum Graphen der Normalparabel. Von dort aus gehen wir senkrecht zur x-Achse und lesen ab: $x = 3$.
Es gibt aber noch eine *zweite* Lösung der Gleichung $x^2 = 9$: Wenn wir von $y = 9$ aus nach links gehen bis zur Parabel und dann senkrecht zur x-Achse, so gelangen wir zu $x = -3$. Es gilt: $(-3) \cdot (-3) = 9$.
Die Gleichung $x^2 = 9$ hat also die beiden Lösungen $x_1 = 3$ und $x_2 = -3$. x_1 und x_2 sind Gegenzahlen.

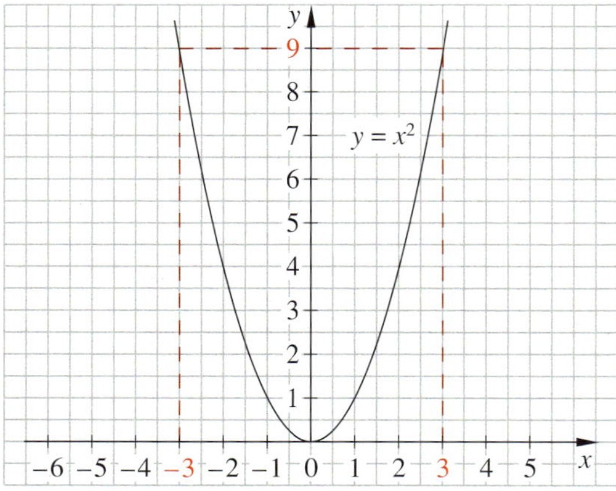

$x^2 = 9$ hat zwei Lösungen

$x_1 = 3$ und $x_2 = -3$

Beispiel

Wie lauten die Lösungen der Gleichung $x^2 = 6{,}25$?

Taschenrechner: 6,25 [√] [2.5]
Ablesen am Graphen: $x_1 = 2{,}5$ und $x_2 = -2{,}5$

Probe: $2{,}5^2 = 6{,}25$
$(-2{,}5)^2 = 6{,}25$

Antwort: Die Gleichung $x^2 = 6{,}25$ hat die Lösungen $x_1 = 2{,}5$ und $x_2 = -2{,}5$.

Übungen

1 Zeichnen Sie die Parabel mit $y = x^2$ auf Millimeterpapier. Lesen Sie aus der Normalparabel die Lösungen der Gleichung ab. Überprüfen Sie durch Quadrieren.

a) $x^2 = 4$
b) $x^2 = 9$
c) $x^2 = 16$
d) $x^2 = 25$
e) $x^2 = 36$
f) $x^2 = 1$
g) $x^2 = 0$
h) $x^2 = 2{,}25$

2 Lösen Sie die Gleichungen wie im Beispiel.

a) $x^2 = 16$
b) $x^2 = 121$
c) $x^2 = 81$
d) $x^2 = 49$
e) $x^2 = 1{,}44$
f) $x^2 = 256$

3 Lesen Sie an der Parabel die Lösungen der Gleichung ab. Überprüfen Sie Ihre Ergebnisse.

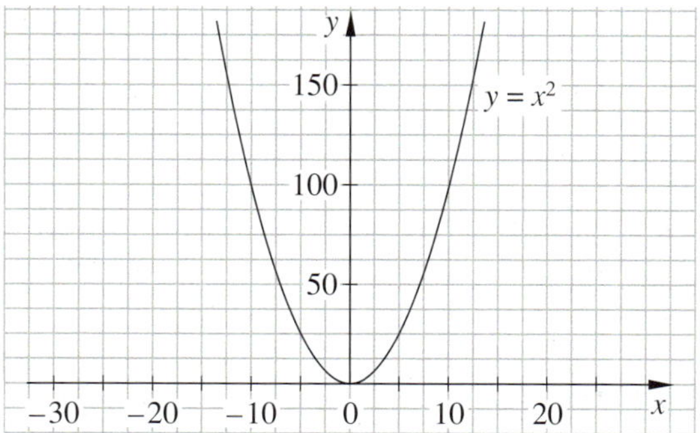

a) $x^2 = 25$
b) $x^2 = 100$
c) $x^2 = 150$
d) $x^2 = 0$

Reinquadratische Gleichungen

Eine quadratische Spanplatte hat einen Flächeninhalt von 1,43 m². Sie soll mit einem Umleimer versehen werden. Wie lang muss dieser mindestens sein?

Wir berechnen zuerst die Kantenlänge der Spanplatte.

Es gilt: $x^2 = 1{,}43$

Dann ist einerseits $x_1 = \sqrt{1{,}43} = 1{,}19\ldots$ und andererseits $x_2 = -\sqrt{1{,}43} = -1{,}19\ldots$

$x_1 = 1{,}19$ und $x_2 = -1{,}19$ sind die beiden Lösungen von $x^2 = 1{,}43$.
Für das Sachproblem kann aber nur die positive Lösung gelten.
Wir rechnen: $\sqrt{1{,}43} \underset{\text{TR}}{\approx} 1{,}2$

Die Kantenlänge der Spanplatte ist rund 1,2 Meter.
Für den Umleimer wird die vierfache Kantenlänge benötigt, also $4 \cdot 1{,}2$ Meter.
Der Umleimer muss mindestens 4,8 Meter lang sein.

> Gleichungen, in denen die Variable x nur als x^2 vorkommt, wie z. B. $x^2 = 1{,}43$ oder $5x^2 - 20 = 10$ heißen **reinquadratische Gleichungen**.

Danach lernen wir „gemischt quadratische Gleichungen" kennen, in denen x und x^2 gleichzeitig vorkommen, z. B. $x^2 - 2x + 3 = 0$.

Beispiele

a)
$$\begin{aligned} 3x^2 + 10 &= 22 \quad &|-10 \\ 3x^2 &= 12 \quad &|:3 \\ x^2 &= 4 \quad &|\sqrt{\ } \\ x = 2 \quad &\text{oder} \quad x = -2 \end{aligned}$$

Der Taschenrechner zeigt nur die positive Lösung an. Die Gleichung hat zwei Lösungen.

b)
$$\begin{aligned} 2x^2 + 6 &= 2 \quad &|-6 \\ 2x^2 &= -4 \quad &|:2 \\ x^2 &= -2 \quad &|\sqrt{\ } \end{aligned}$$

[E] Keine Lösung!

Der Taschenrechner zeigt [E] oder error an. Die Gleichung hat keine Lösung.

Übungen

1 Bestimmen Sie die Lösungen und kontrollieren sie durch Quadrieren.
a) $x^2 = 81$ b) $x^2 = 529$ c) $x^2 = 11\,236$ d) $x^2 = 20{,}25$

2 Schätzen Sie. Rechnen Sie dann mit dem Taschenrechner. Runden Sie auf zwei Stellen.
a) $x^2 = 15$ b) $x^2 = 24$ c) $x^2 = 7$ d) $x^2 = 8$ e) $x^2 = 20$ f) $x^2 = 85$

3 Formen Sie so um, dass x^2 allein auf der linken Seite steht. Bestimmen Sie die Lösungen.
a) $x^2 + 10 = 40$ b) $x^2 - 5 = 4$ c) $2x^2 - 8 = 0$ d) $5x^2 - 30 = 0$

4 Lösen Sie die Gleichungen.
a) $3x^2 + 12 = 0$ b) $2x^2 + 6 = 2$ c) $3x^2 - 15 = 0$ d) $2x^2 + 8 = 8$ e) $4x^2 - 20 = 12$
f) $5x^2 + 10 = 1$ g) $2x^2 + 9 = 3$ h) $3x^2 - 9 = 2x^2$ i) $6x^2 - 16 = 5x^2$ j) $4x^2 - 72 = 2x^2$

Gemischt-quadratische Gleichungen

Wir betrachten die Gleichung $x^2 - 16x - 80 = 0$.

Neben x^2 kommt hier noch ein anderer Rechenausdruck mit der Variablen x vor, nämlich $-16x$. Solche Gleichungen heißen **gemischt-quadratische Gleichungen**.

Wir lösen solche Gleichungen mit einer Lösungsformel. Die Herleitung der Lösungsformel wird auf Seite 268 erarbeitet.

Die **gemischt-quadratische Gleichung** $x^2 + px + q = 0$ hat die Lösungen

$$x_1 = -\frac{p}{2} + \sqrt{\left(\frac{p}{2}\right)^2 - q} \quad \text{und} \quad x_2 = -\frac{p}{2} - \sqrt{\left(\frac{p}{2}\right)^2 - q}.$$

Den Rechenausdruck $\left(\frac{p}{2}\right)^2 - q$ unter der Wurzel nennt man **Diskriminante** der Gleichung.

Beispiel

1. Wir lösen $x^2 - 16x - 80 = 0$.

Bestimmen von p und q: $p = -16;\; q = -80$

Lösungsformel: $x_1 = -\frac{p}{2} + \sqrt{\left(\frac{p}{2}\right)^2 - q}$ und $x_2 = -\frac{p}{2} - \sqrt{\left(\frac{p}{2}\right)^2 - q}$

Einsetzen:

$x_1 = -\frac{-16}{2} + \sqrt{\left(\frac{-16}{2}\right)^2 - (-80)}$ | $x_2 = -\frac{-16}{2} - \sqrt{\left(\frac{-16}{2}\right)^2 - (-80)}$

$x_1 = 8 + \sqrt{64 + 80}$ | $x_2 = 8 - \sqrt{64 + 80}$

$x_1 = 8 + \sqrt{144}$ | $x_2 = 8 - \sqrt{144}$

$x_1 = 8 + 12$ | $x_2 = 8 - 12$

$x_1 = 20$ | $x_2 = -4$

Antwort: Die Lösungen sind $x_1 = 20$ und $x_2 = -4$.

Probe:

$20^2 - 16 \cdot 20 - 80 = 0$ | $(-4)^2 - 16 \cdot (-4) - 80 = 0$

$0 = 0$ | $0 = 0$

2. Wir lösen die Gleichung $x^2 + 6x + 9 = 0$.

Bestimmen von p und q: $p = 6;\; q = 9$

Lösungsformel: $x_1 = -\frac{p}{2} + \sqrt{\left(\frac{p}{2}\right)^2 - q}$; und $x_2 = -\frac{p}{2} - \sqrt{\left(\frac{p}{2}\right)^2 - q}$

Einsetzen:

$x_1 = -\frac{6}{2} + \sqrt{\left(\frac{6}{2}\right)^2 - 9}$; | $x_2 = -\frac{6}{2} - \sqrt{\left(\frac{6}{2}\right)^2 - 9}$

$x_1 = -3 + \sqrt{\underbrace{3^2 - 9}_{=0}}$; | $x_2 = -3 - \sqrt{\underbrace{3^2 - 9}_{=0}}$

$x_1 = -3 + 0$; | $x_2 = -3 - 0$

$x_1 = -3$; | $x_2 = -3$

Antwort: Die Lösung der Gleichung $x^2 + 6x + 9 = 0$ ist $x = -3$.

Es gibt hier nur eine Lösung

Probe:

$(-3)^2 + 6 \cdot (-3) + 9 = 0$

$9 \quad - \quad 18 \quad + 9 = 0$

$0 \qquad\qquad = 0$

3. Wir lösen die Gleichung $x^2 - 4x + 10 = 0$.

Bestimmen von p und q: $p = -4;\; q = 10$

Lösungsformel: $x_1 = -\frac{p}{2} + \sqrt{(\frac{p}{2})^2 - q}$ und $x_2 = -\frac{p}{2} - \sqrt{(\frac{p}{2})^2 - q}$

Einsetzen:

$x_1 = -\frac{-4}{2} + \sqrt{(\frac{-4}{2})^2 - 10}$; $\quad x_2 = -\frac{-4}{2} - \sqrt{(\frac{-4}{2})^2 - 10}$

$x_1 = 2 + \sqrt{4 - 10}$; $\quad x_2 = 2 - \sqrt{4 - 10}$

$x_1 = 2 + \sqrt{\underbrace{-6}}$; $\quad x_2 = 2 - \sqrt{\underbrace{-6}}$

negativer Wert, also keine Lösung — negativer Wert, also keine Lösung

Antwort: Die Gleichung $x^2 - 4x + 10 = 0$ hat keine Lösung.

> Steht unter der Wurzel ein positiver Rechenausdruck, so gibt es *zwei* Lösungen.
> Steht unter der Wurzel Null, so gibt es nur *eine* Lösung.
> Steht unter der Wurzel ein negativer Rechenausdruck, so gibt es *keine* Lösung.

Also: Diskriminante positiv: 2 Lösungen,
Diskriminante Null: 1 Lösung,
Diskriminante negativ: 0 Lösungen.

Übungen

1 Lösen Sie mit der Lösungsformel.

a) $x^2 + 2x - 8 = 0$
b) $x^2 + 4x - 5 = 0$
c) $x^2 + 10x + 25 = 0$
d) $x^2 - 5x - 14 = 0$
e) $x^2 - 24x - 23 = 0$
f) $x^2 - 6x + 9 = 0$

2 Bestimmen Sie die Diskriminante der Gleichung.

a) $x^2 + 6x + 2 = 0$
b) $x^2 + 11x + 10 = 0$
c) $x^2 - 2x - 1 = 0$
d) $x^2 + 11x - 10 = 0$
e) $x^2 + 12x - 9 = 0$
f) $x^2 - 18x - 19 = 0$

3 Bringen Sie die Gleichungen zunächst in die Form $x^2 + px + q = 0$. Bestimmen Sie dann die Lösungen mit der Lösungsformel.

a) $x^2 + 8x = 6$
b) $x^2 + 3x = -2$
c) $x^2 = 4x - 3$
d) $x^2 = 42 + 19x$
e) $x^2 - 3x = 18$
f) $x^2 = -6x + 28$
g) $x^2 - x = 1$
h) $x^2 - 2x = -1$
i) $x^2 - 2x = 0$
j) $x^2 - 5x = -6$

> Die Lösungsformel gilt nur, wenn der Faktor vor x^2 gleich 1 ist.

4 Formen Sie wie im Beispiel um und bestimmen Sie die Lösungen.

Beispiel: $3x^2 + 30x + 75 = 0 \quad |:3$
$x^2 + 10x + 25 = 0$

$x^2 = 1 \cdot x^2$

a) $2x^2 - 12x + 20 = 0$
b) $-6x^2 + 6x + 36 = 0$
c) $5x^2 - 10x - 40 = 0$
d) $-3x^2 + 6x + 18 = 0$
e) $4x^2 + 16x + 12 = 0$

5 Bestimmen Sie die Lösungen.

a) $x^2 - 6x = 0$
b) $2x^2 - 10x = 0$
c) $3x^2 - 4{,}8x = 0$
d) $10x^2 - x = 0$
e) $6x^2 + 6x = 0$

6 Bestimmen Sie die Lösungen.

a) $x^2 + 2x + 0{,}75 = 0$
b) $x^2 + 0{,}3x + 1 = 0$
c) $x^2 + 0{,}2x - 0{,}35 = 0$
d) $2x^2 - 5x - 25 = 0$
e) $-3x^2 - 3{,}6x + 9{,}75 = 0$

Bruchgleichungen, die auf quadratische Gleichungen führen

Zu lösen ist die Gleichung $\frac{x}{4} = \frac{14}{x-1}$. Zuerst muss die Definitionsmenge bestimmt werden. Da der Nenner nicht Null werden darf, darf die Variable x nicht 1 sein, also $D = \mathbb{R} \setminus \{1\}$.

Die Lösung der Gleichung wird nun wie bei anderen Bruchgleichungen durch Multiplikation mit dem Hauptnenner und weitere Umformungen bis zur Anwendung der Lösungsformel bestimmt.

$$\frac{x}{4} = \frac{14}{x-1} \quad | \cdot 4(x-1)$$
$$x(x-1) = 56$$
$$x^2 - x = 56 \quad | -56$$
$$x^2 - x - 56 = 0$$
$$x_1 = 8;\ x_2 = -7$$

x_1 und x_2 sind in der Definitionsmenge enthalten. Daher ist die Lösungsmenge $L = \{8; -7\}$.

Probe: 1. $\frac{8}{4} \stackrel{?}{=} \frac{14}{8-1}$, $2 = 2$ 2. $\frac{-7}{4} \stackrel{?}{=} \frac{14}{-7-1}$, $-\frac{7}{4} = -\frac{14}{8}$

Bruchgleichungen, die auf quadratische Gleichungen führen, werden so umgeformt, dass man die Lösungsformel anwenden kann. Achten Sie stets auf die Definitionsmenge.

Beispiel

Aufgabe: $\frac{4}{x+5} = \frac{x-2}{2}$

Definitionsbereich bestimmen: $D = \mathbb{R} \setminus \{-5\}$

Lösung: $\frac{4}{x+5} = \frac{x-2}{2} \quad | \cdot 2(x+5)$

1. Mit dem Hauptnenner multiplizieren und kürzen: $8 = (x-2)(x+5)$
2. Ausmultiplizieren und zusammenfassen: $8 = x^2 + 3x - 10 \quad | -8$
3. Allgemeine Form bilden: $x^2 + 3x - 18 = 0$
4. Lösungsformel anwenden: $x_{1/2} = -\frac{3}{2} \pm \sqrt{\frac{9}{4} + 18}$; $x_{1/2} = -\frac{3}{2} \pm \frac{9}{2}$
5. Da 3 und −6 im Definitionsbereich liegen, ist die Lösungsmenge $L = \{3; -6\}$. $x_1 = 3;\ x_2 = -6$

Probe: 1. $\frac{4}{3+5} \stackrel{?}{=} \frac{3-2}{2}$, $\frac{4}{8} = \frac{1}{2}$ 2. $\frac{4}{-6+5} \stackrel{?}{=} \frac{-6-2}{2}$, $-4 = -4$

Übungen

Beachten Sie den Definitionsbereich.

1 Lösen Sie.

a) $\frac{5}{x-2} - 3 = \frac{2x-5}{5}$

b) $\frac{2x+1}{2} + \frac{10}{3-2x} = 2$

c) $\frac{x}{2x-3} - \frac{1}{2x} = \frac{3}{4x-6}$

2 Lösen Sie.

a) $\frac{x+2}{x} + \frac{x-1}{x-2} = \frac{x^2-2}{x(x-2)}$

b) $\frac{3x}{x(x-2)} + x + 1 = \frac{7-2x}{x-2}$

c) $\frac{x+3}{x-1} + \frac{x+4}{x+2} = \frac{x^2+12x-1}{(x-1)(x+2)}$

d) $\frac{2}{x-2} - \frac{1}{x+1} + \frac{3}{x} = \frac{3x^2+4x-8}{x(x+1)(x-2)}$

3 a) $\frac{4x^2-4x+16}{x^2-16} - \frac{2x}{x-4} - \frac{3x}{x+4} = 0$

b) $\frac{9+2x}{9-x^2} - \frac{5}{3-x} + \frac{4+x}{2(3+x)} = 0$

Zeichnerisches Lösen gemischt-quadratischer Gleichungen

Zu lösen ist die Gleichung $x^2 + x - 6 = 0$ *zeichnerisch*. Dabei geht man schrittweise vor.

1. Umformen: $x^2 + x - 6 = 0$ in
$x^2 = -x + 6$

2. Man fasst jede Seite der Gleichung als eine Funktion auf.
Als Schaubilder entstehen die Normalparabel p mit: $y = x^2$ und die Gerade g mit: $y = -x + 6$

3. Zeichnen der beiden Graphen:

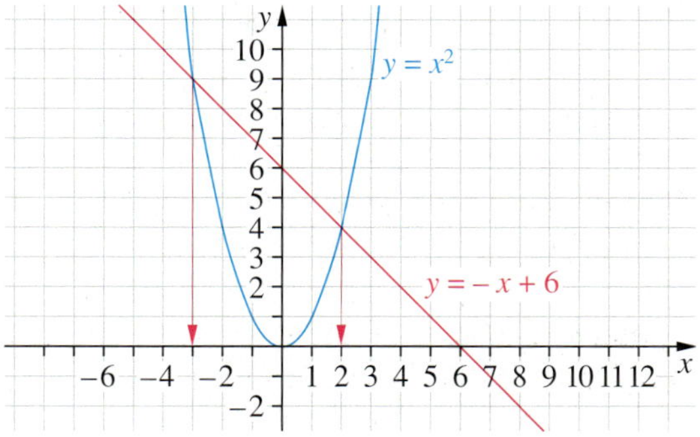

4. Bestimmen der Lösungen:
Die x-Werte der Schnittpunktkoordinaten sind die Lösungen der Ausgangsgleichung.
Also: $\boldsymbol{x_1} = -3$; $\boldsymbol{x_2} = 2$.

5. Probe: Einsetzen von x_1 ergibt: $(-3)^2 + (-3) - 6 = 0$
Einsetzen von x_2 ergibt: $2^2 + 2 - 6 = 0$

Übungen

1 Bestimmen Sie die Lösungen zeichnerisch.

Beispiel: $x^2 + 4x + 3 = 0$
$x^2 = -4x - 3$
Zeichnen der Parabel mit $y = x^2$ und der Geraden mit $y = -4x - 3$. Schnittpunkte bei $x_1 = -3$; $x_2 = -1$.

a) $x^2 - 3x + 2 = 0$
b) $x^2 - 2x = 0$
c) $x^2 + 2x - 8 = 0$
d) $x^2 - x - 2 = 0$
e) $x^2 - x = 0$
f) $x^2 - x + 1 = 0$

2 Lösen Sie die Gleichung zeichnerisch.
a) $x^2 + 6x - 15 = 0$
b) $x^2 + 6x + 1 = 0$
c) $x^2 + 6x - 9 = 0$
d) $x^2 - 1{,}5x - 10 = 0$
e) $x^2 - 2{,}5x + 1{,}5 = 0$
f) $x^2 + 2{,}5x - 1{,}5 = 0$
Wie verläuft die Gerade, wenn die Gleichung zwei Lösungen, eine Lösung oder keine hat?

3 Lösen Sie die Gleichung zeichnerisch. Machen Sie die Probe.
a) $x^2 - 2x - 3 = 0$
b) $x^2 + 0{,}5x - 6 = 0$
c) $x^2 + 4x - 2{,}4 = 5$
d) $x^2 - 1{,}5x - 2{,}5 = 3$
e) $x^2 - 3x - 4 = 0$
f) $x^2 + 1{,}5x - 2{,}5 = 7$

4 Lösen Sie zeichnerisch. Formen Sie zunächst geeignet um:

Beispiel: $0{,}5x^2 + 2x = 4 \quad | \cdot 2$
$x^2 + 4x = 8$

a) $2x^2 - 12 = -10x$
b) $\frac{1}{2}x = -3 + \frac{1}{2}x^2$
c) $2x^2 + 10x = 40 - 3x^2$
d) $2x^2 + 8x = 10$
e) $2x^2 + 3x = 2$
f) $\frac{1}{2}x^2 + 2 = 2x$
g) $3x^2 + 6x - 9 = 0$

5 Ein rechteckiges Grundstück von 512 m² ist doppelt so lang wie breit. Wie lang sind die Seiten? Lösen Sie die Aufgabe zeichnerisch nach dem Aufstellen der Gleichung.

Herleitung der Lösungsformel

Wir wollen zeigen, wie man die Lösungen $x_1 = -\frac{p}{2} + \sqrt{(\frac{p}{2})^2 - q}$ und $x_2 = -\frac{p}{2} - \sqrt{(\frac{p}{2})^2 - q}$ der gemischtquadratischen Gleichung $x^2 + px + q = 0$ herleitet.

$x^2 + px + q = 0$

1. Umstellen von q — $x^2 + px = -q$

2. Quadratisch ergänzen — $x^2 + px + (\frac{p}{2})^2 = -q + (\frac{p}{2})^2$
Man addiert auf beiden Seiten die quadratische Ergänzung $(\frac{p}{2})^2$, damit man eine binomische Formel anwenden kann.

3. Quadrat bilden — $(x + \frac{p}{2})^2 = (\frac{p}{2})^2 - q$
Man schreibt die linke Seite als Quadrat

4. Wurzelziehen — $x + \frac{p}{2} = \pm\sqrt{(\frac{p}{2})^2 - q}$

5. Umstellen von $\frac{p}{2}$ liefert die Lösungen — $x_1 = -\frac{p}{2} + \sqrt{(\frac{p}{2})^2 - q}$ und $x_2 = -\frac{p}{2} - \sqrt{(\frac{p}{2})^2 - q}$

Beispiel

Wir lösen die Gleichung $x^2 + 7x + 10 = 0$ mit quadratischer Ergänzung.

1. Umstellen von q — $x^2 + 7x = -10$
2. Quadratisch ergänzen mit $(\frac{7}{2})^2$ — $x^2 + 7x + (\frac{7}{2})^2 = -10 + (\frac{7}{2})^2$
3. Binomische Formel anwenden — $(x + \frac{7}{2})^2 = (\frac{7}{2})^2 - 10$
4. Wurzelziehen — $x + \frac{7}{2} = \pm\sqrt{(\frac{7}{2})^2 - 10} \quad | -\frac{7}{2}$
5. Umstellen von $\frac{7}{2}$ — $x = -\frac{7}{2} \pm \sqrt{(\frac{7}{2})^2 - 10}$

Lösungen: $x_1 = -2$ und $x_2 = -5$

Übungen

1 Bestimmen Sie die Lösungen.
a) $(x-2)^2 = 9$
b) $(x-7)^2 = 49$
c) $(x+5)^2 = 9$
d) $(-x+3{,}5)^2 = 16$
e) $(2x+8{,}5)^2 = 64$
f) $(3{,}5 - 0{,}5x)^2 = 121$

2 Lösen Sie mit quadratischer Ergänzung. Machen Sie die Probe durch Einsetzen.
a) $x^2 + 10x + 25 = 36$
b) $x^2 + 14x + 49 = 4$
c) $x^2 - 18x + 81 = 144$

3 Lösen Sie mit der quadratischen Ergänzung.
a) $x^2 - 2x = -15$
b) $x^2 - 5x = 14$
c) $x^2 - x = 12$

4 Dividieren Sie zunächst durch den Faktor vor x^2 und lösen Sie dann die Gleichung mithilfe der quadratischen Ergänzung.
a) $2x^2 - 16x + 30 = 0$
b) $3x^2 + 30x + 75 = 0$
c) $2x^2 - 12x + 20 = 0$

Anwendungen

Eine 2 m hohe quadratische Säule hat eine Oberfläche von 35 200 cm^2.
Wie lang ist eine Seite der Grundfläche?

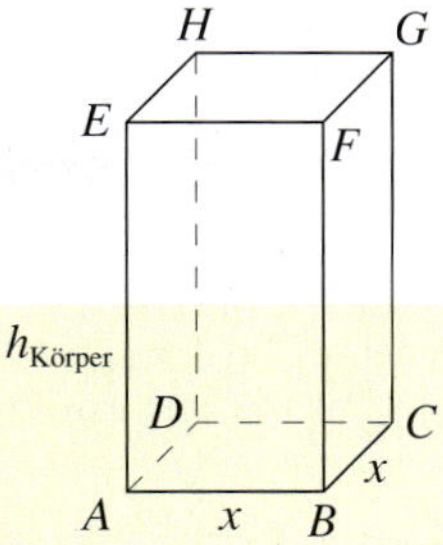

Gegeben

Höhe $h_{Körper} = 200$ cm
Oberfläche $O = 35\,200$ cm^2

Gesucht

Seitenlänge x

Aufstellen der Gleichung

Aus der Oberflächenformel $O = 2 \cdot x^2 + 4 \cdot h_{Körper} \cdot x$ und durch Einsetzen der gegeben Größen folgt: $2x^2 + 4 \cdot 200 \cdot x = 35\,200$

Umformen der Gleichung

$$2x^2 + 800x = 35\,200 \quad |:2$$
$$x^2 + 400x = 17\,600 \quad |-17\,600$$
$$x^2 + 400x - 17\,600 = 0$$

Einsetzen in die Lösungsformel

$p = 400, \quad q = -17\,600$

$x_1 = -\frac{400}{2} + \sqrt{(\frac{400}{2})^2 - (-17\,600)}, \quad x_2 = -\frac{400}{2} - \sqrt{(\frac{400}{2})^2 - (-17\,600)}$

$x_1 = 40, \quad x_2 = -440$

Formulieren des Ergebnisses

Die Seitenlänge kann nur *positiv* sein, also ist die Lösung $x = 40$.

Antwort: Die Grundfläche hat die Seitenlänge $x = 40$ cm.

Probe am Text

Probe:

$$2 \cdot 40^2 + 4 \cdot 200 \cdot 40 = 35\,200$$
$$3200 + 32\,000 = 35\,200$$
$$35\,200 = 35\,200.$$

Übungen

1 Eine quadratische Säule hat die Höhe $h_{Körper}$ und die Oberfläche O. Wie lang ist eine Seite der Grundfläche?

	a)	b)	c)
Oberfläche O	11 250 cm^3	20 000 cm^3	7800 cm^3
Höhe h	100 cm	75 cm	50 cm

2 Verkleinert man bei einem Quadrat die Seitenlängen um 4,5 cm, so erhält man für den Flächeninhalt 196 cm^2. Wie groß war das ursprüngliche Quadrat?

3 Ein Würfel hat eine Oberfläche von 37,5 cm^2. Welche Kantenlänge hat er?

4 Wie lang sind die Seiten des Rechtecks?

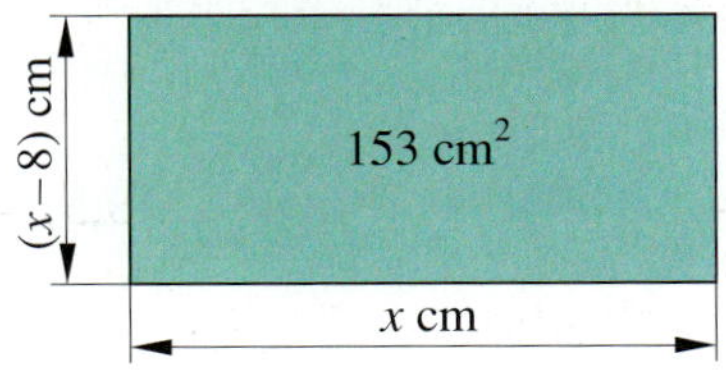

5 Subtrahiert man vom Quadrat einer Zahl 78, so erhält man 66. Wie heißt die Zahl?

6 Addiert man zum Doppelten des Quadrats einer Zahl 69, so erhält man 197.

7 Das Produkt aus einer Zahl und der um 17 kleineren Zahl ist 0. Wie heißt die Zahl?

8 Das Doppelte einer Zahl ist halb so groß wie ihr Quadrat. Wie heißt die Zahl?

9 Das Produkt aus der Summe und der Differenz zweier Zahlen ist 96. Eine der Zahlen ist 5. Wie heißt die Zahl?

10 Das Produkt zweier Zahlen ist 184. Die eine Zahl ist um 15 größer als die andere. Wie heißen die Zahlen?

11 Die Zahl 210 lässt sich als Produkt zweier Zahlen schreiben, deren Summe 29 ist.
Wie heißen die Zahlen?

12

b) Um welche Zahl muss jeder Faktor des Produkts $19 \cdot 17$ verkleinert werden, damit das Produkt um 76 größer wird?

13 Das Siebenfache einer Zahl ist um 8 kleiner als ihr Quadrat. Wie heißt die Zahl?

14 Das Quadrat einer Zahl, vermindert um ihr Dreifaches, beträgt 4.
Wie heißt die Zahl?

15 a) Die Differenz zweier Zahlen beträgt 7. Ihr Produkt ist 8. Bestimmen Sie die Zahlen.
b) Gibt es zwei Zahlen, deren Summe 10 und deren Produkt 100 ist?
Begründen Sie die Antwort.

16 Ein Rechteck hat den doppelten Flächeninhalt wie ein Quadrat. Die eine Rechtecksseite ist genauso lang wie eine Quadratseite, die andere ist 12 cm lang. Welche Seitenlänge hat das Quadrat?

17 a) Bei einem Quadrat werden die Seiten um 3 cm verkürzt. Das neue Quadrat hat einen Flächeninhalt von 2209 cm². Wie lang waren die Seiten des ursprünglichen Quadrats?
b) Bei einem anderen Quadrat wurden die Seiten um 7 cm verlängert. Das neue Quadrat ist 2209 cm² groß. Wie lang waren die Seiten des ursprünglichen Quadrats?

18 Eine 286 m² große rechteckige Fahrzeughalle hat einen Umfang von 70 m. Wie lang und wie breit ist die Halle?

19 Ein rechteckiges Grundstück ist 69 000 m² groß. Die Länge ist 70 m größer als die Breite. Wie lang und wie breit ist das Grundstück?

20 Eine Terrasse ist dreimal so lang wie sie breit ist. Sie wird mit 108 quadratischen Platten ausgelegt. Jede Platte hat eine Kantenlänge von 50 cm. Welche Abmessungen hat die Terrasse?

21 An einer Straßenkreuzung wird ein Fußweg angelegt. Von den angrenzenden Grundstücken wird ein 2 m breiter Streifen benötigt. Das 609 m² große rechteckige Eckgrundstück wird dadurch um 96 m² kleiner. Wie lang und wie breit war das Grundstück vorher?

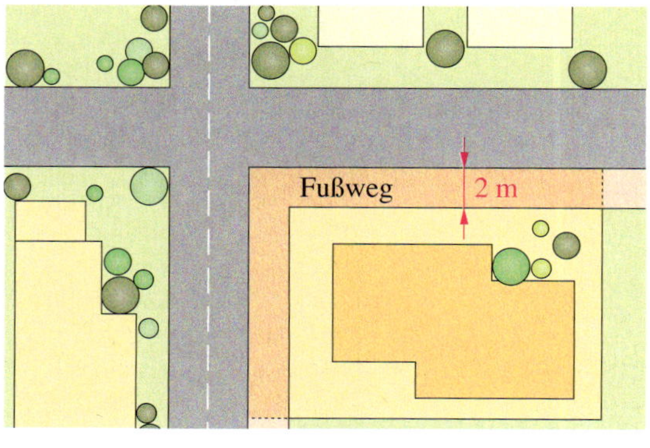

22 Herr Kramer tankt stets für 30 € Benzin. Nach einer Preiserhöhung um 4 Cent erhält er 1,0 Liter Benzin weniger.
Wie teuer war ein Liter Benzin vor der Preiserhöhung?

23 Eine Schulklasse macht einen Ausflug. Die Fahrtkosten von 175 € für einen Reisebus werden auf alle Teilnehmer gleichmäßig verteilt. In dem Bus sind noch zehn freie Plätze. Wäre der Bus vollbesetzt, wäre der Fahrpreis für jeden um 2 € niedriger.
Wie viele Schülerinnen und Schüler fahren mit? Wie hoch ist der Fahrpreis?

24 Eine Schreibwarengroßhandlung kauft von zwei Bleistiftherstellern je 6000 Stifte. Die Lieferfirmen packen in verschiedenen Mengen ab. Eine Großpackung der Firma Stetter enthält sechs Bleistifte mehr als eine Großpackung der Firma Färber. Die Gesamtlieferung beider Hersteller besteht aus 450 Großpackungen.
Wie viele Bleistifte sind in den verschiedenen Großpackungen?
Wie viele Großpackungen lieferte jeder Hersteller?

25 Für ein Mehrfamilienhaus wurde im Sommer für 3120 € Heizöl geliefert. Im Januar des folgenden Jahrs musste noch einmal für 2030 € Heizöl gekauft werden. Da der Literpreis im Januar um 3 Cent höher war, wurden 5000 Liter Öl weniger bestellt.
Berechnen Sie den Literpreis im Sommer (im Januar). Welche Heizölmengen wurden gekauft?

26 Einige Arbeitskollegen mieten sich bei schlechtem Wetter für den Weg vom Bahnhof zum Betrieb ein Taxi. Die Kosten von 7,20 € teilen sie gleichmäßig. Als einer der Mitarbeiter ausfiel, musste jeder der übrigen 60 Cent mehr zahlen.
Wie viele Arbeitskollegen fahren normalerweise mit dem Taxi?

27 Der Flächeninhalt von einem DIN-A0-Blatt ist 1 m^2. Die Länge ist $\sqrt{2}$-mal so groß wie die Breite.
a) Wie lang und wie breit ist ein DIN-A0-Blatt?
b) Ein DIN-A1-Blatt entsteht, wenn man ein DIN-A0-Blatt parallel zur Breite halbiert.
Wie lang und wie breit ist ein DIN-A1-Blatt?
c) Ein DIN-A2-Blatt entsteht, wenn man ein DIN-A1-Blatt parallel zur Breite halbiert.
Ein DIN-A3-Blatt entsteht, wenn man ein DIN-A2-Blatt parallel zur Breite halbiert usw.
Setzen Sie die Tabelle fort.

	Länge	Breite	Höhe
DIN A0			
DIN A1			

28 Fernkabel für Telefonverbindungen bestehen aus einzelnen Leitungen, die von verschiedenen Isolierschichten umgeben sind. Das Fernkabel hat einen Querschnitt von etwa 70 cm^2. Welchen Durchmesser hat das Kabel?

29 In einem Holzbetrieb wurde eine Maschine gekauft. Sie hatte einen Anschaffungswert von 12 500 €. Diese Maschine wird zweimal mit gleichem Prozentsatz vom Buchwert abgeschrieben. Der Buchwert beträgt am Ende der zwei Jahre noch 10 580 €.
Wie hoch ist der Abschreibungssatz, der zugrunde gelegt wurde?

30 Ein Spieler setzt 800 € ein und gewinnt. Er setzt die 800 € und den Gewinn noch einmal ein und gewinnt mit dem gleichen Prozentsatz wie beim ersten Mal. Insgesamt hat er 352 € gewonnen.
Wie hoch war jeweils der Gewinn?

31 Der Umsatz eines Betriebs sank von 360 000 € innerhalb eines Jahrs um einen bestimmten Prozentsatz, erhöhte sich im darauf folgenden Jahr um den doppelten Prozentsatz auf den Betrag von 376 200 €.
Wie hoch war der Prozentsatz des Rückgangs in dem ersten Jahr?

32 Für einen Taschenrechner bezahlt ein Händler im Einkauf 25 €. Nach einem Kalkulationszuschlag von p Prozent gewährt er einen Rabatt in Höhe von einem Drittel des Zuschlags.
Wie hoch ist der Kalkulationszuschlag, wenn der Abgabepreis 29,25 € beträgt?

33 Ein Spekulant kann sein Kapital von 200 000 € bei einem Geschäft um einen gewissen Prozentsatz erhöhen.
Mit dem Gesamtbetrag als Einsatz erleidet er bei einem weiteren Geschäft einen um 5 Prozent höheren Verlust, sodass er insgesamt einen Verlust von 20 000 € zu verzeichnen hat.
Wie viel Prozent Gewinn hat er bei dem ersten Geschäft erzielt?

34 Von einem Guthaben über 4000 € werden nach einem Jahr 500 € abgehoben, gleichzeitig wird der Zinsfuß um 0,5 Prozentpunkte gesenkt.
Wie hoch war der ursprüngliche Zinsfuß, wenn der Kontostand nach zwei Jahren 3672 € beträgt?

35 Zu Beginn eines Jahrs hat Herr Schulte 2500 € auf ein Konto eingezahlt. Die Zinsen, die er am Ende eines jeden Jahrs erhält, lässt er auf dem Konto stehen.
Nach zwei Jahren beträgt sein Guthaben schließlich 2652,25 €.
Wie hoch ist der Zinssatz?

36 Eine Firma hatte vor zwei Jahren einen Umsatz von 490 000 €.
Im nächsten Jahr sank der Umsatz um einen bestimmten Prozentsatz p.
Im darauf folgenden Jahr konnte der Umsatz um denselben Prozentsatz p gegenüber dem letzten Jahr gesteigert werden; das ergab einen Umsatz von 488 775 €.
Wie hoch ist der Prozentsatz p?

37 Ein Kapital von 2500 € wird zwei Jahre lang zum gleichen Prozentsatz angelegt.
Wie hoch ist der Zinssatz, wenn das Endkapital 2557,50 € nach zwei Jahren ausgezahlt wird?

38 Felix verfügt über ein Sparkonto mit einem Guthaben von 4000 €.
Am Ende des ersten Jahres zahlt er 200 € ein.
Ein weiteres Jahr später beläuft sich sein Sparguthaben auf 4491,90 €.
Zu welchem Zinsfuß wurde das Guthaben in dieser Zeit verzinst?

39 Lisa legt ein Sparbuch mit einem Gutschein von 5000 € an.
Am Ende des ersten Jahrs hebt sie einen Betrag von 800 € ab.
Nach einem weiteren Jahr beträgt das Guthaben schließlich 4386 €.
Berechnen Sie den Zinssatz für das Sparguthaben während dieser Zeit.

40 Ein Sparguthaben beträgt 5500 €.
Für dieses Guthaben wird ein Jahr nach der Anlage der Zinsfuß um 0,5 Prozentpunkte erhöht, sodass nach einem weiteren Jahr ein Kontostand von insgesamt 5694,15 € zu verzeichnen ist.
Zu wie viel Prozent wurde das Guthaben im ersten Jahr verzinst?

Der Satz von Vieta

Der französische Mathematiker François Vieta (1540–1609) hat Zusammenhänge zwischen den *Lösungen* einer quadratischen Gleichung und ihren *Koeffizienten* (Vorzahlen) entdeckt.

In der Tabelle werden die Summe und das Produkt der Lösungen einer quadratischen Gleichung mit den Vorzahlen p und q in der Form $x^2 + px + q = 0$ verglichen.

Gleichung	Lösung x_1	Lösung x_2	$x_1 + x_2$	$x_1 \cdot x_2$	p	q
$x^2 - 5x + 6 = 0$	2	3	5	6	-5	6
$x^2 + 4x - 21 = 0$	3	-7	-4	-21	4	-21
$x^2 - 0{,}1x - 0{,}3 = 0$	$-0{,}5$	0,6	0,1	$-0{,}3$	$-0{,}1$	$-0{,}3$

Aus den Beispielen sieht man: Die Summe $x_1 + x_2$ ist gleich der Vorzahl p von x mit umgekehrtem Vorzeichen und das Produkt $x_1 \cdot x_2$ ist q. (Vgl. Sie Seite 276, Aufg. 9)

Satz von Vieta (1. Form)

Für die Lösungen x_1 und x_2 der Gleichung $x^2 + px + q = 0$ gilt:
$p = -(x_1 + x_2)$ und $q = x_1 \cdot x_2$

Mit diesem Satz kann man quadratische Gleichungen zu vorgegebenen Lösungen aufstellen und die Lösung von quadratischen Gleichungen überprüfen.

Beispiele

1. Stellen Sie eine Gleichung mit den Lösungen $x_1 = 3$ und $x_2 = 4$ auf.
$p = -(x_1 + x_2) = -(3 + 4)$, also $p = -7$
$q = x_1 \cdot x_2 = 3 \cdot 4$, also $q = 12$
Gleichung: $x^2 - 7x + 12 = 0$

2. Stellen Sie eine Gleichung auf, die nur eine Lösung hat, also $x_1 = x_2 = 4$
$p = -(x_1 + x_2) = -(4 + 4)$, also $p = -8$
$q = x_1 \cdot x_2 = 4 \cdot 4$, also $q = 16$
Gleichung: $x^2 - 8x + 16 = 0$

Satz von Vieta (2. Form)

Wenn x_1 und x_2 die Lösungen von $x^2 + px + q = 0$ sind, dann ist
$(x - x_1) \cdot (x - x_2) = x^2 + px + q$.

Beispiele

1. Die Gleichung $x^2 - 6x + 5 = 0$ hat die Lösungen $x_1 = 1$ und $x_2 = 5$.
Dann ist $(x-1) \cdot (x-5)$
$= x^2 - 5x - x + 5$
$= x^2 - 6x + 5$.

2. Die Gleichung $x^2 - 2x - 8 = 0$ hat die Lösungen $x_1 = -2$ und $x_2 = 4$.
Dann ist $(x+2) \cdot (x-4)$
$= x^2 - 4x + 2x - 8$
$= x^2 - 2x - 8$.

Übungen

1 Stellen Sie quadratische Gleichungen zu vorgegebenen Lösungen auf.

a) $x_1 = 3;\ x_2 = 5$
b) $x_1 = 2;\ x_2 = -3$
c) $x_1 = 5;\ x_2 = -5$
d) $x_1 = -2;\ x_2 = -4$
e) $x_1 = 3;\ x_2 = -4$
f) $x_1 = 4;\ x_2 = -5$

2 Prüfen Sie mit den Sätzen von Vieta, ob die angegebenen Lösungen stimmen.

a) $x^2 - x - 6 = 0;\ x_1 = -2;\ x_2 = 3$
b) $x^2 - 13x + 42 = 0;\ x_1 = 6;\ x_2 = 7$
c) $x^2 - 2{,}5x - 31{,}5 = 0;\ x_1 = 7;\ x_2 = -4{,}5$
d) $x^2 - 6x + 5 = 0;\ x_1 = 1;\ x_2 = 5$
e) $x^2 - 9x + 18 = 0;\ x_1 = 3;\ x_2 = 6$
f) $x^2 + 3x - 10 = 0;\ x_1 = -2;\ x_2 = 5$

3 Suchen Sie die zweite Lösung mit den Sätzen von Vieta.

a) $x^2 - 8x + 15 = 0;\ x_1 = 5$
b) $x^2 - 6x + 8 = 0;\ x_1 = 4$
c) $x^2 - 2x - 3 = 0;\ x_1 = 3$
d) $x^2 - 12{,}25x + 36{,}25 = 0;\ x_1 = 5$
e) $x^2 + 5x - 6 = 0;\ x_1 = 1$
f) $x^2 - 3x - 28 = 0;\ x_1 = -4$

4 Bestimmen Sie (ohne zu rechnen) die Lösungen der folgenden Gleichungen.

Tipp: Satz vom Nullprodukt.

a) $(x-3) \cdot (x-4) = 0$
b) $(x+2) \cdot (x-6) = 0$
c) $(x-0{,}5) \cdot (x+0{,}6) = 0$
d) $(2-x) \cdot (7+x) = 0$
e) $x \cdot (x-3) = 0$
f) $(x+2{,}5) \cdot x = 0$
g) $x \cdot (2{,}5-x) = 0$
h) $x^2 - 16 = 0$

5 Geben Sie die quadratische Form in der Produktform an.

Beispiel: $x^2 - 5x + 6 = 0$ ist dasselbe wie $(x-2) \cdot (x-3) = 0$

a) $x^2 + 2x - 15 = 0$
b) $x^2 - 2x - 15 = 0$
c) $x^2 - 10x + 16 = 0$
d) $x^2 + 12x + 32 = 0$
e) $x^2 + 3x - 18 = 0$
f) $x^2 + 11x + 28 = 0$
g) $x^2 - 7x + 11{,}25 = 0$
h) $x^2 - 6x - 33{,}25 = 0$

6 a) Addiert man zum Quadrat einer Zahl 5, so erhält man das Sechsfache der Zahl. Wie heißt die Zahl?

b) Das Sechsfache einer Zahl ist um 9 größer als ihr Quadrat. Wie heißt die Zahl?

7 a) Ein Rechteck hat einen Flächeninhalt von 200 cm². Seine Seiten unterscheiden sich um 17 cm. Wie lang sind die Rechteckseiten?

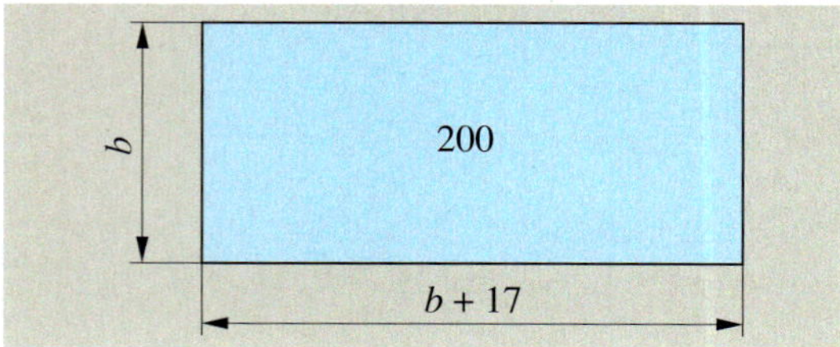

b) Ein rechteckiges Grundstück ist 1476 m² groß. Eine Grundstücksseite ist um 5 m länger als die andere. Wie lang sind die Seiten?

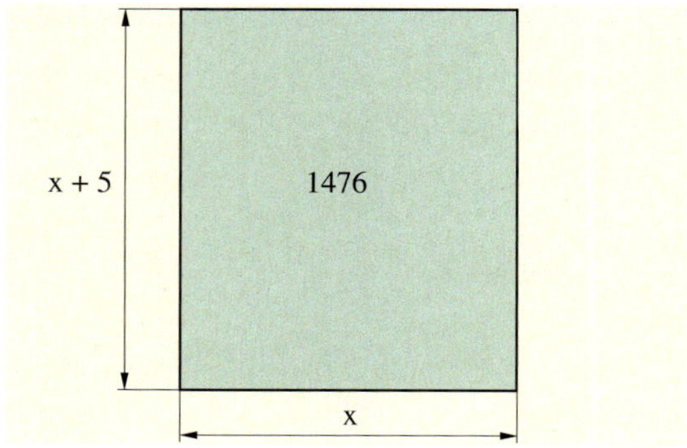

8 Verlängert man die Seite a des Quadrates um 4 cm, so vergrößert sich die Fläche auf das Neunfache. Wie lang ist die Seite a?

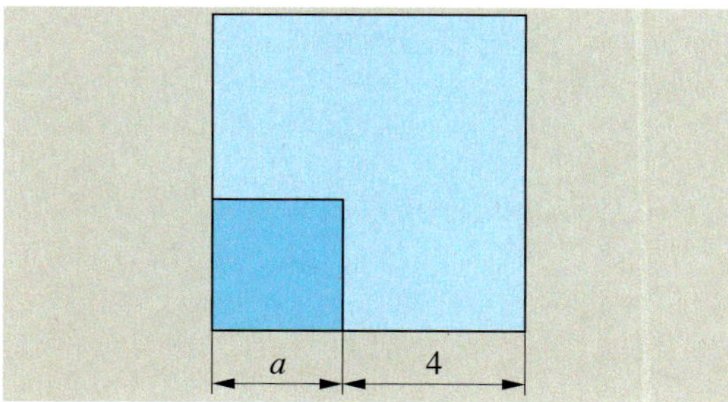

9 Die Lösungen von $x^2 + px + q = 0$ sind $x_1 = -\frac{p}{2} + \sqrt{(\frac{p}{2})^2 + -q}$ und $x_2 = -\frac{p}{2} - \sqrt{(\frac{p}{2})^2 + -q}$.
Beweisen Sie durch Ausrechnen, dass $x_1 + x_2 = -p$ und $x_1 \cdot x_2 = q$.

Anwendung: Der Cournotsche Punkt

Eine Firma stellt Alarmanlagen her. (Sie ist Alleinanbieter dieser Waren.) Wenn die Kosten und der Preis einer Anlage von der Anzahl der hergestellten Anlagen abhängt, dann sagt der Cournotsche Punkt, wie viel Anlagen für welchen Preis verkauft (und hergestellt) werden müssen, damit der Gewinn maximal wird.
Zur Berechnung brauchen wir die **Produktionskosten** (Kostenfunktion) $K(x)$ für x hergestellte Anlagen, die **Preisfunktion** $p(x)$ für den Einzelpreis bei x verkauften Anlagen, **die Erlösfunktion** $E(x)$ für x verkaufte Anlagen und die **Gewinnfunktion** $G(x)$ für x verkaufte Anlagen.
Wo die Gewinnfunktion den größten Wert hat, liegt der Cournotsche Punkt.

Die Kostenfunktion. Die Firma rechnet aus, wie hoch die Herstellungskosten (= Produktionskosten) für x Anlagen sind. Sie findet

$$K(x) = 800x + 200$$ (x Anzahl der Alarmanlagen, $K(x)$ in €)

$K(x)$: Produktionskosten für x Anlagen; 800: Kosten für 1 Anlage; x: Anzahl; 200: Fixkosten

Die Preisfunktion. Die kaufmännische Abteilung hat festgestellt, dass bei hohem Preis einer Anlage wenige verkauft werden, bei niedrigem mehr. Sie errechnet, dass bei x verkauften Anlagen für den Preis einer Anlage gelten soll.

$$p(x) = 2400 - 200x$$

$p(x)$: Preis je Anlage; x: Anzahl der verkauften Anlagen

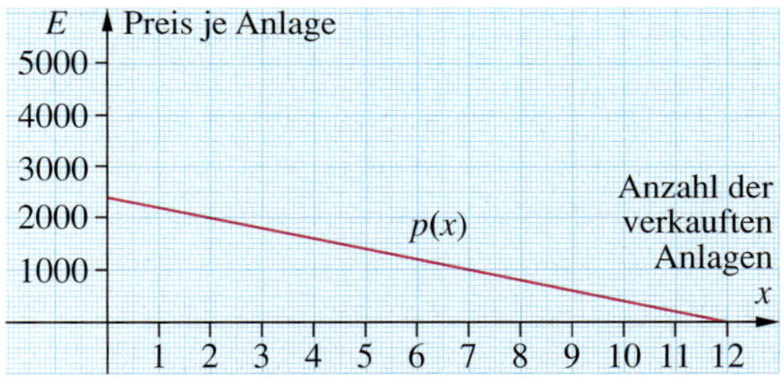

Die Erlösfunktion. Die Erlösfunktion $E(x)$ ist das Produkt aus Preis einer Anlage und Anzahl x der verkauften Anlagen.

$$E(x) = x \cdot p(x)$$
$$= x(2400 - 200x), \text{ also}$$
$$E(x) = 2400x - 200x^2$$

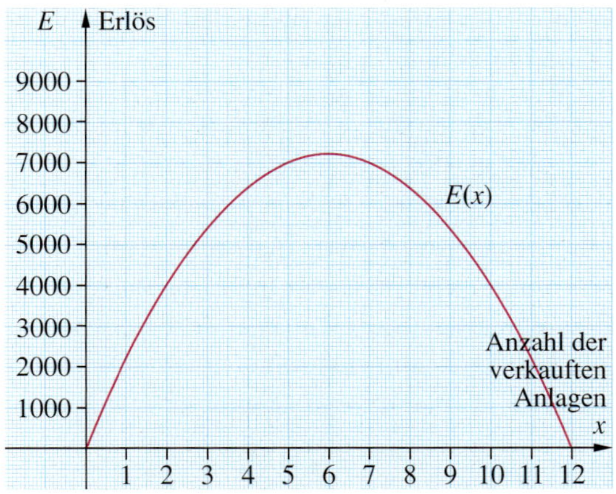

Die Gewinnfunktion. Der Gewinn, den eine Firma macht, ist der Erlös, vermindert um die Produktionskosten, also

$$G(x) = E(x) - K(x)$$
$$= (2400x - 200x^2) - (800x + 200)$$

Ausrechnen liefert
$G(x) = -200x^2 + 1600x - 200$
Das Bild dieser Funktion ist eine nach unten geöffnete Parabel.

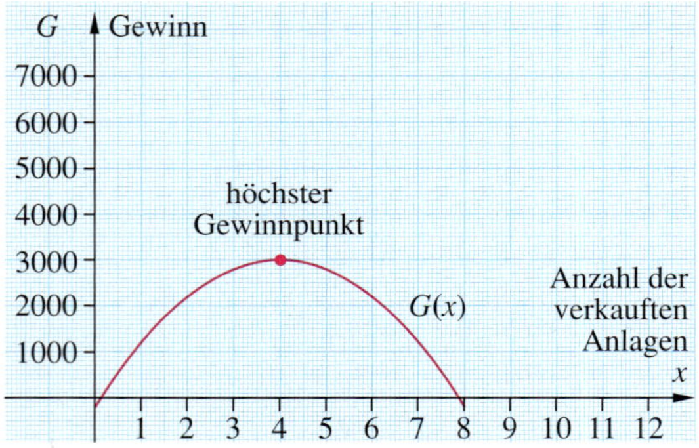

Man zeichnet die Parabel und liest ab, dass sich der höchste Gewinn (3000 €) ergibt, wenn 4 Anlagen verkauft werden.

Der Cournotsche Punkt sagt aus, wie teuer eine Anlage sein muss, wenn der Gewinn am größten sein soll. Wir müssen dazu das x für den maximalen Gewinn ($x = 4$) in die Preisfunktion $p(x) = 2400 - 200x$ einsetzen. Man erhält $p(4) = 2400 - 800 = 1600$. Jede Anlage muss dann 1600 € kosten. Der Cournotsche Punkt ist also

$$(4 \mid 1600)$$

Anzahl der verkauften Anlagen ↗ (4) — Preis für jede Anlage ↖ (1600)

Wenn 4 Anlagen zum Stückpreis von 1600 € verkauft werden, ist der Gewinn am größten, nämlich 3000 €.

Übungen

1 a) Wie groß wäre der Gewinn des Produzenten für Alarmanlagen (siehe Einführungsbeispiel) beim Verkauf von 7 Anlagen?
b) Wie groß wäre der Gewinn beim Verkauf von 10 Alarmanlagen?
c) Wenn ein Verlust eintritt, sind die Produktionskosten höher als der Erlös. Für welche Stückzahlen gilt das?
d) Woran liegt es, dass ein Verlust entsteht, wenn keine einzige Anlage verkauft wird?
e) Zeichnen Sie die Parabel für die Gewinnfunktion mithilfe einer Wertetabelle. Zeichnen sie auch die Preisfunktion und den Cournotschen Punkt in das Koordinatensystem.
f) Erläutern Sie am Bild den Zusammenhang zwischen gewinnmaximaler Erzeugungsmenge und Cournotschem Punkt.

2 Der Hersteller eines medizinischen Geräts ist Monopolist. Es können pro Woche höchstens 22 Geräte produziert werden. Die Produktionskosten ergeben sich für die Produktionsmenge x aus $K(x) = 7000x + 6000$.
Die Preis-Absatz-Funktion lautet
$p(x) = -750x + 16\,000$.
a) Geben Sie die Erlösfunktion an. Berechnen Sie den maximalen Erlös.
b) Bestimmen Sie die Menge x, in dem eine Produktion mit Gewinn möglich ist.
c) Berechnen Sie die gewinnmaximale Ausbringungsmenge (Erzeugungsmenge) und den Cournotschen Punkt.

3 Ein Unternehmen ist Alleinanbieter von Rollstühlen. Es werden wöchentlich maximal 16 Geräte gefertigt. Die Produktionskosten ergeben sich für die Produktionsmenge x aus $K(x) = 200x + 3600$. Die Preis-Absatz-Funktion ist: $p(x) = -600x + 8600$.
a) Geben Sie die Erlösfunktion an. Berechnen Sie den maximalen Erlös.
b) Bestimmen Sie die Menge x, in dem eine Produktion mit Gewinn möglich ist.
c) Berechnen Sie die gewinnmaximale Ausbringungsmenge und den Cournotschen Punkt.
d) Überprüfen Sie zeichnerisch die Ergebnisse aus a), b) und c).

Stochastik

Statistik

Datenerhebung

Viele Daten werden über **Umfragen** gesammelt. In Deutschland gibt es Meinungsforschungsinstitute, die regelmäßig Umfragen zu vielerlei Themen machen.
Die meisten dieser Umfragen werden mit **Fragebögen** durchgeführt.
Oft werden die ausgewählten Personen telefonisch befragt.

Das sollte man beim Fragen beachten:

Aufstellen eines Fragebogens

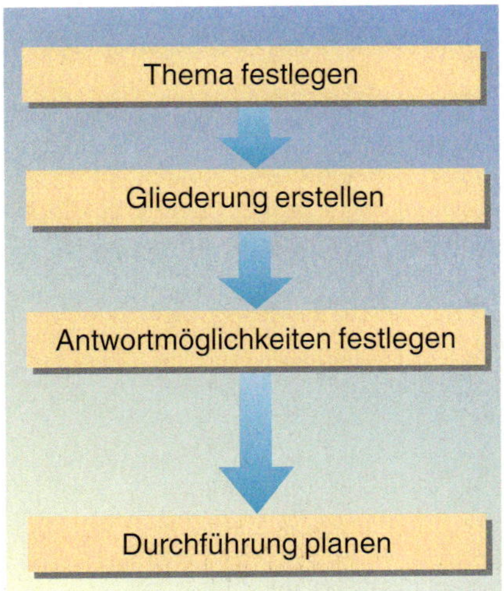

Was will man abfragen?

In welcher **Reihenfolge** sollen die Fragen stehen?

- *Ja-Nein-Fragen*
- *Fragen nach Daten* (Alter, Dauer usw.)
- *Wertungsfragen* (nie – selten – oft – sehr oft)
- *Notenskalen* (von 1 bis 6)

Welche und **wie viele Personen** sollen befragt werden?
Persönliches Ausfüllen? Ausfüllen durch den Befrager?

Übungen

1 Welche Umfragen sind Ihnen bekannt? Beschreiben Sie diese.

2 a) Welche Umfragen könnte man in Ihrer Klasse, Ihrer Schule oder Ihrem Wohnort durchführen?
b) Planen Sie eine solche Umfrage. Halten Sie sich an die Reihenfolge wie oben.

3 Thema „Getränkeverbrauch in der Pause“: Formulieren Sie passende Fragen. (Denken Sie auch an die Entsorgung!)

4 a) Suchen Sie Fragen, die sich mit *ja* oder *nein* beantworten lassen.
b) Nennen Sie Fragen, die sich mit *nie – selten – oft – sehr oft* beantworten lassen.
c) Formulieren Sie Fragen, die sich mit Notenskalen von 1 bis 6 beantworten lassen.

In einer Berufsschule wurde eine Befragung zum Thema **„Fernsehverhalten“** durchgeführt.

Fragebogen „Fernsehverhalten“

Fernsehverhalten

Beantworten Sie alle Fragen allein und ehrlich. Kreuzen Sie an!

1. Geschlecht
a ☐ weibl.
b ☐ männl.

2. Alter
.... Jahre

3. Klasse
a ☐ U1 b ☐ U2
c ☐ M1 d ☐ M2

4. Wie viele Minuten sehen Sie **pro Tag** im Durchschnitt Fernsehen? *(Hier zählt auch mit, wenn man bei Freundinnen und Freunden vor dem Fernseher sitzt.)*

.... Minuten

Welche der folgenden Fernsehsendungen sehen Sie?

5. Talkshows am Nachmittag
1 ☐ nie 2 ☐ selten
3 ☐ oft 4 ☐ sehr oft

6. Gameshows
1 ☐ nie 2 ☐ selten
3 ☐ oft 4 ☐ sehr oft

7. Sportsendungen
1 ☐ nie 2 ☐ selten
3 ☐ oft 4 ☐ sehr oft

8. Fernsehkrimis
1 ☐ nie 2 ☐ selten
3 ☐ oft 4 ☐ sehr oft

9. Politische Sendungen
1 ☐ nie 2 ☐ selten
3 ☐ oft 4 ☐ sehr oft

10. Vorabendserien (wie „Gute Zeiten, schlechte Zeiten“, „Marienhof“, „Unter uns“ ...)
1 ☐ nie 2 ☐ selten
3 ☐ oft 4 ☐ sehr oft

11. Musiksendungen
1 ☐ nie 2 ☐ selten
3 ☐ oft 4 ☐ sehr oft

12. Quiz-Shows
1 ☐ nie 2 ☐ selten
3 ☐ oft 4 ☐ sehr oft

13. Zeichentrickfilme
1 ☐ nie 2 ☐ selten
3 ☐ oft 4 ☐ sehr oft

14. neuere Spielfilme
1 ☐ nie 2 ☐ selten
3 ☐ oft 4 ☐ sehr oft

15. Nachrichten
1 ☐ nie 2 ☐ selten
3 ☐ oft 4 ☐ sehr oft

16. Doku-Soaps (z. B. „Big Brother“)
1 ☐ nie 2 ☐ selten
3 ☐ oft 4 ☐ sehr oft

17. Welche TV-Sender sehen Sie am häufigsten?
(Kreuzen Sie **drei** Sender an!)
A ☐ ARD
B ☐ ZDF
C ☐ RTL
D ☐ SAT 1
E ☐ Pro Sieben
F ☐ RTL II
G ☐ Super RTL
H ☐ VIVA
I ☐ MTV
J ☐ DSF
K ☐ EURO Sport
L ☐ WDR III
M ☐ Kabel I

Erläuterungen

An 112 Schülerinnen und Schüler der Klassen U und M wurden Fragebögen verteilt. 104 der Fragebögen wurden ausgefüllt zurückgegeben.

Die **Kennbuchstaben** und **Kennzahlen** vor den Antwortkästchen geben die Art der Frage an.
a, b, c, d ... kennzeichnen Antworten mit **Einfachwahl**.
A, B, C, D ... sind Antworten mit **Mehrfachwahl**.
1, 2, 3, 4 ... stellen Antworten in einer **Werteskala** dar (nie – selten – oft – sehr oft).
Maßzahlen wie Jahre, Stunden, Minuten werden auf die gestrichelten Linien geschrieben.

Ein Computerprogramm zum Aufstellen und Auswerten von Fragebögen erhält man kostenlos von der Bundeszentrale für politische Bildung, Berliner Freiheit 7, 53111 Bonn. Das Programm heißt:
„Forschen mit GrafStat Win“
Download-Adressen findet man unter
www.nw.schule.de

Übungen

1 Wie kann man diesen Fragebogen kürzer fassen oder erweitern?

2 Welche Fragen haben Antworten mit einer Einfachwahl (Mehrfachwahl, Werteskala)?

3 Stellen Sie einen Fragebogen zu einem der folgenden Themen auf:
Erfahrungen im Praktikum – Gewalt an unserer Schule – Freizeitverhalten von Jugendlichen – Hitparade – Vorschläge zu Verbesserungen an *Ihrer* Schule (in Ihrer Klasse, auf dem Schulhof ...).

Datenerfassung

Die Daten aus den Fragebögen wurden klassenweise in einer Tabelle gesammelt. Für die Klasse M2 entstand dieser **Auswertungsbogen**.

Frage	1	2	3	4	5	6	7	8	9	10	11	12	13	14	15	16	17												
Schülerinnen/Schüler (Nummer)	Geschlecht	Alter (Jahre)	Klasse	Fernsehzeit (in Minuten)	Talkshows	Gameshows	Sport	Krimi	Politik	Serien	Musik	Quiz	Zeichentrick	Spielfilme	Nachrichten	Doku-Soaps	TV-Sender												
Nr.					1 = nie, 2 = selten, 3 = oft, 4 = sehr oft												A	B	C	D	E	F	G	H	I	J	K	L	M
1	w	16	M2	180	3	1	2	2	1	4	4	3	1	3	2	3			1		1		1						
2	w	19	M2	125	4	3	3	2	1	3	4	2	1	3	2	3			1		1	1							
3	w	17	M2	120	4	2	3	3	1	4	3	1	2	3	2	3			1		1				1				
4	m	17	M2	220	3	3	2	2	2	2	4	2	2	3	3	3				1		1		1					
5	w	17	M2	150	4	3	1	3	2	4	4	1	2	4	2	3			1	1				1					
6	m	19	M2	150	4	2	2	3	1	3	3	2	1	3	2	3			1		1				1				
7	m	17	M2	200	3	4	3	3	2	3	4	1	1	4	2	3			1		1	1							
8	m	17	M2	120	2	4	3	2	1	4	3	2	2	3	1	4			1	1		1							
9	w	18	M2	120	3	4	1	2	2	4	4	2	2	3	2	3			1		1			1					
10	w	18	M2	130	3	2	2	4	1	2	3	2	2	4	3	4				1	1				1				
11	m	18	M2	240	2	2	2	2	2	2	2	2	2	3	2	2				1	1		1						
12	w	17	M2	100	4	2	4	4	1	3	4	2	2	4	3	4			1	1					1				
13	m	16	M2	220	3	2	4	4	1	3	4	3	1	4	1	4			1		1	1							
14	m	17	M2	200	3	1	2	3	1	2	4	1	2	3	1	4			1		1			1					
15	m	18	M2	120	2	3	3	3	2	1	3	2	2	3	2	3					1		1		1				
16	m	18	M2	220	3	2	4	2	2	3	4	2	1	4	1	3			1		1				1				
17	w	18	M2	170	2	4	2	2	2	4	4	2	1	3	1	3			1	1				1					
18	w	19	M2	120	4	3	3	3	1	4	2	3	2	3	2	3			1	1					1				
19	m	19	M2	190	1	4	3	2	1	4	4	1	1	3	1	3				1			1		1				
20	m	17	M2	120	2	4	4	3	1	3	3	2	2	3	1	3			1		1						1		
21	w	17	M2	120	3	2	2	3	2	4	3	1	2	3	4	3				1	1		1						
22	w	18	M2	110	3	2	1	2	1	4	4	1	1	4	1	1				1	1	1							
23	w	18	M2	120	3	2	1	2	3	4	3	2	2	3	4	3				1			1		1				
					68	61	57	61	34	74	80	42	37	76	45	71			15	12	15	6	6	5	9		1		
		17,7		155																									

Übungen

1 a) Sind die Summen unter den Fragen 5 bis 16 für die Auswertung wichtig?
b) Weshalb wird bei den Antworten zu Frage 17 für jede Wahl die Zahl *Eins* eingetragen?
c) Welche Bedeutung haben bei den Fragen 2 und 4 die Zahlen 17,7 und 155?

2 Welche Verbesserungsvorschläge haben Sie für diesen Auswertungsbogen?

3 Ist es sinnvoll für jede Klassenstufe einen Auswertungsbogen zu machen?

4 Wie könnte man die Daten vor einer Auswertung sortieren? Nach welchen Merkmalen könnte man sortieren?

5 Glauben Sie, dass man genauere Aussagen bekommt, wenn man die Wahl der Fernsehsender durch Wertungsfragen (sehr oft – oft – wenig) erfasst?

Auswertung der Daten

Hier ist eine Auswertung für **alle** Schüler, die an der Umfrage „Fernsehverhalten“ teilgenommen haben.

Gesamtauswertung „Fernsehverhalten“

Frage										
1	Geschlecht	56	männlich	48	weiblich			**104**	**Gesamt**
2	Alter	17,04	männlich	15,63	weiblich				
3	Klasse	27	U1	28	U2	26	M1	23	M2
4	Fernsehzeit	151,72	männlich	154,32	weiblich				

g steht für **gesamt**

Frage		nie = 1			selten = 2			oft = 3			sehr oft = 4			Gesamtwertung		
		m	w	g	m	w	g	m	w	g	m	w	g	m	w	g
5	Talkshows	1	0	**1**	24	2	**26**	22	18	**40**	9	28	**37**	151	170	**321**
6	Gameshows	5	10	**15**	18	16	**34**	10	15	**25**	23	7	**30**	163	115	**278**
7	Sport	1	12	**13**	2	14	**16**	38	15	**53**	15	7	**22**	179	113	**292**
8	Krimi	3	4	**7**	19	21	**40**	23	14	**37**	11	9	**20**	154	124	**278**
9	Politik	41	42	**83**	15	5	**20**	0	1	**1**	0	0	**0**	71	55	**126**
10	Serien	3	0	**3**	12	3	**15**	24	8	**32**	17	37	**54**	167	178	**345**
11	Musik	0	0	**0**	3	5	**8**	28	21	**49**	25	22	**47**	190	161	**351**
→ 12	Quiz	15	10	**25**	28	25	**53**	11	10	**21**	2	3	**5**	112	102	**214**
13	Zeichentrick	14	10	**24**	38	38	**76**	4	0	**4**	0	0	**0**	102	86	**188**
14	Spielfilme	0	0	**0**	3	2	**5**	38	32	**70**	15	14	**29**	180	156	**336**
15	Nachrichten	20	12	**32**	21	20	**41**	14	13	**27**	1	3	**4**	108	103	**211**
16	Doku-Soaps	0	0	**0**	3	1	**4**	44	38	**82**	9	9	**18**	174	152	**326**

17	TV Sender	A	B	C	D	E	F	G	H	I	J	K	L	M
		ARD	ZDF	RTL	SAT 1	PRO 7	RTL 2	SRTL	VIVA	MTV	DSF	EUSP	WDR	KAB
		0	**0**	**86**	**65**	**46**	**23**	**5**	**24**	**56**	**3**	**4**	**0**	**0**

Beispiel für eine Auswertung:

Aus Frage 12 können Sie Folgendes ablesen:
15 Jungen und 10 Mädchen sehen **nie** Quizsendungen, das sind zusammen 25.
28 Jungen und 25 Mädchen sehen **selten** Quizsendungen, das sind zusammen 53.
11 Jungen und 10 Mädchen sehen **oft** Quizsendungen, das sind zusammen 21.
2 Jungen und 3 Mädchen sehen **sehr oft** Quizsendungen, das sind zusammen 5.

Übungen

1 Was fällt Ihnen an der Auswertung auf? Finden Sie auffällige Ergebnisse? Vergleichen Sie die Ergebnisse von Jungen und Mädchen.

2 Lesen Sie die Ergebnisse von den Fragen 8, 9, 11 und 16 vor und erklären Sie diese.

3 Die „Gesamtwertung“ in der letzten Spalte von Frage 12 (Quiz) wird so berechnet:
15 Jungen sehen **nie** $15 \cdot \mathbf{1} = 15$
28 Jungen sehen **selten** $28 \cdot \mathbf{2} = 56$
11 Jungen sehen **oft** $11 \cdot \mathbf{3} = 33$
2 Jungen sehen **sehr oft** $2 \cdot \mathbf{4} = 8$
Die Summe der Einzelergebnisse ergibt 112.
Prüfen Sie die Gesamtwertung nach Jungen und Mädchen zu den Fragen 5, 10, 13 und 15.

4 Stellen Sie zu den Fragen 5 bis 16 (letzte Spalte) eine Rangliste auf. Beginnen Sie mit der beliebtesten Fernsehsendung.

5 Rechnen Sie die Ergebnisse der Fragen 6 und 15 in Prozent um. Schreiben Sie dazu im Heft eine Tabelle. Der Grundwert für die Jungen ist 56, der für die Mädchen 48.

	nie = 1			selten = 2			oft = 3			sehr oft = 4		
	m	w	g	m	w	g	m	w	g	m	w	g
6		20,8%										
15												

6 a) Stellen Sie zu Frage 17 (letzte Zeile) eine Rangliste auf.
b) Berechnen Sie die Prozentzahlen und addieren Sie. (Der Grundwert beträgt 104.)
c) Weshalb erhält man in b) mehr als 100%?

7 Mit einer **Strichliste** kann man feststellen, wie häufig ein bestimmtes Alter in einer Klasse vorkommt. Hier sehen wir eine Auswertung für die Klasse M2 (Seite 280). Aus dieser **Häufigkeitstabelle** kann man die Altersverteilung aller Mädchen der M2 ablesen.

Alter (w)	16	17	18	19
absolute Häufigkeit	I	IIII	~~IIII~~	II
	1	**4**	**5**	**2**

a) Legen Sie eine Häufigkeitstabelle an für die Altersverteilung der Jungen der M2.
b) Legen Sie eine Häufigkeitstabelle an für die Altersverteilung aller Schüler der M2.

- Die absolute Häufigkeit gibt an, wie oft ein bestimmtes Ergebnis bei einer Befragung vorkommt.

8 Schreiben Sie in eine Tabelle die absoluten Häufigkeiten der Antworten zu Frage 5 (Talkshows) bis 16 (Doku-Soaps) für alle 23 Schüler der Klasse 10 B (Seite 280).

Frage	nie	selten	oft	sehr oft
5	1	5	11	6
6				

9 Ziehen Sie aus einem Kartenspiel eine Spielkarte. Stellen Sie fest, ob Sie ein „Ass" gezogen haben oder nicht. Legen Sie die Karte nach jedem Ziehen wieder zurück und mischen Sie neu. Wiederholen Sie das 50-mal.
a) Stellen Sie eine *Strichliste* und eine *Häufigkeitstabelle* auf. Wie groß ist die absolute Häufigkeit von „Ass" und „Nicht-Ass"?
b) Verfahren Sie genau so für die vier Farben Kreuz, Pik, Herz und Karo.

10 Arbeiten Sie zu zweit.
a) Einer würfelt mit einem Würfel 100-mal. Der andere schreibt die Ergebnisse in eine Häufigkeitstabelle.

b) Schreiben Sie eine Häufigkeitstabelle für alle Ergebnisse der Klasse auf. Was fällt auf?

11 Würfeln Sie 100-mal mit *zwei* Würfeln gleichzeitig. Addieren Sie die Augenzahl nach jedem Wurf. Schreiben Sie alle Ergebnisse in eine Häufigkeitstabelle von 2 bis 12.

12 Häufigkeitstabellen lassen sich auch grafisch in einem **Säulendiagramm** darstellen.

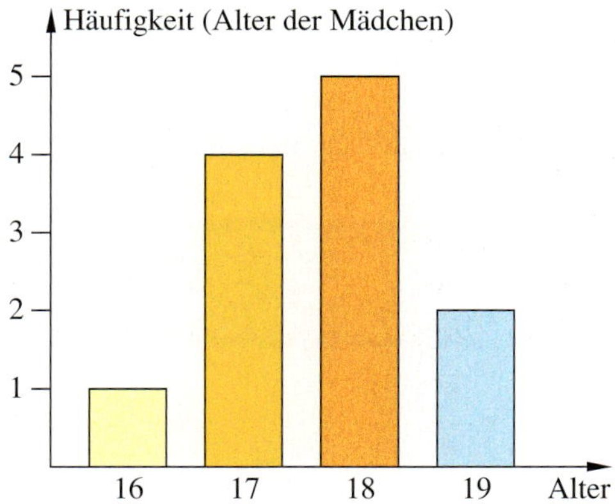

In diesem Säulendiagramm ist das Alter der Mädchen aus der M2 dargestellt (s. S. 279).
a) Zeichnen Sie ein Säulendiagramm für die Altersverteilung der Jungen.
b) Zeichnen Sie ein Säulendiagramm für die Altersverteilung in Ihrer Klasse.
c) Zeichnen Sie Säulendiagramme zu den Ergebnissen von Aufgabe 10 und 11.

Mittelwert

Für einen Ausschnitt aus dem Auswertungsbogen der Klasse M2 (Seite 280) ist ein Stabdiagramm für die Sehzeiten der Jungen gezeichnet worden. Wir können ablesen, welcher Junge die längste Zeit vor dem Fernseher sitzt.

Schülerin/ Schüler Nr.	Fernseh-zeit in min
4	220
6	150
7	200
8	120
11	240
13	220
14	200
15	120
16	220
19	190
20	120

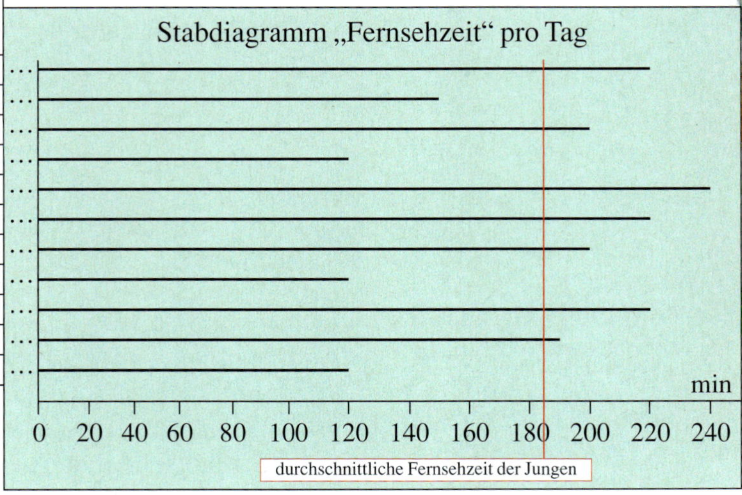

Für den Vergleich der Fernsehgewohnheiten von Jungen und Mädchen müssen wir den Mittelwert der Sehzeiten berechnen. Wir **addieren** alle Werte (Sehzeit der Jungen) und **dividieren** die Summe durch die Anzahl aller Jungen und erhalten den Mittelwert.

$$\frac{220 + 150 + 200 + 120 + 240 + 220 + 200 + 120 + 220 + 190 + 120}{11} = \frac{2000}{11} \approx 182$$

Der **Mittelwert** oder die **durchschnittliche** Sehzeit beträgt bei den Jungen ca. 182 min pro Tag.

$$\textbf{Mittelwert} = \frac{\textbf{Summe}\text{ aller Zahlen}}{\textbf{Anzahl}\text{ der Zahlen}}$$

Übungen

1 Berechnen Sie das durchschnittliche Alter der Mädchen Ihrer Klasse.

2 Schreiben Sie das Alter der Mädchen (von S. 280) der Größe nach auf. Tragen Sie die Werte in ein Stabdiagramm ein. Kennzeichnen Sie mit einer roten Linie das Durchschnittsalter.

3 Berechnen Sie das Durchschnittsalter der Jungen der Klasse M2. Verfahren Sie wie in Aufgabe 2. Vergleichen Sie die Ergebnisse.

4 Berechnen Sie nach den Daten der Klassenauswertung auf Seite 280 den Mittelwert der Fernsehzeit für die Mädchen aus der M2. Vergleichen Sie das Ergebnis mit dem Mittelwert für die Jungen.

5 Die jährlichen Ausgaben einer deutschen Durchschnittsfamilie für die Freizeitgestaltung sind in dieser Tabelle erfasst.

Freizeitbereich	**Ausgaben**
Urlaub	1725 €
Auto	660 €
Radio/Fernsehen	495 €
Bücher, Zeitungen	300 €
Camping, Sport	240 €
Garten, Haustiere	225 €
Kino, Theater	105 €
Sonstiges	86 €

a) Wie viel gibt dieser Haushalt im Jahr für seine Freizeitgestaltung aus?
b) Wie viel betrugen die *monatlichen* Ausgaben für die Freizeit durchschnittlich?
c) Wird dieser errechnete Durchschnittswert wirklich in jedem Monat ausgegeben?

6 Herr Weber ist Handelsvertreter und notiert seine täglichen Fahrstrecken in km.

	Mo	Di	Mi	Do	Fr
1. W.	447	380	677	512	320
2. W.	158	478	399	489	521
3. W.	468	329	377	698	241

a) Berechnen Sie die Fahrstrecke, die er durchschnittlich pro Arbeitstag in jeder Woche zurücklegte.
b) Berechnen Sie die *Gesamtfahrstrecke* für drei Wochen und den *Mittelwert* pro Arbeitstag.

7 Ines hatte bei 6 Klassenarbeiten folgende Ergebnisse:

Arbeit	1	2	3	4	5	6
Note	2	3	4	2	4	3

a) Berechnen Sie den Mittelwert.
b) Mit welchen Noten hätte sie denselben Mittelwert erreicht? Nennen Sie 5 Beispiele.

8 Für 20 Schülerinnen und Schüler betrug der Notendurchschnitt einer Mathematikarbeit 3,5. Nennen Sie 5 Beispiele mit welchen Noten dieser Mittelwert erreicht werden kann.

9 In dieser Tabelle sind für jeden Monat Durchschnittstemperaturen und Niederschlagshöhen von ausgewählten Orten verschiedener Klimazonen angegeben.

Klimastation		J	F	M	A	M	J	J	A	S	O	N	D
Helsinki/Finnland, 45 m	°C	−6,1	−6,6	−3,4	2,6	8,8	14,0	17,2	16,0	11,1	5,4	1,0	−2,6
(feuchtwinterkaltes Klima)	mm	57	42	36	44	41	51	68	72	71	73	68	66
Münster/Deutschland, 64 m	°C	1,2	1,6	4,8	8,6	12,8	15,8	17,4	17,1	14,2	9,7	5,7	2,6
(feuchtgemäßigtes Klima)	mm	66	56	42	50	50	60	87	76	58	57	60	56
Rom/Italien, 46 m	°C	6,9	7,7	10,8	13,9	18,1	22,1	24,7	24,5	21,1	16,4	11,7	8,5
(Mittelmeerklima)	mm	76	88	77	72	63	48	14	22	70	128	116	106
Dakhla/Ägypten, 110 m	°C	11,9	13,9	18,1	23,2	28,4	30,4	30,8	30,5	27,2	24,6	18,9	13,6
(Wüstenklima)	mm	0	0,3	0	0	0,1	0	0	0	0	0	0	0,1
Lagos/Nigeria, 3 m	°C	27,0	27,9	28,3	28,0	27,4	26,1	25,3	25,1	25,6	26,2	27,2	27,3
(Savannenklima)	mm	40	57	100	115	215	336	150	59	214	222	77	41
Douala/Kamerun, 11 m	°C	26,7	27,0	26,8	26,6	26,3	25,4	24,3	24,1	24,7	25,0	26,0	26,4
(tropisches Regenwaldklima)	mm	57	82	216	243	337	486	725	776	638	388	15	52

a) Bestimmen Sie die mittlere Jahrestemperatur für Münster, Rom, Dakhla und Lagos.
b) Vergleichen Sie die mittlere Jahrestemperatur von Münster mit der mittleren Jahrestemperatur von Lagos. Begründen Sie den Unterschied.
c) Berechnen Sie für jeden Ort die mittlere monatliche Niederschlagshöhe. Wo fallen die höchsten und wo die geringsten Niederschläge?
d) Kann man Aussagen über Temperaturen und Niederschläge für die nächsten Jahre machen?

Grafische Darstellungen

Bei Umfragen werden Daten in Form von Zahlen erfasst. Um große Zahlenmengen übersichtlich darzustellen, verwendet man verschiedene Arten von Diagrammen (Schaubildern). Wir haben bereits mit **Blockdiagrammen**, **Kreisdiagrammen** und **Säulendiagrammen** gearbeitet.

Die Altersverteilung der Klasse M2 in unserem Beispiel von Seite 280 kann man auf verschiedene Weise darstellen.

Tabelle

Alter (Jahre)	16	17	18	19	Ges.
Anzahl	2	9	7	5	**23**
Prozent	9	39	30	22	**100**

Blockdiagramm

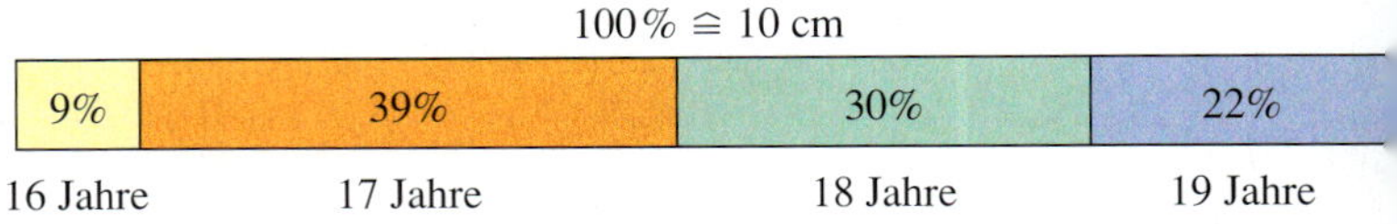

Säulendiagramm

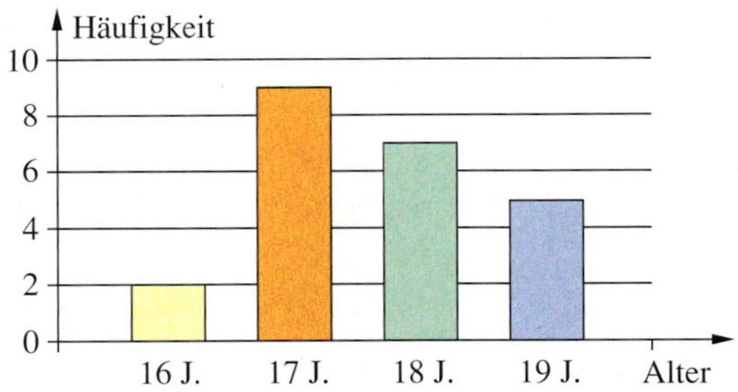

Kreisdiagramm (mit Prozentangaben)

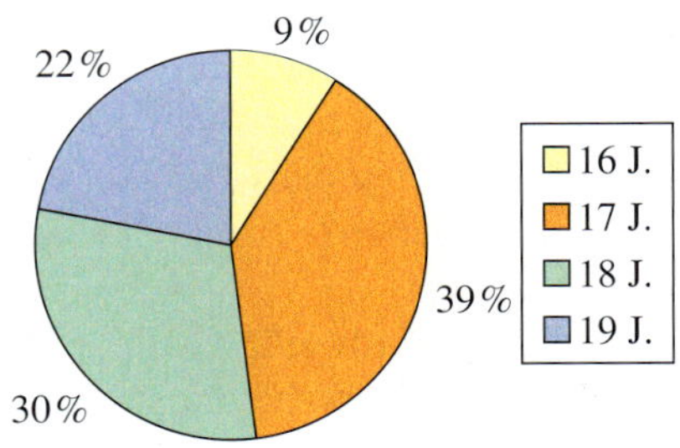

1% ≙ 3,6°

Übungen

1 Erklären Sie, wie die einzelnen Diagramme gezeichnet werden.

2 a) Schreiben Sie die Antworten zu Frage 6 (Gameshows) des Fragebogens (Seite 280) in Tabellenform auf.
b) Zeichnen Sie ein Säulendiagramm, das die Antworten „nie – selten – oft – sehr oft" der gesamten Klasse M2 zeigt.

3 Zeichnen Sie ein Blockdiagramm und ein Kreisschaubild für die Altersverteilung der Jungen der Klasse M2 (siehe S. 280).

4 2600 Personen im Alter von 14 bis 17 Jahren und von 18 bis 29 Jahren wurden zum Thema *„Was hast du am vergangenen Wochenende gemacht?"* befragt.

Antworten	14 J. – 17 J.	18 J. – 29 J.
Ausschlafen	71%	58%
Baden gehen	55%	46%
Buch lesen	42%	41%
Disco	39%	28%
Einkaufen	29%	38%

a) Zeichnen Sie für **jede** der beiden Altersgruppen ein Säulendiagramm.
b) Vergleichen Sie die beiden Diagramme.

5 Das ist Schülern bei der Berufswahl wichtig:

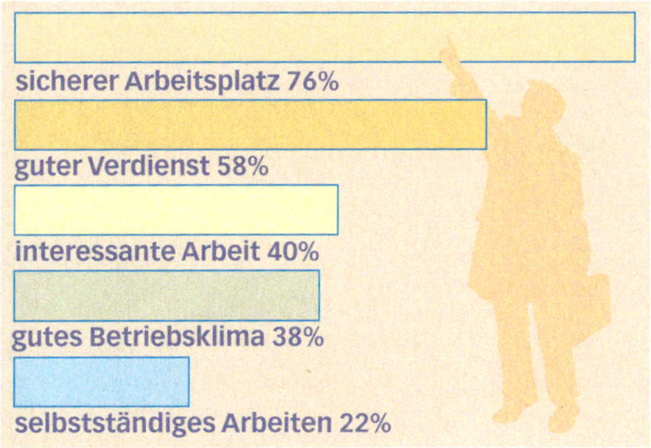

a) Erläutern Sie das Schaubild.
b) Warum ergibt die Addition der Prozentsätze mehr als 100%?
c) Warum ist hier für die Darstellung von Prozentsätzen das Balkenschaubild günstig, ein Block- oder Kreisschaubild jedoch weniger?

6 Eine Firma stellt in ihrem Geschäftsbericht die Wertsteigerung ihrer Aktien dar.

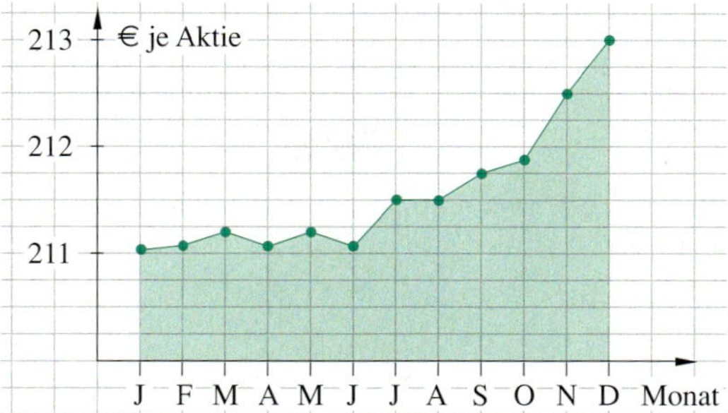

a) Um wie viel Prozent ist die Aktie von Januar bis Dezember tatsächlich gestiegen?
b) Welcher Trick wurde angewendet, um die Kursentwicklung besonders günstig erscheinen zu lassen?
c) Zeichnen Sie ein Schaubild, das die tatsächliche Entwicklung besser darstellt. (1 mm ≙ 1 €)

7 Wahlen zum Bundestag 2002

a) Wie viele Abgeordnete sitzen im Bundestag?
b) Für die absolute Mehrheit braucht man eine Stimme mehr als die Hälfte der Abgeordneten. Wie viele sind das?
c) Die Bundesregierung 2002 war eine Koalition aus der SPD und Bündnis 90/Die Grünen. Wie viele Sitze hatte diese Koalition, wie viele die Opposition?
d) Abgesehen von inhaltlichen Gegensätzen hätte jede Partei mit einer oder mehreren anderen Parteien eine Koalition bilden können. Sie hätten zum Regieren mindestens 50% aller Stimmen gebraucht. Welche möglichen Koalitionen waren 2002 möglich?
e) Wenn inzwischen neu gewählt wurde: Vergleichen Sie die Ergebnisse der Wahl von 2002 mit den aktuellen Ergebnissen.

8 Ein Automobilwerk zeigt die Ergebnisse der Jahresproduktion. Vergleichen Sie.

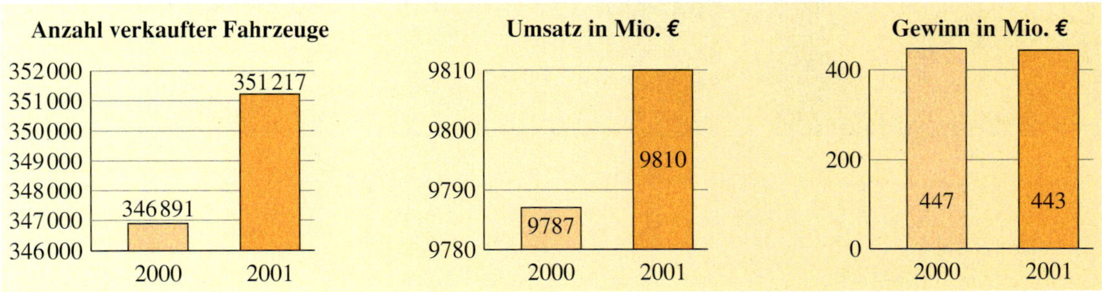

9 a) Warum ist die Summe der Antworten größer als 100?
b) Die Zahlen beruhen auf einer Umfrage. Es wurde nur ein kleiner Teil der Bevölkerung gefragt. Warum wurden denn nicht alle „Nichtbahnfahrer" in Deutschland gefragt?
c) Was müsste man an den öffentlichen Verkehrsmitteln ändern, damit eine solche Umfrage ein merkbar anderes Ergebnis hat?

10 Im Jahr 2000 wurden über 8000 Frauen und Männer im Alter von 14 bis 69 Jahren telefonisch zu ihrem Internet-Nutzungsverhalten und zu ihrem Schulabschluss befragt (s. untere Grafik). Im Jahr 1999 lag die Zahl der Internetsurfer noch unter der Zehn-Millionen-Marke. Im Jahr 2000 dagegen hat sich ihre Anzahl schon fast verdoppelt.

a) Was kann man ablesen?
b) Wäre eine prozentuale Darstellung besser?
c) Weshalb sind die Gesamtzahlen nicht immer 18 Millionen?
d) Gibt es Ergebnisse, die Sie überraschen?
e) Kann man sagen, dass ein 20- bis 49-jähriger Mann mit mittlerer Reife ein typischer Internetsurfer in Deutschland ist? Begründen Sie.

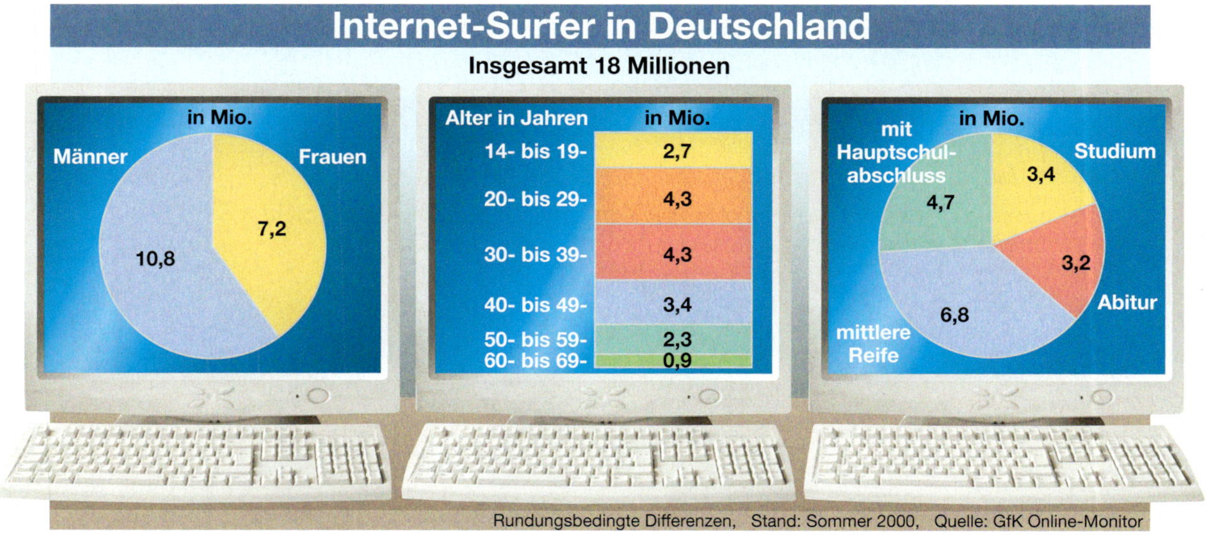

Vermischte Aufgaben

1 Leon trainiert Freiwürfe.

Um seine Treffsicherheit zu überprüfen, schreibt er Treffer und Würfe auf: 17/30 (17 Treffer bei 30 Würfen); 21/35; 26/40; 18/25; 19/27; 21/30.
Wie hat sich bei dieser Wurfserie die Treffsicherheit entwickelt? Berechnen Sie in Prozenten.

2 Hier ist ein Schaubild zur Entwicklung der Erwerbstätigkeit in Deutschland abgebildet.

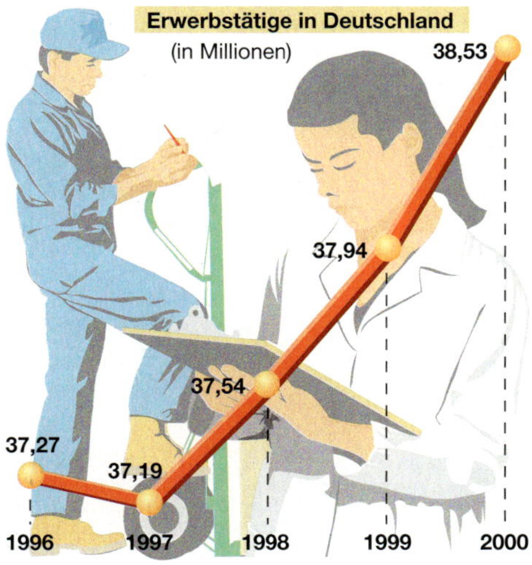

a) Berechnen Sie die Veränderung des Anteils der Erwerbstätigen in Prozent. Nutzen Sie dazu die Angabe von 1996 als Grundwert.
b) Berechnen Sie den Mittelwert zwischen 1996 und 2000.
c) Erkundigen Sie sich nach den Einwohnerzahlen der Bundesrepublik Deutschland in diesen Jahren und berechnen Sie, welchen Anteil die Erwerbstätigen ausmachten.

3 a) Erläutern Sie die Grafik.
b) Ein Privathaushalt verbraucht im Jahr etwa 4000 kWh elektrische Energie. Berechnen Sie, wie viele Haushalte mit diesen erneuerbaren Energien versorgt werden könnten.
c) Berechnen Sie die *gesamte* Stromerzeugung für 2000.

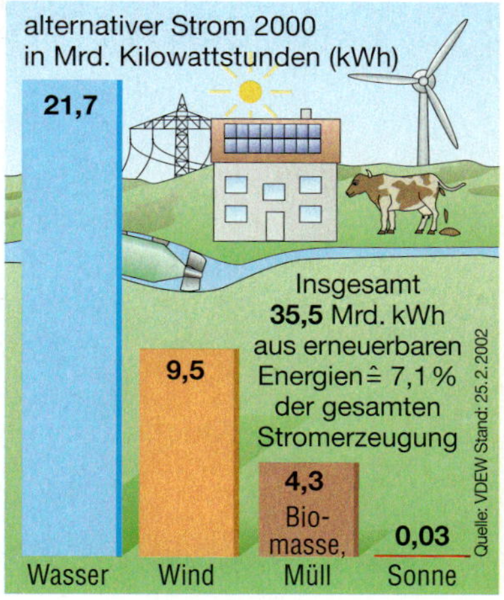

4 2000 starben in Deutschland 449 800 Frauen und 389 000 Männer. Todesursachen waren:

	Frauen	Männer
Herz-Kreislauf-Erkrankungen	236 600	161 300
Herzinfarkt	33 000	40 300
Krebserkrankungen	101 300	109 700
Atemwegserkrankungen	24 700	27 100
Magen-Darm-Erkrankungen	19 700	21 000
Unfälle, Stürze	6 500	8 700
Selbstmorde	3 000	8 100
Sonstige Ursachen	25 000	12 800

Quelle: Stat. Bundesamt

a) Geben Sie die Todesursachen getrennt für Frauen und Männer in Prozent an.
b) Stellen Sie dieses grafisch dar und vergleichen Sie.

5 Statistiker haben herausgefunden, dass ein Mensch mit einem durchschnittlichen Lebensalter von 76 Jahren etwa 27 Jahre seines Lebens schläft, 8,5 Jahre am Arbeitsplatz ist (Frauen 4,3 Jahre), 14 Jahre mit Hausarbeit verbringt (Männer 5,5 Jahre), 6 Jahre vor dem Fernseher sitzt und 4,3 Jahre mit Essen und Trinken beschäftigt ist.
a) Wie ernst sind diese Angaben zu nehmen?
b) Rechnen Sie die Angaben auf ein Lebensjahr und auf einen Tag um.
c) Rechnen Sie die Angaben in Prozent um und stellen Sie das Resultat grafisch dar.

Zufall und Wahrscheinlichkeit

Relative Häufigkeit

In der Klasse M2 gaben sieben von zwölf Mädchen an, sehr oft Musiksendungen zu sehen. Von elf Jungen waren es sechs. Die absolute Häufigkeit betrug bei den Mädchen 7 und bei den Jungen 6. Will man diese Ergebnisse miteinander vergleichen, so berechnet man die **Anteile**.

Mädchen: 7 von 12 Mädchen oder $\frac{7}{12}$ aller Mädchen sehen sehr oft Musiksendungen.

Jungen: 6 von 11 Jungen oder $\frac{6}{11}$ aller Jungen sehen sehr oft Musiksendungen.

Diese Anteile kann man in Prozentzahlen umwandeln:

Mädchen: $\frac{7}{12} = 0{,}58\overline{3} \approx 58{,}3\,\%$ Jungen: $\frac{6}{11} = 0{,}\overline{54} \approx 54{,}5\,\%$

Anteile werden auch als **relative Häufigkeiten** bezeichnet. Sie werden als Dezimalbruch oder als Prozentzahl angegeben.

$$\textbf{relative Häufigkeit} = \frac{\text{absolute Häufigkeit eines bestimmten Ergebnisses}}{\text{Gesamtzahl aller Ergebnisse}}$$

Beispiel

An der Sommerolympiade einer Berufsschule nahmen 220 Mädchen und 240 Jungen teil. 65 Mädchen und 70 Jungen erhielten eine Ehrenurkunde.
Berechnen Sie die relative Häufigkeit für Jungen und Mädchen.

Mädchen: relative Häufigkeit $= \frac{65}{220} = 0{,}2\overline{954} \approx 29{,}5\,\%$

Jungen: relative Häufigkeit $= \frac{70}{240} = 0{,}291\overline{6} \approx 29{,}2\,\%$

Obwohl bei den Jungen die absolute Häufigkeit größer war, kann man sagen, dass relativ mehr Mädchen Ehrenurkunden erhielten.

Übungen

1 Lea und Moritz haben 300-mal mit zwei Würfeln geworfen, die Zahl der Augen addiert und die Ergebnisse aufgeschrieben.
a) Berechnen Sie die relative Häufigkeit für jede Augensumme.
b) Berechnen Sie die relative Häufigkeit für „*gerade*“ und „*ungerade*“ Zahl.

Summe 2 : 10×
Summe 3 : 17×
Summe 4 : 24×
Summe 5 : 33×
Summe 6 : 39×
Summe 7 : 54×
Summe 8 : 44×
Summe 9 : 29×
Summe 10 : 23×
Summe 11 : 14×
Summe 12 : 13×

2 Das Ergebnis einer Verkehrszählung war:

	8:00 bis 9:00 Uhr	15:00 bis 16:00 Uhr	19:00 bis 20:00 Uhr
PKW	1250	2412	877
LKW	129	221	12
Motorräder	480	560	225

a) Berechnen Sie die relative Häufigkeit für jeden Fahrzeugtyp in der gesamten Zeit.
b) Berechnen Sie die relative Häufigkeit der Fahrzeuge für jede Zeitspanne.

Zufallsversuche

Patrick behauptet: „Wenn ich einen quadratischen Legostein werfe, fällt er fast immer so, dass die Noppen oben liegen.“ Silke bezweifelt das. Patrick wirft fünfmal den Legostein. Dreimal liegen die Noppen oben.
Silke schlägt vor: Jeder der 24 Schülerinnen und Schüler ihrer Klasse soll 50-mal einen Legostein werfen und die Ergebnisse in einer Strichliste festhalten.

Patricks Strichliste:

Boden oben:	𝍸 𝍸 𝍸 𝍸 ||||	24
Noppen oben:	𝍸 𝍸 ||||	14
Seite oben:	𝍸 𝍸 ||	12

Silke berechnet aus den 24 Strichlisten, wie sich **absolute** und **relative** Häufigkeiten entwickeln.

	Würfe	50	100	150	200	250	300	350	400	450	500	1150	1200
Boden oben	**absolute H.**	24	44	74	93	116	146	170	192	218	240	551	575
	relative H.	**0,48**	**0,44**	**0,49**	**0,47**	**0,46**	**0,49**	**0,49**	**0,48**	**0,48**	**0,48**	**0,48**	**0,48**
Noppen oben	**absolute H.**	14	25	36	48	67	78	90	106	120	135	309	323
	relative H.	**0,28**	**0,25**	**0,24**	**0,24**	**0,27**	**0,26**	**0,26**	**0,27**	**0,27**	**0,27**	**0,27**	**0,27**
Seiten oben	**absolute H.**	12	31	40	59	67	76	90	102	112	125	290	302
	relative H.	**0,24**	**0,31**	**0,27**	**0,30**	**0,27**	**0,25**	**0,26**	**0,26**	**0,25**	**0,25**	**0,25**	**0,25**

Patrick stellt erstaunt fest, dass seine Behauptung nicht stimmt. Silke verdeutlicht die relativen Häufigkeiten für das Ereignis „Noppen oben“ durch eine Grafik.

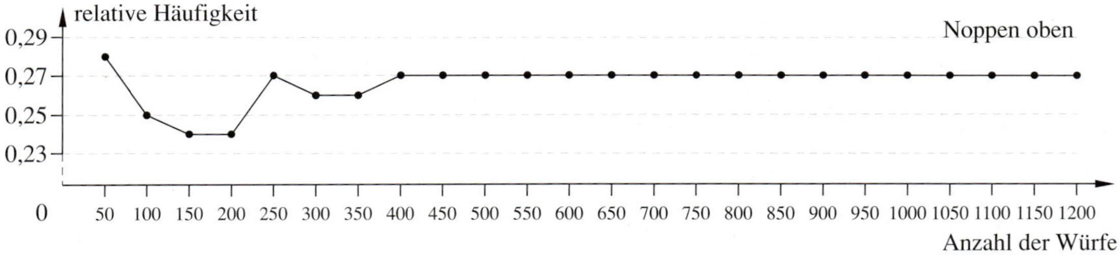

Wir erkennen: Bei sehr vielen Würfen ändert sich die relative Häufigkeit kaum noch. Das ist das **Gesetz der großen Zahlen**.

Ändert sich in einer Versuchsserie die relative Häufigkeit bei weiteren Versuchen nicht mehr, dann nennt man diese relative Häufigkeit auch die **Wahrscheinlichkeit** eines Ereignisses.

Die Wahrscheinlichkeit für „Noppen oben“ kann als 0,27 oder 27 % angenommen werden.

Übungen

1 Führen Sie den obigen Versuch mit einem rechteckigen Legostein durch. Schätzen Sie vorher die möglichen Ergebnisse. Fassen Sie die Ergebnisse Serien zusammen. Berechnen Sie die relative Häufigkeit der Ergebnisse.

2 Werfen Sie eine Streichholzschachtel. Bestimmen Sie die relative Häufigkeit, mit der die Schachtel nach 500 Versuchen auf die Deckfläche, auf die Bodenfläche, auf eine kleine Seitenfläche, auf die Reibfläche fällt. Stellen Sie die relative Häufigkeit für „Deckfläche unten“ grafisch dar.

Wahrscheinlichkeit

Bei vielen Zufallsgeräten kann man die Wahrscheinlichkeit ablesen, ohne Versuchsserien durchzuführen und relative Häufigkeiten zu berechnen.

Dieses Glücksrad hat zwölf gleich große Felder. Für jedes Feld ist die Wahrscheinlichkeit eines Treffers gleich groß. Die Wahrscheinlichkeit beträgt $\frac{1}{12}$, weil es 12 gleich große Felder gibt.
Daraus machen wir ein Glücksspiel: Bleibt der Zeiger an einem gelben Feld stehen, gewinnt man nichts. Bleibt der Zeiger auf einem roten Feld stehen, gibt es einen Trostpreis. Den Hauptpreis gewinnt man, wenn der Zeiger auf dem blauen Feld stehen bleibt.

Für den Hauptgewinn beträgt die Wahrscheinlichkeit $W_{\text{blau}} = \frac{1}{12} = 0{,}08\overline{3} \approx 8{,}3\%$

Die Anzahl der günstigen Ergebnisse für rot ist 5, da fünf rote Felder vorhanden sind. Die Anzahl der möglichen Ergebnisse ist 12, da das Rad insgesamt 12 gleich große Felder hat.

Die Wahrscheinlichkeit für „rot“ errechnet sich so: $W_{\text{rot}} = \frac{5}{12} = 0{,}41\overline{6} \approx 41{,}7\%$.

Wenn alle Ergebnisse gleichwahrscheinlich sind, gilt:

$$\text{Wahrscheinlichkeit } W = \frac{\text{Anzahl aller günstigen Ergebnisse}}{\text{Anzahl aller möglichen Ergebnisse}}$$

Beispiel

In einem Beutel liegen 11 Kugeln, 7 grüne und 4 rote. Wie groß ist die Wahrscheinlichkeit beim Ziehen einer Kugel eine grüne Kugel zu bekommen?
Die Anzahl aller *günstigen* Ergebnisse ist 7, die Anzahl der *möglichen* Ergebnisse beträgt 11.

$$W_{\text{grün}} = \tfrac{7}{11} = 0{,}\overline{63} \approx 63{,}6\%.$$

Die Wahrscheinlichkeit für eine grüne Kugel ist rund 63,6%. Entsprechend ist die Wahrscheinlichkeit für eine rote Kugel rund 36,4%.

Übungen

1 Ein Skatspiel besteht aus 32 Karten. Aus dem Kartenstapel wird eine beliebige Karte gezogen. Wie groß ist die Wahrscheinlichkeit
a) eine schwarze Karte zu ziehen?
b) ein Ass zu ziehen?
c) eine Zahl zu ziehen?
d) ein Bild (Bube, Dame, König) zu ziehen?
e) eine rote Zahl zu ziehen?
f) „Herz-Dame“ zu ziehen?
g) einen roten König zu ziehen?
h) eine Karte mit gerader Zahl zu ziehen?

2 Beim Roulette gibt es 37 Felder, in die die Kugel fallen kann. Es gibt 18 rote und 18 schwarze Felder, auf die die Zahlen von 1 bis 36 verteilt sind. Die Zahl 0 ist neutral.
Wie groß ist die Wahrscheinlichkeit dafür, dass die Kugel
a) auf einem roten Feld liegen bleibt?
b) auf eine ungerade Zahl kommt?
c) auf die Zahlen von 1 bis 12 kommt?
d) auf die Zahl 7 kommt?

3 In einer Lostrommel sind 450 Nieten, 125 Trostpreise und 55 Hauptgewinne.
a) Wie groß ist die Wahrscheinlichkeit eine Niete, einen Trostpreis oder einen Hauptgewinn zu ziehen, ehe ein Los verkauft wird?
b) Unter den ersten 60 Losen war kein Hauptgewinn. Wie hoch ist die Wahrscheinlichkeit aus dem Rest einen Hauptgewinn zu ziehen?

4 a) Mit welcher Wahrscheinlichkeit wird auf dem Glücksrad eine 5 erscheinen?
b) Kann man schätzen, mit welcher Wahrscheinlichkeit eine *gerade* Zahl gewinnt?

5 Zeichnen Sie ein Glücksrad mit 15 gleich großen Feldern. Färben Sie die Felder so ein, dass blau mit der Wahrscheinlichkeit $\frac{1}{3}$, grün mit der Wahrscheinlichkeit $\frac{2}{5}$ und rot mit der Wahrscheinlichkeit $\frac{4}{15}$ erscheint.

6 Wie viele gleich große Felder muss ein Glücksrad mindestens haben, bei dem die Wahrscheinlichkeit auf einen Gewinn bei 20% liegt?

7 Auf dem Großmarkt werden regelmäßig Kontrollen durchgeführt. Von 50 Tomaten waren 3 faul und 2 von 65 Erdbeerschalen waren zu leicht.
a) Mit wie vielen faulen Tomaten muss ein Käufer rechnen, der 800 Tomaten kauft?
b) Mit wie vielen Erdbeerschalen, die zu leicht sind, muss man beim Kauf von 150 Schalen rechnen?

8 In einem Beutel sind zwei rote und drei blaue Kugeln. Wie groß ist die Wahrscheinlichkeit, dass Sie beim „blinden" Hineingreifen eine rote Kugel ziehen?

9 Ein Würfel wird immer zweimal hintereinander geworfen. Addieren Sie die Augenzahl. Schreiben Sie die möglichen Augensummen in eine Tabelle mit 36 Feldern.

		1. Wurf					
		1	2	3	4	5	6
2. Wurf	1						
	2			5			
	3						
	4				8		
	5						
	6						

Bestimmen Sie die Wahrscheinlichkeit, dass die Summe der Augenzahlen
a) gerade ist.
b) gleich 7 ist.
c) größer als 3 ist.
d) 6 oder 8 ist.
e) größer als 10 ist.
f) zweistellig ist.
g) gleich 5 ist.
h) kleiner als 10 aber größer als 4 ist.
i) Berechnen Sie die Wahrscheinlichkeit, dass die beiden Würfe gleiche Augenzahlen haben.

10 Geben Sie an, welche Wahrscheinlichkeiten gleich sind!

a) Ungerade Zahl – gerade Zahl?
b) Gerade Zahl – Primzahl?

c) König – schwarzes Bild?
d) Ass – rote Zahl?
e) rotes Bild – rote Zahl?

f) rot – gerade?
g) schwarz – Zahlen von 1 bis 18?
h) Primzahl kleiner 15 – Quadratzahl?

Mehrstufige Zufallsversuche

Dennis wirft dreimal hintereinander eine Euro-Münze. Wie groß ist die Wahrscheinlichkeit, dass jedes Mal „Adler“ oben liegt? Dieser mehrstufige Versuch lässt sich in einem Baumdiagramm darstellen.

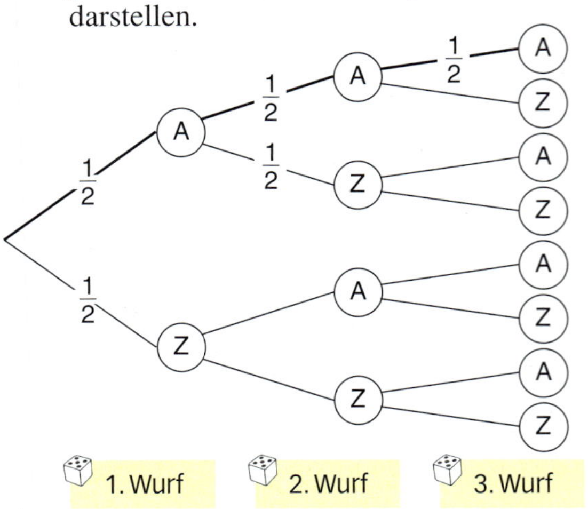

Der fett markierte Weg gilt, wenn bei drei Würfen immer „Adler“ oben liegt. Für jeden einzelnen Wurf ist die Wahrscheinlichkeit für „Adler oben“ $\frac{1}{2}$.

$\frac{1}{2}$ von $\frac{1}{2} = \frac{1}{4}$ $\quad$ $\frac{1}{2}$ von $\frac{1}{4} = \frac{1}{8}$

Wahrscheinlichkeit $W = \frac{1}{2} \cdot \frac{1}{2} \cdot \frac{1}{2} = \frac{1}{8}$

Die Wahrscheinlichkeit, dass bei drei Würfen immer „Adler“ oben liegt, beträgt $\frac{1}{8}$ (= 0,125 = 12,5%).

Beispiel Mit welcher Wahrscheinlichkeit liegen bei drei Würfen mit einem Geldstück zweimal Zahl und einmal Adler oben?

Mögliche Ergebnisse:	AZZ	ZAZ	ZZA
Wahrscheinlichkeit:	$\frac{1}{2} \cdot \frac{1}{2} \cdot \frac{1}{2} = \frac{1}{8}$	$\frac{1}{2} \cdot \frac{1}{2} \cdot \frac{1}{2} = \frac{1}{8}$	$\frac{1}{2} \cdot \frac{1}{2} \cdot \frac{1}{2} = \frac{1}{8}$
Summe der Wahrscheinlichkeiten:	$\frac{1}{8}$ +	$\frac{1}{8}$ +	$\frac{1}{8} = \frac{3}{8}$

Die Wahrscheinlichkeit für „ zweimal Zahl und einmal Adler oben“ ist $\frac{3}{8} = 0{,}375 = 37{,}5\%$.

Ein mehrstufiger Zufallsversuch lässt sich mit einem **Baumdiagramm** veranschaulichen. Dabei zeigt jeder Weg ein mögliches Ergebnis an.

Übungen

1 Eine Münze wird viermal hintereinander geworfen.
a) Zeichnen Sie ein Baumdiagramm.
b) Berechnen Sie die Wahrscheinlichkeit für „dreimal Zahl und einmal Adler“.

2 Ein Spielwürfel wird zweimal hintereinander geworfen.
a) Zeichnen Sie ein Baumdiagramm.
b) Berechnen Sie die Wahrscheinlichkeit für das Ergebnis „zweimal eine 6“.

3 Katja würfelt mit drei Würfeln. Sie möchte wissen, mit welcher Wahrscheinlichkeit sie einen „Sechser-Pasch“ würfelt.
a) Zeichnen Sie ein Baumdiagramm für die Möglichkeiten „Sechs“ und „Nichtsechs“.
b) Berechnen Sie die Wahrscheinlichkeit für einen „Sechser-Pasch“.

4 Wie groß ist die Wahrscheinlichkeit, aus 5 verdeckten Karten (2 Könige, 3 Asse) zweimal hintereinander ein Ass zu ziehen? Jede Karte wird nach jedem Ziehen wieder in den Stapel zurückgesteckt.

Berechnungen am rechtwinkligen Dreieck

Lehrsatz des Pythagoras

Rechtwinklige Dreiecke

Zeichnen Sie **rechtwinklige Dreiecke** und schneiden Sie sie aus.

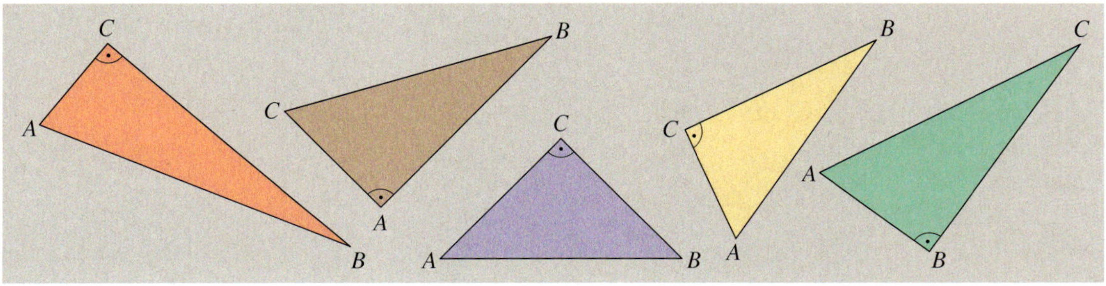

Die Eckpunkte, Seiten und Winkel eines rechtwinkligen Dreiecks bezeichnen wir so wie in der Zeichnung.

Die Seiten, die den rechten Winkel einschließen, nennt man **Katheten**.

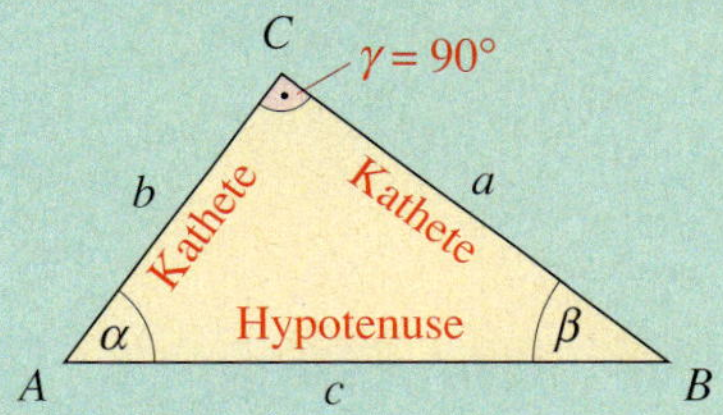

Die Seite, die dem rechten Winkel gegenüberliegt, heißt **Hypotenuse**. Die Hypotenuse ist immer die längste Seite.

Übungen

1 a) Welcher Winkel ist in den oben abgebildeten Dreiecken der rechte Winkel?
b) Welche Seiten sind die Hypotenusen?
c) Welche Seiten sind Katheten?

2 Konstruieren Sie die folgenden Dreiecke.
a) $a = 3$ cm, $b = 4$ cm, $c = 5$ cm
b) $a = 3$ cm, $b = 5$ cm, $c = 6$ cm
c) $a = 3{,}4$ cm, $b = 4{,}5$ cm, $c = 4{,}8$ cm
d) $a = 2{,}4$ cm, $b = 4{,}5$ cm, $c = 5{,}1$ cm
e) $a = 1{,}5$ cm, $b = 2$ cm, $c = 2{,}5$ cm

Welche Dreiecke sind rechtwinklig, welche nicht?
Messen Sie nach! Schreiben Sie bei den rechtwinkligen Dreiecken an die entsprechenden Seiten *Kathete* bzw. *Hypotenuse*.

3 Aus 12 Streichhölzern kann man ein rechtwinkliges Dreieck legen. Wie geht das? Probieren Sie aus.
Mit 24 Streichhölzern geht es ebenfalls.

4 a) Zeichnen Sie fünf verschiedene Dreiecke, jedes mit einem rechten Winkel γ. Messen Sie die Längen der Katheten a und b und die Länge der Hypotenuse c. Tragen Sie die Längen in eine Tabelle ein und berechnen Sie die Werte für die leeren Spalten.

	a	b	c	a^2	b^2	c^2	$a^2 + b^2$
I							
II							

b) Was fällt Ihnen auf? Worauf können kleine Abweichungen zurückzuführen sein?

Der Lehrsatz des Pythagoras

Übertragen Sie die Dreiecke in Ihr Heft und zeichnen Sie die Quadrate über den Dreiecksseiten. Vergleichen Sie die Flächeninhalte der Quadrate miteinander.

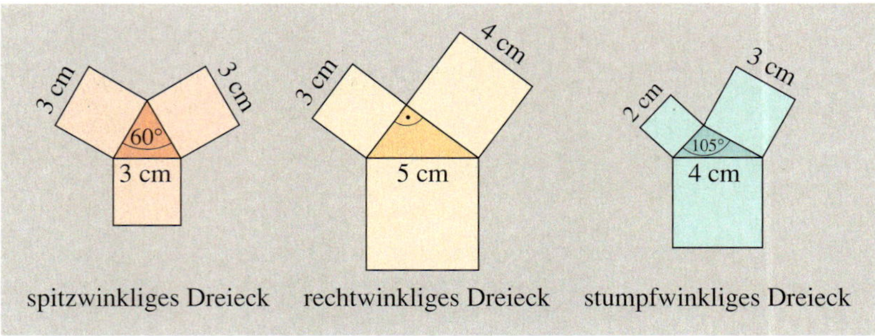

Wir können die Flächeninhalte vergleichen, indem wir Quadrate mit 1 cm^2 Fläche (Einheitsquadrate) einzeichnen.

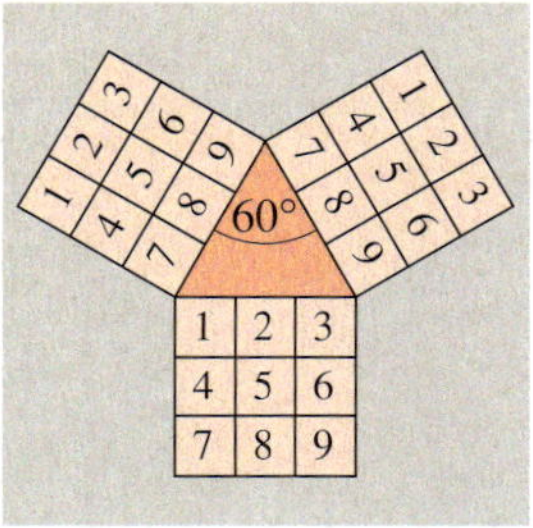

Quadrat	spitzwinkliges Dreieck	rechtwinkliges Dreieck	stumpfwinkliges Dreieck
über der Seite *a*	9 cm^2	16 cm^2	9 cm^2
über der Seite *b*	9 cm^2	9 cm^2	4 cm^2
über der Seite *c*	9 cm^2	25 cm^2	16 cm^2

Beim **rechtwinkligen Dreieck** enthalten die Quadrate über den Katheten zusammen genauso viele Einheitsquadrate wie das Quadrat über der Hypotenuse, denn 9 cm^2 + 16 cm^2 = 25 cm^2. Diese Beziehung wird als **Satz des Pythagoras** bezeichnet.

Satz des Pythagoras: In jedem rechtwinkligen Dreieck haben die beiden Quadrate über den Katheten *a* und *b* zusammen denselben Flächeninhalt wie das Quadrat über der Hypotenuse *c*.

$$a^2 + b^2 = c^2$$

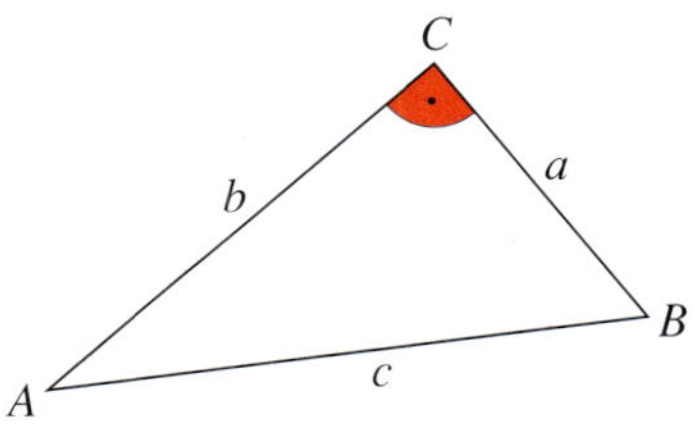

Es gilt auch:
Wenn für die Seiten eines Dreiecks die Gleichung $a^2 + b^2 = c^2$ stimmt, dann ist es rechtwinklig mit dem rechten Winkel bei *C*.

Übungen

1 Übertragen Sie diese Figuren in Ihr Heft und ergänzen Sie die fehlenden Quadrate. Welchen Flächeninhalt haben die Quadrate?

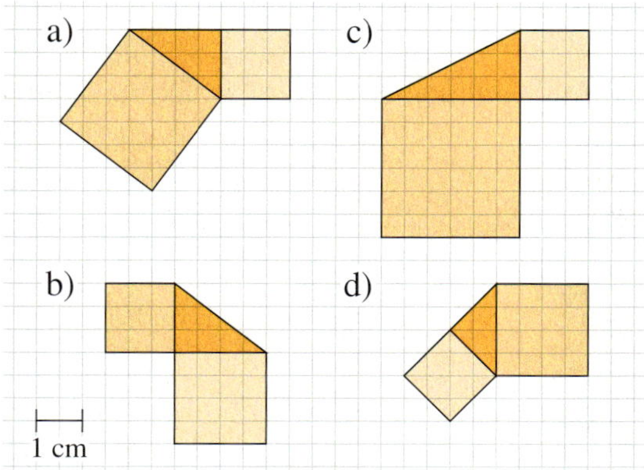

2 Berechnen Sie die fehlende Seiten und Flächeninhalte.

	1. Katheten-quadrat	2. Katheten-quadrat	Hypotenusen-quadrat
a)	16 cm^2	9 cm^2	
b)	25 cm^2	25 cm^2	
c)	70 cm^2		120 cm^2
d)	50 cm^2		98 cm^2
e)		9,5 cm^2	22 cm^2
f)		17,8 cm^2	33,5 cm^2

3 Zeichnen Sie zwei verschiedene rechtwinklige, zwei spitzwinklige und zwei stumpfwinklige Dreiecke. Bezeichnen Sie in jedem Dreieck die längste Seite mit c, die anderen beiden Seiten mit a und b.
Messen Sie die Seitenlängen und tragen Sie diese in Ihrem Heft in die Tabelle ein.
a) Zeigen Sie mithilfe der Tabelle, dass der Satz des Pythagoras nur für die beiden rechtwinkligen Dreiecke gilt.
b) Für welche Dreiecke gilt $a^2 + b^2 < c^2$ und für welche Dreiecke gilt $a^2 + b^2 > c^2$?

	a	b	c	a^2	b^2	c^2	$a^2 + b^2$
spitzwinklig							
rechtwinklig							
stumpfwinklig							

! In einigen handwerklichen Berufen, wie etwa bei Baufacharbeitern, gehört die Konstruktion eines rechten Winkels mit einem Lattendreieck zu den Grundkenntnissen.

Mithilfe einer 60 cm, 80 cm und 100 cm langen Schnur kann auf dem Bau ein rechtwinkliges „Maurerdreieck" gebildet werden.

4 a) Wieso hat das Dreieck mit den Seitenlängen $a = 60$ cm, $b = 80$ cm, $c = 100$ cm einen rechten Winkel?
Überprüfen Sie dies durch Zeichnen und Nachmessen der Strecken und Winkel.
b) Ist das Dreieck mit den Seiten $a = 12$ cm, $b = 13$ cm, $c = 5$ cm auch rechtwinklig?

5 Übertragen Sie die Zeichnung in Ihr Heft. Begründen Sie mit dem Satz des Pythagoras, dass das Quadrat $ABCD$ genau doppelt so groß ist wie eines der blauen Quadrate.

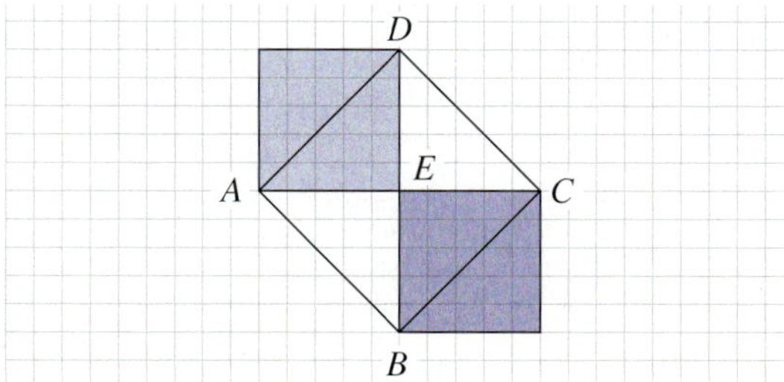

Ein Beweis für den Satz des Pythagoras

Bisher haben wir durch Nachmessen an einigen rechtwinkligen Dreiecken gezeigt, dass der Satz des Pythagoras gilt. In der Mathematik genügt Nachmessen an einigen Beispielen aber *nicht* für einen **Beweis**. Man muss zeigen, dass der Satz **für alle** rechtwinkligen Dreiecke gilt.

Das zeigen wir so:
Wir zeichnen ein beliebiges rechtwinkliges Dreieck viermal und schneiden die vier Dreiecke aus.

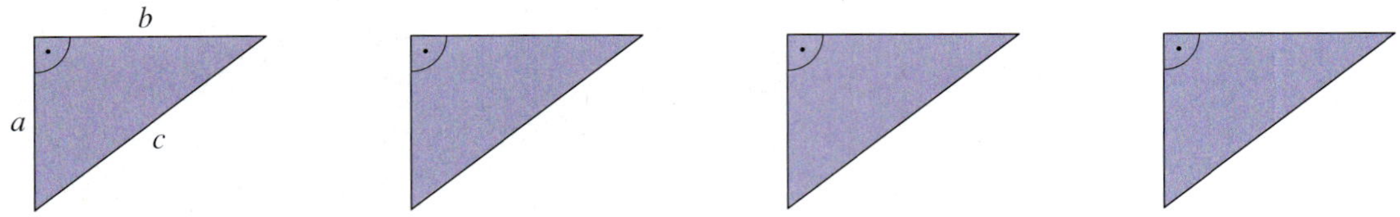

Außerdem zeichnen wir ein Quadrat mit der Kantenlänge $a + b$.
Die Dreiecke legen wir auf das Quadrat.

Zuerst so:

Figur I

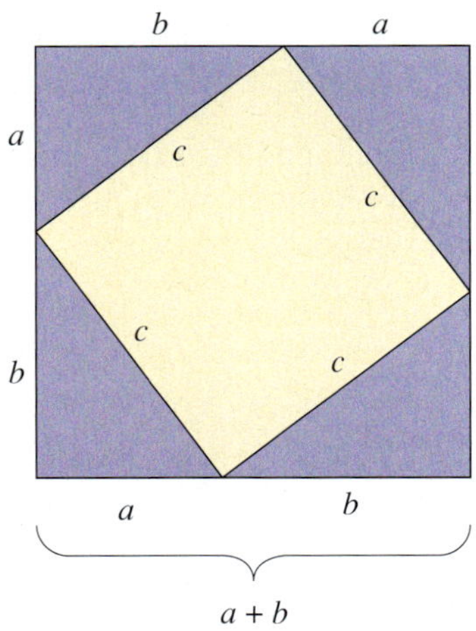

Dann so:

Figur II

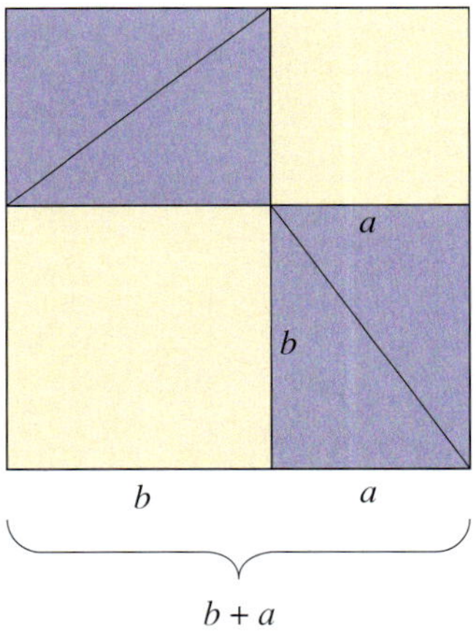

Wenn wir von beiden großen Quadraten I und II die vier Dreiecke wegnehmen, müssen auch die gelben Restflächen gleich groß sein. Die Restfläche von Figur I ist das Quadrat über der Hypotenuse c, also c^2. Die Restfläche von Figur II sind die 2 Quadrate über den Katheten a und b, d. h. zusammen $a^2 + b^2$.

Also gilt für das rechtwinklige Ausgangsdreieck

$$a^2 + b^2 = c^2$$

Wie das rechtwinklige Ausgangsdreieck auch aussieht, immer kann man mit ihm die Figuren I und II legen.
Damit ist der Satz des Pythagoras **bewiesen**.

Es gilt auch: Immer, wenn für die 3 Seiten eines Rechtecks die Gleichung $a^2 + b^2 = c^2$ gilt, dann liegt der Seite c ein rechter Winkel gegenüber. Wir zeigen das an Beispielen.
Füllen Sie dazu die Tabelle im Heft aus. (Angaben in cm)

a	b	c	a^2	b^2	$a^2 + b^2$	c^2	γ (gemessen)
8	6	10	64	36	100	100	90°
5	12	13					
7	24	25					

Anwendungen

Wir wenden den Satz des Pythagoras an, um die dritte Seite eines rechtwinkligen Dreiecks zu berechnen, wenn zwei Seiten gegeben sind.

Beispiel
Christine steht auf dem Aussichtsturm und sieht Daniel. Wie weit sind die beiden voneinander entfernt?

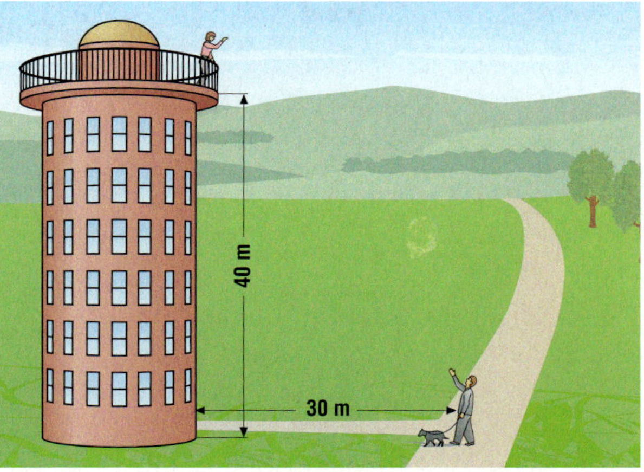

Wir zeichnen ein rechtwinkliges Dreieck. Eine Kathete reicht von Christine bis zum Fußpunkt des Turms, die andere Kathete vom Fußpunkt bis zu Daniel. Von Daniel bis zu Christine reicht die Hypotenuse.

Gegeben: Kathete $a = 30$ m, Kathete $b = 40$ m
Gesucht: Hypotenuse c
Formel: $a^2 + b^2 = c^2$
Lösung:

$$30^2 + 40^2 = c^2$$
$$900 + 1600 = c^2$$
$$2500 = c^2 \quad |\sqrt{\ }$$
$$\sqrt{2500} = c$$
$$50 = c$$
$$c = 50$$

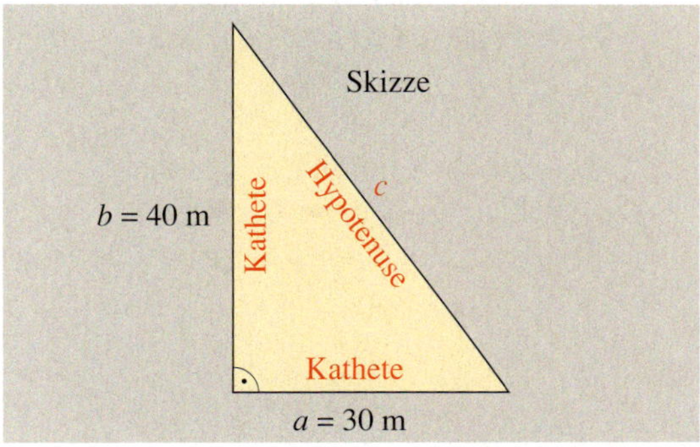

Antwort: Christine und Daniel sind 50 m voneinander entfernt.

Auch die Länge einer Kathete können wir berechnen. Das zeigen wir im Beispiel.

Beispiel

Gegeben: Hypotenuse $c = 20$ cm, Kathete $a = 13$ cm
Gesucht: Kathete b
Formel: $a^2 + b^2 = c^2$
Lösung:

$$13^2 + b^2 = 20^2$$
$$169 + b^2 = 400 \quad |-169$$
$$b^2 = 231 \quad |\sqrt{\ }$$
$$b = \sqrt{231}$$
$$b \approx 15{,}2$$

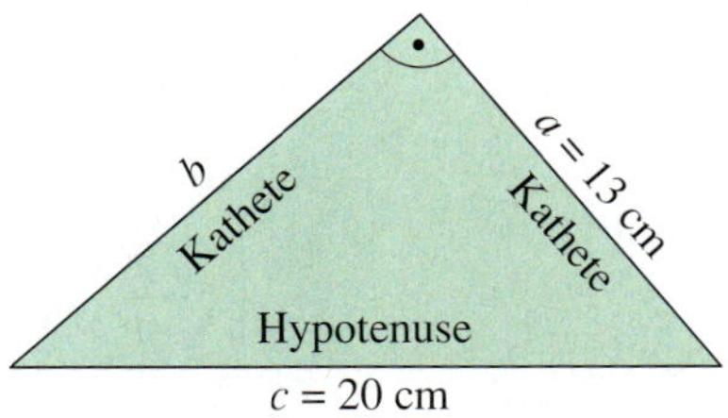

Antwort: Die Kathete b ist (etwa) 15,2 cm lang.

So können Sie bei Berechnungen mit dem Lehrsatz des Pythagoras vorgehen:

1. Text genau lesen.
2. Planfigur anfertigen.
3. Rechtwinklige Dreiecke farbig hervorheben. Wo liegt der rechte Winkel?
4. Welche Seiten sind gegeben? (Zwei Katheten oder eine Kathete und die Hypotenuse?)
5. Gegebene Seitenlängen in die Formel des Pythagoras einsetzen.
6. Die gesuchte Seitenlänge ausrechnen. Dabei die Quadratwurzel berechnen (in schwierigen Fällen mit dem Taschenrechner).
7. Antwortsatz geben.
8. Ergebnis durch Überschlagsrechnung (oder genaue Zeichnung) überprüfen.

Übungen

1 Berechnen Sie die fehlenden Seitenlängen nach dem Satz des Pythagoras.

a)

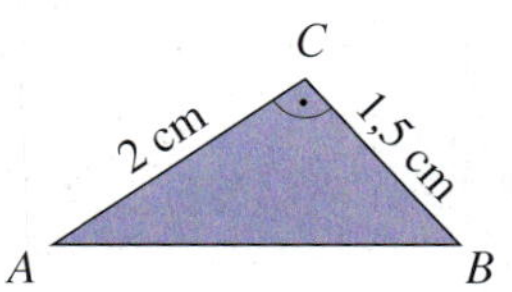

b)

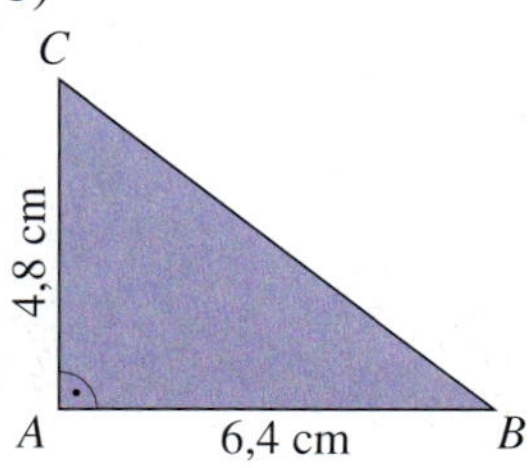

2 Übertragen Sie die Tabelle in Ihr Heft und berechnen Sie die Hypotenuse c.

a	12 cm	7 dm	15 cm	24 m	36 mm
b	9 cm	24 dm	8 cm	10 m	15 mm
c	15 cm				

3 Berechnen Sie die Länge der Hypotenuse.

a) $a = 0{,}9$ cm, $b = 1{,}2$ cm
b) $a = 1{,}2$ cm, $b = 1{,}6$ cm
c) $a = 4$ m, $b = 7{,}5$ m

4 Übertragen Sie die Tabelle in Ihr Heft und berechnen Sie die fehlenden Kathetenlängen.

a		16 mm	6 m		12 m
b	5 dm			2 cm	
c	13 dm	34 mm	10 m	2,5 cm	12,5 m

5 In einem rechtwinkligen Dreieck ist die Hypotenuse 8 cm und die eine Kathete 4 cm lang. Wie lang ist die andere Kathete?

6 Eine Eisentür soll durch eine Querstrebe ergänzt werden. Wie lang ist diese Strebe?
$a = 0{,}9$ m, $b = 2{,}1$ m

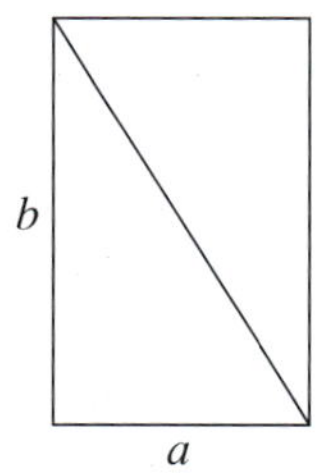

7 Familie Sundermann baut ein Haus. Das Haus hat die in der Zeichnung angegebenen Maße. Wie hoch ist der Dachstuhl?

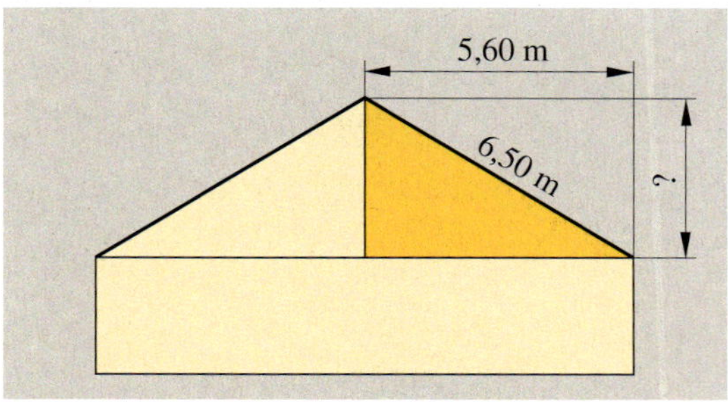

8 Zeichnen Sie ein gleichseitiges Dreieck mit der Seitenlänge $a = 8$ cm. Zeichnen Sie die Höhe h ein. Berechnen Sie deren Länge.

9 Das Dreieck ABC hat die Eckpunkte $A\,(-1\mid 3)$, $B\,(2\mid -3)$, $C\,(3\mid 5)$. Berechnen Sie die Seitenlängen.

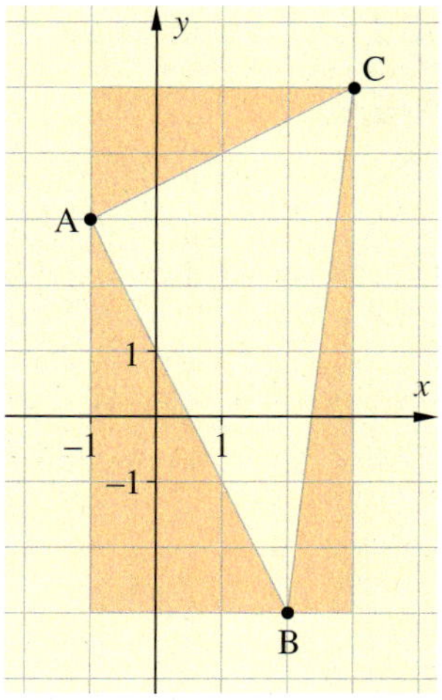

10 Eine 6,5 m lange Leiter wird an eine Hauswand gelehnt. Am Boden hat sie 2,5 m Abstand von der Hauswand. Wie hoch reicht die Leiter? Zeichnen Sie eine Planfigur.

11 Berechnen Sie die Länge der zweiten Kathete im rechtwinkligen Dreieck mit
a) $b = 15$ cm, $c = 17$ cm
b) $a = 0{,}25$ m, $c = 0{,}65$ m
c) $b = 3{,}8$ dm, $c = 4{,}7$ dm
d) $a = 5{,}9$ cm, $c = 9{,}1$ cm

12 In einem rechtwinkligen Dreieck bezeichnet z die Hypotenuse, x und y die Katheten. Berechnen Sie die fehlenden Seiten.
Übertragen Sie die Tabelle ins Heft.

	Hypotenuse z	Kathete x	Kathete y
a)	3,7 cm	2,4 cm	
b)	18,3 dm		10,0 dm
c)		120 m	80 m
d)	0,83 m	0,39 m	
e)	3,20 m		2,44 m

Runden Sie das Ergebnis auf so viele Stellen hinter dem Komma wie die Ausgangsdaten.

13 Das Dreieck hat bei C einen rechten Winkel.
a) Wie lang ist c?
b) Berechnen Sie die Länge von q.
c) Berechnen Sie h.

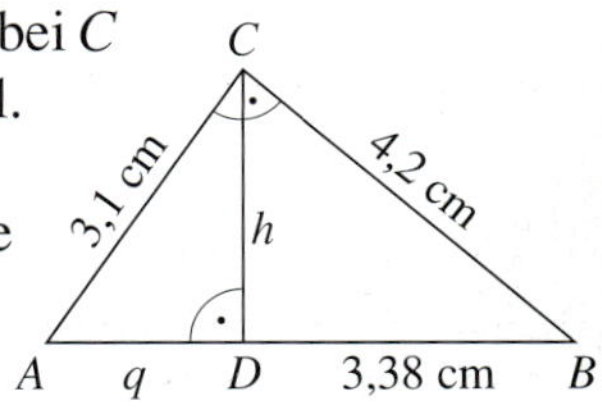

14 Ein Rechteck ist 4,5 cm breit. Die Länge der Diagonale beträgt 5,3 cm. Wie lang ist das Rechteck?
Arbeiten Sie mit einer Skizze!

15 Ein Behälter mit den angegebenen Maßen soll durch eine Querstrebe D (Raumdiagonale) stabilisiert werden. Berechnen Sie die Länge der Strebe.

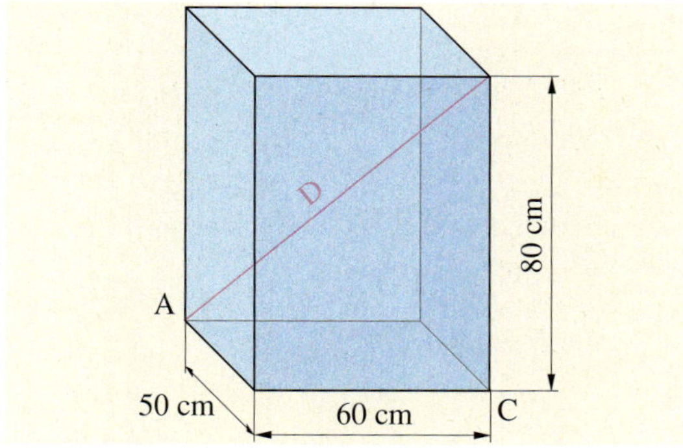

Rechnen Sie zuerst die Länge AC aus!

16 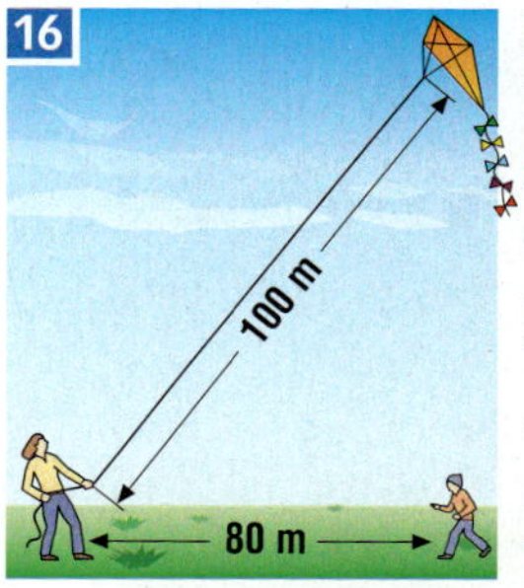

Mehmet und Daniela lassen einen Drachen steigen. Daniela hält die 100 m lange Drachenschnur, die vom Wind straff gespannt wird. Mehmet stellt sich genau unter den Drachen. Er ist 80 m von Daniela entfernt. Wie hoch steht der Drachen?

17 Die Drehleiter eines Feuerwehrautos steht 10 m von einem Haus entfernt. Die Feuerwehrleiter wird auf 26 m ausgefahren.
In welcher Höhe liegt die Feuerwehrleiter an der Hauswand an?

Grundbeziehungen der Trigonometrie

Die Höhe eines Sendemastes soll berechnet werden. Dazu kann man auf der Erde eine Standlinie vom Fußpunkt F des Mastes bis zu einem Endpunkt E von 12 m Länge abmessen. Außerdem kann man von E aus den Winkel α zur Spitze S des Mastes anvisieren. Hier 75,3°.
Aus der Standlinie 12 m und dem Winkel $\alpha = 75{,}3°$ kann man das im Maßstab 1 : 300 verkleinerte Modell wie hier als rechtwinkliges Dreieck EFS mit dem Geodreieck konstruieren und die Höhe $H = 15{,}25$ cm nachmessen.
Umgerechnet für den Maßstab 1 : 300 ergibt das eine wahre Höhe von 45,74 m.

$H = 45{,}74$ m.

Statt zu konstruieren kann man die Höhe H aus l und α auch *berechnen*. Das geht schneller und wird genauer. Dazu braucht man die **Trigonometrie** (griech.: Dreiwinkelmessung im Dreieck). Die trigonometrischen Funktionen Sinus, Kosinus und Tangens findet man auch auf dem Taschenrechner als

sin   cos   tan

Der Sinus eines Winkels

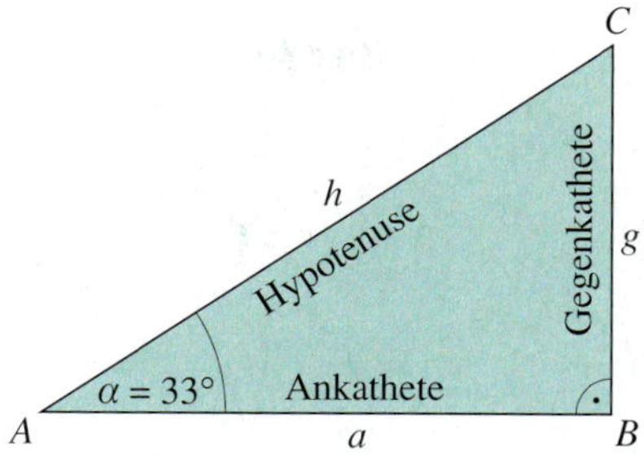

Wir betrachten ein rechtwinkliges Dreieck mit $\alpha = 33°$.
An dem Winkel α liegt die **Ankathete *a***. Dem Winkel α gegenüber liegt die **Gegenkathete *g***. Dem rechten Winkel gegenüber liegt die **Hypotenuse *h***.
Alle rechtwinkligen Dreiecke mit demselben Winkel α sind ähnlich, denn sie stimmen in allen drei Winkeln überein.
Der Quotient entsprechender Seiten ist dann für alle diese ähnlichen Dreiecke gleich.

Dreieck	α	g	h	$g : h$
I	33°	1,3 cm	2,4 cm	0,54
II	33°	1,9 cm	3,5 cm	0,54
III	33°	2,5 cm	4,6 cm	0,54

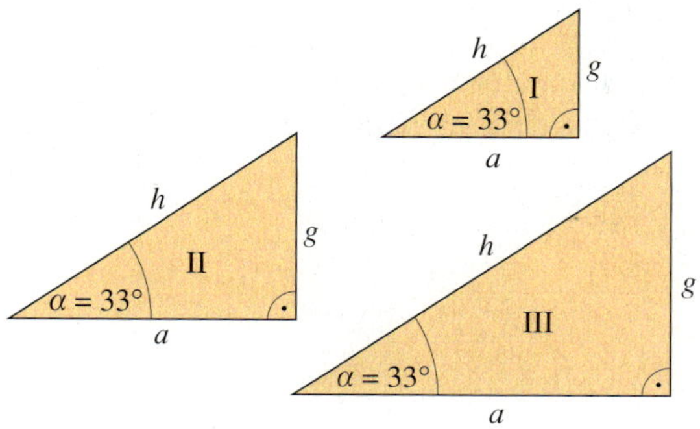

Der Quotient $\frac{g}{h}$ ist hier stets 0,54.

Der Quotient aus Gegenkathete und Hypotenuse heißt **Sinus *α*** (abgekürzt: sin α). Er hängt nur vom **Winkel** α ab, nicht aber von der **Größe** des Dreiecks. Der Sinus hat keine Benennung.

Wir sehen: $\sin 33° = 0{,}54$.

In einem rechtwinkligen Dreieck bezeichnet man mit **Sinus *α*** den Quotienten aus der Gegenkathete von α und der Hypotenuse.

$$\sin \alpha = \frac{\text{Gegenkathete}}{\text{Hypotenuse}}$$

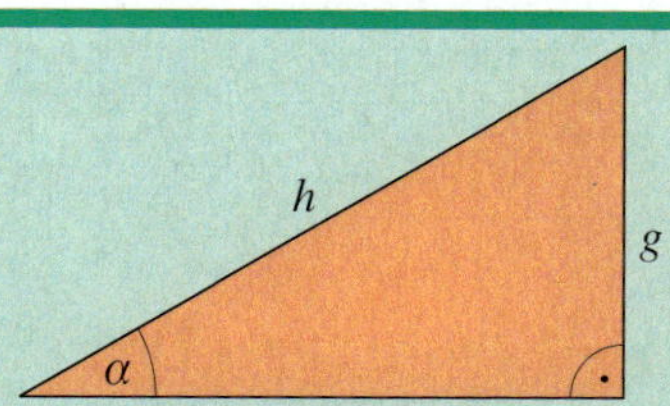

$$\sin \alpha = \frac{g}{h}$$

Beispiel

Wir berechnen sin 57°.

1 Wir zeichnen ein rechtwinkliges Dreieck mit $\alpha = 57°$.
2 Wir messen die Längen der Gegenkathete g und der Hypotenuse h. (z. B. $g = 5{,}2$ cm; $h = 6{,}2$ cm)
3 Wir dividieren: $\frac{g}{h} = \frac{5{,}2}{6{,}2} = 0{,}84$.
4 Wir erhalten $\sin 57° = 0{,}84$.

Mit dem Taschenrechner erhält man die Sinuswerte durch die Taste [sin]. Wir erhalten sin 57° durch die Tastenfolge

57 [sin] [=] [0.83867...] oder [sin] 57 [=] [0.83867...].

Wir arbeiten mit 4 Stellen hinter dem Komma, also $\sin 57° = 0{,}8387$.

Übungen

1 Wie heißt im Dreieck *ABC*

a) die Gegenkathete von α?
b) die Hypotenuse?
c) die Ankathete von β?
d) die Gegenkathete von β?
e) die Ankathete von α?

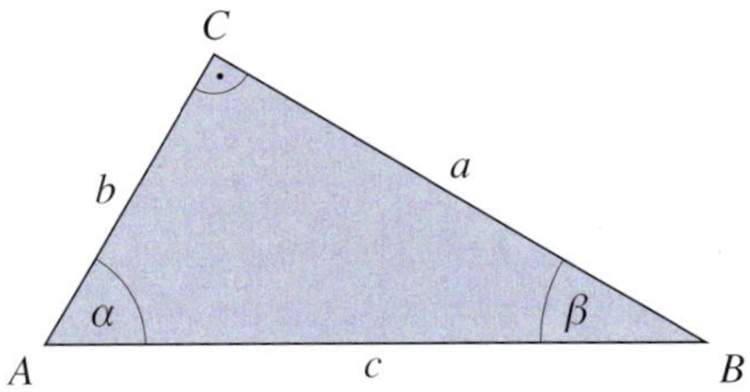

2 Berechnen Sie für die rechtwinkligen Dreiecke $\sin\alpha$ aus dem Längenverhältnis.

α	Gegenkathete	Hypotenuse	$\sin\alpha$
30°	4 cm	8 cm	
45°	6,4 cm	9 cm	

3 Zeichnen Sie ein rechtwinkliges Dreieck mit $\gamma = 90°$, $c = 8$ cm, $a = 4$ cm. Messen Sie den Winkel α und berechnen Sie $\sin\alpha$.

ON/CE

4 Verwenden Sie den Taschenrechner. Füllen Sie die Tabelle im Heft aus.

a)

α	$\sin\alpha$
10°	
20°	
45°	
60°	
75°	

b)

α	$\sin\alpha$
0°	
90°	
31°	
32°	
33°	

5 Begründen Sie, warum der Sinuswert eines Winkels zwischen 0° und 90° immer kleiner als 1 ist. Verwenden Sie Zeichnungen

Wenn der Sinuswert eines Winkels bekannt ist, z. B. $\sin\alpha = 0{,}7547$, dann berechnen wir daraus den *Winkel* α mit dem Taschenrechner durch die Tastenfolge

0,7547 [2nd] [sin] [=] [48.999...]

oder

[SHIFT] [sin] 0,7547 [=] [48.999...]

Für $\sin\alpha = 0{,}7547$ ist $\alpha \approx 49°$.

6 Füllen Sie im Heft die Tabelle aus. Geben Sie α bis auf eine Stelle nach dem Komma an.

a)

$\sin\alpha$	α
0,7169	
0,9272	
0,6561	
0,6157	

b)

$\sin\alpha$	α
0,9883	
0	
1	
0,4040	

7

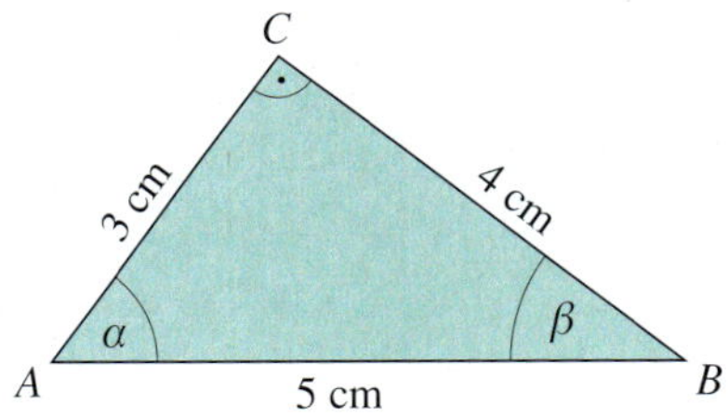

Berechnen Sie die Winkel α und β.

Aus dem Winkel α und der Hypotenuse h können wir die Länge der Gegenkathete g berechnen.

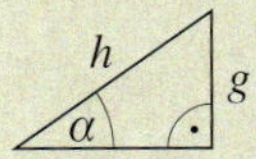

$g = h \cdot \sin\alpha$

Für $\alpha = 37°$ und $h = 51$ cm gilt:

$\sin 37° = \frac{g}{51}$, d. h. $g = 51 \cdot \sin 37° = 30{,}7$

Die Seite g ist 30,7 cm lang.

8 Berechnen Sie die Gegenkathete g

a) aus $\alpha = 79°$ und $h = 18$ cm.
b) aus $\alpha = 31{,}2°$ und $h = 8{,}9$ dm.

Der Kosinus eines Winkels

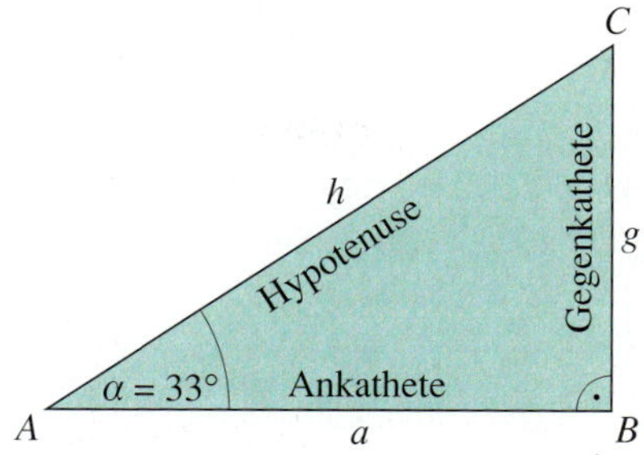

Wir betrachten wieder ein rechtwinkliges Dreieck mit $\alpha = 33°$. An dem Winkel α liegt die Ankathete a.

Wir messen für 3 Beispiele mit demselben Winkel $\alpha = 33°$ die Länge der Ankathete a und die Länge der Hypotenuse h.
Wir erhalten für die drei ähnlichen Dreiecke folgende Tabelle.

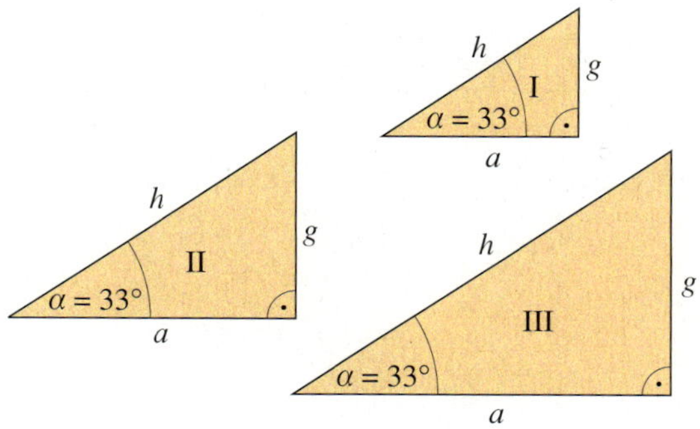

Dreieck	α	a	h	$\frac{a}{h}$
I	33°	2,0 cm	2,4 cm	0,83
II	33°	2,9 cm	3,5 cm	0,83
III	33°	3,8 cm	4,6 cm	0,83

Der Quotient $\frac{a}{h}$ ist stets 0,83.

Der Quotient aus Ankathete und Hypotenuse heißt **Kosinus** $\boldsymbol{\alpha}$ (abgekürzt: cos α). Der Kosinus hängt nur vom **Winkel** α im rechtwinkligen Dreieck ab, nicht aber von der **Größe** des Dreiecks. Der Kosinus hat keine Benennung.

Wir sehen: $\cos 33° = 0{,}83$.

In einem rechtwinkligen Dreieck bezeichnet man als **Kosinus** $\boldsymbol{\alpha}$ den Quotienten aus der Ankathete von α und der Hypotenuse.

$$\cos \alpha = \frac{\text{Ankathete}}{\text{Hypotenuse}}$$

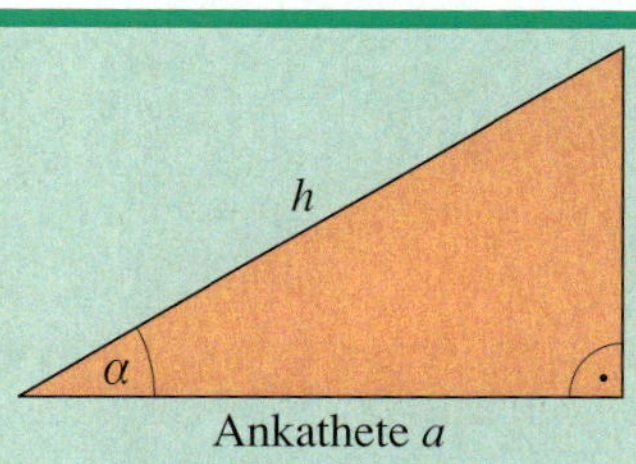

$$\cos \alpha = \frac{a}{h}$$

Beispiel

Wir berechnen den Kosinus von 42° in einem rechtwinkligen Dreieck.

Wir runden auf 4 Nachkommastellen.

Zeichnung

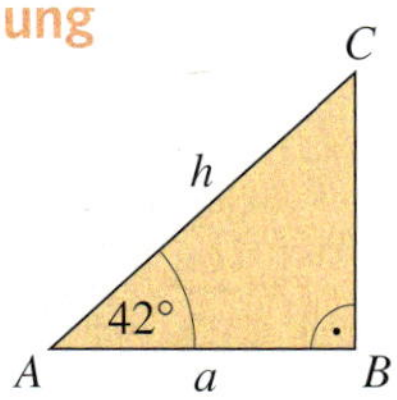

Messung

$a = 3{,}1$ cm
$h = 4{,}2$ cm

Rechnung

$\cos \alpha = \frac{a}{h}$

$\cos 42° = \frac{3{,}1}{4{,}2}$

$\cos 42° = 0{,}7381$

Antwort: Der Kosinus von 42° ist 0,74.

Übungen

1 Zeichnen Sie rechtwinklige Dreiecke mit dem Winkel α. Übertragen Sie die Tabelle in Ihr Heft. Messen Sie a und h.
Berechnen Sie $\cos \alpha$.

α	a	h	$\cos \alpha$
20°			
45°			
65°			

2 Bestimmen Sie für das Dreieck.

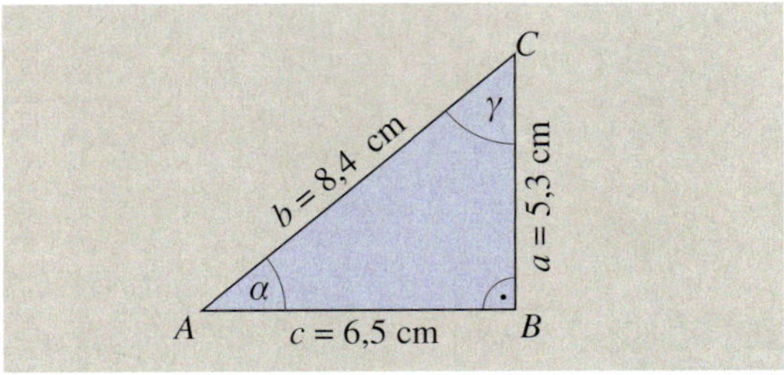

a) $\cos \alpha$ b) $\cos \gamma$ c) $\sin \alpha$ d) $\sin \gamma$

Kosinuswerte erhält man mit dem Taschenrechner durch die Taste [cos].
Den Kosinus von 40° berechnet man so:

40 [cos] [=] [0.76604...] bzw.
[cos] 40 [=] [0.76604...]

Wenn der Kosinus eines Winkels bekannt ist, so erhält man den *Winkel* α durch die Tasten
[2nd] [cos] bzw. [SHIFT] [cos]

Aus $\cos \alpha = 0{,}9063$ erhält man α durch
0,9063 [2nd] [cos] [=] [25.001 ...] bzw.
[SHIFT] [cos] 0,9063 [=] [25.001 ...]

Der Winkel α ist 25°.

3 Füllen Sie im Heft aus.

α	$\cos \alpha$
13,6°	
	0,8453
75,4°	

α	$\cos \alpha$
	0,6334
0°	
	0,1599

4 Zeichnen Sie jeweils ein rechtwinkliges Dreieck. Messen Sie und berechnen Sie auf 2 Stellen hinter dem Komma.
a) $\cos 20°$ b) $\cos 45°$ c) $\cos 78°$

5 In rechtwinkligen Dreiecken lassen sich fehlende Seitenlängen und Winkel berechnen. Übertragen und ergänzen Sie. (Maße in cm)

a)
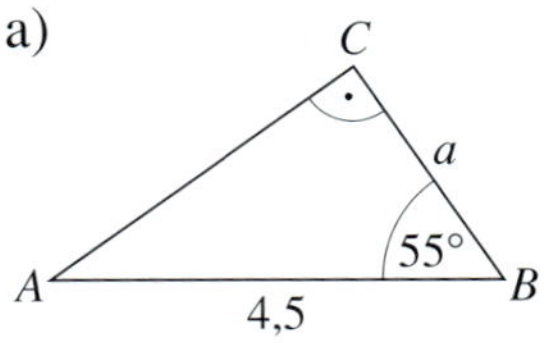

$\cos 55° = \frac{a}{4{,}5}$
$a = 4{,}5 \cdot \cos 55°$
$a = \square$

b)
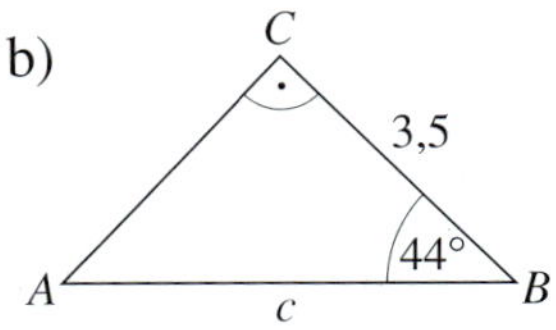

$\cos 44° = \frac{3{,}5}{c}$
$c \cdot \cos 44° = 3{,}5$
$c = \frac{3{,}5}{\cos 44°}$
$c = \square$

c)
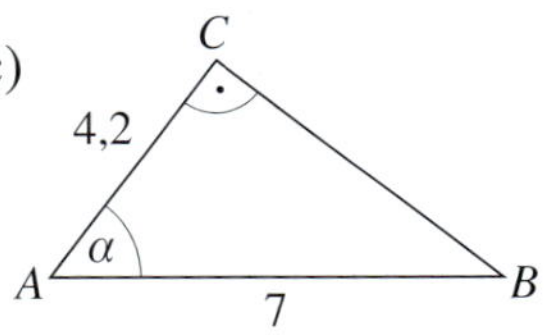

$\cos \alpha = \frac{4{,}2}{7}$
$\cos \alpha = 0{,}6$
$\alpha = \square$

6 a) In einem rechtwinkligen Dreieck ist $\alpha = 35°$ und die Hypotenuse 7 cm lang. Berechnen Sie die Länge der fehlenden Seiten.
b) In einem rechtwinkligen Dreieck ist $\beta = 78°$. Die Ankathete von β ist 17 cm lang. Berechnen Sie die Länge der fehlenden Seiten.

7 In einem rechtwinkligen Dreieck ist die Hypotenuse 8,3 cm und eine Kathete 6,7 cm lang. Berechnen Sie die Winkel und die Länge der zweiten Kathete.

8 Berechnen Sie im Dreieck ABC die fehlenden Winkel. Runden Sie auf ganze Zahlen.

	α	β	γ	a	b	c
a)		90°		5,6 cm	17,1 cm	16,2 cm
b)			90°	8,8 dm	19,8 dm	21,7 dm
c)	90°			4,9 cm	2,6 cm	4,2 cm
d)				5 cm	3 cm	4 cm
e)				6 m	8 m	10 m

Der Tangens eines Winkels

Im rechtwinkligen Dreieck mit $\alpha = 33°$ betrachten wir jetzt den Quotienten aus **Gegenkathete** und **Ankathete** des Winkels α.

Wir erhalten:

g	a	$\frac{g}{a}$
2,8 cm	4,3 cm	0,65

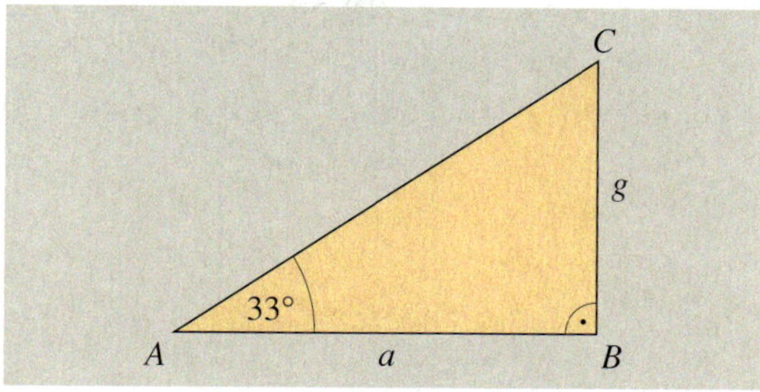

Den Wert $\frac{g}{a} = 0{,}65$ erhalten wir für *alle* rechtwinkligen Dreiecke mit $\alpha = 33°$. Der Quotient $\frac{g}{a}$ hängt nicht von der Größe, sondern nur vom Winkel α des Dreiecks ab. Den Quotienten $\frac{g}{a}$ eines rechtwinkligen Dreiecks nennt man den **Tangens** $\boldsymbol{\alpha}$ (abgekürzt: tan α).
Wir sehen: $\tan 33° = 0{,}65$.

In einem rechtwinkligen Dreieck bezeichnet man mit **Tangens** $\boldsymbol{\alpha}$ den Quotienten aus der Gegenkathete und der Ankathete von α.

$$\tan\alpha = \frac{\text{Gegenkathete}}{\text{Ankathete}}$$

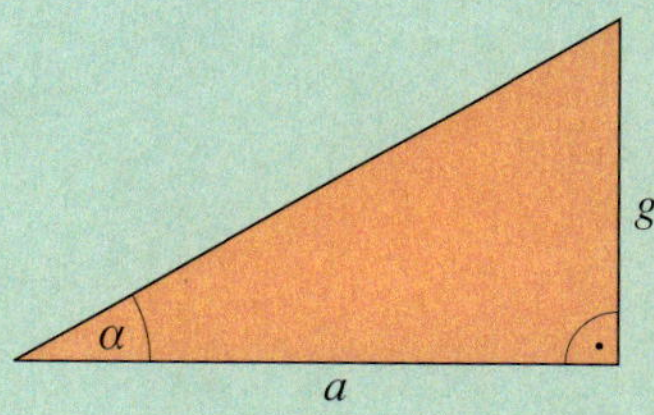

$$\tan\alpha = \frac{g}{a}$$

Mit dem Taschenrechner erhalten wir den Tangens von α durch die Taste [tan]. tan 75° berechnen wir so:

75 [tan] [=] [3.73205...] oder [tan] 75 [=] [3.73205...].

Wenn der Tangens eines Winkels bekannt ist, etwa $\tan\alpha = 1{,}4826$, so erhalten wir den Winkel α mit der Taste [2nd] [tan] bzw. [SHIFT] [tan]. Für $\tan\alpha = 1{,}4826$ errechnen wir

[SHIFT] [tan] 1,4826 [=] [56.00...] bzw. 1,4826 [2nd] [tan] [=] [56.00...]

Der Winkel α ist 56°, wenn $\tan\alpha = 1{,}4826$ ist.

Übungen

1 Zeichnen Sie ein Dreieck aus $\gamma = 90°$, $\alpha = 70°$ und $b = 2$ cm. Messen Sie die Seitenlänge a und berechnen Sie dann tan 70°.

2 Füllen Sie im Heft aus.

a)

α	$\tan\alpha$
35°	
	0,3889

b)

α	$\sin\alpha$
	7,1154
16°	

c)

α	$\cos\alpha$
	0,5000
57°	

3 Berechnen Sie im Heft.

	Gegenkathete	Ankathete	$\tan\beta$	β
a)	4,6 cm	8 cm		
b)	5 cm	5 cm		
c)		17,5 dm	0,7536	
d)	32,40 m			25,5°
e)	156,56 m			83,7°
f)		4,5 km	1,7321	
g)	14 dm			75°

Vermischte Aufgaben

Skizzen helfen oft weiter!

1 Berechnen Sie die Seite a in einem Dreieck. Gegeben sind die Winkel $\beta = 30°$, $\gamma = 90°$ und die Seite $c = 83$ cm. Runden Sie sinnvoll.

2 Wie lang ist die Seite c?

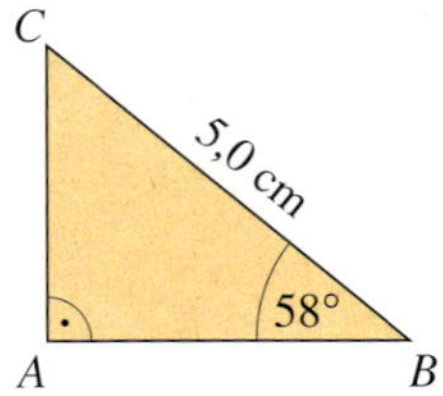

3 Berechnen Sie den Winkel α in einem Dreieck mit dem Winkel $\beta = 90°$ und den Seitenlängen $b = 8{,}3$ cm und $a = 3{,}0$ cm.

4 Berechnen Sie die Seite c und den Winkel β.

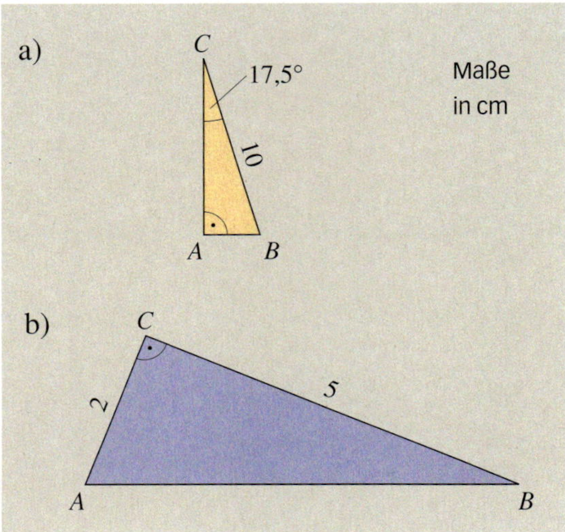

5 In einem Dreieck ABC sind der Winkel $\beta = 90°$ und die Seiten $a = 4{,}75$ cm, $c = 5{,}00$ cm bekannt.

a) Berechnen Sie die fehlenden Winkel α und γ. Runden Sie sinnvoll.

b) Berechnen Sie die Seite b zunächst trigonometrisch und dann mit dem Satz des Pythagoras.

6 Berechnen Sie die fehlenden Winkel und die Seitenlänge von a.

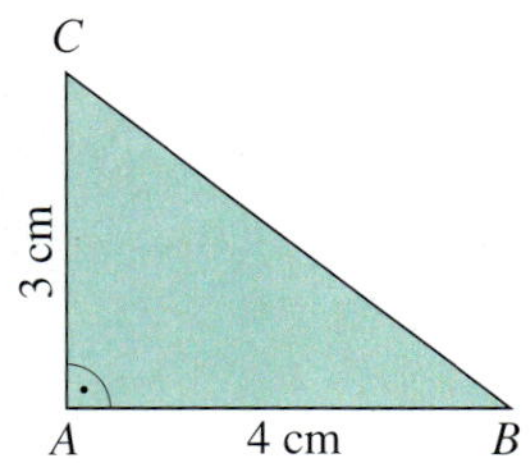

7 Füllen Sie im Heft die Tabelle aus. Denken Sie auch an den Satz von der Winkelsumme im Dreieck!

	Dreieck I	Dreieck II	Dreieck III
a		3,4 cm	
b			20 dm
c	15 cm		
α	90°		45°
β		52°	45°
γ	65°	90°	

8 In einem gleichschenkligen Dreieck ist $a = b = 3{,}5$ cm und $\alpha = 50°$. Wie lang ist die Seite c?

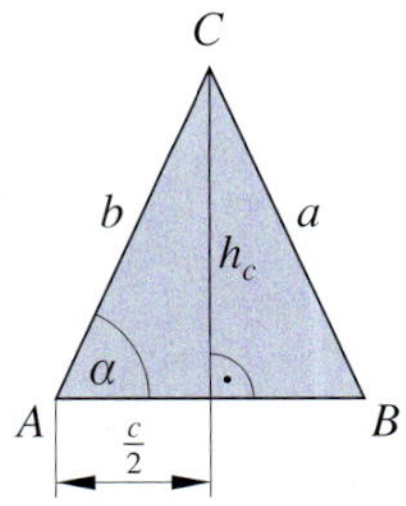

(*Hinweis:* Die Höhe h_c zerlegt das Dreieck in zwei rechtwinklige Dreiecke.)

9 Ein Quadrat hat die Seitenlänge $a = 5{,}8$ cm. Wie lang ist die Diagonale d?

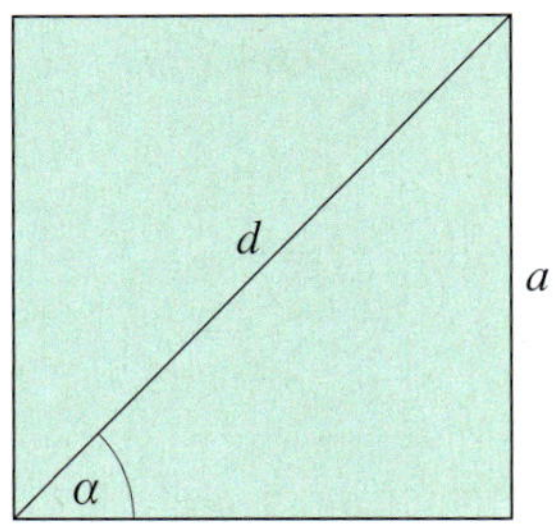

a) Wie groß ist der Winkel α?

b) Berechnen Sie d (Satz des Pythagoras).

b) Berechnen Sie d trigonometrisch.

10 Ein Dreieck ABC hat die Seiten 5,4 cm, 7,2 cm und 9,0 cm.

a) Warum muss es rechtwinklig sein?

b) An welchem Eckpunkt liegt der rechte Winkel?

c) Berechnen Sie die fehlenden Winkel.

Anwendungen

Beispiel

Die Spitze einer Tanne wird vom Boden aus unter einem Winkel von 35° anvisiert. Die Entfernung vom Fußpunkt der Tanne beträgt 24,7 m. Wie hoch ist die Tanne?

Zunächst fertigen wir eine Skizze an.

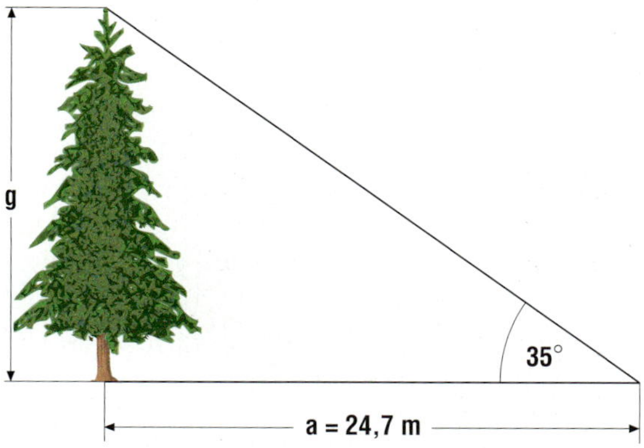

Gegeben: Ankathete $a = 24{,}7$ m, Winkel $\alpha = 35°$

Gesucht: Gegenkathete g

Formel: $\tan \alpha = \frac{g}{a}$

Lösung: $\tan 35° = \frac{g}{24{,}7} \quad | \cdot 24{,}7$

$24{,}7 \cdot \tan 35° = g$

$g = 17{,}3$

Antwort: Die Tanne ist 17,3 m hoch.

Übungen

1 Eine 6 m lange Leiter wird an eine Wand gestellt. Am Erdboden ist sie 1,5 m von der Wand entfernt. Zeichnen Sie eine Skizze.

a) Wie hoch reicht die Leiter an der Wand?

b) Aus Sicherheitsgründen soll der Anstellwinkel zwischen Leiter und Erdboden zwischen 70° und 80° liegen. Ist das erfüllt?

2 Ein Freiballon schwebt in 129 m Höhe. Der Ballonfahrer sieht ein Haus unter einem Winkel von 15° zur Waagerechten. Wie weit ist er von dem Haus entfernt?

! Eine Steigung von 8 % bedeutet im Straßenbau, dass für den Steigungswinkel α gilt: $\tan \alpha = \frac{8}{100} = 0{,}08$

$\alpha = 4{,}6°$

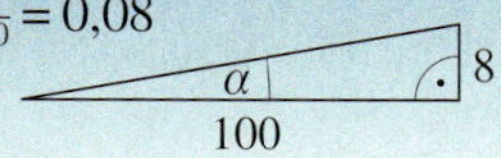

3 Berechnen Sie die Steigungswinkel für folgende Passstraßen:

a) Brennerpass 12 %

b) Tauernpass 15 %

c) Seisenberg-Klamm 23 %

4 Vom Querschnitt eines Lärmschutzwalles sind die angegebenen Maße bekannt.

a) Berechnen Sie die Sockelbreite.

b) Berechnen Sie den Flächeninhalt des Querschnitts.

c) Wie viel Kubikmeter Erde braucht man für 100 m Lärmschutzwall?

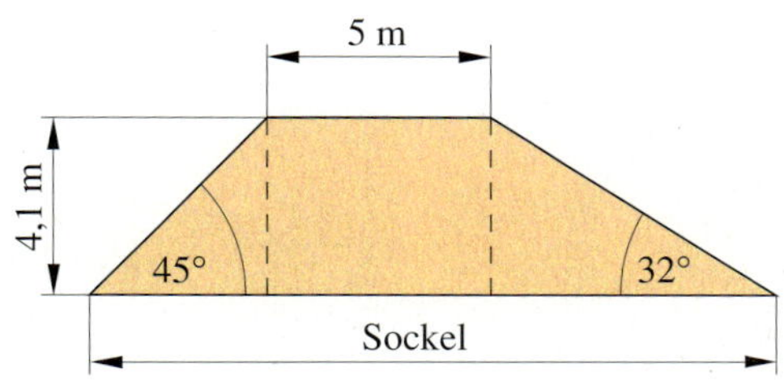

5 Ein Drachen steigt an einer 43,50 m langen Schnur. Die Schnur ist straff gespannt und bildet mit dem Erdboden einen Winkel von 51°. Wie hoch steht der Drachen?

6 Von einer Raute sind die Seitenlänge $a = 16{,}4$ cm und der Winkel $\alpha = 52°$ gegeben. Berechnen Sie die Längen der beiden Diagonalen. (Fertigen Sie zunächst eine Skizze an.)

7 Berechnen Sie die Höhe des Baumes.

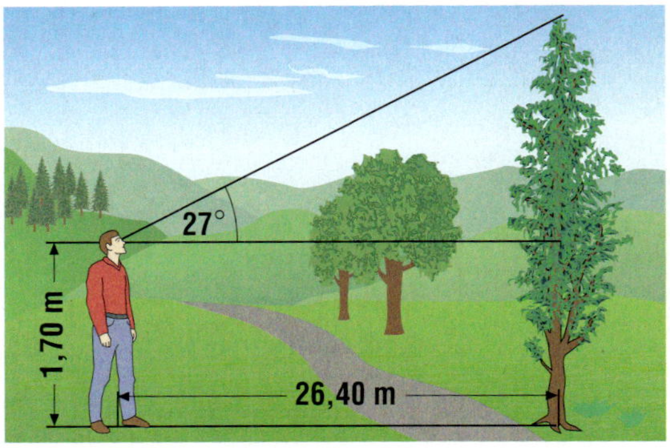

8 Eine Stehleiter hat bei einem Öffnungswinkel von 26° unten eine Spreizweite von 3,20 m. Wie lang ist die Leiter und welche Höhe hat sie? Fertigen Sie eine Skizze an!

9 Ein Rechteck hat die Seiten $a = 7{,}7$ cm und $b = 5{,}0$ cm. Berechnen Sie die Länge der Diagonale und den Winkel zwischen der Diagonale und der Seite a.

10 Ein Segelflieger kennt die Entfernung zweier Dörfer voneinander; sie beträgt 3,8 km. Als er sich genau über einem der Dörfer befindet, sieht er das andere unter einem Winkel von 23°.
In welcher Höhe fliegt er?

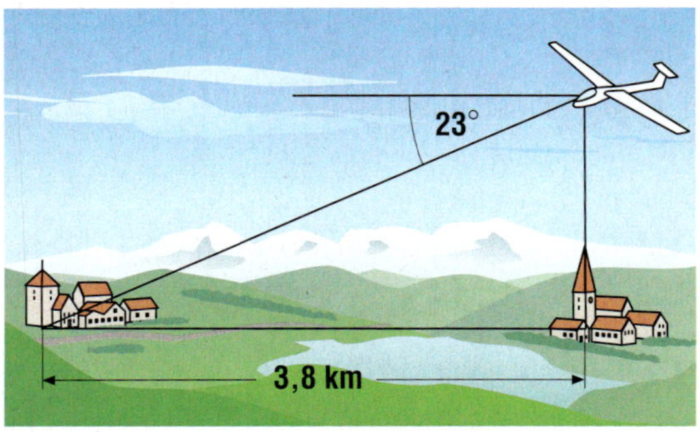

11 Peter ist 1,85 m groß. Er wirft einen Schatten von 3,10 m Länge. Unter welchem Winkel ist die Sonne zu sehen?

12 Ein Haus hat die in der Zeichnung angegebenen Maße. Wie hoch wäre das Haus bei einer Dachneigung von
a) $\alpha = 33°$, b) $\alpha = 45°$, c) $\alpha = 60°$?

13 Ein Uhrpendel von $l = 1{,}20$ m Länge schlägt nach jeder Seite um 10° aus. Wie hoch wird es dabei gehoben?
Hinweis: Berechnen Sie zuerst a.

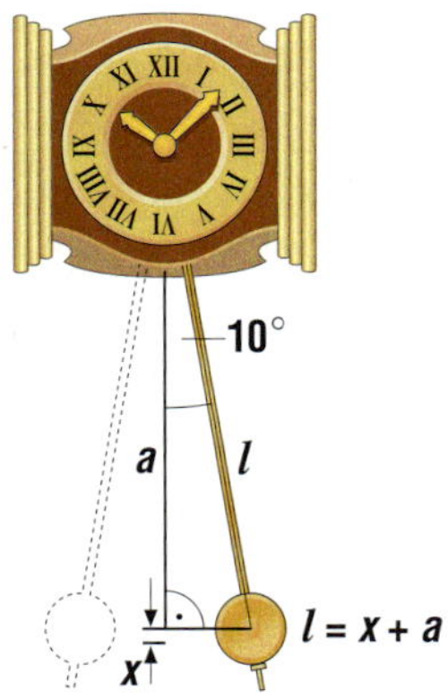

14 a) In einem Dreieck ist $a = 13{,}7$ cm und $\gamma = 53°$. Berechnen Sie die Höhe, die durch den Punkt B verläuft.
b) Die Seite b dieses Dreiecks ist 19,8 cm lang. Berechnen Sie den Flächeninhalt des Dreiecks.

15 Berechnen Sie den Öffnungswinkel α des Filters.

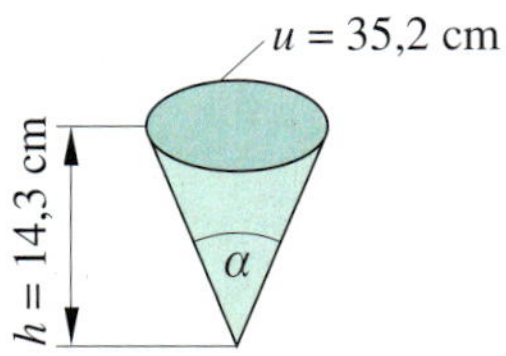

Trainingsseite Prozentrechnung

1 Ein Einzelhandelsverkäufer bezieht im Großhandel Reisekoffer zu je 60 €. Der Kaufmann rechnet mit
15 % Geschäftskosten,
25 % Gewinn
und 16 % Mehrwertsteuer.
Berechnen Sie den Endpreis. Runden Sie alle Zwischenergebnisse auf volle 10 Cent (nach oben).
Berechnen Sie:

Geschäftskosten:	Verkaufspreis:
Selbstkosten:	Mehrwertsteuer:
Gewinn:	Endpreis:

2 Berechnen Sie den Preis bei sofortiger Zahlung mit dem angegebenen Skonto.

Preis (in €)	Skonto (in %)	Zahlpreis (in €)
750	2	
1650	3	
2480	4	
3250	2,5	
7520	5	

3 Bei einer Klassenarbeit waren 12 % der Arbeiten sehr gut, 20 % gut; 28 % befriedigend; 30 % ausreichend und 10 % mangelhaft.
a) Stellen Sie die prozentualen Anteile in einem Streifenschaubild dar. (2 % ≙ 1 mm)

b) Stellen Sie die prozentualen Anteile in einem Kreisschaubild dar. (1 % ≙ 3,6°)

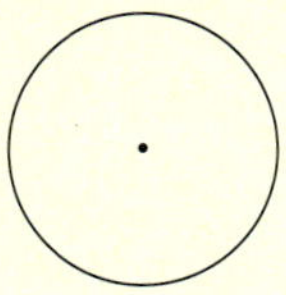

4 Ein gebrauchtes Fahrrad wurde für 192 € verkauft. Das waren 60 % des Neuwertes.
a) Wie hoch war der Neuwert?
b) Wie hoch war der Preisnachlass?

5 Kevin spart für eine Stereoanlage. Zu seinem Geburtstag bekommt er 20 € geschenkt. Das sind 5 % des Preises der Stereoanlage.
Wie teuer ist die Stereoanlage?
Lösung mit dem Dreisatz.

6 Stellen Sie die Prozentangaben im Streifenschaubild dar. Wählen sie eine geeignete Länge.

a) 75 %
b) 20 %
c) 80 %
d) 10 %

7 Die Mieten für Wohnungen wurden um 5 % erhöht. Berechnen Sie die neuen Mieten.

Alte Miete (in €)	390	360	470	440	490
Erhöhung (in €)					
Neue Miete (in €)					

8 Bei einem Sonderverkauf werden alle Preise herabgesetzt. Berechnen Sie den Preisnachlass in € und in %.

Alter Preis (in €)	85	196	240	180	345
Neuer Preis (in €)	68	147	216	126	276
Nachlass (in €)					
Nachlass (in %)					

9 Schreiben Sie als Promille.

a) 6 %	g) 12,5 %
b) 15 %	h) 0,3 %
c) 28 %	i) 0,04 %
d) 4,3 %	j) 6,3 %
e) 0,4 %	k) 8,1 %
f) 2,1 %	l) 0,003 %

Trainingsseite Zinsrechnung

1 Wie viel Zinsen sind jährlich für das Darlehen über 6800 € bei einem Zinssatz von 7,3 % zu zahlen?

2 Ein Kaufmann nimmt einen Kredit zu 8,5 % auf. Nach einem Jahr zahlt er 1275 € Zinsen.
Wie hoch ist der Kredit?

3 Frau Graf zahlt jährlich an Hypothekenzinsen 12 600 €. Der Zinssatz beträgt 7,5 %.
Wie hoch ist die Hypothek?

4 Ein Hausbesitzer hat noch eine Restschuld von 20 000 €, die er noch nicht ablöst. Er zahlt dafür jährlich 7,5 % Zinsen.
Wie viel Zinsen hat er insgesamt nach 2 Jahren gezahlt?

5 Herr Gregor will sich ein Auto kaufen. Ihm fehlen 12 000 €. Er leiht sich das Geld bei seiner Bank. Der Zinssatz beträgt 8,3 %.
Wie viel Zinsen muss Herr Gregor nach einem Jahr zahlen?

6 Frau Berger zahlt nach einem Jahr einen Kredit in Höhe von 5000 € zurück. Der Zinssatz betrug 12,3 %. Wie viel muss Frau Berger einschließlich Zinsen zurückzahlen?

7 Herr Poppe hat sich für den Bau eines Eigenheims 180 000 € geliehen. Dafür muss er 6,8 % Zinsen zahlen. Wie viel sind im ersten Jahr an Zinsen aufzubringen?

8 Familie Sandner hat für eine neue Heizung einen Kredit über 250 000 € aufgenommen. Sie zahlen dafür an die Bank 8,7 % Zinsen. Wie viel sind im ersten Jahr an Zinsen zu bezahlen?

9 Erklären Sie diese Begriffe:
Darlehen, Hypothek, Hypothekenzinsen, Jahreszinsen, Kapital, Kredit, Restschuld, Zinssatz, Zinsen.

10 2750 € sind nach einem Jahr mit den Zinsen auf 2857,25 € angewachsen. Wie hoch ist der Zinssatz?

11 Elke legt zu Jahresbeginn ein Guthaben über 2400 € an. Nach einem Jahr hebt sie den gesamten Betrag und die Zinsen ab. Sie erhält 2500,80 €.
a) Wie viel betragen die Zinsen?
b) Wie hoch ist der Zinssatz?

12 Für ein Guthaben von 7500 €, das Herr Lange langfristig angelegt hat, bekommt er 412,50 € Jahreszinsen. Wie groß ist der Prozentsatz?

13 Erklären Sie die Begriffe Zinseszinsen, Monatszinsen und Tageszinsen.

14 Ein Kapital von 7350,– € bleibt 4 Jahre auf der Bank, ohne dass die Zinsen von 3,2 % weggenommen werden.
a) Auf welchen Betrag ist das Kapital nach den 4 Jahren angewachsen?
b) Wie groß sind die Gesamtzinsen?
c) Wie groß wären die Zinsen insgesamt, wenn am Ende jeden Jahres die Zinserträge abgehoben würden?

15 6500,– € werden zu 4,5 % ausgeliehen. Wie groß sind die Zinsen
a) nach 5 Monaten
b) nach 7,5 Monaten
c) nach 14 Monaten
d) nach 70 Tagen
e) nach 254 Tagen
f) nach 420 Tagen?

16 a) Wie hoch wächst ein Kapital von 71 500,– € mit Zins und Zinseszinsen nach 1 Jahr, nach 2, 3, 4, 5, 7, 10, 15 Jahren an, wenn es mit 3,6 % verzinst wird?
b) Wie hoch sind jeweils die Zinseszinsen?
c) Wie hoch wären die einfachen Zinsen (ohne Zinseszinsen)?

Trainingsseite Geometrie

1 Berechnen Sie den Flächeninhalt der Vierecke (Rechenkästchen 5 mm × 5 mm).

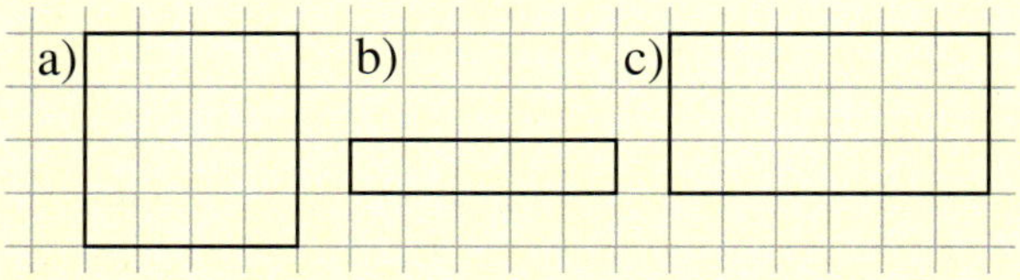

Wie groß sind diese Flächen?

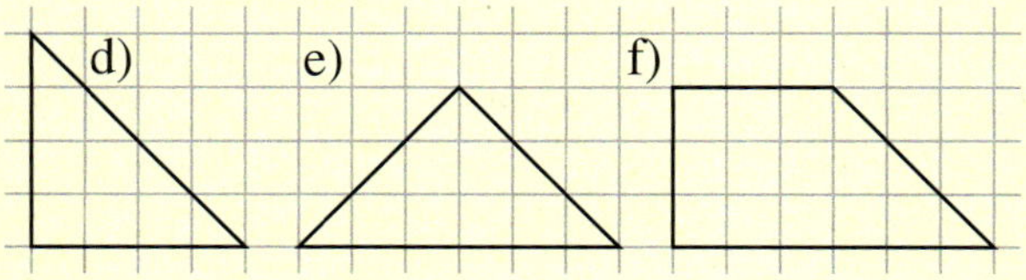

2 Berechnen Sie den Flächeninhalt der zusammengesetzten Flächen (Maße in cm).

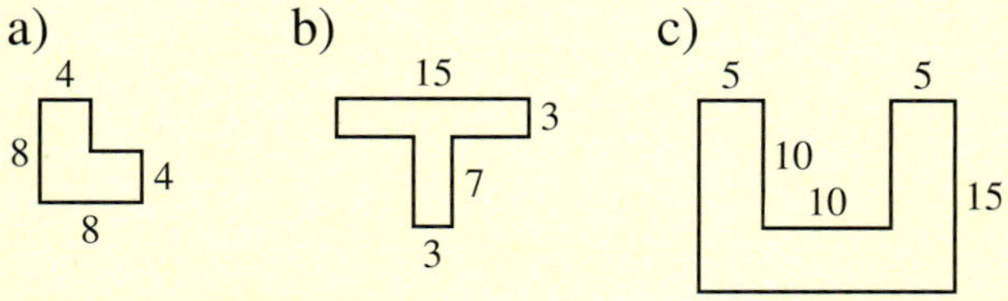

3 Berechnen Sie den Flächeninhalt durch Subtraktion (Maße in cm).

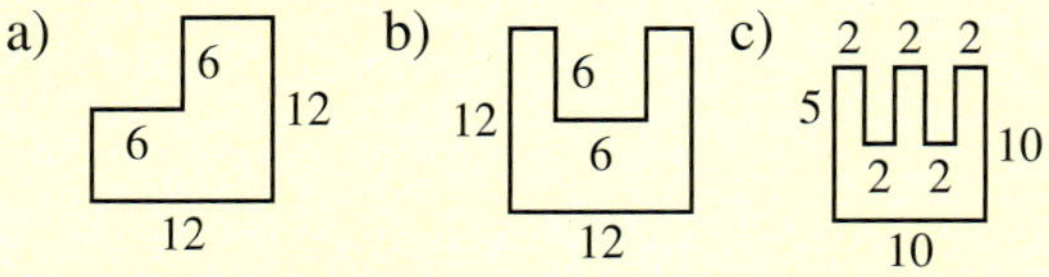

4 Füllen Sie die Tabelle im Heft aus.

a)

km²	ha	a	m²
1,12			
	80,3		
		1200	
			1500

b)

m²	dm²	cm²	mm²
0,35			
	1,82		
		40,5	
			35 872

5 Eine Zirkusmanege mit kreisrunder Fläche von 7 m Durchmesser soll mit Sand bedeckt werden. Man rechnet mit 6 kg Sand je m².

6 Aus quadratischem Papier von 9 cm Kantenlänge soll ein möglichst großer Kreis ausgeschnitten werden. Wie groß ist sein Flächeninhalt und sein Umfang? Wie groß ist der Verschnitt?

7 Bei zusammengesetzten Körpern müssen die Rauminhalte der Teilkörper addiert werden (Maße in cm).

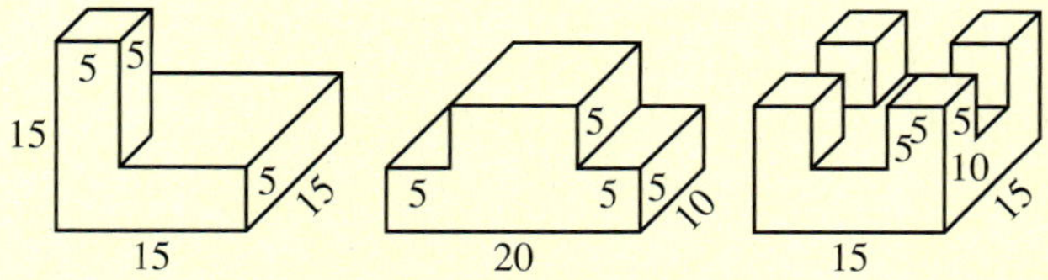

8 Manchmal kann man das Volumen eines zusammengesetzten Körpers leichter berechnen, wenn man Lücken berechnet und subtrahiert (Maße in cm).

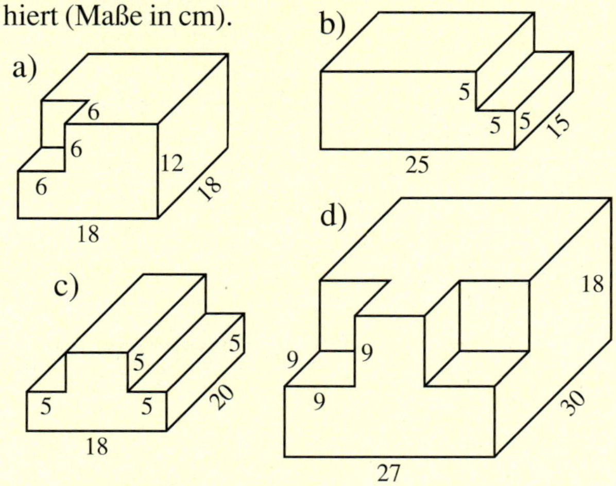

9 Berechnen Sie die Rauminhalte der Säulen mit den angegebenen Maßen.

a) Grundfläche G ist ein Dreieck mit $g = 4$ m und $h = 3$ m, Höhe der Säule $h = 1$ m

b) Grundfläche G ist ein Dreieck mit $g = 12$ cm und $h = 9$ cm, Höhe der Säule $h = 18$ cm

Trainingsseite Lineare Gleichungen

1 Lösen Sie die Gleichung und machen Sie die Probe.
a) $2x - 8 = 4$
b) $x - 11 = 12$
c) $\frac{1}{5}x + 8 = 10$
d) $\frac{1}{2}x - \frac{3}{4} = \frac{5}{4}$

2 Wie groß ist die Kantenlänge eines Würfels wenn die Gesamtlänge aller Kanten 24 cm (30 cm) beträgt?

3 a) $6x - 0{,}5 = 8{,}5$
b) $x + \frac{1}{2} - \frac{1}{4} = 1$
c) $5x + 2x = 21$
d) $4 \cdot (x - 8) = 24$
e) $2 \cdot (x + 3) - 30 = 0$
f) $5 \cdot (6 + x) = 75$

4 a) $3 \cdot (2 + x) - x + 1 = 35$
b) $6 \cdot (\frac{1}{2} + x) = 39$
c) $8x + 3 \cdot (2x - 5) = -1$

5 An welcher Stelle wurde beim Auflösen der Gleichung ein Fehler gemacht? Zeigen Sie an der Probe, dass die hier angegebenen Lösungen falsch sein müssen. Wie heißt das richtige Ergebnis?
a) $2x - 8 = 4$ mit $x = 24$
b) $5x + 10 = 20$ mit $x = 6$
c) $3 \cdot (x + 4) = 2$ mit $x = 2$

6 Verwenden Sie ggf. den Taschenrechner und lösen Sie
a) $134x - 158 = 3726$
b) $1{,}04x + 2{,}63 = 5{,}8228$
c) $\frac{3}{4}x + \frac{4}{8} + \frac{1}{8} = 1$
d) $128 \cdot x - 69{,}4 = 20{,}2$

Lösungen: 0,5; 0,7; 3,07; 29

7 a) $17(x - 3) + 2x = 44$
b) $14x - 8(x + 2) = 34 + x$
c) $x + 2x - 3x + 4x = 30 - x$

8 Von einem Rechteck sind der Flächeninhalt $A = 30\text{ cm}^2$ und eine Seitenlänge $a = 5$ cm gegeben. Berechnen Sie die Seitenlänge b und den Umfang u.

9 Von einem Rechteck sind der Umfang $u = 30$ cm und eine Seitenlänge $b = 8$ cm bekannt. Berechnen Sie die Seitenlänge a und den Flächeninhalt A.

10 Ein Rechteck hat die Seitenlänge $a = 4$ cm und $b = 3$ cm. Berechnen sie den Flächeninhalt A und den Umfang u.

11 Miro hat jetzt 320 € auf seinem Sparbuch. Davor hatte er nacheinander 30 €, 15 € und 80 € eingezahlt. Welchen Kontostand hatte Mirko zuvor?

12 Berechnen Sie x.
a) Das Dreifache einer Zahl x ist 45.
b) Die Summe der Zahlen x und 10 beträgt 30.
c) Die um 4 vergrößerte Zahl x wird verdoppelt. Man erhält 20.
d) Die Zahl x wird durch 3 geteilt, dann 8 addiert. Man erhält 20.
e) Das Doppelte einer Zahl x wird um 12 vermindert. Man erhält 16.

13 In einem Trapez mit gleich langen Schenkeln ist die Grundseite 4,8 cm lang, die Deckseite 3,6 cm.
Wie lang sind die Schenkel, wenn der Umfang 13,8 cm beträgt?

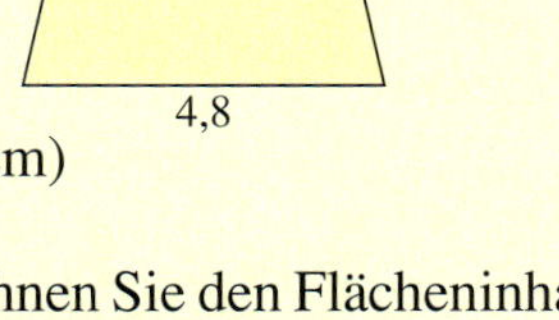

(Maße in cm)

14 Berechnen Sie den Flächeninhalt des Trapezes in Aufgabe 13.
Entwerfen Sie dafür zuerst einen Plan, wie Sie vorgehen wollen.

Trainingsseite Lineare Gleichungen

1 a) Addieren Sie zum Fünffachen einer Zahl die Zahl 7 und multiplizieren Sie die Summe mit 5. Man erhält als Ergebnis 110.
b) Dividieren Sie eine Zahl durch 5, addieren Sie 25 und multiplizieren Sie mit 3. Man erhält die Zahl 78.
c) Nehmen Sie das Fünffache einer Zahl und subtrahieren sie 25. Multiplizieren Sie das Ergebnis mit 4. Man erhält genauso viel wie das Dreifache der Zahl vermindert um 15.

2 Eine Taxifahrt kostet 1,30 € pro Kilometer. Hinzu kommt eine Grundgebühr von 1,80 €.
a) Geben Sie einen Rechenausdruck an, mit dem die Fahrtkosten allgemein berechnet werden können.
b) Was kostet die Fahrt bei 4 km (7 km, 9 km) gefahrener Strecke?
c) Wie viel km kann man für 34,30 € fahren?

3 Ein Rechteck hat 24 cm Umfang. Die eine Seite ist 3 cm länger als die andere. Welche Seitenlängen hat das Rechteck?

4 Ein Rechteck ist 3-mal so lang wie breit.
a) Schreiben Sie für den Umfang dieses Rechtecks eine Gleichung. Verwenden Sie dabei für die Breite die Variable x.
b) Welche Abmessungen hat ein solches Rechteck, wenn der Umfang 80 cm beträgt?

5 Ein rechteckiges Gartengrundstück wurde mit 60 m Maschendraht neu eingezäunt. Das Grundstück ist 4-mal so lang wie breit. Welche Abmessungen hat dieses Grundstück?

6 Ein quadratischer Tisch wird mit neuen Kanten umleimt. Das Umleimband hat eine Länge von 4 m. Nach dem Umleimen bleiben 80 cm übrig.
Welche Seitenlänge hat der Tisch?
Stellen Sie eine Gleichung auf und berechnen Sie. Verwenden Sie für die Länge des Quadrats die Variable a.

7 Ein Lkw-Fahrer fährt an drei Tagen zusammen 1289 km. Am ersten Tag fährt er doppelt so viel wie am zweiten Tag. Am dritten Tag fährt er 125 km mehr als am zweiten Tag. Wie lang waren die einzelnen Fahrstrecken?

8 Meike gab in drei Urlaubswochen 320 € aus. In der zweiten Woche gab sie 50 € mehr als in der ersten Woche aus. In der dritten Woche gab Sie 75 € weniger als in der ersten Woche aus. Wie viel Geld gab sie jede Woche aus?

9 Ein Topf wiegt mit Deckel 9 kg. Der Topf ist fünfmal so schwer wie der Deckel.
Wie viel wiegt der Topf und wie viel der Deckel?

10 Auf einer Drahtrolle sind 40 m Draht. Es werden drei Stücke abgeschnitten, das zweite Stück ist 1,50 m länger als das erste, das dritte ist 2,80 m kürzer als das erste.
Nennen Sie das erste Stück x. Berechnen Sie die Teilstücke, wenn als Rest 14,30 m Draht auf der Rolle bleiben.

11 Die Gesamtlänge aller Kanten des Quaders beträgt 78 cm. Berechnen Sie die Länge jeder Kante.

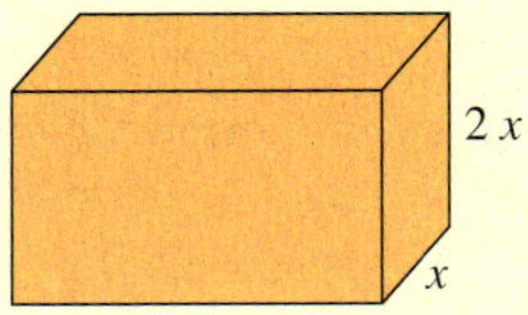

12 In einem Dreieck ist der Winkel β um 16° kleiner als der Winkel α. Der Winkel γ ist doppelt so groß wie der Winkel β. Bestimmen Sie die Größe der einzelnen Winkel. (Die Winkelsumme im Dreieck ist 180°.)

13 Ein großer Fisch von 54 kg wird in drei Teile zerlegt. Das Kopfende wiegt 10 kg, der Rumpf zweimal so viel wie Kopf- und Schwanzende zusammen. Wie viel wiegt jeder Teil?

Trainingsseite Lineare Funktionen

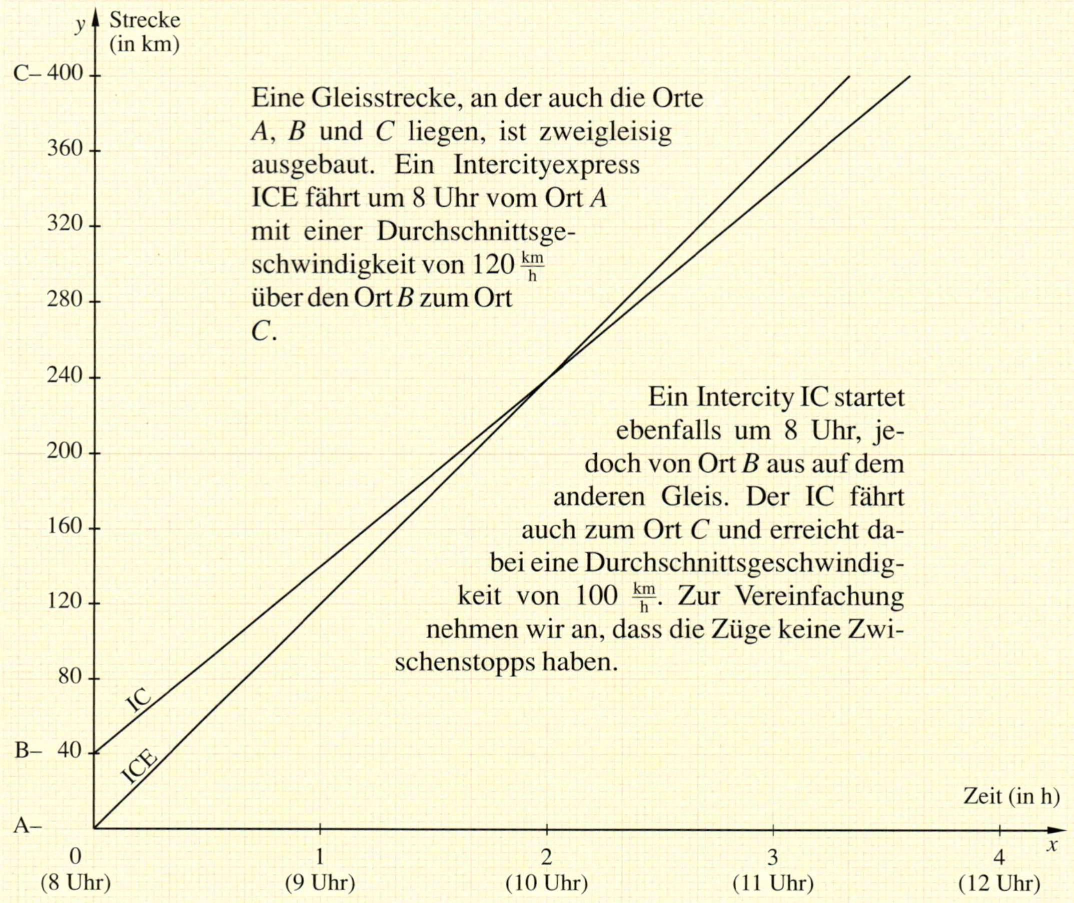

1 Beantworten Sie die folgenden Fragen mithilfe des Diagramms.

a) Wie weit sind die Orte A, B und C voneinander entfernt?

b) Um wie viel Uhr fährt der ICE durch den Bahnhof B?

c) Mit wie viel Minuten Zeitunterschied erreichen beide Züge den Bahnhof C?

d) Nach wie vielen Kilometern und um welche Uhrzeit überholt der ICE den IC?

e) Nach wie vielen Kilometern wird der IC vom ICE überholt?

2 a) Bestimmen Sie die Gleichungen der Geraden für den ICE und für den IC und berechnen Sie die Zeit der Begegnung und die Entfernung nach dem Start des ICE.

b) An den Ausgangswerten ändern wir die Entfernung des Ortes B vom Ort A auf 60 km. Welche Gleichung ergibt sich dadurch für den IC, und wann begegnen sich beide Züge in diesem Fall?

3 a) Mit welcher Geschwindigkeit braucht der ICE nur zu fahren, um annähernd gleichzeitig mit dem IC im Ort C einzutreffen?

b) Wie viel Kilometer müsste der Ort B vom Ort A entfernt sein, sodass ICE und IC annähernd gleichzeitig im Ort C eintreffen?

Trainingsseite Lineare Funktionen

Bei den ersten Olympischen Spielen der Neuzeit 1896 in Athen lief Spiridon Louis (Griechenland) die 42,195 km lange Marathonstrecke in 2:58:50. Diese Zeitangabe bedeutet 2 h 58 min 50 s. Bei den Olympischen Spielen im Jahr 2000 in Sydney legte Gezahgne Abera (Äthiopien) diese Strecke in 2:10:11 zurück.

1 a) Rechnen Sie beide Zeitangaben in Stunden um. Runden Sie auf die vierte Stelle hinter dem Komma.
b) Berechnen Sie die durchschnittliche Geschwindigkeit beider Läufer und geben Sie diese jeweils in $\frac{\text{km}}{\text{h}}$ und in $\frac{\text{m}}{\text{s}}$ an.

2 Wir nehmen an, Louis und Abera könnten heute gleichzeitig laufen und würden mit gleichmäßiger Geschwindigkeit ihre olympischen Zeiten erreichen.
a) Mit welchem Zeitunterschied würden die Läufer im Ziel eintreffen?
b) Wie viele Meter müsste der Zweitplatzierte noch laufen, wenn der Sieger bereits im Ziel eintrifft?

3 Übertragen Sie das Diagramm in Ihr Heft und ergänzen Sie die entsprechende Gerade und die Funktionsgleichung für Abera.
Lesen Sie aus dem Diagramm ab:
- Welchen Abstand voneinander haben die Läufer nach 30 min?
- Welchen Abstand voneinander haben die Läufer nach 2 h?
- Nach welcher Zeit sind Abera und Louis 1 km voneinander entfernt?
- Nach welcher Zeit sind Abera und Louis 8 km voneinander entfernt?

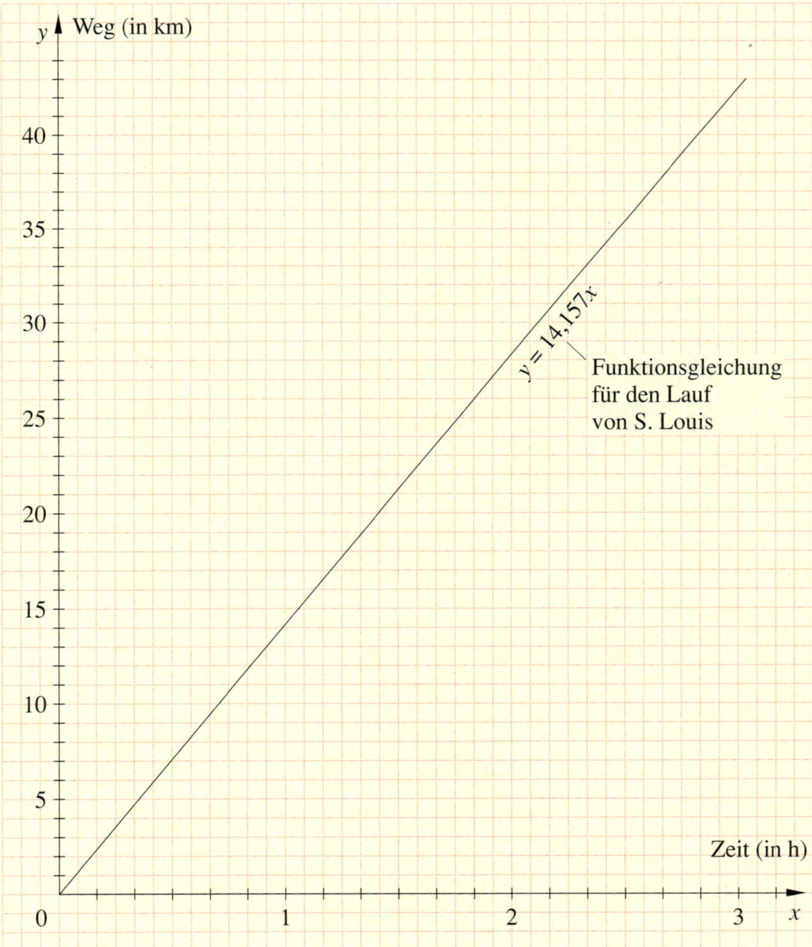

4 Wir nehmen an, dass die Marathonstrecke mit 42,195 km Länge kreisförmig angelegt wird. Für die annähernd kreisförmige Fläche der Stadt Sydney sind ca. 1675 km² angegeben (Stand: 2003). Könnte die Marathonstrecke theoretisch kreisförmig um Sydney angelegt werden?

Trainingsseite Quadratische Funktionen

1 Der Bremsweg y eines Autos mit guten Bremsen kann nach der Faustformel $y = a \cdot x^2$ berechnet werden. Der Bremsweg ist hier eine Strecke in Metern. Der Faktor a hängt vom Straßenzustand ab. Die Geschwindigkeit x, bei der das Auto gebremst wird, ist hier die Geschwindigkeit in $\frac{\text{km}}{\text{h}}$.

a) Im Diagramm ist der zugehörige Graph für eine schneebedeckte Straße dargestellt.
Bestimmen Sie anhand geeigneter Punkte des Graphen den Faktor a und berechnen Sie die Länge des Bremswegs, wenn das Auto mit 90 $\frac{\text{km}}{\text{h}}$ gefahren ist.
b) Bei trockenen Straßen wird der Faktor mit $a = 0{,}005$ angegeben. Stellen Sie eine Wertetabelle auf und zeichnen sie den Graphen in Ihr Heft.
c) Bestimmen Sie mit den Angaben und Ergebnissen der Aufgaben a) und b) das Verhältnis der entsprechenden Bremswege von schneebedeckter zu trockener Straße. Füllen Sie dazu zunächst die nebenstehende Tabelle in Ihrem Heft aus.
d) Erkundigen Sie sich nach dem Unterschied von Bremsweg und Anhalteweg.

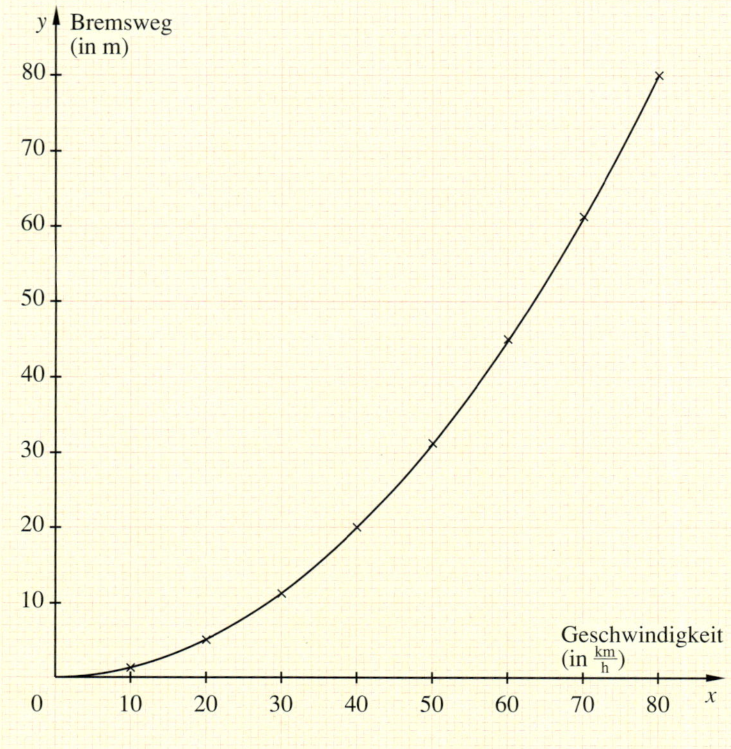

	x	20 $\frac{\text{km}}{\text{h}}$	40 $\frac{\text{km}}{\text{h}}$	60 $\frac{\text{km}}{\text{h}}$	80 $\frac{\text{km}}{\text{h}}$
schneebedeckt	$y = \square \cdot x^2$	$\square$ m	$\square$ m	$\square$ m	$\square$ m
trocken	$y = 0{,}005 \cdot x^2$	$\square$ m	$\square$ m	$\square$ m	$\square$ m

2 Eine Parabel, deren Achse die y-Achse ist, geht durch die Punkte $(1 \mid -1)$ und $(2 \mid 5)$.
a) Wie heißt die Gleichung der Parabel?
b) Zeichnen Sie die Parabel nach einer Wertetabelle.

3 Ein Satz Winterreifen kostet komplett mit Reifenwechsel, Auswuchten und Montage im Angebot 199,90 €.
a) Der Wertverlust wird nach einem Winter bei einer Kilometerleistung von 15 000 km mit 40 % kalkuliert. Welchen Preis kann man für den Reifensatz nach dem Winter bei Verkauf vielleicht noch erzielen?
b) Herr Meier verkaufte die Winterreifen mit einem Wertverlust von 36 %. Welchen Preis erzielte er?

Trainingsseite Quadratische Funktionen

1 Überprüfen Sie bei den folgenden Punkten, ob sie auf der Normalparabel mit der Gleichung $y = x^2$ liegen, indem Sie die Punkte im Koordinatensystem suchen und auch die rechnerische Prüfung durchführen.
P_1 (2 | 4); P_2 (3 | 9); P_3 (4 | 16,5); P_4 (1,5 | 2,25); P_5 (–1 | –1); P_6 (2,5 | 6); P_7 (3 | –9); P_8 (–3,1 | 9,61); P_9 (–2,2 | 4,84); P_{10} (0 | 0)

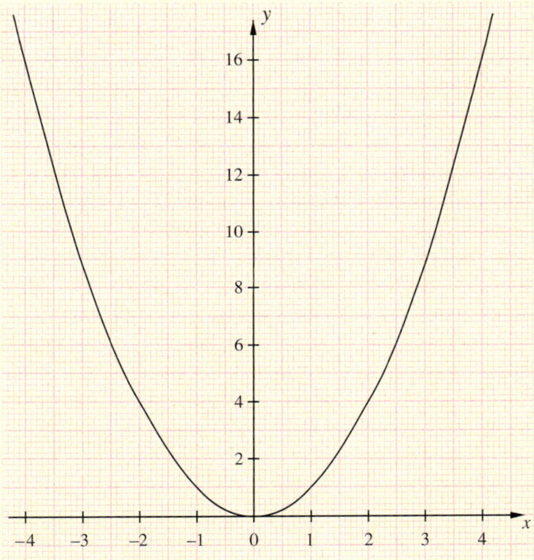

2 Lösen Sie mit dem Taschenrechner und machen Sie die Probe.

a) $x^2 = 49$
b) $x^2 = 6{,}25$
c) $x^2 = 0$
d) $x^2 = 110{,}25$
e) $x^2 = 0{,}49$
f) $x^2 = 1{,}69$

3 Die Gleichung $y = x^2 + 1$ sagt aus, dass die Normalparabel mit der Gleichung $y = x^2$ um 1 Einheit nach oben verschoben wurde.
a) Welchen Scheitelpunkt hat die Parabel? Geben Sie drei weitere Punkte der Parabel an.
b) Die Parabel mit der Gleichung $y = x^2 - 3$ wird um drei Einheiten nach unten verschoben. Welche Gleichung hat diese Parabel? Geben Sie auch ihren Scheitelpunkt an.

4 Zeichnen Sie die Parabeln mit den Gleichungen $y = 2x^2$ und $y = -x^2 + 16$ in ein Koordinatensystem.

5 Die Punkte P, Q und R sollen auf der Parabel mit der Gleichung $y = -\frac{4}{3}x^2$ liegen. Bestimmen Sie die fehlenden Koordinaten der Punkte.
P (–6 | ■); Q (■ | –12); R (–3,6 | ■)

6 Die Normalparabel mit der Gleichung $y = x^2$ wird verschoben. Bestimmen Sie die Gleichung der neu gezeichneten Parabel.
a) Scheitelpunkt (–2 | –3)
b) um 3 Einheiten nach rechts und um 2 Einheiten nach oben.
c) um 1 Einheit nach links und um 4 Einheiten nach oben.

7 Lösen Sie mit der Lösungsformel.
a) $x^2 - x - 6 = 0$
b) $x^2 - \frac{5}{6}x = -\frac{1}{6}$

8 Vergrößert man bei einem Quadrat die Seitenlängen um 3,5 cm, so erhält man für den Flächeninhalt 272,25 cm². Welche Seitenlänge hatte das Quadrat ursprünglich?

9 Wenn man eine Zahl x um 2 vergrößert, dann wird ihr Quadrat um 9 größer als das Quadrat der Zahl, die nur um 1 vergrößert wurde. Bestimmen Sie x.

10 Im freien Fall fällt ein schwerer Körper in x Sekunden $4{,}905 \cdot x^2$ Meter tief.
a) Zeichnen Sie den Funktionsgraphen für den freien Fall.
b) Wie tief fällt der Körper in 2,5 Sekunden?
c) Nach welcher Zeit hat der Körper eine Fallstrecke von 122,63 m zurückgelegt?
d) Wo liegt der Scheitelpunkt der Parabel, die den freien Fall darstellt?
e) Was sagen die Koordinaten des Scheitelpunkts aus?

11 Ein rechteckiger Bauplatz, dessen Länge das 0,75fache der Breite hat, besitzt einen Flächeninhalt von 243 m². Welche Maße hat der Platz?

Trainingsseite Stochastik

1 Im Diagramm ist der Energieverbrauch in Deutschland von 1990 bis 1999 in Millionen Tonnen Steinkohleneinheiten (SKE) angegeben.

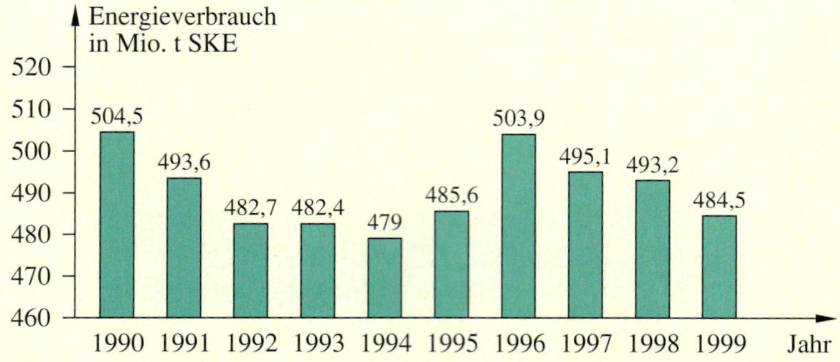

Jahr	1990									
Mio. t SKE	504,5									

a) Ergänzen Sie die Tabelle im Heft.
b) Berechnen Sie den Mittelwert für die Zeit von 1990 bis 1999.

2 Beim Werfen eines Spielwürfels ergeben sich nach 50 und 400 Würfen die folgenden Ergebnisse. Berechnen Sie aus den Tabellen für die sechs möglichen Augenzahlen die relativen Häufigkeiten.

50 Würfe

Augenzahl	⚀	⚁	⚂	⚃	⚄	⚅
Anzahl	6	8	10	6	9	11

400 Würfe

Augenzahl	⚀	⚁	⚂	⚃	⚄	⚅
Anzahl	64	70	68	68	66	64

3 In einem Behälter sind 15 farbige Kugeln. Wie viele Kugeln müssen davon rot sein, damit beim einmaligen Ziehen einer Kugel das Ergebnis „rot" die Wahrscheinlichkeit $\frac{2}{5}$ hat?

4 Die Klasse M 1 organisiert für das Schulfest eine Verlosung. Geschäfte, Banken und Eltern haben insgesamt 85 Preise gestiftet. Es sollen im Ganzen 800 Lose verkauft werden. Berechnen Sie die Wahrscheinlichkeit für „Gewinn" und „Niete".

5 Mit 3 Würfeln kann man als kleinste Zahl die Augenzahl 3, als größte Zahl die Augenzahl 18 werfen. Kommen alle Zahlen bei langem Würfeln gleich oft vor?
Gehen Sie zur Beantwortung so vor:
a) Werfen Sie 200 mal das Würfelpaket und notieren Sie die Augensumme

Augensumme	1	2	3	4	…	33	34	35	36
Häufigkeit									

b) Beantworten Sie die Frage. Welche Zahl bzw. Zahlen kommen am wenigsten vor, welche am meisten?
c) Die Zahl 3 kann nur so geworfen werden: ⚀ ⚀ ⚀

Die Zahl 4: ⚀ ⚀ ⚁

Die Zahl 5: ⚀ ⚀ ⚂
oder ⚀ ⚁ ⚁

Die Zahl 6: ⚀ ⚀ ⚃
oder ⚀ ⚁ ⚂
oder ⚁ ⚁ ⚁

Untersuchen Sie die Konstellationen für weitere Zahlen von Augensummen. Für welche Zahl(en) gibt es die meisten Konstellationen?

Trainingsseite Geometrie: Satz des Pythagoras

1 Ein rechtwinkliges Dreieck mit dem rechten Winkel bei Eckpunkt C hat die Seitenlängen $a = 2{,}5$ cm und $b = 6{,}0$ cm.
Wie lang ist die Seite c? Zeichnen Sie zuerst eine Skizze.

2 Die Hypotenuse eines rechtwinkligen Dreiecks ist 8,5 cm lang, eine Kathete ist 5,1 cm lang. Wie lang ist die andere Kathtete?

3 Überprüfen Sie, ob die folgenden Dreiecke rechtwinklig sind.
a) $a = 5$ cm; $b = 9$ cm und $c = 12$ cm
b) $a = 12$ cm; $b = 5$ cm und $c = 13$ cm
c) $a = 16{,}9$ dm; $b = 15{,}6$ dm und $c = 6{,}5$ dm

4 Schätzen Sie zunächst, welches Rechteck die längere Diagonale von A nach C hat. Rechnen Sie dann und vergleichen Sie.
Rechteck I:

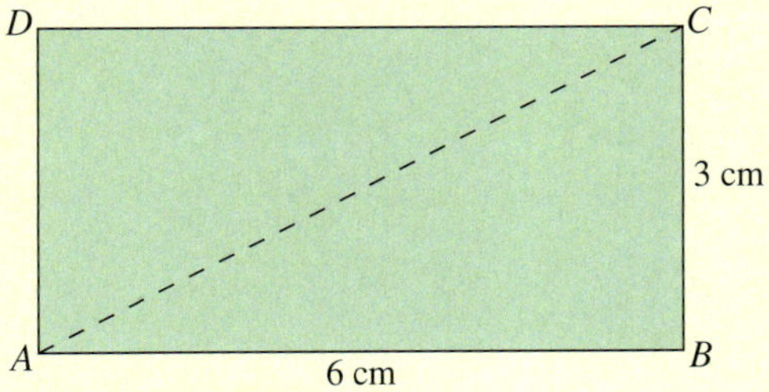

Rechteck II:

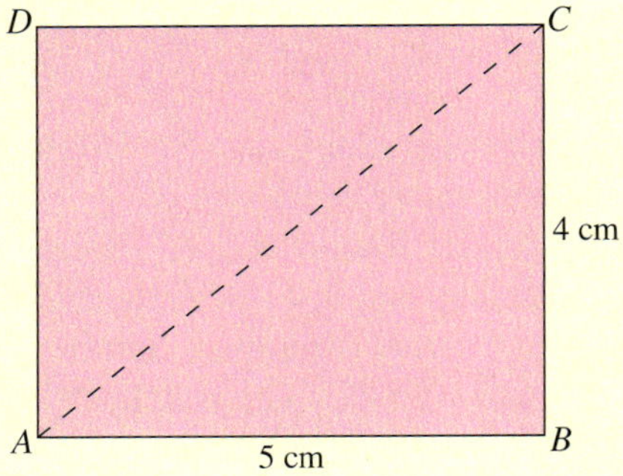

5 Zeichnen Sie ein gleichseitiges Dreieck mit der Seitenlänge 6 cm.
a) Zeichnen Sie eine Höhe h ein.
b) Berechnen Sie die Länge von h.
c) Wie groß ist der Flächeninhalt des Dreiecks?

6 a) Beweisen Sie, daß das folgende Dreieck rechtwinklig ist. Wo liegt der rechte Winkel? (Maße in cm)

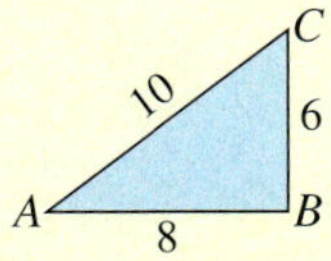

b) Ist das Dreieck, das daraus entsteht, wenn man jede Seite der drei Seiten um 5 cm verlängert ebenfalls rechtwinklig?
c) Ist das Dreieck rechtwinklig, das aus dem Dreieck in a) entsteht, wenn man jede Seite 5-mal so lang macht?
d) Ist das Dreieck in a) rechtwinklig, wenn man jede Seitenlänge halbiert?
e) Im Dreieck in a) wird jede Seite um 1 cm verkleinert. Entsteht ein rechtwinkliges Dreieck?

7 Welches ist die kleinste Anzahl von Streichhölzern, mit der man ein rechtwinkliges Dreieck legen kann? Probieren Sie.

8

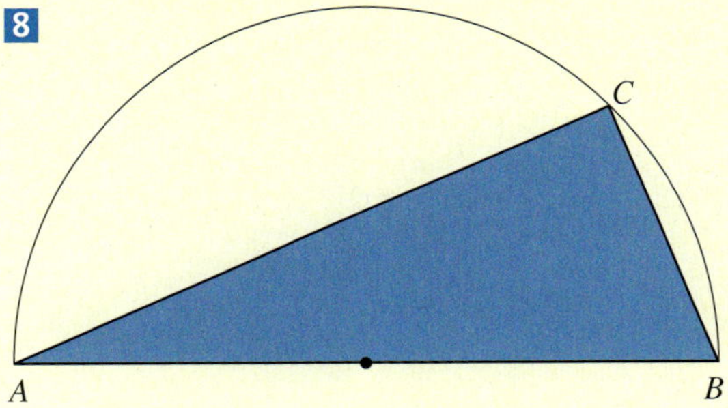

Der Radius des Halbkreises ist 8 cm. Die kürzeste Seite des blauen Dreiecks ist 6,8 cm lang. Wie lang sind die beiden anderen Seiten?

9 Wie kann man aus einer geschlossenen Schnur mit 24 Knoten (in gleichem Abstand) ein rechtwinkliges Dreieck legen?

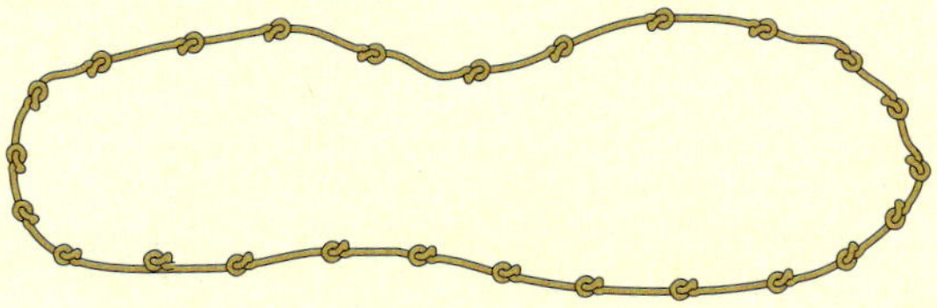

Trainingsseite Trigonometrie

1 Berechnen Sie in den rechtwinkligen Dreiecken die fehlenden Angaben. (Daten in cm)

a)

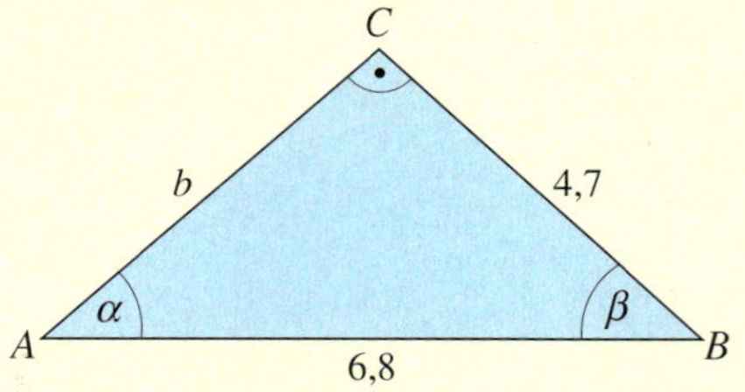

b)

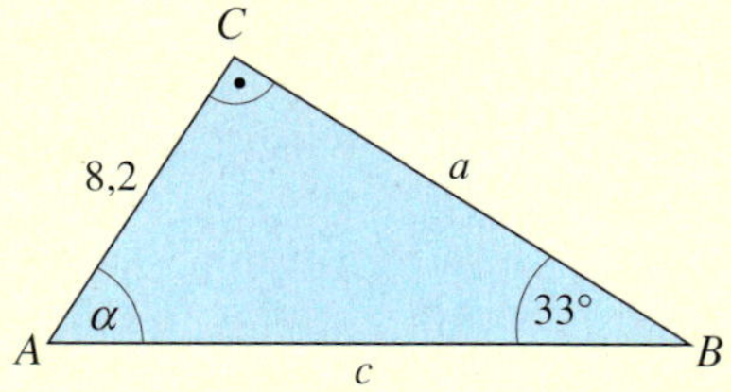

c)

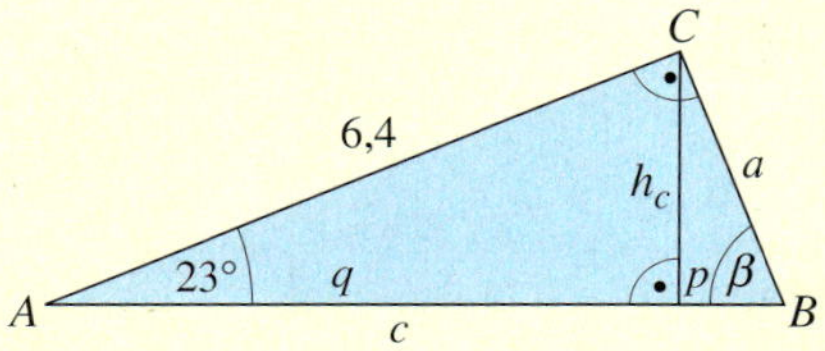

d)

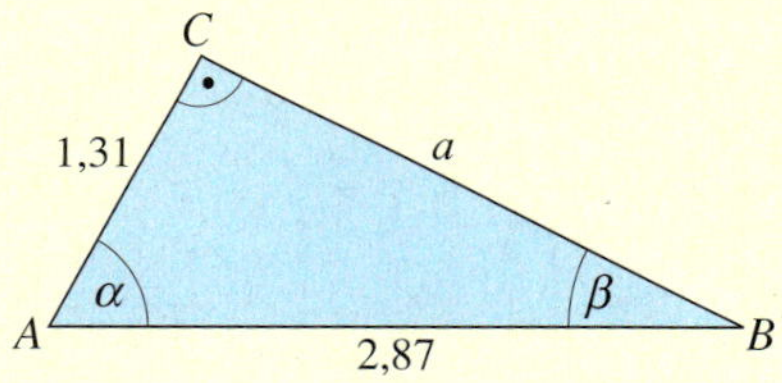

e)

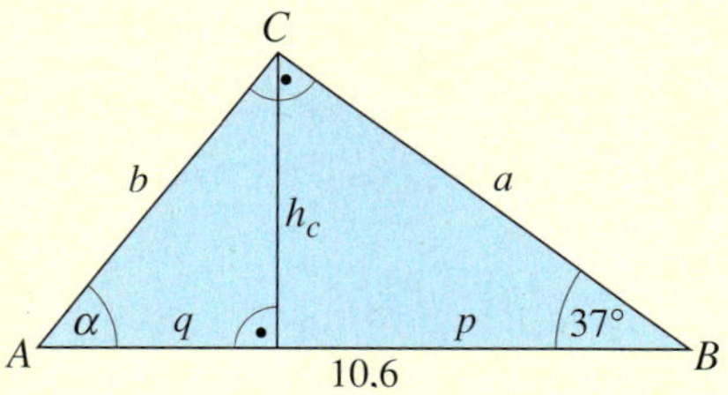

2 Vervollständigen Sie im Heft die Tabelle für ein rechtwinkliges Dreieck mit $\gamma = 90°$.

	a	b	c	α	β
a)	6,3 cm			22°	
b)		5,5 cm	7,8 cm		
c)	3,5 cm	2,9 cm			
d)		4,5 cm			56°
e)			9,9 dm	41°	

3 Berechnen Sie die mit x bezeichneten Stücke eines rechtwinkligen Dreiecks.

a)

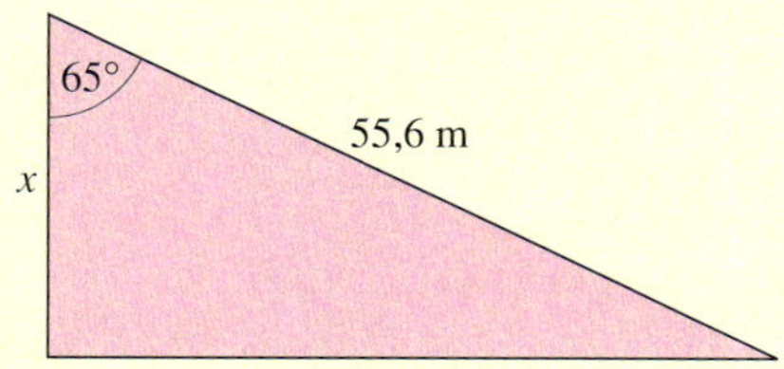

b)

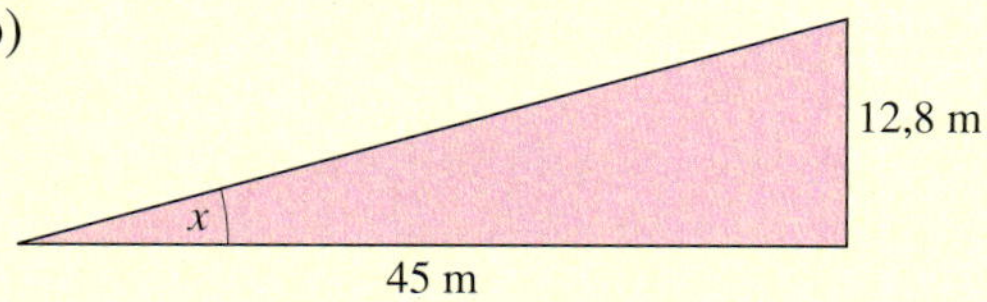

4 Eine ebene Darstellung der Erdkugel zeigt, wie der Äquator und der 51. Breitenkreis verläuft und wie Breitenkreise gezeichnet werden.

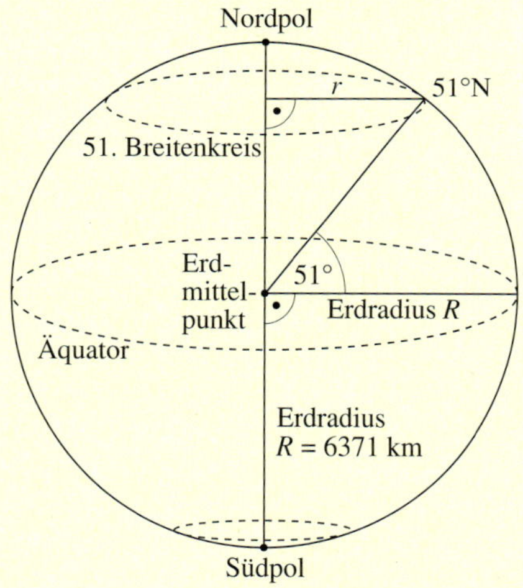

a) Wie groß ist der Radius r des 51. Breitenkreises, wie lang ist der Breitenkreis?

b) Wie groß ist der Radius des 72. Breitenkreises und wie lang ist dieser Breitenkreis?

c) Aus einer Formelsammlung entnimmt man die Formel für die Oberfläche einer Kugel: $O = 4\pi \cdot r^2$

Wie groß ist die Oberfläche der Erde (in km^2)?

d) Deutschland hat eine Fläche von 0,07 % der gesamten Erdoberfläche. Wie groß ist die Fläche von Deutschland?

e) Kanada hat eine Fläche von 1,95 % der Erdoberfläche. Welche Flächengröße hat Kanada?

Lösungen zu den Trainingsseiten

309

1

9 €	86,30 €
69 €	13,80 €
17,30 €	100,10 €

2 735 €, 1600,50 €, 2380,80 €, 3168,75 €, 7144 €

3

	a)	b)
12 %	6 mm	43,2°
20 %	10 mm	72°
28 %	14 mm	100,8°
30 %	15 mm	108°
10 %	5 mm	36°

4 a) 320 € b) 128 € **5** 400 €

6 Streifenschaubild

7 Erhöhung: 19,50 €, 18 €, 23,50 €, 22 €, 24,50 €

8 Nachlass: 17 €, 49 €, 24 €, 54 €, 69 €
20 %, 25 %, 10 %, 30 %, 20 %

9 a) 50 ‰ g) 125 ‰
b) 150 ‰ h) 3 ‰
c) 43 ‰ i) 0,4 ‰
d) 280 % j) 63 ‰
e) 4 % k) 81 ‰
f) 21 % l) 0,03 %

310

1 496,40 € **2** 15 000 € **3** 168 000 €

4 3000 € **5** 996 € **6** 5615 €

7 12 240 € **8** 2175 €

9 Definitionen **10** 3,9 %

11 a) 100,80 € b) 4,2 % **12** 5,5 %

13 Definitionen

14 a) 8336,93 € c) 940,80 €
b) 986,93 €

15 a) 121,88 € d) 56,88 €
b) 182,13 € e) 206,38 €
c) 341,25 € f) 341,25 €

16 a)

Nach Jahren	1	2	3
Kapital	74 074,– €	76 740,66 €	79 503,33 €

Nach Jahren	4	5	7
Kapital	82 356,45 €	85 330,60 €	91 585,– €

Nach Jahren	10	15
Kapital	101 836,53 €	121 535,28 €

b) nach 15 Jahren Zinseszins 11 425,28 €
c) Zinsen 38 610 €

311

1 a) 16 RK · 25 mm^2 = 400 mm^2 = 4 cm^2
b) 125 mm^2 e) 225 mm^2
c) 450 mm^2 f) 337,5 mm^2
d) 200 mm^2

2 a) 48 cm^2 c) 200 cm^2
b) 66 cm^2

3 a) 108 cm^2 c) 80 cm^2
b) 108 cm^2

4 a)

km^2	ha	a	m^2
1,12	112	11 200	1 120 000
0,803	80,3	8030	803 000
0,12	12	1200	120 000
0,0015	0,15	15	1500

b)

m^2	dm^2	cm^2	mm^2
0,35	35	3500	350 000
0,0182	1,82	182	18 200
0,00405	0,405	40,5	4050
0,035872	3,5872	358,72	35 872

5 Für 38,48 m^2 braucht man 230,907 kg Sand. (π aus TR)

6 $u_{Kreis} = 28{,}27$ cm
$A_{Kreis} = 63{,}62$ cm^2
Verschnitt = 17,38 cm^2
(π aus TR)

7 a) 1375 cm^3 c) 1625 cm^3
b) 1500 cm^3

8 a) 3672 cm^3 c) 2600 cm^3
b) 3375 cm^3 d) 13 122 cm^3

9 a) 6 m^3 b) 972 cm^3

Lösungen zu den Trainingsseiten

312

1 a) $x = 6$ b) $x = 23$ c) $x = 10$ d) $x = 4$

2 $x = 2$ cm ($x = 2{,}5$ cm)

3 a) $x = \frac{3}{2}$ b) $x = \frac{3}{4}$ c) $x = 3$ d) $x = 14$ e) $x = 12$ f) $x = 9$

4 a) $x = 14$ b) $x = 4\frac{1}{2}$ c) $x = 1$

5 Individuelle Lösungen
richtige Lösungen
a) $x = 6$ b) $x = 2$ c) $x = -3\frac{1}{3}$

6 Selbstkontrolle bei Aufgaben angegeben.

7 a) $x = 5$ b) $x = 10$ c) $x = 6$

8 $b = 6$ cm, $u = 22$ cm

9 $a = 7$ cm, $A = 56\ \text{cm}^2$

10 $A = 12\ \text{cm}^2$, $u = 14$ cm

11 195,– €

12 a) $x = 15$ b) $x = 20$ c) $x = 6$ d) $x = 36$ e) $x = 14$

13 $s_1 = s_2 = 2{,}7$ cm

14 $h = 2{,}63$ cm, $m = 4{,}2$ cm, $A = 11{,}0\ \text{cm}^2$

313

1 a) $x = 3$ b) $x = 5$ c) $x = 5$

2 a) $K = 1{,}30 \cdot x + 1{,}80$ (x: gefahrene km, K: Kosten in €)
b) 5,20 € (40,90 €, 13,50 €)
c) 25 km

3 $a = 4{,}5$ cm $b = 7{,}5$ cm

4 a) $u = 8x$ (x = Länge des Rechtecks)
b) Breite 10 cm, Länge = 30 cm

5 Breite 6 m, Länge 24 m

6 Kantenlänge Tisch $x = 0{,}80$ m
Gleichung $4x = 4\ \text{m} - 0{,}8\ \text{m}$

7 1. Tag 582 km, 2. Tag 291 km, 3. Tag 416 km

8 1. Tag 115 €, 2. Tag 165 €, 3. Tag 40 €.

9 Deckel 1,5 kg, Topf 7,5 kg.

10 1. Stück 9 m, 2. Stück 10,50 m, 3. Stück 6,20 m.

11 21 cm, 6 cm, 12 cm.

12 $\alpha = 57°, \beta = 41°, \gamma = 82°$ (Summe 180°!)

13 Kopf 10 kg, Schwanz 8 kg (x), Rumpf 36 kg.

314

1 a) $\overline{AB} = 40$ km; $\overline{BC} = 360$ km; $\overline{AC} = 400$ km
b) 8 : 20 Uhr
c) 16 min
d) nach 240 km um 10 : 00 Uhr
e) nach 200 km

2 a) ICE: $y = 120 \cdot x$, IC: $y = 100x + 40$; Treffzeit: nach 2 h, Treffpunkt: 240 km von Startpunkt ICE, 200 km von Startpunkt IC.
b) Gleichung für ICE: $y = 120x$;
Gleichung für IC: $y = 100x + 60$;
Zugbegegnung nach 3 h um 11 : 00 Uhr.

3 a) ICE-Geschwindigkeit ca. 111 $\frac{\text{km}}{\text{h}}$
b) Fahrzeit für beide Züge gleich, $\overline{AB} \approx 67$ km

315

1 a) Louis ≈ 2,9806 h, Abera ≈ 2,1697 h
b) Louis ≈ 3,93 $\frac{\text{m}}{\text{s}}$, Abera ≈ 5,40 $\frac{\text{m}}{\text{s}}$

2 a) Abera trifft als Erster ein, Louis 48 min 39 s danach. b) Louis müsste noch ≈ 11,48 km laufen.

3 Geradengleichung für Abera $y = 19{,}447\,x$.
Abstand nach 30 min: 2,4 km – 2,8 km
Abstand nach 2 h: 10,0 km – 10,8 km.
Zeitabstand für 1 km: 7 min – 12 min.
Zeitabstand nach 8 km: 1 h 29 min – 1 h 35 min.

4 Radius des Marathonkreises ca. 6,7 km. Radius der Stadtfläche ca. 23,1 km. Da der Radius der Stadtfläche größer ist als die Laufstrecke, könnte die Marathonstrecke **nicht** als Kreis um die Stadt gelegt werden.

Lösungen zu den Trainingsseiten

316

1 a) Z. B. für $x = 40$ wird $y = 20$ (Zeichnung). Also wird $y = a \cdot x^2$ zu $20 = a \cdot 40^2$ und $a = 0{,}0125$. Die Parabelgleichung ist $y = 0{,}0125\,x^2$. Bei 90 $\frac{km}{h}$ ($x = 90$) wird $y = 0{,}0125 \cdot 90^2$ m = 101,25 m. Bremsweg ~ 101 m.

b) $y = 0{,}005 \cdot x^2$ bei Regen:

x in $\frac{km}{h}$	10	20	30	40	50	60	70	80	90
y in m	0,5	2	4,5	8	12,5	18	24,5	32	40,5

c) Bremsweg:

	Geschwindigkeit x	20 $\frac{km}{h}$	40 $\frac{km}{h}$	60 $\frac{km}{h}$	80 $\frac{km}{h}$
schneebedeckt	$y = 0{,}0125\,x^2$	5 m	20 m	45 m	80 m
trocken	$y = 0{,}005\,x^2$	2 m	8 m	18 m	32 m

d) Anhalteweg = Weg für Reaktionszeit + Bremsweg

2 a) $y = a \cdot x^2 + b$.

Aus $\left.\begin{array}{l} -1 = a \cdot 1^2 + b \\ 5 = a \cdot 2^2 + b \end{array}\right\}$ folgt $a = 2$, $b = -3$.

Also: $y = 2\,x^2 - 3$.

b) Wertetabelle

x	−2	−1	0	1	2	3	4
y	5	−1	−3	−1	5	15	29

+ Zeichnung

3 a) vielleicht noch 119,94 €
b) erzielt wurden 127,94 €

317

1 Auf der Parabel liegen P_1, P_2, P_4, P_8, P_9, P_{10}. Nicht auf der Parabel liegen P_3, P_5, P_6, P_7.

2 a) $x_1 = 7$; $x_2 = -7$
b) $x_1 = 2{,}5$; $x_2 = -2{,}5$
c) $x = 0$
d) $x_1 = 10{,}5$; $x_2 = -10{,}5$
e) $x_1 = 0{,}7$; $x_2 = -0{,}7$
f) $x_1 = 1{,}3$; $x_2 = -1{,}3$

3 a) Scheitelpunkt (0,1); 3 Punkte individuell.
b) $y = x^2 - 2$, Scheitelpunkt (0, −2)

4 Zeichnungen individuell. Scheitelpunkte (0, 0) und (0, 16). 1. Parabel nach oben offen, 2. Parabel nach unten offen.

5 $P(-6\,|-27)$, $Q_1(4\,|-12)$, $Q_2(-4\,|-12)$, $R(-3{,}6\,|-9{,}72)$

6 a) $y = (x + 2)^2 - 3$ b) $y = (x - 3)^2 + 2$
c) $y = (x + 1)^2 + 4$

7 a) $x = 3$ b) $x = \frac{1}{2}$

8 13 cm

9 Zahl heißt 9

10 a) Zeichnung, b) ≈ 30,7 m, c) nach ca. 5 Sekunden, d) (0, 0), e) nach 0 Sekunden fällt der Körper 0 Meter. **317**

318

1 a)

1990	1991	1992	1993	1994
405,5	493,6	482,7	482,4	479

1995	1996	1997	1998	1999
485,6	503,9	495,1	493,2	484,5

b) Mittelwert: 490,45 Mill. t SK € (490450000 t)

2 a) 50 Würfe:

Augenzahl	1	2	3	4	5	6
absolute Häufigkeit	6	8	10	6	9	11
relative Häufigkeit	0,12	0,16	0,20	0,12	0,18	0,22

b) 400 Würfe:

Augenzahl	1	2	3	4	5	6
absolute Häufigkeit	64	70	68	68	66	64
relative Häufigkeit	0,160	0,175	0,170	0,170	0,165	0,160

3 $15 \cdot \frac{2}{5} = 6$ Es müssen 6 Kugeln rot sein

4 $W_{Gewinn} = \frac{85}{800} = 10{,}6\,\%$. Die Wahrscheinlichkeit, eine Niete zu ziehen, ist dann 89,4 %

5 a) Individuelle Würfelergebnisse
b) Individuelle Würfelergebnisse
c)

Zahl 7:
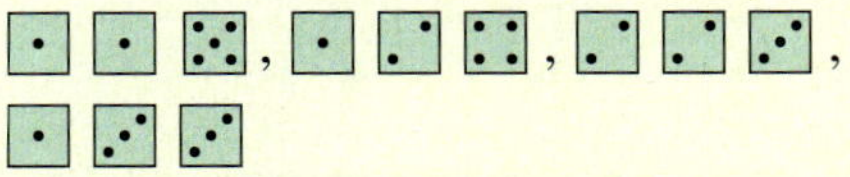

Zahl 8:
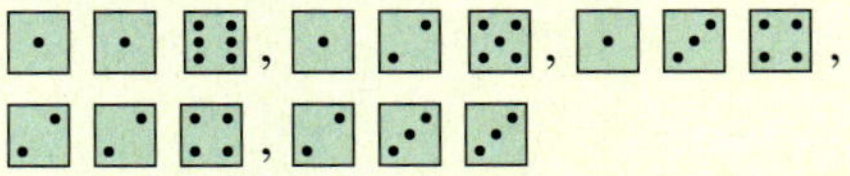

Zahl 9:
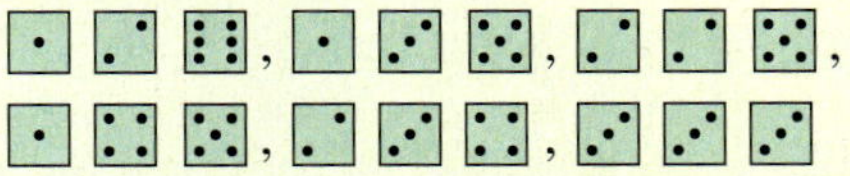

Zahl 10:
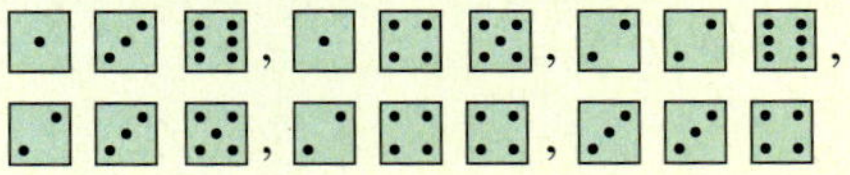

Zahl 11:
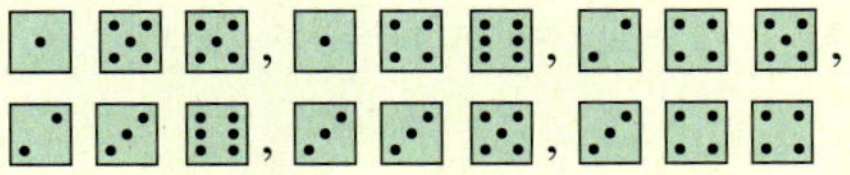

Lösungen zu den Trainingsseiten

318

Zahl 12: ⚀ ⚄ ⚅, ⚁ ⚃ ⚅, ⚁ ⚄ ⚄,
⚂ ⚂ ⚅, ⚂ ⚃ ⚄, ⚃ ⚃ ⚃

Zahl 13: ⚀ ⚅ ⚅, ⚁ ⚄ ⚅, ⚂ ⚃ ⚅,
⚂ ⚄ ⚄, ⚃ ⚃ ⚄

Zahl 14: ⚁ ⚅ ⚅, ⚂ ⚄ ⚅, ⚃ ⚃ ⚅,
⚃ ⚄ ⚄

Zahl 15: ⚂ ⚅ ⚅, ⚃ ⚄ ⚅, ⚄ ⚄ ⚄

Zahl 16: ⚃ ⚅ ⚅, ⚄ ⚄ ⚅

Zahl 17: ⚄ ⚅ ⚅

Zahl 18: ⚅ ⚅ ⚅

Mehrere Kombinationen gibt es für 5, 6, 7, 8, 9, 10, 11, 12, 13, 14, 15, 16

319

1 $c = 6{,}5$ cm

2 6,8 cm

3 a) nicht rechtwinklig c) rechtwinklig
b) rechtwinklig

4 Diagonale I ≈ 6,7 cm, Diagonale II ≈ 6,4 cm, Diagonale I ist länger

5 a) Zeichnung c) $A = 15{,}6\ \text{cm}^2$
b) $h \approx 5{,}2$ cm

6 a) rechtwinklig, weil $8^2 + 6^2 = 10^2$
b) nicht rechtwinklig, weil $13^2 + 11^2 \neq 15^2$
c) rechtwinklig, weil $40^2 + 30^2 = 50^2$
d) rechtwinklig, weil $4^2 + 3^2 = 5^2$
e) nicht rechtwinklig, weil $7^2 + 5^2 \neq 9^2$

7 12 Hölzer, $a = 3$, $b = 4$, $c = 5$

8 $c = 16$ cm, $b = 14{,}48$ cm

9 $a = 6$ Abschnitte, $b = 8$ Abschnitte, $c = 10$ Abschnitte

320

1 a) $b = 4{,}9$ cm (Pyth.); $\alpha = 44°$; $\beta = 46°$
b) $\alpha = 57°$; $a = 126$ cm; $c = 150$ cm
c) $\beta = 67°$; $a = 2{,}7$ cm; $h_c = 2{,}5$ cm; $q = 1{,}0$ cm; $c = 6{,}9$ cm
d) $a = 2{,}55$ cm, $\alpha = 62{,}8°$, $\beta = 27{,}2°$
e) $\alpha = 53°$, $a = 8{,}5$ cm, $b = 6{,}3$ cm (Pyth.), $p = 6{,}7$ cm, $q = 3{,}9$ cm, $h_c = 5{,}1$ cm

320

2

	a	b	c	α	β
a)	6,3 cm	15,6 cm	16,8 cm	22°	68°
b)	5,5 cm	5,5 cm	7,8 cm	45°	45°
c)	3,5 cm	2,9 cm	4,5 cm	50,4°	30,6°
d)	3,0 cm	4,5 cm	5,4 cm	34°	56°
e)	6,5 dm	7,5 dm	9,9 dm	41°	49°

3 a) $x = 23{,}5$ m b) $x = 15{,}9°$

4 Mit den bereits gerundeten Eingangsdaten, mit dem Taschenrechner und mit gerundeten Enddaten ergibt sich
a) $r_{51°} = 4009$ km; Länge des 51. Breitengrades: 25 189 km
b) $r_{71°} = 2074$ km; Länge des 71. Breitengrades: 13 031 km
c) $A_{\text{Erde}} = 510\,064\,472\ \text{km}^2$ (≈ 510 Mill. km^2); π aus TR.
d) $A_{\text{Deutschland}} = 357\,045\ \text{km}^2$; π aus TR.
e) $A_{\text{Kanada}} = 9\,946\,257\ \text{km}^2$; π aus TR.

Lösungen zu den Seiten 252/253

1 In einem Jahr 10 950 Haare, in 12 Jahren 131 400 Haare
2 In einem Jahr 39 420 000-mal, in 80 Jahren 3 153 600 000-mal
3 a) 252 288 000 Liter Blut b) ca. 200 000 km
4 0,79 Stunden = 47 Minuten 24 Sekunden
5 40 000 000 m = 40 000 km
6 18 947 668 177 995 426 462 773 730
7 a) In einer Stunde ca. 875-mal
b) In 80 Jahren ca. 613 200 000-mal
8 a) Täglich ca. 1440 l Blut
b) In 80 Jahren ca. 42 048 000 l Blut
9 Zuerst Tast-Information, dann Wärme, zuletzt Schmerz
10 a) 2 Millionen Schweißdrüsen
b) 370 pro Quadratzentimeter
c) für Hitze: 30 000 Sensoren;
für Kälte: 250 000;
für Tast-Empfindungen: 500 000;
für Stiche: 3 500 000

Stichwörterverzeichnis

Bildnachweis

Titel: VISUM/Jan Becker
akg-images, Berlin20/2 (Kolumbus), 142/2
Archiv Gelsenwasser AG, Gelsenkirchen: 170/2
Astrofoto, Sörth: 123
Berten, Anima, Hamburg: 13, 124
Berten, Christoph, Berlin: 12/1, 127/1, 272, 290/2
Bewag AG Unternehmensarchiv, Berlin: 217
Bielefeld Marketing GmbH, Bielefeld: 14/3
Bremshey, Solingen: 101/1
Das Luftbildarchiv, Kasseburg: 61/1
Deutsche Bahn AG, Berlin: 228/2, 286
Deutsche Drucker Verlagsgesellschaft, Ostfildern: 19
Deutsche Gesellschaft für Ernährung, Frankfurt: 210/1
dpa/picture-alliance, Frankfurt: 16/2
Dr.Vehrenberg KG, Düsseldorf: 42/3
Eichholz, Carin, Krefeld (Grafik): 41, 42/1
esa, Burgdorf-CH(Rottaris): 142/3
Gaab, Günter, Burgberg: 52, 54/1
Gerst, Empfingen: 20/1(Schiff)
Greenpeace, Hamburg: 38/2
Hamel, Matthias, Berlin: 57, 110, 172/1-4, 174/1-4, 176/1,2, 177/1,3
Henning, Jörg, Berlin (Illustration): 18, 60/2, 62, 67/1, 67/4, 72/2, 98/2, 101/2, 102, 117/2, 125/2, 132/1, 134/1, 136/1, 179/2, 183, 282, 298/1, 301/3
Herbers, Roland, Hagen: 271/1
Hollatz Bärbel, Wismar: 121/3
IMA, Hannover: 17
Jochen Gebauer-Dieterle (Grafik): 96, 97
Keystone Pressedienst, Hamburg: 277
Krensel, Hameln: 117/1
Kunst- und Ausstellungshalle der Bundesrepublik Deutschland, Bonn: 49/3
Kurverwaltung, Bad Iburg: 14/1
Kurverwaltung, Oberstdorf: 38/1
Landesbildstelle Baden, Karlsruhe: 232
Linn, Siegfried, Essen: 189/2
Mauritius, Berlin: 67/2 (Rosenfeld), 73/1 (Matthias), 76 (McCarthy), 80 (Matthias), 88/1 (Thonig), 89 (Thonig), 98/1 (Ripp), 202 (AGE), 239 (Fischer), 291/2,4 (Pöhlmann)
Merges-Verlag, Heidelberg: 23
Nitschke, Ekkehard, Berlin: 12/2, 299/5
Nowak-Dahms, München: 59
Ostkreuz/Agentur der Fotografen, Berlin: 58 (Vanhöfen)
picture-alliance/dpa(Matheis): 141/1
Pressebüro, Berlin: 108/2
Reents, Silke, Berlin: 25
Reinhard-Tierfoto, Heiligkreuzsteinach: 108/1
Schacht, Jens, Düsseldorf: 15, 70, 71!2, 72/1, 81, 84, 119/2, 126, 287/1
Schierz, Berlin: 21/1, 21/2
Schneider, Bernd, Erkrath: 138, 139, 140, 243/1, 263
Sengebusch, Ulrich, Geseke (Zeichnung): 16/1, 53/1, 56/1, 63, 119/1, 120/1/2, 121/4, 125/1, 129, 130, 131, 132/2, 134/2, 136/2, 295/2
Siemens AG, München: 61/2
Silvestris, Kastl: 176/4 (Peter Legler), 291/5 (Josef Beck)
Stadt Münster: 172/6
Studio ad hoc, Berlin: 169
Stürtz, Würzburg (Zeichnung): 29/2, 39, 46/2, 47, 49/1, 64, 73/2
Superbild, Berlin: 98(B.S.I.P.)
Texas Instruments, Freising: 24, 204
Tschibo Frisch-Röst-Kaffee GmbH, Hamburg: 107
Type art satz & grafik, Dortmund: 14/2
VEAG Vereinigte Energiewerke AG, Hohenwarte: 258
Verlagsarchiv: 42/2, 127/2, 128, 177/2, 210/2, 211
Vogel, Norbert, Berlin: 229/1
Wagener, Angelika, Berlin: 69
Wildermuth, Werner, Dachau (Grafik): 29/1, 46/1, 49/2, 50, 51, 55, 65/3, 66, 67/5, 68/1, 71/1, 74, 88, 89, 92/2, 95, 115, 117/3, 118, 120/3, 122, 123, 133, 135, 137, 155, 166, 167, 179/1, 181, 182, 198/3,5, 219, 246, 247, 252, 253, 283, 286/2, 287/2,3, 290/1, 291/1, 297/1, 299/3, 307/1,2, 308
Wirtz, Peter, Dormagen: 45, 67/3, 78, 241/1
Wosczyna, Rheinbreitbach: 21/3, 44, 121/1, 195, 240
Zörner, Gerald, Berlin: 56/2, 97

Gehen Sie online!

Es gibt viele interessante Mathematikseiten von verschiedensten Anbietern im Internet.

Nutzen Sie dieses Portal.

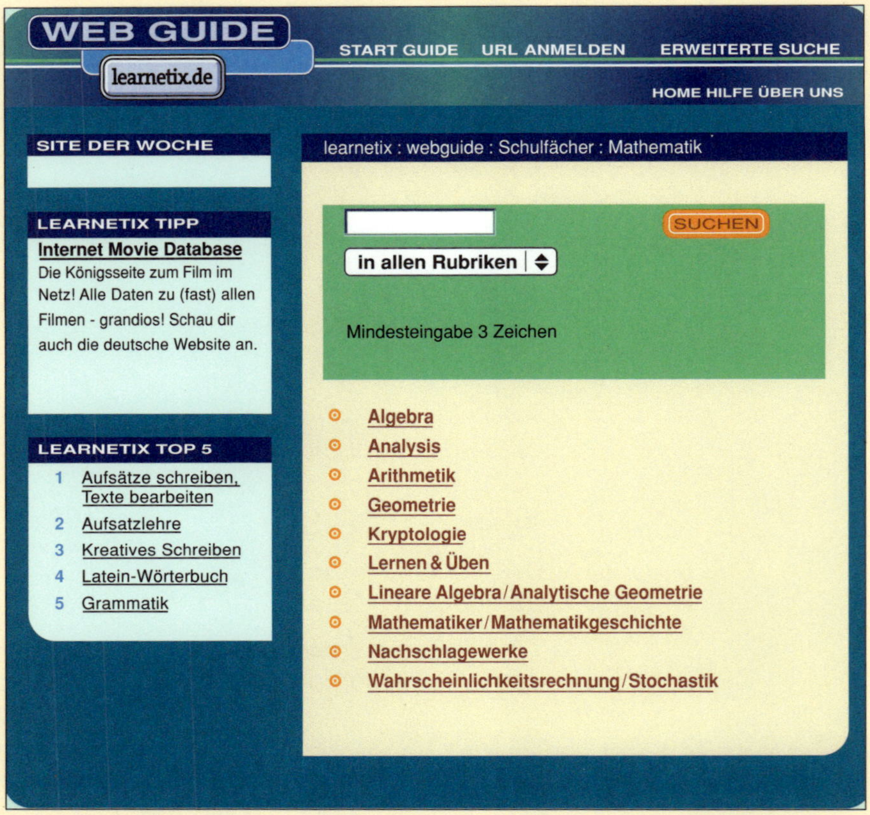

Sie finden dieses Portal unter:

www.mathe-interaktiv.de/webguide